Stefan Sauter, Christoph Schwab

Randelementmethoden

Stefan Sauter, Christoph Schwab

Randelementmethoden

Analyse, Numerik und Implementierung schneller Algorithmen

B. G. Teubner Stuttgart · Leipzig · Wiesbaden

Bibliografische Information der Deutschen Bibliothek
Die Deutsche Bibliothek verzeichnet diese Publikation in der Deutschen Nationalbibliographie; detaillierte bibliografische Daten sind im Internet über <http://dnb.ddb.de> abrufbar.

Prof. Dr. rer. nat. Stefan Sauter
Geboren 1964 in Heidelberg. Studium der Mathematik mit Nebenfach Physik an der Universität Heidelberg (1985-1990). Danach bis 1993 Wissenschaftlicher Assistent an der Universität Kiel (Promotion 1993). 1993/94 Postdoc an der University of Maryland at College Park. Bis 1998 Assistent an der Universität Kiel (Habilitation 1998). C4-Professur an der Universität Leipzig (1998/1999). Seit 1999 Professur für Angewandte Mathematik an der Universität Zürich.

Prof. Christoph Schwab, PhD
Geboren 1962 in Flörsheim. Studium der Mathematik mit Nebenfach Mechanik und Aerospace Engineering in Darmstadt und College Park, Maryland, USA (1982- 1989). PhD in Applied Mathematics University of Maryland College Park 1989. Postdoctoral fellow 1990/91 University of Westminster, London, UK. Assistant Professor (1991-1994) und Associate Professor (1995) of Mathematics Univ. of Maryland, Baltimore County, USA. Außerordentlicher Professor (1995-1998) und Professor (1998-) für Mathematik im Seminar für Angewandte Mathematik, ETH Zürich.

1. Auflage Juni 2004

Der B. G. Teubner Verlag ist ein Unternehmen von Springer Science+Business Media.
www.teubner.de

Umschlaggestaltung: Ulrike Weigel, www.CorporateDesignGroup.de

Gedruckt auf säurefreiem und chlorfrei gebleichtem Papier.

ISBN-13:978-3-519-00368-7 e-ISBN-13:978-3-322-80037-4
DOI: 10.1007/978-3-322-80037-4

Wir widmen dieses Buch

Wolfgang Hackbusch und Wolfgang Wendland

Vorwort

Die Integralgleichungsmethode ist ein elegantes mathematisches Verfahren zur Transformation partieller Differentialgleichungen vom elliptischen Typ in Randintegralgleichungen. Den Schwerpunkt dieses Buches bildet die systematische Entwicklung effizienter numerischer Verfahren zur Lösung dieser Randintegralgleichungen und damit auch der zugrundeliegenden Differentialgleichungen.

Die Integralgleichungsmethode besitzt eine lange Geschichte, die mit Mathematikern wie I. Fredholm, D. Hilbert, E. Nyström, J. Hadamard, J. Plemelj, J. Radon und vielen anderen eng verknüpft ist. Eine Auswahl von Originalarbeiten stellt die folgende Liste dar [105], [50], [106], [111], [112], [117], [70], [107], [108], [53], [98], [99], [151], [136], [20].

Mit der Einführung von Variationsmethoden für partielle Differentialgleichungen anfangs des 20. Jahrhunderts haben Integralgleichungen aus Sicht der Analysis an Bedeutung verloren, wegen der Schwierigkeit, präzise Existenz- und Eindeutigkeitsaussagen mit Hilfe klassischer Integralgleichungen zu formulieren.

Mit wachsendem Bedarf an numerischen Lösungsmethoden für partielle Differentialgleichungen seit Mitte des 20. Jahrhunderts ist das Interesse an Integralgleichungsmethoden wieder rapide gewachsen. Einige Vorteile dieses Zugangs im Vergleich zu Gebietsmethoden (Differenzenverfahren und finite Elemente) für gewisse Problemklassen sind im folgenden aufgeführt.

1. Die Behandlung von Gleichungen auf räumlichen Gebieten mit komplizierter Geometrie ist bezüglich der Gittererzeugung –das ist die Unterteilung des Rechengebiets in kleine geometrische Elemente– für Randintegralgleichungen einfacher als für Gebietsmethoden, da lediglich ein Oberflächen- jedoch kein Volumengitter des Gebiets erzeugt werden muß.

2. Die numerische Behandlung von Problemen auf unbeschränkten Gebieten ist mit Integralgleichungsmethoden besonders einfach, wohingegen die Behandlung mit Gebietsmethoden eine Vernetzung eines unbeschränkten Gebiets erfordert und daher problematisch ist.

3. Für einige parameterabhängige Probleme –beispielsweise aus dem Bereich Elektromagnetismus bei hohen Frequenzen– verhalten sich numerische Methoden für Integralgleichungen robuster bezüglich extremer Parameter als für Gebietsdiskretisierungen.

4. Die hochdimensionalen linearen Gleichungssysteme, die in fast allen Diskretisierungsverfahren als Teilschritt auftreten, sind für Integralgleichungen besser konditioniert als die Gleichungssysteme für Gebietsdiskretisierungen. Einfache Iterationsverfahren besitzen daher ein günstigeres Konvergenzverhalten.

5. Nachteile der Integralgleichungsmethode, wie die numerische Integration zur Erzeugung der Gleichungssysteme und deren Lösung, können mit numerischen Verfahren, die seit etwa 1980 entwickelt werden, zunehmend ausgeglichen werden.

Klassische numerische Lösungsmethoden für Integralgleichungen sind die Nyström- oder Quadraturformelmethode und das Kollokationsverfahren. Eines der ersten Lehrbücher über dieses Gebiet stammt von K.E. Atkinson [2] mit erweiterter Neuauflage [3]. Diese Verfahren eignen sich zur Lösung von Randintegralgleichungen *zweiter Art*; das sind Integralgleichungen mit Operatoren der Form $I + K$, wobei I die Identität und K einen Integraloperator bezeichnet. Sie lassen sich verhältnismäßig einfach auf Computern implementieren, besitzen aber zwei wesentliche Nachteile: (a) Nyström- und Kollokationsverfahren lassen sich nicht für alle Randintegralgleichungen anwenden, die mit elliptischen Randwertproblemen zusammenhängen und (b) die Konvergenz und Stabilität der Methoden läßt sich nur unter sehr einschränkenden Voraussetzungen an die zugrundeliegende Differentialgleichung und die Glattheit des Rechengebiets zeigen.

Seit etwa 1980-1990 gewinnen die Galerkin-Methoden zur Diskretisierung von Randintegralgleichungen für praktische Probleme stark an Bedeutung. Aus theoretischem Blickwinkel ist die Methode den Alternativen, Nyström- und Kollokationsverfahren, deutlich überlegen: Stabilität, Konsistenz und Konvergenz der Galerkin-Methode lassen sich für eine sehr allgemeine Klasse von Randintegralgleichungen beweisen. Der Zugang beruht auf der Variationsformulierung von Randintegralgleichungen im Gegensatz zur punktweisen, klassischen Sichtweise. Ausführlich wird dieser Zugang beispielsweise in [158], [30], [28], [104], [101], [35] dargestellt oder in den Monographien [97], [103].

Der Durchbruch für die Galerkin-Methoden für praktische, dreidimensionale Probleme ergab sich mit der Entwicklung numerischer Verfahren zur Approximation der Integrale zur Berechnung der Systemmatrix und mit der Entwicklung schneller Algorithmen zur Darstellung der nichtlokalen (Randintegral-) Operatoren.

Der Schwerpunkt dieses Buches liegt in der systematischen Entwicklung numerischer Methoden zur Berechnung der Galerkin-Lösung von Randintegralgleichungen. Alle notwendigen Hilfsmittel aus der Analysis werden zur Verfügung gestellt; die meisten bewiesen und hergeleitet, einige aber auch zitiert, um den Umfang des Buches nicht zu sprengen. Das Buch kann die Grundlage für eine vierstündige Vorlesung über die Numerik von Randintegralgleichungen bilden, bestehend aus einem problembezogenen Steilkurs in die Funktionalanalysis und mit dem Schwerpunkt auf den numerischen Methoden. Einige Unterkapitel bilden die Brücke vom Lehrbuch zu aktuellen Forschungsfeldern oder Ergänzungen und sind mit einem Stern ($\star$) gekennzeichnet. Ein Beispiel hierfür sind Anwendungen aus dem Bereich *Elektromagnetismus* (Maxwell- und Wellengleichung, Helmholtz-Gleichung für hohe Frequenzen), für die Integralgleichungsmethoden derzeit intensiv entwickelt werden. Die in diesem Buch behandelten Methoden bilden die Grundlage, um derartige Probleme behandeln zu können, ohne daß wir auf diese Anwendung konkret eingehen werden.

Um den Rahmen dieses Buches nicht zu sprengen, haben wir auf die Darstellung adaptiver Randelementmethoden ebenfalls verzichtet. Aktuelle Forschungsrichtungen in diesem Themenbereich sind *a-posteriori-Fehlerschätzer* (vgl. [44], [45], [46], [21]), *Gittergraduierung* (vgl. [41], [42]) und *adaptive hp-Randelementmethoden* (vgl. [144]), für welche die in diesem Buch behandelten Methoden ebenfalls den Einstieg ermöglichen.

Aus dem gleichen Grund wurde auf die Darstellung von Methoden zur Kopplung von finiten Elementen mit Randelementen und Gebietszerlegungsmethoden (vgl. [29], [27], [23], [22], [90], [79]) verzichtet.

Die Zielsetzung dieses Buches ist in erster Linie die Darstellung und mathematische Analyse effizienter Methoden und weniger die Behandlung konkreter Anwendungen aus dem Ingenieurbereich. Einen Einstieg in das letztgenannte Feld können die Bücher [7], [14], [4] bilden.

Weitere Lehrbücher und Monographien auf dem Gebiet der Numerik für Integralgleichungen sind [63], [24], [138] und [7].

Die Autoren danken Ihren Kollegen Profs. W. Hackbusch, R. Hiptmair und W. Wendland für die zahlreichen Diskussionen zu Themen dieses Buches, ihren Mitarbeitern N. Krzebek, M. Rech, N. Stahn, R. Warnke für die Unterstützung beim Lesen und Korrigieren des Manuskripts. Frau M. Pfister gebührt der Dank für das Umsetzen eines Teils dieses Buches in das Textverarbeitungssystem LaTeX. Dem Teubner-Verlag gilt der Dank für die verständnisvolle und stets unproblematische Zusammenarbeit.

Zürich, im April 2004 Stefan Sauter und Christoph Schwab

Inhaltsverzeichnis

Kapitel 1

Einführung

Viele physikalische Probleme lassen sich durch Systeme linearer und nichtlinearer Differential- und Integralgleichungen beschreiben. Nur in wenigen Spezialfällen können derartige Gleichungen analytisch gelöst werden, so daß numerische Verfahren zu deren Lösung entwickelt werden müssen. Angesichts der Komplexität der in der Praxis auftretenden Probleme ist es jedoch nicht zu erwarten, daß ein black-box-artiges numerisches Verfahren entwickelt werden kann, welches für alle diese Probleme geeignet ist. Vielmehr sind spezielle numerische Verfahren für spezifizierte Problemklassen zu entwickeln, welche die charakteristischen Eigenschaften der Problemklasse ausnützen. Diese numerischen Verfahren sollten baukastenartig in isolierte und möglichst elementare Teilaufgaben zerlegt werden, für die dann effiziente Verfahren eingesetzt oder entwickelt werden können.

Das grundlegende Ziel dieses Buches ist die systematische Entwicklung effizienter numerischer Lösungsmethoden, den *Randelementmethoden*, für Integralgleichungen. Diese Methoden werden für Randintegralgleichungen entwickelt, welche durch die Umformulierung elliptischer Randwertprobleme auf räumlichen Gebieten entstehen. In diesem einführenden Kapitel beschreiben wir den Aufbau und die Inhalte des Buchs in gestraffter Form.

1.1 Das Konzept der Randelementmethode

Die Randelementmethode ist ein Verfahren zur Lösung von Integralgleichungen. In diesem Buch beschränken wir uns auf Integralgleichungen zur Lösung elliptischer Randwertprobleme. Um eine geschlossene Darstellung zu erhalten, werden wir die grundlegenden Begriffe und Sätze aus der Theorie partieller Differentialgleichungen und der Integralgleichungsmethode in Kapitel 2 und 3 einführen.

1.1.1 Grundbegriffe

Wir betrachten die Aufgabe, eine physikalische Größe u, die von den Ortsvariablen $\mathbf{x} \in \mathbb{R}^d$ abhängt, zu berechnen. Hier bezeichnet d die Raumdimension. Gleichungen für u, welche partielle Ableitungen

$$\partial_i u = \frac{\partial u}{\partial x_i}$$

$(1 \leq i \leq d)$ oder höhere Ableitungen von u enthalten, nennt man *partielle Differentialgleichungen.* Klassische Differentialoperatoren, die partielle Ableitungen einer Funktion enthalten, sind der *Gradient*, die *Divergenz* und der *Laplace*-Operator. Sei dazu u eine differenzierbare, skalare Funktion. Dann ist der Gradient von u durch

$$\operatorname{grad} u := \nabla u := (\partial_1 u, \partial_2 u, \ldots, \partial_d u)^{\mathsf{T}}$$

gegeben. Die *Divergenz* eines differenzierbaren Vektorfelds $\mathbf{w}$ ist durch

$$\operatorname{div} \mathbf{w} := \nabla \cdot \mathbf{w} = \sum_{i=1}^{d} \partial_i w_i$$

definiert. Falls u zweimal differenzierbar ist, läßt sich der Laplace-Operator definieren:

$$\Delta u = \sum_{i=1}^{d} \partial_i^2 u.$$

Man rechnet leicht nach, daß

$$\Delta u = \operatorname{div} \operatorname{grad} u$$

gilt. Für ein differenzierbares Vektorfeld $\mathbf{u} : \mathbb{R}^3 \to \mathbb{R}^3$ ist die Rotation durch

$$\operatorname{rot} \mathbf{u} := \nabla \times \mathbf{u} := (\partial_2 u_3 - \partial_3 u_2, \partial_3 u_1 - \partial_1 u_3, \partial_1 u_2 - \partial_2 u_1)^{\mathsf{T}}$$

gegeben.

Differentialgleichungen werden meistens in räumlich begrenzten Gebieten betrachtet.

Definition 1.1.1 *Ein Teilmenge $\Omega \subset \mathbb{R}^d$ ist ein Gebiet, falls sie offen und zusammenhängend ist.*

Das Gebiet Ω heißt Normalgebiet, falls der Gaußsche Integralsatz gültig ist. Hinreichende Bedingungen findet man beispielsweise in [48], [72, Kapitel 4], [84].

Satz 1.1.2 *(Gaußscher Integralsatz) Sei $\Omega \subset \mathbb{R}^d$ ein Normalgebiet mit Rand $\partial\Omega$, $\mathbf{n} : \partial\Omega \to \mathbb{R}^d$ bezeichne das äußere Normalenfeld und $U \supset \Omega$ eine offene Teilmenge des $\mathbb{R}^d$. Dann gilt für jedes stetig differenzierbare Vektorfeld $\mathbf{v} : U \to \mathbb{R}^d$:*

$$\int_{\Omega} \operatorname{div} \mathbf{v}(\mathbf{x}) \, d\mathbf{x} = \int_{\partial\Omega} \langle \mathbf{v}(\mathbf{x}), \mathbf{n}(\mathbf{x}) \rangle \, ds_{\mathbf{x}}.$$

1.1.2 Ein physikalisches Beispiel

Wir betrachten das physikalische Problem, ein elektrostatisches Feld im Gebiet $\mathbb{R}^d$ zu bestimmen, welches durch die Maxwellschen Gleichungen charakterisiert ist:

$$\operatorname{rot} \mathbf{E} = \mathbf{0}, \tag{1.1.1}$$

$$\operatorname{div} \mathbf{D} = \rho, \tag{1.1.2}$$

$$\mathbf{D} = \varepsilon \mathbf{E}, \tag{1.1.3}$$

wobei ε die elektrostatische Permeabilität bezeichnet. Im Vakuum gilt beispielsweise:

$$\varepsilon = \varepsilon_0 = \frac{10^{-9}}{36\pi} \text{Farad/Meter}.$$

Die Größe $\mathbf{E} : \mathbb{R}^3 \to \mathbb{R}^3$ bezeichnet das unbekannte elektrostatische Feld und $\mathbf{D} : \mathbb{R}^3 \to \mathbb{R}^3$ die elektrostatische Induktion. Gleichung (1.1.1) impliziert, daß ein Potential $\Phi : \mathbb{R}^3 \to \mathbb{R}$ existiert mit

$$\mathbf{E} = -\operatorname{grad}\Phi. \tag{1.1.4}$$

Eingesetzt in (1.1.3) ergibt sich

$$\mathbf{D} = -\varepsilon \operatorname{grad}\Phi.$$

Die Kombination mit Gleichung (1.1.2) liefert eine skalare Gleichung für das Potential Φ:

$$-\operatorname{div}(\varepsilon \operatorname{grad}\Phi) = \rho \tag{1.1.5}$$

in $\mathbb{R}^3$.

Wir betrachten nun einen Leiter, der durch ein beschränktes Gebiet $\Omega^- \subset \mathbb{R}^3$ beschrieben wird. Das Komplement- oder Außenraumgebiet wird mit $\Omega^+ = \mathbb{R}^3 \backslash \overline{\Omega^-}$ bezeichnet. Wir nehmen an, daß die elektrische Permeabilität in Ω^- durch eine positive Konstante ε^- und im Außenraum Ω^+ durch eine weitere positive Konstante ε^+ beschrieben ist. Im Innenraum Ω^- ergibt sich die Poisson-Gleichung

$$-\Delta\Phi = \frac{\rho}{\varepsilon^-} \qquad \text{in } \Omega^- \tag{1.1.6}$$

und wegen $\rho \equiv 0$ im Außenraum des Leiters erhalten wir in Ω^+ die *Laplace-Gleichung*, d.h., die homogene Poisson-Gleichung:

$$-\Delta\Phi = 0. \tag{1.1.7}$$

Bemerkung 1.1.3 *Falls die elektrische Permeabilität ε nur stückweise glatt aber unstetig ist, sind die Voraussetzungen in der Definition des Divergenzoperators (vgl. 1.1.5) im allgemeinen nicht erfüllt. Betrachten wir die Gleichung aber lediglich in Teilgebieten Ω^-, Ω^+, in denen ε glatt ist, ist die Anwendung des* div*-Operators unproblematisch.*

Durch den *Potentialansatz* (1.1.4) haben wir die stationären Maxwell-Gleichungen auf eine skalare Differentialgleichung zurückgeführt. Da Ableitungen der Ordnung 2 aber keine höheren Ableitungen auftreten, handelt es sich hierbei um eine skalare Differentialgleichung zweiter Ordnung.

Um Differentialgleichungen eindeutig lösen zu können, müssen noch geeignete Randbedingungen vorgeschrieben werden. Beispielsweise erfüllen für $d = 2$ alle Real- und Imaginärteile holomorpher Funktionen die Gleichung (1.1.7).

Beispiel 1.1.4 *Für $d = 2$, erfüllen die Funktionen $u \equiv 1$, $u = x$, $u = y$, $u = x^2 - y^2$, $u = 2xy$, $\ldots$ die Laplace-Gleichung. Die Funktionen können auch als Funktionen in $\mathbb{R}^d$ mit $d > 2$ aufgefaßt werden (konstant in allen weiteren Variablen) und erfüllen dann ebenfalls die Laplace-Gleichung.*

Wir nehmen an, daß der Rand Γ von Ω^- orientierbar und hinreichend glatt ist, so daß ein stetiges Normalenfeld $\mathbf{n} : \Gamma \to \mathbb{R}^3$ definiert werden kann. Wir nehmen an, daß $\mathbf{n}(\mathbf{x})$ in Richtung des Außenraumes Ω^+ zeigt. Physikalische Überlegungen (siehe [81]), die in Kapitel 3.3 mathematisch formuliert werden, ergeben, daß die Tangentialkomponente des $\mathbf{E}$-Feldes und die Normalkomponente des $\mathbf{D}$-Feldes über den Rand stetig sind. Wir werden in Kapitel 3 beweisen, daß unter geeigneten Voraussetzungen die $\mathbf{E}-$ und $\mathbf{B}-$Felder (einseitig) stetig zu

Funktionen $\mathbf{E}^+$, $\mathbf{D}^+ : \overline{\Omega^+} \to \mathbb{R}^3$, und $\mathbf{E}^-$, $\mathbf{D}^- : \overline{\Omega^-} \to \mathbb{R}^3$ fortgesetzt werden können. Daher lassen sich die Normalenkomponente von $\mathbf{D}$ für $\mathbf{x} \in \Gamma$ durch

$$D_n^+(\mathbf{x}) = \langle \mathbf{n}(\mathbf{x}), \mathbf{D}^+(\mathbf{x}) \rangle, \qquad D_n^-(\mathbf{x}) = \langle \mathbf{n}(\mathbf{x}), \mathbf{D}^-(\mathbf{x}) \rangle$$

und die Tangentialkomponente

$$\mathbf{E}_t^+(\mathbf{x}) = \mathbf{n}(\mathbf{x}) \times \mathbf{E}^+(\mathbf{x}), \qquad \mathbf{E}_t^-(x) = \mathbf{n}(\mathbf{x}) \times \mathbf{E}^-(\mathbf{x})$$

definieren. Die *Transmissionsbedingungen* sind durch

$$\mathbf{E}_t^+(\mathbf{x}) = \mathbf{E}_t^-(\mathbf{x}), \qquad D_n^+(\mathbf{x}) = D_n^-(\mathbf{x}) \qquad \forall \mathbf{x} \in \Gamma$$

gegeben. Wir setzen nun den Potentialansatz (1.1.4) in diese Bedingungen ein, wobei zu beachten ist, daß der Ansatz (1.1.4) das Potential lediglich bis auf eine Konstante eindeutig festgelegt. Diese läßt sich so wählen, daß die Durchgangsbedingungen für das Potential Φ durch

$$\Phi^+(\mathbf{x}) = \Phi^-(\mathbf{x}) \tag{1.1.8}$$

$$\varepsilon^+ \frac{\partial \Phi^+}{\partial \mathbf{n}}(\mathbf{x}) = \varepsilon^- \frac{\partial \Phi^-}{\partial \mathbf{n}}(\mathbf{x}) \tag{1.1.9}$$

für alle $\mathbf{x} \in \Gamma$ gegeben sind. Die Größe $\varepsilon \frac{\partial \Phi}{\partial \mathbf{n}}$ wird als Potentialfluß bezeichnet. Bedingungen (1.1.8) und (1.1.9) implizieren, daß das Potential und der Potentialfluß stetig über den Rand Γ sind. Zusammenfassend haben wir die Gleichungen:

$$\begin{aligned} -\Delta\Phi^- &= \tfrac{\rho}{\varepsilon^-} && \text{in } \Omega^- \\ -\Delta\Phi^+ &= 0 && \text{in } \Omega^+ \\ \Phi^+ = \Phi^- \text{ und } \varepsilon^+ \tfrac{\partial \Phi^+}{\partial \mathbf{n}} &= \varepsilon^- \tfrac{\partial \Phi^-}{\partial \mathbf{n}} && \text{auf } \Gamma \end{aligned} \tag{1.1.10}$$

für das elektrostatische Potential hergeleitet. Dieses Gleichungen besitzen nicht notwendigerweise eine eindeutige Lösung.

Beispiel 1.1.5 *Sei Ω^- die Kugel im $\mathbb{R}^3$ mit Radius 1 um den Ursprung. Als rechte Seite in (1.1.10) wählen wir $\rho = -12\|\mathbf{x}\|$. Durch Einführung dreidimensionaler Polarkoordinaten zeigt man, daß alle Funktionen der Form*

$$\Phi^-(\mathbf{x}) = \frac{1}{\varepsilon^-}\left(\|\mathbf{x}\|^3 + \frac{3+\varepsilon^+ a}{\|\mathbf{x}\|} + a\left(\varepsilon^- - \varepsilon^+\right) + b\varepsilon^- - 4\right)$$
$$\Phi^+(\mathbf{x}) = \frac{a}{\|\mathbf{x}\|} + b$$

die Gleichung (1.1.10) erfüllen. Stellt man noch die Bedingung, daß Φ im Ursprung regulär ist, ergibt sich $a = -3/\varepsilon^+$, und wir erhalten die einparametrische Lösungsschar:

$$\begin{aligned} \Phi^-(\mathbf{x}) &= \tfrac{\|\mathbf{x}\|^3 - 1}{\varepsilon^-} - \tfrac{3}{\varepsilon^+} + b, \\ \Phi^+(\mathbf{x}) &= -\tfrac{3}{\varepsilon^+\|\mathbf{x}\|} + b. \end{aligned} \tag{1.1.11}$$

Um die eindeutige Lösbarkeit partieller Differentialgleichungen auf unbeschränkten räumlichen Gebieten zu erreichen, müssen noch geeignete *Abklingbedingungen* im Unendlichen vorgegeben werden. Für die Laplace-Gleichung und Raumdimension $d \geq 3$ lauten diese

$$\left.\begin{array}{r}\left|\Phi^{+}(\mathbf{x})\right| \leq C\|\mathbf{x}\|^{-1} \\ \left\|\operatorname{grad} \Phi^{+}(\mathbf{x})\right\| \leq C\|\mathbf{x}\|^{1-d}\end{array}\right\} \quad \text{für } \|\mathbf{x}\| \rightarrow \infty. \tag{1.1.12}$$

Im Fall der Lösung aus Beispiel 1.1.5 ergibt sich $b = 0$ und die eindeutige Lösung

$$\Phi(\mathbf{x})=\left\{\begin{array}{ll}\frac{\|\mathbf{x}\|^{3}-1}{\varepsilon^{-}}-\frac{3}{\varepsilon^{+}} & \|\mathbf{x}\|<1, \\ -\frac{3}{\varepsilon^{+}\|\mathbf{x}\|} & \|\mathbf{x}\|>1.\end{array}\right.$$

Differentialgleichungen, die im ganzen $\mathbb{R}^d$ gestellt sind, bezeichnet man als Vollraumprobleme. Daneben betrachtet man häufig auch Differentialgleichungen auf beschränkten Gebieten $\Omega \subset \mathbb{R}^d$. Falls man beispielsweise am elektrischen Feld nur innerhalb des Leiters Ω^- interessiert ist, wird die Differentialgleichung (1.1.6) lediglich im Gebiet Ω^- betrachtet. An Stelle der Transmissionsbedingungen (1.1.8), (1.1.9) treten nun Randbedingungen, die durch physikalische Messungen gewonnen werden können. Falls auf Γ das Potential gemessen wird, spricht man von Dirichletschen oder wesentlichen Randbedingungen. Die zugehörige Innenraumaufgabe lautet

$$\begin{aligned} -\Delta \Phi^{-} &= \rho / \varepsilon^{-} && \text{in } \Omega^{-}, \\ \Phi^{-} &= g_{D} && \text{auf } \Gamma. \end{aligned} \tag{1.1.13}$$

Falls die Flüsse auf Γ gemessen werden, handelt es sich um Neumannsche oder natürliche Randbedingungen. Die Innenraumaufgabe lautet

$$\begin{aligned} -\Delta \Phi^{-} &= \rho / \varepsilon^{-} && \text{in } \Omega^{-}, \\ \varepsilon^{-} \partial \Phi^{-} / \partial \mathbf{n} &= g_{N} && \text{auf } \Gamma. \end{aligned} \tag{1.1.14}$$

Im Fall von Neumannschen Randbedingungen muß die rechte Seite ρ/ε noch geeignete Kompatibilitätsbedingungen erfüllen. Diese erhält man, indem die Poisson-Gleichung (1.1.6) über Ω^- integriert und der Gaußsche Integralsatz (Satz 1.1.2) auf $\operatorname{grad} \Phi$ angewendet wird

$$\int_{\Omega^{-}} \frac{\rho(\mathbf{x})}{\varepsilon^{-}} d \mathbf{x}=-\int_{\Omega^{-}} \Delta \Phi(\mathbf{x}) d \mathbf{x}=\int_{\partial \Omega^{-}} \frac{\partial \Phi}{\partial \mathbf{n}}(\mathbf{x}) d s_{\mathbf{x}}.$$

Daraus folgt, daß die Kompatibilitätsbedingung

$$\int_{\Omega^{-}} \frac{\rho(\mathbf{x})}{\varepsilon^{-}} d \mathbf{x}=\int_{\Gamma} \frac{\partial \Phi}{\partial \mathbf{n}}(\mathbf{x}) d s_{\mathbf{x}},$$

welche die rechte Seite in (1.1.6) mit den gegebenen Neumann-Daten g_N verknüpft, notwendig für die Lösbarkeit der Neumann-Randwertaufgabe ist.

Analog lassen sich die Außenraumaufgaben formulieren. Die Dirichletsche Außenraumaufgabe besteht in der Lösung des Problems

$$\begin{aligned} -\Delta \Phi^{+} &= \rho / \varepsilon^{+} && \text{in } \Omega^{+}, \\ \Phi^{+} &= g_{D} && \text{auf } \Gamma \end{aligned} \tag{1.1.15}$$

und die Neumannsche Außenraumaufgabe lautet

$$\begin{aligned} -\Delta\Phi^+ &= \rho/\varepsilon^+ \quad \text{in } \Omega^+, \\ \varepsilon^+ \tfrac{\Phi^+}{\partial \mathbf{n}} &= g_N \qquad \text{auf } \Gamma. \end{aligned} \tag{1.1.16}$$

Wie beim Vollraumproblem müssen noch geeignete Abklingbedingungen im Unendlichen gestellt werden, um die Eindeutigkeit der Lösung zu erreichen. Für Raumdimension $d \geq 3$ lauten diese

$$\begin{aligned} |u(\mathbf{x})| &\leq O(1/\|\mathbf{x}\|), \quad \text{für } \|\mathbf{x}\| \to \infty, \\ \|\nabla u(\mathbf{x})\| &= O\left(\|\mathbf{x}\|^{1-d}\right) \quad \text{für } \|\mathbf{x}\| \to \infty. \end{aligned} \tag{1.1.17}$$

1.1.3 Fundamentallösungen

Unser Ziel ist es, die Randwertprobleme aus dem vorigen Unterkapitel in eine Integralgleichung auf dem *Rand* $\Gamma := \partial\Omega^-$ zu transformieren und dort numerisch zu lösen. Um eine partielle Differentialgleichung in eine Integralgleichung zu transformieren, benötigt man die Fundamentallösung des zu Grunde liegenden Differentialoperators. Wir betrachten wieder die Poisson–Gleichung:

$$-\Delta\Phi = \frac{\rho}{\varepsilon} \tag{1.1.18}$$

in $\mathbb{R}^3$. Die Funktion

$$N(\mathbf{x}) = \int_{\mathbb{R}^3} G(\mathbf{x}-\mathbf{y}) \frac{\rho(\mathbf{y})}{\varepsilon} d\mathbf{y} \tag{1.1.19}$$

mit der Kernfunktion

$$G(\mathbf{z}) = \frac{1}{4\pi\|\mathbf{z}\|} \tag{1.1.20}$$

wird als Newtonsches Potential bezeichnet und die Funktion G aus (1.1.20) als Fundamentallösung oder Singularitätenfunktion zum Laplace-Operator (für $d = 3$). Das Newtonsche Potential existiert für alle Funktionen $\rho \in C^0(\mathbb{R}^3)$ mit kompaktem Träger und löst die Poisson-Gleichung. Für einen Beweis verweisen wir auf [48, Kap. 17, Satz 2]. Die Fundamentallösung erfüllt die Laplace-Gleichungen in $\mathbb{R}^3 \backslash \{0\}$:

$$\Delta G = 0 \qquad \text{in } \mathbb{R}^3 \backslash \{0\}. \tag{1.1.21}$$

Genauer gilt -im Sinne von Distributionen- die Gleichheit $\Delta G = \delta_0$ auf $\mathbb{R}^3$ mit der Delta-Distribution δ_0 im Nullpunkt. Dies und weitere Eigenschaften der Fundamentallösung und des Newton-Potentials finden sich in Kapitel 3.

1.1.4 Potentiale und Randintegraloperatoren

Die Randelementmethode läßt sich besonders effizient auf *homogene* Randwertprobleme anwenden. Falls die Gleichung inhomogen ist, kann das Problem mit Hilfe des Newton-Potentials in eine homogene Gleichung überführt werden. Da die Auswertung des Newton-Potentials in einem Punkt $\mathbf{x}$ eine Integration über Ω (bzw. $\Omega^\pm$) erfordert, wird das Verfahren aufwendig, falls ρ einen großen -im Extremfall unbeschränkten- Träger besitzt. Aus Effizienzgründen setzen wir daher generell voraus, daß die Inhomogenität ρ einen kompakten Träger besitzt: $\operatorname{supp}\rho \subset\subset \mathbb{R}^3$. Unter dieser Annahme läßt sich zeigen, daß das Newton-Potential immer die Abklingbedingungen (1.1.17) erfüllt (siehe Kapitel 3).

Das Newtonsche Potential löst die Poisson-Gleichung. Im allgemeinen wird dieses Potential die Randbedingungen oder Sprungbedingungen nicht erfüllen. Es stellt lediglich eine Partikulärlösung des Problems dar, mit Hilfe derer die Poisson-Gleichung in die Laplace-Gleichung überführt werden kann. Alle Lösungen der Poisson-Gleichung lassen sich als Summe einer Partikulärlösung und einer Lösung des homogenen Problems schreiben

$$\Phi = N + \Phi_0. \tag{1.1.22}$$

Wir betrachten zunächst das Außenraumproblem mit Dirichletschen Randbedingungen (1.1.15) und Abklingbedingungen (1.1.17). Die Auswertung von N in einem Punkt x erfordert eine Integration über das unbeschränkte Außengebiet Ω^+.

Das Superpositionsprinzip impliziert, daß Φ_0 die Lösung der Laplace-Gleichung ist

$$\begin{aligned} \Delta\Phi_0 &= 0, && \text{in } \Omega^+, \\ \Phi_0 &= \tilde{g}_D && \text{auf } \Gamma, \\ \left.\begin{aligned} |u(\mathbf{x})| &\to 0 \\ \|\nabla u(\mathbf{x})\| &= O\left(\|\mathbf{x}\|^{1-d}\right) \end{aligned}\right\} && && \text{für } \|\mathbf{x}\| \to \infty \end{aligned} \tag{1.1.23}$$

mit den modifizierten Randbedingungen $\tilde{g}_D = g_D - N\,|_\Gamma$. Mit Hilfe der Fundamentallösung läßt sich für $\mathbf{x} \in \mathbb{R}^3 \backslash \Gamma$ der Ansatz

$$\Phi_0(\mathbf{x}) = \int_\Gamma G(\mathbf{x}-\mathbf{y})\,\sigma(\mathbf{y})\,d\Gamma_\mathbf{y} \tag{1.1.24}$$

definieren. Die Funktion $\sigma : \Gamma \to \mathbb{C}$ ist noch unbestimmt und wird *Belegung* genannt. Für stetige Belegungen $\sigma \in C^0(\Gamma)$ existiert das Integral in (1.1.24) als Riemann-Integral. Die rechte Seite von (1.1.24) definiert das Einfachschichtpotential $S(\sigma)$ der Belegung σ. Wegen $\mathbf{x} \in \mathbb{R}^3\backslash\Gamma$ und $\mathbf{y} \in \Gamma$, läßt sich Differentiation mit der Integration vertauschen und mit (1.1.21) gilt:

$$\Delta S(\sigma) = 0$$

in $\mathbb{R}^3\backslash\Gamma$. Wir werden in Kapitel 3 zeigen, daß $S(\sigma)$ für jedes $\sigma \in C^0(\Gamma)$ die Abklingbedingungen (1.1.23) erfüllt. Das Problem (1.1.23) ist daher gelöst (und damit auch das Ausgangsproblem (1.1.15)), falls die Belegung σ so bestimmt werden kann, daß die Randbedingungen $\Phi_0\,|_\Gamma = \tilde{g}_D$ erfüllt sind. In Satz 3.1.16 wird gezeigt, daß das Einfachschichtpotential $S(\sigma)$ stetig über die Oberfläche Γ durch

$$V(\sigma)(\mathbf{x}) = \int_\Gamma G(\mathbf{x}-\mathbf{y})\,\sigma(\mathbf{y})\,d\Gamma_\mathbf{y}, \qquad \text{für } \mathbf{x} \in \Gamma \tag{1.1.25}$$

fortgesetzt werden kann. Dabei existiert das Integral für $\sigma \in C^0(\Gamma)$ in (1.1.25) als uneigentliches Riemann-Integral. Die Randintegralgleichung zur Bestimmung der Belegung σ lautet dann:

$$V(\sigma) = \tilde{g}_D, \qquad \text{auf } \Gamma, \tag{1.1.26}$$

bzw. explizit:

$$\int_\Gamma \frac{\sigma(\mathbf{y})}{4\pi\,\|\mathbf{x}-\mathbf{y}\|}\,d\Gamma_\mathbf{y} = \tilde{g}_D(\mathbf{x}), \qquad \text{für alle } \mathbf{x} \in \Gamma.$$

Man beachte, daß diese Integralgleichung eine *Randintegralgleichung* darstellt, da $\mathbf{x}, \mathbf{y} \in \Gamma$ gilt und die Funktionen σ und $\tilde{g}_D$ Abbildungen von Γ nach $\mathbb{C}$ sind. Integralgleichungen, bei denen die gesuchte Funktion lediglich unter dem Integral auftritt, werden Integralgleichungen *erster Art* genannt. Der Zugang beruhte darauf, daß der Ansatz (1.1.25) für alle Belegungen die Differentialgleichung in Ω^+ erfüllt. Diesen Zugang zur Lösung einer Differentialgleichung nennt man *Potentialansatzmethode* oder *indirekte Formulierung.*

In Verallgemeinerung dieser Vorgehensweise stellen wir fest, daß jede Ableitung der Form

$$k(\mathbf{x},\mathbf{y}) = \sum_{\nu,\mu} c_{\nu,\mu}(\mathbf{y})\, \partial_{\mathbf{x}}^{\nu} \partial_{\mathbf{y}}^{\nu} G(\mathbf{x}-\mathbf{y})$$

für $\mathbf{x} \in \Omega^+$ und $\mathbf{y} \in \Gamma$ die Laplace-Gleichung $\Delta_{\mathbf{x}} k(\mathbf{x},\mathbf{y}) = 0$ erfüllt und damit das mit k gebildete Potential.

Für die Innenraumaufgabe mit Dirichletschen Randbedingungen stellen wir den Doppelschichtpotentialansatz vor. Wiederum kann das Poisson-Problem mit Hilfe des Newtonschen Potentials in die Laplace-Gleichung transformiert werden:

$$\begin{aligned} \Delta\Phi_0 &= 0 \quad \text{in } \Omega^-, \\ \Phi_0 &= \tilde{g}_D \quad \text{auf } \Gamma \end{aligned}$$

mit $\tilde{g}_D = g_D - N\,|_{\Gamma}$. Wir setzen

$$k(\mathbf{x},\mathbf{y}) = \langle \mathbf{n}(\mathbf{y}), \nabla_{\mathbf{y}} G(\mathbf{x}-\mathbf{y})\rangle = -\frac{\langle \mathbf{n}(\mathbf{y}), \mathbf{y}-\mathbf{x}\rangle}{4\pi \|\mathbf{y}-\mathbf{x}\|^3} \tag{1.1.27}$$

und bilden damit das Doppelschichtpotential

$$D(\theta)(\mathbf{x}) := \int_\Gamma k(\mathbf{x},\mathbf{y})\,\theta(\mathbf{y})\, d\Gamma_{\mathbf{y}} \qquad \text{für alle } \mathbf{x} \in \mathbb{R}^3 \backslash \Gamma.$$

Wiederum läßt sich für $\mathbf{x} \in \mathbb{R}^3\backslash\Gamma$ und $\mathbf{y} \in \Gamma$ die Differentiation mit der Integration vertauschen und wir erhalten $\Delta D(\theta) = 0$ in Ω^-. Falls die unbekannte Belegung $\theta : \Gamma \to \mathbb{C}$ so gewählt werden kann, daß

$$\lim_{\mathbf{x}\to\mathbf{x}_0} D(\theta)(\mathbf{x}) = \tilde{g}_D(\mathbf{x}_0), \qquad \text{für alle } \mathbf{x}_0 \in \Gamma \tag{1.1.28}$$

gilt, löst $\Phi = N + D(\theta)$ das Innenraumproblem (1.1.13). Wir werden in Kapitel 3 zeigen, daß sich $D(\theta)$ stetig vom Innengebiet auf den Rand fortsetzen läßt. Die Fortsetzung besitzt für genügend glatte Ränder die Darstellung:

$$-\frac{1}{2}\theta(\mathbf{x}) + K(\theta)(\mathbf{x}) \qquad \mathbf{x} \in \Gamma \tag{1.1.29}$$

mit dem Randintegraloperator (k wie in (1.1.27))

$$K(\theta)(\mathbf{x}) := \int_\Gamma k(\mathbf{x},\mathbf{y})\,\theta(\mathbf{y})\, d\Gamma_{\mathbf{y}}, \qquad \text{für alle } \mathbf{x} \in \Gamma. \tag{1.1.30}$$

Indem die Darstellung (1.1.30) in (1.1.29) und dann in (1.1.28) einsetzt, erhält man die Randintegralgleichung:

$$-\frac{1}{2}\theta(\mathbf{x}) + K(\theta)(\mathbf{x}) = \tilde{g}_D(\mathbf{x}), \qquad \text{für alle } \mathbf{x} \in \Gamma \tag{1.1.31}$$

zur Bestimmung der unbekannten Belegung $\theta : \Gamma \to \mathbb{C}$. Die Integralgleichung (1.1.31) ist auf Γ definiert ($\mathbf{x}, \mathbf{y} \in \Gamma$ und $\theta, \tilde{g}_D : \Gamma \to \mathbb{C}$) und ist daher wiederum eine Randintegralgleichung. Da die unbekannte Funktion θ sowohl unter dem Integranden als auch außerhalb des Integranden auftritt, wird die Gleichung (1.1.31) eine Randintegralgleichung *zweiter Art* genannt.

Falls die Oberfläche genügend glatt ist, existiert das Integral in (1.1.30) als uneigentliches Riemann-Integral.

In Kapitel 3 werden weitere Möglichkeiten angegeben, auch allgemeinere elliptische Differentialgleichungen mit allgemeineren Randbedingungen in Randintegralgleichungen zu transformieren.

1.2 Numerik von Randintegralgleichungen

In Kapitel 4-6 wird die Numerik der Randintegralgleichungen behandelt. In erster Linie werden Galerkin-Randelementmethoden zur Diskretisierung betrachtet und Alternativen, wie Kollokationsverfahren, in Beispielen behandelt.

1.2.1 Galerkin-Verfahren

In Kapitel 4 wird die Galerkin-Randelementmethode in ihrer ursprünglichen Form betrachtet.

Ausgangspunkt für das Galerkin-Verfahren ist ein endlichdimensionaler Teilraum S des Funktionenraums H, der die kontinuierliche Lösung der Randintegralgleichung enthält. Als Beispiel betrachten wir die Randintegralgleichung (1.1.26) zum Einfachschichtpotential. Die Konstruktion des Randelementraums S basiert auf einer Zerlegung des Randes Γ von Ω in nichtüberlappende Paneele die zur Paneelierung $\mathcal{G}$ von Γ zusammengefasst werden. Für ein Paneel $\tau \in \mathcal{G}$ bezeichnet $b_\tau : \Gamma \to \mathbb{R}$ die charakteristische Funktion auf τ. Der Raum S ist die lineare Hülle der Basisfunktionen $(b_\tau)_{\tau\in\mathcal{G}}$

$$S := \operatorname{span}\{b_\tau : \tau \in \mathcal{G}\}. \tag{1.2.1}$$

Die Dimension von S wird mit $N := \dim S$ bezeichnet. Jede Funktion $\sigma \in S$ ist eindeutig bestimmt durch den Koeffizientenvektor $(\sigma_\tau)_{\tau\in\mathcal{G}} \in \mathbb{R}^N$ bezüglich der Basisdarstellung: $\sigma = \sum_{\tau\in\mathcal{G}} \sigma_\tau b_\tau$.

Im allgemeinen kann man nicht erwarten, daß die Randintegralgleichung (1.1.26) eine Lösung in S besitzt. Da jede Funktion S durch N *Freiheitsgrade* bestimmt ist, können im allgemeinen lediglich N Bedingungen zur Bestimmung des Koeffizientenvektors $(\sigma_\tau)_{\tau\in\mathcal{G}}$ gestellt werden.

Für das Galerkin-Verfahren wird die Gleichung (1.1.26) mit den Basisfunktionen b_τ multipliziert und über den Rand Γ integriert. Die Gleichungen zur Bestimmung der Galerkin-Lösung lauten: Finde $\sigma_S \in S$ mit

$$\int_\Gamma V(\sigma_S)\, b_\tau ds = \int_\Gamma \tilde{g}_D b_\tau ds \qquad \forall \tau \in \mathcal{G}. \tag{1.2.2}$$

In Kapitel 4 wird gezeigt, unter welchen Voraussetzungen sich die Existenz- und Eindeutigkeitsaussagen für die kontinuierlichen Randintegralgleichungen auf die Galerkin-Gleichungen übertragen.

Genauso wichtig für die Bewertung des Verfahrens ist die Frage nach der Konvergenz und deren Geschwindigkeit. Wir werden zeigen, daß unter geeigneten Voraussetzungen die

Galerkin-Lösung für hinreichend feines Oberflächengitter $\mathcal{G}$ quasi-optimal konvergiert: Es existiert eine Konstante C die unabhängig von der rechten Seite ist, so daß

$$\|\sigma - \sigma_S\|_E \leq C \operatorname{dist}(\sigma, S) \quad \text{mit} \quad \operatorname{dist}(\sigma, S) := \inf_{\theta \in S} \|\sigma - \theta\|_E \tag{1.2.3}$$

gilt. Die Größe $\operatorname{dist}(\sigma, S)$ hängt dabei nur von der Regularität der Lösung σ ab, von der gewählten Norm $\|\cdot\|_E$ und vom Randelementraum S ab.

Die Quasioptimalität des Galerkin–Verfahrens -darunter versteht man die Fehlerabschätzung (1.2.3)- wird unter geeigneten Voraussetzungen in Kapitel 4 bewiesen.

Um die Größe $\operatorname{dist}(\sigma, S)$ abzuschätzen, muß die Regularität der kontinuierlichen Lösung σ analysiert werden. Abhängig von der Glattheit der Randes Γ und der rechten Seite $\tilde{g}_D$ läßt sich zeigen, daß die Lösung $\sigma \in H$ in einem *glatteren* Raum $W \subset H$ liegt.

Als Parameter zur Beschreibung der Konvergenzgeschwindigkeit verwenden wir die Dimension N des Randelementraums und wollen die Größe $\operatorname{dist}(\sigma, S)$ in Abhängigkeit von N abschätzen. Die Kombination der Regularität der Lösung mit der *Approximationseigenschaft* des Randelementraums führt auf die Fehlerabschätzung

$$\operatorname{dist}(\sigma, S) \leq CN^{-\alpha} \|\sigma\|_W ,$$

wobei $\alpha > 0$ die *Konvergenzrate* bezeichnet, die von W und S abhängt. Insgesamt ergibt sich damit

$$\|\sigma - \sigma_S\|_E \leq CN^{-\alpha} \|\sigma\|_W . \tag{1.2.4}$$

1.2.2 Effiziente Verfahren zur Lösung der Galerkin-Gleichungen

Die Galerkin-Lösung ist durch die Gleichungen (1.2.2) vollständig definiert. Allerdings geben diese Gleichungen auf den ersten Blick wenig Anhaltspunkte, wie diese effizient zu lösen sind. Da auf dem Computer keine kontinuierlichen (Randelement-) funktionen sondern lediglich reelle Zahlen berechnet werden können, überführen wir (1.2.2) in ein lineares Gleichungssystem für den Koeffizientenvektor $(\sigma_\tau)_{\tau \in \mathcal{G}}$. Setzen wir den Ansatz

$$\sigma_S = \sum_{\tau \in \mathcal{G}} \sigma_\tau b_\tau \tag{1.2.5}$$

in (1.2.2) ein und verwenden die Linearität des Operators V, ergibt sich

$$\sum_{t \in \mathcal{G}} \sigma_t \int_\Gamma V(b_t)\, b_\tau ds = \int_\Gamma \tilde{g}_D b_\tau ds \qquad \forall \tau \in \mathcal{G}.$$

Wir definieren die Systemmatrix $\mathbf{V} := (\mathbf{V}_{\tau,t})_{\tau,t \in \mathcal{G}}$ durch $\mathbf{V}_{\tau,t} := \int_\Gamma V(b_t)\, b_\tau ds$ für $\tau, t \in \mathcal{G}$ und den Vektor $\mathbf{g} := (\mathbf{g}_\tau)_{\tau \in \mathcal{G}}$ durch $\mathbf{g}_\tau := \int_\Gamma \tilde{g}_D b_\tau ds$ für alle $\tau \in \mathcal{G}$ und erhalten ein lineares Gleichungssystem für den Koeffizientenvektor $(\sigma_\tau)_{\tau \in \mathcal{G}}$

$$\mathbf{V}\sigma = \mathbf{g}. \tag{1.2.6}$$

Die Galerkin-Lösung σ_S ergibt sich aus der Lösung σ mittels (1.2.5). Um die Galerkin-Lösung effizient zu berechnen, ist es daher notwendig, problemangepaßte Quadraturmethoden zur Berechnung der Einträge der Systemmatrix und schnelle Verfahren zur Auflösung dieses Gleichungssystems zu entwickeln.

1.2.2.1 Quadraturverfahren

Im Fall der Basisfunktionen b_τ aus (1.2.1) sind die Matrixeinträge für $\mathbf{V}$ durch die Integrale

$$\mathbf{V}_{\tau,t} := \int_{\tau\times t} \frac{1}{4\pi \|\mathbf{x}-\mathbf{y}\|} ds_{\mathbf{x}} ds_{\mathbf{y}} \tag{1.2.7}$$

definiert. Für $\tau = t$ sind diese Integrale singulär für $\mathbf{x} = \mathbf{y}$, und es müssen spezielle Quadraturverfahren zu deren Approximation entwickelt werden. Diese sind eine Kombination aus *regularisierenden* Koordinatentransformationen und Gaußschen Quadratur-Formeln. Wir illustrieren die Idee der Koordinatentransformation an Hand des einfachen Beispiels der Integration eines Integranden mit charakteristischem singulären Verhalten über dem Dreieck $\hat{\tau}$ mit Ecken $(0,0)^\intercal$, $(1,0)^\intercal$, $(1,1)^\intercal$

$$I := \int_0^1 \int_0^{x_1} \frac{f(x_1,x_2)}{\sqrt{x_1^2+x_2^2}} dx_2 dx_1.$$

Die Transformation $(\xi_1, \xi_1) = (\eta_1, \eta_1\eta_2)$ bildet die (η_1,η_2)-Koordinaten auf dem Einheitsquadrat $(0,1)^2$ auf das Dreieck $\hat{\tau}$ ab. Daraus folgt mit der Determinante der Jacobi-Matrix $\det J(\eta_1,\eta_2) = \eta_1$ die Darstellung

$$I = \int_0^1 \int_0^1 \eta_1 \frac{f(\eta_1,\eta_1\eta_2)}{\sqrt{\eta_1^2+\eta_1^2\eta_2^2}} d\eta_2 d\eta_1 = \int_0^1 \int_0^1 \frac{f(\eta_1,\eta_1\eta_2)}{\sqrt{1+\eta_2^2}} d\eta_2 d\eta_1.$$

Der Integrand im letzten Integral ist glatt für glatte Funktionen f, und das Integral läßt sich mit Hilfe von Gaußschen Quadraturformeln approximieren.

In Kapitel 5 werden diese *Duffy-Koordinaten* (vgl. [37]) auf Paare $\tau \times t$ von Paneelen verallgemeinert.

Die Approximation der Einträge der Systemmatrix mittels Quadraturverfahren führt auf ein gestörtes lineares Gleichungssystem

$$\tilde{\mathbf{V}}\tilde{\sigma} = \mathbf{g} \tag{1.2.8}$$

und eine gestörte Galerkin-Lösung $\tilde{\sigma}_S = \sum_{\tau\in\mathcal{G}} \tilde{\sigma}_\tau b_\tau$. Die Konsistenz- und Stabilitätsanalyse dieser Störung erlaubt es, die Quadratur*ordnung* so zu wählen, daß die Konvergenzordnung α in (1.2.4) der ungestörten Galerkin-Lösung erhalten bleibt. Im zweiten Teil des Kapitels 5 wird dieser Einfluß analysiert.

1.2.2.2 Lösen des linearen Gleichungssystems

In Kapitel 6 werden effiziente Verfahren zur Lösung des linearen Gleichungssystems (1.2.8) behandelt und deren Konvergenz analysiert.

Für hohe Dimension $N = \dim S$ des Randelementraums scheiden direkte Verfahren wie die LR-Zerlegung zur Lösung des linearen Gleichungssystems aus, da deren Aufwand kubisch mit der Dimension N wächst. Stattdessen sollten iterative Verfahren eingesetzt werden. Das Konvergenzverhalten klassischer iterativer Verfahren wird von der Kondition der Matrix $\mathbf{V}$ bestimmt. Die hier betrachteten Integralgleichungen lassen sich in drei Typen einteilen:

1. Gleichungen mit unsymmetrischen Systemmatrizen und beschränkter Konditionszahl,

2. Gleichungen mit symmetrisch, positiv definiten Systemmatrizen und einer Konditionszahl, welche mit der Dimension des Randelementraums wie $N^{1/2}$ wächst. Der zu Grunde liegende Randintegraloperator ist glättend, d.h., die Differenzierbarkeitsordnung des Bildes einer Funktion ist um eine Ordnung höher als das Urbild.

3. Wie in 2.) aber der Randintegraloperator ist differenzierend, d.h., die Differenzierbarkeitsordnung des Bildes einer Funktion ist um eine Ordnung niedriger als das Urbild.

Für Gleichungssysteme vom Typ 1 lassen sich die Verfahren der minimalen Residuen -das sind Varianten des CG-Verfahrens für unsymmetrische Matrizen- zur Lösung einsetzen. Die Anzahl der Iterationen, um eine vorgegebene Fehlertoleranz zu erreichen, ist unabhängig von der Dimension N.

Für Gleichungssysteme vom Typ 2 und 3 lassen sich CG-Verfahren einsetzen. In beiden Fällen werden wir zeigen, daß die Anzahl der Iterationen, um eine vorgegebene Fehlertoleranz zu erreichen, mit der Dimension des Gleichungssystems wie $N^{1/4}$ wächst.

Da die Gleichungen vom Typ 3 differenzierend wirken, sind sie eng verwandt mit Finite-Elemente-Diskretisierungen elliptischer Randwertprobleme. Die dort eingesetzen Mehrgitterverfahren lassen sich für Randintegralgleichungen vom Typ 3 verallgemeinern. In Kapitel 6 werden wir beweisen, daß die Anzahl der Mehrgitteriterationen, um eine vorgegebene Genauigkeitstoleranz zu erreichen, unabhängig von N ist.

1.2.2.3 Panel-Clustering

Der Aufwand für die Lösung des linearen Gleichungssystems (1.2.6) mit iterativen Verfahren ist das Produkt aus der Anzahl der Iterationen mit dem Aufwand pro Iteration. Falls die in Kapitel 6 eingeführten Iterationsverfahren eingesetzt werden, ergibt sich das Dilemma, daß die Anzahl der Iterationen zwar nahezu unabhängig von der Dimension des Gleichungssystems ist; der Aufwand pro Iteration jedoch quadratisch in N wächst. Das liegt daran, daß die Systemmatrix für Integraloperatoren im allgemeinen vollbesetzt ist (vgl. 1.2.7).

In Kapitel 7 wird die Panel-Clustering-Methode behandelt, mit deren Hilfe eine Matrix-Vektor-Multiplikation approximativ berechnet werden kann und deren Aufwand proportional zu $O(N \log^{\kappa} N)$ ist für $\kappa \approx 4-6$.

Die Idee wollen wir hier an Hand eines einfachen Modellproblems erklären. Wir nehmen dazu an, die Kernfunktion sei degeneriert, das heißt

$$k(\mathbf{x}, \mathbf{y}) = \sum_{i=1}^{m} \Phi_i(\mathbf{x}) \Psi_i(\mathbf{y}) \tag{1.2.9}$$

für geeignete Funktionen $(\Phi_i)_{i=1}^m$ und $(\Psi_i)_{i=1}^m$ mit $m \ll N$. Dann sind die Koeffizienten der Systemmatrix des zugehörigen Randintegraloperators durch

$$\begin{aligned}
\mathbf{V}_{\tau,t} &:= \int_\Gamma \int_\Gamma k(\mathbf{x}, \mathbf{y}) \, b_\tau(\mathbf{x}) \, b_t(\mathbf{y}) \, ds_{\mathbf{x}} ds_{\mathbf{y}} \\
&= \sum_{i=1}^{m} \left(\int_\Gamma \Phi_i(\mathbf{x}) \, b_\tau(\mathbf{x}) \, ds_{\mathbf{x}} \right) \left(\int_\Gamma \Psi_i(\mathbf{y}) \, b_t(\mathbf{y}) \, ds_{\mathbf{y}} \right)
\end{aligned}$$

gegeben. Auch diese Matrix ist im allgemeinen vollbesetzt, jedoch läßt sie sich mit Hilfe von $O(N)$ Größen speichern und mit einem Vektor mit einem Aufwand von $O(N)$ arithmetischen Operationen multiplizieren. Dazu definieren wir die Koeffizienten

$$\mathbf{L}_{i,\tau} := \int_\Gamma \Phi_i(\mathbf{x})\, b_\tau(\mathbf{x})\, ds_\mathbf{x} \quad \text{und} \quad \mathbf{R}_{i,\tau} := \int_\Gamma \Psi_i(\mathbf{y})\, b_\tau(\mathbf{y})\, ds_\mathbf{y} \qquad \forall \tau \in \mathcal{G} \quad \forall 1 \leq i \leq m.$$

Da der Träger der Basisfunktionen b_τ lediglich aus dem Paneel τ besteht, reduziert sich die Integration über Γ auf das Paneel τ. Falls die Funktionen Φ_i und Ψ_i hinreichend glatt sind, ist die Annahme, daß jede der Zahlen $\mathbf{L}_{i,\tau}$, $\mathbf{R}_{i,\tau}$ mit einem Aufwand von $O(1)$ arithmetischen Operationen -unabhängig von N- berechnet werden kann, gerechtfertigt. Der Gesamtrechenaufwand zur Berechnung aller Größen beträgt daher $O(N)$.

Eine Matrix-Vektor-Multiplikation $\theta = \mathbf{V}\sigma$ läßt sich dann wie folgt berechnen:

1. Berechne die Hilfsgrößen $\gamma_i := \sum_{\tau \in \mathcal{G}} \mathbf{R}_{i,\tau} \sigma_\tau$ für $1 \leq i \leq m$ mit einem arithmetischen Aufwand von $O(N)$ Operationen.

2. Berechne θ gemäß $\theta_\tau := \sum_{i=1}^m \gamma_i \mathbf{L}_{i,\tau}$ für alle $\tau \in \mathcal{G}$. Aufwand: $O(N)$ arithmetische Operationen.

Da es zur iterativen Lösung linearer Gleichungssysteme häufig genügt, ein Unterprogramm zur Berechnung einer Matrix-Vektor-Multiplikation zur Verfügung zu haben und höchstens $O(N)$ Matrixeinträge (beispielsweise die Diagonalelemente für das Jacobi-Verfahren) benötigt werden, haben wir mit diesen Überlegungen für degenerierte Kernfunktionen gezeigt, daß es genügt, $O(N)$ `real`-Zahlen zu berechnen, um damit eine Matrix-Vektor-Multiplikation mit einem Aufwand $O(N)$ auswerten zu können.

Wir betonen hier, daß die Kernfunktionen für Integralgleichungen im allgemeinen nicht degeneriert sind, sondern der Ansatz 1.2.9 verallgemeinert werden muß. Die Matrix-Vektor-Multiplikation wird für den allgemeinen Fall lediglich approximiert, und der Einfluß dieser zusätzlichen Störung auf die Galerkin-Lösung wird in Kapitel 7 ebenfalls analysiert werden.

Kapitel 2

Elliptische Differentialgleichungen

Integralgleichungen treten in vielen physikalischen Anwendungen auf. Eine der wichtigsten besteht in der Lösung elliptischer Differentialgleichungen. Diese lassen sich in Integralgleichungen transformieren und dann mit Hilfe der Randelementmethode numerisch lösen. Das Thema dieses Kapitels ist die Formulierung und Analyse elliptischer Randwertprobleme.

2.1 Funktionalanalytische Grundlagen

Wir stellen hier einige Grundlagen aus der Funktionalanalysis zusammen, auf die später immer wieder zurückgegriffen wird. Dies ist keine Einführung in Funktionalanalysis - wir zitieren vieles oder geben kurze Beweisskizzen, wenn dadurch Zusammenhänge klarer werden. Die Darstellung lehnt sich an das Buch [65, Kapitel 6] an. Eine ausführliche Einführung in die lineare Funktionalanalysis ist beispielsweise in [1] gegeben.

2.1.1 Banach- und Hilbert-Räume

2.1.1.1 Normierte Räume

Wir bezeichnen mit X einen normierten, linearen Raum über dem Koeffizientenkörper $\mathbb{K} \in \{\mathbb{R}, \mathbb{C}\}$. Eine Norm $\|\cdot\| : X \to [0, \infty)$ ist eine Abbildung mit

$$\forall x \in X : \|x\| = 0 \Longrightarrow x = 0\,, \tag{2.1.1a}$$

$$\forall \lambda \in \mathbb{K} : \|\lambda x\| = |\lambda|\,\|x\|\,, \tag{2.1.1b}$$

$$\forall x, y \in X : \|x + y\| \leq \|x\| + \|y\|\,. \tag{2.1.1c}$$

Die Schreibweise $\|\cdot\|_X$ wird verwendet, wenn der Raum X nicht aus dem Zusammenhang klar ist. Das Paar $(X, \|\cdot\|)$ heißt normierter Raum.

Mit $\|\cdot\|_X$ ist auf X eine Topologie definiert: Eine Teilmenge $A \subset X$ ist offen, wenn für alle $x \in A$ ein $\varepsilon > 0$ existiert mit $K_\varepsilon(x) := \{y \in X : \|x - y\|_X < \varepsilon\} \subset A$. Für eine Folge $(x_n)_n \subset X$ schreiben wir $x_n \to x$, wenn

$$x = \lim_{n\to\infty} x_n \Longleftrightarrow \lim_{n\to\infty} \|x - x_n\|_X = 0.$$

Bemerkung 2.1.1 *Jede Norm $\|\cdot\| : X \to [0, \infty)$ ist stetig, denn aus (2.1.1c) folgt die umgekehrte Dreiecksungleichung*

$$\forall x, y \in X : \; \left|\|x\| - \|y\|\right| \leq \|x - y\|\,. \tag{2.1.2}$$

Auf X können mehrere Normen definiert werden. Zwei Normen $\|\cdot\|_1$, $\|\cdot\|_2$ auf X sind **äquivalent** genau dann, wenn

$$\exists C > 0: \quad C^{-1}\|x\|_1 \leq \|x\|_2 \leq C\|x\|_2 \qquad \forall x \in X. \tag{2.1.3}$$

Äquivalente Normen induzieren die gleiche Topologie auf X.

2.1.1.2 Lineare Operatoren

Seien X bzw. Y normierte Räume mit Normen $\|\cdot\|_X$ bzw. $\|\cdot\|_Y$. Eine lineare Abbildung $T: X \to Y$ heißt Operator; ein Operator $T: X \to Y$ heißt **beschränkt**, falls

$$\|T\|_{Y \leftarrow X} := \sup\left\{\|Tx\|_Y / \|x\|_X : \; 0 \neq x \in X\right\} < \infty. \tag{2.1.4}$$

Hier ist $\|T\|_{Y \leftarrow X}$ die **Operatornorm**. Die Menge der beschränkten linearen Operatoren $T: X \to Y$ wird mit $L(X, Y)$ bezeichnet und bildet mit

$$(T_1 + T_2)x := T_1 x + T_2 x, \; (\lambda T_1)x = T_1(\lambda x), \; \lambda \in \mathbb{K} \tag{2.1.5}$$

einen normierten, linearen Raum $(L(X,Y), \|\cdot\|_{Y\leftarrow X})$. Ist $X = Y$, schreiben wir $L(X)$ statt $L(X,X)$. $L(X)$ ist eine Algebra, wenn

$$\forall T_1, T_2 \in L(X,X): \; (T_1 T_2)x := T_1(T_2 x)$$

gesetzt ist. Für einen normierten Raum X bezeichnet $I_X \in L(X)$ die Identität auf X. Eine Abbildung $T^{-1} \in L(Y,X)$ ist die **Inverse** der Abbildung $T \in L(X,Y)$, falls $TT^{-1} = I_Y$ und $T^{-1}T = I_X$ gilt.

Übungsaufgabe 2.1.2 *(a) Für alle $x \in X$ und $T \in L(X,Y)$ gilt*

$$\|Tx\|_Y \leq \|T\|_{Y\leftarrow X}\|x\|_X. \tag{2.1.6}$$

(b) Für $T_1 \in L(Y,Z)$, $T_2 \in L(X,Y)$ gilt $T_1T_2 \in L(X,Z)$ und

$$\|T_1T_2\|_{Z\leftarrow X} \leq \|T_1\|_{Z\leftarrow Y}\|T_2\|_{Y\leftarrow X}. \tag{2.1.7}$$

Definition 2.1.3 *Die Folge $(T_n)_n \subset L(X,Y)$ konvergiert gegen T, wenn*

$$T_n \to T \iff \|T - T_n\|_{Y\leftarrow X} \to 0 \;\; \textit{für} \;\; n \to \infty.$$

Sie konvergiert punktweise gegen T, falls

$$\forall x \in X: \; \|T_n x - Tx\|_Y \to 0 \;\; \textit{für} \;\; n \to \infty.$$

2.1.1.3 Banach-Räume

Die Folge $\{x_n\} \subset X$ ist **Cauchy-konvergent**, falls $\sup\{\|x_n - x_m\|_X : n, m \geq k\} \to 0$ für $k \to \infty$. X heißt **vollständig**, falls alle Cauchy-Folgen gegen ein $x \in X$ konvergieren. Ein vollständiger, normierter linearer Raum heißt **Banach-Raum**.

Proposition 2.1.4 *Sei X ein normierter Raum und Y ein Banach-Raum. Dann ist $L(X,Y)$ ein Banach-Raum.*

Proposition 2.1.5 *Sei X ein Banach-Raum und $Z \subset X$ ein abgeschlossener Unterraum. Der **Quotientenraum** X/Z besteht aus den Klassen $\tilde{x} := \{x + z : z \in Z\}$ für alle $x \in X$. Der Quotientenraum X/Z mit der Norm $\|\tilde{x}\| := \inf\{\|x+z\|_X : z \in Z\}$ ist ein Banach-Raum.*

Die Menge $A \subset X$ heißt dicht in X, falls für den Abschluß gilt $\overline{A} = X$. Genauer: Für alle $x \in X$ existiert eine Folge $(x_n)_n \subset A$ mit $x_n \to x$. Ist $(X, \|\cdot\|_X)$ normiert, aber nicht vollständig, so ist der Banach-Raum $(\tilde{X}, \|\cdot\|_{\tilde{X}})$ die **Vervollständigung** von X, falls X dicht in $\tilde{X}$ liegt, $\tilde{X}$ vollständig ist und $\|x\|_{\tilde{X}} = \|x\|_X$ für alle $x \in X$ gilt.

Der Banach-Raum X heißt **separabel**, falls eine abzählbare, dichte Teilmenge $A = \{a_n : n \in \mathbb{N}\} \subset X$ existiert.

Die Vervollständigung $\tilde{X}$ ist (bis auf Isomorphie) eindeutig bestimmt. Die stetige Fortsetzung eines linearen Operators $T \in L(X, Y)$ von einer dichten Teilmenge $X_0 \subset X$ auf X ist eindeutig bestimmt. Die Details finden sich in folgender Proposition.

Proposition 2.1.6 *Sei X_0 eine dichte Teilmenge von $(X, \|\cdot\|_X)$. Ein Operator $T_0 \in L(X_0, Y)$ mit*

$$\|T_0\|_{Y \leftarrow X_0} = \sup\{\|T_0 x\|_Y / \|x\|_X : 0 \neq x \in X_0\} < \infty$$

besitzt eine eindeutige Fortsetzung $T \in L(X, Y)$, welche den folgenden Bedingungen genügt:

1. *Für alle $x \in X_0$ gilt $Tx = T_0 x$.*

2. *Für alle Folgen $(x_n)_n \subset X_0$ mit $x_n \to x \in X$ gilt $Tx = \lim_{n\to\infty} T_0 x_n$.*

3. *$\|T\|_{Y \leftarrow X} = \|T_0\|_{Y \leftarrow X_0}$.*

Der folgende Satz und das Korollar ergeben sich aus dem Satz über die offene Abbildung (vgl. [1, Satz 6.6]).

Satz 2.1.7 *Seien X, Y Banach-Räume, $T \in L(X, Y)$ injektiv ($Tx = Ty \Longrightarrow x = y$) und surjektiv (für alle $y \in Y$ existiert ein $x \in X$ mit $Tx = y$). Dann existiert $T^{-1} \in L(Y, X)$.*

Korollar 2.1.8 *Seien X, Y Banach-Räume und $T \in L(X, Y)$ injektiv. Dann sind die folgenden Bedingungen äquivalent:*

a. *$Y_0 := \{Tx : x \in X\}$ mit $\|\cdot\|_Y$ ist ein abgeschlossener Teilraum von Y,*

b. *T^{-1} existiert auf Y_0 und $T^{-1} \in L(Y_0, X)$.*

2.1.1.4 Einbettungen

Seien X, Y Banach-Räume mit $X \subset Y$. Die Injektion (oder Einbettung) $I : X \to Y$ ist für alle $x \in X$ durch $Ix = x$ definiert und offensichtlich linear. Falls I beschränkt ist:

$$\forall x \in X : \; \|x\|_Y \leq C \|x\|_X \, , \tag{2.1.8}$$

gilt $I \in L(X, Y)$. Ist darüber hinaus X dicht in Y, so heißt X dicht und stetig eingebettet in Y.

2.1.1.5 Hilbert-Räume

Sei X ein Vektorraum. Eine Abbildung $(\cdot,\cdot) : X \times X \to \mathbb{K}$ heißt **Skalarprodukt** auf X, falls

$$(x,x) > 0 \ \ \forall x \in X \backslash \{0\} \,, \tag{2.1.9a}$$

$$(\lambda x + yz) = \lambda(x,z) + (y,z) \quad \forall \lambda \in \mathbb{K},\ x,y,z \in X \,, \tag{2.1.9b}$$

$$(x,y) = \overline{(y,x)} \quad \forall x,y \in X \,. \tag{2.1.9c}$$

Ein Banach-Raum $(X, \|\cdot\|_X)$ heißt **Hilbert-Raum**, falls ein Skalarprodukt auf X existiert, so daß $\|x\|_X = (x,x)^{1/2}$ für alle $x \in X$ gilt.

Weiter folgt aus (2.1.9) die Cauchy-Schwarzsche Ungleichung

$$|(x,y)| \leq \|x\| \ \|y\| \quad \forall x,y \in X. \tag{2.1.10}$$

Zwei Vektoren $x, y \in X$ sind **orthogonal**, falls $(x,y) = 0$ gilt, und wir schreiben $x \perp y$. Für $A \subset X$ ist $A^{\perp} := \{x \in X \mid \forall a \in A : (x,a) = 0\}$ ein abgeschlossener Teilraum von X.

Proposition 2.1.9 *Sei X ein Hilbert-Raum und $U \subset X$ ein abgeschlossener Teilraum. Dann ist $X = U \oplus U^{\perp}$, also:*

$$\forall x \in X : x = u + v,\ u \in U,\ v \in U^{\perp},\ \|x\|^2 = \|u\|^2 + \|v\|^2 \,.$$

2.1.2 Dualräume

2.1.2.1 Dualraum eines normierten, linearen Raumes

Sei X ein normierter, linearer Raum über $\mathbb{K} \in \{\mathbb{R}, \mathbb{C}\}$. Der Dualraum X' von X ist der Raum aller beschränkten, linearen Abbildungen (Funktionale)

$$X' = L(X, \mathbb{K}) \,.$$

X' ist ein Banach-Raum mit Norm

$$\|x'\|_{X'} := \|x'\|_{\mathbb{K} \leftarrow X} = \sup \{|x'(x)| / \|x\|_X : x \in X \backslash \{0\}\} \,. \tag{2.1.11}$$

Für $x'(x)$ schreibt man auch

$$\langle x, x' \rangle_{X \times X'} = \langle x', x \rangle_{X' \times X} = x'(x) \,, \tag{2.1.12}$$

wobei $\langle \cdot,\cdot \rangle_{X \times X'}$, $\langle \cdot,\cdot \rangle_{X' \times X}$ **Dualformen** oder **Dualitätspaarungen** heißen.

Lemma 2.1.10 *Sei $X \subset Y$ stetig und dicht eingebettet. Dann ist $Y' \subset X'$ stetig eingebettet.*

Beweis. Für $y' \in Y'$ folgt aus $X \subset Y$, daß y' auf X definiert ist. Daher gilt $Y' \subset X'$. Da $X \subset Y$ dicht ist, gilt nach (2.1.8)

$$\|y'\|_{Y'} = \sup_{x \in X \backslash \{0\}} \{|y'(x)| / \|x\|_Y\} \geq C^{-1} \sup_{x \in X \backslash \{0\}} \{|y'(x)| / \|x\|_X\} = C^{-1} \|y'\|_{X'}$$

und damit $\|y'\|_{X'} \leq C \|y'\|_{Y'}$. Damit ist die Einbettung $Y' \subset X'$ stetig. ■

Der **Bidualraum** X'' von X ist definiert als

$$X'' = L(X', \mathbb{K}) \,.$$

Es gilt im allgemeinen $X \subset X''$ mit strikter Inklusion. In vielen Fällen ist aber X isomorph zu X'', d.h., jedes $x'' \in X''$ kann mit einem $x \in X$ identifiziert werden. Wir schreiben $X \sim X''$. In diesem Fall heißt X **reflexiv**. Insbesondere sind alle Hilbert-Räume reflexiv.

2.1.2.2 Dualer Operator

Proposition 2.1.11 *Seien X, Y Banach-Räume, $T \in L(X,Y)$. Für $y' \in Y'$ definiert*

$$\langle Tx, y'\rangle_{Y\times Y'} = \langle x, x'\rangle_{X\times X'} \quad \forall x \in X \tag{2.1.14}$$

genau ein $x' \in X'$. Die Abbildung $y' \to x'$ ist linear und definiert den ***dualen Operator*** *$T' : Y' \to X'$ gemäß $T'y' = x'$. Es gilt weiter $T' \in L(Y', X')$ und*

$$\|T'\|_{X'\leftarrow Y'} = \|T\|_{Y\leftarrow X}\,. \tag{2.1.15}$$

Beweis. Die Beziehung (2.1.14) läßt sich in der Form $y'(Tx) = x'(x)$ bzw. $x' = y' \circ T$ schreiben. Aus $y' \in L(Y,\mathbb{K})$, $T \in L(X,Y)$ ergibt sich $x' \in L(X,\mathbb{K})$ (Übung 2.1.2). Gleichung (2.1.15) folgt aus

$$\begin{aligned}\|T'\|_{X'\leftarrow Y'} &= \sup_{y'\in Y'\backslash\{0\}} \{\|T'y'\|_{X'}/\|y'\|_{Y'}\} = \sup_{x\in X\backslash\{0\},y'\in Y'\backslash\{0\}} \{|\langle x, T'y'\rangle_{X\times X'}|/(\|x\|_X\,\|y'\|_{Y'})\}\\ &= \sup_{x\in X\backslash\{0\},y'\in Y'\backslash\{0\}} \{|\langle Tx, y'\rangle_{Y\times Y'}|/(\|x\|_X\,\|y'\|_{Y'})\}\\ &= \sup_{x\in X\backslash\{0\}} \{\|Tx\|_Y/\|x\|_X\} = \|T\|_{Y\leftarrow X}\,.\end{aligned}$$

■

Folgerung 2.1.12 *Für Operatoren $S \in L(X,Y)$, $T \in L(Y,Z)$ gilt*

i) $(TS)' = S'T'$,

ii) *S ist surjektiv $\Longrightarrow S' \in L(Y', X')$ ist injektiv.*

2.1.2.3 Adjungierter Operator

Sei X Hilbert-Raum über $\mathbb{K} \in \{\mathbb{R}, \mathbb{C}\}$. Für alle $y \in X$ ist

$$f_y(\cdot) := (\cdot, y)_X : X \to \mathbb{K}$$

stetig und linear: Es gilt $f_y(\cdot) \in X'$ und $\|f_y\|_{X'} = \|y\|_X$. Die Umkehrung ergibt sich aus dem Satz von Riesz.

Satz 2.1.13 (Rieszscher Darstellungssatz) *Sei X ein Hilbert-Raum. Für alle $f \in X'$ existiert genau ein $y_f \in X$ derart, daß*

$$\|f\|_{X'} = \|y_f\|_X \quad \text{und} \quad f(x) = (x, y_f)_X \qquad \forall x \in X.$$

Folgerung 2.1.14 *Sei X ein Hilbert-Raum und die Bezeichnungen wie in Satz 2.1.13.*

a) *Es existiert ein Isomorphismus $J_X \in L(X, X')$ mit $J_X y = f_y$, $J_X^{-1} f = y_f$. Die Abbildung J_X ist eine Isometrie: $\|J_X\|_{X'\leftarrow X} = \|J_X^{-1}\|_{X\leftarrow X'} = 1$.*

b) *X' ist ein Hilbert-Raum mit Skalarprodukt $(x', y')_{X'} := (J_X^{-1} x',\, J_X^{-1} y')_X$.*

c) *$\|x'\|_{X'}$ in (2.1.11) ist gleich $(x', x')_{X'}^{1/2}$.*

d) $X \cong X''$ mit $x(x') := x'(x)$ und man identifiziert X mit X''. Insbesondere: $J_{X'} = J_X^{-1}$, $J_X = (J_X)'$, $T'' = T$ für $T \in L(X,Y)$, falls $Y = Y''$ gilt und beides Hilbert-Räume sind.

e) X und X' lassen sich identifizieren. Dann gilt $X := X' \Longrightarrow J_X = I$.

Definition 2.1.15 *Seien X, Y Hilbert-Räume und $T \in L(X,Y)$. Der zu T adjungierte Operator ist durch $T^* := J_X^{-1} T' J_Y \in L(Y,X)$ gegeben.*

Es gilt

$$\|T\|_{Y \leftarrow X} = \|T^*\|_{X \leftarrow Y} \quad \text{und} \quad (Tx,y)_Y = (x, T^*y)_X \quad \forall x \in X, y \in Y. \tag{2.1.16}$$

Im allgemeinen stimmt der adjungierte Operator nicht mit dem dualen überein $T^* \neq T'$.

Proposition 2.1.16 *Es gilt $T^* = T'$ genau dann, wenn X' mit X und Y' mit Y identifiziert werden.*

Definition 2.1.17

a. $T \in L(X)$ ist selbstadjungiert, falls $T = T^*$.

b. $T \in L(X)$ ist eine Projektion, falls $T^2 = T$.

Proposition 2.1.18 *Sei $X_0 \subset X$ ein abgeschlossener Teilraum des Hilbert-Raumes X. Für $x \in X$ existiert genau ein $x_0(x) \in X_0$ mit*

$$\|x - x_0\|_X = \min\{\|x-y\|_X : y \in X_0\}. \tag{2.1.17}$$

Die Abbildung $x \to x_0 =: Px$ ist eine Orthogonalprojektion.

Beweis. Existenz und Eindeutigkeit: Die Zerlegung $x = x_0 + x_\perp$, $x_0 \in X_0$, $x_\perp \in X_0^\perp$ ist eindeutig. Wir zeigen, daß $y = x_0$ die rechte Seite in (2.1.17) minimiert. Für jedes $z \in X_0$ gilt unter Beachtung von $x_\perp \perp (x_0 - z)$

$$\begin{aligned} \|x-z\|_X^2 &= \|x - x_0 + x_0 - z\|_X^2 = \|x-x_0\|_X^2 - 2\,\mathrm{Re}\,(x-x_0, x_0-z)_X + \|x_0 - z\|_X^2 \\ &= \|x-x_0\|_X^2 + \|x_0-z\|_X^2 \geq \|x-x_0\|_X^2 . \end{aligned} \tag{2.1.18}$$

Damit ist x_0 ein Minimierer. Die Gleichheit in (2.1.18) gilt nur für $x_0 = z$ und das ergibt die Eindeutigkeit.

Projektionseigenschaft: Für $x \in X_0$ impliziert der erste Beweisteil $Px = x$ und damit $P^2 = P$.

Orthogonalität: Sei $P^\star \in L(X)$ der zu P adjungierte Operator. Für $x, y \in X$ mit $x_0 := Px$ und $y_0 = Py$ folgt $P = P^\star$ aus

$$(x, P^\star y)_X = (Px, y)_X = (x_0, y)_X = (x_0, y_0 + y_\perp)_X = (x_0, y_0)_X = (x_0 + x_\perp, y_0)_X = (x, Py)_X .$$

Die Behauptung ergibt sich aus: Für alle $y \in X_0$ gilt

$$(x - Px, y)_X = (x - Px, Py)_X = (P^\star x - P^\star Px, y)_X = \left(Px - P^2 x, y\right)_X = (Px - Px, y)_X = 0.$$

■

2.1.2.4 Gelfand-Dreier

In diesem Abschnitt bezeichnen V und U immer Hilbert-Räume mit stetiger und dichter Einbettung $V \subset U$.

Proposition 2.1.19 *Es ist*

$$U' \subset V' \text{ stetig und dicht eingebettet.} \tag{2.1.19}$$

Beweis. Die Stetigkeit der Einbettung $U' \subset V'$ folgt aus Lemma 2.1.10. Die Dichtheit der Einbettung folgt aus der Hilfsbehauptung: $(U')^{\perp} = \{0\}$ in V'. Zum Beweis wird ein $v' \in V' \backslash \{0\}$ gewählt und $u := J_V^{-1} v' \in V \subset U$ gesetzt. Die Funktion $u' := J_U u \in U' \subset V'$ erfüllt $u'(x) = (x,u)_U$ für alle $x \in U$. Die Wahl $x := u = J_V^{-1} v'$ liefert

$$(v', u')_{V'} = (J_V^{-1} v', J_V^{-1} u')_V = (u, J_V^{-1} u')_V = u'(u) = (u,u)_U > 0.$$

Daher existiert für alle $0 \neq v' \in V'$ ein $u' \in U'$ mit $(u', v')_{V'} \neq 0$. Damit folgt $(U')^{\perp} = \{0\} \subset V'$ und somit U' ist dicht in V'. ■

Mit der Identifizierung $U = U'$ erhalten wir den Gelfand-Dreier

$$V \subset U \subset V' \quad (V \subset U \text{ stetig und dicht}). \tag{2.1.20}$$

Proposition 2.1.20 *Im Gelfand-Dreier (2.1.20) sind auch V und U stetig und dicht in V' eingebettet.*

Bemerkung 2.1.21 *(a) Man kann in (2.1.20) auch $V = V'$ wählen und bekäme $U' \subset V' = V \subset U$. Für $U \neq V$ ist es unmöglich, gleichzeitig $U = U'$ und $V = V'$ zu setzen, da dann für $x, y \in U$ $x(y) = \langle y, x\rangle_{U \times U'} = (y,x)_U = (y,x)_V$ sein müsste. Für $U \neq V$ ist dies ein Widerspruch.*

(b) Wegen $U = U'$ kann $(x,y)_U$ auch als $\langle x, y\rangle_{U\times U'}$ aufgefasst werden. Für $x \in V \subset U$ ist $y(x) = \langle x, y\rangle_{V\times V'} = (x,y)_U$ für alle $y \in U \subset V'$. Analog ist $(x,y)_U = \langle x,y\rangle_{V'\times V}$ für $x \in U$, $y \in V$. Da $U \subset V'$ dicht und stetig ist, läßt sich $(\cdot,\cdot)_U$ stetig fortsetzen nach $V \times V'$ (bzw. $V' \times V$) zur Dualform $\langle\cdot,\cdot\rangle_{V\times V'}$ (bzw. $\langle\cdot,\cdot\rangle_{V'\times V}$).

2.1.2.5 Schwache Konvergenz

Der Satz von Bolzano-Weierstraß besagt, daß in $\mathbb{K} \in \{\mathbb{R}, \mathbb{C}\}$ jede beschränkte Folge mindestens einen Häufungspunkt besitzt. Diese Aussage gilt für Folgen in unendlichdimensionalen Funktionenräumen nur in abgeschwächter Form. Wir benötigen zunächst den Begriff der schwachen Konvergenz.

Definition 2.1.22 *Sei B ein Banach-Raum und B' der Dualraum. Eine Folge $(u_\ell)_{\ell\in\mathbb{N}}$ in B konvergiert* schwach *gegen ein Element $u \in B$, wenn*

$$\lim_{\ell\to\infty} \|f(u) - f(u_\ell)\|_{B'} = 0 \qquad \forall f \in B'.$$

Satz 2.1.23 *Der Banach-Raum B sei reflexiv und $(u_\ell)_{\ell\in\mathbb{N}}$ eine beschränkte Folge in B :*

$$\sup_{\ell\in\mathbb{N}_0} \|u_\ell\|_B \le C < \infty.$$

Dann existiert eine Teilfolge $\left(u_{\ell_j}\right)_{j\in\mathbb{N}}$ die schwach gegen ein $u \in B$ konvergiert.

Der Beweis findet sich beispielsweise in [75, Satz 60.6]. Um die schwache Konvergenz einer Folge $(u_\ell)_{\ell\in\mathbb{N}}$ gegen ein u von der üblichen (starken) Konvergenz zu unterscheiden, verwendet man die Schreibweise

$$u_\ell \rightharpoonup u.$$

2.1.3 Kompakte Operatoren

Definition 2.1.24 *Die Teilmenge $U \subset X$ des Banach-Raumes X heißt präkompakt [kompakt], falls jede Folge $(x_n)_{n\in\mathbb{N}} \subset U$ eine konvergente Teilfolge $(x_{n_i})_{i\in\mathbb{N}}$ enthält [mit $x = \lim_{i\to\infty} x_{n_i} \in U$].*

Definition 2.1.25 *Seien X, Y Banach-Räume. $T \in L(X,Y)$ heißt kompakt, falls $\{Tx : x \in X,\ \|x\|_X \le 1\}$ präkompakt in Y ist.*

Wir werden häufig Operatoren betrachten, die aus mehreren zusammengesetzt sind.

Lemma 2.1.26 *Seien X, Y, Z Banach-Räume, $T_1 \in L(X,Y)$, $T_2 \in L(Y,Z)$ und mindestens einer der Operatoren T_i sei kompakt. Dann ist auch $T = T_2T_1 \in L(X,Z)$ kompakt.*

Lemma 2.1.27 *$T \in L(X,Y)$ kompakt $\Longrightarrow T' \in L(Y',X')$ kompakt.*

Definition 2.1.28 *Sei Y ein Banach-Raum und $X \subset Y$ ein Unterraum mit stetiger Einbettung. Die Einbettung ist kompakt, falls die Injektion $I \in L(X,Y)$ kompakt ist, und wir schreiben $X \subset\subset Y$.*

Folgerung 2.1.29 *$X \subset\subset Y$, falls jede Folge $(x_i)_{i\in\mathbb{N}} \subset X$, $\|x_i\|_X \le 1$, eine in Y konvergente Teilfolge enthält.*

Lemma 2.1.30 *Sei $V \subset U \subset V'$ ein Gelfand-Dreier und die Einbettung $V \subset\subset U$ kompakt. Für $T \in L(V',V)$ sind die Einschränkungen $T \in L(V',V')$, $T \in L(U,U)$, $T \in L(V,V)$, $T \in L(V',U)$ und $T \in L(U,V)$ kompakt.*

Beweis. Nach Annahme ist die Einbettung $I \in L(V,U)$ kompakt, also auch $I \in L(U,V')$ (vgl. Lemma 2.1.27). $T \in L(U,V)$ ist die Komposition der (kompakten) Einbettung $I \in L(U,V')$ mit $T \in L(V',V)$ und daher ebenfalls kompakt (vgl. Lemma 2.1.26). ■

Bemerkung 2.1.31 *Für $dim(X) < \infty$ oder $dim(Y) < \infty$ ist $T \in L(X,Y)$ kompakt.*

Folgendes Lemma wird für die Existenzsätze für Variationsprobleme später benötigt.

Lemma 2.1.32 *Seien $X \subset Y \subset Z$ Banach-Räume mit stetiger Einbettung und $X \subset\subset Y$. Dann existiert für alle $\varepsilon > 0$ ein $C_\varepsilon > 0$ mit*

$$\forall x \in X:\ \|x\|_Y \le \varepsilon \|x\|_X + C_\varepsilon \|x\|_Z.$$

2.1.4 Fredholm-Riesz-Schauder-Theorie

Sei X ein Banach-Raum und $T \in L(X)$ ein kompakter Operator. Im folgenden Satz wird der Zusammenhang zwischen dem Spektrum

$$\sigma(T) := \{\lambda \in \mathbb{C} : (T - \lambda I)^{-1} \notin L(X)\} \tag{2.1.21}$$

und den Eigenwerten von T betrachtet.

Satz 2.1.33

i) Für alle $\lambda \in \mathbb{C}\backslash\{0\}$ gilt eine der Alternativen

a) $(T - \lambda I)^{-1} \in L(X, X)$ oder b) λ ist Eigenwert von T.

Äquivalent dazu sind die Alternativen: (a') Die Gleichung

$$Tx - \lambda x = y$$

hat für alle $y \in X$ genau eine Lösung $x \in X$. (b') Es gibt einen endlichdimensionalen Eigenraum

$$E(\lambda, T) = \text{kern}(T - \lambda I) \neq \{0\}, \quad d.h.$$

$$\forall 0 \neq x \in E(\lambda, T): \; Tx = \lambda x\,.$$

ii) $\sigma(T)$ besteht aus allen Eigenwerten von T und aus $\lambda = 0$, wenn $T^{-1} \notin L(X, X)$. Es gibt höchstens abzählbar viele Eigenwerte $\{\lambda_j\}$, die sich nur in Null häufen können.

iii)

$$\lambda \in \sigma(T) \Longleftrightarrow \overline{\lambda} \in \sigma(T'). \tag{2.1.22}$$

iv) Es gilt

$$\dim(E(\lambda, T)) = \dim(E(\overline{\lambda}, T')) < \infty\,. \tag{2.1.23}$$

v) Für $\lambda \in \sigma(T)\backslash\{0\}$ hat die Gleichung

$$(T - \lambda I)x = y$$

mindestens eine Lösung genau dann, wenn die Kompatibilitätsbedingung

$$\langle y, x' \rangle_{X \times X'} = 0 \quad \forall x' \in E(\overline{\lambda}, T') \tag{2.1.24}$$

erfüllt ist.

Das folgende Korollar ergibt sich direkt aus Satz 2.1.33 und wird für spätere Anwendungen eine wichtige Rolle spielen.

Korollar 2.1.34 *Sei X ein Banach-Raum und $T \in L(X)$ ein kompakter Operator. Dann ist äquivalent:*

$$I + T \text{ ist injektiv} \Longleftrightarrow I + T \text{ ist ein Isomorphismus.}$$

2.1.5 Bilinear- und Sesquilinearformen

Seien H_1, H_2 Hilbert-Räume mit Normen $\|\cdot\|_{H_1}$, $\|\cdot\|_{H_2}$ über $\mathbb{K}$. Eine Abbildung $a(\cdot,\cdot): H_1 \times H_2 \to \mathbb{K}$ heißt Sesquilinearform, falls

$$\forall u_1, u_2 \in H_1, v_1, v_2 \in H_2, \lambda \in \mathbb{K}: \quad \begin{aligned} a(u_1 + \lambda u_2, v_1) &= a(u_1, v_1) + \lambda a(u_2, v_1), \\ a(u_1, v_1 + \lambda v_2) &= a(u_1, v_1) + \overline{\lambda} a(u_1, v_2). \end{aligned} \tag{2.1.25}$$

Für eine Sesquilinearform $a: H \times H \to \mathbb{C}$ ist die adjungierte Sesquilinearform $a^*: H \times H \to \mathbb{C}$ durch

$$a^*(u,v) = \overline{a(v,u)} \qquad \forall u, v \in H \tag{2.1.26}$$

definiert. Sie ist *hermitesch*, wenn $a = a^*$ gilt.

Im Fall $\mathbb{K} = \mathbb{R}$ sprechen wir von einer Bilinearform. Die Bilinearform $a: H \times H \to \mathbb{R}$ heißt symmetrisch, falls

$$a(u,v) = a(v,u) \qquad \forall u, v \in H$$

gilt. Einen Operator $A \in L(H, H')$ nennen wir hermitesch, falls $A = A'$ gilt. Im Fall $\mathbb{K} = \mathbb{R}$ verwenden wir die Bezeichnung „symmetrisch“.

Eine Sesquilinearform $a(\cdot,\cdot): H_1 \times H_2 \to \mathbb{K}$ ist *stetig* (oder *beschränkt*), wenn ein $C < \infty$ existiert mit

$$|a(u,v)| \le C\|u\|_{H_1} \|v\|_{H_2} \quad \forall u \in H_1, v \in H_2. \tag{2.1.27}$$

Das kleinste C in (2.1.27) ist die Norm von $a(\cdot,\cdot)$, und wir schreiben

$$\|a\| := \sup_{u \in H_1 \setminus \{0\}} \sup_{v \in H_2 \setminus \{0\}} \frac{|a(u,v)|}{\|u\|_{H_1} \|v\|_{H_2}} \tag{2.1.28}$$

Wir können Sesquilinearformen mit linearen Operatoren identifizieren.

Lemma 2.1.35 *Seien H_1, H_2 Hilbert-Räume über $\mathbb{K}$.*

a) Zu jeder stetigen Sesquilinearform $a(\cdot,\cdot)$: $H_1 \times H_2 \to \mathbb{C}$ existiert genau ein $A \in L(H_1, H_2')$ derart, daß

$$a(u,v) = \langle Au, v\rangle_{H_2' \times H_2} \qquad \forall u \in H_1, v \in H_2. \tag{2.1.29}$$

Diese erfüllt

$$\|A\|_{H_2' \leftarrow H_1} \le \|a\|. \tag{2.1.30}$$

b) Seien S_1, S_2 dicht in H_1, H_2 und die Sesquilinearform $a(\cdot,\cdot)$ auf $S_1 \times S_2$ definiert. Es gelte (2.1.27). Dann ist $a(\cdot,\cdot)$ auf $H_1 \times H_2$ eindeutig stetig fortsetzbar und (2.1.27) gilt auf ganz $H_1 \times H_2$ mit derselben Konstante $C = \|a\|$.

Beweis. a) Für $u \in H_1$ definiert $\varphi_u(v) := a(u,v)$ ein lineares Funktional $\varphi_u(\cdot) \in H_2'$ mit $\|\varphi_u\|_{H_2'} \le C\|u\|_{H_1}$. Setze $Au := \varphi_u$ für alle $u \in H_1$. Dann gilt $\|Au\|_{H_2'} \le C\|u\|_{H_1}$, und es ergibt sich (2.1.30). Es folgt auch

$$\langle Au, v\rangle_{H_2' \times H_2} = \langle \varphi_u, v\rangle_{H_2' \times H_2} = \varphi_u(v) = a(u,v).$$

Sei umgekehrt $A \in L(H_1, H_2')$. Dann ist $a(u,v) := \langle Au, v\rangle_{H_2' \times H_2}$ eine Sesquilinearform mit

$$|\langle Au, v\rangle_{H_2' \times H_2}| \le \|Au\|_{H_2'} \|v\|_{H_2} \le \|A\|_{H_2' \leftarrow H_1} \|u\|_{H_1} \|v\|_{H_2}.$$

b) Nach Proposition 2.1.6 reicht für obiges Argument schon die Definition von A auf dichten Teilmengen $S_1 \subset H_1$, $S_2 \subset H_2$, um die Form $a(u,v)$ nach $H_1 \times H_2$ fortzusetzen, wobei dann $\langle Au, v\rangle_{H_2' \times H_2}$ die Fortsetzung bezeichnet. ∎

Der Operator A aus Lemma 2.1.35 wird der $a(\cdot,\cdot)$ zugeordnete Operator genannt.

Bemerkung 2.1.36 *Die Aussagen aus Lemma 2.1.35 übertragen sich sinngemäß auf Bilinearformen $a : H_1 \times H_2 \to \mathbb{R}$.*

Bemerkung 2.1.37 *Sei H ein Hilbert-Raum und $a : H \times H \to \mathbb{C}$ eine Sesquilinearform mit zugeordnetem Operator A. Die Aussagen (i) und (ii) sind äquivalent:*

i. $a(\cdot,\cdot)$ ist hermitesch.

ii. A ist hermitesch.

Übungsaufgabe 2.1.38 *Ist A der Form $a(\cdot,\cdot)$ zugeordnet, so ist A' der Form a^* zugeordnet. Ist $a(\cdot,\cdot)$ hermitesch, so ist $A = A'$.*

Eine Sesqui- bzw. Bilinearform $b(\cdot,\cdot) : H_1 \times H_2 \to \mathbb{C}$ heißt kompakt, wenn der ihr zugeordnete Operator $T \in L(H_1, H_2')$ mit $\langle Tu, v\rangle_{H_2' \times H_2} := b(u,v)$ kompakt ist.

Beispiel 2.1.39 *Seien $H_1 = H_2 = \mathbb{R}^n$ mit dem Skalarprodukt $(\mathbf{x},\mathbf{y}) = \sum_{i=1}^n \mathbf{x}_i \mathbf{y}_i$. Dann induziert jede Matrix $\mathbf{A} \in \mathbb{R}^{n\times n}$ vermöge $a(\mathbf{x},\mathbf{y}) = (\mathbf{A}\mathbf{x},\mathbf{y}) : \mathbb{R}^n \times \mathbb{R}^n \to \mathbb{R}$ eine Bilinearform. Die Form ist symmetrisch genau dann, wenn $\mathbf{A}$ symmetrisch ist, d.h., wenn $\mathbf{A}_{ij} = \mathbf{A}_{ji}$, $1 \le i,j \le n$.*

Beispiel 2.1.40 *Wir nennen eine Matrix $\mathbf{A} \in \mathbb{R}^{n\times n}$ positiv definit, falls sie symmetrisch ist und*

$$(\mathbf{A}\mathbf{x},\mathbf{x}) > 0 \qquad \forall \mathbf{x} \in \mathbb{R}^n \setminus \{0\}$$

gilt. Für positiv definite Matrizen wird durch $a(\mathbf{x},\mathbf{y}) := (\mathbf{A}\mathbf{x},\mathbf{y})$ ein Skalarprodukt auf $\mathbb{R}^n$ definiert.

2.1.6 Existenzsätze

Differential- und Integralgleichungen lassen sich häufig als *Variationsprobleme* formulieren. In diesem Unterkapitel werden wir abstrakte Variationsprobleme definieren und die Existenz und Eindeutigkeit von Lösungen unter geeigneten Voraussetzungen beweisen.

Seien dazu H_1, H_2 separable Hilbert-Räume, $a(\cdot,\cdot)$: $H_1 \times H_2 \to \mathbb{K}$ eine stetige Sesquilinearform und $\ell : H_2 \to \mathbb{K}$ ein stetiges, lineares Funktional. Wir betrachten das abstrakte Problem: Finde $u \in H_1$ mit

$$a(u,v) = \ell(v) \quad \forall v \in H_2 \,. \tag{2.1.31}$$

Die Form $a(\cdot,\cdot)$ erfüllt die *inf-sup-Bedingung*, falls

$$\inf_{u\in H_1\setminus\{0\}} \sup_{v\in H_2\setminus\{0\}} \frac{|a(u,v)|}{\|u\|_{H_1} \|v\|_{H_2}} \ge \gamma > 0, \tag{2.1.32a}$$

$$\forall v \in H_2 \setminus \{0\} : \sup_{u\in H_1\setminus\{0\}} |a(u,v)| > 0 \,. \tag{2.1.32b}$$

Satz 2.1.41 *Für jedes stetige, lineare Funktional $\ell \in (H_2)'$ sind die folgenden Aussagen äquivalent:*

(a) Das abstrakte Problem (2.1.31) besitzt eine eindeutige Lösung $u \in H_1$ und es gilt

$$\|u\|_{H_1} \leq \frac{1}{\gamma} \|\ell\|_{H_2'}.$$

(b) Die Sesquilinearform $a(\cdot,\cdot)$ erfüllt die inf-sup-*Bedingung (2.1.32).*

Beweis. Wir gehen in mehreren Schritten vor.

i) Wähle $u \in H_1$ beliebig. Dann ist das Funktional $\phi_u \in H_2'$, gegeben durch $\phi_u := a(u,\cdot)$, stetig und linear auf H_2, denn mit der Stetigkeit von $a(\cdot,\cdot) : H_1 \times H_2 \to \mathbb{K}$ folgt

$$|\phi_u(v)| = |a(u,v)| \leq \|a\| \, \|u\|_{H_1} \, \|v\|_{H_2} = C(a,u) \, \|v\|_{H_2}.$$

Sei A der mit $a(\cdot,\cdot)$ assoziierte Operator. Die Zuordnung $u \to \phi_u$ läßt sich damit gemäß $\phi_u = Au$ schreiben. Der Operator $A : H_1 \to H_2'$ ist stetig und linear, denn

$$\|Au\|_{H_2'} = \sup_{v \in H_2 \setminus \{0\}} \frac{|\phi_u(v)|}{\|v\|_{H_2}} \leq \|a\| \, \|u\|_{H_1} < \infty.$$

ii) Wir zeigen, daß das Bild von H_1 unter A in H_2' abgeschlossen ist. Es gilt für alle $u \in H_1$

$$\|Au\|_{H_2'} = \sup_{v \in H_2 \setminus \{0\}} \frac{|\phi_u(v)|}{\|v\|_{H_2}} = \sup_{v \in H_2 \setminus \{0\}} \frac{|a(u,v)|}{\|v\|_{H_2}} \overset{(2.1.32a)}{\geq} \gamma \|u\|_{H_1}.$$

Sei nun $(u_n)_n \subset H_1$ derart, daß $(Au_n)_n$ eine Cauchy-Folge in H_2 ist. Dann ist $(u_n)_n$ eine Cauchy-Folge in H_1, denn

$$\|Au_m - Au_n\|_{H_2'} = \|A(u_n - u_m)\|_{H_2'} \geq \gamma \|u_n - u_m\|_{H_1}.$$

Also ist das Bild von H_1 unter A abgeschlossen in H_2'.

iii) Wir behaupten $A(H_1) = H_2'$. Denn wäre das falsch, so hätten wir

$$A(H_1) = \overline{A(H_1)}^{\|\cdot\|_{H_2'}} \neq H_2',$$

und das Bild von H_1 unter A wäre ein abgeschlossener, echter Teilraum von H_2'. Nach dem Satz von Hahn-Banach (vgl. [1, Satz 4.1]) existiert dann ein $v_0 \in H_2'' \setminus \{0\}$ mit $v_0(r) = 0$ für alle $r \in A(H_1)$.

Da H_2 reflexiv ist, folgt $v_0 \in H_2 \cong H_2''$ und damit mit $r = Au$ die Gleichheit

$$0 = v_0(r) = r(v_0) = (Au)(v_0) = a(u, v_0) \quad \forall u \in H_1.$$

Dies ist ein Widerspruch zu (2.1.32b). Also gilt $A(H_1) = H_2'$ und damit ist $A : H_1 \to H_2'$ surjektiv. Somit besitzt (2.1.31) für alle $\ell \in H_2'$ eine eindeutige Lösung.

iv) Wir zeigen die a-priori-Abschätzung. Für jedes $\ell \in H_2'$ hat die Gleichung $Au = \ell$ genau eine Lösung $u_0 = A^{-1}\ell$, und es gilt

$$|a(u_0, v)| = |\ell(v)| \leq \|\ell\|_{H_2'} \|v\|_{H_2} \quad \forall v \in H_2 .$$

Also folgt

$$\begin{aligned} \|\ell\|_{H_2'} &= \sup_{v \in H_2 \backslash \{0\}} \tfrac{|a(u_0,v)|}{\|v\|_{H_2}} = \|u_0\|_{H_1} \sup_{v \in H_2 \backslash \{0\}} \tfrac{|a(u_0,v)|}{\|u_0\|_{H_1} \|v\|_{H_2}} \\ &\geq \|u_0\|_{H_1} \inf_{u \in H_1 \backslash \{0\}} \sup_{v \in H_2 \backslash \{0\}} \tfrac{|a(u,v)|}{\|u\|_{H_1} \|v\|_{H_2}} \\ &\geq \gamma \|u_0\|_{H_1} . \end{aligned}$$

■

Bemerkung 2.1.42 *Zu (2.1.32) äquivalent sind die adjungierten Bedingungen*

$$\inf_{v \in H_2 \backslash \{0\}} \sup_{u \in H_1 \backslash \{0\}} \frac{|a(u, v)|}{\|u\|_{H_1} \|v\|_{H_2}} \geq \gamma' > 0 \tag{2.1.33a}$$

$$\forall u \in H_1 \backslash \{0\} : \sup_{v \in H_2 \backslash \{0\}} |a(u, v)| > 0 . \tag{2.1.33b}$$

Beweis. (vgl. [65, Lemma 6.5.3])
1) (2.1.32) $\Longrightarrow$ (2.1.33).
Aus Bedingung (2.1.32a) folgt offensichtlich (2.1.33b). Wir zeigen im folgenden (2.1.33a). Sei $A : H_1 \to H_2'$ der mit $a(\cdot, \cdot)$ assoziierte Operator. Aus Satz 2.1.41 folgt

$$\|A^{-1}\|_{H_1 \leq H_2'} \leq 1/\gamma. \tag{2.1.34}$$

Proposition 2.1.11 führt zu $\|(A')^{-1}\|_{H_2 \leftarrow H_1'} \leq 1/\gamma$. Die linke Seite in (2.1.33a) bezeichnen wir mit I. Dann gilt

$$\begin{aligned} I &= \inf_{v \in H_2 \backslash \{0\}} \sup_{u \in H_1 \backslash \{0\}} \frac{\left|\langle Au, v\rangle_{H_2' \times H_2}\right|}{\|u\|_{H_1} \|v\|_{H_2}} = \inf_{v \in H_2 \backslash \{0\}} \sup_{u \in H_1 \backslash \{0\}} \frac{\left|\langle u, A'v\rangle_{H_1 \times H_1'}\right|}{\|u\|_{H_1} \|v\|_{H_2}} \\ &= \inf_{v' \in H_1' \backslash \{0\}} \| (A')^{-1} v'\|_{H_2}^{-1} \sup_{u \in H_1 \backslash \{0\}} \frac{\left|\langle u, v'\rangle_{H_1 \times H_1'}\right|}{\|u\|_{H_1}} = \inf_{v' \in H_1' \backslash \{0\}} \| (A')^{-1} v'\|_{H_2}^{-1} \|v'\|_{H_1'} \\ &= \frac{1}{\sup_{v' \in H_1' \backslash \{0\}} \left\|(A')^{-1} v'\right\|_{H_2} / \|v'\|_{H_1'}} = \left\|(A')^{-1}\right\|_{H_2 \leftarrow H_1'}^{-1} = \gamma. \end{aligned}$$

Das ist (2.1.33a) mit $\gamma' = \gamma > 0$.
2) (2.1.33) $\Longrightarrow$ (2.1.32).
Der Beweis der umgekehrten Richtung ist völlig analog wie der erste Teil. ■

Bemerkung 2.1.43 *i) Sei $A \in L(H_1, H_2')$ der zur Form $a(\cdot, \cdot)$ gehörende Operator (vgl. Lemma 2.1.35). Es gelte (2.1.32). Dann existiert $A^{-1} \in L(H_2', H_1)$ und*

$$\|A^{-1}\|_{H_1 \leftarrow H_2'} \leq \gamma^{-1} . \tag{2.1.35}$$

ii) Existiert umgekehrt $A^{-1} \in L(H_2', H_1)$ und gilt (2.1.35), so folgt (2.1.32).

Beweis. Teil (i) folgt aus (2.1.34).

Wir zeigen ii). Falls $A^{-1} \in L(H_2', H_1)$ existiert, ist $A \in L(H_1, H_2')$ bijektiv und die zugeordnete Form $a(u,v) = \langle Au, v\rangle_{H_2' \times H_2}$ erfüllt (2.1.32b). Wir zeigen (2.1.32a): Da $A \in L(H_1, H_2')$ bijektiv ist, gilt mit der zweiten Ungleichung in (2.1.34)

$$\inf_{u\in H_1\setminus\{0\}} \sup_{v\in H_2\setminus\{0\}} \frac{\langle Au, v\rangle_{H_2'\times H_2}}{\|u\|_{H_1}\ \|v\|_{H_2}} = \inf_{w\in H_2'\setminus\{0\}} \sup_{v\in H_2\setminus\{0\}} \frac{\langle w, v\rangle_{H_2'\times H_2}}{\|A^{-1}w\|_{H_1}\ \|v\|_{H_2}}$$
$$\geq \inf_{w\in H_2'\setminus\{0\}} \sup_{v\in H_2\setminus\{0\}} \frac{\langle w, v\rangle_{H_2'\times H_2}}{\gamma^{-1}\|w\|_{H_2'}\ \|v\|_{H_2}} =: *.$$

Nach Folgerung 2.1.14 a) existiert eine Isometrie $J_{H_2} : H_2 \to H_2'$. Daher gilt

$$* = \gamma \inf_{\breve{w}\in H_2\setminus\{0\}} \sup_{v\in H_2\setminus\{0\}} \frac{\langle J_{H_2}\breve{w}, v\rangle_{H_2'\times H_2}}{\|J_{H_2}\breve{w}\|_{H_2'}\ \|v\|_{H_2}} = \gamma \inf_{\breve{w}\in H_2\setminus\{0\}} \frac{1}{\|\breve{w}\|_{H_2}} \sup_{v\in H_2\setminus\{0\}} \frac{\langle J_{H_2}\breve{w}, v\rangle_{H_2'\times H_2}}{\|v\|_{H_2}}$$
$$= \gamma \inf_{\breve{w}\in H_2\setminus\{0\}} \frac{1}{\|\breve{w}\|_{H_2}} \|J_{H_2}\breve{w}\|_{H_2'} = \gamma\,.$$

■

Bemerkung 2.1.44 *Äquivalent zur* inf-sup-*Bedingung (2.1.32a) ist: Es existiert ein* $\gamma > 0$ *mit*

$$\forall u \in H_1\setminus\{0\}: \sup_{v\in H_2\setminus\{0\}} \frac{|a(u,v)|}{\|v\|_{H_2}} \geq \gamma\|u\|_{H_1}. \tag{2.1.36}$$

Wegen $a(u,v) = \langle Au, v\rangle_{H_2'\times H_1}$ *(vgl. Lemma 2.1.35) ist (2.1.36) auch äquivalent zu*

$$\forall u \in H_1\setminus\{0\}: \|Au\|_{H_2'} \geq \gamma\|u\|_{H_1}\,. \tag{2.1.37}$$

Bemerkung 2.1.45 *Zum Nachweis der* inf-sup-*Bedingung (2.1.32a) werden wir folgende Schlußweise anwenden: Sei* $u \in H_1$ *beliebig gegeben. Zu* u *existiere ein* $v_u \in H_2$ *mit den Eigenschaften:*

$$\|v_u\|_{H_2} \leq C_1\|u\|_{H_1}, \quad |a(u,v_u)| \geq C_2\|u\|_{H_1}^2\,.$$

Dann folgt (2.1.32a) mit $\gamma = C_2/C_1$.

Bemerkung 2.1.46 *Satz 2.1.41 bleibt auch für reflexive Banach-Räume* H_1, H_2 *gültig.*

Sei nun

$$H_1 = H_2 = H\,.$$

und $a : H \times H \to \mathbb{C}$ eine Sesquilinearform. In diesem Fall lautet das zugehörige Variationsproblem: Für gegebenes $\ell \in H'$, finde $u \in H$ mit

$$a(u,v) = \ell(v) \qquad \forall v \in H. \tag{2.1.38}$$

Die Sesquilinearform $a(\cdot,\cdot)$ heißt H-elliptisch, wenn ein $\gamma > 0$ und $\sigma \in \mathbb{C}$ mit $|\sigma| = 1$ existiert, so daß

$$\forall u \in H: \quad \mathrm{Re}\,(\sigma a(u,u)) \geq \gamma\|u\|_H^2\,. \tag{2.1.39}$$

Bemerkung 2.1.47

1. *Sei* $a : H \times H \to \mathbb{R}$ *eine stetige und* H*-elliptische Sesquilinearform. Dann kann* σ *in (2.1.39) so gewählt werden, daß* $\operatorname{Re}\sigma \neq 0$ *gilt.*

2. *Seien* H *ein reeller Hilbert-Raum und* $a(\cdot,\cdot)$ *eine (reelle) Bilinearform. Dann kann in (2.1.39)* $\sigma \in \{-1, 1\}$ *gewählt werden.*

3. *Die* H*-Elliptizität impliziert*

$$\forall u \in H: \quad |a(u,u)| \geq \gamma \|u\|_H^2 . \tag{2.1.40}$$

Beweis.
zu 1: Falls für σ in (2.1.39) gilt $\operatorname{Re}\sigma \neq 0$, ist nichts zu zeigen. Wir nehmen daher im folgenden $\operatorname{Re}\sigma = 0$ an und wählen $\tilde{\sigma} \in \mathbb{C} \backslash \{\sigma\}$ mit $|\tilde{\sigma}| = 1$, so daß

$$C_S |\sigma - \tilde{\sigma}| \leq \gamma/2 \quad \text{und} \quad \sigma \neq -\tilde{\sigma}$$

mit der Stetigkeitskonstante C_S von $a(\cdot,\cdot)$ gilt. Dann folgt

$$\operatorname{Re}(\tilde{\sigma} a(u,u)) = \operatorname{Re}(\sigma a(u,u)) + \operatorname{Re}((\sigma - \tilde{\sigma}) a(u,u)) .$$

Die Stetigkeit von $a(\cdot,\cdot)$ ergibt

$$\operatorname{Re}((\sigma - \tilde{\sigma}) a(u,u)) \leq C_S |\sigma - \tilde{\sigma}| \, \|u\|_H^2 \leq \gamma/2 \, \|u\|_H^2 ,$$

woraus die Behauptung mit $\gamma \leftarrow \gamma/2$ folgt

$$\operatorname{Re}(\tilde{\sigma} a(u,u)) \geq \gamma \|u\|_H^2 - C_S |\sigma - \tilde{\sigma}| \, \|u\|_H^2 \geq \gamma/2 \, \|u\|_H^2 .$$

zu 2: Sei σ wie in (2.1.39). Die Voraussetzungen ergeben

$$\forall u \in H : \gamma \|u\|_H^2 \leq \operatorname{Re}(\sigma a(u,u)) = (\operatorname{Re}\sigma)\, a(u,u) . \tag{2.1.41}$$

Daraus folgt $\operatorname{Re}\sigma \neq 0$. Für $\operatorname{Re}\sigma > 0$ ergibt (2.1.41) die Abschätzung $a(u,u) \geq 0$ für alle $u \in H$. Daraus folgt $(\operatorname{Re}\sigma)\, a(u,u) \leq a(u,u)$ und $\sigma = 1$ erfüllt (2.1.39). Den Fall $\operatorname{Re}\sigma < 0$ beweist man analog mit $\sigma = -1$.
zu 3: Es gilt $\gamma \|u\|_H^2 \leq \operatorname{Re}(\sigma a(u,u)) \leq |\sigma a(u,u)| = |a(u,u)|$. ∎

Lemma 2.1.48 (Lax-Milgram) *Sei* H *ein Hilbert-Raum. Die Sesquilinearform* $a : H \times H \to \mathbb{C}$ *sei* H*-elliptisch. Dann gilt (2.1.32), und das Variationsproblem (2.1.38) hat für alle* $\ell \in H'$ *genau eine Lösung* $u \in H$ *mit*

$$\|u\|_H \leq \frac{1}{\gamma} \|\ell\|_{H'} . \tag{2.1.42}$$

Beweis. Wir zeigen (2.1.32a) wie in Bemerkung 2.1.45: Zu $u \in H$ wird $v_u = u \in H$ gewählt. Dann gilt wegen $\|v_u\|_H = \|u\|_H$ und (2.1.40) die Abschätzung

$$|a(u, v_u)| = |a(u,u)| \geq \gamma \|u\|_H^2 .$$

Daraus ergibt sich (2.1.32a). Die Abschätzung (2.1.32b) folgt ähnlich: Sei $0 \neq v \in H$. Dann ist

$$\sup_{u \in H} |a(u,v)| \geq |a(v,v)| \geq \gamma \|v\|_H^2 > 0 .$$

Aus Satz 2.1.41 folgt die Aussage. ∎

Bemerkung 2.1.49 *Das Lax-Milgram-Lemma gilt unverändert, falls die Voraussetzung (2.1.39) durch die Bedingung (2.1.40) ersetzt wird.*

Man beachte, daß in (2.1.39) keine Symmetrie von $a(\cdot,\cdot)$ vorausgesetzt wird. Ist $a(\cdot,\cdot)$ symmetrisch, so lässt sich die Lösung von (2.1.38) als Minimum charakterisieren.

Proposition 2.1.50 *Sei die Form $a : H \times H \to \mathbb{R}$ symmetrisch und H-elliptisch mit $\sigma = 1$ in (2.1.39) (vgl. Bemerkung 2.1.47(2)). Dann ist für alle $\ell \in H'$ die eindeutige Lösung des Problems (2.1.38) auch Lösung der Minimierungsaufgabe*

$$\min\{\Pi(v) : v \in H\},\ \Pi(v) = \tfrac{1}{2}a(v,v) - \ell(v)\,. \tag{2.1.43}$$

Minimiert umgekehrt $u \in V$ das Problem (2.1.43), so ist u Lösung von (2.1.38).

Beweis. Sei u die Lösung von (2.1.38) und $v \in H \backslash \{0\}$. Dann gilt

$$\begin{aligned} 2\Pi(u+v) &= a(u+v,u+v) - 2\ell(u+v) \\ &= a(u,u) + 2a(u,v) + a(v,v) - 2\ell(u) - 2\ell(v) \\ &= 2\Pi(u) + a(v,v) + 2(a(u,v) - \ell(v)) \\ &= 2\Pi(u) + a(v,v) \geq 2\Pi(u) + \gamma\,\|v\|_V^2 \geq 2\Pi(u), \end{aligned}$$

und daher löst u das Problem (2.1.43).

Sei nun u die Lösung von (2.1.43). Dann gilt

$$\begin{aligned} \forall v \in V:\ \ 0 &= \tfrac{d}{d\varepsilon}(\Pi(u+\varepsilon v))|_{\varepsilon=0} \\ &= \tfrac{d}{d\varepsilon}\left(\tfrac{1}{2}a(u+\varepsilon v, u+\epsilon v) - \ell(u+\varepsilon v)\right)\Big|_{\varepsilon=0} \\ &= \tfrac{d}{d\varepsilon}\left(\tfrac{1}{2}a(u,u) + \varepsilon a(u,v) + \tfrac{1}{2}\varepsilon^2 a(v,v) - \ell(u) - \varepsilon\ell(v)\right)\Big|_{\varepsilon=0} \\ &= a(u,v) - \ell(v) \end{aligned}$$

und u löst daher (2.1.38). ∎

Bei den später betrachteten Anwendungen treten häufig Sesquilinearformen $a(\cdot,\cdot)$ auf, welche nicht (2.1.39), sondern nur eine schwächere Bedingung, die *H-Koerzivität*, erfüllen.

Definition 2.1.51 *Die Hilbert-Räume U, H bilden einen Gelfand-Dreier $H \subset U \subset H'$ mit stetiger und dichter Einbettung $H \subset U$. Die Sesquilinearform $a(\cdot,\cdot)$: $H \times H \to \mathbb{C}$ heißt H-koerziv, falls Konstanten $\gamma > 0$, $C_U \in \mathbb{R}$ und $\sigma \in \mathbb{C}$ mit $|\sigma| = 1$ existieren mit*

$$\forall u \in H : \operatorname{Re}(\sigma a\,(u,u)) \geq \gamma\,\|u\|_H^2 - \|u\|_U^2\,. \tag{2.1.44}$$

Bemerkung 2.1.52 *Die in diesem Buch betrachteten elliptischen und koerziven Formen werden die Ungleichungen (2.1.39) bzw. (2.1.44) immer mit $\sigma = 1$ erfüllen. In Anwendungen beispielsweise aus dem Bereich der Elektromagnetik treten jedoch Formen auf, die imaginären Hauptteil besitzen und die Wahl $\sigma = 1$ daher nicht erlauben (vgl. [17], [18]).*

Bemerkung 2.1.47(1), (3) läßt sich auf H-koerzive Sesquilinearformen übertragen.

Bemerkung 2.1.53

1. *Sei* $a : H \times H \to \mathbb{R}$ *eine stetige und* H*-koerzive Sesquilinearform. Dann kann* σ *in (2.1.44) so gewählt werden, daß* $\operatorname{Re}\sigma > 0$ *gilt.*

2. *Die* H*-Koerzivität impliziert*

$$\forall u \in H: \quad |a(u,u)| \geq \gamma \|u\|_H^2 - \|u\|_U^2 . \tag{2.1.45}$$

H-koerzive Formen $a(\cdot,\cdot)$ bleiben H-koerziv bei Störungen durch geeignete Formen $b(\cdot,\cdot)$, die entweder „klein“ gegenüber der Form $a(\cdot,\cdot)$ oder kompakt sind.

Lemma 2.1.54 *Die Hilbert-Räume* U, H, H' *bilden einen Gelfand-Dreier* $H \subset U \subset H'$ *mit dichter und stetiger Einbettung* $H \subset U$*. Die Sesquilinearform* $a(\cdot,\cdot) : H \times H \to \mathbb{C}$ *sei* H*-koerziv und* $b : H \times H \to \mathbb{C}$ *sei stetig. Dann ist die Form* $a(\cdot,\cdot) + b(\cdot,\cdot)$ *wiederum* H*-koerziv, falls eine der folgenden Bedingungen erfüllt ist.*

i) Für alle $\varepsilon > 0$ *existiert* $C(\varepsilon) > 0$ *mit*

$$\forall u \in H: \quad |b(u,u)| \leq \varepsilon \|u\|_H^2 + C(\varepsilon)\, \|u\|_U^2 . \tag{2.1.46}$$

ii) Seien X*,* Y *Hilbert-Räume mit stetigen Einbettungen* $H \subset X \subset U$*,* $H \subset Y \subset U$*. Eine der beiden Einbettungen* $H \subset X$*,* $H \subset Y$ *sei kompakt. Es gelte weiter*

$$\forall u,v \in H: \quad |b(u,v)| \leq C_b\, \|u\|_X\, \|v\|_Y , \tag{2.1.47}$$

iii) Die Einbettungen $H \subset X \subset U, H \subset Y \subset U$ *seien stetig und es gelte (2.1.47) sowie:*

$$\begin{array}{l} \textit{Für alle } \varepsilon > 0 \textit{ existiert } C(\varepsilon) > 0, \textit{ so daß für alle } u \in H \\ \|u\|_Y \leq \varepsilon\, \|u\|_H + C(\varepsilon)\, \|u\|_U \qquad \textit{oder} \qquad \|u\|_X \leq \varepsilon\, \|u\|_H + C(\varepsilon)\, \|u\|_U . \end{array} \tag{2.1.48}$$

Beweis. Wir zeigen (a): (i) impliziert die Koerzivität von $a(\cdot,\cdot) + b(\cdot,\cdot)$, (b): (ii) $\Rightarrow$ (iii) und (c): (iii) $\Rightarrow$(i).

a) Wähle in (2.1.46) $\varepsilon = \gamma/2$ mit γ aus (2.1.44). Dann gilt für alle $u \in H$

$$\begin{aligned} \operatorname{Re}(\sigma\{a(u,u) + b(u,u)\}) &= \operatorname{Re}(\sigma a(u,u)) + \operatorname{Re}(\sigma b(u,u)) \\ &\geq \gamma\, \|u\|_H^2 - C_U\, \|u\|_U^2 - \tfrac{\gamma}{2}\, \|u\|_H^2 - C(\varepsilon)\|u\|_U^2 \\ &= \tfrac{\gamma}{2}\, \|u\|_H^2 - (C_U + C(\varepsilon))\, \|u\|_U^2 , \end{aligned}$$

und das ist (2.1.44) für $a(\cdot,\cdot) + b(\cdot,\cdot)$.

b) Wir betrachten exemplarisch den Fall $H \subset\subset X \subset U$. Lemma 2.1.32 impliziert

$$\forall \varepsilon > 0\ \exists C(\varepsilon) > 0: \quad \forall u \in H: \|u\|_X \leq \varepsilon \|u\|_H + C(\varepsilon)\, \|u\|_U \tag{2.1.49}$$

und daraus folgt (2.1.48).

c) Die Einbettung $H \subset Y$ ist stetig und daher existiert $C_Y < \infty$ mit

$$\forall u \in H: \ \|u\|_Y \leq C_Y \|u\|_H .$$

Exemplarisch nehmen wir an, daß die rechte Abschätzung in (2.1.48) erfüllt ist. Also gilt mit (2.1.47) für alle $\varepsilon > 0$ die Abschätzung

$$\begin{aligned} \forall u \in H: |b(u,u)| &\leq C_b \|u\|_X \|u\|_Y \\ &\leq C_b C_Y (\varepsilon \|u\|_H^2 + C(\varepsilon) \|u\|_U \|u\|_H) \\ &\leq C_b C_Y \left(2\varepsilon \|u\|_H^2 + \tfrac{(C(\varepsilon))^2}{4\varepsilon} \|u\|_U^2\right) \\ &= \varepsilon' \|u\|_H^2 + C'(\varepsilon) \|u\|_U^2 \end{aligned}$$

und somit gilt (2.1.46).

■

Bemerkung 2.1.55 *Lemma 2.1.54 bleibt gültig, falls die Voraussetzung (2.1.44) durch eine Gårdingsche Ungleichung ersetzt wird: Es existiert ein kompakter Operator $T: H \to H'$ mit*

$$\forall u \in H: \left|b(u,u) + (Tu,u)_{H' \times H}\right| \geq \gamma \|u\|_H^2 .$$

Bei Randintegralgleichungen ist insbesondere folgender Spezialfall von Lemma 2.1.54 wichtig.

Korollar 2.1.56 *Es bilden U, H, H' einen Gelfand-Dreier $H \subset U \subset H'$ mit kompakter Einbettung $H \subset\subset U$. Sei $a(\cdot,\cdot)$ U-koerziv und $b(\cdot,\cdot)$: $H \times U \to \mathbb{C}$ oder $b(\cdot,\cdot)$: $U \times H \to \mathbb{C}$ stetig. Dann ist $a(\cdot,\cdot) + b(\cdot,\cdot) H$-koerziv.*

Der folgende Satz ist eine Anwendung der Fredholm-Riesz-Schauder-Theorie auf H-koerzive Sesquilinearformen $a: H \times H \to \mathbb{C}$.

Satz 2.1.57 *Sei $H \subset U \subset H'$ ein Gelfand-Dreier mit kompakter und dichter Einbettung $H \subset\subset U$. Die dem Operator $A \in L(H,H')$ zugeordnete Sesquilinearform $a(\cdot,\cdot): H \times H \to \mathbb{C}$ sei H-koerziv.*

Es bezeichne I die Einbettung: $I: H \to H'$. Dann gilt für alle $\lambda \in \mathbb{C}$ entweder

$$(A - \lambda I)^{-1} \in L(H', H) \quad \text{und} \quad (A' - \overline{\lambda} I)^{-1} \in L(H', H) \tag{2.1.50}$$

oder

$$\lambda \text{ ist Eigenwert von } A. \tag{2.1.51}$$

Im Fall (2.1.50) sind die Variationsprobleme: Finde $x, x^* \in H$, so daß

$$a(x,y) - \lambda(x,y)_U = \langle f,y \rangle_{H' \times H} \ \text{ und } \ a(y,x^*) - \overline{\lambda}(x^*,y)_U = \langle f,y \rangle_{H' \times H} \qquad \forall y \in H \tag{2.1.52}$$

für alle $f \in H'$ eindeutig lösbar. Im Fall (2.1.51) sind die Eigenräume

$$\{0\} \neq E(\lambda) = \operatorname{kern}(A - \lambda I), \ \{0\} \neq E'(\lambda) = \operatorname{kern}(A' - \overline{\lambda} I)$$

endlichdimensional, und es gilt für alle $y \in H$

$$x \in E(\lambda): \; a(x,y) = \lambda(x,y)_U, \tag{2.1.53}$$

$$x^* \in E'(\lambda): \; a(y,x^*) = \overline{\lambda}(x^*,y)_U. \tag{2.1.54}$$

Das Spektrum $\sigma(A)$ von A besteht aus höchstens abzählbar vielen Eigenwerten $\{\lambda_i\}$, die sich nur im Unendlichen häufen können. Weiter gilt

$$\lambda \in \sigma(A) \Longleftrightarrow \overline{\lambda} \in \sigma(A').$$

Für $\lambda \in \sigma(A)$ hat das Variationsproblem

$$x \in H: \; a(x,y) - \lambda(x,y)_U = \langle f,y\rangle_{H'\times H} \quad \forall y \in H \tag{2.1.55}$$

genau dann mindestens eine Lösung, wenn $f \perp E'(\lambda)$ gilt, d.h., falls $f \in H'$ die Kompatibilitätsbedingung

$$\forall x^* \in E'(\lambda): \quad \langle f,x^*\rangle_{H'\times H} = 0 \tag{2.1.56}$$

erfüllt.

Beweis. Die Aussagen folgen aus Satz 2.1.33, und wir prüfen die Voraussetzungen.

Mit $H \subset\subset U$ ist auch $H \subset\subset H'$ und die Einbettung, $I: H \to H'$ ist kompakt. Wegen Bemerkung 2.1.53(1) können wir $\operatorname{Re}\sigma \neq 0$ annehmen und $\tilde{C} := C_U / \operatorname{Re}\sigma$ setzen.

Die Sesquilinearform $a(\cdot,\cdot) + \tilde{C}\,\|\cdot\|_U^2$ ist H-elliptisch, denn es gilt für alle $u \in H$ wegen (2.1.44)

$$\operatorname{Re}\left(\sigma\{a(u,u) + \tilde{C}\,\|u\|_H^2\}\right) = \operatorname{Re}(\sigma a(u,u)) + C_U\,\|u\|_U^2 \geq \gamma\,\|u\|_H^2$$

mit $\gamma > 0$. Nach Lemma 2.1.48 existiert $(A+\tilde{C}I)^{-1} \in L(H',H)$. Nach Lemma 2.1.26 ist $K := (A+\tilde{C}I)^{-1}I : H \to H$ kompakt und damit Satz 2.1.33 auf den Operator $K - \mu I$ anwendbar. Mit

$$\begin{aligned} K - \mu I &= -\mu(I - \mu^{-1}K) = -\mu(A+\tilde{C}I)^{-1}(A+\tilde{C}I - \frac{1}{\mu}\,I) \\ &= -\mu(A+\tilde{C}I)^{-1}(A - \lambda I) \end{aligned}$$

und $\lambda = \mu^{-1} - \tilde{C}$ folgt Satz 2.1.57 für

$$A - \lambda I = -\frac{1}{\mu}\,(A+\tilde{C}I)(K - \mu I)$$

aus den Aussagen von Satz 2.1.33 für $K - \mu I$. ∎

Die Kombination von Korollar 2.1.56 mit Satz 2.1.57 ergibt den folgenden Existenzsatz, der bei Variationsformulierungen von Integralgleichungen häufig verwendet wird.

Korollar 2.1.58 *Es bilden U, H, H' einen Gelfand-Dreier $H \subset U \subset H'$ mit kompakter Einbettung $H \subset\subset U$. Seien $a(\cdot,\cdot)$, $b(\cdot,\cdot)$: $H \times H \to \mathbb{C}$ stetige Sesquilinearformen, $a(\cdot,\cdot)$ sei H-koerziv und $b(\cdot,\cdot)$ erfülle*

$$\forall u,v \in H: \; |b(u,v)| \leq C_b\,\|u\|_U\,\|v\|_H \;\; \textit{oder} \;\; |b(u,v)| \leq C_b\,\|u\|_H\,\|v\|_U.$$

Sei weiter die Form $c(\cdot,\cdot) := a(\cdot,\cdot) + b(\cdot,\cdot)$ injektiv:

$$\forall v \in H : \; c(u,v) = 0 \Longrightarrow u = 0 \,. \tag{2.1.57}$$

Dann hat für jedes $f \in H'$ das Variationsproblem .

$$u \in H : \quad a(u,v) + b(u,v) = \langle f, v\rangle_{H' \times H} \quad \forall v \in H \tag{2.1.58}$$

eine eindeutige Lösung u.

Beweis. Nach Korollar 2.1.56 ist $c(\cdot,\cdot)$ H-koerziv und erfüllt (2.1.44). Nach (2.1.57) ist $\lambda = 0$ kein Eigenwert von $a(\cdot,\cdot) + b(\cdot,\cdot)$, also hat das Problem (2.1.58) eine eindeutige Lösung nach Satz 2.1.57. ■

2.1.7 Interpolationsräume*

Bei der Variationsformulierung von Randintegralgleichungen sowie der Fehleranalysis von Randelementmethoden sind Funktionenräume nützlich, mit denen die Differenzierbarkeit einer Funktion beschrieben werden kann. Die Ableitung ist in der klassischen Analysis lediglich für ganzzahlige Ordnung definiert. Mit Hilfe von „Interpolationsräumen“ lassen sich auch Glattheitsaussagen für bruchzahligen Differentiationsindex angeben. Es gibt verschiedene, nichtäquivalente Interpolationsmethoden. Wir stellen hier nur die „reelle Interpolationsmethode“ vor. Für eine detaillierte Darstellung der Interpolationsräume sowie Beweise verweisen wir auf [6] und [93].

Sei X_0, X_1 zwei Banach-Räume mit stetiger Einbettung $X_1 \hookrightarrow X_0$ (dies ist nicht zwingend nötig, aber in den uns interessierenden Fällen immer gegeben). Für $u \in X_0$ und alle $t > 0$ definieren wir das „K-Funktional“

$$K(t,u) := \inf_{v \in X_1} \left(\|u - v\|_{X_0} + t\,\|v\|_{X_1} \right). \tag{2.1.59}$$

Offensichtlich gilt für $u \in X_1$

$$K(t,u) \le t\,\|u\|_{X_1}, \quad K(t,u) \le \|u\|_{X_0}\,.$$

Für $0 \le \theta \le 1$ und $1 \le p < \infty$ definieren wir die Norm

$$\|u\|_{[X_0,X_1]_{\theta,p}} := \left(\int\limits_0^\infty t^{-\theta p}\, K(t,u)^p \,\frac{dt}{t} \right)^{1/p} . \tag{2.1.60a}$$

Für $p = \infty$ setzen wir

$$\|u\|_{[X_0,X_1]_{\theta,\infty}} := \sup_{0<t<\infty} t^{-\theta}\, K(t,u)\,. \tag{2.1.60b}$$

Dann ist die Menge

$$[X_0, X_1]_{\theta,p} = X_{\theta,p} := \left\{ u \in X_0 : \; \|u\|_{[X_0,X_1]_{\theta,p}} < \infty \right\}$$

ein Banach-Raum mit Norm (2.1.60).

*Dieser Abschnitt ist als Ergänzung zum eigentlichen Schwerpunkt dieses Buches zu betrachten.

Seien X_i, Y_i, $i = 0, 1$, zwei Paare von Banach-Räumen wie oben dargestellt, mit $X_i \subset Y_i$. Dann gilt

$$X_{\theta,p} \subset Y_{\theta,p} : \; X_1 \subset X_{\theta,p} \subset X_0, \; X_{\theta,p} \subset X_{\theta,\infty}$$

und $X_{\theta,1} \subset X_{\theta,p}$ für alle $1 \leq p \leq \infty$: Die Räume $X_{\theta,p}$ bilden eine Skala:

$$X_{\theta_2,p} \subset X_{\theta_1,p} \quad \text{für } 1 \leq p \leq \infty, \, \theta_1 \leq \theta_2.$$

Proposition 2.1.59 *Sei X_i, Y_i zwei Paare von Banach-Räumen und $T \in L(Y_i, X_i)$, $i = 0, 1$. Dann gilt*

$$T \in L(Y_{\theta,p}, X_{\theta,p}) \quad 0 \leq \theta \leq 1, \; 1 \leq p \leq \infty \tag{2.1.61}$$

und

$$\|T\|_{X_{\theta,p} \leftarrow Y_{\theta,p}} \leq \|T\|^{1-\theta}_{X_0 \leftarrow Y_0} \, \|T\|^{\theta}_{X_1 \leftarrow Y_1} . \tag{2.1.62}$$

Ein weiteres wichtiges Resultat ist der „Re-Iterationssatz“. Er besagt, daß durch wiederholte Interpolation keine „neuen“ Interpolationsräume erhalten werden.

Proposition 2.1.60 *Es gilt für alle $0 \leq \theta_0 < \theta_1 \leq 1$, $1 \leq p_0, p_1, q \leq \infty$ und $0 < \lambda < 1$:*

$$[[X_0, X_1]_{\theta_0,p_0}, \, [X_0, X_1]_{\theta_1,p_1}]_{\lambda,q} = [X_0, X_1]_{(1-\lambda)\theta_0 + \lambda\theta_1, q} .$$

Die Dualräume von Interpolationsräumen sind isomorph zu den Interpolationsräumen der betreffenden Dualräume. Die Details finden sich in folgender Proposition.

Proposition 2.1.61 *Sei X_1 dicht in X_0. Dann gilt für alle $0 < \theta < 1$, $1 \leq p < \infty$, $\frac{1}{p} + \frac{1}{p'} = 1$,*

$$[X_0, X_1]'_{\theta,p} = [X'_1, X'_0]_{1-\theta,p'} = [X'_0, X'_1]_{\theta,p'} .$$

Für Funktionen aus X_1 läßt sich das Quadrat der Norm des Interpolationsraumes $[X_0, X_1]_{\theta,p}$ abschätzen durch das Produkt der Normen in X_0 und X_1. Wir benötigen dieses Resultat lediglich im Fall $p = 2$.

Proposition 2.1.62 *Es existiert eine Konstante $c > 0$, so daß für alle $u \in X_1$ die Abschätzung*

$$\|u\|_{[X_0,X_1]_{\theta,2}} \leq c \, \|u\|^{1-\theta}_{X_0} \, \|u\|^{\theta}_{X_1}$$

erfüllt ist.

Für Beweise dieser Behauptungen sowie weiteres Material verweisen wir auf [152], [6] und [93].

2.2 Geometrische Grundlagen

2.2.1 Funktionenräume

Randintegralgleichungen werden auf Oberflächen von Gebieten im $\mathbb{R}^d$ formuliert. Zur Definition der relevanten Funktionenräume auf Rändern muß zunächst die Glattheit der Ränder beschrieben werden. Dazu benötigt man Hölder-stetige Parametrisierungen, die zunächst eingeführt werden. Sei $k \in \mathbb{N}_0$ und $\Omega \subset \mathbb{R}^d$ ein Gebiet. Der Raum aller k-mal stetig differenzierbaren Funktionen auf Ω ist durch

$$\begin{aligned} C^k\left(\overline{\Omega}\right) := \; & \{f : \Omega \to \mathbb{C} : f \text{ ist stetig differenzierbar bis zur Ordnung } k \\ & \text{und } \partial^\alpha f \text{ läßt sich stetig fortsetzen auf } \overline{\Omega} \text{ für alle } 0 \le |\alpha| \le k\} \end{aligned}$$

gegeben.

Dabei bezeichnet $\alpha \in \mathbb{N}_0^d$ einen Multiindex, und wir verwenden die folgenden Konventionen. Für $\mu \in \mathbb{N}_0^d$ setzen wir

$$\begin{aligned} & \mu! := \prod_{i=1}^m \mu_i!\,, \qquad |\mu|_1 := |\mu| := \sum_{i=1}^m \mu_i, \quad |\mu|_\infty := \max_{1 \le i \le d} |\mu_i|\,, \\ & \forall \mathbf{v} = (v_i)_{i=1}^d \in \mathbb{C}^d\colon \; \mathbf{v}^\mu := \prod_{i=1}^m v_i^{\mu_i}, \qquad \partial^\mu f(\mathbf{x}) := \partial_{\mathbf{x}}^\mu f(\mathbf{x}) := \frac{\partial^{|\mu|} f(\mathbf{x})}{\partial_{x_1}^{\mu_1} \partial_{x_2}^{\mu_2} \ldots \partial_{x_d}^{\mu_d}}. \end{aligned} \tag{2.2.1}$$

Auf dem Vektorraum $C^k\left(\overline{\Omega}\right)$ lassen sich die Normen

$$\|\varphi\|_{C^0(\overline{\Omega})} := \sup_{\mathbf{x} \in \Omega} \{|\varphi(\mathbf{x})|\}, \quad \|\varphi\|_{C^k(\overline{\Omega})} := \max_{0 \le |\alpha| \le k} \left\{\|\partial^\alpha \varphi\|_{C^0(\overline{\Omega})}\right\}$$

definieren. Eine Funktion $\varphi \in C^0\left(\overline{\Omega}\right)$ ist Hölder-stetig zum Exponenten $\lambda \in \left]0, 1\right]$ in Ω, wenn

$$|\varphi|_{C^{0,\lambda}(\overline{\Omega})} := \sup_{\mathbf{x}, \mathbf{y} \in \Omega} \frac{|\varphi(\mathbf{x}) - \varphi(\mathbf{y})|}{\|\mathbf{x} - \mathbf{y}\|^\lambda} < \infty$$

gilt. Die Menge aller Hölder-stetigen Funktionen wird mit $C^{0,\lambda}\left(\overline{\Omega}\right)$ bezeichnet. Der Raum $C^{k,\lambda}\left(\overline{\Omega}\right)$ enthält alle Funktionen auf Ω mit $\partial^\alpha \varphi \in C^{0,\lambda}\left(\overline{\Omega}\right)$ für alle $|\alpha| \le k$. Auf $C^{k,\lambda}\left(\overline{\Omega}\right)$ wird durch

$$\|\varphi\|_{C^{k,\lambda}(\overline{\Omega})} := \|\varphi\|_{C^k(\overline{\Omega})} + \max_{|\alpha| = k} |\partial^\alpha \varphi|_{C^{0,\lambda}(\overline{\Omega})}$$

eine Norm definiert.

Bemerkung 2.2.1 *Für alle $k \in \mathbb{N}_0$ und $0 < \lambda \le 1$ ist $C^{k,\lambda}\left(\overline{\Omega}\right)$ ein Banach-Raum.*

Übungsaufgabe 2.2.2 *Sei $\mu \in [0, 1]$. Bestimmen Sie das maximale $\lambda \in \left]0, 1\right]$, so daß die Funktion $f : (-1, 1) \to \mathbb{R}$, $f(x) = |x|^\mu$ im Raum $C^{0,\lambda}([-1, 1])$ liegt.*

Der Raum aller unendlich oft differenzierbaren Funktionen ist durch

$$C^\infty\left(\overline{\Omega}\right) := \bigcap_{k \in \mathbb{N}_0} C^k\left(\overline{\Omega}\right)$$

gegeben.

Die bisher betrachteten Funktionen sind skalar, bilden also Punkte in einem Gebiet Ω nach $\mathbb{C}$ ab. Die Definitionen lassen sich jedoch für vektorwertige Funktionen $\mathbf{\Phi} = (\Phi_i)_{i=1}^d : \Omega_1 \to \Omega_2$ auf Gebieten $\Omega_1, \Omega_2 \subset \mathbb{R}^d$ verallgemeinern. Wir setzen

$$\mathbf{C}^{k,\lambda}\left(\overline{\Omega_1}, \overline{\Omega_2}\right) := \left\{\mathbf{\Phi} : \Omega_1 \to \Omega_2 \mid \forall 1 \leq i \leq d : \Phi_i \in C^{k,\lambda}\left(\overline{\Omega_1}\right)\right\}. \tag{2.2.2}$$

Falls die Bedingung $\Phi_i \in C^{k,\lambda}\left(\overline{\Omega_1}\right)$ in (2.2.2) durch $\Phi_i \in C^k\left(\overline{\Omega_1}\right)$ ersetzt wird, erhalten wir den Raum $\mathbf{C}^k\left(\overline{\Omega_1}, \overline{\Omega_2}\right)$. Für $\Omega_1 = \Omega_2$ verwenden wir die Schreibweise $\mathbf{C}^{k,\lambda}\left(\overline{\Omega_1}\right) := \mathbf{C}^{k,\lambda}\left(\overline{\Omega_1}, \overline{\Omega_2}\right)$ und analog $\mathbf{C}^k\left(\overline{\Omega_1}\right) := \mathbf{C}^k\left(\overline{\Omega_1}, \overline{\Omega_2}\right)$.

Definition 2.2.3 *Seien Ω_1, $\Omega_2 \subset \mathbb{R}^d$ zwei Gebiete und $k \in \mathbb{N}_0 \cup \{\infty\}$. Eine Abbildung $\mathbf{\Phi} : \Omega_1 \to \Omega_2$ ist ein C^k-Diffeomorphismus falls die Bedingungen (a)-(c) erfüllt sind.*

(a) $\mathbf{\Phi} \in \mathbf{C}^k\left(\overline{\Omega_1}, \overline{\Omega_2}\right)$.

(b) Die Umkehrabbildung $\mathbf{\Phi}^{-1} : \Omega_2 \to \Omega_1$ existiert und erfüllt

$$\mathbf{\Phi}^{-1} \in \mathbf{C}^k\left(\overline{\Omega_2}, \overline{\Omega_1}\right).$$

(c) Es existiert eine Konstante $0 < c < \infty$, so daß für die Jacobi-Matrix $D\mathbf{\Phi} = \left(\frac{\partial \Phi_i}{\partial \mathbf{x}_j}\right)_{1 \leq i,j \leq d}$ die Abschätzung

$$\forall \mathbf{x} \in \Omega_1 : 0 < c \leq |\det(D\mathbf{\Phi}(\mathbf{x}))| \leq 1/c \tag{2.2.3}$$

gilt.

Bemerkung 2.2.4 folgt aus dem Satz von der Umkehrabbildung (vgl. [49, Kapitel 8]).

Bemerkung 2.2.4 *Falls $\Omega \subset \mathbb{R}^d$ beschränkt ist, wird (c) durch (a) und (b) impliziert. Für $k \geq 1$ und surjektives $\mathbf{\Phi}$ ergibt sich (b) aus (a) und (c).*

Definition 2.2.5 *Eine Funktionen $\mathbf{\Phi} : \Omega_1 \to \Omega_2$ ist bi-Lipschitz-stetig, falls Definition 2.2.3 mit $\mathbf{C}^{0,1}\left(\overline{\Omega_i}, \overline{\Omega_j}\right)$ statt $\mathbf{C}^k\left(\overline{\Omega_i}, \overline{\Omega_j}\right)$ und*

$$0 < c \leq \sup_{\substack{\mathbf{x},\mathbf{y} \in \Omega_1 \\ \mathbf{x} \neq \mathbf{y}}} \frac{|\mathbf{\Phi}(\mathbf{x}) - \mathbf{\Phi}(\mathbf{y})|}{\|\mathbf{x} - \mathbf{y}\|} \leq 1/c \tag{2.2.4}$$

statt (2.2.3) gilt.

Der Raum aller Lebesgue-meßbaren, fast überall auf Ω beschränkten Funktionen wird mit $L^\infty(\Omega)$ bezeichnet. Die Bezeichnung „fast überall" bezieht sich immer auf Lebesgue-Nullmengen.

Proposition 2.2.6 *Sei $\Omega \subset \mathbb{R}^d$ beschränkt und $\varphi \in C^{0,1}\left(\overline{\Omega}\right)$, $d \geq 2$. Dann gilt*

(a) für alle $\varphi \in C^{0,1}\left(\overline{\Omega}\right)$: Die partiellen Ableitungen $(\partial\varphi/\partial x_i)_{i=1}^d$ existieren fast überall in Ω, sind meßbar und fast überall beschränkt, d.h., $\partial^\alpha \varphi \in L^\infty(\Omega)$, für alle $|\alpha| = 1$.

(b) Allgemeiner gilt für $k \in \mathbb{N}_0$

$$\varphi \in C^{k,1}\left(\overline{\Omega}\right) \Rightarrow \partial^\alpha \varphi \in L^\infty(\Omega) \qquad \forall |\alpha| \leq k+1.$$

2.2.2 Glattheit von Gebieten

Zur Beschreibung der Glattheit von Gebieten verwendet man lokale und globale Kriterien. Eine verhältnismäßig allgemeine Klasse von Gebieten, für deren Ränder sich Integralgleichungen definieren lassen, sind Lipschitz-Gebiete. Diese sind über die Existenz eines Atlas, bestehend aus bi-Lipschitz-stetigen Karten, gegeben. Für die in Kapitel 4 betrachteten Galerkin-Randelementmethoden zur numerischen Lösung von Integralgleichungen ist es erforderlich, die Oberfläche in gekrümmte Dreiecke und Vierecke zu zerlegen. Dazu muß lokal eine höhere Glattheit der Oberfläche gefordert werden.

Generell setzen wir voraus, daß $\Omega \subset \mathbb{R}^d$ ein Gebiet mit kompaktem Rand $\Gamma = \partial\Omega$ ist. Für $r > 0$ bezeichnet K_r die offene Kugel im $\mathbb{R}^d$ mit Radius r um den Ursprung. Wir setzen

$$\begin{aligned} K_r^+ &:= \{\xi \in K_r : \xi_n > 0\}, \qquad K_r^- := \{\xi \in K_r : \xi_n < 0\}, \\ K_r^0 &:= \{\xi \in K_r : \xi_n = 0\}. \end{aligned} \tag{2.2.5}$$

Definition 2.2.7 *Ein Gebiet $\Omega \subset \mathbb{R}^d$ ist ein Lipschitz-Gebiet ($\Omega \in C^{0,1}$), falls eine endliche Familie $\mathcal{U}$ von offenen Teilmengen im $\mathbb{R}^d$ existiert und zugehörige bijektive Abbildungen $\{\chi_U : \overline{K_2} \to \overline{U}\}_{U \in \mathcal{U}}$ mit den Eigenschaften*

1. $\chi_U \in C^{0,1}\left(\overline{K_2}, \overline{U}\right), \quad \chi_U^{-1} \in C^{0,1}\left(\overline{U}, \overline{K_2}\right)$,
2. $\chi_U\left(K_2^0\right) = U \cap \Gamma$,
3. $\chi_U\left(K_2^+\right) = U \cap \Omega$,
4. $\chi_U\left(K_2^-\right) = U \cap \mathbb{R}^d \backslash \overline{\Omega}$.

Sei $k \in \mathbb{N} \cup \{\infty\}$. Ein Gebiet Ω ist ein C^k-Gebiet, falls Bedingung 1 durch

$$\chi_U \in C^k\left(\overline{K_2}, \overline{U}\right), \quad \chi_U^{-1} \in C^k\left(\overline{U}, \overline{K_2}\right)$$

ersetzt werden kann.

Bemerkung 2.2.8 *Die Bedingungen 2-4 in Definition 2.2.7 drücken aus, daß Ω lokal auf einer Seite des Randes $\partial\Omega$ liegt.*

Um die lokale Glattheit der Oberfläche zu beschreiben, verwenden wir Oberflächengitter. Sei dazu für $q \in \mathbb{N}$

$$\widehat{S}_q := \{\xi \in \mathbb{R}^q : 0 < \xi_1 < \xi_2 < \ldots \xi_{q-1} < \xi_q < 1\}$$

der *Einheitssimplex* und

$$\widehat{Q}_q := (0,1)^q$$

der *Einheitswürfel.* Diese Gebiete werden im folgenden als *Referenzelemente* bezeichnet und mit $\widehat{\tau}_q$ abgekürzt. Falls deren Dimension q klar ist, schreiben wir kurz $\widehat{\tau}$.

Definition 2.2.9 *Sei $\Omega \subset \mathbb{R}^d$ mit $d = 2, 3$ ein beschränktes Gebiet mit Rand Γ.*

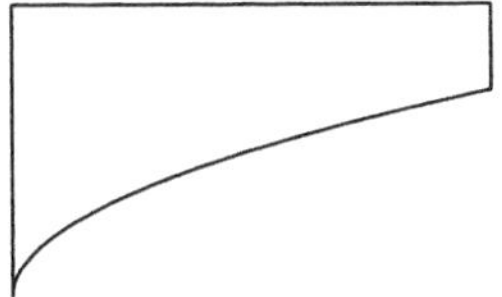

Abbildung 2.1: Cusp-Gebiet aus Übungsaufgabe 2.2.11.

1. *Eine Teilmenge* $\tau \subset \Gamma$ *heißt Randelement oder Paneel der Glattheit* $k \in \mathbb{N}_0 \cup \{\infty\}$ *– kurz* C^k*-Element–, falls ein* C^k*–Diffeomorphismus* $\chi_\tau : \widehat{\tau} \to \tau$ *existiert, welcher sich zu einem* C^k*-Diffeomorphismus* $\chi_\tau^\star : \widehat{\tau}^\star \to \tau^\star$ *fortsetzen läßt. Hierbei ist* $\widehat{\tau}^\star \subset \mathbb{R}^{d-1}$ *eine Umgebung von* $\overline{\widehat{\tau}}$ *und* $\overline{\tau} \subset \tau^\star$*.*

2. *Eine Menge* $\mathcal{G}$ *heißt Paneelierung (der Glattheit* $k \in \mathbb{N}_0$*), falls*

   (a) *alle* $\tau \in \mathcal{G}$ *Paneele der Glattheit* k *sind,*

   (b) *die Elemente von* $\mathcal{G}$ *offen und disjunkt sind,*

   (c) $\Gamma = \bigcup_{\tau \in \mathcal{G}} \overline{\tau}$ *gilt.*

3. *Eine Paneelierung* $\mathcal{G}$ *besitzt keine hängenden Knoten, falls der Schnitt* $\overline{\tau} \cap \overline{t}$ *aller nicht-identischen Elemente* $\tau, t \in \mathcal{G}$*, entweder leer, ein gemeinsamer Punkt oder –falls* $d = 3$ *– eine gemeinsame Kante ist.*

Definition 2.2.10 *Ein beschränktes Gebiet* $\Omega \subset \mathbb{R}^d$*,* $d = 2, 3$*, ist stückweise glatt zum Index* $k \in \mathbb{N} \cup \{\infty\}$*, kurz* $\Omega \in C^k_{stw}$*, , falls*

1. *eine Paneelierung* $\mathcal{G}$ *der Glattheit* k *existiert,*

2. Ω *ein Lipschitz-Gebiet ist, wobei die Abbildungen* χ_U *aus Definition 2.2.7 so gewählt werden können, daß* $\chi_U|_\tau = \chi_\tau$ *gilt.*

Analog nennt man den Rand $\Gamma = \partial\Omega$ eines beschränkten C^k_{stw}-Gebiets $\Omega \subset \mathbb{R}^d$, $d = 2, 3$, ebenfalls stückweise glatt zum Index $k \in \mathbb{N} \cup \{\infty\}$ und schreibt $\Gamma \in C^k_{stw}$.

Die hier angegebene Definition von C^k_{stw}–Gebieten wurde so gewählt, daß für die Diskretisierung keine neuen Notationen eingeführt werden müssen.

Übungsaufgabe 2.2.11 *Zeigen Sie, daß Polygongebiete (Gebiete, die durch einen geschlossenen Polygonzug berandet sind) Lipschitz-Gebiete sind.*

Zeigen Sie, daß das beschränkte (Cusp-) Gebiet $\Omega \subset \mathbb{R}^2$*, welches durch die Randstücke* $\{0\} \times [0,1]$, $[0,1/2] \times \{1\}$, $\{(t, t^s) : 0 \leq t \leq 1/2\}$, $\{1/2\} \times [2^{-s}, 1]$ *begrenzt ist, für alle* $s \in (0,1)$ *kein Lipschitz-Gebiet ist (vgl. Abb. 2.1).*

Mit Hilfe einer Paneelierung lassen sich *stückweise* glatte Funktionen auf Oberflächen definieren.

Definition 2.2.12 *Sei* $k \in \mathbb{N}_0 \cup \{\infty\}$ *und* $\Gamma \in C^k_{stw}$*. Eine Funktion* $f : \Gamma \to \mathbb{C}$ *heißt* k*-mal stückweise differenzierbar, falls eine Paneelierung* $\mathcal{G}$ *der Glattheit* k *existiert mit*

$$f \circ \chi_\tau \in C^k\left(\widehat{\tau}\right) \qquad \forall \tau \in \mathcal{G}.$$

Die Menge aller k*-mal stückweise differenzierbaren Abbildungen auf* Γ *wird* $C^k_{stw}(\Gamma)$ *genannt.*

2.2.3 Normalenvektoren

Sei $\Omega \subset \mathbb{R}^d$ mit $d = 2, 3$ ein beschränktes Gebiet vom Typ C^1_{stw} und $\mathcal{G}$ die Paneelierung aus Definition 2.2.9 der Glattheit $k \geq 1$. Die Sphäre in $\mathbb{R}^d$ wird mit $\mathbb{S}_{d-1}$ bezeichnet. Für $\mathbf{x} \in \tau \in \mathcal{G}$, definieren wir einen Normalenvektor $\mathbf{n}(\mathbf{x}) \in \mathbb{S}_{d-1}$ durch

$$\widetilde{\mathbf{n}}(\mathbf{x}) := \left\{ \begin{array}{ll} (\chi'_\tau(\xi))^\perp & d = 2 \\ \partial\chi_\tau(\xi)/\partial\xi_1 \times \partial\chi_\tau(\xi)/\partial\xi_2 & d = 3 \end{array} \right\} \quad \text{mit } \xi = \chi_\tau^{-1}(\mathbf{x}) \quad \text{und } \mathbf{v}^\perp = \begin{pmatrix} v_2 \\ -v_1 \end{pmatrix}$$
$$\mathbf{n}(\mathbf{x}) := \widetilde{\mathbf{n}}(\mathbf{x}) / \|\widetilde{\mathbf{n}}(\mathbf{x})\|. \tag{2.2.6}$$

Generell wird vorausgesetzt, daß die Orientierung der Karten χ_τ so gewählt ist, daß der Normalenvektor in den unbeschränkten Außenraum von Ω zeigt.

Bemerkung 2.2.13 *1. Für Gebiete vom Typ C^1_{stw} besitzt die Menge*

$$\left\{ \mathbf{x} \in \Gamma : x \notin \bigcup_{\tau \in \mathcal{G}} \tau \right\}$$

das Oberflächenmaß Null. Durch (2.2.6) ist daher ein äußeres Normalenfeld auf Γ fast überall definiert.

2. Für Gebiete vom Typ C^1 existiert der Normalenvektor für alle $\mathbf{x} \in \Gamma$.

Lemma 2.2.14 *Sei τ ein C^2-Element. Dann existiert eine Konstante $0 < C < \infty$ mit*

$$|\langle \mathbf{n}(\mathbf{y}), \mathbf{y} - \mathbf{x} \rangle| \leq C \|\mathbf{y} - \mathbf{x}\|^2.$$

Beweis. Sei $\chi_\tau : \hat{\tau} \to \tau$ der in Definition 2.2.9 beschriebene C^2-Diffeomorphismus. Für zwei Punkte $\mathbf{x}, \mathbf{y} \in \tau$ wird

$$\hat{\mathbf{x}} := \chi_\tau^{-1}(\mathbf{x}) \quad \text{und} \quad \hat{\mathbf{y}} := \chi_\tau^{-1}(\mathbf{y})$$

gesetzt. Der Mittelwertsatz sichert die Existenz eines Punktes ξ aus der Strecke $[\hat{\mathbf{x}}, \hat{\mathbf{y}}]$ mit

$$\langle \mathbf{n}(\mathbf{y}), \mathbf{y} - \mathbf{x} \rangle = \langle \mathbf{n}(\mathbf{y}), \chi_\tau(\hat{\mathbf{y}}) - \chi_\tau(\hat{\mathbf{x}}) \rangle = \langle \mathbf{n}(\mathbf{y}), (\mathbf{J}_\tau(\xi))(\hat{\mathbf{y}} - \hat{\mathbf{x}}) \rangle$$

mit der Jacobi-Matrix $\mathbf{J}_\tau := \mathbf{D}\chi_\tau \in \mathbb{R}^{3\times 2}$. Da $\mathbf{n}(\mathbf{y})$ senkrecht auf den Spaltenvektoren von $\mathbf{J}_\tau(\hat{\mathbf{y}})$ steht, gilt

$$\langle \mathbf{n}(\mathbf{y}), \mathbf{y} - \mathbf{x} \rangle = \langle \mathbf{n}(\mathbf{y}), (\mathbf{J}_\tau(\xi) - \mathbf{J}_\tau(\hat{\mathbf{y}}))(\hat{\mathbf{y}} - \hat{\mathbf{x}}) \rangle.$$

Die Glattheitsannahmen an τ implizieren, daß die Matrix $\mathbf{J}_\tau$ (komponentenweise) stetig differenzierbar ist, woraus die Behauptung folgt wegen

$$\begin{aligned} |\langle \mathbf{n}(\mathbf{y}), (\mathbf{J}_\tau(\xi) - \mathbf{J}_\tau(\hat{\mathbf{y}}))(\hat{\mathbf{y}} - \hat{\mathbf{x}}) \rangle| &\leq C_1 \|\xi - \hat{\mathbf{y}}\| \sum_{i=1}^{3} \sum_{j=1}^{2} |\mathbf{n}_i(\mathbf{y})| \, |\hat{\mathbf{y}} - \hat{\mathbf{x}}|_j \\ &\leq C_2 \|\mathbf{n}(\mathbf{y})\| \left\|\chi_\tau^{-1}(\mathbf{y}) - \chi_\tau^{-1}(\mathbf{x})\right\|^2 \leq C_3 \|\mathbf{y} - \mathbf{x}\|^2. \end{aligned}$$

■

2.2.4 Randintegrale

Sei τ ein C^1-Paneel mit Parametrisierung $\chi_\tau : \hat{\tau} \to \tau$ und $f : \tau \to \mathbb{C}$ eine meßbare Funktion. Dann besitzt das Oberflächenintegral von f über τ die Darstellung

$$\int_\tau f(\mathbf{x})\, ds_{\mathbf{x}} = \int_{\hat{\tau}} \hat{f}(\hat{\mathbf{x}}) \sqrt{g(\hat{\mathbf{x}})} d\hat{\mathbf{x}} \qquad \text{mit} \quad \hat{f} := f \circ \chi_\tau. \tag{2.2.7}$$

Hier bezeichnet g die Gramsche Determinante, die wie folgt definiert ist. Die Jacobi-Matrix der Parametrisierung χ_τ wird mit $\mathbf{J}_\tau := D\chi_\tau = (\frac{\partial \chi_i}{\partial \hat{x}_j})_{\substack{1\leq i\leq 3\\1\leq j\leq 2}}$ bezeichnet. Die Gramsche Matrix ist durch

$$G(\hat{\mathbf{x}}) := \mathbf{J}_\tau^\intercal(\hat{\mathbf{x}})\, \mathbf{J}_\tau(\hat{\mathbf{x}}) \in \mathbb{R}^{(d-1)\times(d-1)}$$

gegeben. Das Oberflächenelement $\sqrt{g(\hat{\mathbf{x}})}$ in (2.2.7) ist die Wurzel aus der Determinanten der Gramschen Matrix

$$g(\hat{\mathbf{x}}) := \det G(\hat{\mathbf{x}}).$$

Allgemeiner gilt für stückweise glatte Ränder $\Gamma \in C^1_{stw}$ und meßbare Funktionen $f : \Gamma \to \mathbb{C}$

$$\int_\Gamma f(\mathbf{x})\, ds_{\mathbf{x}} := \sum_{\tau\in\mathcal{G}} \int_{\hat{\tau}} \hat{f}_\tau(\hat{\mathbf{x}}) \sqrt{g_\tau(\hat{\mathbf{x}})} d\hat{\mathbf{x}}$$

mit $\hat{f}_\tau := f \circ \chi_\tau$ und dem Oberflächenelement $\sqrt{g_\tau}$ zur Parametrisierung χ_τ.

Für eine meßbare Teilmenge γ einer Oberfläche Γ bezeichnen wir mit $|\gamma| := \int_\gamma 1 ds_{\mathbf{x}}$ das Oberflächenmaß. Für meßbare Teilmengen $\omega \subset \mathbb{R}^d$ verwenden wir die gleiche Bezeichnung und setzen $|\omega| := \int_\omega 1 d\mathbf{x}$.

2.3 Sobolev-Räume auf Gebieten Ω

Existenz- und Eindeutigkeitsaussagen für elliptische Randwertprobleme lassen sich mit Hilfe von Sobolev-Räumen auf Gebieten formulieren. Wir rekapitulieren kurz einige Eigenschaften des Funktionenraums $L^2(\Omega)$ und führen dann die Sobolev-Räume ein. Die zugehörigen Beweise finden sich beispielsweise in [1].

Für eine offene Teilmenge $\Omega \subset \mathbb{R}^d$ bezeichnen wir mit $L^2(\Omega)$ alle Lebesgue-meßbaren Funktionen $f : \Omega \to \mathbb{C}$ mit $\int_\Omega |f|^2 d\mathbf{x} < \infty$. Dabei werden zwei Funktionen u, v identifiziert, falls sie sich lediglich auf einer Nullmenge unterscheiden.

Satz 2.3.1 *$L^2(\Omega)$ bildet einen Hilbert-Raum mit Skalarprodukt*

$$(u,v)_{0,\Omega} := (u,v)_{L^2(\Omega)} := \int_\Omega u(\mathbf{x})\, \overline{v(\mathbf{x})} d\mathbf{x}$$

und Norm $\|u\|_{0,\Omega} := \|u\|_{L^2(\Omega)} := (u,u)^{1/2}_{0,\Omega}$.

Falls keine Mißverständnisse möglich sind, schreiben wir kurz $(u,v)_0$ und $\|u\|_0$ statt $(u,v)_{0,\Omega}$ und $\|u\|_{0,\Omega}$.

Für Funktionen aus $L^2(\Omega)$ lassen sich keine klassischen Ableitungen (z.B. punktweise als Grenzwert von Differenzenquotienten) definieren. Um verallgemeinerte Ableitungen definieren zu können, nützen wir aus, daß sich jede Funktion aus $L^2(\Omega)$ durch glatte Funktionen approximieren läßt. Für eine stetige Funktion $u \in C^0(\Omega)$ bezeichnet

$$\operatorname{Tr}(u) := \overline{\{x \in \Omega : u(x) \neq 0\}} \tag{2.3.1}$$

den Träger der Funktion u. Der Raum aller unendlich oft differenzierbaren Funktionen auf Ω wird mit $C^\infty(\Omega)$ bezeichnet und

$$C_0^\infty(\Omega) := \{u \in C^\infty(\Omega) : \operatorname{Tr}(u) \subset\subset \Omega\}$$

gesetzt. Der Raum aller Funktionen aus $C^\infty(\Omega)$ mit kompaktem Träger ist durch

$$C_{komp}^\infty(\Omega) := C_0^\infty\left(\mathbb{R}^d\right)\big|_\Omega := \left\{u|_\Omega : u \in C_0^\infty\left(\mathbb{R}^d\right)\right\} \tag{2.3.2}$$

definiert.

Bemerkung 2.3.2 *Man beachte, daß der Träger von Funktionen $u \in C_{komp}^\infty(\Omega)$ kompakt in $\mathbb{R}^d$ aber im allgemeinen nicht kompakt in Ω ist. Daraus folgt $C_{komp}^\infty(\Omega) \neq C_0^\infty(\Omega)$ für Gebiete $\emptyset \neq \Omega \neq \mathbb{R}^d$.*

Lemma 2.3.3 *Die Räume $C^\infty(\Omega) \cap L^2(\Omega)$ und $C_0^\infty(\Omega)$ liegen dicht in $L^2(\Omega)$.*

Definition 2.3.4 *Eine Funktion $u \in L^2(\Omega)$ besitzt eine schwache Ableitung $g := \partial_w^\alpha u \in L^2(\Omega)$, falls*

$$(v, g)_{0,\Omega} = (-1)^{|\alpha|} (\partial^\alpha v, u)_{0,\Omega}, \qquad \forall v \in C_0^\infty(\Omega)$$

erfüllt ist.

Die englische Übersetzung „weak = schwach" führt zur Bezeichnung ∂_w.

Bemerkung 2.3.5 *Falls u eine schwache Ableitung $\partial_w^\alpha u \in L^2(\Omega)$ besitzt und auf $\omega \subset \Omega$ die starke Ableitung $\partial^\alpha u$ existiert, so stimmen diese beiden Ableitungen auf ω (fast überall) überein. Aus diesem Grund wird im folgenden der Index w in ∂_w^α weggelassen.*

Definition 2.3.6 *Sei $\Omega \subset \mathbb{R}^d$ ein beschränktes Gebiet. Für $\ell = 0, 1, 2, \ldots$ ist der Sobolev-Raum $H^\ell(\Omega)$ durch*

$$H^\ell(\Omega) := \left\{\varphi \in L^2(\Omega) : \partial^\alpha \varphi \in L^2(\Omega) \text{ für alle } |\alpha| \leq \ell\right\} \tag{2.3.3}$$

gegeben.

Der Raum $H^\ell(\Omega)$ wird mit dem Skalarprodukt

$$(\varphi, \psi)_\ell := \sum_{|\alpha| \leq \ell} (\partial^\alpha \varphi, \partial^\alpha \psi)_0 = \sum_{|\alpha| \leq \ell} \int_\Omega \partial^\alpha \varphi \overline{\partial^\alpha \psi} d\mathbf{x} \tag{2.3.4}$$

und der Norm

$$\|\varphi\|_\ell := (\varphi, \varphi)_\ell^{1/2} \tag{2.3.5}$$

versehen. Alternativ wird der Raum $H^\ell(\Omega)$ mit $W^{\ell,2}(\Omega)$ bezeichnet. Indem in (2.3.4) lediglich über Multiindizes mit $|\alpha| = \ell$ summiert wird, läßt sich eine Seminorm auf $H^\ell(\Omega)$ definieren durch

$$|\varphi|_\ell^2 := \sum_{|\alpha|=\ell} \int_\Omega |\partial^\alpha \varphi|^2 \, d\mathbf{x}. \tag{2.3.6}$$

Sobolev-Räume lassen sich auch für nicht-ganzzahlige Exponenten definieren. Für $\ell \in \mathbb{R}$ bezeichnet $\lfloor \ell \rfloor$ die größte ganze Zahl mit $\lfloor \ell \rfloor \leq \ell$. Für nicht-ganzzahliges $\ell \geq 0$, d.h. $\ell = \lfloor \ell \rfloor + \lambda$ mit $\lambda \in (0,1)$, definieren wir

$$\begin{aligned}(\varphi,\psi)_\ell := &\sum_{|\alpha|\leq\lfloor\ell\rfloor} (\partial^\alpha\varphi, \partial^\alpha\psi)_0 \\ &+ \sum_{|\alpha|\leq\lfloor\ell\rfloor} \int_{\Omega\times\Omega} \frac{(\partial^\alpha\varphi(\mathbf{x}) - \partial^\alpha\varphi(\mathbf{y}))\,\overline{(\partial^\alpha\psi(\mathbf{x}) - \partial^\alpha\psi(\mathbf{y}))}}{\|\mathbf{x}-\mathbf{y}\|^{d+2\lambda}} d\mathbf{x}d\mathbf{y}\end{aligned} \tag{2.3.7}$$

und

$$\|\varphi\|_\ell := (\varphi,\varphi)_\ell^{1/2}. \tag{2.3.8}$$

Für nicht-ganzzahliges ℓ ist der Sobolev-Raum $H^\ell(\Omega)$ definiert als Abschluß von

$$\{u \in C^\infty(\Omega) : \|u\|_\ell < \infty\} \tag{2.3.9}$$

bezüglich der Norm $\|\cdot\|_\ell$ aus (2.3.8).

Proposition 2.3.7 *Der Raum $H^\ell(\Omega)$ ist ein separabler Hilbert-Raum, d.h. $H^\ell(\Omega)$ besitzt eine abzählbare Basis (vgl. Abschnitt 2.1.1.3). Ein Skalarprodukt ist durch (2.3.4), (2.3.7) und eine Norm durch (2.3.5), (2.3.8) definiert.*

Für die Beweistechniken im Zusammenhang mit Sobolev-Räumen ist es hilfreich, daß geeignete glatte Funktionenräume dicht in $H^\ell(\Omega)$ liegen.

Definition 2.3.8 *$H_0^\ell(\Omega)$ ist der Abschluß des Raumes $C_0^\infty(\Omega)$ bezüglich der $\|\cdot\|_\ell$-Norm.*

Proposition 2.3.9 *Es gilt*

$$H^0(\Omega) = H_0^0(\Omega) = L^2(\Omega), \quad H^\ell(\mathbb{R}^d) = H_0^\ell(\mathbb{R}^d).$$

Proposition 2.3.10 *Sei $\Omega \subset \mathbb{R}^d$ offen und $\ell \geq 0$. Dann ist der Raum $H^\ell(\Omega) \cap C^\infty(\Omega)$ dicht in $H^\ell(\Omega)$.*

Die Beweise zu Proposition 2.3.9 und 2.3.10 finden sich beispielsweise in [161, Satz 3.3-3.6, Folgerung 3.1].

Die Sobolev-Räume $H^\ell(\Omega)$ nicht ganzzahliger Ordnung $\ell = \lfloor \ell \rfloor + \lambda$ lassen sich auch durch Interpolation charakterisieren. Es gilt

Proposition 2.3.11 *Sei $k \in \mathbb{N}_0$ und $0 < \lambda < 1$. Für ein beschränktes Gebiet Ω mit Lipschitz-Rand gilt*

$$H^{k+\lambda}(\Omega) = [H^k(\Omega), H^{k+1}(\Omega)]_{\lambda,2}, . \tag{2.3.10}$$

Für einen Beweis, siehe z.B. [152] oder [93].

2.4 Sobolev-Räume auf Oberflächen Γ

Zur Definition von Randintegralgleichungen benötigt man Sobolev-Räume auf Rändern $\Gamma := \partial\Omega$ von Gebieten. Diese werden mit Hilfe der Sobolev-Räume auf Euklidischen (Parameter-) Gebieten durch „Hochheben" definiert.

2.4.1 Definition der Sobolev-Räume auf Γ

Sei $\Omega \subset \mathbb{R}^d$ ein beschränktes Lipschitz-Gebiet. Mit Hilfe der Paneelierung $\mathcal{G}$ lassen sich Koordinaten auf dem Rand $\Gamma := \partial\Omega$ definieren. Dazu verwenden wir die Bezeichnungen aus Definition 2.2.7 und führen die Einschränkungen

$$\chi_{U,0} : K_2^0 \to U_0 := U \cap \Gamma, \qquad \chi_{U,0} := \chi_U|_{K_2^0}$$

ein. Damit läßt sich ein Koordinatensystem $a = \left(U_0, \chi_{U,0}^{-1}\right)_{U\in\mathcal{U}}$ definieren und eine untergeordnete Partition der Eins $\{\beta_U : \Gamma \to \mathbb{R}\}_{U\in\mathcal{U}}$ durch

$$1 = \sum_{U\in\mathcal{U}} \beta_U \text{ auf } \Gamma, \qquad \operatorname{Tr}(\beta_U) \subset U_0, \qquad \beta_U \circ \chi_{U,0} \in C_0^{0,1}\left(\overline{K_2^0}\right).$$

Funktionen $\varphi : \Gamma \to \mathbb{C}$ können mit Hilfe dieser Partitionierung lokalisiert werden. Die Funktion

$$\varphi_U = \varphi\beta_U : \Gamma \to \mathbb{C} \quad \text{erfüllt} \quad \operatorname{Tr}(\varphi_U) \subset U_0.$$

Falls Ω ein C^k-Gebiet, $k \geq 1$, ist, läßt sich obige Lokalisierung analog durchführen, wobei dann die Funktionen $\chi_{U,0}$ Diffeomorphismen C^k sind. Die Glattheit der Funktionen auf der Oberfläche Γ wird durch die Glattheit der zurücktransformierten, lokalisierten Funktionen charakterisiert. Die Rücktransformation auf Parametergebiete ist durch

$$\widehat{\varphi_U} := \varphi_U \circ \chi_{U,0} : K_2^0 \to \mathbb{C}, \qquad U \in \mathcal{U}$$

gegeben. Damit ist klar, daß die maximale Glattheit des Gebiets Ω eine obere Schranke für die Differenzierbarkeitsordnung der Sobolev-Räume auf Γ impliziert. Genauer lassen sich für $C^{0,1}$ bzw. C^k Gebiete nur Sobolev-Räume $H^\ell(\Gamma)$ mit maximaler Differenzierbarkeitsordnung ℓ invariant vom gewählten Koordinatensystem definieren, die

$$\begin{aligned} \ell &\leq 1 \quad \text{für Lipschitz-Gebiete } \Omega, \\ \ell &\leq k \quad \text{für } C^k\text{-Gebiete } \Omega \end{aligned} \tag{2.4.1}$$

erfüllen. Für die folgende Definition verwenden wir die zuvor eingeführten Bezeichnungen.

Definition 2.4.1 *Sei $\Omega \subset \mathbb{R}^d$ ein beschränktes $C^{0,1}$- oder C^k-Gebiet mit $k \geq 1$. Für $\ell \in \mathbb{R}_{\geq 0}$ gelte (2.4.1). Der Raum $H^\ell(\Gamma)$ enthält alle Funktion $\varphi : \Gamma \to \mathbb{C}$, die $\widehat{\varphi_U} \in H_0^\ell(K_2^0)$ für alle $\tau \in \mathcal{G}$ erfüllen.*

Eine Norm auf $H^\ell(\Gamma)$ ist für $\varphi \in H^\ell(\Gamma)$ in Analogie zu (2.3.7) durch

$$\|\varphi\|_{\ell,\Gamma}^2 := \sum_{|\alpha|\leq\lfloor\ell\rfloor} \|\varphi_\alpha\|_{L^2(\Gamma)}^2 + \sum_{|\alpha|\leq\lfloor\ell\rfloor} \int_{\Gamma\times\Gamma} \frac{|\varphi_\alpha(\mathbf{x}) - \varphi_\alpha(\mathbf{y})|^2}{\|\mathbf{x}-\mathbf{y}\|^{d-1+2\lambda}} ds_{\mathbf{x}} ds_{\mathbf{y}} \tag{2.4.2}$$

definiert, wobei die Funktionen $\varphi_\alpha : \Gamma \to \mathbb{C}$ durch

$$\varphi_\alpha(\mathbf{x}) := \sum_{U \in \mathcal{U}} \partial_\xi^\alpha \left(\widehat{\varphi_U}\right)(\xi) \quad \text{mit } \mathbf{x} = \chi_{U,0}(\xi)$$

erklärt sind und ∂_ξ^α die Differentiation bezüglich der ξ-Variablen bezeichnet.

Für ganzzahlige Ordnungen ℓ ist der Integralterm in (2.4.2) wieder wegzulassen; es gilt für $\ell \in \mathbb{N}_0$

$$\|\varphi\|_{\ell,\Gamma}^2 = \sum_{|\alpha| \leq \ell} \|\varphi_\alpha\|_{L^2(\Gamma)}^2.$$

Formal hängt der Sobolev-Raum $H^\ell(\Gamma)$ von den gewählten Koordinaten ab. Falls notwendig, schreiben wir $H_a^\ell(\Gamma)$ statt $H^\ell(\Gamma)$. Es kann jedoch gezeigt werden, daß $H^\ell(\Gamma)$ invariant auf Γ definiert ist unter der Voraussetzung, daß die Differentiationsordnung ℓ in geeigneter Beziehung zur Glattheit des Randes steht.

Proposition 2.4.2 *Sei Ω ein beschränktes Lipschitz-Gebiet oder ein C^k-Gebiet mit $k \geq 1$. Der Differentiationsindex ℓ erfülle (2.4.1). Seien a_1, a_2 zwei Koordinatensysteme auf Γ. Dann sind die Räume $H_{a_1}^\ell(\Gamma)$ und $H_{a_2}^\ell(\Gamma)$ äquivalent: Sie stimmen mengenmäßig überein und die Normen sind äquivalent.*

Der Beweis dieser Proposition findet sich in [161, Satz 4.2].

Die Sobolev-Räume $H^\ell(\Gamma)$ lassen sich für nichtganzzahlige Ordnung auch durch Interpolation charakterisieren. Es gilt folgender Satz, der analog zu Proposition 2.3.11 ist:

Proposition 2.4.3 *Sei $\Omega \subset \mathbb{R}^d$ ein beschränktes Lipschitz- oder C^k-Gebiet mit $k \geq 1$ und $\Gamma := \partial\Omega$: Es sei weiter $\ell \in \mathbb{N}_0$ derart, daß $\ell + 1$ die Bedingung (2.4.1) erfüllt. Dann gilt für $0 < \lambda < 1$*

$$H^{\ell+\lambda}(\Gamma) = \left(H^\ell(\Gamma), H^{\ell+1}(\Gamma)\right)_{\lambda,2}. \tag{2.4.3}$$

Allgemeiner gilt für ℓ_1, ℓ_2, die (2.4.1) erfüllen, die Beziehung

$$H^\ell(\Gamma) = \left(H^{\ell_1}(\Gamma), H^{\ell_2}(\Gamma)\right)_{\lambda,2} \tag{2.4.4}$$

für $\ell = \lambda\ell_1 + (1-\lambda)\ell_2$ mit $0 \leq \lambda \leq 1$.

Wir haben nun Sobolev-Räume mit nicht-negativen Differentiationsindizes für Gebiete Ω und deren Ränder Γ eingeführt. Die Dualräume dieser Sobolev-Räume enthalten alle darauf erklärten stetigen linearen Funktionale. Sei X entweder ein Gebiet Ω oder eine Oberfläche Γ. Dann wird für die Dualräume die Notation

$$H^{-\ell}(X) := \left(H_0^\ell(X)\right)', \quad \ell \geq 0. \tag{2.4.5}$$

verwendet. Man beachte, daß im Fall von geschlossenen Oberflächen ($X = \Gamma$) der Rand von X die leere Menge ist und daher $H_0^\ell(X) = H^\ell(X)$ gilt.

Die Dichtheitsaussagen für $H_0^\ell(X)$ lassen sich direkt auf deren Dualräume übertragen. Aus dem Rieszschen Darstellungssatz (Satz 2.1.13) folgt, daß zu jedem $F \in H^{-\ell}(X)$ ein Element $f \in H_0^\ell(X)$ mit

$$F(v) = (v, f)_{H^\ell(\Omega)} \qquad \forall v \in H_0^\ell(X)$$

existiert. Falls ein Raum U dicht in $H_0^\ell(X)$ liegt, existiert zu jedem Funktional $F \in H^{-\ell}(X)$ eine Folge von Elementen $(f_i)_{i \in \mathbb{N}_0}$ in U mit

$$\lim_{i \to \infty} (\cdot, f_i)_{H^\ell(\Omega)} = F.$$

2.4.2 Sobolev-Räume auf $\Gamma_0 \subset \Gamma$

Für die Formulierung von Integralgleichungen auf Gebieten mit Rissen benötigen wir Sobolev-Räume auf offenen Flächenstücken mit Randbedingungen. Wir stellen hier kurz die wesentlichen Definitionen und Eigenschaften zusammen und verweisen für die Details beispielsweise auf [97, § 3].

Sei $\Gamma_0 \subset \Gamma$ eine meßbare Teilmenge des Randes mit $|\Gamma_0| > 0$. Der Sobolev-Raum $\tilde{H}^s(\Gamma_0)$, $s \in [0,1]$ ist durch

$$\tilde{H}^s(\Gamma_0) := \left\{u \in H^s(\Gamma) : \operatorname{Tr}(u) \subset \overline{\Gamma_0}\right\} \tag{2.4.6}$$

definiert. Die Norm auf $\tilde{H}^s(\Gamma_0)$ ist durch

$$\|u\|_{\tilde{H}^s(\Gamma_0)} := \|u^\star\|_{H^s(\Gamma)} \tag{2.4.7}$$

erklärt, wobei $u^\star$ die Fortsetzung von u auf Γ durch Null bezeichnet.

Übungsaufgabe 2.4.4 *Sei $\Gamma = (-1,2)$ und $\Gamma_0 = (0,1)$. Zeigen Sie, daß die charakteristische Funktion*

$$u(x) := \begin{cases} 1 & x \in \Gamma_0, \\ 0 & \text{sonst} \end{cases}$$

in $\tilde{H}^s(\Gamma_0)$ ist für $s < 1/2$ aber nicht für $s \geq 1/2$.

Die Räume mit negativen Indizes sind wieder als Dualräume definiert: $\tilde{H}^{-s}(\Gamma_0) := (H^s(\Gamma_0))'$ für $s \in [0,1]$. Es gilt umgekehrt: $H^{-s}(\Gamma_0) = \left(\tilde{H}^s(\Gamma_0)\right)'$ für $s \in [0,1]$. Man beachte, daß für geschlossenen Oberflächen Γ die Räume $H^s(\Gamma)$, $\tilde{H}^s(\Gamma)$ isomorph sind.

2.5 Einbettungssätze

Die Räume $H^\ell(\Omega)$, $H^\ell(\Gamma)$ sind für eine *Skala* von Indizes ℓ geschachtelt.

Satz 2.5.1 *Sei $0 \leq \ell_2 \leq \ell_1$. Dann gilt*

$$\left.\begin{array}{l} H^{\ell_1}(\Omega) \subset H^{\ell_2}(\Omega) \\ H^{\ell_1}(\Gamma) \subset H^{\ell_2}(\Gamma) \end{array}\right\} \quad \ell_1 \geq \ell_2 \geq 0, \tag{2.5.1}$$

wobei im Fall einer Oberfläche wieder die Bedingung (2.4.1) mit $\ell = \ell_1$ gefordert wird.

Die Sobolev-Räume mit positivem Differentiationsindex ℓ bilden mit $L^2(\Omega)$ und ihren Dualräumen einen Gelfandschen Dreier.

Proposition 2.5.2 *Für $\ell > 0$ sind die Tripel*

$$\begin{array}{c} H^\ell(\Omega) \subset L^2(\Omega) \subset \left(H^\ell(\Omega)\right)' \\ H_0^\ell(\Omega) \subset L^2(\Omega) \subset (H_0^\ell(\Omega))' \\ H^\ell(\Gamma) \subset L^2(\Gamma) \subset \left(H^\ell(\Gamma)\right)' \end{array}$$

Gelfandsche Dreier, wobei im Fall einer Oberfläche wieder die Bedingung (2.4.1) gefordert wird. Das Skalarprodukt $(\cdot,\cdot)_{L^2(\Omega)}$ läßt sich daher stetig erweitern zu dualen Paarungen auf $H^\ell(\Omega) \times \left(H^\ell(\Omega)\right)'$, $\left(H^\ell(\Omega)\right)' \times H^\ell(\Omega)$, $H_0^\ell(\Omega) \times \left(H_0^\ell(\Omega)\right)'$ und $\left(H_0^\ell(\Omega)\right)' \times H_0^\ell(\Omega)$. Analog läßt sich das Skalarprodukt $(\cdot,\cdot)_{L^2(\Gamma)}$ stetig zu dualen Paarungen auf $H^\ell(\Gamma) \times \left(H^\ell(\Gamma)\right)'$ und $\left(H^\ell(\Gamma)\right)' \times H^\ell(\Gamma)$ fortsetzen.

Notation 2.5.3 *Unter den Voraussetzungen von Proposition 2.5.2 bezeichnen wir die Erweiterungen wiederum mit* $(\cdot,\cdot)_{L^2(\Omega)}$ *bzw.* $(\cdot,\cdot)_{L^2(\Gamma)}$*, falls aus den Argumenten die entsprechenden Funktionenräume hervorgehen. Ist das Gebiet* Ω *aus dem Kontext klar, schreiben wir kurz* $(\cdot,\cdot)_0$.

Die Frage, unter welchen Voraussetzungen jede Funktion (Restklasse) $\varphi \in H^\ell(\Omega)$ einen stetigen Repräsentanten besitzt, beantwortet der Sobolevsche Einbettungssatz.

Satz 2.5.4 (Sobolevscher Einbettungssatz) *Sei* $\Omega \subset \mathbb{R}^d$ *ein beschränktes Lipschitz-Gebiet. Für* $\ell > d/2$ *gilt:*

$$H^\ell(\Omega) \subset C^0\left(\overline{\Omega}\right).$$

Für beschränkte C^k*-Gebiete* Ω*,* $k > \ell$*, besitzen Funktionen (Restklassen)* $\varphi \in H^\ell(\Omega)$ *einen* m*-mal stetig differenzierbaren Repräsentanten für ganzzahliges* $m < \ell - d/2$*:*

$$H^\ell(\Omega) \subset C^m\left(\overline{\Omega}\right)$$

mit stetiger Einbettung:

$$\|\varphi\|_{C^m(\overline{\Omega})} \leq C\,\|\varphi\|_{H^\ell(\Omega)}, \qquad \forall\varphi \in H^\ell(\Omega).$$

Für die Approximierbarkeit von Funktionen aus $H^{\ell_2}(\Omega)$ bezüglich einer (schwächeren) Norm $\|\cdot\|_{\ell_1,\Omega}$, d.h. $\ell_1 < \ell_2$, wird die Kompaktheit (vgl. Definition 2.1.28) der Einbettung $I : H^{\ell_1}(\Omega) \to H^{\ell_2}(\Omega)$ eine entscheidende Rolle spielen.

Satz 2.5.5 (Rellich) *Sei* $\Omega \subset \mathbb{R}^d$ *ein beschränktes Lipschitz-Gebiet. Dann ist die erste der Einbettungen (2.5.1) für* $\ell_1 > \ell_2$ *kompakt. Für die Kompaktheit der zweiten Einbettung muß wieder zusätzlich die Bedingung (2.4.1) gefordert werden.*

Der Beweis findet sich beispielsweise in [1].

In einigen Beweisen werden Aussagen zunächst für dichte Teilräume von Sobolev-Räumen bewiesen und dann mit Hilfe von Cauchy-Folgen durch Grenzübergang auf Sobolev-Räume übertragen. In diesem Zusammenhang werden wir eine spezielle Form des Rellichschen Einbettungssatzes (vgl. [1, §5.9 (4), A 5.4]) verwenden.

Satz 2.5.6 *Sei* $\Omega \subset \mathbb{R}^d$ *ein Gebiet mit Lipschitz-Rand. Dann existiert für jede beschränkte Folge in* $H^1(\Omega)$ *eine Teilfolge, die bezüglich der Norm in* $L^2(\Omega)$ *konvergiert.*

Eine nützliche Eigenschaft der kompakten Einbettungen sind die Poincaré-Ungleichungen.

Satz 2.5.7 *Sei* $\Omega \subset \mathbb{R}^d$ *beschränkt und* $\ell = 1, 2, \ldots$*. Dann gilt für alle* $\varphi \in H_0^\ell(\Omega)$

$$\|\varphi\|_{\ell,\Omega}^2 \leq C\,(1 + \operatorname{diam}\Omega) \sum_{|\alpha|=\ell} \int_\Omega |\partial^\alpha \varphi|^2 \, d\mathbf{x}. \tag{2.5.2}$$

Abschätzung (2.5.2) wird in der Literatur auch Friedrichs-Ungleichung genannt.

Korollar 2.5.8 *Sei* Γ_D *eine Teilmenge des Randes* Γ *mit positivem* $d-1$*-dimensionalen Oberflächenmaß. Satz 2.5.7 bleibt gültig, für alle Funktionen* $\varphi \in \overline{\{\varphi \in C^\infty(\Omega) : \varphi = 0 \text{ auf } \Gamma_D\}}^{\|\cdot\|_{\ell,\Omega}}$

Für $\varphi \in H^\ell(\Omega)$ ist diese Aussage nur in der modifizierten Form (2.5.3) gültig.

Satz 2.5.9 *Sei $\Omega \subset \mathbb{R}^d$ ein Lipschitz-Gebiet. Dann gilt für alle $\varphi \in H^\ell(\Omega)$*

$$\|\varphi\|_{\ell,\Omega}^2 \leq C\left\{\sum_{|\alpha|=\ell}\int_\Omega |\partial^\alpha\varphi|^2\, d\mathbf{x} + \sum_{|\alpha|<\ell}\left|\int_\Omega \partial^\alpha\varphi d\mathbf{x}\right|^2\right\}. \tag{2.5.3}$$

Die Ungleichungen (2.5.2) und (2.5.3) werden erste und zweite Poincaré-Ungleichung genannt und sind in [100, Theorem 1.1 und 1.5] bewiesen.

Korollar 2.5.10 *Sei $\Omega \subset \mathbb{R}^d$ ein Lipschitz-Gebiet. Dann existiert eine Konstante $c_\Omega > 0$, so daß für alle $\varphi \in H^1(\Omega)$ gilt*

$$\inf_{c\in\mathbb{R}} \|\varphi - c\|_{1,\Omega} \leq c_\Omega\, |\varphi|_{1,\Omega}\,.$$

Beweis. Wähle $\alpha := \int_\Omega \varphi d\mathbf{x}/\,|\Omega|$ und definiere $\varphi_\alpha := \varphi - \alpha$. Dann folgt aus (2.5.3)

$$\inf_{c\in\mathbb{R}} \|\varphi - c\|_{1,\Omega} \leq \|\varphi_\alpha\|_{1,\Omega} \leq C\left(|\varphi_\alpha|_{1,\Omega} + \left|\int_\Omega \varphi_\alpha d\mathbf{x}\right|\right) = C\,|\varphi|_{1,\Omega}\,.$$

■

2.6 Spur-Operatoren

Falls der Differentiationsindex der Sobolev-Räume und die Regularität der Oberflächen hinreichend hoch sind, lassen sich die Spuren (Beschränkungen) von Funktionen $u \in H^\ell(\Omega)$ auf den Rand $\partial\Omega$ sinnvoll definieren. Das Hauptresultat ist in Satz 2.6.8 und 2.6.9 zusammengefaßt. Die Sobolev-Norm der Spur einer hinreichend glatten Funktion $u : \Omega \to \mathbb{C}$ läßt sich durch die Sobolev-Norm von u in einer lokalen Umgebung von $\partial\Omega$ abschätzen. Daher lassen sich Spuren auch für Funktionen definieren, die nur lokal in $H^\ell(\Omega)$ liegen. Der zugehörige Raum wird $H^\ell_{lok}(\Omega)$ genannt. Für spätere Anwendungen führen wir auch den zugehörigen Dualraum $H^s_{komp}(\Omega)$ ein. Auf diesen Räumen läßt sich keine Norm definieren, jedoch eine Metrik und damit eine Topologie. Wir verweisen für die Details auf [162] und [38, S. 48, S. 114 ff]. Für unsere Anwendungen benötigen wir lediglich die Aussagen aus Satz 2.6.7, welche Kriterien angeben, um die Stetigkeit von Abbildungen von und in diese Räume zu beweisen.

Definition 2.6.1 *Sei Ω ein (möglicherweise unbeschränktes) Gebiet. Der Raum $H^\ell_{lok}(\Omega)$ enthält alle stetigen, linearen Funktionale (Distributionen) auf $C^\infty_{komp}(\Omega)$, kurz $u \in C^\infty_{komp}(\Omega)'$, mit der Eigenschaft, daß $\varphi u \in H^\ell(\Omega)$ für alle $\varphi \in C^\infty_{komp}(\Omega)$.*

Bemerkung 2.6.2 *(a) Die Definition des Raumes $H^\ell_{lok}(\Omega)$ enthält keine Einschränkung für das Wachstum der Funktionen im Unendlichen. Beispielsweise ist jedes Polynom und die Exponentialfunktion in $H^\ell_{lok}(\mathbb{R})$ für beliebiges $\ell \geq 0$.*

(b) Die Wahl $\varphi \equiv 1$ zeigt: Für beschränkte Gebiete Ω stimmt $H^\ell_{lok}(\Omega)$ mit $H^\ell(\Omega)$ überein (vgl. Bemerkung 2.3.2).

(c) Sei $\Omega^- \subset \mathbb{R}^d$ ein beschränktes Gebiet mit Rand $\Gamma := \partial\Omega^-$ und $\Omega^+ := \mathbb{R}^d\backslash\overline{\Omega^-}$. Dann ist das Wachstumsverhalten der Funktionen aus $H^\ell_{lok}(\Omega^+)$ im Unendlichen nicht eingeschränkt,

hingegen in jeder beschränkten Umgebung von Γ*: Für* $u \in H^{\ell}_{lok}(\Omega^+)$ *gilt* $u|_U \in H^{\ell}(U)$ *für jedes beschränkte Teilgebiet* $U \subset \Omega^+$.

(d) In der Literatur wird gelegentlich in der Definition von $H^{\ell}_{lok}(\Omega)$ *die Bedingung* $\varphi \in C^{\infty}_{komp}(\Omega)$ *durch* $\varphi \in C_0^{\infty}(\Omega)$ *ersetzt. In diesem Fall ist unter den Voraussetzungen aus (c) das Wachstumsverhalten der Funktionen in lokalen Umgebungen von* Γ *ebenfalls nicht eingeschränkt.*

Um den Dualraum von $H^{\ell}_{lok}(\Omega)$ zu definieren, benötigen wir die Erweiterung der Definition des Trägers einer Funktion (vgl. (2.3.1)) für Sobolev-Funktionen.

Definition 2.6.3 *Sei* $\ell \geq 0$. *Die Einschränkung einer Funktion* $u \in H^{\ell}(\Omega)$ *auf eine offene Teilmenge* $U \subset \Omega$ *ist die Nullfunktion* $u|_U = 0$, *falls*

$$(u, w)_{H^{\ell}(\Omega)} = 0$$

für alle $w \in C^{\infty}(\Omega)$ *mit* $\operatorname{Tr} w \subset U$ *gilt.*

Für $\ell < 0$ *ist die Bedingung* $(u, w)_{H^{\ell}(\Omega)}$ *durch* $u(w) = 0$ *zu ersetzen.*

Definition 2.6.4 *Sei* $u \in H^{\ell}(\Omega)$. *Der Träger* $\operatorname{Tr}(u)$ *ist die größte, relativ abgeschlossene Menge* $V \subset \Omega$, *für die* u *auf* $\Omega \backslash V$ *die Nullfunktion ist.*

Definition 2.6.5 *Sei* $\ell \in \mathbb{R}$ *und* $\Omega \subset \mathbb{R}^d$ *offen. Der Raum* $H^{\ell}_{komp}(\Omega)$ *ist durch*

$$H^{\ell}_{komp}(\Omega) := \bigcup_K \{u \in H^{\ell}_{lok}(\Omega) : \operatorname{Tr}(u) \subset K\}$$

gegeben, wobei die Vereinigung über alle relativ kompakten Teilmengen $K \subset \Omega$ *genommen wird.*

Bemerkung 2.6.6 *Man beachte, daß* $H^{\ell}_{komp}(\Omega)$ *für beschränkte Gebiete mit* $H^{\ell}(\Omega)$ *und* $H^{\ell}_{lok}(\Omega)$ *übereinstimmt.*

Satz 2.6.7 *(a) Für jedes* $s \in \mathbb{R}$ *läßt sich die Bilinearform* $\langle \cdot, \cdot \rangle : C^{\infty}(\Omega) \times C^{\infty}_{komp}(\Omega) \to \mathbb{R}$:

$$\langle u, v \rangle = \int_{\Omega} uv dx \tag{2.6.1}$$

zu einer dualen Paarung $\langle \cdot, \cdot \rangle : H^s_{lok}(\Omega) \times H^{-s}_{komp}(\Omega) \to \mathbb{R}$ *fortsetzen.*

(b) Sei E *ein normierter Raum. Eine lineare Abbildung* $A : H^s_{komp}(\Omega) \to E$ *ist genau dann stetig, wenn die Einschränkungen* $A|_K : H^s(K) \to E$ *für alle Kompakta* $K \subset \Omega$ *stetig sind. Eine lineare Abbildung* $A : H^s_{lok}(\Omega) \to E$ *ist genau dann stetig, wenn für alle* $\varphi \in C^{\infty}_{komp}(\Omega)$ *ein* $C < \infty$ *existiert mit*

$$\|A(\varphi u)\|_{H^s(\Omega)} \leq C \|u\|_E \qquad \forall u \in H^s_{lok}(\Omega).$$

(c) Eine lineare Abbildung $A : E \to H^s_{lok}(\Omega)$ *ist genau dann stetig, falls für alle* $\varphi \in C^{\infty}_{komp}(\Omega)$ *ein* $C < \infty$ *existiert mit*

$$\|\varphi(Au)\|_{H^s(\Omega)} \leq C \|u\|_E \qquad \forall u \in E.$$

(d) Eine lineare Abbildung $A : H^s_{komp}(\Omega) \to H^t_{lok}(\Omega)$ ist genau dann stetig, falls für alle Kompakta $K \subset \Omega$ und alle $\varphi \in C^\infty_{komp}(\Omega)$ ein $C < \infty$ existiert mit

$$\|\varphi (Au)\|_{H^t(\Omega)} \leq C \|u\|_{H^s(\Omega)} \qquad \forall u \in H^s_{komp}(\Omega) : \operatorname{Tr}(u) \subset K.$$

(e) Eine lineare Abbildungs $A : H^s_{lok}(\Omega) \to H^t_{lok}(\Omega)$ ist genau dann kompakt, falls für alle Abschneidefunktionen $\varphi, \psi \in C^\infty_{komp}(\Omega)$ die Einschränkung $u \to \varphi A(\psi u) : H^s(\Omega) \to H^t(\Omega)$ kompakt ist.

Satz 2.6.8 *Sei Ω^- ein beschränktes Lipschitz-Gebiet mit Rand Γ und $\Omega^+ := \mathbb{R}^d \backslash \overline{\Omega^-}$.*

(a) Für $1/2 < \ell < 3/2$ existiert ein stetiger, linearer Spuroperator $\gamma_0 : H^\ell_{lok}(\mathbb{R}^d) \to H^{\ell-1/2}(\Gamma)$ mit

$$\gamma_0 \varphi = \varphi\,|_\Gamma \qquad \text{für alle } \varphi \in C^0(\mathbb{R}^d).$$

(b) Für $s \in \{+,-\}$ existieren einseitige, stetige, lineare Spuroperatoren $\gamma^s_0 : H^\ell_{lok}(\Omega^s) \to H^{\ell-1/2}(\Gamma)$ mit

$$\gamma^s_0 \varphi = \varphi\,|_\Gamma \qquad \text{für alle } \varphi \in C^0\left(\overline{\Omega^s}\right)$$

und

$$\gamma^+_0 u = \gamma^-_0 u = \gamma_0 u \qquad \text{fast überall}$$

für alle $u \in H^\ell_{lok}(\mathbb{R}^d)$.

Für glattere Gebiete läßt sich diese Aussage verallgemeinern.

Satz 2.6.9 *$\Omega^- \subset \mathbb{R}^d$ sei ein beschränktes C^k–Gebiet, $k \in \mathbb{N} \cup \{\infty\}$ und $\Omega^+ := \mathbb{R}^d \backslash \overline{\Omega^-}$. Der Differentiationsindex ℓ erfülle die Bedingung $1/2 < \ell \leq k$. Dann ist der Spuroperator aus Satz 2.6.8 ein stetiger Operator $\gamma_0 : H^\ell_{lok}(\mathbb{R}^d) \to H^{\ell-1/2}(\Gamma)$ mit der Eigenschaft*

$$\gamma_0 \varphi = \varphi\,|_\Gamma \qquad \forall \varphi \in C^\infty_0(\mathbb{R}^d).$$

Der Beweis basiert auf einer Lokalisierung der Aussage mit Hilfe eines C^k- bzw. $C^{0,1}$-Atlas von Γ und einer untergeordneten Partition der Eins. Damit läßt sich der Spursatz auf einen Spursatz im Halbraum zurückführen und mit einer Charakterisierung von Sobolev-Normen durch Fourier-Transformation beweisen (siehe [97] und [28]). Eine direkte Folgerung daraus ist, daß die Spur einer Funktion lediglich durch ihr lokales Verhalten in einer Umgebung von Γ bestimmt ist.

Bemerkung 2.6.10 *Unter den Voraussetzungen von Satz 2.6.8 gilt für alle $v \in H^\ell_{lok}(\mathbb{R}^d)$, $1/2 < \ell < 3/2$, und alle Abschneidefunktionen $\chi \in C^\infty_0(\mathbb{R}^d)$, die $\chi \equiv 1$ in einer Umgebung von Γ erfüllen,*

$$\gamma_0(\chi v) = \gamma_0(v).$$

Für $v^+ \in H^\ell_{lok}(\Omega^+)$ und $v^- \in H^\ell_{lok}(\Omega^-)$ gilt

$$\gamma^+_0(\chi v^+) = \gamma^+_0(v^+) \quad \text{und} \quad \gamma^-_0(\chi v^-) = \gamma^-_0(v^-).$$

Der Spursatz beantwortet die Frage, unter welchen Voraussetzungen sich Funktionen aus Sobolev-Räumen $H^\ell(\Omega)$ auf Oberflächen Γ beschränken lassen. Das Resultat besagt, daß dies für hinreichend glatte Oberflächen möglich ist und dabei die Differenzierbarkeit um eine halbe Ordnung reduziert wird.

In einer Reihe von Anwendungen wird auch die Umkehrung dieser Frage eine Rolle spielen. Lassen sich Funktionen aus $H^{\ell-1/2}(\Gamma)$, die auf Oberflächen gegeben sind, zu Funktionen aus $H^\ell(\Omega)$ fortsetzen?

Satz 2.6.11 *Sei Ω^- ein beschränktes Lipschitz-Gebiet mit Oberfläche Γ und $\Omega^+ := \mathbb{R}^d \backslash \overline{\Omega^-}$. Dann existiert für $1/2 < \ell < 3/2$ ein linearer, stetiger Fortsetzungsoperator $Z : H^{\ell-1/2}(\Gamma) \to H^\ell_{komp}(\mathbb{R}^d)$ mit $(\gamma_0 \circ Z)(\varphi) = \varphi$ auf $H^{\ell-1/2}(\Gamma)$. Für $\Omega \in \{\Omega^-, \Omega^+\}$ ist die Komposition*

$$Z_\Omega := R_\Omega Z : H^{\ell-1/2}(\Gamma) \to H^\ell_{komp}(\Omega)$$

stetig.

Der Beweis wird beispielsweise in [161, Satz 8.8] gegeben.

Notation 2.6.12 *Alternativ wird Z_{Ω^+} mit Z_+ und Z_{Ω^-} mit Z_- bezeichnet.*

2.7 Greensche Formeln und Normalenableitungen

In der klassischen Formulierung bestehen elliptische Randwertprobleme aus einer Differentialgleichung für die gesuchte Funktion auf dem Gebiet Ω und zugehörigen Randbedingungen. Als Prototyp einer lineare elliptischen Differentialgleichung zweiter Ordnung formulieren wir das Laplace-Problem mit Dirichlet-Randbedingungen: Sei $f \in C^0(\overline{\Omega})$ und $g_D \in C^0(\Gamma)$ gegeben. Finde $u \in C^2(\Omega) \cap C^0(\overline{\Omega})$, so daß

$$-\Delta u = f \quad \text{in } \Omega, \qquad u = g_D \quad \text{auf } \Gamma. \tag{2.7.1}$$

Im allgemeinen läßt sich für Gleichungen zweiter Ordnung auf dem Rand entweder die Spur der gesuchten Funktion oder deren Normalenableitung vorgeben.

In diesem Unterkapitel werden wir die Konormalenableitung zum allgemeinen, linearen, elliptischen Differentialoperator mit konstanten Koeffizienten definieren. Dieser besitzt die Form

$$Lu := -\operatorname{div}(\mathbf{A} \operatorname{grad} u) + 2\langle \mathbf{b}, \operatorname{grad} u\rangle + cu, \tag{2.7.2}$$

wobei wir generell $\mathbf{A} \in \mathbb{R}^{d\times d}$ positiv definit, $\mathbf{b} \in \mathbb{R}^d$ und $c \in \mathbb{R}$ voraussetzen. Der kleinste Eigenwert von $\mathbf{A}$ wird mit $a_{\min}$ und der größte mit $a_{\max}$ bezeichnet. Wir nehmen immer an, daß gilt

$$0 < a_{\min} \le a_{\max} < \infty. \tag{2.7.3}$$

Das Laplace-Problem (2.7.1) ergibt sich aus der Wahl $\mathbf{A} = \mathbf{I}$, $\mathbf{b} = \mathbf{0}$ und $c = 0$.

Zur Definition der Konormalenableitung werden wir den Operator L in (2.7.2) mit geeigneten Funktionen multiplizieren und über Ω partiell integrieren. Die entstehenden Gleichungen nennt man Greensche Formeln und sind ebenfalls Gegenstand dieses Kapitels. Sei $\mathbf{L}^\infty(\Gamma) := (L^\infty(\Gamma))^d$.

Satz 2.7.1 (Rademacher) *Sei Ω ein beschränktes Lipschitz-Gebiet mit Rand Γ. Dann existiert ein äußerer Normalenvektor fast überall auf Γ und erfüllt $\mathbf{n} \in \mathbf{L}^\infty(\Gamma)$.*

Ein Beweis dieses Satzes findet sich beispielsweise in [160, 11A, p. 272]. Im folgenden werden generell die Bezeichnungen aus Konvention 2.7.2 verwendet.

Konvention 2.7.2 *Ω^- ist ein beschränktes Lipschitz-Gebiet mit Rand Γ und $\Omega^+ := \mathbb{R}^d \backslash \overline{\Omega^-}$. Jedes dieser Gebiete ist zusammenhängend. Die Orientierung des Normalenfelds $\mathbf{n} : \Gamma \to \mathbb{S}_{d-1}$ wird in Richtung Ω^+ gewählt. Im folgenden bezeichnet Ω eines der Gebiet Ω^-, Ω^+, und die Vorzeichenfunktion σ_Ω ist durch*

$$\sigma_\Omega := \begin{cases} 1 & \text{für } \Omega = \Omega^-, \\ -1 & \text{für } \Omega = \Omega^+ \end{cases}$$

gegeben. Damit ist $\sigma_\Omega \mathbf{n}$ die äußere Normale relativ zu Ω.

Der Hauptteil des Operators L in (2.7.2) ist durch $\operatorname{div}(\mathbf{A} \operatorname{grad} \cdot)$ gegeben. Der Gaußsche Satz behandelt die partielle Integration von Integranden in „Divergenzform".

Satz 2.7.3 (Gaußscher Satz) *Sei $\Omega \in \{\Omega^-, \Omega^+\}$. Für alle $\mathbf{F} \in H^1(\Omega, \mathbb{R}^d)$ gilt*

$$\int_\Omega (\operatorname{div} \mathbf{F})\, d\mathbf{x} = \int_\Gamma \langle \sigma_\Omega \mathbf{n}, \mathbf{F} \rangle\, ds_{\mathbf{x}}.$$

Der Beweis findet sich beispielsweise in [97, Theorem 3.34, Lemma 4.1]. Eine direkte Folgerung aus dem Gaußschen Satz ist die erste Greensche Formel.

Satz 2.7.4 *Sei $\mathbf{A} \in \mathbb{R}^{d \times d}$ positiv definit. Dann gilt für alle $u \in H^2(\Omega)$ und $v \in H^1(\Omega)$ die erste Greensche Formel*

$$\int_\Omega \operatorname{div}(\mathbf{A} \operatorname{grad} u)\, v d\mathbf{x} = -\int_\Omega \langle \mathbf{A} \operatorname{grad} u, \operatorname{grad} v \rangle\, d\mathbf{x} + \sigma_\Omega \int_\Gamma \langle \mathbf{A}\mathbf{n}, \operatorname{grad} u \rangle\, v ds_{\mathbf{x}}. \tag{2.7.4}$$

Für $v \in H^2(\Omega)$ erhält man die zweite Greensche Formel

$$\begin{aligned} \int_\Omega \operatorname{div}(\mathbf{A} \operatorname{grad} u)\, v d\mathbf{x} - & \int_\Omega u \operatorname{div}(\mathbf{A} \operatorname{grad} v)\, d\mathbf{x} \\ & = \sigma_\Omega \left(\int_\Gamma \langle \mathbf{A}\mathbf{n}, \operatorname{grad} u \rangle\, v ds_{\mathbf{x}} - \int_\Gamma \langle \mathbf{A}\mathbf{n}, \operatorname{grad} v \rangle\, u ds_{\mathbf{x}} \right). \end{aligned} \tag{2.7.5}$$

Ein Beweis findet sich beispielsweise in [97, Chapter 4].

Für $u, v \in H^1(\Omega)$ läßt sich die Sesquilinearform

$$B(u,v) := \int_\Omega \left(\left\langle \mathbf{A} \operatorname{grad} u, \overline{\operatorname{grad} v} \right\rangle + 2 \langle \mathbf{b}, \operatorname{grad} u \rangle\, \overline{v} + c u \overline{v} \right) d\mathbf{x} \tag{2.7.6}$$

und für $u \in H^2(\Omega)$ die Konormalenableitung

$$\gamma_1 u := \langle \mathbf{A}\mathbf{n}, \gamma_0 \operatorname{grad} u \rangle \tag{2.7.7}$$

definieren.

Eine direkte Folgerung aus (2.7.4) ist die Darstellung

$$\int_\Omega (Lu)\, \overline{v} d\mathbf{x} = B(u,v) - \sigma_\Omega \int_\Gamma (\gamma_1 u)\, \overline{(\gamma_0 v)} ds_{\mathbf{x}} \tag{2.7.8}$$

für alle $u \in H^2(\Omega)$ und $v \in H^1(\Omega)$.

Der *formal adjungierte* Operator zu L ist durch

$$L^{\star}v := -\operatorname{div}(\mathbf{A}\operatorname{grad} v) - 2\langle \mathbf{b}, \operatorname{grad} v\rangle + cv \tag{2.7.9}$$

gegeben. Die Bezeichnung „*formal adjungiert*“ bezieht sich auf die Eigenschaft (Beweis mittels partieller Integration)

$$(Lu, v)_{L^2(\mathbb{R}^d)} = (u, L^{\star}v)_{L^2(\mathbb{R}^d)}$$

für alle $u, v \in C^{\infty}(\mathbb{R}^d)$ mit der Eigenschaft, daß eine der beiden Funktionen u, v kompakten Träger besitzt. Für beschränkte Gebiete gilt diese Beziehung im allgemeinen nicht. Partielle Integration führt auf die Darstellung

$$\int_{\Omega} u\overline{(L^{\star}v)}d\mathbf{x} = B(u, v) - \sigma_{\Omega}\int_{\Gamma}(\gamma_0 u)\overline{(\widetilde{\gamma}_1 v)}ds_{\mathbf{x}} \tag{2.7.10}$$

für alle $u \in H^1(\Omega)$ und $v \in H^2(\Omega)$ mit der modifizierten Konormalenableitung

$$\widetilde{\gamma}_1 v := \langle \mathbf{n}\gamma_0, \mathbf{A}\operatorname{grad} v + 2\mathbf{b}v\rangle = \gamma_1 v + 2\langle \mathbf{b}, \mathbf{n}\rangle \gamma_0 v. \tag{2.7.11}$$

Bemerkung 2.7.5 *Die Randdifferentialoperatoren γ_1 und $\widetilde{\gamma}_1$ sind stetige Abbildungen von $H^2(\Omega)$ nach $H^{1/2}(\Gamma)$.*

Die Formeln (2.7.8), (2.7.10) werden als erste Greensche Formeln für den Operator L bezeichnet. Der Definitionsbereich der Konormalenableitungen γ_1, $\widetilde{\gamma}_1$ läßt sich für $s \geq 1$ mit Hilfe der Beziehungen (2.7.8), (2.7.10) auf den Raum

$$H_L^s(\Omega) := \left\{u \in H_{lok}^s(\Omega) : Lu \in L_{komp}^2(\Omega)\right\} \tag{2.7.12}$$

erweitern.

Definition 2.7.6 *Sei $\Omega \in \{\Omega^-, \Omega^+\}$ wie in Konvention 2.7.2 und Z_Ω der Fortsetzungsoperator aus Satz 2.6.11. Dann ist die (schwache) Konormalenableitung $\gamma_1 : H_L^1(\Omega) \to H^{-1/2}(\Gamma)$ durch*

$$(\gamma_1 u, \psi)_{L^2(\Gamma)} = \sigma_\Omega\left(B(u, Z_\Omega\psi) - (Lu, Z_\Omega\psi)_{L^2(\Omega)}\right) \qquad \forall\psi \in H^{1/2}(\Gamma) \tag{2.7.13}$$

charakterisiert. Die modifizierte (schwache) Konormalenableitung $\widetilde{\gamma}_1 : H_L^1(\Omega) \to H^{-1/2}(\Gamma)$ ist durch

$$(\psi, \widetilde{\gamma}_1 v)_{L^2(\Gamma)} = \sigma_\Omega\left(B(Z_\Omega\psi, v) - (Z_\Omega\psi, L^{\star}v)_{L^2(\Omega)}\right) \qquad \forall\psi \in H^{1/2}(\Gamma)$$

gegeben.

Satz 2.7.7 *Sei $\Omega \in \{\Omega^-, \Omega^+\}$ wie in Konvention 2.7.2. Die Konormalenableitung $\gamma_1 : H_L^1(\Omega) \to H^{-1/2}(\Gamma)$ ist stetig. Seien $u \in H_L^1(\Omega)$, $v \in H_{lok}^1(\Omega)$ und eine der beiden Funktionen u, v besitze beschränkten Träger. Dann gilt*

$$(\gamma_1 u, \gamma_0 v)_{L^2(\Gamma)} = \sigma_\Omega\left\{B(u, v) - (Lu, v)_{L^2(\Omega)}\right\}. \tag{2.7.14}$$

Für $u \in H^2(\Omega)$ stimmt $\gamma_1 u$ mit dem Konormalenoperator aus (2.7.7) auf Γ fast überall überein.

Der modifizierte Konormalenoperator $\widetilde{\gamma}_1 : H^1_L(\Omega) \to H^{-1/2}(\Gamma)$ *ist stetig. Seien* $v \in H^1_L(\Omega)$, $u \in H^1_{lok}(\Gamma)$ *und der Träger einer der beiden Funktionen* u, v *beschränkt. Dann gilt*

$$(\gamma_0 u, \widetilde{\gamma}_1 v)_{L^2(\Gamma)} = \sigma_\Omega \left\{ B(u,v) - (u, L^\star v)_{L^2(\Omega)} \right\}. \tag{2.7.15}$$

Für $v \in H^2(\Omega)$ *stimmt* $\widetilde{\gamma}_1$ *mit dem in (2.7.11) definierten modifizierten Konormalenoperator fast überall auf* Γ *überein.*

Ein Beweis dieses Satzes findet sich in [97, Lemma 4.3].

Satz 2.7.7 impliziert, daß die Definition von γ_1 und $\widetilde{\gamma}_1$ unabhängig von der gewählten Spurfortsetzung Z_Ω ist. Um dies einzusehen, betrachten wir eine weitere, stetigen Spurfortsetzung $\widetilde{Z_\Omega} : H^{-1/2}(\Gamma) \to H^1_{komp}(\Omega)$. Für $u \in H^1_L(\Omega)$ wird $g := \gamma_1 u$ wie in (2.7.13) definiert und $\tilde{g}$ durch Ersetzung von Z_Ω in (2.7.13) durch $\widetilde{Z_\Omega}$

$$(\tilde{g}, \psi)_{L^2(\Gamma)} = \sigma_\Omega \left(B\left(u, \widetilde{Z_\Omega}\psi\right) - \left(Lu, \widetilde{Z_\Omega}\psi\right)_{L^2(\Omega)} \right) \qquad \forall \psi \in H^{1/2}(\Gamma).$$

Für $\psi \in H^{1/2}(\Gamma)$ definieren wir $v := Z_\Omega \psi$ und $\tilde{v} := \widetilde{Z_\Omega}\psi$ und beachten $\gamma_0 v = \gamma_0 \tilde{v} = \psi$ (vgl. Satz 2.6.11). Indem in (2.7.14) $\gamma_1 u = g$, $\gamma_0 v = \psi$ und $v = Z_\Omega \psi$ gesetzt wird und davon (2.7.14) mit der Wahl $\gamma_1 u = \widetilde{g}$, $\gamma_0 \widetilde{v} = \psi$ und $\widetilde{v} = \widetilde{Z_\Omega}\psi$ subtrahiert wird, ergibt sich

$$\begin{aligned} \sigma_\Omega (g - \tilde{g}, \psi)_{L^2(\Gamma)} &= B\left(u, \left(Z_\Omega - \widetilde{Z_\Omega}\right)\psi\right) - \left(Lu, \left(Z_\Omega - \widetilde{Z_\Omega}\right)\psi\right) \\ &\overset{(2.7.14)}{=} \sigma_\Omega \left(g, \gamma_0 \left(Z_\Omega - \widetilde{Z_\Omega}\right)\psi\right)_{L^2(\Gamma)} = 0. \end{aligned}$$

Da $\psi \in H^{1/2}(\Gamma)$ beliebig war, folgt daraus $g = \tilde{g}$. Die entsprechende Aussage für $\widetilde{\gamma}_1$ beweist man analog.

Korollar 2.7.8 *Sei* $u \in H^1_L(\Omega)$. *Dann gilt für jede Abschneidefunktion* $\chi \in C_0^\infty(\mathbb{R}^d)$, *die* $\chi \equiv 1$ *in einer Umgebung von* Γ *erfüllt, die Gleichheit* $\gamma_1(\chi u) = \gamma_1 u$.

Beweis. Sei U eine Umgebung von Γ mit $\chi \equiv 1$ auf U. Wähle eine zweite Abschneidefunktion χ_2 mit $\operatorname{Tr}\chi_2 \subset U$ und $\chi_2 \equiv 1$ in einer weiteren Umgebung U_2 von Γ erfüllt. Definiere $\widetilde{Z_\Omega} := \chi_2 Z_\Omega$ und $\gamma_1 u$ in (2.7.13) durch Verwendung von $\widetilde{Z_\Omega}$ statt Z_Ω. (Die Definition von $\gamma_1 u$ ist unabhängig von der Wahl der Spurfortsetzung wie zuvor gezeigt wurde.) Unter Verwendung von $\chi \equiv 1$ auf $\operatorname{Tr}\left(\widetilde{Z_\Omega}\varphi\right)$ erhalten wir für alle $\varphi \in H^{1/2}(\Gamma)$

$$\begin{aligned} (\gamma_1 u, \varphi)_{L^2(\Gamma)} &= \sigma_\Omega \left\{ B\left(u, \widetilde{Z_\Omega}\varphi\right) - \left(Lu, \widetilde{Z_\Omega}\varphi\right)_{L^2(\Omega)} \right\} \\ &= \sigma_\Omega \left\{ B\left(\chi u, \widetilde{Z_\Omega}\varphi\right) - \left(L\chi u, \widetilde{Z_\Omega}\varphi\right)_{L^2(\Omega)} \right\} = (\gamma_1(\chi u), \varphi)_{L^2(\Gamma)}. \end{aligned}$$

■

Bemerkung 2.7.9 *Die Definition der Konormalenableitung hängt nur vom Hauptteil des Operators L aus (2.7.2) ab, da sich die Terme niedrigerer Ordnung auf der rechten Seite in (2.7.14) zu Null addieren (vgl. (2.7.6)).*

Bemerkung 2.7.10 *Um zu unterscheiden, ob γ_1 auf Funktionen in Ω^+ oder Ω^- angewendet wird, schreiben wir γ_1^+, γ_1^- bzw. $\widetilde{\gamma_1^+}$, $\widetilde{\gamma_1^-}$. Analog geben die Bezeichnungen $B_+(\cdot,\cdot)$ bzw. $B_-(\cdot,\cdot)$ an, ob die Sesquilinearform B bezüglich Ω^+ bzw. Ω^- definiert ist.*

Bemerkung 2.7.11 *Kombination der Formeln (2.7.14), (2.7.15) ergibt für $u, v \in H_L^1(\Omega)$, von denen eine der Funktionen u, v beschränkten Träger besitzt, die zweite Greensche Formel*

$$(Lu, v)_{L^2(\Omega)} - (u, L^\star v)_{L^2(\Omega)} = \sigma_\Omega \left\{ (\gamma_0 u, \widetilde{\gamma}_1 v)_{L^2(\Gamma)} - (\gamma_1 u, \gamma_0 v)_{L^2(\Gamma)} \right\}. \tag{2.7.16}$$

Die dritte Greensche Formel tritt im Zusammenhang mit Transmissionsproblemen auf. Dabei betrachtet man die Aufgabe, eine Funktion u zu finden, deren Einschränkungen $u^+ := u|_{\Omega^+}$ und $u^- := u|_{\Omega^-}$ die Gleichungen

$$\begin{aligned} Lu^+ &= f^+ \qquad \text{in } \Omega^+ \\ Lu^- &= f^- \qquad \text{in } \Omega^- \end{aligned}$$

erfüllen. Darüber hinaus muß das Verhältnis der Spuren von u^+ und u^- auf dem Rand Γ vorgeschrieben werden. Im verbleibenden Abschnitt wird die hierfür relevante Greensche Darstellungsformel hergeleitet.

Für $u \in L^2(\mathbb{R}^d)$ führen wir zunächst die Abkürzungen $u^+ := u|_{\Omega^+}$ und $u^- := u|_{\Omega^-}$ ein, um damit den Raum

$$H_L^1(\mathbb{R}^d \backslash \Gamma) := \left\{ u \in L^2(\mathbb{R}^d) \mid u^+ \in H_L^1(\Omega^+) \ \wedge \ u^- \in H_L^1(\Omega^-) \right\}, \tag{2.7.17}$$

zu definieren, wobei die Räume $H_L^1(\Omega^-)$, $H_L^1(\Omega^+)$ wie in (2.7.12) gegeben sind.

Bemerkung 2.7.12 *Für eine Funktion $u \in H_L^1(\mathbb{R}^d \backslash \Gamma)$ gilt im allgemeinen nicht $Lu \in L^2(\mathbb{R}^d)$. Gegenbeispiel: $u^- \equiv 1$ und $u^+ \equiv 0$.*

Für $u \in H_L^1(\mathbb{R}^d \backslash \Gamma)$ wird die Funktion $L_\pm u \in L^2(\mathbb{R}^d)$ durch

$$L_\pm u := \begin{cases} Lu^- & \text{in } \Omega^- \\ Lu^+ & \text{in } \Omega^+ \end{cases} \tag{2.7.18}$$

definiert. Für gegebenes $f \in L^2_{komp}(\mathbb{R}^d)$ betrachten wir nun Funktionen $u \in H_L^1(\mathbb{R}^d \backslash \Gamma)$, die

$$L_\pm u = f \qquad \text{in } \mathbb{R}^d \backslash \Gamma \tag{2.7.19}$$

erfüllen. Für $u \in H_L^1(\mathbb{R}^d \backslash \Gamma)$ läßt sich die Anwendung Lu als Funktional (Distribution) auf $C_0^\infty(\mathbb{R}^d)$ definieren

$$(Lu, v)_{L^2(\mathbb{R}^d)} := (u, L^\star v)_{L^2(\mathbb{R}^d)} \qquad \forall v \in C_0^\infty(\mathbb{R}^d). \tag{2.7.20}$$

Wir verwenden $u \in L^2(\mathbb{R}^d)$, $L^\star v \in C_0^\infty(\mathbb{R}^d)$, (2.7.15) und (2.7.14), um die Aufspaltung

$$(Lu, v)_{L^2(\mathbb{R}^d)} = \sum_{s \in \{+,-\}} (u, L^\star v)_{L^2(\Omega^s)} = \sum_{s \in \{+,-\}} \left(B_s(u, v) - \sigma_{\Omega^s} \left(\gamma_0^s u, \widetilde{\gamma}_1^s v \right)_{L^2(\Gamma)} \right) \tag{2.7.21}$$

$$= (L_\pm u, v)_{L^2(\mathbb{R}^d)} + \sum_{s \in \{+,-\}} \sigma_{\Omega^s} \left((\gamma_1^s u, \gamma_0^s v)_{L^2(\Gamma)} - \left(\gamma_0^s u, \widetilde{\gamma}_1^s v \right)_{L^2(\Gamma)} \right) \tag{2.7.22}$$

der rechten Seite in (2.7.20) zu erhalten. Die Spuren und Konormalenableitungen von u sind im allgemeinen unstetig über den Rand Γ. Zur Abkürzung verwenden wir die Bezeichnungen

$$[u] := \gamma_0^+ u - \gamma_0^- u \quad \text{und} \quad [\gamma_1 u] := \gamma_1^+ u - \gamma_1^- u. \tag{2.7.23}$$

Die Glattheit von $v \in C_0^\infty(\mathbb{R}^d)$ impliziert $[\widetilde{\gamma}_1 v] = [v] = 0$, so daß (2.7.22) die Gleichung

$$(Lu, v)_{L^2(\mathbb{R}^d)} = (f, v)_{L^2(\mathbb{R}^d)} + ([u], \widetilde{\gamma}_1 v)_{L^2(\Gamma)} - ([\gamma_1 u], \gamma_0 v)_{L^2(\Gamma)} \tag{2.7.24}$$

für alle $u \in H_L^1(\mathbb{R}^d \backslash \Gamma)$ und $v \in C_0^\infty(\mathbb{R}^d)$ impliziert.

Mit Hilfe der zu $\widetilde{\gamma}_1$ und γ_0 dualen Abbildungen läßt sich (2.7.24) auch ohne Testfunktionen ausdrücken. Satz 2.6.8 impliziert, daß die Spurabbildung $\gamma_0 : H_{lok}^1(\mathbb{R}^d) \to H^{1/2}(\Gamma)$ stetig ist und die duale Abbildung $\gamma_0' : H^{-1/2}(\Gamma) \to H_{komp}^{-1}(\mathbb{R}^d)$ durch

$$(w, \gamma_0 v)_{L^2(\Gamma)} = (\gamma_0' w, v)_{L^2(\mathbb{R}^d)} \qquad \forall v \in H_{lok}^1(\mathbb{R}^d), w \in H^{-1/2}(\Gamma) \tag{2.7.25}$$

charakterisiert ist.

Die modifizierte Konormalenableitung besitzt für Funktionen $v \in C^\infty(\mathbb{R}^d)$ die Darstellung

$$\widetilde{\gamma}_1 v = \langle \mathbf{n}\gamma_0, \mathbf{A} \operatorname{grad} v + 2\mathbf{b}v \rangle,$$

und es gilt $\widetilde{\gamma}_1 v \in L^\infty(\Gamma)$. Daraus folgt, daß sich $\widetilde{\gamma}_1{}'$ auf $(L^\infty(\Gamma))' = L^1(\Gamma)$ erklären läßt

$$(w, \widetilde{\gamma}_1 v)_{L^2(\Gamma)} = (\widetilde{\gamma}_1{}' w, v)_{L^2(\mathbb{R}^d)} \qquad \forall w \in L^1(\Gamma), \qquad v \in C^\infty(\mathbb{R}^d)$$

und somit $\widetilde{\gamma}_1{}' w$ ein Funktional auf $C^\infty(\mathbb{R}^d)$ beschreibt. Damit ergibt sich mit (2.7.24) die dritte Greensche Formel

$$Lu = f + \widetilde{\gamma}_1{}'([u]) - \gamma_0'([\gamma_1 u]) \tag{2.7.26}$$

für $u \in H_L^1(\mathbb{R}^d \backslash \Gamma)$ als Funktional auf $C_0^\infty(\mathbb{R}^d)$.

Ganz analog läßt sich die Argumentation zur Herleitung von (2.7.26) wiederholen für $u \in H_L^1(\mathbb{R}^d)$ mit beschränktem Träger und $v \in C^\infty(\mathbb{R}^d)$.

Proposition 2.7.13 *Falls $u \in H_L^1(\mathbb{R}^d \backslash \Gamma)$ beschränkten Träger besitzt, gilt (2.7.26) auch im Sinne eines Funktionals auf $C^\infty(\mathbb{R}^d)$.*

2.8 Der Lösungsoperator

Sei Ω ein *beschränktes* Lipschitz-Gebiet und L wie in (2.7.2). Damit läßt sich der modifizierte Differentialoperator $\widetilde{L}$ durch

$$\widetilde{L} := L + \lambda \tag{2.8.1}$$

definieren, wobei $\lambda \geq 0$ später festgelegt wird. $B(\cdot,\cdot)$ bezeichnet die Sesquilinearform aus (2.7.6) und $\widetilde{B} = B + \lambda(\cdot,\cdot)_{L^2(\Omega)}$. Für gegebene Randdaten $\varphi \in H^{1/2}(\Gamma)$ betrachten wir das homogene Dirichlet-Problem: Suche $u \in H^1(\Omega)$ mit $\gamma_0 u = \varphi$ und

$$\widetilde{B}(u, v) = 0 \qquad \forall v \in H_0^1(\Omega). \tag{2.8.2}$$

Proposition 2.8.1 *Jede Lösung von (2.8.2), die $u \in H^1_{\widetilde{L}}(\Omega)$ erfüllt, genügt der homogenen Gleichung*

$$\widetilde{L}u = 0 \qquad \text{in } \Omega. \tag{2.8.3}$$

Lösungen der Gleichung (2.8.3) werden $\widetilde{L}$-harmonisch genannt.

Beweis. Aus $Lu \in L^2_{komp}(\Omega)$ und $u \in L^2_{lok}(\Omega) = L^2(\Omega)$ (vgl. Bemerkung 2.6.2.b) folgt $\widetilde{L}u = Lu + \lambda u \in L^2_{komp}(\Omega)$ und damit $u \in H^1_{\widetilde{L}}(\Omega)$. Die Verwendung von (2.7.14) mit $L \leftarrow \widetilde{L}$ und $\gamma_0 v \equiv 0$ für alle $v \in H^1_0(\Omega)$ liefert die Behauptung. ■

Mit Hilfe der Spurfortsetzung Z_Ω aus Definition 2.6.11 läßt sich Problem (2.8.2) in ein inhomogenes Dirichlet-Problem mit homogenen Randbedingungen umformen. Wir setzen $u_1 := Z_\Omega \varphi$ und $u_0 = u - u_1$. Indem wir diesen Ansatz in (2.8.2) einsetzen, erhalten wir für u_0 die Bestimmungsgleichung: Suche $u_0 \in H^1_0(\Omega)$ mit

$$\widetilde{B}(u_0, v) = -\widetilde{B}(u_1, v) \qquad \forall v \in H^1_0(\Omega). \tag{2.8.4}$$

In Lemma 2.10.1 werden wir zeigen, daß

$$\operatorname{Re} B(u,u) \geq c \|u\|^2_{H^1(\Omega)} - C \|u\|^2_{L^2(\Omega)}$$

gilt mit Konstanten $c > 0$, $C \in \mathbb{R}$, die nicht von $u \in H^1_0(\Omega)$ abhängen. Die Wahl $\lambda > C$ impliziert daher, daß die modifizierte Sesquilinearform $\widetilde{B}$ elliptisch in $H^1_0(\Omega)$ ist. Die Stetigkeit wird ebenfalls in Lemma 2.10.1 gezeigt. Nach dem Lemma von Lax-Milgram (Lemma 2.1.48) besitzt das Problem (2.8.4) eine eindeutige Lösung u_0, welche die Abschätzung

$$\|u_0\|_{H^1(\Omega)} \leq C \|u_1\|_{H^1(\Omega)}$$

erfüllt. Mit der Stetigkeit des Fortsetzungsoperators (vgl. Satz 2.6.11) schließt man auf

$$\|u\|_{H^1(\Omega)} \leq \|u_0\|_{H^1(\Omega)} + \|u_1\|_{H^1(\Omega)} \leq (1 + C) \|Z_\Omega \varphi\|_{H^1(\Omega)} \leq \tilde{C} \|\varphi\|_{H^{1/2}(\Gamma)}.$$

Damit ist gezeigt, daß ein stetiger Lösungsoperator $T : H^{1/2}(\Gamma) \to H^1(\Omega)$ existiert, der die Dirichlet-Daten $\varphi \in H^{1/2}(\Gamma)$ auf die Lösung u des Problems (2.8.2) abbildet. Dieser erfüllt

$$\|T\|_{H^1(\Omega) \leftarrow H^{1/2}(\Gamma)} \leq \tilde{C}.$$

Wegen $\widetilde{L}Tu \equiv 0$ ist die Abbildung $T : H^{1/2}(\Gamma) \to H^1_{\widetilde{L}}(\Omega)$ ebenfalls stetig. Aus den Abbildungseigenschaften von T folgt, daß der Operator $\gamma_1 T$ wohldefiniert ist. Dieser Operator bildet die Spur einer $\widetilde{L}$-harmonischen Funktion auf ihre Konormalenableitung ab und wird Steklov-Poincaré-Operator genannt. Die Abbildungseigenschaften von γ_1 und T implizieren

$$\gamma_1 T : H^{1/2}(\Gamma) \to H^{-1/2}(\Gamma).$$

Dieses Resultat läßt sich für eine größere Skala von Differentiationsordnungen verallgemeinern.

Satz 2.8.2 *Sei Ω ein beschränktes Lipschitz-Gebiet. Dann ist für $-1/2 \leq s \leq 1/2$ der Steklov-Poincaré-Operator*

$$\gamma_1 T : H^{1/2+s}(\Gamma) \to H^{-1/2+s}(\Gamma)$$

und für $-1/2 < s < 1/2$ der Lösungsoperator T

$$T : H^{1/2+s}(\Gamma) \to H^{1+s}(\Omega)$$

stetig.

Der Beweis der ersten Aussage findet sich in [100, Kapitel 5, Theorem 1.3, Lemma 1.4] (vgl. auch [28, Lemma 3.7] oder [97, Theorem 4.25]). Die zweite Aussage ist in [28, Lemma 4.2] bewiesen.

Mit Hilfe des Lösungsoperators läßt sich zeigen, daß der Konormalenoperator ebenfalls für eine Skala von Sobolev-Räumen stetig ist.

Satz 2.8.3 *Wir verwenden die Bezeichnungen aus Konvention 2.7.2. Für* $-1/2 < s < 1/2$ *sind die Konormalenspuroperatoren*

$$\gamma_1^- : H_L^{s+1}(\Omega^-) \to H^{s-1/2}(\Gamma),$$
$$\gamma_1^+ : H_L^{s+1}(\Omega^+) \to H^{s-1/2}(\Gamma)$$

stetig.

Beweis. Wegen Bemerkung 2.7.9 genügt es, den Fall $Lu = -\operatorname{div}(\mathbf{A}\operatorname{grad} u)$ zu betrachten.

Wir beginnen mit dem Innenraumproblem. Für $u \in H_L^1(\Omega^-)$ und $\varphi \in H^{1/2}(\Gamma)$ setzen wir $v := T\varphi$ und verwenden Bemerkung 2.7.11 wobei L durch $\tilde{L}$ ersetzt wird. Unter Beachtung von $\tilde{L}^\star = \tilde{L}$, $\tilde{L}T\varphi = 0$ und $\widetilde{\gamma_1^-} = \gamma_1^-$ ergibt sich

$$\left(\gamma_1^- u, \varphi\right)_{L^2(\Gamma)} = \left(\gamma_0 u, \gamma_1^- T\varphi\right)_{L^2(\Gamma)} - \left(\tilde{L}u, T\varphi\right)_{L^2(\Omega^-)}. \tag{2.8.5}$$

Mit Hilfe der dualen Operatoren T' und $(\gamma_1 T)'$ erhält man die Darstellung

$$\gamma_1^- = \left(\gamma_1^- T\right)' \gamma_0 - T'\tilde{L}.$$

Für den ersten Term kombiniert man $\gamma_0 : H_{lok}^{1+s}(\Omega^-) \to H^{1/2+s}(\Gamma)$ mit $(\gamma_1 T)' : H^{1/2+s}(\Gamma) \to H^{s-1/2}(\Gamma)$. Für den zweiten verwendet man $\tilde{L} : H_L^{1+s}(\Omega^-) \to L^2(\Omega^-)$, $L^2(\Omega^-) \subset (H^{1-s}(\Omega^-))'$ für alle $-1/2 < s < 1/2$ mit stetiger und dichter Einbettung und schließlich $T' : (H^{1-s}(\Omega^-))' \to H^{-1/2+s}(\Gamma)$.

Die Stetigkeit von γ_1^+ für das Außenraumproblem wird durch Lokalisierung bewiesen (vgl. Satz 2.6.7b). Sei $\chi_1 \in C_{komp}^\infty(\Omega^+)$ eine beliebige Abschneidefunktion, die den Wert 1 in einer Umgebung von Γ besitzt. Zu zeigen ist

$$\left\|\gamma_1^+(\chi_1 w)\right\|_{H^{s-1/2}(\Gamma)} \le C \left\|\chi_1 w\right\|_{H_L^{s+1}(\Omega^+)} \qquad \forall w \in H_L^{s+1}(\Omega^+). \tag{2.8.6}$$

Wir wählen eine hinreichend große, offene Kugel K_R mit

$$\operatorname{Tr}\chi_1 \cup \overline{\Omega^-} \subset K_R.$$

Sei $\chi_2 \in C_0^\infty(\mathbb{R}^d)$ eine weitere Abschneidefunktion mit $\operatorname{Tr}\chi_2 \subset K_R$ und $\chi_2 \equiv 1$ auf $\operatorname{Tr}\chi_1$.

Setze $\Omega_R^+ := K_R \cap \Omega^+$ und definiere den Lösungsoperator T bezüglich des Lipschitz-Gebiets Ω_R^+ mit vorgegebenen Randbedingungen $\varphi \in H^{1/2}(\Gamma)$ und Null-Randbedingungen auf ∂K_R.

Wie zuvor wird $\varphi \in H^{1/2}(\Gamma)$ gewählt und dieses Mal $v := \chi_2 T\varphi$ gesetzt. Für beliebiges $w \in H_L^1(\Omega^+)$ definieren wir $u := \chi_1 w$ und bemerken, daß $u, v \in H_L^1(\Omega^+)$ gilt.

Im Hinblick auf Bemerkung 2.7.11 ist zu beachten, daß die Spur von u und v auf dem äußeren Rand ∂K_R verschwindet. Weiter gilt

$$\begin{aligned}\left(u, \tilde{L}^\star v\right)_{L^2(\Omega^+)} &= \left(\chi_1 w, \tilde{L}(\chi_2 T\varphi)\right)_{L^2(\Omega^+)} = \left(\chi_1 w, \tilde{L}(\chi_2 T\varphi)\right)_{L^2(\Omega^+ \cap \operatorname{Tr}\chi_1)} \\ &= \left(\chi_1 w, \tilde{L}T\varphi\right)_{L^2(\Omega^+ \cap \operatorname{Tr}\chi_1)} = 0.\end{aligned}$$

und

$$\left(\tilde{L}u, v\right)_{L^2(\Omega^+)} = \left(\tilde{L}u, T\varphi\right)_{L^2(\Omega^+ \cap \operatorname{Tr}\chi_1)} = \left(\tilde{L}u, T\varphi\right)_{L^2\left(\Omega_R^+\right)} = \left(T'\tilde{L}u, \varphi\right)_{L^2(\Gamma)}.$$

Bemerkung 2.7.11 ergibt damit

$$\left(\gamma_1^+ u, \gamma_0 v\right)_{L^2(\Gamma)} = \left(\gamma_0 u, \gamma_1^+ \left(\chi_2 T\varphi\right)\right)_{L^2(\Gamma)} + \left(T'\tilde{L}u, \varphi\right)_{L^2(\Gamma)}.$$

Verwendung von $\gamma_1^+ \chi_2 T\varphi = \gamma_1^+ T\varphi$ (vgl. Korollar 2.7.8) liefert die Darstellung

$$\gamma_1^+ u = T'\tilde{L}u + \left(\gamma_1^+ T\right)' \gamma_0 u$$

als Funktional auf $H^{1/2}(\Gamma)$. Analog wie beim Innenraumproblem folgert man nun für $u = \chi_1 w$ die Abschätzung (2.8.6). ∎

Für die Beweise der Abbildungseigenschaften von Randintegraloperatoren werden wir dichte Teilräume der Sobolev-Räume $H^s(\Gamma)$ benötigen. Die relevanten Aussagen sind in folgendem Lemma zusammengestellt.

Lemma 2.8.4 *Es gelten die Voraussetzungen aus Satz 2.6.8.*

(a) Die Spurabbildung γ_0 bildet $C_0^\infty\left(\mathbb{R}^d\right)$ in einen dichten Teilraum von $H^{1/2}(\Gamma)$ ab.

(b) Die Spurabbildung (γ_0, γ_1) bildet $C_0^\infty\left(\mathbb{R}^d\right)$ auf einen dichten Teilraum von $H^{1/2}(\Gamma) \times H^{-1/2}(\Gamma)$ ab.

Der Beweis findet sich beispielsweise in [28, Lemma 3.5].

2.9 Elliptische Randwertprobleme

In Kapitel 1 wurden Randwertprobleme für den Laplace-Operator vorgestellt. In diesem Abschnitt werden wir die zum Operator

$$Lu = -\operatorname{div}\left(\mathbf{A} \operatorname{grad} u\right) + 2\left\langle \mathbf{b}, \operatorname{grad} u\right\rangle + cu$$

(vgl. (2.7.2)) gehörenden Randwertprobleme behandeln. Generell setzen wir für die Raumdimension $d = 3$ voraus. Die Spur- und Konormalenoperatoren γ_0, γ_1 auf dem Rand Γ eines beschränkten Lipschitz-Gebietes $\Omega^- \subset \mathbb{R}^3$ wurden in Satz 2.6.8 und (2.7.7) bzw. Definition 2.7.6 eingeführt.

Für hinreichend glatte Funktionen $u \in C^0\left(\overline{\Omega}\right)$ und $v \in C^1\left(\overline{\Omega}\right)$ besitzen diese die Darstellung

$$\gamma_0 u = u|_\Gamma \quad \text{und} \quad \gamma_1 v = \left\langle \mathbf{An}, (\operatorname{grad} v)|_\Gamma \right\rangle.$$

2.9.1 Klassische Formulierung elliptischer Randwertprobleme

Zunächst wird die klassische (oder starke) Formulierung elliptischer Randwertprobleme angegeben und danach die zugehörigen Variationsformulierungen. Wir verwenden die Bezeichnungen aus Konvention 2.7.2.

2.9.1.1 Inneres Dirichlet-Randwertproblem (IDP)

Für gegebenes $f \in C^0(\Omega^-)$ und $g_D \in C^0(\Gamma)$ wird $u \in C^2(\Omega^-) \cap C^0\left(\overline{\Omega^-}\right)$ gesucht mit

$$\begin{aligned} Lu &= f \quad \text{in } \Omega^-, \\ u &= g_D \quad \text{auf } \Gamma. \end{aligned} \tag{2.9.1}$$

2.9.1.2 Inneres Neumann-Randwertproblem (INP)

Für gegebenes $f \in C^0(\Omega^-)$ und $g_N \in C^0(\Gamma)$ wird $u \in C^2(\Omega^-) \cap C^1\left(\overline{\Omega^-}\right)$ gesucht mit

$$\begin{aligned} Lu &= f \quad \text{in } \Omega^-, \\ \gamma_1 u &= g_N \quad \text{auf } \Gamma. \end{aligned} \tag{2.9.2}$$

2.9.1.3 Gemischtes inneres Randwertproblem (IDNP)

Sei Γ partitioniert in relativ offene, nichtleere Teilmengen Γ_D, Γ_N, d.h.

$$\Gamma = \overline{\Gamma_D} \cup \overline{\Gamma_N}, \quad \Gamma_D \cap \Gamma_N = \emptyset$$

wobei wir für das Oberflächenmaß $|\Gamma_D| > 0$ annehmen. Für eine gegebene rechte Seite $f \in C^0(\Omega^-)$ und Randdaten $g_D \in C^0(\Gamma_D)$, $g_N \in C^0(\Gamma_N)$ wird $u \in C^2(\Omega^-) \cap C^0\left(\overline{\Omega^-}\right) \cap C^1(\Omega^- \cup \Gamma_N)$ gesucht mit

$$\begin{aligned} Lu &= f \quad \text{in } \Omega^-, \\ u &= g_D \quad \text{auf } \Gamma_D, \\ \gamma_1 u &= g_N \quad \text{auf } \Gamma_N. \end{aligned} \tag{2.9.3}$$

2.9.1.4 Äußeres Dirichlet-Randwertproblem (ÄDP)

Zur Formulierung äußerer Randwertprobleme muß neben Randbedingungen auf Γ auch das Verhalten der Lösung im Unendlichen vorgeschrieben werden. Im Zusammenhang mit der starken Formulierung werden wir diese Abkling- bzw. Abstrahlbedingungen, die von den Koeffizienten des Differentialoperators L abhängen, lediglich für den Fall $c \geq 0$ (vgl. (2.7.2)) und für die Helmholtz-Gleichung angeben.

Für den Koeffizienten c in L gelte $c \geq 0$. Dann lauten die Abklingbedingungen

$$|u(\mathbf{x})| \leq C \|\mathbf{x}\|^{-1} \qquad \text{für } \|\mathbf{x}\| \to \infty. \tag{2.9.4}$$

Für den Helmholtz-Operator $Lu = -\Delta u - k^2 u$ und positiver Wellenzahl $k > 0$ werden die **Sommerfeldschen Abstrahlbedingungen** gefordert

$$\left.\begin{aligned} |u(\mathbf{x})| &\leq C \|\mathbf{x}\|^{-1} \\ \left|\frac{\partial u}{\partial r} - iku\right| &\leq C \|\mathbf{x}\|^{-2} \end{aligned}\right\} \quad \text{für } \|\mathbf{x}\| \to \infty. \tag{2.9.5}$$

Hier bezeichnet $\partial u/\partial r = \langle \mathbf{x}/\|\mathbf{x}\|, \nabla u\rangle$ die radiale Ableitung.

Die Abstrahlbedingung (2.9.5) beschreibt auslaufende Wellen. Völlig analog lassen sich zeitharmonische einlaufende Wellen beschreiben. In diesem Fall ist in (2.9.5) k durch $-k$ zu ersetzen.

Für gegebenes $f \in C^0(\Omega^+)$ und $g_D \in C^0(\Gamma)$ wird $u \in C^2(\Omega^+) \cap C^0(\Omega^+ \cup \Gamma)$ gesucht mit

$$\begin{aligned} Lu &= f && \text{in } \Omega^+, \\ u &= g_D && \text{auf } \Gamma, \\ u \text{ erfüllt} &\begin{cases} (2.9.4) \\ (2.9.5) \end{cases} && \begin{array}{l} \text{falls } c \geq 0, \\ \text{für das Helmholtz-Problem.} \end{array} \end{aligned} \tag{2.9.6}$$

2.9.1.5 Äußeres Neumann-Randwertproblem (ÄNP)

Für gegebenes $f \in C^0(\Omega^+)$ und $g_N \in C^0(\Gamma)$ wird $u \in C^2(\Omega^+) \cap C^1(\Omega^+ \cup \Gamma)$ gesucht mit

$$\begin{aligned} Lu &= f && \text{in } \Omega^+, \\ \gamma_1 u &= g_N && \text{auf } \Gamma, \\ u \text{ erfüllt} &\begin{cases} (2.9.4) \\ (2.9.5) \end{cases} && \begin{array}{l} \text{falls } c \geq 0, \\ \text{für das Helmholtz-Problem.} \end{array} \end{aligned} \tag{2.9.7}$$

2.9.1.6 Gemischtes äußeres Randwertproblem (ÄDNP)

Sei Γ zerlegt in relativ offene, disjunkte, nichtleere Teilmengen Γ_D, Γ_N, d.h.

$$\Gamma = \overline{\Gamma_D} \cup \overline{\Gamma_N} \quad \text{und} \quad |\Gamma_N| > 0, \ |\Gamma_D| > 0.$$

Für gegebene rechte Seite $f \in C^0(\Omega^+)$ und Randdaten $g_D \in C^0(\Gamma_D)$ und $g_N \in C^0(\Gamma_N)$ wird $u \in C^2(\Omega^+) \cap C^0(\Omega^+ \cup \Gamma_D) \cap C^1(\Omega^+ \cup \Gamma_N)$ gesucht mit

$$\begin{aligned} Lu &= f && \text{in } \Omega^+, \\ u &= g_D && \text{auf } \Gamma_D, \\ \gamma_1 u &= g_N && \text{auf } \Gamma_N, \\ u \text{ erfüllt} &\begin{cases} (2.9.4) \\ (2.9.5) \end{cases} && \begin{array}{l} \text{falls } c \geq 0, \\ \text{für das Helmholtz-Problem.} \end{array} \end{aligned} \tag{2.9.8}$$

2.9.1.7 Transmissionsproblem (TP)

Schließlich wollen wir das Transmissionsproblem formulieren. Dabei wird die Differentialgleichung im Innen- und Außenraum gestellt und geeignete Übergangsbedingungen am gemeinsamen Rand $\Gamma = \partial\Omega^+ = \partial\Omega^-$gefordert. Die Differentialoperatoren im Innen- und Außengebiet müssen nicht übereinstimmen, und wir bezeichnen mit L^- den Differentialoperator für das Innen- und mit L^+ denjenigen für das Außengebiet Ω^+. Die zugehörigen Koeffizienten werden für $s \in \{-,+\}$ mit $\mathbf{A}^s$, $\mathbf{b}^s$, c^s bezeichnet.

Für gegebene rechte Seite $f = (f^-, f^+)$ mit $f^s \in C^0(\Omega^s)$ für $s \in \{-,+\}$ und Übergangsdaten $g_D \in C^0(\Gamma_D)$, $g_N \in C^0(\Gamma_N)$ wird $u = (u^-, u^+)$ mit $u^s \in C^2(\Omega^s) \cap C^1(\Omega^s \cup \Gamma)$ für $s \in \{-,+\}$ gesucht, so daß

$$\begin{aligned} L^s u^s &= f^s && \text{in } \Omega^s \text{ für } s \in \{-,+\} \\ [u] &= g_D && \text{auf } \Gamma, \\ [\gamma_1 u] &= g_N && \text{auf } \Gamma, \\ u^+ \text{ erfüllt} &\begin{cases} (2.9.4) \\ (2.9.5) \end{cases} && \begin{array}{l} \text{falls } c \geq 0, \\ \text{für das Helmholtz-Problem.} \end{array} \end{aligned} \tag{2.9.9}$$

2.9.2 Variationsformulierung elliptischer Randwertprobleme

Starke Formulierungen von Randwertproblemen haben den entscheidenden Nachteil, daß sich Existenz- und Eindeutigkeitsaussagen nicht befriedigend beantworten lassen. Diese Schwierigkeit verschwindet, wenn man zur *Variationsformulierung* in geeigneten Funktionenräumen übergeht. Dazu multiplizieren wir die Differentialgleichung mit Testfunktionen und integrieren über Ω. Mit Hilfe partieller Integration lassen sich die Randbedingungen in die Variationsformulierung integrieren. Die Lösung des Variationsproblems wird *schwache* Lösung genannt. Im Unterschied zur starken Formulierungen werden die Lösung und die Daten in Sobolev-Räumen gesucht bzw. gegeben sein. Falls die Lösung der Variationsaufgabe hinreichend glatt ist, werden wir in Unterkapitel 2.9.3 zeigen, daß die schwache Lösung mit der klassischen übereinstimmt. Wir rekapitulieren die formale Definition der Sesquilinearform B aus (2.7.6), welche in den Variationsformulierungen auftreten wird

$$B(u,v) = \int_\Omega \left(\langle \mathbf{A}\,\mathrm{grad}\,u, \overline{\mathrm{grad}\,v}\rangle + 2\,\langle \mathbf{b}, \mathrm{grad}\,u\rangle\,\overline{v} + cu\overline{v}\right) d\mathbf{x}.$$

Für einige der untenstehenden Randwertaufgaben werden zusätzliche Voraussetzungen an die Koeffizienten $\mathbf{A}$, $\mathbf{b}$ und c gestellt.

2.9.2.1 Inneres Dirichlet-Randwertproblem (IDP)

Zunächst nehmen wir an, daß die Funktion u in (2.9.1) hinreichend glatt ist, konkret $u \in H^1_L(\Omega^-)$ und damit $f \in L^2(\Omega^-)$. Wir multiplizieren (2.9.1) mit Funktionen $v \in C_0^\infty(\Omega^-)$ und integrieren über Ω^-. Die Annahmen an u und v erlauben die Anwendung der Greenschen Formel (2.7.14)

$$B(u,v) + (\gamma_1 u, \gamma_0 v)_{L^2(\Gamma)} = (f,v)_{L^2(\Omega^-)}\,.$$

Verwendet man $\gamma_0 v = 0$ erhält man

$$B(u,v) = (f,v)_{L^2(\Omega)} \qquad \forall v \in H_0^1(\Omega^-)\,. \tag{2.9.10}$$

Die rechte Seite in (2.9.10) definiert durch

$$F(v) = (f,v)_{L^2(\Omega^-)} \tag{2.9.11}$$

ein Funktional auf $H_0^1(\Omega^-)$. Die Gleichung (2.9.10) ist auch für Funktionen $u, v \in H^1(\Omega^-)$ erklärt. Das führt zur

Variationsformulierung des inneren Dirichlet-Problems (2.9.1): Für gegebenes $F \in H^{-1}(\Omega^-)$ und $g_D \in H^{1/2}(\Gamma)$ ist $u \in H^1(\Omega^-)$ mit $\gamma_0^- u = g_D$ auf Γ gesucht, so daß

$$B(u,v) = F(v) \qquad \forall v \in H_0^1(\Omega^-) \tag{2.9.12}$$

gilt.

Lösungen von (2.9.12), die nicht in $C^2(\Omega^-)$ liegen, nennt man schwache Lösungen. Umgekehrt spricht man von starken Lösungen, falls $u \in C^2(\Omega^-) \cap H_0^1(\Omega^-)$ gilt. Mit Hilfe der Spurfortsetzung Z_- (vgl. Bemerkung 2.6.12), läßt sich das Problem auch als homogenes Dirichlet-Problem formulieren. Wir setzen $u_1 := Z_- g_D$ und machen den Ansatz $u = u_0 + u_1$. Die unbekannte Funktion u_0 ist dann die Lösung der Aufgabe: Finde $u_0 \in H_0^1(\Omega^-)$, so daß

$$B(u_0,v) = F(v) - B(u_1,v) \qquad \forall v \in H_0^1(\Omega^-) \tag{2.9.13}$$

gilt.

2.9.2.2 Inneres Neumann-Randwertproblem (INP)

Im Fall von Neumann-Randbedingungen ist nicht die Spur, sondern die Konormalenableitung der Lösung vorgegeben. Als Funktionenraum verwenden wir daher $H^1(\Omega^-)$. Multiplikation mit Testfunktionen und Verwendung der Greenschen Formeln liefert

$$B(u,v) = F(v) \tag{2.9.14}$$

für alle $v \in H^1(\Omega^-)$. Im allgemeinen ist F ein gegebenes Funktional aus $(H^1(\Omega^-))'$. Für gegebene Randdaten in (2.9.2), $f \in (H^1(\Omega^-))'$ und $g_N \in H^{-1/2}(\Gamma)$, ist das zugehörige Funktional durch

$$F(v) := (f,v)_{L^2(\Omega^-)} + (g_N, \gamma_0 v)_{L^2(\Gamma)} \tag{2.9.15}$$

gegeben.

2.9.2.3 Gemischtes inneres Randwertproblem (IDNP)

Im Fall des gemischten Randwertproblems ist die Spur der Lösung auf dem Dirichlet-Rand $\Gamma_D \subset \Gamma$ mit $|\Gamma_D| > 0$ vorgegeben. Dies motiviert die Definition des Sobolev-Raumes

$$H_D^1(\Omega^-) := \left\{ v \in H^1(\Omega^-) : v = 0 \text{ auf } \Gamma_D \text{ im Sinne der Spurbildung} \right\}.$$

Wieder multiplizieren wir die Differentialgleichung mit Testfunktionen v aus $H_D^1(\Omega^-)$ und integrieren über Ω^-. Anwendung der Greenschen Formel (2.7.14) liefert

$$B(u,v) = (f,v)_{L^2(\Omega^-)} + (\gamma_1 u, \gamma_0 v)_{L^2(\Gamma)}.$$

Da v auf Γ_D verschwindet und $\gamma_1 u = g_N$ auf Γ_N gilt, ergibt sich

$$(\gamma_1 u, \gamma_0 v)_{L^2(\Gamma)} = (g_N, \gamma_0 v)_{L^2(\Gamma_N)}.$$

Die Variationsformulierung für das gemischte innere Randwertproblem lautet: Finde $u \in H^1(\Omega)$ mit $\gamma_0 u = g_D$ auf Γ_D, so daß

$$B(u,v) = F(v) \qquad \forall v \in H_D^1(\Omega^-) \tag{2.9.16}$$

gilt. Für gegebene Daten $f \in (H_D^1(\Omega))'$ und $g_N \in H^{-1/2}(\Gamma_N)$ ist F durch

$$F(v) := (f,v)_{L^2(\Omega^-)} + (g_N, \gamma_0 v)_{L^2(\Gamma_N)} \tag{2.9.17}$$

definiert. Mit Hilfe einer beliebigen Spurfortsetzung $u_1 \in H^1(\Omega^-)$, d.h. $\gamma_0 u_1 = g_D$ auf Γ_D, läßt sich der Lösungsansatz $u = u_0 + u_1$ verwenden. Die Funktion u_0 ist die Lösung der Gleichung mit homogenen Dirichlet-Randbedingungen: Finde $u_0 \in H_D^1(\Omega^-)$ mit

$$B(u_0,v) = F(v) - B(u_1,v) \qquad \forall v \in H_D^1(\Omega^-). \tag{2.9.18}$$

2.9.2.4 Funktionenräume für Außenraumprobleme

Wir kommen nun zu Außenraumproblemen. Die prinzipielle Vorgehensweise ist analog wie für Innenraumprobleme, jedoch müssen die Abklingbedingungen in geeigneter Weise in die Funktionenräume integriert werden. Dies geschieht durch Verwendung geeigneter Gewichtsfunktionen in der Definition der Sobolev-Räume, welche das Verhalten der Funktionen im Unendlichen charakterisieren und vom zugrunde liegenden Differentialoperator L abhängen. Die Notation $H^1(L, \Omega^+)$ spiegelt diese Abhängigkeit wider. Die verwendete Gewichtsfunktion soll einerseits die Existenz- und Eindeutigkeit der Lösung des Variationsproblems sicherstellen und andererseits implizieren, daß die schwache Lösung -eventuell unter zusätzlichen Glattheitsannahmen- auch das Randwertproblem in der starken Formulierung löst. Wir geben im folgenden für den allgemeinen Differentialoperator mit positivem Reaktionsanteil ($c > 0$) und für den Laplace- und Helmholtz-Operator die relevanten Funktionenräume an. Für das Helmholtz-Problem erfordert die Variationsformulierung unterschiedliche Ansatz- und Testräumen. Der Ansatzraum wird immer mit $H^1(L, \Omega)$ bezeichnet und der Testraum mit $H^1_T(L, \Omega)$.

Allgemeiner Differentialoperator mit $c > 0$. Falls für den allgemeinen Differentialoperator L aus (2.7.2) $c > 0$ gilt, stimmen gewichteter und ungewichteter Sobolev-Raum überein:

$$H^1(L, \Omega^+) := H^1(\Omega^+) \quad \text{und} \quad H^1_0(L, \Omega^+) := H^1_0(\Omega^+).$$

Für die Norm setzen wir entsprechend $\|\cdot\|_{H^1(L,\Omega^+)} := (\cdot,\cdot)^{1/2}_{H^1(L,\Omega^+)}$ mit dem üblichen Skalarprodukt

$$(u, v)_{H^1(L,\Omega^+)} := \int_{\Omega^+} (\langle \nabla u, \nabla \overline{v} \rangle + u\overline{v})\, d\mathbf{x}. \tag{2.9.19}$$

Ansatz- und Testräume stimmen überein: $\|\cdot\|_{H^1_T(L,\Omega^+)} := \|\cdot\|_{H^1(L,\Omega^+)}$, $H^1_T(L, \Omega^+) := H^1_T(L, \Omega^+)$ und $H^1_{T,0}(L, \Omega^+) := H^1_0(L, \Omega^+)$.

Laplace-Operator Die Differentialgleichung zum Laplace-Operator $L = -\Delta$ ergibt die Poisson-Gleichung

$$-\Delta u = f \qquad \text{in } \Omega^+.$$

Für hinreichend glatte Funktionen $u, v \in C^\infty_{komp}(\Omega^+)$ (vgl. (2.3.2)) läßt sich das Skalarprodukt

$$(u, v)_{H^1(L,\Omega^+)} := \int_{\Omega^+} \langle \nabla u, \nabla \overline{v} \rangle + \frac{u\overline{v}}{1 + \|\mathbf{x}\|^2} d\mathbf{x} \tag{2.9.20}$$

bilden und die Norm gemäß $\|u\|_{H^1(L,\Omega^+)} := (u, u)^{1/2}_{H^1(L,\Omega^+)}$ definieren. Für $L = -\Delta$ sind die gewichteten Sobolev-Räume $H^1(L, \Omega^+)$ bzw. $H^1_0(L, \Omega^+)$ durch den Abschluß der Räume $C^\infty_{komp}(\Omega^+)$ bzw. $C^\infty_0(\Omega^+)$ bezüglich der Norm $\|\cdot\|_{H^1(L,\Omega^+)}$ in (2.9.20) gegeben.

Ansatz- und Testräume stimmen für das Laplace-Problem überein: $\|\cdot\|_{H^1_T(L,\Omega^+)} := \|\cdot\|_{H^1(L,\Omega^+)}$, $H^1_T(L, \Omega^+) := H^1(L, \Omega^+)$ und $H^1_{T,0}(L, \Omega^+) := H^1_0(L, \Omega^+)$.

Bemerkung 2.9.1 *Wegen $H^1(\Omega^+) \subset H^1(L, \Omega^+)$ könnte man im Fall des Laplace-Operators das äußere Randwertproblem auch in $H^1(\Omega^+)$ formulieren. Da jedoch Funktionen, welche die klassischen Abklingbedingungen (2.9.4) erfüllen, im allgemeinen nicht in $H^1(\Omega^+)$ liegen,* *würden die Lösungen des Variationsproblems „unphysikalisch“ sein. Der Raum* $H^1(L,\Omega^+)$ *hingegen erlaubt Lösungen mit einem physikalisch-korrekten* $O\left(\|\mathbf{x}\|^{-1}\right)$*-Verhalten für* $\|\mathbf{x}\| \to \infty$.

Im Fall $a_{\min}c > \|\mathbf{b}\|^2$ *(vgl. (2.7.3)) fallen die physikalisch sinnvollen Lösungen exponentiell für* $\|\mathbf{x}\| \to \infty$ *ab (vgl. Lemma 3.1.9) und die Verwendung des Sobolev-Raums* $H^1(\Omega^+)$ *zur Formulierung des zugehörigen Variationsproblems ist sinnvoll.*

Bemerkung 2.9.2 *Für jedes beschränkte, offene Gebiet* $\omega \subset \Omega^+$ *stimmen die Räume* $H^1(L,\omega)$ *und* $H^1(\omega)$ *mengenmäßig überein und die Normen sind äquivalent. Die analoge Aussage gilt auch für die Räume* $H_0^1(L,\omega)$ *und* $H_0^1(\omega)$.

Helmholtz-Gleichung Die Helmholtz-Gleichung ist durch

$$L_k u := -\Delta u - k^2 u = f \qquad \text{in } \Omega^+$$

gegeben. Sei $\rho(r) := 1+r^2$ und $\tilde{\rho} := \rho^{-1}$. Für hinreichend glatte Funktionen $u, v \in C^\infty_{komp}(\Omega^+)$ läßt sich das Skalarprodukt

$$(u,v)_{\rho,H^1(L,\Omega^+)} := \int_{\Omega^+} \frac{\langle \nabla u, \nabla \overline{v}\rangle + u\overline{v}}{\rho(\|\mathbf{x}\|)} + \left(\frac{\partial u}{\partial r} - iku\right)\overline{\left(\frac{\partial v}{\partial r} - ikv\right)} d\mathbf{x} \tag{2.9.21}$$

definieren (vgl. [92], [103]). Die Norm ist durch $\|u\|_{H^1(L,\Omega^+)} := (u,u)^{1/2}_{\rho,H^1(L,\Omega^+)}$ gegeben. Die gewichteten Sobolev-Räume $H^1(L,\Omega^+)$ bzw. $H_0^1(L,\Omega^+)$ sind Abschlüsse der Räume $C^\infty_{komp}(\Omega^+)$ bzw. $C_0^\infty(\Omega^+)$ bezüglich der Norm $\|\cdot\|_{H^1(L,\Omega^+)}$.

Die zugehörigen Testräume $H_T^1(L,\Omega^+)$ bzw. $H_{T,0}^1(L,\Omega^+)$ sind die Abschlüsse der Räume $C^\infty_{komp}(\Omega^+)$ bzw. $C_0^\infty(\Omega^+)$ bezüglich der Norm $\|u\|_{H_T^1(L,\Omega^+)} := (u,u)^{1/2}_{H_T^1(L,\Omega^+)} := (u,u)^{1/2}_{\tilde{\rho},H^1(L,\Omega^+)}$.

Bemerkung 2.9.3 *Wir haben für den allgemeinen Differentialoperator* L *aus (2.7.2) mit* $c > 0$ *und für den Laplace- und Helmholtz-Operator die gewichteten Sobolev-Räume*

$$H^1(L,\Omega^+) := \overline{C^\infty_{komp}(\Omega^+)}^{\|\cdot\|_{H^1(L,\Omega^+)}} \quad \text{und} \quad H_0^1(L,\Omega^+) := \overline{C_0^\infty(\Omega^+)}^{\|\cdot\|_{H^1(L,\Omega^+)}}$$
$$H_T^1(L,\Omega^+) := \overline{C^\infty_{komp}(\Omega^+)}^{\|\cdot\|_{H_T^1(L,\Omega^+)}} \quad \text{und} \quad H_{T,0}^1(L,\Omega^+) := \overline{C_0^\infty(\Omega^+)}^{\|\cdot\|_{H_T^1(L,\Omega^+)}}$$

eingeführt. Die Normen sind die Quadratwurzeln der Skalarprodukte aus

- *(2.9.19) für den allgemeinen Differentialoperator* L *aus (2.7.2) mit* $c > 0$,
- *(2.9.20) für den Laplace-Operator,*
- *(2.9.21) für den Helmholtz-Operator.*

2.9.2.5 Äußeres Dirichlet-Randwertproblem (ÄDP)

Sei L wieder der allgemeine Differentialoperator aus (2.7.2) mit $c > 0$ oder der Laplace- bzw. Helmholtz-Operator und $H^1(L,\Omega^+)$, $H_T^1(L,\Omega^+)$ und $H_0^1(L,\Omega^+)$, $H_{T,0}^1(L,\Omega^+)$ wie in Bemerkung 2.9.3.

Um zur Variationsformulierung des äußeren Dirichlet-Problems zu gelangen, multiplizieren wir die Differentialgleichung in der starken Formulierung (2.9.6) mit Testfunktionen

$v \in C_0^\infty(\Omega^+)$. Unter der Voraussetzung $u \in H_L^1(\Omega^+)$ läßt sich die Greensche Formel (Satz 2.7.7) anwenden und wir erhalten

$$B(u,v) = \int_{\Omega^+} f\overline{v} ds_{\mathbf{x}}.$$

Die Sesquilinearform B läßt sich auf $H^1(L,\Omega^+) \times H_{T,0}^1(L,\Omega^+)$ erweitern. Die Variationsformulierung des äußeren Dirichlet-Randwertproblems lautet damit: Sei $F \in \left(H_{T,0}^1(L,\Omega^+)\right)'$ und $g_D \in H^{1/2}(\Gamma)$ gegeben. Finde $u \in H^1(L,\Omega^+)$ mit $u = g_D$ auf Γ und

$$B(u,v) = F(v) \qquad \forall v \in H_{T,0}^1(L,\Omega). \tag{2.9.22}$$

Im Zusammenhang mit der starken Formulierung (2.9.6) wird das Funktional F durch

$$F(v) := (f,v)_{L^2(\Omega^+)} \tag{2.9.23}$$

definiert, wobei wir annehmen, daß f hinreichend glatt ist, so daß die rechte Seite in (2.9.23) für alle $v \in H_0^1(L,\Omega^+)$ existiert.

Diese Aufgabe läßt sich wiederum mittels einer Spurfortsetzung in ein Problem mit homogenen Randbedingungen umwandeln. Dazu wird eine Funktion $u_1 \in H^1(L,\Omega)$ mit $u_1 = g_D$ gewählt und der Ansatz $u = u_0 + u_1$ verwendet. Die unbekannte Funktion u_0 ist dann die Lösung des homogenen Dirichlet-Problems: Finde $u_0 \in H_0^1(L,\Omega^+)$ mit

$$B(u_0,v) = F(v) - B(u_1,v) \qquad \forall v \in H_{T,0}^1(L,\Omega). \tag{2.9.24}$$

2.9.2.6 Äußeres Neumann-Randwertproblem (ÄNP)

Sei L wieder der allgemeine Differentialoperator aus (2.7.2) mit $c > 0$ oder der Laplace- bzw. Helmholtz-Operator und $H^1(L,\Omega^+)$, $H_T^1(L,\Omega^+)$ und $H_0^1(L,\Omega^+)$, $H_{T,0}^1(L,\Omega^+)$ wie in Bemerkung 2.9.3.

In diesem Fall multiplizieren wir die Differentialgleichung der starken Formulierung 2.9.7 mit Testfunktionen aus $C_{komp}^\infty(\Omega^+)$ und wenden die zweite Greensche Formel aus Satz 2.7.7 an. Dies führt auf

$$B(u,v) = \int_{\Omega^+} f\overline{v} d\mathbf{x} + \int_\Gamma g_N \overline{v} ds_{\mathbf{x}},$$

wobei $\gamma_1 u$ bereits durch die gegebenen Neumann-Daten g_N ersetzt wurde. Die Sesquilinearform B läßt sich auf $H^1(L,\Omega^+) \times H_T^1(L,\Omega^+)$ erweitern. Das Variationsproblem lautet: Für gegebenes $F \in (H_T^1(L,\Omega^+))'$ wird $u \in H^1(L,\Omega^+)$ gesucht mit

$$B(u,v) = F(v) \qquad \forall v \in H_T^1\left(L,\Omega^+\right). \tag{2.9.25}$$

Im Zusammenhang mit gegebenen, hinreichend glatten Daten g_N und f (vgl. (2.9.7) ist das Funktional F durch

$$F(v) := \int_{\Omega^+} f\overline{v} d\mathbf{x} + \int_\Gamma g_N \overline{v} ds_{\mathbf{x}} \tag{2.9.26}$$

gegeben.

2.9.2.7 Gemischtes äußeres Randwertproblem (ÄDNP)

Sei L wieder der allgemeine Differentialoperator aus (2.7.2) mit $c > 0$ oder der Laplace- bzw. Helmholtz-Operator und $H^1(L,\Omega^+)$, $H^1_T(L,\Omega^+)$ und $H^1_0(L,\Omega^+)$, $H^1_{T,0}(L,\Omega^+)$ wie in Bemerkung 2.9.3.

Sei Γ wie in (2.9.8) zerlegt in Γ_D und Γ_N. Der relevante Funktionenraum ist durch

$$H^1_D\left(L,\Omega^+\right) := \left\{u \in H^1\left(L,\Omega^+\right) : u = 0 \text{ auf } \Gamma_D \text{ im Sinne der Spurbildung}\right\}$$

gegeben. Dann lautet die Variationsformulierung zum gemischten äußeren Randwertproblem: Für $F \in \left(H^1_{T,D}(L,\Omega^+)\right)'$ ist $u \in H^1(L,\Omega^+)$ gesucht mit $u = g_D$ auf Γ_D und

$$B(u,v) = F(v) \qquad \forall v \in H^1_{T,D}\left(L,\Omega^+\right) \tag{2.9.27}$$

gilt.

Im Zusammenhang mit der starken Formulierung ist das Funktional F durch

$$F(v) := \int_{\Omega^+} f\bar{v}d\mathbf{x} + \int_{\Gamma_N} g_N\bar{v}ds_{\mathbf{x}} \qquad \forall v \in H^1_{T,D}\left(L,\Omega^+\right) \tag{2.9.28}$$

gegeben. Mittels einer Spurfortsetzung $u_0 \in H^1(L,\Omega^+)$, die $u_0 = g_D$ auf Γ_D erfüllt, läßt sich dieses Problem wieder in ein homogenes Randwertproblem überführen, wobei wir hier die Details nicht ausführen.

2.9.2.8 Transmissionsproblem (TP)

Für $s \in \{-,+\}$ bezieht sich der Differentialoperator L^s auf das Gebiet Ω^s (vgl. Unterkapitel 2.9.1.7). Sei L^+ der allgemeine Differentialoperator aus (2.7.2) mit $c^+ > 0$ oder der Laplace- bzw. Helmholtz-Operator und $H^1(L^+,\Omega^+)$, $H^1_T(L^+,\Omega^+)$ und $H^1_0(L^+,\Omega^+)$, $H^1_{T,0}(L^+,\Omega^+)$ wie in Bemerkung 2.9.3.

Zur Herleitung der Variationsformulierung multiplizieren wir (2.9.9) mit Funktionen $v \in C_0^\infty\left(\mathbb{R}^d\right)$ und integrieren über $\Omega^- \cup \Omega^+$. Die Annahmen an u und v erlauben die Anwendung der Greenschen Formel (2.7.14)

$$B_-(u,v) + B_+(u,v) = (f,v)_{L^2\left(\mathbb{R}^d\right)} - (g_N,\gamma_0 v)_{L^2(\Gamma)}. \tag{2.9.29}$$

Die Sesquilinearform ist wohldefiniert für Funktionen $u = (u^-,u^+)$, $v = (v^-,v^+) \in H^1(\Omega^-) \times H^1(L,\Omega^+)$, die $[v] = 0$ erfüllen. Wir definieren den abgeschlossenen Unterraum $W \subset H^1(\Omega^-) \times H^1_T(L,\Omega^+)$ und den zugehörigen Testraum $\tilde{W}$ durch

$$\begin{aligned} W &:= \left\{u = (u^-,u^+) \in H^1(\Omega^-) \times H^1(L,\Omega^+) : [u] = 0\right\}, \\ \tilde{W} &:= \left\{v = (v^-,v^+) \in H^1_T(\Omega^-) \times H^1_T(L,\Omega^+) : [v] = 0\right\}. \end{aligned} \tag{2.9.30}$$

Die Norm auf W ist durch $\|u\|_W := \left\{\|u^-\|^2_{H^1(\Omega^-)} + \|u^+\|^2_{H^1(L,\Omega^+)}\right\}^{1/2}$ gegeben und die Norm $\|u\|_{\tilde{W}}$ analog.

Damit lautet die Variationsformulierung zum Transmissionsproblem (2.9.9). Sei $F \in \tilde{W}'$ und $g_D \in H^{1/2}(\Gamma)$ gegeben. Suche $u \in H^1(\Omega^-) \times H^1(L,\Omega^+)$ mit $[u] = g_D$ und

$$B_-(u,v) + B_+(u,v) = F(v) \qquad \forall v \in \tilde{W}. \tag{2.9.31}$$

Im Zusammenhang mit der starken Formulierung (2.9.9) ist für hinreichend glattes f und g das Funktional F durch die rechte Seite von (2.9.29) definiert.

2.9.3 Äquivalenz von starker und schwacher Formulierung

Die Variationsformulierung wurde aus der starken Formulierung hergeleitet, indem diese mit geeigneten Testfunktionen multipliziert, integriert und partiell integriert wurde.

In diesem Unterkapitel wollen wir die Frage klären, ob die Lösung des Variationsproblem auch die starke Formulierung des Randwertproblems löst. Dazu muß die Variationsformulierung in die umgekehrte Richtung partiell integriert werden. Die Voraussetzungen in Satz 2.7.7 erfordern jedoch $u \in H^1_L(\Omega)$. Für eine schwache Lösung ist diese Voraussetzung im allgemeinen nicht erfüllt. Damit die schwache Lösung auch die starke Formulierung löst, muß daher die zusätzliche Regularitätsannahme $u \in H^1_L(\Omega)$ gefordert werden.

2.9.3.1 Innenraumprobleme

Sei u die Lösung eines der Innenraumprobleme: IDP (2.9.12) mit rechter Seite (2.9.11), INP (2.9.14) mit rechter Seite (2.9.15) oder IDNP (2.9.16) mit rechter Seite (2.9.17). Die Herleitung verwendet folgende Annahme.

Annahme 2.9.4 *Für das Variationsproblem gilt*

a. *Ω^- ist ein Lipschitz-Gebiet.*

b. *Die schwache Lösung erfüllt $u \in H^1_L(\Omega^-)$ und -im Falle des Neumann-Problems- $\gamma_1 u \in L^2(\Gamma)$.*

c. *Das Funktional der rechten Seite ist über (2.9.11), (2.9.15) bzw. (2.9.17) definiert mit $f \in L^2(\Omega^-)$ und $g_N \in L^2(\Omega^-)$.*

Die Voraussetzung $u \in H^1_L(\Omega^-)$ erlaubt die Anwendung von Satz 2.7.7, um die partielle Integration rückgängig zu machen. Die schwache Lösung u erfüllt daher

$$(Lu - f, v)_{L^2(\Omega^-)} = 0 \qquad \forall v \in V,$$

mit

$$V := \begin{cases} H^1_0(\Omega^-) & \text{für (2.9.12)}, \\ H^1(\Omega^-) & \text{für (2.9.14)}, \\ H^1_D(\Omega^-) & \text{für (2.9.16)}. \end{cases}$$

Annahme 2.9.4.a und .b implizieren $Lu - f \in L^2(\Omega^-)$. Da $H^1_0(\Omega^-)$ dicht in $L^2(\Omega^-)$ eingebettet ist (vgl. Proposition 2.5.2), ist die Einbettung $V \subset L^2(\Omega^-)$ dicht. Daher existiert eine Folge $(v_n)_n \subset V \subset L^2(\Omega^-)$ mit $v_n \to Lu - f$ in $L^2(\Omega^-)$. Diese erfüllt

$$0 = \lim_{n\to\infty} (Lu - f, v_n)_{L^2(\Omega^-)} = \left(Lu - f, \lim_{n\to\infty} v_n\right)_{L^2(\Omega^-)} = \|Lu - f\|^2_{L^2(\Omega^-)}.$$

Damit ist gezeigt, daß die schwache Lösung u unter den Zusatzannahmen $u \in H^1_L(\Omega^-)$ und $f \in L^2(\Omega^-)$ die Differentialgleichung $Lu = f$ fast überall erfüllt.

Für das IDP und das IDNP werden die Dirichlet-Randbedingungen $\gamma_0 u = g_D$ auf Γ_D explizit gefordert. Wir betrachten hier lediglich das INP; der Beweis für das IDNP ist analog. Aus $Lu = f$ in $L^2(\Omega^-)$, (2.9.14) und Satz 2.7.7 folgt

$$\begin{aligned} 0 &= B(u, v) - (f, v)_{L^2(\Omega^-)} - (g_N, \gamma_0 v)_{L^2(\Gamma)} = (Lu - f, v)_{L^2(\Omega^-)} + (\gamma_1 u - g_N, \gamma_0 v)_{L^2(\Gamma)} \\ &= (\gamma_1 u - g_N, \gamma_0 v)_{L^2(\Gamma)} \end{aligned}$$

für alle $v \in H^1(\Omega^-)$. Lemma 2.8.4 impliziert, daß das Bild von $H^1(\Omega^-)$ unter γ_0 dicht in $H^{1/2}(\Gamma)$ und damit auch dicht in $L^2(\Gamma)$ ist. Daraus folgt

$$(\gamma_1 u - g_N, w)_{L^2(\Gamma)} = 0 \qquad \forall w \in L^2(\Gamma).$$

Annahmen 2.9.4.b und .c ergeben $\gamma_1 u = g_N$ in $L^2(\Gamma)$.

2.9.3.2 Außenraumprobleme

Die Argumentation für Außenraumprobleme ist prinzipiell gleich wie für Innenraumprobleme. Es stellt sich jedoch das Problem, daß die Annahmen 2.9.4 die Voraussetzungen aus Satz 2.7.7 nicht sicherstellen; im allgemeinen besitzt weder die schwache Lösung noch die Testfunktion $v \in H^1_T(L, \Omega^+)$ einen kompakten Träger. Wir werden jedoch unter geeigneten Voraussetzungen zeigen, daß die zweite Greensche Formel auch für Funktionen mit unbeschränktem Träger gültig bleibt. Dazu betrachten wir zunächst die folgende abstrakte Situation, die auf Bemerkung 2.9.3 zugeschnitten ist.

Annahme 2.9.5 *$V := \overline{C^\infty_{komp}(\Omega^+)}^{\|\cdot\|_V}$ bzw. $V_T := \overline{C^\infty_{komp}(\Omega^+)}^{\|\cdot\|_{\tilde{V}}}$ sind die Abschlüsse der glatten Funktionen mit kompaktem Träger bezüglich einer Norm $\|\cdot\|_V$ bzw. $\|\cdot\|_{V_T}$, so daß*

a. V, V_T vollständig sind und $V, V_T \subset H^1_{lok}(\Omega^+)$ erfüllen,

b. $B : V \times V_T \to \mathbb{C}$ stetig ist.

Satz 2.9.6 *Annahme 2.9.5 sei für die Räume V, V_T erfüllt. Dann gilt die zweite Greensche Formel für alle $u \in V \cap H^1_L(\Omega^+)$ und $v \in V_T$.*

Beweis. (a) Wegen $V_T \subset H^1_{lok}(\Omega^+)$ existiert ein stetiger Spuroperator $\gamma_0 : V_T : H^{1/2}(\Gamma)$ (vgl. Satz 2.6.8).

(b) Für alle $u \in V \cap H^1_L(\Omega^+)$ und $v \in C^\infty_{komp}(\Omega^+)$ gilt nach Satz 2.7.7 die zweite Greensche Formel

$$(Lu, v)_{L^2(\Omega^+)} - B(u, v) = (\gamma_1 u, \gamma_0 v)_{L^2(\Gamma)}.$$

Die Abbildung $(Lu, \cdot)_{L^2(\Omega)} : V_T \to \mathbb{C}$ ist stetig, da nach Voraussetzung Lu kompakten Träger besitzt und $V_T \subset H^1_{lok}(\Omega^+)$ gilt. Die Sesquilinearform $B : V \times V_T \to \mathbb{C}$ ist nach Annahme 2.9.5.b stetig. Wählen wir nun für beliebiges $v \in V_T$ eine Cauchy-Folgen $(v_n)_n \subset C^\infty_{komp}$, die bezüglich der V_T-Norm gegen v konvergiert, ergibt sich

$$\lim_{n\to\infty} \left\{ (Lu, v_n)_{L^2(\Omega^+)} - B(u, v_n) \right\} = (Lu, v)_{L^2(\Omega^+)} - B(u, v). \tag{2.9.32}$$

Andererseits definiert $\gamma_1 u$ nach Satz 2.7.7 ein stetiges Funktional auf $H^{1/2}(\Gamma)$. Damit gilt wegen (a)

$$\lim_{n\to\infty} (\gamma_1 u, \gamma_0 v_n)_{L^2(\Gamma)} = (\gamma_1 u, \gamma_0 v)_{L^2(\Gamma)}$$

und daraus folgt mit (2.9.32) die Behauptung. ■

Um dieses Resultat nun auf die Außenraumaufgaben anzuwenden, verwenden wir die in Bemerkung 2.9.3 eingeführten Funktionenräume, setzen $V := H^1(L, \Omega^+)$, $V_T := H^1_T(L, \Omega^+)$ und überprüfen die Voraussetzungen aus Annahme 2.9.5.

Stetigkeit:

In Lemma 2.10.1 und Satz 2.10.10 werden wir die Stetigkeit der Sesquilinearform B auf $H^1(\Omega^+)$ und auf $H^1(-\Delta, \Omega^+)$ zeigen. Die Stetigkeit für das Helmholtz-Problem wird in Korollar 2.10.3 behandelt.

Einbettung:

Die Einbettung aus Annahme 2.9.5.a folgt für alle betrachteten Differentialoperatoren, da die Gewichtsfunktionen das Verhalten der Funktionen $f \in W$ nur im Unendlichen beeinflußt.

Damit ist Annahme 2.9.5 erfüllt und die zweite Greensche Formel gilt für $u \in H_L^1(\Omega) \cap H^1(L, \Omega)$ und $v \in H_T^1(L, \Omega)$. Die Schlußweise für die Innenraumprobleme, um aus der schwachen die starke Formulierung herzuleiten, läßt sich damit wörtlich für die Außenraumprobleme wiederholen.

Abklingbedingung:

In den folgenden Kapiteln wird die Lösung der obigen Randwertprobleme über ein Oberflächenintegral dargestellt, woraus sich die Abklingbedingungen für den Laplace-Operator, Helmholtz-Operator und den allgemeinen elliptischen Operator mit $c > 0$ ablesen lassen (siehe (3.1.22) und (3.1.23)). Die Sommerfeldschen Abklingbedingung für die Lösung des Helmholtz-Problems werden über die Integraldarstellung in Übungsaufgabe 3.1.15 behandelt.

2.10 Existenz und Eindeutigkeit

Im vorigen Abschnitt haben wir elliptische Randwertprobleme in Innen- und Außenraumgebieten als Variationsproblem formuliert. Für diese Aufgaben werden wir nun die wichtigsten Existenz und Eindeutigkeitsaussagen angeben. Da der Schwerpunkt dieses Buches auf *Integralgleichungen* für elliptische Randwertprobleme liegt, werden wir die Analysis elliptischer Differentialgleichungen nicht im Detail ausführen und an den betreffenden Stellen auf die einschlägigen Lehrbücher verweisen. Zunächst beweisen wir die Stetigkeit und Koerzivität der Sesquilinearform B für das Innenraumproblem.

Lemma 2.10.1 *Sei $\Omega \in \{\Omega^-, \Omega^+\}$. Die Sesquilinearform $B : H^1(\Omega) \times H^1(\Omega)$ aus (2.7.6) ist stetig, und es existieren positive Konstanten C_1, C_2 mit*

$$\operatorname{Re} B(u,u) \geq C_1 \|u\|_{H^1(\Omega)}^2 - C_2 \|u\|_{L^2(\Omega)}^2 \qquad \forall u \in H^1(\Omega).$$

Für $\Omega = \Omega^-$ ist B daher koerziv auf $H^1(\Omega)$.

Beweis. Seien $a_{\max}$ ($a_{\min}$) der größte (kleinste) Eigenwert der Matrix $\mathbf{A}$. Dann gilt für alle $u, v \in H^1(\Omega)$ mit der Notation (2.3.6)

$$\begin{aligned}|B(u,v)| &\leq \int_\Omega (a_{\max} \|\nabla u\| \|\nabla v\| + 2\|\mathbf{b}\| \|\nabla u\| |v| + |c| |u| |v|)\, dx \\ &\leq a_{\max} |u|_{H^1(\Omega)} |v|_{H^1(\Omega)} + 2\|\mathbf{b}\| |u|_{H^1(\Omega)} \|v\|_{L^2(\Omega)} + |c| \|u\|_{L^2(\Omega)} \|v\|_{L^2(\Omega)} \\ &\leq 3 \max\{a_{\max}, 2\|\mathbf{b}\|, |c|\} \|u\|_{H^1(\Omega)} \|v\|_{H^1(\Omega)}.\end{aligned}$$

Zum Nachweis der Koerzivität verwenden wir für beliebiges $\delta, \varepsilon > 0$

$$\begin{aligned}\operatorname{Re} B(u,u) &\geq a_{\min} |u|^2_{H^1(\Omega)} - \|\mathbf{b}\| \left(\delta |u|^2_{H^1(\Omega)} + \delta^{-1} \|u\|^2_{L^2(\Omega)}\right) + c\|u\|^2_{L^2(\Omega)} \\ &\geq (a_{\min} - \delta \|\mathbf{b}\|) |u|^2_{H^1(\Omega)} + \varepsilon \|u\|^2_{L^2(\Omega)} + \left(c - \|\mathbf{b}\| \delta^{-1} - \varepsilon\right) \|u\|^2_{L^2(\Omega)}.\end{aligned}$$

Wir wählen nun $0 < \varepsilon < a_{\min}$ und setzen $\delta := (a_{\min} - \varepsilon) / \|\mathbf{b}\|$, falls $\|\mathbf{b}\| \neq 0$ und $\delta := +\infty$ sonst. Das ergibt

$$\operatorname{Re} B(u,u) \geq \varepsilon \|u\|^2_{H^1(\Omega)} + \left(c - \|\mathbf{b}\| \delta^{-1} - \varepsilon\right) \|u\|^2_{L^2(\Omega)}. \tag{2.10.1}$$

Im Fall $\Omega = \Omega^-$ impliziert die kompakte Einbettung $L^2(\Omega) \hookrightarrow H^1(\Omega)$ (vgl. Satz 2.5.5) die Koerzivität. ■

In Korollar 2.10.2 tritt der Quotientenraum $H^1(\Omega^-)/\mathbb{R}$ auf, dessen Restklassen aus Funktionen in $H^1(\Omega^-)$ bestehen, die sich nur um eine Konstante unterscheiden. Eine Norm auf diesem Raum ist durch

$$\|u\|_{H^1(\Omega^-)/\mathbb{R}} := \inf_{c\in\mathbb{R}} \|u - c\|_{H^1(\Omega^-)} \tag{2.10.2}$$

gegeben.

Korollar 2.10.2

(a) Die Aussage von Lemma 2.10.1 gilt auch für jeden Teilraum von $H^1(\Omega^-)$.

(b) Die Sesquilinearform ist elliptisch auf $H^1(\Omega^-)$, falls $a_{\min}c > \|\mathbf{b}\|^2$ gilt.

(c) Für $\mathbf{b} = \mathbf{0}$, $c = 0$ ist die Sesquilinearform B_- elliptisch auf $H^1_0(\Omega^-)$.

(d) Für $\mathbf{b} = \mathbf{0}$, $c = 0$ ist die Sesquilinearform B_- elliptisch auf $H^1(\Omega^-)/\mathbb{R}$.

(e) Die Abschätzung (2.10.1) gilt auch für das Außenraumproblem, d.h., $\Omega = \Omega^+$ und $B = B_+$. Für $a_{\min}c > \|\mathbf{b}\|^2$ ist daher die Sesquilinearform B_+ auf $H^1(\Omega^+)$ und damit auch auf jedem Teilraum elliptisch.

Beweis. Die Aussagen (a), (b) und (e) folgen direkt aus dem Beweis des vorigen Lemmas.

Zu (c): Hier verwenden wir Satz 2.5.7 und erhalten

$$\operatorname{Re} B(u,u) \geq a_{\min} |u|^2_{H^1(\Omega^-)} \geq C \|u\|^2_{H^1(\Omega^-)} \qquad \forall u \in H^1_0(\Omega^-).$$

Aussage (d) folgt aus der zweiten Poincaré-Ungleichung (Korollar 2.5.10)

$$\|u\|^2_{H^1(\Omega^-)/\mathbb{R}} \leq C |u|^2_{H^1(\Omega^-)} \leq C/a_{\min} \operatorname{Re} B(u,u) \qquad \forall u \in H^1(\Omega^-)/\mathbb{R}.$$

■

Korollar 2.10.3 *Die Sesquilinearform zum Helmholtz-Außenraumproblem ist stetig.*

Beweis. Verwenden wir die explizite Darstellung der Sesquilinearform zur Helmholtz-Gleichung und die Cauchy-Schwarzsche Ungleichung, ergibt sich für alle $u \in H^1(L,\Omega^+)$ und $v \in H^1_T(L,\Omega^+)$ die Stetigkeit

$$\begin{aligned}B(u,v) &= \int_{\Omega^+} \langle \nabla u, \nabla \bar{v}\rangle - k^2 u\bar{v} d\mathbf{x} \leq |u|_{H^1(\Omega^+)} |v|_{H^1(\Omega^+)} + k^2 \left\|u\rho^{-1/2}\right\|_{L^2(\Omega^+)} \left\|v\rho^{1/2}\right\|_{L^2(\Omega^+)} \\ &\leq \left(1 + k^2\right) \|u\|_{H^1(L,\Omega^+)} \|v\|_{H^1_T(L,\Omega^+)}.\end{aligned}$$

■

Kombiniert man Lemma 2.10.1 und Korollar 2.10.2 mit den Aussagen aus Kapitel 2.1.6 erhält man die Existenz- und Eindeutigkeit der Lösung für die Randwertprobleme aus Kapitel 2.9.2

2.10.1 Innenraumprobleme

Wir beweisen zunächst die Existenz- und Eindeutigkeitsaussagen für Innenraumprobleme.

2.10.1.1 Inneres Dirichlet-Randwertproblem

Der folgende Satz zeigt, daß für das Dirichlet-Innenraumproblem immer die Fredholmsche Alternative gilt und unter geeigneten Voraussetzungen an die Koeffizienten des Differentialoperators das Lemma von Lax-Milgram die Existenz- und Eindeutigkeit einer Lösung sicherstellt.

Satz 2.10.4 *Wir betrachten das IDP (vgl. (2.9.12)) und nehmen an, daß das Funktional F gemäß (2.9.11) definiert ist und die Randdaten $g_D \in H^{1/2}(\Gamma)$ erfüllen.*

1. *Es gilt die Fredholmsche Alternative: Entweder besitzt das Problem (2.9.12) für jede rechte Seite $F \in H_0^1(\Omega^-)'$ und Randdaten $g_D \in H^{1/2}(\Gamma)$ eine eindeutige Lösung $u \in H_0^1(\Omega^-)$, die stetig von der rechten Seite abhängt*

$$\|u\|_{H^1(\Omega^-)} \leq C\left(\|F\|_{H_0^1(\Omega^-)'} + \|g_D\|_{H^{1/2}(\Gamma)}\right)$$

   oder Null ist ein Eigenwert des mit B assoziierten Operators mit endlichdimensionalem Eigenraum.

2. *Die Bedingung $a_{\min} c > \|\mathbf{b}\|^2$ impliziert, daß immer der erste Fall in obiger Alternative zutrifft.*

3. *Aussage (2) gilt auch im Fall $c = \|\mathbf{b}\| = 0$.*

Beweis. Zu 1: Wir verwenden den Ansatz $u = u_0 + u_1$ mit der Spurfortsetzung $u_1 := Z_- g_D$. Die rechte Seite in (2.9.13) definiert ein stetiges Funktional auf $H_0^1(\Omega)$:

$$\begin{aligned}|F(v) - B(u_1, v)| &\leq \left(\|F\|_{H^{-1}(\Omega^-)} + C_1 \|u_1\|_{H^1(\Omega^-)}\right) \|v\|_{H^1(\Omega^-)} \\ &\leq \left(\|F\|_{H^{-1}(\Omega^-)} + C_2 \|g_D\|_{H^{1/2}(\Gamma)}\right) \|v\|_{H^1(\Omega^-)},\end{aligned}$$

so daß die Fredholmsche Alternative (vgl. Satz 2.1.57) für die Gleichung (2.9.13) anwendbar ist. Aus $\|u\|_{H^1(\Omega^-)} \leq \|u_0\|_{H^1(\Omega^-)} + C\|g_D\|_{H^{1/2}(\Gamma)}$ folgt damit die Behauptung für das Problem (2.9.12).

Zu 2,3: Der Beweis ist analog zum ersten Teil, wobei wir hier Korollar 2.10.2.(b),(c) mit Lemma 2.1.48 kombinieren. ■

2.10.1.2 Inneres Neumann-Randwertproblem

Im folgenden Satz werden Existenz- und Eindeutigkeitsaussagen für das innere Neumann-Randwertproblem formuliert.

Satz 2.10.5 *Wir betrachten das INP (2.9.14), (2.9.15) und setzen $f \in (H^1(\Omega^-))'$, $g_N \in H^{-1/2}(\Gamma)$ voraus.*

1. *Es gilt die Fredholmsche Alternative: Entweder besitzt das Problem (2.9.14) für jede rechte Seite* $F \in \left(H^1\left(\Omega^-\right)\right)'$ *eine eindeutige Lösung* $u \in H^1\left(\Omega^-\right)$, *die stetig von der rechten Seite abhängt (vgl. 2.4.5)*

$$\|u\|_{H^1(\Omega^-)} \leq C\,\|F\|_{H^1(\Omega^-)'} \leq C\left(\|f\|_{(H^1(\Omega^-))'} + \|g_N\|_{H^{-1/2}(\Gamma)}\right)$$

   oder ist 0 *ein Eigenwert des mit* B *assoziierten Operators mit endlichdimensionalem Eigenraum.*

2. *Die Bedingung* $a_{\min} c > \|\mathbf{b}\|^2$ *impliziert, daß immer der erste Fall in obiger Alternative zutrifft.*

3. *Sei* $c = \|\mathbf{b}\| = 0$. *Dann existiert eine Lösung* $u \in H^1\left(\Omega^-\right)$ *genau dann, wenn* f *und* g *der Beziehung*

$$\langle f, 1\rangle_{L^2(\Omega^-)} + \langle g_N, 1\rangle_{L^2(\Gamma)} = 0 \tag{2.10.3}$$

   genügen. Die Lösung ist eindeutig bestimmt bis auf eine konstante Funktion. Wird daher der Lösungsraum auf $H^1\left(\Omega^-\right)/\mathbb{R}$ *eingeschränkt, existiert für alle* $f \in \left(H^1\left(\Omega^-\right)\right)'$ *und* $g_N \in H^{-1/2}(\Gamma)$, *die (2.10.3) erfüllen, eine eindeutige Lösung in* $H^1\left(\Omega^-\right)/\mathbb{R}$, *die stetig von den Daten abhängt.*

Beweis. Der Beweis der Aussagen (1), (2) ist analog zum Beweis von Satz 2.10.4. Der Beweis von (3) findet sich beispielsweise in [97, Theorem 8.19]. ■

2.10.1.3 Gemischtes inneres Randwertproblem

Wir kommen zu Existenz- und Eindeutigkeitsaussagen für das gemischte, innere Randwertproblem (vgl. (2.9.2.3)).

Satz 2.10.6 *Für das gemischte, innere Randwertproblem gelten die Aussagen von Satz 2.10.4, wobei* Γ *durch* Γ_D *und* $H_0^1\left(\Omega^-\right)$ *durch* $H_D^1\left(\Omega^-\right)$ *zu ersetzen ist.*

Beweis. Der Beweis dieser Aussage ist analog zum Beweis von Satz 2.10.4. Für die dritte Teilaussage verwenden wir Korollar 2.5.8. ■

2.10.2 Außenraumprobleme

Die Existenz und Eindeutigkeitsaussagen für Außenraumprobleme erfordern die Verwendung der gewichteten Sobolev-Räume $H^1\left(L, \Omega^+\right)$, die im vorigen Abschnitt eingeführt wurden (vgl. Bemerkung 2.9.3).

2.10.2.1 Allgemeiner elliptischer Operator mit $a_{\min} c > \|\mathbf{b}\|^2$

Kombiniert man Korollar 2.10.2.e mit dem Lax-Milgram-Lemma, ergibt sich die Existenz und Eindeutigkeit für die äußeren Randwertprobleme unter der Voraussetzung $a_{\min} c > \|\mathbf{b}\|^2$. Man beachte, daß in diesem Fall $H^1\left(L, \Omega^+\right) = H_T^1\left(L, \Omega^+\right)$ gilt und wir daher in folgendem Satz auf die „$\sim$“-Notation verzichten können

Satz 2.10.7 *Sei* $a_{\min} c > \|\mathbf{b}\|^2$.

(a) ÄDP (2.9.22). Für alle $F \in H^{-1}(\Omega^+)$ *und* $g_D \in H^{1/2}(\Gamma)$ *existiert eine eindeutige Lösung* $u \in H^1(\Omega^+)$, *die stetig von den Daten abhängt*

$$\|u\|_{H^1(\Omega^+)} \leq C\left(\|F\|_{H^{-1}(\Omega^+)} + \|g_D\|_{H^{1/2}(\Gamma)}\right).$$

(b) ÄNP (2.9.25). Für alle $F \in (H^1(\Omega^+))'$ *existiert eine eindeutige Lösung* $u \in H^1(\Omega^+)$, *die stetig von den Daten abhängt*

$$\|u\|_{H^1(\Omega^+)} \leq C\,\|F\|_{(H^1(\Omega^+))'}.$$

(c) ÄDNP (2.9.27). Für alle $F \in (H^1_D(\Omega^+))'$ *und* $g_D \in H^{1/2}(\Gamma_D)$ *existiert eine eindeutige Lösung* $u \in H^1_D(\Omega^+)$, *die stetig von den Daten abhängt*

$$\|u\|_{H^1(\Omega^+)} \leq C\left(\|F\|_{(H^1_D(\Omega^+))'} + \|g_D\|_{H^{1/2}(\Gamma_D)}\right).$$

(d) TP (2.9.31). Sei W *wie in (2.9.30). Für alle* $F \in W'$ *und* $g_D \in H^{1/2}(\Gamma)$ *existiert eine eindeutige Lösung* $u \in W$, *die stetig von den Daten abhängt*

$$\|u\|_W \leq C\left(\|F\|_{W'} + \|g_D\|_{H^{1/2}(\Gamma)}\right).$$

Beweis. Die Beweise für das Innenraumproblem lassen sich wörtlich auf diesen Fall übertragen. ∎

2.10.2.2 Laplace-Operator

Existenz- und Eindeutigkeitssätze für den Laplace-Operator sind wegen der Verwendung der gewichteten Sobolev-Räume aufwendiger als für den Differentialoperator aus Unterkapitel 2.10.2.1.

Wir beginnen mit einigen Hilfsaussagen über die Funktionenräume $H^1(-\Delta, \Omega^+)$ und $H^1_0(-\Delta, \Omega^+)$ (vgl. [35, Chap. XI, Part B]). Für den Laplace-Operator sind das Skalarprodukt und die Norm auf $H^1(-\Delta, \Omega^+)$ bzw. $H^1_0(-\Delta, \Omega^+)$ durch (2.9.20) definiert. Wir zeigen zunächst, daß für Außenraumprobleme die Normen (vgl. (2.9.20), (2.3.6)) $\|\cdot\|_{H^1(-\Delta,\Omega^+)}$ und $|\cdot|_{H^1(\Omega^+)}$ auf $H^1_0(-\Delta, \Omega^+)$ äquivalent sind. Für den Beweis bezeichnen wir wieder die Kugel mit Radius $a > 0$ um den Ursprung mit $K_a := \{\mathbf{x} \in \mathbb{R}^3 : \|\mathbf{x}\| < a\}$ und den Außenraum von K_a mit $K_a^+ := \mathbb{R}^d \backslash \overline{K_a}$.

Proposition 2.10.8 *Für* $a > 0$ *sind auf* $H^1_0(-\Delta, K_a^+)$ *die Normen* $|\cdot|_{H^1(K_a^+)}$ *und* $\|\cdot\|_{H^1(-\Delta, K_a^+)}$ *äquivalent.*

Beweis. Da $C_0^\infty(K_a^+)$ dicht in $H^1_0(-\Delta, K_a^+)$ liegt, genügt es, die Äquivalenz für glatte Funktionen zu beweisen.

(i) Die Abschätzung $|u|_{H^1(K_a^+)} \leq \|u\|_{H^1(-\Delta, K_a^+)}$ ist offensichtlich.

(ii) Wir zeigen $\|u\|_{H^1(-\Delta,K_a^+)} \leq C\,|u|_{H^1(K_a^+)}$. Offensichtlich genügt es,

$$\int_{K_a^+} \frac{|u(\mathbf{x})|^2}{1 + \|\mathbf{x}\|^2} dx \leq C\,|u|^2_{H^1(K_a^+)}$$

zu zeigen. Mit $\mathbb{S}_2$ wird die Einheitssphäre in $\mathbb{R}^3$ bezeichnet. Wir führen Kugelkoordinaten $\mathbf{x} = r\zeta$ mit $\zeta = \mathbf{x}/\|\mathbf{x}\| \in \mathbb{S}_2$ ein. Damit ergibt sich

$$\int_{K_a^+} \frac{|u(\mathbf{x})|^2}{1+\|\mathbf{x}\|^2} dx \leq \int_a^\infty \int_{\mathbb{S}_2} \frac{|u(r\zeta)|^2}{1+r^2} r^2 d\zeta dr.$$

Für Funktionen $f(r)$, die für hinreichend großes r verschwinden und $f(a) = 0$ erfüllen, folgt mit partieller Integration:

$$\begin{aligned} \int_a^\infty |f(r)|^2 dr &= -\int_a^\infty 2r \operatorname{Re}\left(f(r)\, \partial_r \overline{f}(r)\right) dr \qquad (2.10.4) \\ &\leq 2 \left(\int_a^\infty |f(r)|^2 dr\right)^{1/2} \left(\int_a^\infty |\partial_r f(r)|^2 r^2 dr\right)^{1/2}, \end{aligned}$$

d.h.

$$\int_a^\infty |f(r)|^2 dr \leq 4 \int_a^\infty |\partial_r f(r)|^2 r^2 dr.$$

Da u kompakten Träger besitzt, können wir $f(r) = u(r\zeta)$ in (2.10.4) wählen. Durch Integration über $\mathbb{S}_2$ erhält man die Behauptung

$$\begin{aligned} \int_{\mathbb{S}_2} \int_a^\infty \frac{|u(r\zeta)|^2}{1+r^2} r^2 dr d\zeta &\leq \int_{\mathbb{S}_2} \int_a^\infty |u(r\zeta)|^2 dr d\zeta \leq 4 \int_{\mathbb{S}_2} \int_a^\infty |\partial_r u(r\zeta)|^2 r^2 dr d\zeta \\ &= 4 \int_{K_a^+} \left| \left\langle \frac{\mathbf{x}}{\|\mathbf{x}\|}, \nabla u(\mathbf{x}) \right\rangle \right|^2 d\mathbf{x} \leq 4 |u|^2_{H^1(K_a^+)}. \end{aligned}$$

■

Man beachte, daß die Äquivalenzkonstante unabhängig von a ist.

Bemerkung 2.10.9 *Die Räume $H_0^1(-\Delta, \Omega^+)$ und $H^1(-\Delta, \Omega^+)$ sind per Definition vollständig; versehen mit dem Skalarprodukt aus (2.9.20) werden sie zu Hilbert-Räumen.*

Aus Proposition 2.10.8 folgt direkt eine Abschätzung vom Poincaré-Typ für $H^1(-\Delta, \Omega^+)$.

Satz 2.10.10 *Durch $|\cdot|_{H^1(\Omega^+)}$ ist eine Norm auf $H^1(-\Delta, \Omega^+)$ und $H_0^1(-\Delta, \Omega^+)$ definiert, die äquivalent zur $\|\cdot\|_{H^1(-\Delta,\Omega^+)}$-Norm ist.*

Beweis. Wegen $H_0^1(-\Delta, \Omega^+) \subset H^1(-\Delta, \Omega^+)$ genügt es, die Aussage für $H^1(-\Delta, \Omega^+)$ zu beweisen.

(i) Offensichtlich gilt $|u|_{H^1(\Omega^+)} \leq \|u\|_{H^1(-\Delta,\Omega^+)}$.

(ii) Der Beweis von $\|u\|_{H^1(-\Delta,\Omega^+)} \leq C |u|_{H^1(\Omega^+)}$ wird indirekt geführt. Wir nehmen an, daß eine Folge $(u_n)_{n\in\mathbb{N}}$ in $H^1(-\Delta, \Omega^+)$ existiert mit

$$|u_n|_{H^1(\Omega^+)} \leq n^{-1}, \qquad \|u_n\|_{H^1(-\Delta,\Omega^+)} = 1. \qquad (2.10.5)$$

Für hinreichend großes $a > 0$ gilt $\Omega \subset K_a$. Wir wählen Abschneidefunktionen $\phi, \psi \in C^\infty(\Omega^+)$ (vgl. Abb. 2.2) mit

$$\phi, \psi \geq 0, \qquad \phi + \psi = 1 \text{ in } \Omega^+, \quad \phi(\mathbf{x}) = 0 \text{ für alle } \|\mathbf{x}\| \geq 2a \quad \text{und } \psi(\mathbf{x}) = 0 \text{ für alle } \|\mathbf{x}\| < a.$$

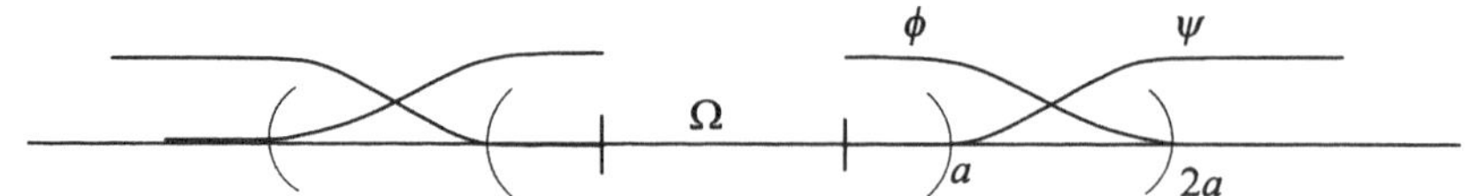

Abbildung 2.2: Abschneidefunktionen ϕ und ψ aus dem Beweis zu Satz 2.10.10.

Offensichtlich gilt $u_n = \phi u_n + \psi u_n$. Differentiation der Produkte ψv und ϕv für $v \in H^1(-\Delta, \Omega^+)$ liefert

$$\begin{aligned} |\psi v|_{H^1(K_a^+)} &\leq |v|_{H^1(K_a^+)} + c\,\|v\|_{L^2(K_{2a}\cap\Omega^+)}, \\ |\phi v|_{H^1(\Omega^+)} &\leq |v|_{H^1(K_{2a}\cap\Omega^+)} + C\,\|v\|_{L^2(K_{2a}\cap\Omega^+)}. \end{aligned} \tag{2.10.6}$$

Für jedes $a > 0$ ist $H^1(K_{2a} \cap \Omega^+)$ kompakt in $L^2(K_{2a} \cap \Omega^+)$ eingebettet (vgl. Satz 2.5.5), so daß eine Teilfolge $(u_{n_j})_{j\in\mathbb{N}}$ existiert (vgl. Satz 2.5.6), die

$$u_{n_j} \to u \qquad \text{in } L^2\left(K_{2a} \cap \Omega^+\right)$$

erfüllt. Aus (2.10.5) und (2.10.6) folgt, daß (ψu_{n_j}) und (ϕu_{n_j}) Cauchy-Folgen in $H^1(K_a^+)$ bzw. $H^1(\Omega^+)$ sind. Wegen $\psi u_{n_j} \in H_0^1(K_a^+)$ läßt sich Proposition 2.10.8 anwenden und impliziert Konvergenz auch in der $H^1(-\Delta, K_a^+)$-Norm:

$$\begin{aligned} \phi u_{n_j} &\to w_1 \qquad \text{bzgl. } \|\cdot\|_{H^1(-\Delta,\Omega^+)}, \\ \psi u_{n_j} &\to w_2 \qquad \text{bzgl. } |\cdot|_{H^1(K_a^+)}. \end{aligned}$$

Daher konvergiert $u_{n_j} = (\phi + \psi)\, u_{n_j}$ gegen ein $w \in H^1(-\Delta, \Omega^+)$. Die Annahme (2.10.5) impliziert $\nabla w = 0$, und daher ist w konstant. Aus $w \in H^1(-\Delta, \Omega^+)$ folgt schließlich $w \equiv 0$, und das ergibt einen Widerspruch zu (2.10.5). ■

Äußeres Dirichlet-Randwertproblem Wir kommen nun zum Existenz- und Eindeutigkeitssatz für die Dirichlet-Außenraumaufgabe.

Satz 2.10.11 *Wir betrachten das (ÄDP) (vgl. (2.9.22). Sei F gemäß (2.9.23) definiert. Dann besitzt die Dirichlet-Außenraumaufgabe für jedes $f \in (H_0^1(-\Delta, \Omega^+))'$ und $g_D \in H^{1/2}(\Gamma)$ eine eindeutige Lösung $u \in H_0^1(-\Delta, \Omega^+)$ und erfüllt die Abschätzung*

$$\|u\|_{H^1(-\Delta,\Omega^+)} \leq \|F\|_{(H_0^1(-\Delta,\Omega^+))'} + C\,\|g_D\|_{H^{1/2}(\Gamma)}.$$

Beweis. Wähle $a > 0$ mit $\Omega \subset K_a$. Mit Hilfe des Spurfortsetzungsoperators (vgl. Satz 2.6.11) $Z_a := Z_{K_a} : H^{1/2}(\Gamma) \to H_0^1(K_a)$ lassen sich die Dirichlet-Daten g_D fortsetzen

$$\|Z_a g_D\|_{H^1(-\Delta,\Omega^+)} \leq C_1\,\|Z_a g_D\|_{H^1(K_a)} \leq C_2\,\|g_D\|_{H^{1/2}(\Gamma)}. \tag{2.10.7}$$

Indem wir den Ansatz $u = u_0 + Z_a g_D$ in (2.9.22) einsetzen, erhalten wir eine Gleichung der Form (2.9.24) mit $u_1 = Z_a g_D$ für $u_0 \in H_0^1(-\Delta, \Omega^+)$.

Wie im Beweis von Satz 2.10.4, Teil 1, zeigt man, daß die rechte Seite in (2.9.24) ein stetiges lineares Funktional auf $H_0^1(-\Delta, \Omega^+)$ definiert. Satz 2.10.10 impliziert, daß die Sesquilinearform B elliptisch auf $H^1(-\Delta, \Omega^+)$ (und damit auch auf $H_0^1(-\Delta, \Omega^+)$) ist

$$B(v, v) = \int_{\Omega^+} \|\nabla v\|^2\, d\mathbf{x} \geq C\,\|v\|^2_{H^1(-\Delta,\Omega^+)} \qquad \forall v \in H^1\left(-\Delta, \Omega^+\right). \tag{2.10.8}$$

Die Stetigkeit von B ist eine Konsequenz von Satz 2.10.10. Das Lax-Milgram-Lemma 2.1.48 läßt sich daher anwenden und ergibt, daß das Problem (2.9.24) eine eindeutige Lösung $u_0 \in H_0^1(-\Delta, \Omega^+)$ besitzt mit

$$\|u_0\|_{H^1(-\Delta,\Omega^+)} \leq \|F\|_{\left(H_0^1(-\Delta,\Omega^+)\right)'} + C\,\|Z_a g_D\|_{H^1(K_a)} \leq \|F\|_{\left(H_0^1(-\Delta,\Omega^+)\right)'} + C(\Omega)\,\|g_D\|_{H^{1/2}(\Gamma)}.$$

■

Äußeres Neumann-Randwertproblem Wir betrachten nun das Neumann-Randwertproblem im Außenraum für den Laplace-Operator.

Satz 2.10.12 *Für jedes $F \in (H^1(-\Delta, \Omega^+))'$ existiert eine eindeutige Lösung $u \in H^1(-\Delta, \Omega^+)$ des äußeren Neumann-Problems (2.9.25), die stetig von F abhängt*

$$\|u\|_{H^1(-\Delta,\Omega^+)} \leq C\,\|F\|_{(H^1(-\Delta,\Omega^+))'}.$$

Beweis. Kombination von Korollar 2.10.2.(e) bzw. (2.10.8) mit dem Lax-Milgram-Lemma 2.1.48 ergibt die Behauptung. ■

Gemischtes äußeres Randwertproblem Ganz analog erhält man Existenz- und Eindeutigkeitsaussagen für das ÄDNP (vgl. (2.9.27)).

Satz 2.10.13 *Für das gemischte, äußere Randwertproblem gelten die Aussagen von Satz 2.10.11, wobei Γ durch Γ_D und $H_0^1(L, \Omega^+)$ durch $H_D^1(L, \Omega^+)$ zu ersetzen ist.*

Transmissionsproblem Schließlich wenden wir uns dem Transmissionsproblem (2.9.29) zu.

Satz 2.10.14 *Wir betrachten das TP (2.9.31) mit W wie in (2.9.30). Für jedes $F \in W'$ und $g_D \in H^{1/2}(\Gamma)$ existiert eine eindeutige Lösung $u \in H^1(\Omega^-) \times H^1(-\Delta, \Omega^+)$ des Transmissionsproblems (2.9.31). Diese hängt stetig von F und g_D ab*

$$\|u\|_W \leq C\,\|F\|_{W'} + \|g_D\|_{H^{1/2}(\Gamma)}.$$

Beweis. Wir verwenden den Ansatz $u = u_0 + u_1$ mit $u_1|_{\Omega^+} = 0$ und $u_1|_{\Omega^-} := -Z_- g_D$. Dann gilt $u_1 \in H^1(\Omega^-) \times H^1(-\Delta, \Omega^+)$ und $[u_1] = g_D$. Damit ist u_0 die Lösung des Problems: Finde $u_0 \in W$ mit

$$B_{\Omega^- \cup \Omega^+}(u_0, v) := B_-(u_0, v) + B_+(u_0, v) = F(v) - B_-(u_1, v) \qquad \forall v \in W. \tag{2.10.9}$$

Die Stetigkeit von $B_{\Omega^- \cup \Omega^+}$ und der rechten Seite in (2.10.9) folgen aus Lemma 2.10.1.

Für das Lax-Milgram-Lemma muß noch die Elliptizität von $B_{\Omega^- \cup \Omega^+}$ gezeigt werden.

Für eine beliebige Funktion $v \in W$ setzen wir $v^- := v|_{\Omega^-}$ und $v^+ := v|_{\Omega^+}$. Wegen $u_0 \in W \subset H^1(\Omega^-) \times H^1(-\Delta, \Omega^+)$ ergibt sich aus der Elliptizität von B_+ auf $H^1(-\Delta, \Omega^+)$ (vgl. (2.10.8))

$$B_+(v^+, v^+) \geq C_0 \left\|v^+\right\|^2_{H^1(-\Delta,\Omega^+)}. \tag{2.10.10}$$

Für v^- setzen wir $g := \gamma_0^- v^-$ und $w^- := Z_- g$ mit der Spurfortsetzung $Z_- : H^{1/2}(\Gamma) \to H^1(\Omega^-)$ aus Satz 2.6.11. Dann gilt $v^- - w^- \in H_0^1(\Omega^-)$ und wegen der Friedrichs-Ungleichung (vgl. Satz 2.5.7)

$$\begin{aligned} \left\|v^-\right\|^2_{H^1(\Omega^-)} &\leq 2\left\|v^- - w^-\right\|^2_{H^1(\Omega^-)} + 2\left\|w^-\right\|^2_{H^1(\Omega^-)} \leq 2C\left|v^- - w^-\right|^2_{H^1(\Omega^-)} + 2\left\|w^-\right\|^2_{H^1(\Omega^-)} \\ &\leq 4C\left|v^-\right|^2_{H^1(\Omega^-)} + (2+4C)\left\|w^-\right\|^2_{H^1(\Omega^-)} = C_1 B_-\left(v^-, v^-\right) + C_2\left\|w^-\right\|^2_{H^1(\Omega^-)}. \end{aligned}$$

Die Stetigkeit der Spurfortsetzung und des Spuroperators sowie die Bedingung $[v] = 0$ ergeben

$$\begin{aligned} \left\|w^-\right\|_{H^1(\Omega^-)} &= \left\|Z_- g\right\|_{H^1(\Omega^-)} \leq C_3 \left\|g\right\|_{H^{1/2}(\Gamma)} = C_3\left\|\gamma_0^- v^-\right\|_{H^{1/2}(\Gamma)} \\ &= C_3\left\|\gamma_0^+ v^+\right\|_{H^{1/2}(\Gamma)} \leq C_4\left\|v^+\right\|_{H^1(-\Delta,\Omega^+)}. \end{aligned}$$

Daraus folgt

$$\left\|v^-\right\|^2_{H^1(\Omega^-)} \leq C_1 B_-\left(v^-, v^-\right) + C_2 C_4^2\left\|v^+\right\|^2_{H^1(-\Delta,\Omega^+)}.$$

Die Kombination mit (2.10.10) liefert daher die Behauptung

$$\|v\|^2_W = \left\|v^-\right\|^2_{H^1(\Omega^-)} + \left\|v^+\right\|^2_{H^1(-\Delta,\Omega^+)} \leq C_1 B_-\left(v^-, v^-\right) + \left(1 + C_2 C_4^2\right) C_0^{-1} B_+\left(v^+, v^+\right). \tag{2.10.11}$$

■

Im Fall des allgemeinen elliptischen Operators L aus (2.7.2) -speziell im Fall $L \neq -\Delta$ und $a_{\min} c < \|\mathbf{b}\|^2$- sind Existenz und Eindeutigkeitsaussagen wesentlich komplizierter.

2.10.2.3 Helmholtz-Gleichung

Die Helmholtz-Gleichung im Innenraum

$$L_k u = -\Delta u - k^2 u = f \text{ in } \Omega^- \tag{2.10.12}$$

mit Dirichlet- oder Neumann Randbedingungen $\gamma_0^- u = g_D \in H^{1/2}(\Gamma)$ oder $\gamma_1^- u = g_N \in H^{-1/2}(\Gamma)$ und Bilinearform $B_-(u,v) = \int_{\Omega^-} \langle \nabla u, \nabla v\rangle - k^2 uv) d\mathbf{x}$ hat nach Satz 2.10.4.1 und Satz 2.10.5.1 genau dann eine eindeutige Lösung, falls k^2 kein Eigenwert des IDP bzw. des INP ist.

Für die Helmholtz-Gleichung im Außenraum,

$$L_k u := -\Delta u - k^2 u = 0 \quad \text{in } \Omega^+ \tag{2.10.13}$$

suchen wir Lösungen, die die Sommerfeldschen Abstrahlbedingungen (2.9.5) erfüllen.

Satz 2.10.15 *Das Variationsproblem (2.9.22) zum ÄDP von (2.10.13) besitzt für jedes $g_D \in H^{1/2}(\Gamma)$ eine eindeutige Lösung $u \in H^1(L_k, \Omega^+)$.*

Für einen Beweis verweisen wir z.B. auf [92], [103]. Man beachte, daß der Zusatzterm $(\partial_r u - iku, \partial_r v - ikv)_{L^2}$ in der Sesquilinearform (2.9.21) das Analogon zur Sommerfeldschen Abklingbedingung darstellt. Eine entsprechende Aussage gilt für das Neumann Problem:

Satz 2.10.16 *Das Variationsproblem (2.9.25) zum ÄNP von (2.10.12) hat für jedes $g_N \in H^{-1/2}(\Gamma)$ eine eindeutige Lösung in $H^1(L_k, \Omega^+)$.*

Kapitel 3

Elliptische Randintegralgleichungen

Homogene, lineare elliptische Randwertaufgaben mit konstanten Koeffizienten lassen sich mit Hilfe der *Integralgleichungsmethode* in Randintegralgleichungen transformieren. In diesem Kapitel werden die relevanten Randintegraloperatoren eingeführt, die wesentlichen Abbildungseigenschaften und Darstellungen hergeleitet, sowie die Randintegralgleichungen für die Randwertprobleme aus dem vorigen Kapitel angegeben. Schließlich werden wir für diese Randintegralgleichungen die zughörigen Existenz- und Eindeutigkeitsaussagen beweisen.

3.1 Randintegraloperatoren

Unser Ziel ist es, für den Differentialoperator L aus (2.7.2)

$$Lu = -\operatorname{div}(\mathbf{A}\operatorname{grad} u) + 2\langle \mathbf{b}, \operatorname{grad} u\rangle + cu \tag{3.1.1}$$

die homogene Differentialgleichung

$$Lu = 0 \qquad \text{in } \Omega \tag{3.1.2}$$

mit geeigneten Randbedingungen zu lösen. Lösungen dieser Differentialgleichungen lassen sich mittels geeigneter Potentiale angeben, die eng mit der Fundamentallösung des Operators L verknüpft sind. Diese läßt sich explizit angeben. Für die Koeffizienten von L wird generell $\mathbf{A} \in \mathbb{R}^{d\times d}$ positiv definit, $\mathbf{b} \in \mathbb{R}^d$ und $c \in \mathbb{R}$ vorausgesetzt. Mit Hilfe der Matrix $\mathbf{A}$ läßt sich ein Skalarprodukt und eine Norm auf $\mathbb{R}^d$ definieren

$$\langle \mathbf{x}, \mathbf{y}\rangle_{\mathbf{A}} = \mathbf{x}^{\intercal}\mathbf{A}^{-1}\mathbf{y} \qquad \text{und } \|\mathbf{x}\|_{\mathbf{A}} = \langle \mathbf{x}, \mathbf{x}\rangle_{\mathbf{A}}^{1/2}.$$

Wir setzen $\vartheta := c + \|\mathbf{b}\|_{\mathbf{A}}^2$ und $\lambda = \sqrt{\vartheta}$ für $\vartheta \geq 0$ und $\lambda = -i\sqrt{|\vartheta|}$ sonst. Die Fundamentallösung $G(\mathbf{x}-\mathbf{y})$ besitzt damit die Darstellung

$$G(\mathbf{z}) = \begin{cases} \dfrac{e^{\langle \mathbf{b},\mathbf{z}\rangle_{\mathbf{A}}}}{2\pi\sqrt{\det \mathbf{A}}} \log \dfrac{1}{\|\mathbf{z}\|_{\mathbf{A}}} & \text{für } d = 2 \text{ und } \lambda = 0, \\[2ex] \dfrac{e^{\langle \mathbf{b},\mathbf{z}\rangle_{\mathbf{A}}}}{4\sqrt{\det \mathbf{A}}} iH_0^{(1)}\left(i\lambda \|\mathbf{z}\|_{\mathbf{A}}\right) & \text{für } d = 2 \text{ und } \lambda \neq 0, \\[2ex] \dfrac{1}{4\pi\sqrt{\det \mathbf{A}}} \dfrac{e^{\langle \mathbf{b},\mathbf{z}\rangle_{\mathbf{A}} - \lambda\|\mathbf{z}\|_{\mathbf{A}}}}{\|\mathbf{z}\|_{\mathbf{A}}} & \text{für } d = 3. \end{cases} \tag{3.1.3}$$

Die Funktion G ist singulär für $\mathbf{z} = 0$ und für $\mathbf{z} \neq 0$ analytisch. Die Wahl $\mathbf{A} = \mathbf{I}$, $\mathbf{b} = \mathbf{0}$ und $c = 0$ liefert den Laplace-Operator $L = -\Delta$ und die Fundamentallösung zum Laplace-Operator.

Mit Hilfe der Fundamentallösung läßt sich für $v \in L^1(\Gamma)$ das Einfachschicht- und Doppelschichtpotential einführen. Wir errinnern an die Bezeichnungen γ_0 für den Spuroperator (vgl. Satz 2.6.8), γ_1 für die Konormalenableitung (vgl. (2.7.7) bzw. Definition 2.7.6) und $\widetilde{\gamma_1}$ für die modifzierte Konormalenableitung (vgl. (2.7.11) bzw. Definition 2.7.6). Um explizit anzugeben, ob die Spurbildung vom Innen- oder Außengebiet erfolgt, verwenden wir die Indizes „-" für das Innen- und „+" für das Außengebiet.

Einfachschichtpotential:

$$(Sv)(\mathbf{x}) := \int_\Gamma G(\mathbf{x}-\mathbf{y})\, v(\mathbf{y})\, ds_\mathbf{y} \qquad \mathbf{x} \in \mathbb{R}^d \backslash \Gamma. \tag{3.1.4}$$

Doppelschichtpotential:

$$(Dv)(\mathbf{x}) := \int_\Gamma \widetilde{\gamma_{1,\mathbf{y}}} G(\mathbf{x}-\mathbf{y})\, v(\mathbf{y})\, ds_\mathbf{y} \qquad \mathbf{x} \in \mathbb{R}^d \backslash \Gamma, \tag{3.1.5}$$

wobei der Index $\mathbf{y}$ in $\widetilde{\gamma_{1,\mathbf{y}}}$ die Anwendung des modifizierten Konormalenoperators $\widetilde{\gamma_1}$ bezüglich der $\mathbf{y}$-Variablen kennzeichnet. Da die Fundamentallösung $G(\mathbf{x}-\mathbf{y})$ regulär für $\mathbf{x} \neq \mathbf{y}$ ist, sind Einfach- und Doppelschichtpotential wohldefiniert.

Satz 3.1.1 *Sei $v \in L^1(\Gamma)$.*

(a) Es gilt

$$(LSv)(\mathbf{x}) = (LDv)(\mathbf{x}) = 0 \qquad \textit{für alle } \mathbf{x} \in \mathbb{R}^d \backslash \Gamma.$$

(b) Die Funktionen Sv und Dv sind unendlich oft differenzierbar in $\mathbb{R}^d \backslash \Gamma$.

Beweis. Zu (a): Wir setzen $k_S(\mathbf{x},\mathbf{y}) := G(\mathbf{x}-\mathbf{y})$ und $k_D(\mathbf{x},\mathbf{y}) := \widetilde{\gamma_{1,\mathbf{y}}} G(\mathbf{x}-\mathbf{y})$. Sei $\mathbf{x}_0 \in \mathbb{R}^3 \backslash \Gamma$. Dann existiert eine kompakte Umgebung U_0, die ganz in $\Omega \in \{\Omega^-, \Omega^+\}$ enthalten ist und damit positiven Abstand zu Γ besitzt. Die Einschränkungen $k_S, k_D : U_0 \times \Gamma \to \mathbb{C}$ sind daher beschränkt und für fast alle $\mathbf{y} \in \Gamma$ auf U_0 differenzierbar. Für alle $\mathbf{x} \in U_0$ sind k_S und k_D über Γ integrierbar. Der Satz von der majorisierten Konvergenz impliziert daher, daß die Differentiation mit der Integration vertauscht werden darf. Indem $L_\mathbf{x}$ die Anwendung von L bezüglich der $\mathbf{x}$-Variablen bezeichnet, ergibt sich die Behauptung aus $L_\mathbf{x} G(\mathbf{x}-\mathbf{y}) = L_\mathbf{x}\left(\widetilde{\gamma_{1,\mathbf{y}}} G(\mathbf{x}-\mathbf{y})\right) = \widetilde{\gamma_{1,\mathbf{y}}} L_\mathbf{x} G(\mathbf{x}-\mathbf{y}) = 0$.

Zu (b): Die Behauptung folgt durch wiederholte Anwendung der Argumentation aus Teil (a) per Induktion. ■

Für die Lösung des Problems (3.1.2) läßt sich daher der *Ansatz* Sv bzw. Dv machen. Wegen Satz 3.1.1 erfüllt dieser Ansatz für jede *Randbelegung* v die homogene Differentialgleichung (3.1.2) und das Problem ist auf die Frage zurückgeführt, ob die *Randbelegung* v so bestimmt werden kann, daß die Randspuren dieser Potentiale die Randbedingungen erfüllen.

Formal lassen sich die Randintegraloperatoren V, K, K', W mit Hilfe der eingeführten Spur- und Konormalenoperatoren γ_0, γ_1^+, γ_1^- definieren. Für $\sigma \in \{-,+\}$ setzen wir

$$\begin{aligned} Vv &:= \gamma_0 Sv, \qquad & K_\sigma\psi &:= \gamma_0^\sigma D\psi, \\ K'_\sigma\psi &:= \gamma_1^\sigma S\psi, \qquad & Wu &:= -\gamma_1(Du). \end{aligned} \tag{3.1.6}$$

Der Index + bzw. – deutet an, daß die Spuroperatoren $\gamma_0(w)$ und $\gamma_1(w)$ auf die Einschränkung $w|_{\Omega^+}$ bzw. $w|_{\Omega^-}$ angewendet werden. Wir werden zeigen (vgl. Satz 3.3.1), daß $\gamma_0^+ Sv = \gamma_0^- Sv$ und $\gamma_1^+ Du = \gamma_1^- Du$ gilt, so daß wir bereits hier die Indizes $\pm$ in der Definition von V und W weggelassen haben.

3.1.1 Das Newton-Potential

Bevor wir uns den Abbildungseigenschaften der Potentiale und Randintegraloperatoren zuwenden, betrachten wir die umgekehrte Aufgabenstellung. Sind die Dirichlet- und Neumann-Daten einer Funktion u mit $Lu = f$ bekannt, läßt sich diese mit Hilfe der Randdaten und der Funktion f *explizit* darstellen. Die zugehörige Formel nennt man *Greensche Darstellungsformel*. Deren Herleitung verwendet Abbildungseigenschaften des Newton-Potentials, die mit Hilfe der Fourier-Analysis bewiesen werden. Wir beschränken uns hier auf die Zusammenstellung der benötigten Eigenschaften und verweisen für die Beweise auf [77], [114], [97, Theorem 6.1].

Für gegebenes $f \in L^2_{komp}(\mathbb{R}^d)$ betrachten wir Funktionen $u \in H^1_L(\mathbb{R}^d \backslash \Gamma)$ (vgl. (2.7.17)) mit

$$L_\pm u = f \qquad \text{in } \mathbb{R}^d \backslash \Gamma \tag{3.1.7}$$

(vgl. (2.7.18)). Für die Darstellung der Lösungen dieser Gleichung wird das Newton-Potential

$$\mathcal{N}f(\mathbf{x}) := \int_{\mathbb{R}^d} G(\mathbf{x}-\mathbf{y}) f(\mathbf{y})\, d\mathbf{y} \qquad \forall \mathbf{x} \in \mathbb{R}^d \tag{3.1.8}$$

eine wesentliche Rolle spielen. Wir benötigen zunächst einige Abbildungseigenschaften für das Newton-Potential. Für Funktionen $f \in C_0^\infty(\mathbb{R}^d)$ ist $\mathcal{N}f$ als uneigentliches Integral definiert: $\mathcal{N} : C_0^\infty(\mathbb{R}^d) \to C^\infty(\mathbb{R}^d)$. Um eine Darstellung des dualen Operators zu erhalten, verwenden wir den Satz von Fubini. Die Erweiterung des Skalarprodukts $(\cdot,\cdot)_{L^2(\mathbb{R}^d)}$ auf $L^2_{lok}(\mathbb{R}^d) \times L^2_{komp}(\mathbb{R}^d)$ wird wieder mit $(\cdot,\cdot)_{L^2(\mathbb{R}^d)}$ bezeichnet. Für $f, g \in C_0^\infty(\mathbb{R}^d)$ gilt damit

$$\begin{aligned}(\mathcal{N}f, g)_{L^2(\mathbb{R}^d)} &= \int_{\mathbb{R}^d}\left(\int_{\mathbb{R}^d} G(\mathbf{x}-\mathbf{y}) f(\mathbf{y})\, d\mathbf{y}\right) \overline{g}(\mathbf{x})\, d\mathbf{x} \\ &= \int_{\mathbb{R}^d} f(\mathbf{y}) \overline{\left(\int_{\mathbb{R}^d} \overline{G}(\mathbf{x}-\mathbf{y})\, g(\mathbf{y})\, d\mathbf{y}\right)} d\mathbf{x},\end{aligned}$$

und wir erhalten die Darstellung

$$(\mathcal{N}'g)(\mathbf{y}) = \int_{\mathbb{R}^d} \overline{G}(\mathbf{x}-\mathbf{y})\, g(\mathbf{x})\, d\mathbf{x} \qquad \forall \mathbf{y} \in \mathbb{R}^d. \tag{3.1.9}$$

Analog läßt sich für das duale Newton-Potential die Abbildungseigenschaft $\mathcal{N}' : C_0^\infty(\mathbb{R}^d) \to C^\infty(\mathbb{R}^d)$ zeigen. Mit Hilfe der dualen Abbildung läßt sich der Definitionsbereich des Newton-Potentials auf Funktionale $f \in (C^\infty(\mathbb{R}^d))'$ erweitern. Das Funktional $\mathcal{N}f \in (C_0^\infty(\mathbb{R}^d))'$ ist durch

$$(\mathcal{N}f, v)_{L^2(\mathbb{R}^d)} = (f, \mathcal{N}'v)_{L^2(\mathbb{R}^d)} \qquad \forall v \in C_0^\infty(\mathbb{R}^d)$$

charakterisiert. Das Newton-Potential läßt sich auch für Funktionen in Sobolev-Räumen definieren (vgl. [138, Kapitel 6.1]).

Satz 3.1.2 *Für das Newton-Potential gilt:*

$$\mathcal{N} : H^s_{komp}\left(\mathbb{R}^d\right) \to H^{s+2}_{lok}\left(\mathbb{R}^d\right)$$

ist stetig für alle $s \in \mathbb{R}$.

Bemerkung 3.1.3 *Probleme in der Akustik und der Elektromagnetik lassen sich häufig durch die Helmholtz-Gleichung mit dem Operator*

$$L_k u = -\Delta u - k^2 u, \qquad k \in \mathbb{R}$$

beschreiben. Die zugehörige Fundamentallösung (vgl. (3.1.3)) ist für $d = 3$ *durch*

$$G_k(\mathbf{z}) = \frac{e^{ik\|\mathbf{z}\|}}{4\pi\|\mathbf{z}\|}$$

gegeben, und das zugehörige Newton-Potential wird mit $\mathcal{N}_k$ *bezeichnet. Dann ist* $\mathcal{N}_0$ *das Newton-Potential (Coulomb-Potential) zum Laplace-Operator. Wie man aus der Entwicklung*

$$G_k(\mathbf{z}) = \frac{1}{4\pi\|\mathbf{z}\|} + \frac{ik}{4\pi} + O(\|\mathbf{z}\|)$$

abliest, ist der Kern $G_k - G_0$ *stetig in* $\|\mathbf{z}\| = 0$ *und besitzt beschränkte, aber in* $\mathbf{z} = \mathbf{0}$ *unstetige Ableitungen. Mit Hilfe des Kalküls der Pseudodifferentialoperatoren (siehe beispielsweise [103, Chapter 4]) ergibt sich die Abbildungseigenschaft*

$$\mathcal{N}_k - \mathcal{N}_0 : H^s_{komp}\left(\mathbb{R}^d\right) \to H^{s+4}_{lok}\left(\mathbb{R}^d\right) \qquad \forall s \in \mathbb{R}.$$

Der formal adjungierte Operator $L^\star : C^\infty\left(\mathbb{R}^d\right) \to C^\infty\left(\mathbb{R}^d\right)$ aus (2.7.9) erfüllt für alle $u \in C_0^\infty\left(\mathbb{R}^d\right)$ und $v \in C^\infty\left(\mathbb{R}^d\right)$

$$(Lu, v)_{L^2(\mathbb{R}^d)} = (u, L^\star v)_{L^2(\mathbb{R}^d)}.$$

Damit läßt sich der Definitionsbereich von L auf $\left(C^\infty\left(\mathbb{R}^d\right)\right)'$ und auch auf $\left(C_0^\infty\left(\mathbb{R}^d\right)\right)'$ erweitern:

$$\begin{aligned}
(Lf, g)_{L^2(\mathbb{R}^d)} &:= (f, L^\star g)_{L^2(\mathbb{R}^d)} \qquad \forall f \in \left(C^\infty\left(\mathbb{R}^d\right)\right)' \quad \forall g \in C^\infty\left(\mathbb{R}^d\right), \\
(Lf, g)_{L^2(\mathbb{R}^d)} &:= (f, L^\star g)_{L^2(\mathbb{R}^d)} \qquad \forall f \in \left(C_0^\infty\left(\mathbb{R}^d\right)\right)' \quad \forall g \in C_0^\infty\left(\mathbb{R}^d\right).
\end{aligned}$$

Der folgende Satz zeigt, daß durch das Newton-Potential eine Rechts- und Linksinverse des Operators L gegeben ist.

Satz 3.1.4 *Für alle Funktionale* $u \in \left(C^\infty\left(\mathbb{R}^d\right)\right)'$ *gilt*

$$L\mathcal{N}u = u = \mathcal{N}Lu \qquad \textit{in } \left(C_0^\infty\left(\mathbb{R}^d\right)\right)'.$$

Die explizite Darstellung (3.1.4) (3.1.5) der Operatoren S und D eignet sich nur für lokal integrierbare Funktionen $v \in L^1(\Gamma)$. Der Definitionsbereich des Einfach- und Doppelschichtpotentials läßt sich wesentlich vergrößern.

Definition 3.1.5 *Das Einfachschichtpotential S und das Doppelschichtpotential sind durch*

$$S := \mathcal{N}\gamma_0', \qquad D := \mathcal{N}\widetilde{\gamma_1}'$$

gegeben.

Der Zusammenhang zwischen der abstrakten Definition 3.1.5 und den expliziten Darstellungen (3.1.4) (3.1.5) wird in Satz 3.1.6 behandelt. Die Sprünge $[u]$, $[\gamma_1 u]$ einer Funktion $u \in H^1_L\left(\mathbb{R}^d \backslash \Gamma\right)$ über Γ waren in (2.7.23) eingeführt worden.

Satz 3.1.6 *(a) Für Funktionen $u \in H^1_L\left(\mathbb{R}^d \backslash \Gamma\right)$ mit kompaktem Träger und $f = L_\pm u$ (vgl. (3.1.7)) gilt die Greensche Darstellungsformel*

$$u = \mathcal{N}f - S\left([\gamma_1 u]\right) + D\left([u]\right) \tag{3.1.10}$$

als Funktional auf $C_0^\infty\left(\mathbb{R}^d\right)$.

(b) Die Operatoren $S = \mathcal{N}\gamma_0'$ und $D = \mathcal{N}\widetilde{\gamma_1}'$ besitzen für $u \in L^1(\Gamma)$ auf $\mathbb{R}^d \backslash \Gamma$ die Darstellungen (3.1.4) und (3.1.5).

Beweis. Funktionen $u \in H^1_L\left(\mathbb{R}^d \backslash \Gamma\right)$ mit kompaktem Träger lassen sich gemäß

$$U := (u, \cdot)_{L^2(\mathbb{R}^d)}$$

als Funktionale auf $C^\infty\left(\mathbb{R}^d\right)$ interpretieren. Damit gilt unter Verwendung von Satz 3.1.4

$$(L\mathcal{N}u, v)_{L^2(\mathbb{R}^d)} := (u, \mathcal{N}'L'v)_{L^2(\mathbb{R}^d)} = U\left(\mathcal{N}'L'v\right) = \left(L\mathcal{N}U\right)(v) = U(v) = (u, v)_{L^2(\mathbb{R}^d)}$$

für alle $v \in C^\infty\left(\mathbb{R}^d\right)$ und damit die Gleichheit $L\mathcal{N}u = u$ im Sinne eines Funktionals auf $C^\infty\left(\mathbb{R}^d\right)$. Analog wird $\mathcal{N}Lu = u$ gezeigt.

Damit läßt sich der Operator $\mathcal{N}$ auf die dritte Greensche Formel (2.7.26) anwenden und wir erhalten mit Satz 3.1.4 die Darstellung

$$u = \mathcal{N}f - \mathcal{N}\gamma_0'\left([\gamma_1 u]\right) + \mathcal{N}\widetilde{\gamma_1}'\left([u]\right).$$

Für $u \in C^\infty\left(\mathbb{R}^d\right)$ gilt $[\gamma_1 u] \in L^1(\Gamma)$. Unter diesen Voraussetzungen werden wir zeigen, daß für $\mathbf{x} \in \mathbb{R}^d \backslash \Gamma$ die Darstellung (3.1.4) für $\mathcal{N}\gamma_0'$ gilt. Seien im folgenden S und D durch die rechten Seiten in (3.1.4) und (3.1.5) definiert. Die Darstellung (3.1.9) ergibt zusammen mit dem Satz von Fubini für alle $v \in L^1(\Gamma)$ und $w \in C_0^\infty\left(\mathbb{R}^d\right)$

$$\begin{aligned}(\mathcal{N}\gamma_0' v, w)_{L^2(\mathbb{R}^d)} &= (v, \gamma_0\mathcal{N}'w)_{L^2(\Gamma)} = \int_\Gamma v(\mathbf{y})\,\overline{\left(\int_{\mathbb{R}^d} \overline{G}(\mathbf{x}-\mathbf{y})\, w(\mathbf{x})\, d\mathbf{x}\right)} ds_{\mathbf{y}} \\ &= \int_{\mathbb{R}^d} \overline{w}(\mathbf{x}) \left(\int_\Gamma v(\mathbf{y})\, G(\mathbf{x}-\mathbf{y})\, ds_{\mathbf{y}}\right) d\mathbf{x} = (Sv, w)_{L^2(\mathbb{R}^d)}.\end{aligned}$$

Sei $\mathbf{x} \in \Omega^+$ und $\mathcal{U} \subset \Omega^+$ eine beliebige, kompakte Umgebung von $\mathbf{x}$. Dann gilt $Sv|_{\mathcal{U}} \in C^\infty(\mathcal{U})$ (vgl. Satz 3.1.1). Da die Einschränkung von $C_0^\infty\left(\mathbb{R}^d\right)$ auf $\mathcal{U}$ dicht in $L^2(\mathcal{U})$ ist, folgt die Gleichheit $\mathcal{N}\gamma_0' = S$ in $\mathbf{x}$. Die Behauptung für $\mathbf{x} \in \Omega^-$ zeigt man analog.

Um die Darstellung (3.1.5) für $\mathcal{N}\widetilde{\gamma_1}'$ für $\mathbf{x} \in \mathbb{R}^d \backslash \Gamma$ zu beweisen, betrachten wir wieder zunächst den Fall $\mathbf{x} \in \Omega^+$ und eine kompakte Umgebung $\mathcal{U} \subset \Omega^+$ von $\mathbf{x}$. Sei $\chi \in C_0^\infty\left(\mathbb{R}^d\right)$

eine Testfunktion mit $\operatorname{Tr}\chi \subset \Omega^+$ und $\chi \equiv 1$ auf $\mathcal{U}$. Für $v \in L^1(\Gamma)$ und $w \in C_0^\infty(\mathbb{R}^d)$ erhalten wir

$$\left(\mathcal{N}\widetilde{\gamma_1}'v, \chi w\right)_{L^2(\mathbb{R}^d)} = (v, \widetilde{\gamma_1}\mathcal{N}'\chi w)_{L^2(\Gamma)} = \int_\Gamma v(\mathbf{y}) \left(\overline{\widetilde{\gamma_{1,\mathbf{y}}}\left(\int_{\operatorname{Tr}\chi} \overline{G}(\mathbf{x}-\mathbf{y})\chi w(\mathbf{x})\,d\mathbf{x}\right)}\right) ds_{\mathbf{y}}.$$

Da $(\operatorname{Tr}\chi)$ einen positiven Abstand zu Γ besitzt, ist die Kernfunktion $\overline{G}(\mathbf{x}-\mathbf{y})$ glatt und die Differentiation läßt sich mit der Integration vertauschen. Mit Hilfe des Satzes von Fubini erhalten wir

$$\left(\mathcal{N}\widetilde{\gamma_1}'v, \chi w\right)_{L^2(\mathbb{R}^d)} = \int_{\operatorname{Tr}\chi} \overline{\chi w}(\mathbf{x}) \left(\int_\Gamma v(\mathbf{y})\left(\widetilde{\gamma_{1,\mathbf{y}}}G(\mathbf{x}-\mathbf{y})\right) ds_{\mathbf{y}}\right) d\mathbf{x} = (Dv, \chi w)_{L^2(\mathbb{R}^d)}.$$

Die Gleichheit $\mathcal{N}\widetilde{\gamma_1}'v = Dv$ auf Ω^+ erhält man, indem ausgenützt wird, daß die Einschränkung $\chi C_0^\infty(\mathbb{R}^d)$ auf $\mathcal{U}$ mit der Einschränkung $C_0^\infty(\mathbb{R}^d)\big|_{\mathcal{U}}$ übereinstimmt und diese dicht in $L^2(\mathcal{U})$ liegt. ■

In Verallgemeinerung von Satz 3.1.1 beweisen wir $L_\pm Sv \equiv 0$ für alle $v \in H^{-1/2}(\Gamma)$.

Proposition 3.1.7 *Sei* $-1/2 < s < 1/2$ *und* $v \in H^{-1/2+s}(\Gamma)$. *Dann gilt* $LSv \equiv 0$ *auf* $\mathbb{R}^d \backslash \Gamma$.

Beweis. Wir verwenden die Definition 3.1.5 und erhalten

$$LSv = L\mathcal{N}\gamma_0'v.$$

Die Abbildungseigenschaften des Spuroperators $\gamma_0 : H_{lok}^{1+s}(\mathbb{R}^d) \to H^{1/2+s}(\Gamma)$ implizieren die Stetigkeit des dualen Operators

$$\gamma_0' : H^{-1/2-s}(\Gamma) \to H_{komp}^{-1-s}(\mathbb{R}^d) = \left(H_{lok}^{1+s}(\mathbb{R}^d)\right)' \subset \left(C^\infty(\mathbb{R}^d)\right)'.$$

Satz 3.1.4 läßt sich daher anwenden, und wir erhalten

$$LSv = \gamma_0'v \tag{3.1.11}$$

im Sinne eines Funktionals auf $C^\infty(\mathbb{R}^d)$. Sei $\psi \in C^\infty(\mathbb{R}^d\backslash\Gamma)$ mit $\operatorname{Tr}\psi \subset \mathbb{R}^d\backslash\Gamma$. O.B.d.A. nehmen wir $\operatorname{Tr}\psi \subset \Omega^+$ an. Es ergibt sich $\gamma_0\psi \equiv 0$ und

$$(\gamma_0'v, \psi)_{L^2(\mathbb{R}^d\backslash\Gamma)} = (v, \gamma_0\psi)_{L^2(\Gamma)} = 0,$$

woraus $LS \equiv 0$ auf $\mathbb{R}^d\backslash\Gamma$ folgt. ■

Die Greensche Darstellungsformel (3.1.10) wurde für Funktionen u mit kompaktem Träger gezeigt. Für Funktionen, welche das charakteristische, physikalisch sinnvolle Abklingverhalten (jedoch keinen kompakten Träger) besitzen, werden wir eine modifizierte Form der Greenschen Darstellungsformeln bewiesen. Dabei beschränken wir uns auf Funktionen, die $Lu = 0$ in $\mathbb{R}^3\backslash\Gamma$ erfüllen. Im folgenden Abschnitt werden wir im Vorgriff die Abbildungseigenschaften der Potentiale S und D aus Satz 3.1.16 verwenden:

$$\text{Die Operatoren } S : H^{-1/2}(\Gamma) \to H_{lok}^1(\Gamma) \quad \text{und} \quad D : H^{1/2}(\Gamma) \to H_L^1(\mathbb{R}^d\backslash\Gamma) \text{ sind stetig.} \tag{3.1.12}$$

Zunächst wird ein hinreichend großes $a > 0$ mit $\overline{\Omega^-} \subset K_a$ gewählt. Sei $u \in H^1_L(\mathbb{R}^d \backslash \Gamma)$ mit $Lu \equiv 0$ in $\mathbb{R}^d \backslash \{\Gamma\}$. Für den Rand des Schnittgebiets $\Omega_a := \Omega^+ \cap K_a$ gilt $\partial\Omega_a = \Gamma \cup \Gamma_a$ mit $\Gamma_a := \partial K_a$. Die Normalenrichtung an Γ sei wieder in Ω^+ gerichtet und diejenige an Γ_a in Richtung $K_a^+ := \mathbb{R}^d \backslash \overline{K_a}$. Die Funktion $u_a := u$ in K_a und $u_a \equiv 0$ in K_a^+ erfüllt $u_a \in H^1_L(\mathbb{R}^d \backslash \partial\Omega_a)$ und besitzt kompakten Träger. Daher läßt sich die Greensche Darstellungsformel (3.1.10) verwenden und ergibt

$$\begin{aligned} u &= -S[\gamma_1 u] + D[u] + v \quad \text{in } K_a \backslash \Gamma, \\ 0 &= -S[\gamma_1 u] + D[u] + v \quad \text{in } K_a^+ \end{aligned} \tag{3.1.13}$$

mit

$$v := S_a\left((\gamma_1 u)|_{\Gamma_a}\right) - D_a\left((\gamma_0 u)|_{\Gamma_a}\right) \qquad \text{in } K_a \cup K_a^+. \tag{3.1.14}$$

Hierbei bezeichnen S_a und D_a in (3.1.14) die Einfach- bzw. Doppelschichtpotentiale bezüglich Γ_a und S und D in (3.1.13) diejenigen bezüglich Γ. Wir definieren

$$w(x) := \begin{cases} v(x) & \text{in } K_a, \\ v(x) + u(x) & \text{in } K_a^+. \end{cases} \tag{3.1.15}$$

Kombination der ersten Gleichung in (3.1.13) mit der ersten Gleichung in (3.1.15) liefert

$$w = u + S[\gamma_1 u] - D[u] \qquad \text{in } K_a \backslash \Gamma. \tag{3.1.16}$$

Die Abbildungseigenschaften von S und D (vgl. (3.1.12)), die Beschränktheit von K_a und Proposition 3.1.7 implizieren

$$w|_{K_a} = v|_{K_a} \in H^1(K_a) \quad \text{und} \quad Lw \equiv 0 \quad \text{in } K_a. \tag{3.1.17}$$

Kombination der zweiten Gleichungen in (3.1.13) und (3.1.15) liefert zusammen mit (3.1.16)

$$w = u + S[\gamma_1 u] - D[u] \qquad \text{in } \mathbb{R}^d \backslash \partial\Omega_a. \tag{3.1.18}$$

Aus (3.1.18) mit den Abbildungseigenschaften von S und D folgert man $w|_{\Omega^+} \in H^1_{lok}(\Omega^+)$ und $Lw = 0$ in Ω^+. Zusammen mit (3.1.17) ergibt das $w \in H^1_{lok}(\mathbb{R}^d)$ und $Lw = 0$ in $\mathbb{R}^d$. Diese Überlegungen sind in folgendem Satz zusammengefaßt.

Satz 3.1.8 *Sei $u \in H^1_L(\mathbb{R}^d \backslash \Gamma)$ mit $Lu \equiv 0$ in $\Omega^- \cup \Omega^+$. Dann gilt*

$$u = -S[\gamma_1 u] + D[\gamma_0 u] + w \qquad \text{in } \Omega^- \cup \Omega^+ \tag{3.1.19}$$

mit einer L-harmonischen Funktion $w \in H^1_{lok}(\mathbb{R}^d)$.

Satz 3.1.8 verallgemeinert die Greensche Darstellungsformel auf Funktionen mit unbeschränktem Träger. Der Raum $H^1_{lok}(\Omega^+)$ enthält jedoch auch Funktionen, die für $\|\mathbf{x}\| \to \infty$ kein physikalisch-sinnvolles Verhalten aufweisen. Im Idealfall wird von u ein Verhalten für $\|\mathbf{x}\| \to \infty$ gefordert, welches $w \equiv 0$ impliziert. Für derartige Funktionen u bleibt die Greensche Darstellungsformel in unveränderter Form gültig. Wir führen diese Überlegungen exemplarisch für den Laplace- und Helmholtz-Operator und für den Fall aus, daß die Koeffizienten des Operators L die Bedingung $a_{\min} c > \|\mathbf{b}\|^2$ erfüllen, wobei $a_{\min}$ wieder den kleinsten Eigenwert der Matrix $\mathbf{A}$ bezeichnet (vgl. (2.7.3)).

Lemma 3.1.9 *Seien $d = 3$ und $a_{\min}c > \|\mathbf{b}\|^2$. Dann existieren für alle $\varphi \in H^{-1/2}(\Gamma)$ und $\psi \in H^{1/2}(\Gamma)$ positive Konstanten C_1, C_2 mit*

$$|S\varphi(\mathbf{x})| + |D\psi(\mathbf{x})| + \|\nabla(S\varphi)(\mathbf{x})\| + \|\nabla(D\varphi)(\mathbf{x})\| \leq C_1 e^{-C_2\|\mathbf{x}\|}$$

für alle $\mathbf{x} \in \mathbb{R}^d$ mit $\|\mathbf{x}\| \geq a$. Dabei ist $a > 0$ so gewählt, daß $\Gamma \subset\subset K_a$ und

$$\inf_{(\mathbf{x},\mathbf{y}) \in \Gamma \times \partial K_a} \|\mathbf{x} - \mathbf{y}\| \geq 1 \tag{3.1.20}$$

gilt.

Beweis. Aus $a_{\min}c > \|\mathbf{b}\|^2$ folgt für den Exponenten in der Fundamentallösung (3.1.3)

$$\langle \mathbf{b}, \mathbf{z} \rangle_{\mathbf{A}} - \lambda \|\mathbf{z}\|_{\mathbf{A}} \leq \|\mathbf{b}\|_{\mathbf{A}} \|\mathbf{z}\|_{\mathbf{A}} - \|\mathbf{z}\|_{\mathbf{A}} \sqrt{c + \|\mathbf{b}\|_{\mathbf{A}}^2} \leq -\gamma \|\mathbf{z}\|$$

mit

$$\gamma := \left(\sqrt{c + \|\mathbf{b}\|_{\mathbf{A}}^2} - \|\mathbf{b}\|_{\mathbf{A}}\right) / \sqrt{a_{\max}} > 0$$

und daraus für die Fundamentallösung im betrachteten Fall

$$|G(\mathbf{z})| \leq C_2 e^{-\gamma\|\mathbf{z}\|} / \|\mathbf{z}\|.$$

Dies führt auf die Abschätzung

$$|G(\mathbf{x} - \mathbf{y})| \leq C_2 e^{-\gamma\|\mathbf{x}-\mathbf{y}\|} = C_2 e^{\gamma(\|\mathbf{x}\| - \|\mathbf{x}-\mathbf{y}\|)} e^{-\gamma\|\mathbf{x}\|} \leq C_2 \left(\max_{\mathbf{y}\in\Gamma} e^{\gamma\|\mathbf{y}\|}\right) e^{-\gamma\|\mathbf{x}\|} =: C_3 e^{-\gamma\|\mathbf{x}\|}$$

für alle $\mathbf{x} \in \mathbb{R}^d \backslash K_a$ und $\mathbf{y} \in \Gamma$. Sei nun $\varphi \in H^{-1/2}(\Gamma)$ und $\|\mathbf{x}\| \geq a$. Dann gilt

$$\begin{aligned} |S\varphi(\mathbf{x})| &\leq \int_\Gamma |G(\mathbf{x} - \mathbf{y})| \, |\varphi(\mathbf{y})| \, ds_{\mathbf{y}} \leq C_3 e^{-\gamma\|\mathbf{x}\|} \int_\Gamma |\varphi(\mathbf{y})| \, ds_{\mathbf{y}} \\ &\leq C_3 \|1\|_{H^{1/2}(\Gamma)} e^{-\gamma\|\mathbf{x}\|} \|\varphi\|_{H^{-1/2}(\Gamma)} = C_4 e^{-\gamma\|\mathbf{x}\|} \|\varphi\|_{H^{-1/2}(\Gamma)}. \end{aligned}$$

Die Aussage für das Doppelschichtpotential und die Gradienten der Potentiale beweist man analog. ■

Das folgende Lemma zeigt, daß L-harmonische Funktionen auf $\mathbb{R}^d$ für die betrachteten Koeffizienten immer Polynome sind.

Lemma 3.1.10 *Sei $d = 3$ und $a_{\min}c > \|\mathbf{b}\|^2$ oder $c = \|\mathbf{b}\| = 0$. Dann ist jedes $w \in H^1_{lok}(\mathbb{R}^d)$ mit $Lw \equiv 0$ auf $\mathbb{R}^d$ ein Polynom. Im Fall $c = \|\mathbf{b}\| = 0$ bleibt die Aussage auch für den Raum $H^1(L, \mathbb{R}^d)$ gültig.*

Die Aussage dieses Lemmas folgt aus [35, Chap XI, Part B, §2, Theorem 1].

Satz 3.1.11 *Sei $d = 3$ und $a_{\min}c > \|\mathbf{b}\|^2$. Die Funktion $u \in H^1(\mathbb{R}^d \backslash \Gamma)$ erfülle $Lu = 0$ in $\Omega^- \cup \Omega^+$. Dann gilt die Darstellungsformel (3.1.19) mit $w \equiv 0$.*

Beweis. Die Abbildungseigenschaften von S, D implizieren $S[\gamma_1 u], D[u] \in H^1_{lok}(\mathbb{R}^d \backslash \Gamma)$. Aus Lemma 3.1.9 folgert man die stärkere Aussage $S[\gamma_1 u]$, $D[u] \in H^1(\mathbb{R}^d \backslash \Gamma)$. Die linke Seite in (3.1.19) ist nach Voraussetzung in $H^1(\mathbb{R}^d \backslash \Gamma)$ enthalten, so daß auch die rechte Seite in $H^1(\mathbb{R}^d \backslash \Gamma)$ ist. Da das einzige Polynom $w \in H^1(\mathbb{R}^d)$ das Nullpolynom ist, folgt schließlich $w \equiv 0$. ■

Satz 3.1.12 *Sei $d = 3$ und $L = -\Delta$. Die Funktion $u \in H^1(\Omega^-) \times H^1(-\Delta, \Omega^+)$ erfülle $\Delta u = 0$ in $\Omega^+ \cup \Omega^-$. Dann gilt die Darstellungsformel mit $w = 0$.*

Beweis. Sei a wie in (3.1.20) gewählt. Für $\|\mathbf{b}\| = c = 0$, erfüllen die Fundamentallösung und ihre Ableitungen die Abschätzung

$$\left.\begin{array}{l} |G(\mathbf{z})| \leq C_1 \|\mathbf{z}\|^{-1} \\ \|\nabla G(\mathbf{z})\| \leq C_1 \|\mathbf{z}\|^{-2} \end{array}\right\} \qquad \forall \mathbf{z} \in \mathbb{R}^3 \backslash \{0\}.$$

Daraus folgen für alle $\mathbf{y} \in \Gamma$ und $\|\mathbf{x}\| \geq a$ mit $C_\Gamma := \max_{\mathbf{y} \in \Gamma} (1 + \|\mathbf{y}\|)$ die Abschätzungen

$$\begin{aligned} |G(\mathbf{x}-\mathbf{y})| &\leq C_1 \|\mathbf{x}-\mathbf{y}\|^{-1} \leq C_1 C_\Gamma \|\mathbf{x}\|^{-1} \\ \|\nabla_{\mathbf{x}} G(\mathbf{x}-\mathbf{y})\| &\leq C_1 C_\Gamma^2 \|\mathbf{x}\|^{-2}, \\ |\partial G(\mathbf{x}-\mathbf{y}) / \partial \mathbf{n}_{\mathbf{y}}| &\leq C_1 \|\mathbf{x}-\mathbf{y}\|^{-2} \leq C_1 C_\Gamma^2 \|\mathbf{x}\|^{-2}, \\ \|\nabla_{\mathbf{x}} \partial G(\mathbf{x}-\mathbf{y}) / \partial \mathbf{n}_{\mathbf{y}}\| &\leq C_2 \|\mathbf{x}-\mathbf{y}\|^{-3} \leq C_2 C_\Gamma^3 \|\mathbf{x}\|^{-3}. \end{aligned} \tag{3.1.21}$$

Daraus folgert man wie im Beweis von Lemma 3.1.9 für alle $\varphi \in H^{-1/2}(\Gamma)$ und $\|\mathbf{x}\| \geq a$

$$|S\varphi(\mathbf{x})| \leq \int_\Gamma |G(\mathbf{x}-\mathbf{y})| |\varphi(\mathbf{y})| ds_{\mathbf{y}} \leq C_1 C_\Gamma \frac{1}{\|\mathbf{x}\|} \int_\Gamma |\varphi(\mathbf{y})| ds_{\mathbf{y}} \leq C_3 \|\mathbf{x}\|^{-1} \|\varphi\|_{H^{-1/2}(\Gamma)}. \tag{3.1.22}$$

Analog beweist man für alle $\varphi \in H^{-1/2}(\Gamma)$, $\psi \in H^{1/2}(\Gamma)$ und $\|\mathbf{x}\| \geq a$ die Abschätzungen

$$\begin{aligned} \|\nabla(S\varphi)(\mathbf{x})\| &\leq C_4 \|\mathbf{x}\|^{-2} \|\varphi\|_{H^{-1/2}(\Gamma)}, \\ |D\psi(\mathbf{x})| &\leq C_5 \|\mathbf{x}\|^{-2} \|\psi\|_{H^{1/2}(\Gamma)}, \\ \|\nabla(D\psi)(\mathbf{x})\| &\leq C_6 \|\mathbf{x}\|^{-3} \|\psi\|_{H^{1/2}(\Gamma)}. \end{aligned} \tag{3.1.23}$$

Man beachte, daß die Konstanten $C_1, \ldots C_6$ unabhängig von a sind. Satz 3.1.16 impliziert (vgl. (3.1.12)) $S\varphi, D\psi \in H^1_{lok}(\mathbb{R}^d \backslash \Gamma)$. Aus der Beschränktheit von Ω^- und $\Omega_a := \Omega^+ \cap K_a$ folgert man

$$S\varphi|_{K_a \backslash \Gamma}, D\psi|_{K_a \backslash \Gamma} \in H^1(K_a \backslash \Gamma).$$

Sei $K_a^+ := \mathbb{R}^d \backslash \overline{K_a}$. Kombiniert man die Abschätzungen (3.1.22), (3.1.23) mit der Definition der $H^1(L, K_a^+)$-Norm, ergibt sich (vgl. Übungsaufgabe 3.1.14)

$$S\varphi|_{K_a^+} \in H^1(L, K_a^+) \quad \text{und} \quad D\psi|_{K_a^+} \in H^1(L, K_a^+).$$

Schließlich erhält man aus der Äquivalenz der Normen $H^1(\Omega_a)$ und $H^1(L, \Omega_a)$ auf dem beschränkten Gebiet Ω_a die Eigenschaft

$$S\varphi, D\psi \in H^1(\Omega^-) \times H^1(L, \Omega^+). \tag{3.1.24}$$

Die Voraussetzung $u \in H^1(\Omega^-) \times H^1(L, \Omega^+)$ ergibt zusammen mit (3.1.24), Satz 3.1.8 und Lemma 3.1.10, daß die L-harmonische Funktion w ein Polynom ist mit $w \in H^1(\Omega^-) \times H^1(L, \Omega^+)$. Daraus folgt $w \equiv 0$.

■

Satz 3.1.13 *Sei $d = 3$ und $Lu := -\Delta u - k^2 u$ mit positiver Wellenzahl $k > 0$. Der Raum $H^1(L, \Omega)$ sei wie in (2.9.21) definiert. Die Funktion $u \in H^1(\Omega^-) \times H^1(L, \Omega^+)$ erfülle $Lu = 0$ in $\Omega^+ \cup \Omega^-$. Dann gilt die Darstellungsformel mit $w = 0$.*

Beweis. Die Aussage folgt aus [35, Chapter XI, Part B, §3], da keine ebene Welle $e^{i\langle \mathbf{k},\mathbf{x}\rangle}$ mit $\|\mathbf{k}\| = k$ in $H^1(L, \Omega^+)$ enthalten ist. ∎

Übungsaufgabe 3.1.14 *Sei $\varphi \in H^{-1/2}(\Gamma)$ bzw. $\psi \in H^{1/2}(\Gamma)$. Das Einfach- und Doppelschichtpotential zum Laplace-Problem erfüllen*

$$S\varphi \in H^1\left(L, K_a^+\right) \quad \text{und} \quad D\psi \in H^1\left(L, K_a^+\right).$$

Übungsaufgabe 3.1.15 *Sei $\varphi \in H^{-1/2}(\Gamma)$ bzw. $\psi \in H^{1/2}(\Gamma)$ und S das Einfach- bzw. D das Doppelschichtpotential zum Helmholtz-Problem. Dann erfüllen $S\varphi$ und $D\psi$ die Sommerfeldschen Abstrahlbedingungen (2.9.5).*

3.1.2 Abbildungseigenschaften der Randintegraloperatoren

In diesem Abschnitt werden die Abbildungseigenschaften der Potentiale und Randintegraloperatoren hergeleitet. Die Definitionen von S, D, V, $K_\pm$, $K'_\pm$, W finden sich in Definition 3.1.5 und (3.1.6).

Satz 3.1.16 *Sei $\Omega \subset \mathbb{R}^3$ ein beschränktes Lipschitz-Gebiet mit Rand $\Gamma := \partial\Omega$. Die Operatoren S, D, V, K_+, K_-, K'_+, K'_- und W sind stetig für $|s| < 1/2$:*

(i) $S : H^{-1/2+s}(\Gamma) \to H^{1+s}_{lok}\left(\mathbb{R}^d\right)$,

(ii) $D : H^{1/2+s}(\Gamma) \to H^{1+s}_L\left(\mathbb{R}^d \backslash \Gamma\right)$,

(iii) $V : H^{-1/2+s}(\Gamma) \to H^{1/2+s}(\Gamma)$,

(iv) $\sigma \in \{-,+\}: \quad K_\sigma : H^{1/2+s}(\Gamma) \to H^{1/2+s}(\Gamma)$,

(v) $\sigma \in \{-,+\}: \quad K'_\sigma : H^{-1/2+s}(\Gamma) \to H^{-1/2+s}(\Gamma)$,

(vi) $W : H^{1/2+s}(\Gamma) \to H^{-1/2+s}(\Gamma)$.

Beweis. Die Definition 3.1.5 führt die Abbildungseigenschaften S auf die Abbildungseigenschaften von $\mathcal{N}$ und γ_0' zurück. Der Spursatz impliziert die Stetigkeit von $\gamma_0 : H^{1-s}_{lok}\left(\mathbb{R}^d\right) \to H^{1/2-s}(\Gamma)$ für $|s| < 1/2$. Dies impliziert die Stetigkeit des dualen Operators $\gamma_0' : H^{s-1/2}(\Gamma) \to H^{-1+s}_{komp}\left(\mathbb{R}^d\right)$. Zusammen mit Satz 3.1.2 ergibt sich

$$S : H^{s-1/2}(\Gamma) \to H^{1+s}_{lok}\left(\mathbb{R}^d\right).$$

Die Abbildungseigenschaft des Operators V folgt direkt aus den Abbildungseigenschaften des Spuroperators $\gamma_0 : H^{1+s}_{lok}\left(\mathbb{R}^d\right) \to H^{s+1/2}(\Gamma)$.

Wir betrachten nun das Doppelschichtpotential. Dieser Fall läßt sich auf den vorigen zurückführen, indem wir das Doppelschichtpotential mit Hilfe des Einfachschichtpotential darstellen. Wir verwenden den Lösungsoperator T aus Abschnitt 2.8 zum Innenraumproblem und definieren für eine gegebene Randbelegung $v \in H^{1/2+s}(\Gamma)$ die Funktion $u \in H^1_L\left(\mathbb{R}^d \backslash \Gamma\right)$ durch

$$u := \begin{cases} Tv & \text{in } \Omega^-, \\ 0 & \text{in } \Omega^+. \end{cases}$$

Man beachte, daß für den Sprung von u und $\gamma_1 u$ über Γ

$$[u] = u^+ - u^- = -v \quad \text{und} \quad [\gamma_1 u] = \gamma_1^+ u - \gamma_1^- u = -\gamma_1^- u$$

gilt.

Wir definieren $f \in L^2_{komp}(\mathbb{R}^d)$ mittels

$$f := L_\pm u = \begin{cases} -\lambda T v & \text{in } \Omega^-, \\ 0 & \text{in } \Omega^+. \end{cases}$$

Die Greensche Formel (3.1.10) läßt sich wegen des beschränkten Trägers von u anwenden und liefert die Beziehung

$$u = \mathcal{N} f + S\gamma_1^- u - Dv.$$

Auflösen nach Dv ergibt

$$Dv = \mathcal{N}\begin{pmatrix} -\lambda T v \\ 0 \end{pmatrix} + S\left(\gamma_1^- T\right) v - \begin{pmatrix} Tv \\ 0 \end{pmatrix}, \tag{3.1.25}$$

wobei $(v_-, v_+)^\intercal$ eine Kurzschreibweise ist für $v_-\chi_- + v_+\chi_+$ mit den charakteristischen Funktionen χ_-, χ_+ für die Gebiete Ω^-, Ω^+. Die Abbildungseigenschaften von S, $\mathcal{N}$ und $\gamma_1^- T$ (vgl. Satz 2.8.2) implizieren

$$\begin{aligned} &H^{1/2+s}(\Gamma) \overset{\binom{-\lambda T}{0}}{\to} L^2_{komp}(\mathbb{R}^d) \overset{\mathcal{N}}{\to} H^2_{lok}(\mathbb{R}^d), \\ &H^{1/2+s}(\Gamma) \overset{\gamma_1^- T}{\longrightarrow} H^{-1/2+s}(\Gamma) \overset{S}{\to} H^{1+s}_{lok}(\mathbb{R}^d), \\ &H^{1/2+s}(\Gamma) \overset{\binom{T}{0}}{\to} H^{1+s}(\mathbb{R}^d \backslash \Gamma). \end{aligned}$$

Zusammen ergibt sich $D : H^{1/2+s}(\Gamma) \to H^{1+s}_{lok}(\mathbb{R}^d\backslash\Gamma)$. Mit Hilfe von Proposition 3.1.7 erhält man $S : H^{-1/2+s}(\Gamma) \to H^{1+s}_L(\mathbb{R}^d\backslash\Gamma)$. Sei $\tilde{L}$ wie in (2.8.1). Aus $\tilde{L}T \equiv 0$ in Ω^- folgert man $(T, 0)^\intercal : H^{1/2+s}(\Gamma) \to H^{1+s}_L(\mathbb{R}^d\backslash\Gamma)$, so daß $D : H^{1/2+s}(\Gamma) \to H^{1+s}_L(\mathbb{R}^d\backslash\Gamma)$ bewiesen ist.

Die Stetigkeit der Operatoren $K_\pm$, $K'_\pm$, W folgt aus der Stetigkeit der Spuroperatoren $\gamma_0^\pm : H^{1+s}_{lok}(\Omega^\pm) \to H^{s+1/2}(\Gamma)$ und $\gamma_1^\pm : H^{1+s}_L(\Omega^\pm) \to H^{s-1/2}(\Gamma)$ (vgl. Satz 2.6.8 und Satz 2.8.3) zusammen mit den Abbildungseigenschaften von S und D. ∎

Korollar 3.1.17 *Aus dem Beweis der Abbildungseigenschaft für das Doppelschichtpotential D und Proposition 3.1.7 folgt $LDv = 0$ in $\mathbb{R}^d\backslash\Gamma$ für alle $v \in H^{1/2+s}(\Gamma)$ und $-1/2 < s < 1/2$.*

Wir beschließen diesen Abschnitt mit einer Bemerkung zur Optimalität des Bereichs $|s| < 1/2$ in Satz 3.1.16.

Bemerkung 3.1.18 *a. Die Beschränkung $|s| < 1/2$ in Satz 3.1.16 ergibt sich aus der im Beweis verwendeten Darstellung $S = \mathcal{N}\gamma_0'$ des Einfachschichtoperators und aus dem Abbildungsbereich des Spuroperators γ_0 für Lipschitz-Gebiete (vgl. Satz 2.6.8). Dieser Bereich läßt sich im allgemeinen für Lipschitz-Gebiete nicht vergrößern, so daß mit der gewählten Beweistechnik der Bereich $|s| < 1/2$ nicht verbessert werden kann (vgl. [28], [97]).*

b. *Die Stetigkeit der Operatoren in Satz 3.1.16 im Falle des Laplace-Operators läßt sich auch für $s = \pm 1/2$ zeigen. Der Beweis verwendet Methoden der harmonischen Analysis und übersteigt den Rahmen dieses Buches. Er findet sich beispielsweise in [153], [85].*

c. *Falls der Lipschitz-Rand Γ global glatt ist, $\Gamma \in C^\infty$, ist der Spuroperator $\gamma_0 : H^\ell_{lok}(\mathbb{R}^d) \to H^{\ell-1/2}(\Gamma)$ stetig auf der ganzen Skala $\ell > 1/2$ und Satz 3.1.16 gilt dann für alle $s > -1/2$ (vgl. [103, Chapter 4]).*

d. *Falls der Lipschitz-Rand $\Gamma = \partial\Omega$ stückweise glatt ist, genauer endlich viele disjunkte, relativ offene Flächenstücke $\Gamma_j \subset \Gamma$, $1 \le j \le q$, existieren, die glatt sind, $\Gamma_j \subset C^\infty$, und $\Gamma = \overline{\bigcup_{j=1}^{q} \Gamma_j}$ erfüllen, läßt sich der Stetigkeitsbereich des Spuroperators in Satz 2.6.8 über den dort angegebenen Indexbereich nach oben erweitern (vgl. [34], [16]). Damit ergeben sich die Abbildungseigenschaften in Satz 3.1.16 für alle $-1/2 < s \le s_0$ mit einem $s_0 > 1/2$.*

3.2 Regularität der Lösungen der Randintegralgleichungen

Um quantitative Konvergenzraten für Diskretisierungen der Randintegralgleichungen V, $K_\pm$, $K'_\pm$, W aus Satz 3.1.16 herleiten zu können, benötigen wir eine gewisse Regularität der Lösung, konkret daß die Lösung der zugehörigen Integralgleichung nicht nur im Energierraum -das ist der Fall $s = 0$ in Satz 3.1.16- existiert, sondern etwas mehr Glattheit besitzt. Die Regularitätstheorie für Randintegralgleichungen ergibt sich aus der Regularität der Lösungen der der zugehörigen partiellen Differentialgleichungen. Beides übersteigt den Rahmen dieses Buches, und wir geben hier nur die wesentlichen Resultate an. Die zugehörigen Beweise finden sich beispielsweise in [28, Theorem 3], [97, Theorem 7.17, 7.17], [34], [61], [87].

Für die Formulierung der Regularitätsaussagen unterscheiden wir folgende Fälle: den Fall einer global glatten Oberfläche, den Fall eines stückweise glatten Lipschitz-Polyeders sowie den Fall einer allgemeinen Lipschitz-Oberfläche.

Definition 3.2.1 *Ein Gebiet $\Omega \subset \mathbb{R}^3$ ist ein Lipschitz-Polyeder, falls $\Omega \in C^{0,1}$ gilt und endlich viele disjunkte, relativ offene Flächenstücke $\Gamma_j \subset \Gamma$, $1 \le j \le q$, existieren, die glatt sind, $\Gamma_j \in C^\infty$, und $\Gamma = \bigcup_{i=1}^{q} \overline{\Gamma_j}$ erfüllen.*

Satz 3.2.2 *Sei $\Omega \subset \mathbb{R}^3$ ein beschränktes Gebiet mit global glattem Rand $\Gamma = \partial\Omega \in C^\infty$.*

a. *Sei $\varphi \in H^{-1/2}(\Gamma)$ und $V\varphi = f \in H^{1/2+s}(\Gamma)$ für ein beliebiges $s \ge 0$. Dann gilt $\varphi \in H^{-1/2+s}(\Gamma)$ und*

$$\|\varphi\|_{H^{-1/2+s}(\Gamma)} \le C\left(\|f\|_{H^{1/2+s}(\Gamma)} + \|\varphi\|_{H^{-1/2}(\Gamma)}\right).$$

b. *Sei $\varphi \in H^{-1/2}(\Gamma)$ und $K'_+\varphi = f \in H^{-1/2+s}(\Gamma)$ für ein beliebiges $s \ge 0$. Dann gilt $\varphi \in H^{-1/2+s}(\Gamma)$ und*

$$\|\varphi\|_{H^{-1/2+s}(\Gamma)} \le C\left(\|f\|_{H^{-1/2+s}(\Gamma)} + \|\varphi\|_{H^{-1/2}(\Gamma)}\right).$$

Das analoge Resultat gilt für den Operator K'_-.

c. *Sei $\psi \in H^{1/2}(\Gamma)$ und $K_+\psi = f \in H^{1/2+s}(\Gamma)$ für ein beliebiges $s \geq 0$. Dann gilt $\psi \in H^{1/2+s}(\Gamma)$ und*

$$\|\psi\|_{H^{1/2+s}(\Gamma)} \leq C\left(\|f\|_{H^{1/2+s}(\Gamma)} + \|\psi\|_{H^{1/2}(\Gamma)}\right).$$

Das analoge Resultat gilt für den Operator K_-.

d. *Sei $\psi \in H^{1/2}(\Gamma)$ und $W\psi = f \in H^{-1/2+s}(\Gamma)$ für ein beliebiges $s \geq 0$. Dann gilt $\psi \in H^{1/2+s}(\Gamma)$ und*

$$\|\psi\|_{H^{1/2+s}(\Gamma)} \leq C\left(\|f\|_{H^{-1/2+s}(\Gamma)} + \|\psi\|_{H^{1/2}(\Gamma)}\right).$$

Die Konstanten C in den obigen Abschätzungen hängen von s ab.

Im nächsten Satz betrachten wir Oberflächen von Lipschitz-Gebieten und beschränkten Lipschitz-Polyedern.

Satz 3.2.3

a. *Sei Γ die Oberfläche eines beschränkten Lipschitz-Polyeders $\Omega \subset \mathbb{R}^3$. Dann existiert ein $s_0 = s_0(\Gamma) > 1/2$ derart, daß die Regularität sowie a-priori Abschätzungen aus Satz 3.2.2 gelten für alle $0 \leq s < s_0$.*

b. *Für allgemeine Lipschitz-Gebiete gilt diese Aussage nur mit $s_0 = 1/2$.*

3.3 Sprungrelationen der Potentiale und explizite Darstellungsformeln

In diesem Unterkapitel werden Sprungeigenschaften der Potentiale und ihrer Konormalenableitungen zunächst abstrakt hergeleitet und danach explizit dargestellt. Der hier gewählte Zugang vermeidet das Kalkül der Pseudodifferentialoperatoren, der beispielsweise in [86] zur Herleitung einseitiger Sprungrelationen verwendet wird.

3.3.1 Sprungeigenschaften der Potentiale

Das Einfach- und Doppelschichtpotential besitzen charakteristische Sprungeigenschaften an der Oberfläche Γ.

Satz 3.3.1 *Das Einfach- und Doppelschichtpotential erfüllt für alle $\varphi \in H^{-1/2}(\Gamma)$ und $\psi \in H^{1/2}(\Gamma)$ die Sprungrelationen*

$$\begin{aligned} [S\varphi] &= 0, & [D\psi] &= \psi & &\text{in } H^{1/2}(\Gamma), \\ [\gamma_1 S\varphi] &= -\varphi, & [\gamma_1 D\psi] &= 0 & &\text{in } H^{-1/2}(\Gamma). \end{aligned}$$

Beweis. Die erste Sprungrelation $[S\varphi] = 0$ folgt direkt aus Satz 2.6.8 und den Abbildungseigenschaften von S (vgl. Satz 3.1.16).

Zum Normalensprung von S:

Sei $\varphi \in H^{-1/2}(\Gamma)$ und setze $u = S\varphi$. Satz 3.1.16 zusammen mit Proposition 3.1.7 implizieren $u \in H^1_L\left(\mathbb{R}^d \backslash \Gamma\right)$ und $Lu = 0$ in $\mathbb{R}^d \backslash \Gamma$. Verwendung der zweiten Greenschen Formel (2.7.16) mit $v \in C_0^\infty\left(\mathbb{R}^d\right)$ ergibt für $\Omega \in \{\Omega^-, \Omega^+\}$

$$-\left(u, L'v\right)_{L^2(\Omega)} = \sigma_\Omega \left\{ \left(\gamma_0 u, \widetilde{\gamma}_1 v\right)_{L^2(\Gamma)} - \left(\gamma_1 u, \gamma_0 v\right)_{L^2(\Gamma)} \right\}.$$

Addition beider Gleichungen (für $\Omega = \Omega^-$ und $\Omega = \Omega^+$) unter Verwendung von $[v] = [\widetilde{\gamma}_1 v] = 0$ und $u \in L^2_{lok}\left(\mathbb{R}^d\right)$ ergibt

$$-\left(u, L'v\right)_{L^2\left(\mathbb{R}^d\right)} = -\left([u], \widetilde{\gamma}_1 v\right)_{L^2(\Gamma)} + \left([\gamma_1 u], \gamma_0 v\right)_{L^2(\Gamma)}.$$

Wir haben bereits $[u] = [S\varphi] = 0$ gezeigt und erhalten

$$\left([\gamma_1 u], \gamma_0 v\right)_{L^2(\Gamma)} = -\left(u, L'v\right)_{L^2\left(\mathbb{R}^d\right)}. \tag{3.3.1}$$

Kombiniert man (2.7.20) mit der Definition von S (Def. 3.1.5) und Satz 3.1.4 ergibt sich

$$\begin{aligned}\left(u, L'v\right)_{L^2\left(\mathbb{R}^d\right)} &= \left(Lu, v\right)_{L^2\left(\mathbb{R}^d\right)} = \left(LS\varphi, v\right)_{L^2\left(\mathbb{R}^d\right)} = \left(L\mathcal{N}\gamma_0'\varphi, v\right)_{L^2\left(\mathbb{R}^d\right)} \\ &= \left(\gamma_0'\varphi, v\right)_{L^2\left(\mathbb{R}^d\right)} = \left(\varphi, \gamma_0 v\right)_{L^2(\Gamma)}\end{aligned} \tag{3.3.2}$$

und in Kombination mit (3.3.1)

$$\left([\gamma_1 S\varphi], \gamma_0 v\right)_{L^2(\Gamma)} = -\left(\varphi, \gamma_0 v\right)_{L^2(\Gamma)}.$$

Da $\gamma_0 C_0^\infty\left(\mathbb{R}^d\right)$ dicht ist in $H^{1/2}(\Gamma)$ (vgl. Lemma 2.8.4), folgt daraus die Behauptung.

Zu den Sprungeigenschaften von D:

Analog wie beim Einfachschichtpotential starten wir mit einer beliebigen Funktion $\varphi \in H^{1/2}(\Gamma)$ und setzen $u = D\varphi$. Wie zuvor (dieses Mal unter Verwendung von Korollar 3.1.17) liefert die zweite Greensche Formel:

$$-\left(u, L'v\right)_{L^2\left(\mathbb{R}^d\right)} = -\left([u], \widetilde{\gamma}_1 v\right)_{L^2(\Gamma)} + \left([\gamma_1 u], \gamma_0 v\right)_{L^2(\Gamma)}$$

für alle $v \in C_0^\infty\left(\mathbb{R}^d\right)$. Mit der Definition von D (Def. 3.1.5) erhalten wir

$$\begin{aligned}\left(u, L'v\right)_{L^2\left(\mathbb{R}^d\right)} &= \left(Lu, v\right)_{L^2\left(\mathbb{R}^d\right)} = \left(LD\varphi, v\right)_{L^2\left(\mathbb{R}^d\right)} = \left(L\mathcal{N}\widetilde{\gamma}_1{}'\varphi, v\right)_{L^2\left(\mathbb{R}^d\right)} \\ &= \left(\widetilde{\gamma}_1{}'\varphi, v\right)_{L^2\left(\mathbb{R}^d\right)} = \left(\varphi, \widetilde{\gamma}_1 v\right)_{L^2(\Gamma)}\end{aligned}$$

und somit

$$\left([\gamma_1 D\varphi], \gamma_0 v\right)_{L^2(\Gamma)} = \left([D\varphi] - \varphi, \widetilde{\gamma}_1 v\right)_{L^2(\Gamma)}. \tag{3.3.3}$$

Da $\gamma_0 C_0^\infty\left(\mathbb{R}^d\right) \times \widetilde{\gamma}_1 C_0^\infty\left(\mathbb{R}^d\right)$ dicht ist in $H^{1/2}(\Gamma) \times H^{-1/2}(\Gamma)$ (vgl. Lemma 2.8.4), muß jede der beiden Seiten in (3.3.3) einzeln gleich Null sein. Das ergibt aber genau die beiden behaupteten Sprungrelationen für das Doppelschichtpotential. ■

3.3.2 Explizite Darstellung des Randintegraloperators V

Satz 3.3.1 zeigt, daß die einseitigen Grenzwerte der Potentiale und ihrer Konormalenableitungen im allgemeinen unterschiedliche Funktionen auf Γ definieren. Für die numerische Lösung von Randintegralgleichungen müssen die Integraloperatoren auf der Oberfläche Γ ausgewertet werden können. Dazu sind die *Darstellungen* der Integraloperatoren als einseitige Spuren von Potentialen, das heißt als einseitige Grenzwerte, ungeeignet. Für das Einfach- und Doppelschichtpotential haben wir gesehen, daß für hinreichend glatte Belegungen v die explizite Darstellung (3.1.4) und die abstrakte Definition 3.1.5 übereinstimmen.

Die Funktionen, die wir zur Diskretisierung verwenden, sind immer beschränkt, d.h. in $L^\infty(\Gamma)$. Unter dieser Voraussetzung, lassen sich die Integraloperatoren auf stückweise glatten Oberflächen explizit darstellen. Zur Berechnung der einseitigen Grenzwerte der Potentiale benötigen wir Abschätzungen der Fundamentallösung G (vgl. (3.1.3)) und ihrer Ableitungen. Diese hängen gemäß (3.1.3) von den Koeffizienten $\mathbf{A}$, $\mathbf{b}$, c in der Definition des Differentialoperators L (vgl. (3.1.1)) ab. Im Hinblick auf (3.1.3) führen wir die Funktion

$$g : \mathbb{R}^d \to \mathbb{C}, \qquad g(\mathbf{z}) := \exp\left(\langle \mathbf{b}, \mathbf{z}\rangle_{\mathbf{A}} - \lambda \|\mathbf{z}\|_{\mathbf{A}}\right)$$

mit λ wie in (3.1.3) ein. Das Verhalten dieser Funktion hängt von den Koeffizienten $\mathbf{A}$, $\mathbf{b}$, c ab.

Hilfssatz 3.3.2 *Sei $a_{\min}$ wieder der kleinste und $a_{\max}$ der größte Eigenwert von $\mathbf{A}$.*

1. $c > 0$: *Dann gilt für alle* $\mathbf{z} \in \mathbb{R}^d$:

$$|g(\mathbf{z})| \le e^{-\rho\|\mathbf{z}\|_{\mathbf{A}}} \qquad \textit{mit } \rho := \frac{c}{\sqrt{c} + 2\|\mathbf{b}\|_{\mathbf{A}}}.$$

2. $c = 0$: *Für alle* $\mathbf{z} \in \mathbb{R}^d$ *gilt*

$$|g(\mathbf{z})| \le 1.$$

3. $c < 0$ *und* $\mathbf{b} = \mathbf{0}$: *Dann gilt*

$$|g(\mathbf{z})| = 1 \qquad \forall \mathbf{z} \in \mathbb{R}^d$$

4. $c < 0$ *und* $\mathbf{b} \ne \mathbf{0}$: *Dann divergiert die Funktion g exponentiell in Richtung* $\mathbf{b}$: *Für alle* $\alpha > 0$ *gilt*

$$|g(\alpha\mathbf{b})| \ge e^{\alpha \min\left\{|c|/2, \|\mathbf{b}\|_{\mathbf{A}}^2\right\}}.$$

Beweis. Im Fall 1 gilt:

$$\lambda = \sqrt{\|\mathbf{b}\|_{\mathbf{A}}^2 + c} = \|\mathbf{b}\|_{\mathbf{A}} + \frac{c}{\|\mathbf{b}\|_{\mathbf{A}} + \sqrt{\|\mathbf{b}\|_{\mathbf{A}}^2 + c}} \ge \|\mathbf{b}\|_{\mathbf{A}} + \frac{c}{\sqrt{c} + 2\|\mathbf{b}\|_{\mathbf{A}}}$$

und daher

$$\langle \mathbf{b}, \mathbf{z}\rangle_{\mathbf{A}} - \lambda\|\mathbf{z}\|_{\mathbf{A}} \le \|\mathbf{b}\|_{\mathbf{A}}\|\mathbf{z}\|_{\mathbf{A}} - \left(\|\mathbf{b}\|_{\mathbf{A}} + \rho\right)\|\mathbf{z}\|_{\mathbf{A}} = -\rho\|\mathbf{z}\|_{\mathbf{A}} < 0.$$

Fall 2: Für $c = 0$ folgert man aus der Cauchy-Schwarzschen Ungleichung

$$g(\mathbf{z}) = e^{\langle \mathbf{b}, \mathbf{z}\rangle_{\mathbf{A}} - \|\mathbf{b}\|_{\mathbf{A}}\|\mathbf{z}\|_{\mathbf{A}}} \le e^0 = 1.$$

Fall 3: Für $c < 0$ und $\mathbf{b} = 0$ gilt

$$|g(\mathbf{z})| = \left| e^{-i\sqrt{|c|}\|\mathbf{z}\|_{\mathbf{A}}} \right| = 1.$$

Fall 4: Sei zunächst $-\|\mathbf{b}\|_{\mathbf{A}}^2 < c < 0$. Wir wählen $\mathbf{z} = \alpha\mathbf{b}$ mit $\alpha \in \mathbb{R}_{>0}$. Analog wie zuvor zeigt man

$$\lambda = \sqrt{\|\mathbf{b}\|_{\mathbf{A}}^2 + c} = \|\mathbf{b}\|_{\mathbf{A}} + \frac{c}{\|\mathbf{b}\|_{\mathbf{A}} + \sqrt{\|\mathbf{b}\|_{\mathbf{A}}^2 + c}} \leq \|\mathbf{b}\|_{\mathbf{A}} + \frac{c}{2\|\mathbf{b}\|_{\mathbf{A}}}.$$

Daraus folgt mit $\mathbf{z} = \alpha\mathbf{b}$

$$g(\mathbf{z}) = g(\alpha\mathbf{b}) = e^{\alpha\|\mathbf{b}\|_{\mathbf{A}}(\|\mathbf{b}\|_{\mathbf{A}} - \lambda)} \geq e^{\alpha|c|/2},$$

und die Funktion divergiert exponentiell für $\alpha \to \infty$.

Sei nun $c \leq -\|\mathbf{b}\|_{\mathbf{A}}^2 < 0$. In diesem Fall gilt $\lambda = -i\sqrt{|c| - \|\mathbf{b}\|_{\mathbf{A}}^2}$ und somit für alle $\mathbf{z} \in \mathbb{R}^d$

$$|g(\mathbf{z})| = \left| e^{\langle \mathbf{b}, \mathbf{z} \rangle} \right| = \left| e^{\alpha\|\mathbf{b}\|_{\mathbf{A}}^2} \right|.$$

■

Fundamentallösungen, deren Koeffizienten dem Fall 4 in Hilfssatz 3.3.2 entsprechen, induzieren Potentiale mit exponentiellem Wachstum in gewissen Richtungen für $\|\mathbf{x}\| \to \infty$. Aus physikalischer Sicht sind derartige Potentiale ohne große Relevanz und werden im folgenden nicht weiter betrachtet.

Lemma 3.3.3 *Es gelte* $\mathbf{b} = \mathbf{0}$ *oder* $c \geq 0$.

(a) Für alle $0 < \varepsilon < 1$ *und* $R > 0$ *existiert eine Konstante* $C < \infty$, *so daß für alle* $\mathbf{y} \in \Gamma$ *und alle* $\mathbf{x} \in K_R(\mathbf{y})$ *gilt*

$$|G(\mathbf{x} - \mathbf{y})| \leq \frac{C}{\|\mathbf{x} - \mathbf{y}\|^{d-2+\varepsilon}} \tag{3.3.4}$$

(b) Unter der Zusatzannahme „$\Gamma \in C^2$ *in einer lokalen Umgebung von* $\mathbf{y}$*“ gilt*

$$|\widetilde{\gamma_{1,\mathbf{y}}} G(\mathbf{x} - \mathbf{y})| + |\gamma_{1,\mathbf{y}} G(\mathbf{y} - \mathbf{x})| \leq C \left(\frac{|\langle \mathbf{n}_{\mathbf{y}}, \mathbf{x} - \mathbf{y} \rangle|}{\|\mathbf{x} - \mathbf{y}\|^d} + \frac{1}{\|\mathbf{x} - \mathbf{y}\|^{d-2+\varepsilon}} \right)$$

für alle $\mathbf{y} \in \Gamma$ *und* $\mathbf{x} \in U_{\mathbf{y}}$, *wobei* $U_{\mathbf{y}}$ *eine beliebige, beschränkte Umgebung von* $\mathbf{y}$ *bezeichnet.*

Bemerkung 3.3.4 *Für* $d \geq 3$ *kann in Lemma 3.3.3* $\varepsilon = 0$ *gewählt werden. In zwei Raumdimensionen besitzt die Kernfunktion eine logarithmische Singularität und* $\varepsilon = 0$ *ist nicht zulässig.*

Beweis von Lemma 3.3.3:

Wir beweisen den Satz lediglich für $d = 3$ und verweisen für den allgemeinen Fall auf [54]. Hilfssatz 3.3.2 impliziert die gleichmäßige Beschränktheit

$$\frac{\left| e^{\langle \mathbf{b}, \mathbf{z} \rangle_{\mathbf{A}} - \lambda \|\mathbf{z}\|_{\mathbf{A}}} \right|}{\sqrt{\det \mathbf{A}}} \leq C \qquad \forall \mathbf{z} \in \mathbb{R}^d$$

für die betrachteten Koeffizientenbereiche und daraus folgt (3.3.4).

Wir betrachten nun die Ableitungen der Fundamentallösung. Es gilt

$$\nabla_{\mathbf{z}} G(\mathbf{z}) = -\frac{1}{4\pi\sqrt{\det \mathbf{A}}} \frac{\mathbf{A}^{-1}\mathbf{z}}{\|\mathbf{z}\|_{\mathbf{A}}^{d}} + \mathbf{R}_1(\mathbf{z}). \tag{3.3.5}$$

Der Restterm läßt sich durch

$$\|\mathbf{R}_1(\mathbf{z})\| \leq \frac{C}{\|\mathbf{z}\|^{d-2+\varepsilon}}$$

mit geeignetem $\varepsilon \in \,]0,1[$ abschätzen. Die Definition der modifizierten Konormalenableitung (2.7.11) führt zur Aufspaltung

$$\widetilde{\gamma_{1,\mathbf{y}}} G(\mathbf{x}-\mathbf{y}) = \gamma_{1,\mathbf{y}} G(\mathbf{x}-\mathbf{y}) + 2\langle \mathbf{n}, \mathbf{b}\rangle G(\mathbf{x}-\mathbf{y}), \tag{3.3.6}$$

und es genügt, wegen (3.3.4) den ersten Summanden zu betrachten. Verwendung von (3.3.5) liefert

$$|\gamma_{1,\mathbf{y}} G(\mathbf{x}-\mathbf{y})| \leq C\left(\frac{|\langle \mathbf{n}_{\mathbf{y}}, \mathbf{x}-\mathbf{y}\rangle|}{\|\mathbf{x}-\mathbf{y}\|^{d}} + \frac{1}{\|\mathbf{x}-\mathbf{y}\|^{d-2+\varepsilon}}\right).$$

■

Wir verwenden die Darstellung des Einfachschichtpotentials aus (3.1.4) und definieren für $\varphi \in L^{\infty}(\Gamma)$ die Fortsetzung von S auf $\mathbb{R}^d$ durch

$$(S\varphi)(\mathbf{x}) := \int_{\Gamma} G(\mathbf{x}-\mathbf{y})\,\varphi(\mathbf{y})\,ds_{\mathbf{y}} \qquad \forall \mathbf{x} \in \mathbb{R}^d. \tag{3.3.7}$$

Satz 3.3.5 *Sei Γ die Oberfläche eines beschränkten Lipschitz-Gebiets $\Omega \subset \mathbb{R}^d$. Das Integral in (3.3.7) existiert als uneigentliches Integral und definiert eine stetige Funktion $S\varphi$ auf $\mathbb{R}^d$.*

Beweis. Die Stetigkeit von $S\varphi$ in $\mathbb{R}^d \backslash \Gamma$ wurde bereits in Satz 3.1.1 festgestellt.

Wir verwenden die Bezeichnungen aus Definition 2.2.7. Sei $\mathbf{x} \in \Gamma$ und $U_{\mathbf{x}}$ eine $d-$dimensionale Umgebung von $\mathbf{x}$, für die eine bi-Lipschitz-stetige Abbildung $\chi : K_2 \to U_{\mathbf{x}}$ existiert. Hier bezeichnet K_2 wieder die d-dimensionale Kugel mit Radius 2 um den Ursprung, und K_2^0 ist wie in (2.2.5) definiert. O.B.d.A. nehmen wir $\chi(0) = \mathbf{x}$ an. Das Integral in (3.3.7) wird zerlegt in $\int_{\Gamma \backslash U_{\mathbf{x}}} + \int_{\Gamma \cap U_{\mathbf{x}}}$, wobei für das erste Teilintegral die Stetigkeit in $\mathbf{x}$ wie im Beweis von Satz 3.1.1 folgt.

In lokalen Koordinaten erhalten wir für das zweite Teilintegral

$$S_2(\mathbf{x}) := \int_{\Gamma \cap U_{\mathbf{x}}} G(\mathbf{x}-\mathbf{y})\,\varphi(\mathbf{y})\,ds_{\mathbf{y}} = \int_{K_2^0} G(\chi(0) - \chi(\hat{\mathbf{y}}))\,\hat{\varphi}(\hat{\mathbf{y}})\,d\hat{\mathbf{y}}$$

mit $\hat{\varphi}(\hat{\mathbf{y}}) := g(\hat{\mathbf{y}})\,(\varphi \circ \chi)(\hat{\mathbf{y}}) \in L^{\infty}(K_2^0)$ und dem Oberflächenelement $g(\hat{\mathbf{y}})$ (vgl. 2.2.4). Die Lipschitz-Stetigkeit der Oberfläche impliziert die Existenz einer Konstante $C_1 > 1$, die nur von Γ abhängt, mit

$$C_1^{-1}\|\hat{\mathbf{x}} - \hat{\mathbf{y}}\| \leq \|\chi(\hat{\mathbf{x}}) - \chi(\hat{\mathbf{y}})\| \leq C_1\|\hat{\mathbf{x}} - \hat{\mathbf{y}}\| \qquad \forall \hat{\mathbf{x}}, \hat{\mathbf{y}} \in K_2.$$

Zusammen mit (3.3.4) erhält man die Abschätzung für beliebiges $0 < \varepsilon < 1$

$$|G(\chi(0) - \chi(\hat{\mathbf{y}}))| \leq \frac{C_2}{\|\hat{\mathbf{y}}\|^{d-2+\varepsilon}} \tag{3.3.8}$$

für alle $\hat{\mathbf{y}} \in K_2^0 \backslash \{0\}$, wobei C_2 lediglich von C_1, d, ε und $\mathbf{A}$ abhängt. Damit ist

$$S_2(\mathbf{x}) \leq C_2 \int_{K_2^0} \frac{|\hat{\varphi}(\hat{\mathbf{y}})|}{\|\hat{\mathbf{y}}\|^{d-2+\varepsilon}} d\hat{\mathbf{y}}$$

bewiesen. Die Regularität der Parametrisierung zusammen mit $\varphi \in L^\infty(\Gamma)$ ergeben die Existenz einer Konstanten $M < \infty$ mit

$$\sup_{\hat{\mathbf{y}} \in K_2^0} |\hat{\varphi}(\hat{\mathbf{y}})| \leq M.$$

Damit gilt

$$S_2(\mathbf{x}) \leq C_2 M \int_{K_2^0} \frac{1}{\|\hat{\mathbf{y}}\|^{d-2+\varepsilon}} d\hat{\mathbf{y}}.$$

Der rechte Integrand definiert eine integrierbare Majorante (vgl Übungsaufgabe 3.3.6), so daß die rechte Seite in (3.3.7) als uneigentliches Integral existiert.

Um die Stetigkeit von S_2 in $\mathbf{x}$ zu beweisen, betrachten wir eine Punktfolge $(\mathbf{x}_n)_{n\in\mathbb{N}}$ in $U_{\mathbf{x}}$, die gegen $\mathbf{x}$ konvergiert. Die zugehörige Folge $(\hat{\mathbf{x}}_n)_{n\in\mathbb{N}}$ in K_2 konvergiert gegen Null. O.B.d.A. nehmen wir $(\hat{\mathbf{x}}_n)_{n\in\mathbb{N}} \subset K_1$ an. Sei $\lambda \in C_0^\infty(\mathbb{R}^d)$ eine Abschneidefunktion mit $0 \leq \lambda \leq 1$ und

$$\lambda \equiv 1 \text{ auf } K_2^0 \quad \text{und} \quad \lambda \equiv 0 \text{ auf } \mathbb{R}^d \backslash K_3.$$

Wir müssen

$$\lim_{n\to\infty} \int_{\mathbb{R}^{d-1}} \frac{\lambda(\hat{\mathbf{y}})}{\|\hat{\mathbf{x}}_n - \hat{\mathbf{y}}\|^{d-2+\varepsilon}} d\hat{\mathbf{y}} = \int_{\mathbb{R}^{d-1}} \frac{\lambda(\hat{\mathbf{y}})}{\|\hat{\mathbf{y}}\|^{d-2+\varepsilon}} d\hat{\mathbf{y}}$$

zeigen.

Der Integrand auf der rechten Seite definiert die Funktion f. Das Integral auf der linken Seite besitzt die Darstellung

$$\int_{\mathbb{R}^{d-1}} \frac{\lambda(\hat{\mathbf{y}} + \hat{\mathbf{x}}_n)}{\|\hat{\mathbf{y}}\|^{d-2+\varepsilon}} d\hat{\mathbf{y}} =: \int_{\mathbb{R}^{d-1}} f_n(\hat{\mathbf{y}})\, d\hat{\mathbf{y}}.$$

Man beachte die Inklusion

$$\bigcup_{n\in\mathbb{N}} \operatorname{Tr} \lambda(\cdot + \hat{\mathbf{x}}_n) \subset \overline{K_4}.$$

Indem wir ausnützen, daß f_n integrabel ist, fast überall gegen f konvergiert und durch die integrable Funktion

$$g(\hat{\mathbf{y}}) := \begin{cases} \|\hat{\mathbf{y}}\|^{-(d-2+\varepsilon)} & \text{falls } \hat{\mathbf{y}} \in \overline{K_4} \\ 0 & \text{sonst} \end{cases}$$

majorisiert wird, folgt die Behauptung aus dem Satz von Lebesgue über die majorisierte Konvergenz. ∎

Übungsaufgabe 3.3.6 *Sei K_1 die $d-1$-dimensionale Einheitskugel und $0 < \varepsilon < 1$. Zeigen Sie, daß*

$$\int_{K_1} \frac{1}{\|\hat{\mathbf{y}}\|^{d-2+\varepsilon}} d\hat{\mathbf{y}}$$

als uneigentliches Integral existiert. Hinweis: Verwenden Sie Polarkoordinaten.

3.3.3 Explizite Darstellungen der Randintegraloperatoren K und K'

Wir wenden uns nun den einseitigen Spuren des Doppelschichtpotentials zu. Die Herleitung expliziter Darstellungen der Spuren $\gamma_0^+ D$, $\gamma_0^- D$, $\gamma_1^+ S$, $\gamma_1^- S$ ist technisch aufwendiger als für den Randintegraloperator V. Wir beschränken uns hier bei den Beweisen auf die wesentlichen Argumente und verweisen für eine detailliertere Darstellung auf [54].

Explizite Darstellungsformeln sind vor allem für die numerische Lösung der Integralgleichungen von entscheidender Bedeutung. Da für die Numerik immer der Rand Γ als stückweise glatt vorausgesetzt wird und generell stückweise glatte Funktionen zur Diskretisierung verwendet werden, genügt es in diesem Zusammenhang, die expliziten Darstellungsformeln unter diesen Voraussetzungen herzuleiten. Diese Annahmen werden die technischen Schwierigkeiten im folgenden Abschnitt deutlich reduzieren. Für eine allgemeinere Darstellung verweisen wir auf [97, Chapter 7].

Annahme 3.3.7 *Die Oberfläche Γ gehört zur Klasse C^2_{stw} (vgl. Definition 2.2.10).*

Diese Glattheitsannahme impliziert, daß die Konormalenableitung der Fundamentallösung G uneigentlich integrierbar ist.

Lemma 3.3.8 *Sei $\Gamma \in C^2_{stw}$ und $\varphi \in L^\infty(\Gamma)$.*

(a) Die Funktion $\varphi(\mathbf{y})\,\widetilde{\gamma_{1,\mathbf{y}}}G(\mathbf{x}-\mathbf{y})$ ist bezüglich $\mathbf{y}$ auf Γ uneigentlich integrierbar.

(b) Falls Γ in $\mathbf{x} \in \Gamma$ glatt ist, so ist die Funktion $\varphi(\mathbf{y})\,\gamma_{1,\mathbf{x}}G(\mathbf{x}-\mathbf{y})$ bezüglich $\mathbf{y}$ uneigentlich integrierbar.

Beweis. Lemma 3.3.3 impliziert die Existenz eines $\varepsilon \in\,]0,1[$ mit

$$\left|\widetilde{\gamma_{1,\mathbf{y}}}G(\mathbf{x}-\mathbf{y})\right| \le C\left(\frac{|\langle \mathbf{n_y}, \mathbf{x}-\mathbf{y}\rangle|}{\|\mathbf{x}-\mathbf{y}\|^d} + \frac{1}{\|\mathbf{x}-\mathbf{y}\|^{d-2+\varepsilon}}\right).$$

Für die Integrierbarkeit genügt es wieder, eine lokale Umgebung $U_\mathbf{x} \subset \mathbb{R}^d$ von $\mathbf{x}$ zu betrachten. Wählt man $U_\mathbf{x}$ hinreichend klein, existieren Teilstücke $\Gamma_i \subset \Gamma$, $1 \le i \le q$, mit $\Gamma_i \in C^2$ und

$$U_\mathbf{x} \cap \Gamma = \bigcup_{i=1}^q (U_\mathbf{x} \cap \Gamma_i).$$

Auf jedem dieser Teilstücke Γ_i gilt (vgl. Lemma 2.2.14)

$$|\langle \mathbf{n}(\mathbf{y}), \mathbf{x}-\mathbf{y}\rangle| \le C\,\|\mathbf{x}-\mathbf{y}\|^2,$$

woraus

$$\left|\varphi(\mathbf{y})\,\widetilde{\gamma_{1,\mathbf{y}}}G(\mathbf{x}-\mathbf{y})\right| \le CM\,\|\mathbf{x}-\mathbf{y}\|^{-(d-2+\varepsilon)} \qquad \text{mit} \quad M := \sup_{\mathbf{z}\in\Gamma}|\varphi(\mathbf{z})|$$

folgt. Damit ist, wie im Beweis von Satz 3.3.5 gezeigt wurde, eine uneigentlich integrierbare Majorante gefunden.

Im Fall (b) benötigen wir die Glattheit von Γ in $\mathbf{x}$, um die Konormalenableitung $\gamma_{1,\mathbf{x}}$ punktweise erklären zu können. In diesem Fall läßt sich wie oben Lemma 3.3.3 verwenden, um eine uneigentlich integrierbare Majorante zu finden. ∎

Dieses Lemma zeigt, daß die Definitionen

$$\begin{aligned} (K\varphi)(\mathbf{x}) &:= \int_\Gamma \widetilde{\gamma_{1,\mathbf{y}}} G(\mathbf{x}-\mathbf{y})\,\varphi(\mathbf{y})\,ds_{\mathbf{y}} \quad \mathbf{x}\in\Gamma, \\ (K'\varphi)(\mathbf{x}) &:= \int_\Gamma \gamma_{1,\mathbf{x}} G(\mathbf{x}-\mathbf{y})\,\varphi(\mathbf{y})\,ds_{\mathbf{y}} \quad \Gamma \text{ glatt in } \mathbf{x}\in\Gamma. \end{aligned} \tag{3.3.9}$$

unter der Voraussetzung $\varphi\in L^\infty(\Gamma)$ sinnvoll sind.

Korollar 3.3.9 *Sei $\Gamma\in C^2_{stw}$. Die Abbildungen K und K' aus (3.3.9) bilden $L^\infty(\Gamma)$ stetig nach $L^\infty(\Gamma)$ ab. Wegen der stetigen Einbettung $L^\infty(\Gamma)\subset L^2(\Gamma)$ ergibt sich Stetigkeit der Operatoren*

$$\begin{aligned} K &: L^\infty(\Gamma)\to L^\infty(\Gamma), \quad K: L^\infty(\Gamma)\to L^2(\Gamma), \\ K' &: L^\infty(\Gamma)\to L^\infty(\Gamma), \quad K': L^\infty(\Gamma)\to L^2(\Gamma). \end{aligned}$$

Beweis. Sei $\varphi\in L^\infty(\Gamma)$. Wie im Beweis von Lemma 3.3.8 leitet man

$$|K\varphi(\mathbf{x})| \le \|\varphi\|_{L^\infty(\Gamma)} \int_\Gamma \frac{1}{\|\mathbf{x}-\mathbf{y}\|^{d-2+\varepsilon}}\,ds_{\mathbf{y}} \tag{3.3.10}$$

für alle $\mathbf{x}\in\Gamma$ her. Aus dem Beweis von Satz 3.3.5 folgt die Beschränktheit des Integrals

$$\int_\Gamma \frac{1}{\|\mathbf{x}-\mathbf{y}\|^{d-2+\varepsilon}}\,ds_{\mathbf{y}} \le C$$

mit einer Konstanten, die unabhängig von $\mathbf{x}$ ist.

Der Operator K' läßt sich analog in allen glatten Punkten $\mathbf{x}\in\Gamma$ durch die rechte Seite in (3.3.10) abschätzen. Da die Menge aller nichtglatten Punkte das Maß Null besitzt, ergeben sich auch in diesem Fall die behaupteten Abbildungseigenschaften. ∎

Die Existenz von $K\varphi$ und $K'\varphi$ auf der Oberfläche Γ bedeutet keineswegs, daß diese Funktionen Grenzwerte des Potentials $D\varphi$ beim Übergang von $\Omega^\pm$ auf Γ sind. Im folgenden werden diese einseitigen Grenzwerte miteinander in Verbindung gebracht.

Die verwendete geometrische Konstruktion ist in Abbildung 3.1 illustriert. Sei $S(\mathbf{x},r)$ die Oberfläche der d-dimensionalen Kugel um $\mathbf{x}\in\mathbb{R}^d$ mit Radius $r>0$. Wir setzen $H(\mathbf{x},r):=S(\mathbf{x},r)\cap\Omega^-$. Das Funktional $J:\mathbb{R}^d\to[0,1]$ hängt mit dem Hauptteil des Differentialoperators L (vgl. (2.7.2)) zusammen und ist durch

$$J(\mathbf{x}) := \lim_{r\to 0}\frac{r}{\omega_d\sqrt{\det\mathbf{A}}}\int_{H(\mathbf{x},r)} \frac{1}{\|\mathbf{x}-\mathbf{y}\|^d_{\mathbf{A}}}\,ds_{\mathbf{y}} \tag{3.3.11}$$

definiert. Hierbei bezeichnet ω_d das Oberflächenmaß der Einheitssphäre in $\mathbb{R}^d$, d.h., $\omega_2=2\pi$, $\omega_3=4\pi$, usw. Bevor wir die Eigenschaften von J angeben, benötigen wir einen vorbereitenden Hilfssatz.

Hilfssatz 3.3.10 *Für alle regulären Matrizen $\mathbf{B}\in\mathbb{R}^{d\times d}$ gilt*

$$\int_{\mathbb{S}_{d-1}} \frac{1}{\|\mathbf{B}\mathbf{x}\|^d}\,ds_{\mathbf{x}} = \frac{\omega_d}{|\det\mathbf{B}|}. \tag{3.3.12}$$

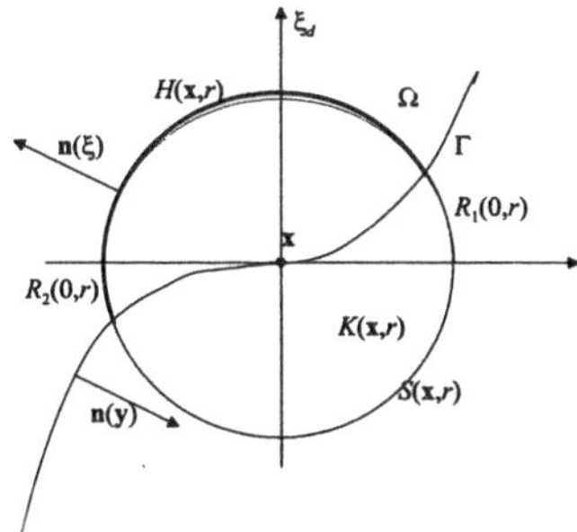

Abbildung 3.1: Schnitt $H(x,r) = S(x,r) \cap \Omega^-$ mit zugehöriger Normalenrichtung und lokalem Koordinatensystem.

Beweis. Wir definieren die Funktion $\varphi : \mathbb{R} \to \mathbb{R}$ durch $r \to r^2 \exp(-r^2)$. Einerseits gilt

$$\begin{aligned}|\det \mathbf{B}| \int_{\mathbb{R}^d} \frac{\varphi(\|\mathbf{x}\|)}{\|\mathbf{Bx}\|^d} d\mathbf{x} &= |\det \mathbf{B}| \int_0^\infty \int_{\mathbb{S}_{d-1}} \frac{\varphi(r) r^{d-1}}{r^d \|\mathbf{By}\|^d} ds_{\mathbf{y}} dr \\ &= |\det \mathbf{B}| \int_{\mathbb{S}_{d-1}} \frac{1}{\|\mathbf{By}\|^d} ds_{\mathbf{y}} \int_0^\infty \frac{\varphi(r)}{r} dr = \frac{1}{2} |\det \mathbf{B}| \int_{\mathbb{S}_{d-1}} \frac{1}{\|\mathbf{By}\|^d} ds_{\mathbf{y}}\end{aligned}$$

und andererseits

$$\begin{aligned}|\det \mathbf{B}| \int_{\mathbb{R}^d} \frac{\varphi(\|\mathbf{x}\|)}{\|\mathbf{Bx}\|^d} d\mathbf{x} &= \int_{\mathbb{R}^d} \frac{\varphi(\|\mathbf{B}^{-1}\mathbf{x}\|)}{\|\mathbf{x}\|^d} d\mathbf{x} = \int_{\mathbb{S}_{d-1}} \int_0^\infty \frac{\varphi(r\|\mathbf{B}^{-1}\mathbf{y}\|)}{\|r\mathbf{y}\|^d r^{1-d}} dr ds_{\mathbf{y}} \\ &= \int_{\mathbb{S}_{d-1}} \int_0^\infty \frac{\varphi(r\|\mathbf{B}^{-1}\mathbf{y}\|)}{r} dr ds_{\mathbf{y}} = \frac{\omega_d}{2}.\end{aligned}$$

Damit ist die Behauptung bewiesen. ■

Aus diesem Hilfssatz folgt die Abschätzung

$$\begin{aligned}0 &\le \frac{r}{\omega_d \sqrt{\det \mathbf{A}}} \int_{H(\mathbf{x},r)} \frac{1}{\|\mathbf{x}-\mathbf{y}\|_{\mathbf{A}}^d} ds_{\mathbf{y}} \\ &\le \frac{r}{\omega_d \sqrt{\det \mathbf{A}}} \int_{S(\mathbf{x},r)} \frac{1}{\|\mathbf{x}-\mathbf{y}\|_{\mathbf{A}}^d} ds_{\mathbf{y}} = \frac{1}{\omega_d \sqrt{\det \mathbf{A}}} \int_{S(\mathbf{0},1)} \frac{1}{\|\mathbf{y}\|_{\mathbf{A}}^d} ds_{\mathbf{y}} = 1. \qquad (3.3.13)\end{aligned}$$

In Lemma 3.3.11 wird gezeigt, daß der Grenzwert in der Definition von $J(\mathbf{x})$ existiert und somit $J(\mathbf{x}) \in [0,1]$ gilt.

Die Konormalenableitung des Hauptteils des Doppelschichtpotentials, angewendet auf die Einsfunktion, stimmt bis auf das Vorzeichen mit dem Funktional J überein. Der Hauptteil der Fundamentallösung ist durch

$$G_0(\mathbf{z}) := \begin{cases} \dfrac{1}{2\pi\sqrt{\det \mathbf{A}}} \log \dfrac{1}{\|\mathbf{z}\|_{\mathbf{A}}} & \text{für } d = 2, \\ \dfrac{1}{(d-2)\,\omega_d \sqrt{\det \mathbf{A}}} \dfrac{1}{\|\mathbf{z}\|_{\mathbf{A}}^{d-2}} & \text{für } d \ge 3 \end{cases} \qquad (3.3.14)$$

und der Hauptteil des Doppelschichtpotentials durch

$$(D_0 v)(\mathbf{x}) := \int_\Gamma \gamma_{1,\mathbf{y}} G_0(\mathbf{x}-\mathbf{y})\, v(\mathbf{y})\, ds_{\mathbf{y}} \qquad \mathbf{x} \in \mathbb{R}^d \backslash \Gamma \tag{3.3.15}$$

definiert.

Lemma 3.3.11 *Das Funktional J besitzt die Darstellung*

$$J(\mathbf{x}) = -\int_\Gamma \gamma_{1,\mathbf{y}} G_0(\mathbf{x}-\mathbf{y})\, ds_{\mathbf{y}}, \tag{3.3.16}$$

wobei für γ_1 in (3.3.16) sowohl γ_1^+ als auch γ_1^- gewählt werden kann.

Beweis. (Beweisskizze) Der Beweis für $\mathbf{x} \in \mathbb{R}^d \backslash \Gamma$ ergibt sich aus den Greenschen Formeln durch geeignete Wahl der Funktionen u und v. Für die Details verweisen wir auf [54] und beschränken uns hier auf den interessanteren Fall $\mathbf{x} \in \Gamma$.

Das Normalenfeld an $H(\mathbf{x}, r)$ wird gemäß

$$\mathbf{n}(\xi) := \frac{1}{r}(\xi - \mathbf{x}) \qquad \forall \xi \in H(\mathbf{x}, r)$$

gewählt und damit γ_1 auf $H(\mathbf{x}, r)$ durch $\gamma_1(\cdot) := \langle \mathbf{An}, \gamma_0 \operatorname{grad} \cdot \rangle$ definiert. Sei $\widetilde{\Omega^-} := \Omega^- \backslash \overline{K_r(\mathbf{x})}$. Indem wir den Gaußschen Satz (für hinreichend kleines $r > 0$) auf $\widetilde{\Omega^-}$ anwenden und die Gleichheit $L_0 G_0(\mathbf{x} - \cdot) = 0$ in $\widetilde{\Omega^-}$ verwenden, ergibt sich

$$\int_{\Gamma \backslash K_r(\mathbf{x})} \gamma_{1,\mathbf{y}} G_0(\mathbf{x}-\mathbf{y})\, ds_{\mathbf{y}} = \int_{H(\mathbf{x},r)} \gamma_{1,\mathbf{y}} G_0(\mathbf{x}-\mathbf{y})\, ds_{\mathbf{y}}.$$

Der Satz von der majorisierenden Konvergenz impliziert, daß der Grenzwert $r \to 0$ gebildet werden darf

$$\begin{aligned}\int_\Gamma \gamma_{1,\mathbf{y}} G_0(\mathbf{x}-\mathbf{y})\, ds_{\mathbf{y}} &= \lim_{r\to 0} \int_{H(\mathbf{x},r)} \gamma_{1,\mathbf{y}} G_0(\mathbf{x}-\mathbf{y})\, ds_{\mathbf{y}} \\ &= -\lim_{r\to 0} \frac{r}{\omega_d \sqrt{\det \mathbf{A}}} \int_{H(\mathbf{x},r)} \frac{1}{\|\mathbf{y}-\mathbf{x}\|_{\mathbf{A}}^d} ds_{\mathbf{y}} = -J(\mathbf{x}).\end{aligned}$$

■

Korollar 3.3.12 *Es gilt*

$$J(\mathbf{x}) = \begin{cases} 0 & \mathbf{x} \in \Omega^+, \\ 1 & \mathbf{x} \in \Omega^-, \\ \frac{1}{2} & \mathbf{x} \in \Gamma \text{ und } \Gamma \text{ ist glatt in } \mathbf{x}. \end{cases}$$

Seien $(\mathbf{x}_n^+)_{n\in\mathbb{N}}$ bzw. $(\mathbf{x}_n^-)_{n\in\mathbb{N}}$ Punktfolgen in Ω^+ (bzw. Ω^-), die gegen ein $\mathbf{x} \in \Gamma$ konvergieren. Dann gilt für $\sigma \in \{-, +\}$ die Relation

$$\lim_{n\to\infty} J(\mathbf{x}_n^\sigma) = -\int_\Gamma \gamma_{1,\mathbf{y}} G_0(\mathbf{x}-\mathbf{y})\, ds_{\mathbf{y}} - \left(\frac{\sigma 1 - 1}{2} + J(\mathbf{x})\right).$$

Beweis. Für $\mathbf{x} \in \Omega^+$ und hinreichend kleines $r > 0$ gilt $H(\mathbf{x}, r) = \emptyset$ und das Integral in (3.3.11) ist Null. Für $\mathbf{x} \in \Omega^-$ und hinreichend kleines $r > 0$ gilt $H(\mathbf{x}, r) = S(\mathbf{x}, r)$ und das Resultat folgt aus (3.3.13). Es bleibt, den Fall $\mathbf{x} \in \Gamma$ und Γ glatt in $\mathbf{x}$ zu betrachten. Da das Integral in (3.3.11) invariant bezüglich Rotationen und Translationen des Koordinatensystems ist, läßt sich ein kartesisches Koordinatensystem $(\xi_i)_{i=1}^d$ wählen mit $\mathbf{x}$ als Ursprung und den ersten $d-1$ Koordinaten in der Tangentialebene in $\mathbf{x} \in \Gamma$. Die Komponente ξ_d ist in Richtung von Ω^- orientiert. Sei $T(\mathbf{0}, r) := \{\xi \in S(\mathbf{0}, r) : \xi_d > 0\}$ die obere Halbsphäre und

$$R_1(\mathbf{0}, r) := T(\mathbf{0}, r) \backslash H(\mathbf{0}, r), \qquad R_2(\mathbf{0}, r) := H(\mathbf{0}, r) \backslash T(\mathbf{0}, r).$$

Die Glattheit der Oberfläche in $\mathbf{x}$ impliziert

$$|R_1(\mathbf{0}, r)| + |R_2(\mathbf{0}, r)| \leq C r^d.$$

Daraus folgt

$$\begin{aligned}
\frac{r}{\omega_d \sqrt{\det \mathbf{A}}} \int_{H(\mathbf{x},r)} \frac{1}{\|\mathbf{x}-\mathbf{y}\|_{\mathbf{A}}^d} ds_{\mathbf{y}} &= \frac{r}{\omega_d \sqrt{\det \mathbf{A}}} \int_{H(\mathbf{0},r)} \frac{1}{\|\xi\|_{\mathbf{A}}^d} ds_\xi \\
&= \frac{r}{\omega_d \sqrt{\det \mathbf{A}}} \int_{T(\mathbf{0},r)} \frac{1}{\|\xi\|_{\mathbf{A}}^d} ds_\xi \\
&\quad + \frac{r}{\omega_d \sqrt{\det \mathbf{A}}} \int_{R_2(\mathbf{0},r)} \frac{1}{\|\xi\|_{\mathbf{A}}^d} ds_\xi - \frac{r}{\omega_d \sqrt{\det \mathbf{A}}} \int_{R_1(\mathbf{0},r)} \frac{1}{\|\xi\|_{\mathbf{A}}^d} ds_\xi .
\end{aligned}$$

Aus der Symmetrie von $\mathbb{S}_{d-1}$ folgt, daß das Integral (3.3.12) über die Halbsphäre $T(\mathbf{0}, 1)$ gleich $\omega_d/(2 \det \mathbf{B})$ ist. Wie im Beweis von (3.3.13) folgt daraus, daß der erste Term in obiger Summe gleich $1/2$ ist. Die anderen Terme streben für $r \to 0$ gegen Null

$$\frac{r}{\omega_d \sqrt{\det \mathbf{A}}} \left\{ \left| \int_{R_2(\mathbf{0},r)} \frac{1}{\|\xi\|_{\mathbf{A}}^d} ds_\xi \right| + \left| + \int_{R_1(\mathbf{0},r)} \frac{1}{\|\xi\|_{\mathbf{A}}^d} ds_\xi \right| \right\} \leq Cr.$$

Die zweite Gleichheit erhält man unter Verwendung von Lemma 3.3.11. ■

Lemma 3.3.8 impliziert, daß das Doppelschichtpotential auf der Oberfläche Γ als uneigentliches Integral erklärt ist. Auf der anderen Seite existieren auch die einseitigen Grenzwerte $K_\pm$ und $K'_\pm$ gemäß (3.1.6). Der charakteristische Zusammenhang zwischen diesen drei Funktionen auf Γ wird in Lemma 3.3.13 angegeben.

Satz 3.3.13 *Seien $\Gamma \in C^2_{stw}$ und $(\mathbf{x}_n^+)_{n\in\mathbb{N}}$ bzw. $(\mathbf{x}_n^-)_{n\in\mathbb{N}}$ Punktfolgen in Ω^+ (bzw. Ω^-), die gegen $\mathbf{x} \in \Gamma$ konvergieren. Die Dichte $\varphi \in L^\infty(\Gamma)$ sei stetig im Punkt $\mathbf{x}$. Dann gelten für das Doppelschichtpotential und $\sigma \in \{-, +\}$ die Sprungrelationen*

$$\lim_{n\to\infty} (D\varphi)(\mathbf{x}_n^\sigma) = \int_\Gamma \varphi(\mathbf{y}) \widetilde{\gamma_{1,\mathbf{y}}} G(\mathbf{x}-\mathbf{y}) ds_{\mathbf{y}} + \left(\frac{\sigma 1 - 1}{2} + J(\mathbf{x}) \right) \varphi(\mathbf{x}). \tag{3.3.17}$$

Beweis. (Beweisskizze) Sei $\sigma \in \{-, +\}$. Wir betrachten zunächst die Aussage für den Hauptteil G_0 der Fundamentallösung G (vgl. (3.3.14)) und das zugehörige Doppelschichtpotential D_0 (vgl. (3.3.15)).

Für $\mathbf{x} \in \Gamma$ und $\xi \in \mathbb{R}^d$ definieren wir

$$\psi_0(\xi) := \int_\Gamma (\varphi(\mathbf{y}) - \varphi(\mathbf{x})) \gamma_{1,\mathbf{y}} G_0(\xi - \mathbf{y}) ds_{\mathbf{y}}$$

und erhalten für $\xi \notin \Gamma$ die Darstellung

$$(D_0\varphi)(\xi) = -\varphi(\mathbf{x})\, J(\xi) + \psi_0(\xi). \tag{3.3.18}$$

Die rechte bzw. linke Seite in (3.3.17) besitzen für $D \leftarrow D_0$, $G \leftarrow G_0$ und damit $\widetilde{\gamma_1} = \gamma_1$ wegen Korollar 3.3.12 bzw. (3.3.18) die Darstellungen

$$\psi_0(\mathbf{x}) + \varphi(\mathbf{x})\left(\int_\Gamma \gamma_{1,\mathbf{y}} G_0(\mathbf{x}-\mathbf{y})\, ds_\mathbf{y} + \frac{\sigma 1 - 1}{2} + J(\mathbf{x})\right) = \psi_0(\mathbf{x}) - \varphi(\mathbf{x}) \lim_{n\to\infty} J(\mathbf{x}_n^\sigma)$$

bzw.

$$-\varphi(\mathbf{x}) \lim_{n\to\infty} J(\mathbf{x}_n^\sigma) + \lim_{n\to\infty} \psi_0(\mathbf{x}_n^\sigma).$$

Damit genügt es, $\lim_{n\to\infty} \psi_0(\mathbf{x}_n^\sigma) \to \psi_0(\mathbf{x})$ zu zeigen.

Für die Differenzfunktion erhalten wir die Abschätzung

$$|\psi_0(\mathbf{x}) - \psi_0(\mathbf{x}_n^\sigma)| \le \frac{1}{\omega_d \sqrt{\det \mathbf{A}}} \int_\Gamma k(\mathbf{x}_n^\sigma, \mathbf{x}, \mathbf{y})\, ds_\mathbf{y}$$

mit

$$k(\xi, \mathbf{x}, \mathbf{y}) := \left| \frac{\langle \mathbf{n}(\mathbf{y}), \mathbf{x}-\mathbf{y}\rangle}{\|\mathbf{x}-\mathbf{y}\|_\mathbf{A}^d} - \frac{\langle \mathbf{n}(\mathbf{y}), \xi-\mathbf{y}\rangle}{\|\xi-\mathbf{y}\|_\mathbf{A}^d} \right| |\varphi(\mathbf{y}) - \varphi(\mathbf{x})|.$$

Der Grenzübergang $\mathbf{x}_n^\sigma \to \mathbf{x}_n$ bestimmt sich aus dem Verhalten der Kernfunktion k für $\xi \to \mathbf{x}$. Das Integral über Γ wird dazu zerlegt in ein Integral über $\Gamma \backslash K_\delta(\mathbf{x})$ und $\Gamma \cap K_\delta(\mathbf{x})$ mit hinreichend kleinem $\delta > 0$. Für $\xi \to \mathbf{x}$ und $\mathbf{y} \in \Gamma \backslash K_\delta(\mathbf{x})$ gilt offensichtlich $\lim_{\xi\to\mathbf{x}} k(\xi, \mathbf{x}, \mathbf{y}) = 0$ und daher

$$\lim_{\xi\to\mathbf{x}} \int_{\Gamma\backslash K_\delta(\mathbf{x})} k(\xi, \mathbf{x}, \mathbf{y})\, ds_\mathbf{y} = 0.$$

Das Integrationsgebiet $\Gamma \cap K_\delta(\mathbf{x})$ wird weiter in glatte Teilstücke zerlegt. Die folgende Konstruktion wird in Abbildung 3.2 illustriert. Sei dazu τ ein Paneel mit $\mathbf{x} \in \overline{\tau}$ und glatter Fortsetzung $\tau^\star$ (vgl. Definition 2.2.9). Für die Konvergenzbetrachtungen dürfen wir o.B.d.A. annehmen, daß alle $\mathbf{x}_n^\sigma$ in $K_\delta(\mathbf{x})$ enthalten sind und für jedes $\xi \in \{\mathbf{x}_n^\sigma : n \in \mathbb{N}\}$ ein orthogonales Element $\xi_\perp \in \tau^\star$ existiert mit

$$\xi - \xi_\perp = \sigma \|\xi - \xi_\perp\|\, \mathbf{n}(\xi_\perp). \tag{3.3.19}$$

Der Beweis ist gegeben, falls die

Hilfsbehauptung:

$$I(\xi) := \int_{\tau\cap K_\delta(\mathbf{x})} k(\xi, \mathbf{x}, \mathbf{y})\, ds_\mathbf{y} \to 0 \qquad \text{für } \xi \to \mathbf{x}$$

gezeigt ist.

Fall a: Zunächst betrachten wir Folgen, die eine Winkelbedingung erfüllen, d.h., es existiert ein $\alpha \in]0,1[$ mit

$$\|\xi - \xi_\perp\| \ge \alpha \|\xi - \mathbf{x}\| \qquad \forall \xi \in \{\mathbf{x}_n^\sigma : n \in \mathbb{N}\}. \tag{3.3.20}$$

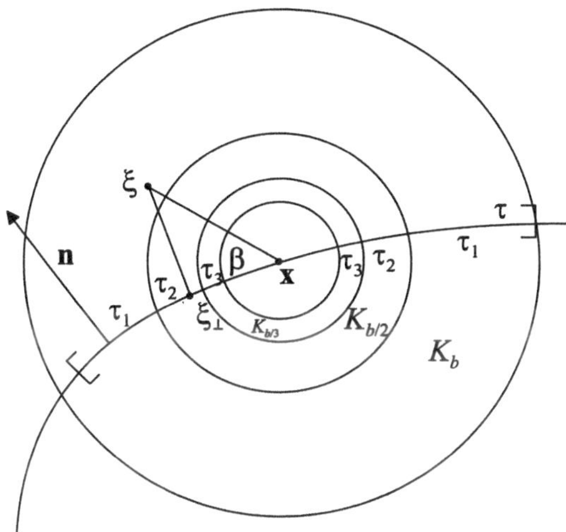

Abbildung 3.2: Punkt ξ, der gegen $\mathbf{x} \in \Gamma$ konvergiert. Die Winkelbedingung impliziert, daß der Winkel β nicht zu klein wird. Die konzentrischen Kreise $K_{b/i}$ schneiden aus τ die Teilstücke τ_i heraus.

Für hinreichend großes $n \in \mathbb{N}$ existiert ein $m = m(n) \in \mathbb{N}$ mit

$$\frac{b}{4m} \leq \|\mathbf{x}_n^\sigma - \mathbf{x}\| \leq \frac{b}{2m}, \tag{3.3.21}$$

wobei $b > 0$ die kleinste Zahl ist mit $\tau \subset K_b(\mathbf{x})$. Im nächsten Schritt wird $\tau \cap K_\delta(\mathbf{x})$ in m Teilgebiete zerlegt

$$\begin{aligned} \tau_m &:= \tau \cap K_{\frac{b}{m}}(\mathbf{x}), \\ \tau_i &:= \tau \cap \left(K_{\frac{b}{i}}(\mathbf{x}) \backslash K_{\frac{b}{i+1}}(\mathbf{x})\right) \qquad 1 \leq i \leq m-1. \end{aligned} \tag{3.3.22}$$

Damit gilt

$$\tau \cap K_\delta(\mathbf{x}) = \bigcup_{i=1}^m \tau_i, \qquad |\tau_m| \leq Cm^{1-d}, \qquad |\tau_i| \leq Ci^{-d} \quad \text{für } 1 \leq i < m-1. \tag{3.3.23}$$

Die Integrale über diese Teilbereiche werden mit

$$T_i := \int_{\tau_i} k(\mathbf{x}_n^\sigma, \mathbf{x}, \mathbf{y}) \, ds_\mathbf{y}$$

bezeichnet, wobei wir vereinbaren, daß Integrale über Nullmengen oder leere Mengen Null gesetzt werden. Schließlich benötigen wir die Größe

$$\rho(\beta) := \sup\{|\varphi(\eta) - \varphi(\mathbf{x})| : \|\eta - \mathbf{x}\| \leq \beta\}, \tag{3.3.24}$$

die wegen der Stetigkeit von φ in $\mathbf{x}$ für $\beta \to 0$ gegen Null konvergiert. Daraus folgt

$$I(\xi) \leq \sum_{i=1}^m T_i.$$

Wir beginnen mit der Abschätzung der Kernfunktion auf τ_m, verwenden Lemma 2.2.14, (3.3.24) und die Äquivalenz der Normen $\|\cdot\|, \|\cdot\|_{\mathbf{A}}$, um

$$k(\xi,\mathbf{x},\mathbf{y}) \leq C\rho\left(\frac{b}{m}\right)\left(\left|\frac{1}{\|\mathbf{x}-\mathbf{y}\|_{\mathbf{A}}^{d-2}}\right| + \left|\frac{1}{\|\xi-\mathbf{y}\|_{\mathbf{A}}^{d-1}}\right|\right) \tag{3.3.25}$$

zu erhalten. Wir schätzen den Nenner des zweiten Summanden ab

$$\|\xi-\mathbf{y}\|_{\mathbf{A}}^2 \geq c\|\xi-\mathbf{y}\|^2 \geq c\left(\|\xi-\xi_\perp\|^2 - 2\left|\langle\xi-\xi_\perp,\xi_\perp-\mathbf{y}\rangle\right| + \|\xi_\perp-\mathbf{y}\|^2\right). \tag{3.3.26}$$

Der mittlere Summand in (3.3.26) kann mit Hilfe von Lemma 2.2.14 und (3.3.19) abgeschätzt werden

$$\left|\langle\xi-\xi_\perp,\xi_\perp-\mathbf{y}\rangle\right| = \|\xi-\xi_\perp\|\left|\langle\mathbf{n}(\xi_\perp),\xi_\perp-\mathbf{y}\rangle\right| \leq C\|\xi-\mathbf{x}\|\,\|\xi_\perp-\mathbf{y}\|^2 \leq C\delta\|\xi_\perp-\mathbf{y}\|^2.$$

Für $\delta \leq (4C)^{-1}$ haben wir damit gezeigt, daß

$$\|\xi-\mathbf{y}\|_{\mathbf{A}}^2 \geq c\|\xi-\mathbf{y}\|^2 \geq \frac{c}{2}\left(\|\xi-\xi_\perp\|^2 + \|\xi_\perp-\mathbf{y}\|^2\right) \overset{(3.3.20)}{\geq} \frac{c}{2}\alpha^2\|\xi-\mathbf{x}\|^2 \geq \frac{c}{2}\left(\frac{b\alpha}{m}\right)^2$$

gilt. Zusammen ergibt sich die Abschätzung

$$k(\xi,\mathbf{x},\mathbf{y}) \leq \tilde{C}\rho\left(\frac{b}{m}\right)\left(\left|\frac{1}{\|\mathbf{x}-\mathbf{y}\|_{\mathbf{A}}^{d-2}}\right| + \left(\frac{m}{\alpha}\right)^{d-1}\right).$$

Das bedeutet

$$T_m = \int_{\tau_m} k(\mathbf{x}_n^\sigma,\mathbf{x},\mathbf{y})\,ds_{\mathbf{y}} \leq \tilde{C}\rho\left(\frac{b}{m}\right)\left\{\int_\Gamma \frac{1}{\|\mathbf{x}-\mathbf{y}\|_{\mathbf{A}}^{d-2}}ds_{\mathbf{y}} + |\tau_m|\left(\frac{m}{\alpha}\right)^{d-1}\right\}.$$

Wir bereits im Beweis von Satz 3.3.5 gezeigt wurde, ist das Integral in obiger Abschätzung beschränkt. Da sich die Fläche $|\tau_m|$ nach oben durch Cm^{1-d} abschätzen läßt, folgt $T_m \to 0$ aus $\rho(b/m) \to 0$ für $m \to \infty$.

Für die übrigen Terme T_i, $1 \leq i \leq m-1$, verwenden wir die Aufspaltung

$$\begin{aligned}
&\frac{\langle\mathbf{n}(\mathbf{y}),\mathbf{x}-\mathbf{y}\rangle}{\|\mathbf{x}-\mathbf{y}\|_{\mathbf{A}}^d} - \frac{\langle\mathbf{n}(\mathbf{y}),\xi-\mathbf{y}\rangle}{\|\xi-\mathbf{y}\|_{\mathbf{A}}^d} \\
&\quad = \frac{\langle\mathbf{n}(\mathbf{y}),\mathbf{x}-\xi\rangle}{\|\xi-\mathbf{y}\|_{\mathbf{A}}^d} + \left(\frac{1}{\|\mathbf{x}-\mathbf{y}\|_{\mathbf{A}}} - \frac{1}{\|\xi-\mathbf{y}\|_{\mathbf{A}}}\right)\sum_{k=1}^d \frac{\langle\mathbf{n}(\mathbf{y}),\mathbf{x}-\mathbf{y}\rangle}{\|\mathbf{x}-\mathbf{y}\|_{\mathbf{A}}^{d-k}\|\xi-\mathbf{y}\|_{\mathbf{A}}^{k-1}} =: S_1 + S_2.
\end{aligned}$$

Der zweite Summand läßt sich mit Hilfe der umgekehrten Dreiecksungleichung abschätzen

$$|S_2| \leq \frac{\left|\|\xi-\mathbf{y}\|_{\mathbf{A}} - \|\mathbf{x}-\mathbf{y}\|_{\mathbf{A}}\right|}{\|\mathbf{x}-\mathbf{y}\|_{\mathbf{A}}\|\xi-\mathbf{y}\|_{\mathbf{A}}}\sum_{k=1}^d \frac{\|\mathbf{x}-\mathbf{y}\|}{\|\mathbf{x}-\mathbf{y}\|_{\mathbf{A}}^{d-k}\|\xi-\mathbf{y}\|_{\mathbf{A}}^{k-1}} \leq C\sum_{k=1}^d \frac{\|\mathbf{x}-\xi\|_{\mathbf{A}}}{\|\mathbf{x}-\mathbf{y}\|_{\mathbf{A}}^{d-k}\|\xi-\mathbf{y}\|_{\mathbf{A}}^{k}},$$

so daß auf dem Teilstück τ_i

$$|S_1+S_2| \leq \frac{\|\mathbf{x}-\xi\|}{\|\xi-\mathbf{y}\|_{\mathbf{A}}^d} + \tilde{C}\sum_{k=1}^d \frac{\|\mathbf{x}-\xi\|_{\mathbf{A}}}{\|\mathbf{x}-\mathbf{y}\|_{\mathbf{A}}^{d-k}\|\xi-\mathbf{y}\|_{\mathbf{A}}^{k}} =: S^{(i)}$$

bewiesen ist. Verwendet man auf τ_i die Abschätzungen (3.3.21)-(3.3.23) und

$$\frac{1}{\|\xi - \mathbf{y}\|^k} \leq \frac{1}{|\|\mathbf{x} - \mathbf{y}\| - \|\xi - \mathbf{x}\||^k} \leq \frac{1}{\left(\frac{b}{i+1} - \frac{b}{2m}\right)^k} \leq \left(\frac{i+1}{b}\right)^k \frac{1}{\left(1 - \frac{i+1}{2m}\right)^k} \leq \left(2\frac{i+1}{b}\right)^k$$

ergibt sich

$$S^{(i)} \leq C\frac{(i+1)^d}{m}$$

mit einer Konstanten C, die lediglich von $\mathbf{A}$, b und d abhängt. Daraus folgt mit (3.3.23)

$$\sum_{i=1}^{m} T_i \leq \frac{C}{m}\sum_{i=1}^{m} \rho\left(\frac{b}{i}\right)\frac{(i+1)^d}{i^d} \leq \frac{\hat{C}}{m}\sum_{i=1}^{m} \rho\left(\frac{b}{i}\right). \tag{3.3.27}$$

Da $\rho(b/i)$ eine Nullfolge ist, konvergiert die rechte Seite in (3.3.27) für $m \to \infty$ gegen Null. Wegen (3.3.21) folgt aus $\mathbf{x}_n^\sigma \to \mathbf{x}$ auch $m \to \infty$.

Fall b: Der Beweis der Hilfsbehauptung für Folgen, welche keine Winkelbedingung der Form (3.3.20) erfüllen, erfordert eine kompliziertere Zerlegung des Oberflächenelements τ und wird hier nicht ausgeführt. Wir verweisen auf [54, Theorem 18] für die Details.

Der Beweis für das allgemeine Doppelschichtpotential basiert darauf, daß die Singularität der Differenzfunktion

$$\gamma_{1,\mathbf{y}}\left(G_0(\mathbf{x} - \mathbf{y}) - G(\mathbf{x} - \mathbf{y})\right) \tag{3.3.28}$$

reduziert ist und der zum Differenzkern (3.3.28) gehörende Operator daher stetig auf $\mathbb{R}^d$ fortgesetzt werden kann. Wiederum führen wir die Details hier nicht aus und verweisen auf [63, Lemma 8.1.5] und [54, Theorem 41]. ■

Wir haben bereits erwähnt, daß die explizite Darstellung der Randintegraloperatoren für deren numerische Lösung wesentlich ist. Wir werden uns in Kapitel 4 auf Diskretisierungsverfahren beschränken, für welche die Randintegraloperatoren auf beschränkte, stückweise glatte Funktionen angewendet werden müssen. Die resultierende Funktion wird immer als L^2-Funktion aufgefaßt, deren Werte nur bis auf Nullmengen festgelegt sind. Unter diesen Voraussetzungen kann Satz 3.3.13 vereinfacht werden. Wir verwenden die Notationen aus Definition 2.2.9 und 2.2.12.

Korollar 3.3.14 *Sei $\Gamma \in C^2_{stw}$ und $\varphi \in C^1_{stw}(\Gamma)$. Dann vereinfacht sich (3.3.17) für $\sigma \in \{-,+\}$ als Gleichheit*

$$\gamma_0^\sigma D\varphi = \sigma\frac{1}{2}\varphi + K\varphi \tag{3.3.29}$$

in $L^2(\Gamma)$ mit K aus (3.3.9).

Beweis. Sei $\varphi \in C^1_{stw}(\Gamma)$ beliebig. Korollar 3.3.9 impliziert die Stetigkeit der Operatoren $K : C^1_{stw}(\Gamma) \to L^2(\Gamma)$ und $K' : C^1_{stw}(\Gamma) \to L^2(\Gamma)$. Daraus folgt $K\varphi \in L^2(\Gamma)$. Da die Menge der nichtglatten Punkte $\mathbf{x} \in \Gamma$ das Maß Null hat, spielen diese für die Gleichheit in $L^2(\Gamma)$ keine Rolle und die Behauptung folgt aus Satz 3.3.13. ■

Im nächsten Satz wird die Konormalenspur des Einfachschichtpotentials dargestellt.

Satz 3.3.15 *Sei $\Gamma \in C^2_{stw}$ und $\varphi \in C^1_{stw}(\Gamma)$. Dann gilt für $\sigma \in \{-,+\}$*

$$\gamma_1^\sigma S\varphi = -\left(\sigma\frac{1}{2}\varphi - K'\varphi\right) \qquad f.ü.\ auf\ \Gamma \tag{3.3.30}$$

mit K' aus (3.3.9).

Die Sprungrelation (3.3.30) wird analog wie Satz 3.3.13 zunächst in glatten Oberflächenpunkten $\mathbf{x}$ bewiesen. Zusätzlich muß die Differenz $\mathbf{n}(\mathbf{y}) - \mathbf{n}(\mathbf{x})$ in einer Umgebung von $\mathbf{x}$ abgeschätzt werden. Die Details finden sich in [54, Theorem 21] und werden hier nicht ausgeführt.

3.3.4 Explizite Darstellung des Randintegraloperators W

Wir wenden uns nun dem Operator W zu. In Satz 3.3.1 wurde bereits gezeigt, daß $[\gamma_1 D] = 0$ gilt. Diese Aussage beinhaltet jedoch keine explizite Darstellung des Randintegraloperators W. Wir nehmen vorweg, daß das Integral über die Funktion $\gamma_{1,\mathbf{x}}\widetilde{\gamma_{1,\mathbf{y}}}G(\mathbf{x}-\mathbf{y})\varphi(\mathbf{y})$ im allgemeinen nicht als uneigentliches Integral über $\Gamma \times \Gamma$ existiert und daher die Differentiation mit der Integration nicht vertauscht werden kann (vgl. Bemerkung 4.1.34). Es existieren jedoch verschiedene Darstellungen der Spur $\gamma_1 D$ als uneigentliches Integral. Wir wählen hier die Darstellung mittels *partieller Integration*, welche bezüglich der numerischen Diskretisierung günstige Stabilitätseigenschaften besitzt und auf [95], [104], [80] zurückgeht. Alternativ läßt sich mit Hilfe eines verallgemeinerten Integralbegriffs (Cauchy-Hauptwert, part-fini-Integral) das Integral für die Funktion $\gamma_{1,\mathbf{x}}\widetilde{\gamma_{1,\mathbf{y}}}G(\mathbf{x}-\mathbf{y})\varphi(\mathbf{y})$ erklären. Den Cauchy-Hauptwert werden wir in Kapitel 5.1.2 behandeln; für den Zugang über hypersinguläre oder part-fini-Integrale verweisen wir auf [129], [134].

In diesem Unterkapitel werden elementare Eigenschaften der Fourier-Analysis verwendet, die beispielsweise in [1], [162] bewiesen sind.

Für $\varphi \in H^{1/2}(\Gamma)$ ist das Doppelschichtpotential $D\varphi$ durch (3.1.5) bzw. Definition 3.1.5 erklärt. Wir setzen

$$X := \left\{D\varphi : \varphi \in H^{1/2}(\Gamma)\right\}$$

und erinnern an die Relationen

$$[u] = \varphi, \quad [\gamma_1 u] = 0 \quad \text{und} \quad L\left(u|_{\Omega^- \cup \Omega^+}\right) = 0 \quad \text{auf } \Omega^- \cup \Omega^+ \tag{3.3.31}$$

für alle $u = D\varphi \in X$ und L wie in (3.1.1). Wir setzen $\mathbf{L}^2(\mathbb{R}^3) := \left(L^2(\mathbb{R}^3)\right)^3$. Da die Matrix $\mathbf{A}$ positiv definit ist, läßt sich eine positiv definite Matrix $\mathbf{A}^{1/2}$ eindeutig durch $\mathbf{A}^{1/2}\mathbf{A}^{1/2} = \mathbf{A}$ definieren. Die Funktion u ist im allgemeinen unstetig über Γ, so daß sich der Gradient ∇u nicht im klassischen Sinne definieren läßt, sondern als Distribution aufgefaßt werden muß. Der „Funktionsanteil" $\mathbf{g} \in \mathbf{L}^2(\mathbb{R}^3)$ von $\mathbf{A}^{1/2}\nabla u$ ist durch

$$\mathbf{g}|_{\Omega^\sigma} := \mathbf{A}^{1/2}\nabla\, u|_{\Omega^\sigma} \qquad \sigma \in \{-,+\} \tag{3.3.32}$$

auf $\Omega^- \cup \Omega^+$ definiert.

Lemma 3.3.16 *Sei $\mathbf{g}$ wie in (3.3.32) und die Koeffizienten in L wie in (3.1.1) mit $\mathbf{A}$, $\mathbf{b}$, c bezeichnet . Dann gilt*

$$\operatorname{div}\left(\mathbf{A}^{1/2}\mathbf{g}\right) - 2\left\langle \mathbf{A}^{-1/2}\mathbf{b}, \mathbf{g}\right\rangle - cu = 0$$

im Sinne einer Distribution auf $C_0^\infty(\mathbb{R}^3)$.

Beweis. Die Sprungrelationen (3.3.31), die Definition der schwachen Ableitung und partielle Integration auf den Teilgebieten Ω^-, Ω^+ ergeben für alle $w \in C_0^\infty(\mathbb{R}^3)$

$$\begin{aligned} \operatorname{div}\left(\mathbf{A}^{1/2}\mathbf{g}\right)(w) &= -\int_{\mathbb{R}^3} \left\langle \mathbf{A}^{1/2}\mathbf{g}, \nabla w\right\rangle d\mathbf{x} = -\int_{\Omega^-\cup\Omega^+} \left\langle \mathbf{A}^{1/2}\mathbf{g}, \nabla w\right\rangle d\mathbf{x} \\ &= \int_{\Omega^-\cup\Omega^+} \operatorname{div}\left(\mathbf{A}^{1/2}\mathbf{g}\right) w d\mathbf{x} + \int_\Gamma [\gamma_1 u]\, w ds \\ &= \int_{\Omega^-\cup\Omega^+} \left((-Lu) + 2\left\langle \mathbf{A}^{-1/2}\mathbf{b}, \mathbf{g}\right\rangle + cu\right) w d\mathbf{x}. \end{aligned}$$

■

In folgendem Lemma tritt das Oberflächenfunktional δ_Γ auf, welches für hinreichend glatte Testfunktionen $\mathbf{v}, \mathbf{w}$ durch

$$\mathbf{v}\delta_\Gamma(\mathbf{w}) := \int_\Gamma \langle \mathbf{v}, \mathbf{w}\rangle (\mathbf{x})\, ds_{\mathbf{x}} \tag{3.3.33}$$

erklärt ist.

Lemma 3.3.17 *Sei $u = D\varphi \in X$ und $\mathbf{g}$ wie in (3.3.32). Dann gilt*

$$\mathbf{A}^{1/2}\nabla u - \mathbf{g} = \varphi \mathbf{A}^{1/2}\mathbf{n}\delta_\Gamma$$

im Sinne einer Distribution auf $\mathbf{C}_0^\infty(\mathbb{R}^3)$.

Beweis. Für $\mathbf{w} \in \mathbf{C}_0^\infty(\mathbb{R}^3)$ gilt

$$\begin{aligned} \left(\mathbf{A}^{1/2}\nabla u\right)(\mathbf{w}) &= -\int_{\mathbb{R}^3} u \operatorname{div}\left(\mathbf{A}^{1/2}\mathbf{w}\right) d\mathbf{x} = \int_{\Omega^-\cup\Omega^+} \left\langle \mathbf{A}^{1/2}\nabla u, \mathbf{w}\right\rangle d\mathbf{x} + \int_\Gamma \varphi \left\langle \mathbf{A}^{1/2}\mathbf{n}, \mathbf{w}\right\rangle ds \\ &= \int_{\Omega^-\cup\Omega^+} \langle \mathbf{g}, \mathbf{w}\rangle\, d\mathbf{x} + \varphi \mathbf{A}^{1/2}\mathbf{n}\delta_\Gamma(\mathbf{w}). \end{aligned}$$

■

Damit haben wir das Gleichungssystem

$$\begin{aligned} \operatorname{div}\left(\mathbf{A}^{1/2}\mathbf{g}\right) - 2\left\langle \mathbf{A}^{-1/2}\mathbf{b}, \mathbf{g}\right\rangle - cu &= 0 \\ \mathbf{A}^{1/2}\nabla u - \mathbf{g} &= \varphi \mathbf{A}^{1/2}\mathbf{n}\delta_\Gamma \end{aligned} \tag{3.3.34}$$

für die Funktionen $u, \mathbf{g}$ hergleitet.

Fall 1: $c \neq 0$.

Elimination von u in der ersten Gleichung ergibt mit der Abkürzung $\nabla^\intercal := \operatorname{div}$

$$\mathbf{L}\mathbf{g} := \frac{1}{c}\left(\mathbf{A}^{1/2}\nabla\nabla^\intercal \mathbf{A}^{1/2}\mathbf{g} - 2\mathbf{A}^{1/2}\nabla \mathbf{b}^\intercal \mathbf{A}^{-1/2}\mathbf{g}\right) - \mathbf{g} = \varphi \mathbf{A}^{1/2}\mathbf{n}\delta_\Gamma. \tag{3.3.35}$$

Wir setzen

$$\mathbf{\Sigma} := -cG\mathbf{I} - \operatorname{rot}_{\mathbf{A},-2\mathbf{b}} \operatorname{rot}_{\mathbf{A},0}(G\mathbf{I}) \tag{3.3.36}$$

mit

$$\operatorname{rot}_{\mathbf{A},\mathbf{v}} \mathbf{w} := \left(\mathbf{A}^{1/2}\nabla + \mathbf{A}^{-1/2}\mathbf{v}\right) \times \mathbf{w}$$

und der Fundamentallösung G aus (3.1.3). Die Anwendung des Differentialoperators $\operatorname{rot}_{\mathbf{A},\mathbf{v}}$ auf eine Matrix ist spaltenweise erklärt:

$$\mathbf{\Sigma}\mathbf{w} = -cG\mathbf{w} - \operatorname{rot}_{\mathbf{A},-2\mathbf{b}} \operatorname{rot}_{\mathbf{A},0}(G\mathbf{w}).$$

Lemma 3.3.18 *Sei $c \neq 0$. Die Funktion $\mathbf{\Sigma}$ in (3.3.36) ist eine Fundamentallösung des Operators $\mathbf{L}$ in (3.3.35)*

$$\mathbf{L\Sigma} = \delta\mathbf{I}. \tag{3.3.37}$$

Beweis. Die Fouriertransformation der Gleichung (3.3.37) ergibt mit den Substitutionen $\zeta := \mathbf{A}^{1/2}\xi$ und $\tilde{\mathbf{b}} := \mathbf{A}^{-1/2}\mathbf{b}$

$$\left(-\frac{1}{c}\zeta\zeta^\intercal - \frac{2i}{c}\zeta\tilde{\mathbf{b}}^\intercal - \mathbf{I}\right)\hat{\mathbf{\Sigma}} = \mathbf{I}. \tag{3.3.38}$$

Einsetzen der Fouriertransformierten von $\mathbf{\Sigma}$

$$\hat{\mathbf{\Sigma}} = \frac{-c\mathbf{I}}{\|\zeta\|^2 + 2i\tilde{\mathbf{b}}^\intercal\zeta + c} - \left(i\zeta - 2\tilde{\mathbf{b}}\right) \times \left(i\zeta \times \frac{\mathbf{I}}{\|\zeta\|^2 + 2i\tilde{\mathbf{b}}^\intercal\zeta + c}\right) \tag{3.3.39}$$

in (3.3.38) ergibt mit Übungsaufgabe 3.3.19 die Behauptung. ■

Übungsaufgabe 3.3.19 *Zeigen Sie, daß die Funktion $\hat{\mathbf{\Sigma}}$ in (3.3.39) die Gleichung (3.3.38) erfüllt.*

Mittels der Fundamentallösung $\mathbf{\Sigma}$ läßt sich die Lösung von (3.3.35) als Faltung darstellen

$$\mathbf{g} = \mathbf{\Sigma} \star \left(\varphi\mathbf{A}^{1/2}\mathbf{n}\delta_\Gamma\right). \tag{3.3.40}$$

Fall 2: $c = 0$.

Wir eliminieren aus der zweiten Gleichung in (3.3.34) die Funktion u, indem wir den Operator $\operatorname{rot}_{\mathbf{A},0}$ anwenden und $\operatorname{rot}_{\mathbf{A},0}\left(\mathbf{A}^{1/2}\operatorname{grad} u\right) = 0$ ausnützen. Dies ergibt

$$-\operatorname{rot}_{\mathbf{A},\mathbf{0}}\mathbf{g} = \operatorname{rot}_{\mathbf{A},\mathbf{0}}\left(\varphi\mathbf{A}^{1/2}\mathbf{n}\delta_\Gamma\right). \tag{3.3.41}$$

Die Anwendung des Operators $\mathbf{A}^{1/2}\nabla$ auf die erste Gleichung in (3.3.34) (mit $c = 0$) liefert mit der Beziehung

$$\mathbf{A}^{1/2}\nabla\left(\operatorname{div}\mathbf{A}^{1/2}\mathbf{g}\right) = \operatorname{div}(\mathbf{A}\nabla)\mathbf{g} + \operatorname{rot}_{\mathbf{A},\mathbf{0}}\operatorname{rot}_{\mathbf{A},\mathbf{0}}\mathbf{g}$$

die Gleichung

$$\operatorname{div}(\mathbf{A}\nabla)\mathbf{g} + \operatorname{rot}_{\mathbf{A},0}\operatorname{rot}_{\mathbf{A},0}\mathbf{g} - 2\mathbf{A}^{1/2}\nabla\left\langle\mathbf{A}^{-1/2}\mathbf{b},\mathbf{g}\right\rangle = 0. \tag{3.3.42}$$

Elementare Tensoralgebra führt auf die beiden Relationen:

$$\begin{aligned} \operatorname{rot}_{\mathbf{A},0}\operatorname{rot}_{\mathbf{A},0}\mathbf{g} &= \operatorname{rot}_{\mathbf{A},-2\mathbf{b}}\operatorname{rot}_{\mathbf{A},0}\mathbf{g} + 2\left(\mathbf{A}^{-1/2}\mathbf{b}\right) \times \operatorname{rot}_{\mathbf{A},0}\mathbf{g} \\ 2\left(\mathbf{A}^{-1/2}\mathbf{b}\right) \times \operatorname{rot}_{\mathbf{A},0}\mathbf{g} - 2\mathbf{A}^{1/2}\nabla\left\langle\mathbf{A}^{-1/2}\mathbf{b},\mathbf{g}\right\rangle &= -2\left\langle\mathbf{b},\nabla\right\rangle\mathbf{g}. \end{aligned} \tag{3.3.43}$$

Kombination von (3.3.41) - (3.3.43) liefert:

$$\operatorname{div}(\mathbf{A}\nabla)\mathbf{g} - 2\left\langle\mathbf{b},\nabla\right\rangle\mathbf{g} = \operatorname{rot}_{\mathbf{A},-2\mathbf{b}}\operatorname{rot}_{\mathbf{A},0}\left(\varphi\mathbf{n}\delta_\Gamma\right).$$

Die Lösung dieser Gleichung ist

$$\mathbf{g} = -(G\mathbf{I}) \star \operatorname{rot}_{\mathbf{A},-2\mathbf{b}} \operatorname{rot}_{\mathbf{A},0} (\varphi \mathbf{n} \delta_\Gamma).$$

Da Differentialoperatoren mit Faltungen vertauschen, gilt:

$$\mathbf{g} = -\operatorname{rot}_{\mathbf{A},-2\mathbf{b}} \operatorname{rot}_{\mathbf{A},0} (G\mathbf{I}) \star (\varphi \mathbf{n} \delta_\Gamma).$$

Dies bedeutet, daß die Darstellungen (3.3.36) und (3.3.40) auch für $c = 0$ gültig bleiben.

Elementare Eigenschaften des Faltungsprodukts (vgl. [162, Chap. VI.3]) ergeben mit (3.3.33)

$$\mathbf{g}(\mathbf{x}) = \left(\varphi \mathbf{A}^{1/2} \mathbf{n} \delta_\Gamma \star \mathbf{\Sigma}\right)(\mathbf{x}) = \int_\Gamma \varphi(\mathbf{y}) \left\langle \mathbf{A}^{1/2} \mathbf{n}_\mathbf{y}, \mathbf{\Sigma}(\mathbf{x}-\mathbf{y}) \cdot \right\rangle ds_\mathbf{y}. \tag{3.3.44}$$

Wie in (3.3.31) wird $u = D\varphi \in X$ für ein beliebiges $\varphi \in H^{1/2}(\Gamma)$ gesetzt. Wir verwenden die Relation (3.3.32) zwischen $\mathbf{g}$ und $\mathbf{A}^{1/2}\nabla u$ und bemerken die Stetigkeit von $\left\langle \mathbf{A}^{1/2}\mathbf{n}_\mathbf{x}, \mathbf{g}(\mathbf{x}) \right\rangle$ über Γ (vgl. (3.3.31)). Damit gilt für alle $\psi \in H^{1/2}(\Gamma)$

$$\int_\Gamma (\gamma_1 u)\, \psi ds = \int_\Gamma \langle \mathbf{A}\mathbf{n}, \nabla u \rangle\, \psi ds = \int_\Gamma \left\langle \mathbf{A}^{1/2}\mathbf{n}_\mathbf{x}, \mathbf{g}(\mathbf{x}) \right\rangle \psi(\mathbf{x})\, ds_\mathbf{x} \tag{3.3.45}$$

$$= \int_\Gamma \int_\Gamma \varphi(\mathbf{y})\, \psi(\mathbf{x}) \left\langle \mathbf{A}^{1/2}\mathbf{n}_\mathbf{y}, \mathbf{\Sigma}(\mathbf{x}-\mathbf{y})\, \mathbf{A}^{1/2}\mathbf{n}_\mathbf{x} \right\rangle ds_\mathbf{y} ds_\mathbf{x}. \tag{3.3.46}$$

Die Definition der Funktion $\mathbf{\Sigma}$ in (3.3.36) ist etwas unhandlich, und wir werden im nächsten Schritt den Integranden in (3.3.46) vereinfachen. Der erste Summand von $\mathbf{\Sigma}$ in (3.3.36) motiviert die Definition des Integrals

$$I_1 := -c \int_\Gamma \int_\Gamma G(\mathbf{x}-\mathbf{y})\, \varphi(\mathbf{y})\, \psi(\mathbf{x}) \left\langle \mathbf{A}^{1/2}\mathbf{n}_\mathbf{y}, \mathbf{A}^{1/2}\mathbf{n}_\mathbf{x} \right\rangle ds_\mathbf{y} ds_\mathbf{x}. \tag{3.3.47}$$

Damit ist die rechte Seite in (3.3.46) gleich $I_1 + I_2$ mit

$$I_2 := \int_\Gamma \left\langle -\operatorname{rot}_{\mathbf{A},-2\mathbf{b}} \operatorname{rot}_{\mathbf{A},\mathbf{0}} G\mathbf{I} \star \left(\varphi \mathbf{A}^{1/2}\mathbf{n}\delta_\Gamma\right), \psi \mathbf{A}^{1/2}\mathbf{n} \right\rangle ds.$$

Da Differentialoperatoren mit Faltungsprodukten beliebig vertauscht werden dürfen, gilt

$$\begin{aligned} I_2 &= -\int_\Gamma \left\langle \operatorname{rot}_{\mathbf{A},-2\mathbf{b}} G\mathbf{I} \star \left(\operatorname{rot}_{\mathbf{A},\mathbf{0}} \left(\varphi \mathbf{A}^{1/2}\mathbf{n}\delta_\Gamma\right)\right), \psi \mathbf{A}^{1/2}\mathbf{n} \right\rangle ds \\ &= -\left(\operatorname{rot}_{\mathbf{A},-2\mathbf{b}} G\mathbf{I} \star \left(\operatorname{rot}_{\mathbf{A},\mathbf{0}} \left(\varphi \mathbf{A}^{1/2}\mathbf{n}\delta_\Gamma\right)\right)\right)\left(\psi \mathbf{A}^{1/2}\mathbf{n}\delta_\Gamma\right). \end{aligned}$$

Lemma 3.3.20 *Das Integral I_2 besitzt die Darstellung*

$$I_2 = \left\langle G\mathbf{I} \star \left(\operatorname{rot}_{\mathbf{A},\mathbf{0}} \left(\varphi \mathbf{A}^{1/2}\mathbf{n}\delta_\Gamma\right)\right), \operatorname{rot}_{\mathbf{A},2\mathbf{b}} \left(\psi \mathbf{A}^{1/2}\mathbf{n}\delta_\Gamma\right) \right\rangle.$$

Beweis. Sei $\mathbf{v} \in \mathbb{R}^3$, $\mathbf{q} := G\mathbf{I} \star \left(\operatorname{rot}_{\mathbf{A},\mathbf{0}} \left(\varphi \mathbf{A}^{1/2} \mathbf{n} \delta_\Gamma\right)\right)$ und $\mathbf{w} := \psi \mathbf{A}^{1/2} \mathbf{n} \delta_\Gamma$. Aus der Parsevalschen Gleichung folgt

$$\begin{aligned}(\operatorname{rot}_{\mathbf{A},\mathbf{v}}(\mathbf{q}), \mathbf{w})_{L^2(\mathbb{R}^3)} &= \frac{1}{(2\pi)^3} \left(\widehat{\operatorname{rot}_{\mathbf{A},\mathbf{v}}(\mathbf{q})}, \widehat{\mathbf{w}}\right)_{L^2(\mathbb{R}^3)} \\ &= \frac{1}{(2\pi)^3} \int_{\mathbb{R}^3} \left\langle \left(\mathbf{A}^{1/2} i\xi + \mathbf{A}^{-1/2}\mathbf{v}\right) \times \mathbf{q}(\xi), \overline{\widehat{\mathbf{w}}}(\xi) \right\rangle d\xi,\end{aligned}$$

wobei $\langle \cdot, \cdot \rangle$ ohne komplexe Konjugation definiert ist. Elementare Tensoralgebra liefert

$$\begin{aligned}(\operatorname{rot}_{\mathbf{A},\mathbf{v}}(\mathbf{q}), \mathbf{w})_{L^2(\mathbb{R}^3)} &= \frac{1}{(2\pi)^3} \int_{\mathbb{R}^3} \left\langle \mathbf{q}(\xi), \overline{(\mathbf{A}^{1/2} i\xi - \mathbf{A}^{-1/2}\mathbf{v}) \times \hat{\mathbf{w}}(\xi)} \right\rangle d\xi \\ &= (\mathbf{q}, \operatorname{rot}_{\mathbf{A},-\mathbf{v}}(\mathbf{w}))_{L^2(\mathbb{R}^3)},\end{aligned}$$

woraus sich die Behauptung ergibt. ■

Schließlich berechnen wir die Anwendung von $\operatorname{rot}_{\mathbf{A},\mathbf{v}}$ auf eine Distribution $\psi \mathbf{A}^{1/2} \mathbf{n} \delta_\Gamma$. Wir definieren dazu für $\lambda \in H^{1/2}(\Gamma)$ den Rand-Differentialoperator

$$\operatorname{rot}_{\Gamma,\mathbf{A},\mathbf{v}} \lambda := \left(\mathbf{A}^{1/2} \operatorname{grad} \lambda^\star + \lambda \mathbf{A}^{-1/2} \mathbf{v}\right) \times \mathbf{A}^{1/2} \mathbf{n}, \tag{3.3.48}$$

wobei $\lambda^\star := Z_- \lambda \in H^1(\Omega^-)$ die Spurfortsetzung von λ in Ω^- bezeichnet (vgl. Bemerkung 2.6.12).

Lemma 3.3.21 *Sei $\lambda \in H^{1/2}(\Gamma)$. Dann gilt*

$$\operatorname{rot}_{\mathbf{A},\mathbf{v}} \left(\lambda \mathbf{A}^{1/2} \mathbf{n} \delta_\Gamma\right) = (\operatorname{rot}_{\Gamma,\mathbf{A},\mathbf{v}} \lambda)\, \delta_\Gamma$$

im Sinne einer Distribution auf $\mathbf{C}_0^\infty(\mathbb{R}^3)$.

Beweis. Sei $\mathbf{w} \in \mathbf{C}_0^\infty(\mathbb{R}^3)$. Dann gilt

$$\left(\operatorname{rot}_{\mathbf{A},\mathbf{v}} \left(\lambda \mathbf{A}^{1/2} \mathbf{n} \delta_\Gamma\right)\right)(\mathbf{w}) = \int_\Gamma \left\langle \lambda \mathbf{A}^{1/2} \mathbf{n}, \operatorname{rot}_{\mathbf{A},-\mathbf{v}} \mathbf{w} \right\rangle ds = \int_\Gamma \left\langle \mathbf{n}, \lambda \mathbf{A}^{1/2} \operatorname{rot}_{\mathbf{A},-\mathbf{v}} \mathbf{w} \right\rangle ds. \tag{3.3.49}$$

Sei $\lambda^\star := Z_- \lambda$. Man rechnet leicht nach, daß $\operatorname{div}\left(\mathbf{A}^{1/2} \operatorname{rot}_{\mathbf{A},\mathbf{0}}(\cdot)\right) = 0$ gilt. Mit dem Gaußschen Satz erhalten wir daher

$$\int_\Gamma \left\langle \mathbf{n}, \mathbf{A}^{1/2} \operatorname{rot}_{\mathbf{A},\mathbf{0}}(\lambda \mathbf{w}) \right\rangle ds = \int_{\Omega^-} \operatorname{div}\left(\mathbf{A}^{1/2} \operatorname{rot}_{\mathbf{A},\mathbf{0}}(\lambda^\star \mathbf{w})\right) d\mathbf{x} = 0. \tag{3.3.50}$$

Andererseits ergibt sich mit elementarer Tensoralgebra

$$\mathbf{A}^{1/2} \operatorname{rot}_{\mathbf{A},\mathbf{0}}(\lambda^\star \mathbf{w}) = \mathbf{A}^{1/2} \left(\left(\mathbf{A}^{1/2} \operatorname{grad} \lambda^\star\right) \times \mathbf{w} + \lambda^\star \operatorname{rot}_{\mathbf{A},\mathbf{0}} \mathbf{w}\right). \tag{3.3.51}$$

Kombination von (3.3.49)-(3.3.51) führt auf

$$\begin{aligned}\operatorname{rot}_{\mathbf{A},\mathbf{v}} \left(\lambda \mathbf{A}^{1/2} \mathbf{n} \delta_\Gamma\right)(\mathbf{w}) &= \int_\Gamma \left\langle \mathbf{n}, \lambda \mathbf{A}^{1/2} \operatorname{rot}_{\mathbf{A},\mathbf{0}} \mathbf{w} \right\rangle - \left\langle \mathbf{A}^{1/2} \mathbf{n}, \lambda \left(\mathbf{A}^{-1/2} \mathbf{v}\right) \times \mathbf{w} \right\rangle ds \\ &= -\int_\Gamma \left\langle \mathbf{A}^{1/2} \mathbf{n}, \left(\mathbf{A}^{1/2} \operatorname{grad} \lambda^\star\right) \times \mathbf{w} \right\rangle + \left\langle \mathbf{A}^{1/2} \mathbf{n}, \lambda \left(\mathbf{A}^{-1/2} \mathbf{v}\right) \times \mathbf{w} \right\rangle ds \\ &= \int_\Gamma \left\langle \left(\mathbf{A}^{1/2} \operatorname{grad} \lambda^\star + \lambda \mathbf{A}^{-1/2} \mathbf{v}\right) \times \mathbf{A}^{1/2} \mathbf{n}, \mathbf{w} \right\rangle ds.\end{aligned}$$

■

Damit haben wir die folgende Darstellung von I_2 hergeleitet

$$I_2 = -\int_{\Gamma\times\Gamma} G(\mathbf{x}-\mathbf{y}) \langle \operatorname{rot}_{\Gamma,\mathbf{A},\mathbf{0}} \varphi(\mathbf{x}), \operatorname{rot}_{\Gamma,\mathbf{A},\mathbf{2b}} \psi(\mathbf{y})\rangle \, ds_{\mathbf{x}} ds_{\mathbf{y}}.$$

Die bisherigen Darstellungen ergeben zusammen den Beweis des folgenden Satzes.

Satz 3.3.22 *Sei $\varphi, \psi \in H^{1/2}(\Gamma)$ und $u = D\varphi$. Dann gilt*

$$\begin{aligned} b_W(\varphi,\psi) := &\int_{\Gamma\times\Gamma} G(\mathbf{x}-\mathbf{y}) \langle \operatorname{rot}_{\Gamma,\mathbf{A},\mathbf{0}} \varphi(\mathbf{x}), \operatorname{rot}_{\Gamma,\mathbf{A},\mathbf{2b}} \psi(\mathbf{y})\rangle \, ds_{\mathbf{x}} ds_{\mathbf{y}} \\ &+c\int_{\Gamma\times\Gamma} G(\mathbf{x}-\mathbf{y}) \varphi(\mathbf{x}) \psi(\mathbf{y}) \left\langle \mathbf{A}^{1/2}\mathbf{n}(\mathbf{x}), \mathbf{A}^{1/2}\mathbf{n}(\mathbf{y})\right\rangle ds_{\mathbf{x}} ds_{\mathbf{y}} \quad = -\int_\Gamma (\gamma_1 u)\, \psi ds. \end{aligned}$$

Bemerkung 3.3.23 *Wegen $\gamma_1 u = \gamma_1 D\varphi = -W\varphi$ ergibt sich die Darstellung*

$$b_W(\varphi,\psi) = (W\varphi,\psi)_{L^2(\Gamma)} \qquad \forall \varphi,\psi \in H^{1/2}(\Gamma).$$

Im Zusammenhang mit Galerkin-Diskretisierungen von Randintegralgleichungen muß der Operator $(\gamma_0 \operatorname{grad} Z_- u)$ in (3.3.48) auf zweidimensionale Parametergebiete transformiert werden. Die folgende Bemerkung gibt die zugehörige Transformationsformel an (vgl. [103, Chapter 2]).

Übungsaufgabe 3.3.24 *Sei $\tau \subset \Gamma$ ein Paneel, das vermöge eines $\mathbf{C}^1$-Diffeomorphismus $\chi_\tau : \hat\tau \to \tau$ auf ein zweidimensionales Parametergebiet $\hat\tau \subset \mathbb{R}^2$ zurücktransportiert wird. Sei $\hat u : \hat\tau \to \mathbb{R}$ eine hinreichend glatte Funktion und $u : \tau \to \mathbb{R}$ durch Hochheben definiert $u := \hat u \circ \chi_\tau^{-1}$. Dann gilt*

$$(\gamma_0 \operatorname{grad} Z_- u) \circ \chi_\tau = J_\tau G_\tau^{-1} \hat\nabla \hat u,$$

wobei $\hat\nabla$ den Gradienten bezüglich der Parametervariablen bezeichnet, $J_\tau : \hat\tau \to \mathbb{R}^{3\times 2}$ die Jacobi-Matrix der Transformation χ_τ und $G_\tau := J_\tau^\intercal J_\tau \in \mathbb{R}^{2\times 2}$ die Gramsche Matrix ist.

3.4 Integralgleichungen für elliptische Randwertprobleme

In Kapitel 2.9 haben wir elliptische Randwertprobleme als Variationsprobleme formuliert. Diese Aufgaben lassen sich in Integralgleichungen transformieren, die in diesem Kapitel hergeleitet werden.

Wir stellen hier zwei Methoden vor, um elliptische Randwertprobleme als Randintegralgleichungen zu formulieren. Bei der *indirekten Methode* wird ein Potentialansatz verwendet und die unbekannte Dichtefunktion aus den gegebenen Randdaten bestimmt. Bei der *direkten Methode* werden die gegebenen Randdaten in die Greensche Darstellungsformel eingesetzt und diese nach den unbekannten Randdaten aufgelöst. Die Formulierung elliptischer Randwerprobleme als Integralgleichungen ist aus numerischer Sicht besonders vorteilhaft, falls die rechte Seite der Differentialgleichungen Null ist. In diesem Sinne setzen wir, wenn nicht explizit etwas anderes vereinbart wird, voraus, daß die rechten Seiten f in (2.9.1)- (2.9.9) gleich Null sind. Alle Formulierungen können im Fall nichtverschwindender Quellterme f durch Hinzufügen von Newton-Potentialen $\mathcal{N}f$ modifiziert werden.

Die Sesquilinearformen zu den Operatoren V, K_+, K_-, K'_+, K'_-, W (vgl. (3.1.6)) sind für $\sigma \in \{-,+\}$ durch

$$b_V : H^{-1/2}(\Gamma) \times H^{-1/2}(\Gamma) \to \mathbb{C} \qquad b_V(\varphi,\psi) := (V\varphi,\psi)_{L^2(\Gamma)}$$

$$b_K^\sigma : H^{1/2}(\Gamma) \times H^{-1/2}(\Gamma) \to \mathbb{C} \qquad b_K^\sigma(\varphi,\psi) := \sigma\tfrac{1}{2}(\varphi,\psi)_{L^2(\Gamma)} + b_K(\varphi,\psi)$$

$$b_{K'}^\sigma : H^{-1/2}(\Gamma) \times H^{1/2}(\Gamma) \to \mathbb{C} \qquad b_{K'}^\sigma(\varphi,w) := -\sigma\tfrac{1}{2}(\varphi,\psi)_{L^2(\Gamma)} + b_{K'}(\varphi,\psi)$$

$$b_W : H^{1/2}(\Gamma) \times H^{1/2}(\Gamma) \to \mathbb{C} \qquad b_W(\varphi,\psi) := (W\varphi,\psi)_{L^2(\Gamma)}$$

mit

$$b_K(\varphi,\psi) := (K\varphi,\psi)_{L^2(\Gamma)} \quad \text{und} \quad b_{K'}(\varphi,\psi) := (K'\varphi,\psi)_{L^2(\Gamma)}$$

(vgl. (3.3.9)) gegeben, wobei wieder $(\cdot,\cdot)_{L^2(\Gamma)}$ die Erweiterung des $L^2(\Gamma)$-Skalarproduktes auf $H^{1/2}(\Gamma) \times H^{-1/2}(\Gamma)$ bzw. $H^{-1/2}(\Gamma) \times H^{1/2}(\Gamma)$ bezeichnet. Falls die Sesquilinearform -im Fall von b_K^σ, $b_{K'}^\sigma$- einen integralfreien Term der Form $\pm 1/2\,(u,\varphi)_{L^2(\Gamma)}$ enthält, spricht man von einem Integraloperator *zweiter Art* und sonst -im Falle von b_V und b_W- von einem Operator *erster Art.* Die zugehörigen Integralgleichungen bezeichnet man analog als Gleichungen zweiter bzw. erster Art.

3.4.1 Die indirekte Methode

Für eine Funktion $\varphi \in H^{-1/2}(\Gamma)$ und $\psi \in H^{1/2}(\Gamma)$ lassen sich die Potentiale

$$\begin{array}{llll} u_- := S\varphi & \text{auf } \Omega^-, & w_- := D\psi & \text{auf } \Omega^-, \\ u_+ := S\varphi & \text{auf } \Omega^+, & w_+ := D\psi & \text{auf } \Omega^+ \end{array} \tag{3.4.1}$$

definieren. Das Prinzip der indirekten Methode besteht darin, daß zunächst die unbekannte *Dichtefunktion* φ mit Hilfe der vorgegebenen Randbedingungen als Lösung einer Randintegralgleichung bestimmt wird. Einsetzen in die zugehörigen Potentiale liefert dann die Lösung des Randwerproblems. Die folgende Proposition rekapituliert die Eigenschaften der Potentiale $u_\pm$ und $w_\pm$.

Proposition 3.4.1 *Die Funktionen $u_\pm$, $w_\pm$ aus (3.4.1) erfüllen*

1. $u_- \in H^1(\Omega^-)$ *und* $Lu_- = 0$ *in* Ω^-,
2. $u_+ \in H^1_{lok}(\Omega^+)$ *und* $Lu_+ = 0$ *in* Ω^+,
3. $w_- \in H^1(\Omega^-)$ *und* $Lw_- = 0$ *in* Ω^-,
4. $w_+ \in H^1_{lok}(\Omega^+)$ *und* $Lw_+ = 0$ *in* Ω^+.

Unten geben wir Integralgleichungsformulierungen für die im Kapitel 2.9 eingeführten Randwertprobleme an. Die Formulierung als Integralgleichung ist keineswegs eindeutig. Die Verwendung des Einfachschichtpotentials ist genauso möglich wie die Verwendung des Doppelschichtpotentials.

3.4.1.1 Innenraumprobleme

IDP:

Einfachschichtpotential: Sei $g_D \in H^{1/2}(\Gamma)$ gegeben. Suche $\varphi \in H^{-1/2}(\Gamma)$, so daß

$$b_V(\varphi, \eta) = (g_D, \eta)_{L^2(\Gamma)} \qquad \forall \eta \in H^{-1/2}(\Gamma)$$

gilt.

Doppelschichtpotential: Sei $g_D \in H^{1/2}(\Gamma)$ gegeben. Suche $\psi \in H^{1/2}(\Gamma)$, so daß

$$-\frac{1}{2}(\psi, \eta)_{L^2(\Gamma)} + b_K(\psi, \eta) = (g_D, \eta)_{L^2(\Gamma)} \qquad \forall \eta \in H^{-1/2}(\Gamma) \tag{3.4.2}$$

gilt.

INP:

Einfachschichtpotential: Sei $g_N \in H^{-1/2}(\Gamma)$ gegeben. Suche $\varphi \in H^{-1/2}(\Gamma)$, so daß

$$\frac{1}{2}(\varphi, \eta)_{L^2(\Gamma)} + b_{K'}(\varphi, \eta) = (g_N, \eta)_{L^2(\Gamma)} \quad \forall \eta \in H^{1/2}(\Gamma)$$

gilt.

Doppelschichtpotential: Sei $g_N \in H^{-1/2}(\Gamma)$ gegeben. Suche $\psi \in H^{1/2}(\Gamma)$, so daß

$$b_W(\psi, \eta) = -(g_N, \eta)_{L^2(\Gamma)} \qquad \forall \eta \in H^{1/2}(\Gamma)$$

gilt.

IDNP

Die Integralgleichungsformulierungen für gemischte Randwertprobleme erfordert die Verwendung von Sobolev-Räumen auf den Dirichlet- und Neumann-Teilstücken des Randes Γ. Wir führen hier lediglich die relevanten Funktionenräume ein und stellen die erforderlichen Sätze summarisch zusammen. Für eine detaillierte Analyse verweisen wir auf [97, p.231 ff].

Sei $\Gamma_0 \subset \Gamma$ eine meßbare Teilmenge des Randes mit $|\Gamma_0| > 0$. Der Sobolev-Raum $\tilde{H}^s(\Gamma_0)$, $s \in [0, 1]$ wurde in (2.4.6) gemäß

$$\tilde{H}^s(\Gamma_0) = \left\{u \in H^s(\Gamma) : \operatorname{Tr}(u) \subset \overline{\Gamma_0}\right\} \tag{3.4.3}$$

definiert. Die Norm auf $\tilde{H}^s(\Gamma_0)$ ist durch

$$\|u\|_{H^s(\Gamma_0)} := \|u^\star\|_{H^s(\Gamma)} \tag{3.4.4}$$

erklärt, wobei $u^\star$ die Fortsetzung von u auf Γ durch Null bezeichnet.

Die Räume mit negativen Indizes sind wieder als Dualräume definiert: $\tilde{H}^{-s}(\Gamma_0) := (H^s(\Gamma_0))'$ für $s \in [0, 1]$. Es gilt umgekehrt: $H^{-s}(\Gamma_0) = \left(\tilde{H}^s(\Gamma_0)\right)'$ für $s \in [0, 1]$.

Für das gemischte Randwertproblem sind die Dirichlet-Daten auf Γ_N und die Neumann-Daten auf Γ_D gesucht und in umgekehrter Reihenfolge gegeben. Das erfordert die Lokalisierung der Randintegraloperatoren auf Γ_N bzw. Γ_D sowohl im Werte- als auch im Definitionsbereich. Für Funktionen φ, ψ auf Γ mit $\operatorname{Tr}(\varphi) \subset \overline{\Gamma_D}$ und $\operatorname{Tr}(\psi) \subset \overline{\Gamma_N}$ setzen wir

$$V_{DD}\varphi := (V\varphi)|_{\Gamma_D}, \quad K'_{ND}\varphi := (K'\varphi)|_{\Gamma_N},$$

$$K_{DN}\psi := (K\psi)|_{\Gamma_D}, \quad W_{NN}\psi := (W\psi)|_{\Gamma_N},$$

wobei die Operatoren K, K' durch

$$K = -\frac{1}{2}I + \gamma_0^+ D = \frac{1}{2}I + \gamma_0^- D$$
$$K' = \frac{1}{2}I + \gamma_1^+ S = -\frac{1}{2}I + \gamma_1^- S$$

gegeben sind und die zweite Gleichheit auf den rechten Seite aus (3.3.29), (3.3.30) folgt. Für hinreichend glattes φ, ψ besitzen sie die Darstellung (3.3.9). Die Abbildungseigenschaften dieser Operatoren sind in folgendem Satz zusammengefaßt.

Satz 3.4.2 *Es gilt*

$$V_{DD} : \tilde{H}^{-1/2}(\Gamma_D) \to H^{1/2}(\Gamma_D), \quad K'_{ND} : \tilde{H}^{-1/2}(\Gamma_D) \to H^{-1/2}(\Gamma_N),$$

$$K_{DN} : \tilde{H}^{1/2}(\Gamma_N) \to H^{1/2}(\Gamma_D), \quad W_{NN} : \tilde{H}^{1/2}(\Gamma_N) \to H^{-1/2}(\Gamma_N).$$

Für $\varphi \in \tilde{H}^{-1/2}(\Gamma_D)$ und $\psi \in \tilde{H}^{1/2}(\Gamma_N)$ verwenden wir den Lösungsansatz in Ω^σ, $\sigma \in \{-,+\}$,

$$u^\sigma = S\varphi - D\psi \qquad \text{in } \Omega^\sigma$$

Die Spurbildungen liefern

$$\gamma_0^\sigma u^\sigma = V\varphi - \left(\frac{\sigma 1}{2}I + K\right)\psi,$$
$$\gamma_1^\sigma u^\sigma = \left(-\frac{\sigma 1}{2}I + K'\right)\varphi + W\psi.$$

Indem wir die erste Integralgleichung auf Γ_D und die zweite auf Γ_N betrachten und die gegebenen Daten $(\gamma_0^\sigma u^\sigma)|_{\Gamma_D} = g_D$ und $(\gamma_1^\sigma u^\sigma)|_{\Gamma_N} = g_N$ einsetzen, erhalten wir ein System von Integralgleichungen für $\varphi \in \tilde{H}^{-1/2}(\Gamma_D)$ und $\psi \in \tilde{H}^{1/2}(\Gamma_N)$

$$g_D = V_{DD}\varphi - \left(\frac{\sigma 1}{2}I_{DN} + K_{DN}\right)\psi \qquad \text{auf } \Gamma_D, \tag{3.4.5}$$

$$g_N = \left(-\frac{\sigma 1}{2}I_{ND} + K'_{ND}\right)\varphi + W_{NN}\psi \qquad \text{auf } \Gamma_N. \tag{3.4.6}$$

Fassen wir die Operatoren in den Gleichungen (3.4.5), (3.4.6) zu einem 2×2-System von Operatoren zusammen, ergibt sich für $(\varphi, \psi) \in \tilde{H}^{-1/2}(\Gamma_D) \times \tilde{H}^{1/2}(\Gamma_N)$ formal die Gleichung

$$\begin{bmatrix} V_{DD} & -\left(\sigma\frac{1}{2}I_{DN} + K_{DN}\right) \\ \left(-\frac{\sigma 1}{2}I_{ND} + K'_{ND}\right) & W_{NN} \end{bmatrix} \begin{pmatrix} \varphi \\ \psi \end{pmatrix} = \begin{pmatrix} g_D \\ g_N \end{pmatrix} \tag{3.4.7}$$

in $H^{1/2}(\Gamma_D) \times H^{-1/2}(\Gamma_N)$. Multiplikation (von rechts) mit $(\eta, \kappa) \in \tilde{H}^{-1/2}(\Gamma_D) \times \tilde{H}^{1/2}(\Gamma_N)$ und Integration über Γ_D bzw. Γ_N ergibt

$$b_{V_{DD}}(\varphi, \eta) - b_{K_{DN}}(\psi, \eta) + b_{K'_{ND}}(\varphi, \kappa) + b_{W_{NN}}(\psi, \kappa) = (g_D, \eta)_{L^2(\Gamma_D)} + (g_N, \kappa)_{L^2(\Gamma_N)}, \tag{3.4.8}$$

wobei die einzelnen Sesquilinearformen analog durch Lokalisierung definiert sind

$$b_{V_{DD}} : \tilde{H}^{-1/2}(\Gamma_D) \times \tilde{H}^{-1/2}(\Gamma_D) \to \mathbb{C} \qquad b_{V_{DD}}(\varphi, \eta) := (V_{DD}\varphi, \eta)_{L^2(\Gamma_D)}$$

$$b_{K_{DN}} : \tilde{H}^{-1/2}(\Gamma_D) \times \tilde{H}^{1/2}(\Gamma_N) \to \mathbb{C} \qquad b_{K_{DN}}(\psi, \eta) := (K_{DN}\psi, \eta)_{L^2(\Gamma_D)}$$

$$b_{K'_{ND}} : \tilde{H}^{1/2}(\Gamma_N) \times \tilde{H}^{-1/2}(\Gamma_D) \to \mathbb{C} \qquad b_{K'_{ND}}(\varphi, \kappa) := (K'_{ND}\psi, \kappa)_{L^2(\Gamma_N)}$$

$$b_{W_{NN}} : \tilde{H}^{1/2}(\Gamma_N) \times \tilde{H}^{1/2}(\Gamma_N) \to \mathbb{C} \qquad b_{W_{NN}}(\psi, \kappa) := (W_{NN}\psi, \kappa)_{L^2(\Gamma_N)}$$

Man beachte, daß die Beiträge der Identitätsoperatoren I_{DN}, I_{ND} in (3.4.7) verschwinden, da Γ_N und Γ_D disjunktes Inneres haben. Eine kompaktere Darstellung erhalten wir, wenn wir die Sesquilinearform b_{mixed} auf $\mathbf{H} \times \mathbf{H}$ mit $\mathbf{H} := \tilde{H}^{-1/2}(\Gamma_D) \times \tilde{H}^{1/2}(\Gamma_N)$ durch die linke Seite von (3.4.8) definieren.

Die direkte des inneren gemischten Problems als Integralgleichung lautet damit:

Sei in (2.9.16), (2.9.17) $f \equiv 0$ und $(g_D, g_N) \in H^{1/2}(\Gamma_D) \times H^{-1/2}(\Gamma_N)$ gegeben. Finde $(\varphi, \psi) \in \mathbf{H}$, so daß

$$b_{mixed}\left(\begin{pmatrix}\varphi\\ \psi\end{pmatrix}, \begin{pmatrix}\eta\\ \kappa\end{pmatrix}\right) = (g_D, \eta)_{L^2(\Gamma_D)} + (g_N, \kappa)_{L^2(\Gamma_N)} \qquad \forall (\eta, \kappa) \in \mathbf{H} \tag{3.4.9}$$

gilt.

Bemerkung 3.4.3 *Gemischte Randwertprobleme sind im allgemeinen nur für eine kleine Skala von Sobolev-Indizes stetig und regulär. Der Operator auf der linken Seite von (3.4.7) bildet* $\tilde{H}^{-1/2+s}(\Gamma_D) \times \tilde{H}^{1/2+s}(\Gamma_N)$ *stetig nach* $H^{1/2+s}(\Gamma_D) \times H^{-1/2+s}(\Gamma_N)$ *ab für alle* $|s| < s_0(\Gamma) < 1/2$. *Dabei gilt*

a. $s_0 = 1/4$ *für allgemeine Lipschitz-Gebiete,*

b. $1/4 < s_0 \leq 1/2$ *für Lipschitz-Polyeder (vgl. Definition 3.2.1) und auch für global glatte Gebiete.*

Die Skala für die Regularität bei gemischten Randwertproblemen ist ebenfalls reduziert verglichen zu den Skalen für das reine Dirichlet- und Neumann-Problem (vgl. Satz 3.2.2 und 3.2.3). Diese Sätze übertragen sich sinngemäß, der Skalenbereich ist jedoch durch $|s| < s_0$ *gegeben, wobei* s_0 *wie unter (a) und (b) definiert ist.*

3.4.1.2 Außenraumprobleme

ÄDP:

Einfachschichtpotential: Sei $g_D \in H^{1/2}(\Gamma)$ gegeben. Suche $\varphi \in H^{-1/2}(\Gamma)$, so daß

$$b_V(\varphi, \eta) = (g_D, \eta)_{L^2(\Gamma)} \qquad \forall \eta \in H^{-1/2}(\Gamma)$$

gilt.

Doppelschichtpotential: Sei $g_D \in H^{1/2}(\Gamma)$ gegeben. Suche $\psi \in H^{1/2}(\Gamma)$, so daß

$$\frac{1}{2}(\psi, \eta)_{L^2(\Gamma)} + b_K(\psi, \eta) = (g_D, \eta)_{L^2(\Gamma)} \qquad \forall \eta \in H^{-1/2}(\Gamma)$$

gilt.

ÄNP:

Einfachschichtpotential: Sei $g_N \in H^{-1/2}(\Gamma)$ gegeben. Suche $\varphi \in H^{-1/2}(\Gamma)$, so daß

$$-\frac{1}{2}(\varphi,\eta)_{L^2(\Gamma)} + b_{K'}(\varphi,\eta) = (g_N,\eta)_{L^2(\Gamma)} \qquad \forall \eta \in H^{1/2}(\Gamma)$$

gilt.

Doppelschichtpotential: Sei $g_N \in H^{-1/2}(\Gamma)$ gegeben. Suche $\psi \in H^{1/2}(\Gamma)$, so daß

$$b_W(\psi,\eta) = -(g_N,\eta)_{L^2(\Gamma)} \qquad \forall \eta \in H^{1/2}(\Gamma)$$

gilt.

ÄDNP

Sei in (2.9.27), (2.9.28) $f \equiv 0$ und $(g_D, g_N) \in H^{1/2}(\Gamma_D) \times H^{-1/2}(\Gamma_N)$ gegeben. Dann lautet die zugehörige Integralgleichungsformulierung für die indirekte Methode: Finde $(\varphi,\psi) \in \mathbf{H}$, so daß

$$b_{mixed}\left(\begin{pmatrix}\eta\\ \kappa\end{pmatrix}, \begin{pmatrix}\varphi\\ \psi\end{pmatrix}\right) = (\eta, g_D)_{L^2(\Gamma_D)} + (\kappa, g_N)_{L^2(\Gamma_N)} \qquad \forall (\eta,\kappa) \in \mathbf{H} \tag{3.4.10}$$

gilt.

3.4.1.3 Transmissionsproblem

Für $\varphi \in H^{-1/2}(\Gamma)$ und $\psi \in H^{1/2}(\Gamma)$ verwenden wir den Lösungsansatz

$$u = S\varphi + D\psi \qquad \text{in } \Omega^- \cup \Omega^+$$

und bemerken $Lu = 0$ in $\Omega^- \cup \Omega^+$. Die Sprungrelationen aus Satz 3.3.1 liefern die beiden Beziehungen

$$g_D = [D\psi] = \psi, \qquad g_N = [\gamma_1 S\varphi] = -\varphi.$$

Das bedeutet, daß wir die Lösung von TP explizit angeben können:

$$u = -Sg_N + Dg_D \qquad \text{in } \Omega^- \cup \Omega^+.$$

Damit haben wir für alle Randwertprobleme Integralgleichungsformulierungen für die indirekte Methode angegeben. Sind die unbekannten Dichtefunktionen bestimmt, müssen diese in die zugehörigen Einfach- bzw. Doppelschichtpotentiale eingesetzt werden und ergeben eine Funktion u, welche die Randbedingungen und die Gleichung $Lu = 0$ im jeweiligen Gebiet erfüllen. Mit Existenz- und Eindeutigkeitssätzen für diese Integralgleichungen befassen wir uns in Unterkapitel 3.5.

3.4.2 Die direkte Methode

Die direkte Methode basiert auf den Greenschen Formeln (Satz 3.1.6). Generell nehmen wir wieder an, daß die Differentialgleichung homogen ist, also immer $f \equiv 0$ in Ω gilt. Der Fall $f \neq 0$ läßt mit Hilfe des Newton-Potentials auf den Fall $f = 0$ zurückgeführen (vgl. (1.1.22) und Satz 3.1.6).

3.4.2.1 Innenraumprobleme

Wir beginnen wieder mit den Innenraumproblemen. Die Fortsetzung einer Funktion $u \in H_L^1(\Omega^-)$ durch Null auf Ω^+ wird wiederum mit u bezeichnet und erfüllt $u \in H_L^1(\mathbb{R}^d)$. Damit läßt sich die Greensche Darstellungsformel (3.1.10) anwenden und ergibt

$$u = S\left(\gamma_1^- u\right) - D\left(\gamma_0^- u\right) \qquad \text{in } \Omega^-. \tag{3.4.11}$$

Das bedeutet, daß die Funktion u in Ω^- bestimmt ist, sobald die Randwerte $\gamma_0^- u$ bzw. die Werte den Konormalenableitung $\gamma_1^- u$ bekannt sind. Indem γ_0^- bzw. γ_1^- auf die Gleichung (3.4.11) angewendet wird, erhalten wir zwei Randintegralgleichungen, d.h. eine Beziehung zwischen den Dirichlet- und Neumanndaten. Wir setzen $u_D := \gamma_0^- u$ und $u_N := \gamma_1^- u$ und erhalten

$$\begin{aligned} u_D &= V u_N - \left(K - \tfrac{1}{2} I\right) u_D \\ u_N &= \left(K' + \tfrac{1}{2} I\right) u_N + W u_D. \end{aligned} \tag{3.4.12}$$

Mit Hilfe dieser beiden Gleichungen läßt sich die Innenraumaufgabe in eine Randintegralgleichung erster und eine zweiter Art transformieren.

IDP

Gleichung erster Art: Sei $g_D \in H^{1/2}(\Gamma)$ gegeben. Finde $u_N \in H^{-1/2}(\Gamma)$, so daß

$$b_V(u_N, \varphi) = \frac{1}{2}(g_D, \varphi)_{L^2(\Gamma)} + b_K(g_D, \varphi) \qquad \forall \varphi \in H^{-1/2}(\Gamma)$$

gilt.

Gleichung zweiter Art: Sei $g_D \in H^{1/2}(\Gamma)$ gegeben. Finde $u_N \in H^{-1/2}(\Gamma)$, so daß

$$\frac{1}{2}(u_N, \varphi)_{L^2(\Gamma)} - b_{K'}(u_N, \varphi) = b_W(g_D, \varphi) \qquad \forall \varphi \in H^{1/2}(\Gamma)$$

gilt.

INP

Gleichung erster Art: Sei $g_N \in H^{-1/2}(\Gamma)$ gegeben. Finde $u_D \in H^{1/2}(\Gamma)$, so daß

$$b_W(u_D, \varphi) = \frac{1}{2}(g_N, \varphi)_{L^2(\Gamma)} - b_{K'}(g_N, \varphi) \qquad \forall \varphi \in H^{1/2}(\Gamma).$$

gilt.

Gleichung zweiter Art: Sei $g_N \in H^{-1/2}(\Gamma)$ gegeben. Finde $u_D \in H^{1/2}(\Gamma)$, so daß

$$\frac{1}{2}(u_D, \varphi)_{L^2(\Gamma)} + b_K(u_D, \varphi) = b_V(g_N, \varphi) \qquad \forall \varphi \in H^{-1/2}(\Gamma)$$

gilt.

IDNP

Für das gemischte Randwertproblem verwenden wir die erste Gleichung in (3.4.12) auf Γ_D und die zweite Gleichung auf Γ_N. Damit ergibt sich das 2×2 System von Randintegralgleichungen

$$\begin{bmatrix} V_{DD} & -K_{DN} \\ K'_{ND} & W_{NN} \end{bmatrix} \begin{pmatrix} u_N \\ u_D \end{pmatrix} = \begin{bmatrix} -V_{DN} & \frac{1}{2} I + K_{DD} \\ \frac{1}{2} I - K'_{NN} & -W_{ND} \end{bmatrix} \begin{pmatrix} g_N \\ g_D \end{pmatrix}.$$

Multiplikation mit $(\varphi, \psi) \in \mathbf{H}$ und Integration über die jeweiligen Oberflächenstücke Γ_D, Γ_N ergibt die Variationsformulierung

$$b_{mixed}\left(\begin{pmatrix} u_N \\ u_D \end{pmatrix}, \begin{pmatrix} \varphi \\ \psi \end{pmatrix}\right) = \frac{1}{2}\left\{(g_D, \varphi)_{L^2(\Gamma_D)} + (g_N, \psi)_{L^2(\Gamma_N)}\right\} + b_{mixed}^{rhs}\left(\begin{pmatrix} g_N \\ g_D \end{pmatrix}, \begin{pmatrix} \varphi \\ \psi \end{pmatrix}\right)$$

für alle $(\varphi, \psi) \in \mathbf{H}$ mit

$$b_{mixed}^{rhs}\left(\begin{pmatrix} g_N \\ g_D \end{pmatrix}, \begin{pmatrix} \varphi \\ \psi \end{pmatrix}\right) := -b_{V_{DN}}(g_N, \varphi) + b_{K_{DD}}(g_D, \varphi) - b_{K'_{NN}}(g_N, \psi) - b_{W_{ND}}(g_D, \psi). \tag{3.4.13}$$

Bemerkung 3.4.3 zu den Abbildungs- und Regularitätseigenschaften des Integraloperators der indirekten Methode zum gemischten Randwertproblem gilt analog auch für die direkte Methode.

3.4.2.2 Außenraumprobleme

Für Außenraumprobleme wurde die Greensche Darstellungsformel in der Form (3.1.19) mit einem additiven, L-harmonischen Zusatzterm bewiesen. Für das Laplace– und Helmholtz-Problem bzw. für den positiv definiten Fall $a_{\min} c > \|\mathbf{b}\|^2$ wissen wir jedoch mit den Sätzen 3.1.11, 3.1.12 und 3.1.13, daß der Zusatzterm verschwindet und die Greensche Darstellungsformel in unveränderter Form gültig ist. In diesem Abschnitt nehmen wir an, daß ein Teilraum $V \subset H^1_{lok}\left(\mathbb{R}^d \backslash \Gamma\right)$ existiert, so daß für alle $u \in V$ mit $Lu = 0$ in $\Omega^+ \cup \Omega^-$ die Darstellung

$$u = -S[\gamma_1 u] + D[\gamma_0 u] \qquad \text{in } \Omega^- \cup \Omega^+ \tag{3.4.14}$$

und die Spursätze für γ_0, γ_1 in V unverändert gelten. Wir setzen $u^- \equiv 0$ auf Ω^- und betrachten (3.4.14) nur im Außenraum

$$u^+ = -S\gamma_1^+ u^+ + D\gamma_0^+ u^+ \qquad \text{in } \Omega^+.$$

Spurbildung liefert die Gleichungen

$$\begin{aligned} u_D &= -Vu_N + \left(Ku_D + \tfrac{1}{2}u_D\right), && \text{in } H^{1/2}(\Gamma), \\ u_N &= -\left(K'u_N - \tfrac{1}{2}u_N\right) - Wu_D, && \text{in } H^{-1/2}(\Gamma). \end{aligned} \tag{3.4.15}$$

Im folgenden werden wir daraus –durch Einsetzen der bekannten und Auflösen nach den unbekannten Randdaten– die Randintegralgleichungen herleiten.

ÄDP

Gleichung erster Art: Sei $g_D \in H^{1/2}(\Gamma)$ gegeben. Finde $u_N \in H^{-1/2}(\Gamma)$, so daß

$$b_V(u_N, \varphi) = -\frac{1}{2}(g_D, \varphi)_{L^2(\Gamma)} + b_K(g_D, \varphi) \qquad \forall \varphi \in H^{-1/2}(\Gamma)$$

gilt.

Gleichung zweiter Art: Sei $g_D \in H^{1/2}(\Gamma)$ gegeben. Finde $u_N \in H^{-1/2}(\Gamma)$, so daß

$$\frac{1}{2}(u_N, \psi)_{L^2(\Gamma)} + b_{K'}(u_N, \psi) = -b_W(g_D, \psi) \qquad \forall \psi \in H^{1/2}(\Gamma)$$

gilt.

ÄNP

Gleichung erster Art: Sei $g_N \in H^{-1/2}(\Gamma)$ gegeben. Suche $u_D \in H^{1/2}(\Gamma)$, so daß

$$b_W(u_D, \psi) = -\frac{1}{2}(g_N, \psi)_{L^2(\Gamma)} - b_{K'}(g_N, \psi) \qquad \forall \psi \in H^{1/2}(\Gamma)$$

gilt.

Gleichung zweiter Art: Sei $g_N \in H^{-1/2}(\Gamma)$ gegeben. Suche $u_D \in H^{1/2}(\Gamma)$, so daß

$$\frac{1}{2}(u_D, \varphi)_{L^2(\Gamma)} - b_K(u_D, \varphi) = -b_V(g_N, \varphi) \qquad \forall \varphi \in H^{-1/2}(\Gamma) \tag{3.4.16}$$

gilt.

ÄDNP

Sei $g_N \in H^{-1/2}(\Gamma_N)$ und $g_D \in H^{1/2}(\Gamma_N)$ gegeben. Suche $u_D \in \tilde{H}^{1/2}(\Gamma_N)$ und $u_N \in \tilde{H}^{-1/2}(\Gamma_D)$, so daß

$$b_{mixed}\left(\begin{pmatrix} u_N \\ u_D \end{pmatrix}, \begin{pmatrix} \varphi \\ \psi \end{pmatrix}\right) = -\frac{1}{2}\left\{(g_D, \varphi)_{L^2(\Gamma_D)} + (g_N, \psi)_{L^2(\Gamma_N)}\right\} + b_{mixed}^{rhs}\left(\begin{pmatrix} g_N \\ g_D \end{pmatrix}, \begin{pmatrix} \varphi \\ \psi \end{pmatrix}\right)$$

für alle $(\varphi, \psi) \in \mathbf{H}$ gilt, wobei b_{mixed} und b_{mixed}^{rhs} wie in (3.4.10) und (3.4.13) definiert sind.

3.4.3 Vergleich der direkten und indirekten Formulierungen

Die auftretenden Integraloperatoren für die direkte und indirekte Formulierung sind in beiden Fällen V, W, $\pm I + K$, $\pm I + K'$ oder Lokalisierungen dieser Operatoren auf Teilränder Γ_D, Γ_N. Es stellt sich daher die Frage, welche Formulierung für konkrete Anwendungen geeigneter ist. Im folgenden sind einige Unterschiede im Berechnungsaufwand aufgeführt.

1. Die rechte Seite der Randintegralgleichung für die direkte Formulierung ist über einen Integraloperator definiert (vgl. beispielsweise (3.4.16)), wohingegen zur Berechnung der rechten Seite für die indirekte Formulierung lediglich das $L^2(\Gamma)$-Skalarprodukt der gegebenen Randdaten mit den Testfunktionen auszuwerten ist.

2. Mit der Lösung der direkten Formulierung sind die Dirichlet- und Neumann-Randdaten der gesuchten Funktion explizit berechnet, wohingegen die Lösung der indirekten Formulierung lediglich eine abstrakte Hilfsfunktion beschreibt, die in einem nachgeschalteten Berechnungsschritt mit Hilfe des Potentialansatzes ausgewertet werden muß.

3. Die Lösung der zugrunde liegenden Differentialgleichung im Innern des Gebiets ist in beiden Formulierungen über eine Darstellungsformel definiert. Für die indirekte Formulierung ist dabei pro Gebietspunkt eine Integration über den Rand Γ auszuwerten (vgl. beispielsweise (3.1.4)), wohingegen für die direkte Formulierung eine zweifache Integration über Γ ausgeführt werden muß (vgl. beispielsweise Satz 3.1.6 (mit $f = 0$)).

4. Für nichtglatte Oberflächen enthalten die Lösungen der Integralgleichungen charakteristische Singularitäten an Ecken und Kanten der Oberflächen, [157]. Bei der direkten Methode sind die Lösungen gerade die Cauchy-Daten des zugrunde liegenden Randwertproblems. Somit sind die Singularitäten der Lösungen der Randintegralgleichungen *bei der direkten Methode* genau die Cauchy-Daten von Singularitäten der Lösungen des Randwertproblems. Bei der indirekten Methode hingegen sind die Lösungen der Randintegralgleichungen Sprünge von Cauchy-Daten des Innen- sowie des Aussenraumproblems. Auf nichtglatten Oberflächen enthalten die Lösungen der mit der indirekten Methode hergeleiteten Randintegralgleichungen somit Spuren der Singularitäten von Lösungen des Innen- *und* des Aussenraumproblems, was die Regularität unter Umständen erheblich reduzieren kann: Falls Ω^- ein konvexer Polyeder ist, liegen Lösungen des Dirichlet-Problems zur Laplace-Gleichung in Ω^- in $H^2(\Omega^-)$, während die Lösungen des entsprechenden Aussenraumproblems wegen der in Ω^+ einspringenden Ecken und Kanten im allgemeinen nur in $H^s_{lok}(\Omega^+)$ mit $s < 2$ liegen.

Diese Vergleichskriterien ergeben einen groben Anhaltspunkt, welche der beiden Formulierungen für konkrete Anwendungen geeigneter ist. Man beachte, daß der Aufwand zur Lösung der Integralgleichung für beide Formulierungen im Prinzip übereinstimmt, da in beiden Fällen die gleichen Operatoren auftreten. Wir betrachten zwei typische Anwendungsfälle.

1. Falls lediglich die unbekannten Randdaten berechnet werden sollen, ist die direkte Formulierung der indirekten vorzuziehen.

2. Für Anwendungen, bei denen die Lösung der zugrundliegenden Differentialgleichung in vielen Gebietspunkten ausgewertet werden soll, ist die indirekte Formulierung geeigneter.

3.5 Eindeutige Lösbarkeit der Randintegralgleichungen

In diesem Abschnitt werden wir die Koerzivität der Integraloperatoren V und W unter geeigneten Voraussetzungen beweisen. Zusammen mit der Injektivität der Randintegraloperatoren folgt dann die eindeutige Lösbarkeit der variationellen Randintegralgleichungen 1. Art.

3.5.1 Existenz und Eindeutigkeit für geschlossene Oberflächen und Dirichlet- oder Neumann-Randbedingungen

Zunächst betrachten wir geschlossene Oberflächen $\Gamma = \partial\Omega^-$ und den Fall, daß entweder Dirichlet- oder Neumann-Randbedingungen auf ganz Γ vorgeschrieben sind.

Wir beginnen mit der Elliptizität von V und W im Fall des Laplace-Operators. Als Hilfsmittel benötigen wir eine Verallgemeinerung der Greenschen Formel (2.7.14) für Funktionen mit unbeschränktem Träger.

Lemma 3.5.1 *Es gelte* $a_{\min}c > \|\mathbf{b}\|^2$ *oder* $d = 3$ *und* $L = -\Delta$. *Für alle* $\varphi, \psi \in H^{-1/2}(\Gamma)$ *mit* $u := (S\varphi)|_{\Omega^+}$, $v := (S\psi)|_{\Omega^+}$ *gilt*

$$\left(\gamma_1^+ u, \gamma_0 v\right)_{L^2(\Gamma)} = -B_{\Omega^+}(u, v). \tag{3.5.1}$$

Beweis. Wir betrachten zunächst den Fall $L = -\Delta$ und $d = 3$. Sei $a > 0$ mit $\overline{\Omega^-} \subset K_a$ und

$$\inf_{(\mathbf{x},\mathbf{y})\in\Gamma\times\partial K_a} \|\mathbf{x}-\mathbf{y}\| \geq 1.$$

Wir wenden die Greensche Formel (2.7.14) für das beschränkte Gebiet $\Omega_a := \Omega^+ \cap K_a$ an und erhalten

$$(\gamma_1 u, \gamma_0 v)_{L^2(\Gamma)} + (\gamma_1 u, \gamma_0 v)_{L^2(\Gamma_a)} = -B_{\Omega_a}(u, v) \tag{3.5.2}$$

mit $\Gamma_a = \partial K_a$. Die Normale an Γ ist wie üblich in Richtung Ω^+ orientiert und an Γ_a in Richtung Ω_a. Damit gilt

$$\left|\int_{\Gamma_a} \frac{\partial u}{\partial \mathbf{n}} v ds_{\mathbf{y}}\right| \leq \|\varphi\|_{H^{-1/2}(\Gamma)} \|\psi\|_{H^{-1/2}(\Gamma)} \int_{\Gamma_a} \|G(\mathbf{x}-\cdot)\|_{H^{1/2}(\Gamma)} \left\|\frac{\partial}{\partial \mathbf{n}} G(\mathbf{x}-\cdot)\right\|_{H^{1/2}(\Gamma)} ds_{\mathbf{x}}.$$

Aus (3.1.21) folgt für $\mathbf{x} \in \Gamma_a$

$$\|G(\mathbf{x}-\cdot)\|_{H^{1/2}(\Gamma)} \leq C \|G(\mathbf{x}-\cdot)\|_{H^1(\Gamma)} \leq Ca^{-1}$$

und

$$\left\|\frac{\partial}{\partial \mathbf{n}} G(\mathbf{x}-\cdot)\right\|_{H^{1/2}(\Gamma)} \leq C \left\|\frac{\partial}{\partial \mathbf{n}} G(\mathbf{x}-\cdot)\right\|_{H^1(\Gamma)} \leq Ca^{-2}.$$

Mit $|\Gamma_a| \leq Ca^2$ ergibt sich

$$\left|\int_{\Gamma_a} \frac{\partial u}{\partial \mathbf{n}} v ds_{\mathbf{y}}\right| \leq Ca^{-1} \|\varphi\|_{H^{-1/2}(\Gamma)} \|\psi\|_{H^{-1/2}(\Gamma)}.$$

Damit läßt sich in (3.5.2) der Grenzübergang $a \to \infty$ durchführen, wobei der zweite Term auf der linken Seite gegen Null strebt. Damit ist die Behauptung für $L = -\Delta$ bewiesen.

Sei nun $a_{\min} c > \|\mathbf{b}\|^2$. Lemma 3.1.9 zeigt, daß in diesem Fall die Potentiale sogar ein exponentielles Abklingverhalten haben, so daß die Argumentation wie im vorigen Fall die Behauptung liefert. ■

Übungsaufgabe 3.5.2 *Es gelte* $a_{\min} c > \|\mathbf{b}\|^2$ *oder* $d = 3$ *und* $L = -\Delta$. *Für alle* $\varphi, \psi \in H^{1/2}(\Gamma)$ *mit* $u := (D\varphi)|_{\Omega^+}$, $v := (D\psi)|_{\Omega^+}$ *gilt*

$$\left(\gamma_1^+ u, \gamma_0 v\right)_{L^2(\Gamma)} = -B_{\Omega^+}(u, v).$$

Satz 3.5.3 *Sei* $d = 3$ *und* $L = -\Delta$. *Dann sind die zugehörigen Sesquilinearformen* $b_V : H^{-1/2}(\Gamma) \times H^{-1/2}(\Gamma) \to \mathbb{C}$ *und* $b_W : H^{1/2}(\Gamma)/\mathbb{R} \times H^{1/2}(\Gamma)/\mathbb{R}$ *elliptisch:*

$$b_V(\varphi, \varphi) \geq c_V \|\varphi\|^2_{H^{-1/2}(\Gamma)} \qquad \forall \varphi \in H^{-1/2}(\Gamma),$$

$$b_W(\psi, \psi) \geq c_W \|\psi\|^2_{H^{1/2}(\Gamma)/\mathbb{R}} \qquad \forall \varphi \in H^{1/2}(\Gamma)/\mathbb{R}.$$

Beweis. Wir beginnen mit der Sesquilinearform b_V. Für $\varphi \in H^{-1/2}(\Gamma)$ wird $u = S\varphi$ gesetzt. Aus (3.1.24) folgt $u \in H^1(L, \mathbb{R}^d)$. Die Sprungrelationen liefern

$$[\gamma_1 u] = -\varphi \quad \text{und} \quad [u] = 0. \tag{3.5.3}$$

Die Greensche Darstellungsformel (2.7.14) bzw. (3.5.1) führt somit wegen $Lu \equiv 0$ in $\Omega^- \cup \Omega^+$ auf

$$\begin{aligned}\left(\gamma_1^- u, \gamma_0^- u\right)_{L^2(\Gamma)} &= B_- (u,u),\\ \left(\gamma_1^+ u, \gamma_0^+ u\right)_{L^2(\Gamma)} &= -B_+ (u,u).\end{aligned}$$

Indem wir die erste von der zweiten Gleichung subtrahieren und $[u] = 0$ verwenden, ergibt sich mit $B_{\Omega^-\cup\Omega^+} := B_- + B_+$

$$([\gamma_1 u], \gamma_0 u)_{L^2(\Gamma)} = -B_{\Omega^-\cup\Omega^+}(u,u).$$

Kombination von (3.5.3) mit der $H^1(L,\mathbb{R}^d)$-Elliptizität von $B_{\Omega^-\cup\Omega^+}$ (vgl. (2.10.11)) ergibt

$$b_V(\varphi,\varphi) = (\varphi, V\varphi)_{L^2(\Gamma)} = (\varphi, \gamma_0 u)_{L^2(\Gamma)} = B_{\Omega^-\cup\Omega^+}(u,u) \geq c \|u\|^2_{H^1(L,\mathbb{R}^d)}. \tag{3.5.4}$$

Für die einseitigen Konormalenableitungen gilt für $\sigma \in \{-,+\}$ mit Definition 2.7.6 und $Lu \equiv 0$ auf $\Omega^- \cup \Omega^+$

$$\begin{aligned}\|\gamma_1^\sigma u\|_{H^{-1/2}(\Gamma)} &= \sup_{\psi\in H^{1/2}(\Gamma)\setminus\{0\}} \frac{\left|(\gamma_1^\sigma u,\psi)_{L^2(\Gamma)}\right|}{\|\psi\|_{H^{1/2}(\Gamma)}} = \sup_{\psi\in H^{1/2}(\Gamma)\setminus\{0\}} \frac{|B_\sigma(u, Z_{\Omega^\sigma}\psi)|}{\|\psi\|_{H^{1/2}(\Gamma)}}\\ &\leq C \sup_{\psi\in H^{1/2}(\Gamma)\setminus\{0\}} \frac{\|u\|_{H^1(L,\Omega^\sigma)}\|Z_{\Omega^\sigma}\psi\|_{H^1(L,\Omega^\sigma)}}{\|\psi\|_{H^{1/2}(\Gamma)}}.\end{aligned}$$

Wegen $Z_{\Omega^\sigma}\psi \in H^1_{komp}(\Omega^\sigma)$ existiert eine Kugel K_a mit $\operatorname{Tr}(Z_{\Omega^\sigma}\psi) \subset K_a$. Damit und mit Hilfe der Äquivalenz der Normen in $H^1(K_a)$ und $H^1(L,K_a)$ ergibt sich

$$\|Z_{\Omega^\sigma}\psi\|_{H^1(L,\Omega^\sigma)} \leq \|Z_{\Omega^\sigma}\psi\|_{H^1(K_a\cap\Omega^\sigma)} \leq C\|\psi\|_{H^{1/2}(\Gamma)}.$$

Daraus folgt mit (3.5.4) die Elliptizität

$$\|\varphi\|^2_{H^{-1/2}(\Gamma)} = \|[\gamma_1 u]\|^2_{H^{-1/2}(\Gamma)} \leq \left\|\gamma_1^- u\right\|^2_{H^{-1/2}(\Gamma)} + \left\|\gamma_1^+ u\right\|^2_{H^{-1/2}(\Gamma)} \leq C\|u\|^2_{H^1(L,\mathbb{R}^d)} \leq \frac{C}{c} b_V(\varphi,\varphi).$$

Als nächstes beweisen wir die Elliptizität der Sesquilinearform b_W auf $H^{1/2}(\Gamma)/\mathbb{R}$. Für $\psi \in H^{1/2}(\Gamma)/\mathbb{R}$ definieren wir $u := D\psi$. Aus (3.1.24) folgt $u \in H^1(\Omega^-) \times H^1(L,\Omega^+)$. Die Sprungrelationen liefern

$$[u] = \psi, \qquad [\gamma_1 u] = 0. \tag{3.5.5}$$

Die Greensche Darstellungsformel (2.7.14) bzw. (3.5.1) ergeben unter Berücksichtigung von $Lu \equiv 0$ auf $\Omega^- \cup \Omega^+$

$$\begin{aligned}\left(\gamma_1^- u, \gamma_0^- u\right)_{L^2(\Gamma)} &= B_- (u,u)\\ \left(\gamma_1^+ u, \gamma_0^+ u\right)_{L^2(\Gamma)} &= -B_+ (u,u).\end{aligned}$$

Indem wir die erste von der zweiten Gleichung subtrahieren und $[\gamma_1 u] = 0$ verwenden, ergibt sich

$$(\gamma_1 u, [u])_{L^2(\Gamma)} = -\left(B_-(u,u) + B_+(u,u)\right) \tag{3.5.6}$$

Die rechte Seite in (3.5.6) definiert wie in (2.10.9) die Sesquilinearform $B_{\Omega^-\cup\Omega^+}$. Kombination von $\psi = [u]$ mit (3.1.6) liefert zusammen mit (3.5.6)

$$b_W(\psi,\psi) = (\psi, W\psi)_{L^2(\Gamma)} = ([u], -\gamma_1 u)_{L^2(\Gamma)} = B_{\Omega^-\cup\Omega^+}(u,u). \tag{3.5.7}$$

Mit der Stetigkeit des Spuroperators und der zweiten Poincaré-Ungleichungen (Korollar 2.5.10 und Satz 2.10.10) ergibt sich

$$\begin{aligned}\|\psi\|^2_{H^{1/2}(\Gamma)/\mathbb{R}} &= \inf_{c\in\mathbb{R}} \|[u]-c\|^2_{H^{1/2}(\Gamma)} \le \left(\left\|\gamma_0^+ u\right\|_{H^{1/2}(\Gamma)} + \inf_{c\in\mathbb{R}} \left\|\gamma_0^-(u-c)\right\|_{H^{1/2}(\Gamma)}\right)^2 \\ &\le 2C\left(\|u\|^2_{H^1(L,\Omega^+)} + \inf_{c\in\mathbb{R}} \|u-c\|^2_{H^1(\Omega^-)}\right) \\ &\le 2C\left(|u|^2_{H^1(L,\Omega^+)} + |u|^2_{H^1(\Omega^-)}\right) \le \tilde{C} B_{\Omega^-\cup\Omega^+}(u,u) = \tilde{C} b_W(\psi,\psi).\end{aligned}$$

■

Wir wenden uns nun der Elliptizität der Randintegraloperatoren V und W für die allgemeine elliptische Differentialgleichung zu.

Satz 3.5.4 *Es gelte $a_{\min}c > \|\mathbf{b}\|^2$. Dann sind die zugehörigen Sesquilinearformen b_V: $H^{-1/2}(\Gamma) \times H^{-1/2}(\Gamma) \to \mathbb{C}$ und $b_W : H^{1/2}(\Gamma) \times H^{1/2}(\Gamma)$ elliptisch.*

Beweis. Der Beweis ist ganz analog zum vorigen Satz. Wir beginnen mit der Sesquilinearform b_V. Für $\varphi \in H^{-1/2}(\Gamma)$ wird $u = S\varphi$ gesetzt. Aus Satz 3.1.16 und Lemma 3.1.9 folgt $u \in H^1(\mathbb{R}^d)$. Wie zuvor liefern die Sprungrelationen und die Greensche Darstellungsformel (2.7.14) bzw. (3.5.1)

$$([\gamma_1 u], \gamma_0 u)_{L^2(\Gamma)} = -B_{\Omega^-\cup\Omega^+}(u,u).$$

Daraus folgt mit der $H^1(\mathbb{R}^d)$-Elliptizität von $B_{\Omega^-\cup\Omega^+}$ und der Stetigkeit des Spuroperators

$$b_V(\varphi,\varphi) = (\varphi, V\varphi)_{L^2(\Gamma)} = (\varphi, \gamma_0 u)_{L^2(\Gamma)} = B_{\Omega^-\cup\Omega^+}(u,u) \ge c\|u\|^2_{H^1(L,\mathbb{R}^d)} \ge c\|\varphi\|^2_{H^{-1/2}(\Gamma)}.$$

Der Beweis der Elliptizität von b_W in $H^{1/2}(\Gamma)$ ist ganz analog aber einfacher wie in Satz 3.5.3, da auf Grund der eindeutigen Lösbarkeit des inneren Neumannproblems im Fall $a_{\min}c > \|\mathbf{b}\|^2$ nicht zu Quotientenräumen übergegangen werden muß. ■

Damit haben wir gezeigt, daß die Integraloperatoren V, W für elliptische Randwertprobleme mit $L = -\Delta$ oder $a_{\min}c > \|\mathbf{b}\|^2$ in geeigneten Sobolev-Räumen elliptisch sind und die eindeutige Lösbarkeit eine Konsequenz des Lax-Milgram-Lemmas ist.

Für den allgemeinen elliptischen Operator L in (2.7.2) läßt sich für die Integraloperatoren V, W eine Gårdingsche Ungleichung beweisen und damit die Riesz-Schauder-Theorie aus Unterkapitel 2.1.4 anwenden. Die Details finden sich in

Proposition 3.5.5 . *Sei G die zum Operator L aus (2.7.2) definierte Fundamentallösung (vgl. (3.1.3)) und V und W die damit definierten Randintegraloperatoren. Diese erfüllen eine Gårdingsche Ungleichung in $H^{-1/2}(\Gamma)$ bzw. $H^{1/2}(\Gamma)$. Genauer existieren kompakte Operatoren $T_V : H^{-1/2}(\Gamma) \to H^{1/2}(\Gamma)$ und $T_W : H^{1/2}(\Gamma) \to H^{-1/2}(\Gamma)$ mit*

$$\begin{aligned}((V+T_V)u,u)_{L^2(\Omega)} &\ge c_V\|u\|^2_{H^{-1/2}(\Gamma)} \quad &&\textit{für alle } u \in H^{-1/2}(\Gamma), \\ ((W+T_W)v,v)_{L^2(\Omega)} &\ge c_W\|v\|^2_{H^{1/2}(\Gamma)} \quad &&\textit{für alle } v \in H^{1/2}(\Gamma).\end{aligned} \tag{3.5.8}$$

Der Beweis findet sich in [28]. Aus der Gårdingschen Ungleichung folgt noch nicht die Existenz von Lösungen – es ist zusätzlich noch die Injektivität von V und W nachzuprüfen.

3.5.2 Existenz- und Eindeutigkeit für das gemischte Randwertproblem*

Sei wieder $\Omega^- \subset \mathbb{R}^3$ ein beschränktes Lipschitz-Gebiet mit Rand Γ und seien $\Gamma_D, \Gamma_N \subset \Gamma$ relativ offene Teilstücke mit $\Gamma_D \cap \Gamma_N = \emptyset$ und

$$\Gamma = \overline{\Gamma_D} \cup \overline{\Gamma_N}. \tag{3.5.9}$$

Wir nehmen der Einfachheit halber an, daß Γ_D und Γ_N einfach zusammenhängend sind und erinnern an die Definition (3.4.3) der relevanten Funktionenräume $H^s(\Gamma_0)$, $\tilde{H}^s(\Gamma_0)$ auf Teilstücken $\Gamma_0 \subset \Gamma$.

Wir betrachten das gemischte Randwertproblem zum Laplace-Operator:

$$\Delta u = 0 \quad \text{in } \Omega, \qquad u = g_D \quad \text{auf } \Gamma_D, \qquad \partial u / \partial \mathbf{n} = g_N \quad \text{auf } \Gamma_N \tag{3.5.10}$$

für gegebene Randdaten $g_D \in H^{1/2}(\Gamma_D)$, $g_N \in H^{-1/2}(\Gamma_N)$ und verweisen für die zugehörige Variationsformulierung auf Unterkapitel 2.9.2.3.

Eine (schwache) Lösung $u \in H^1(-\Delta, \Omega^-)$ läßt sich durch ihre Cauchy-Daten $\varphi = u|_\Gamma$ und $\sigma = \partial u / \partial \mathbf{n}|_\Gamma$ gemäß

$$u(\mathbf{x}) = (S\sigma)(\mathbf{x}) - (D\varphi)(\mathbf{x}), \qquad \mathbf{x} \in \Omega^- \tag{3.5.11}$$

darstellen (vgl. Satz 3.1.12).

Zur Bestimmung von u sind die fehlenden Cauchy-Daten $(u|_{\Gamma_N}, (\partial u/\partial \mathbf{n})|_{\Gamma_D})$ zu bestimmen, die man als Lösung der Integralgleichung (3.4.9) erhält.

In diesem Unterkapitel untersuchen die Elliptizität der Bilinearform $b_{mixed} : \mathbf{H} \times \mathbf{H} \to \mathbb{R}$ aus (3.4.9) mit $\mathbf{H} = \tilde{H}^{-1/2}(\Gamma_D) \times \tilde{H}^{1/2}(\Gamma_N)$ und beschränken uns auf das Laplace-Problem.

Für $(\varphi, \sigma) = (\psi, \eta) \in \mathbf{H}$ gilt

$$b_{mixed}\left(\begin{pmatrix} \varphi \\ \sigma \end{pmatrix}, \begin{pmatrix} \varphi \\ \sigma \end{pmatrix}\right) = (V_{DD}\varphi, \varphi)_{L^2(\Gamma_D)} + (W_{NN}\sigma, \sigma)_{L^2(\Gamma_N)}.$$

Die Elliptizität von Einfachschichtoperator sowie der Normalenableitung des Doppelschichtoperators ist Gegenstand des folgenden Lemmas.

Lemma 3.5.6 *Sei $\Omega \subset \mathbb{R}^3$ ein beschränktes Lipschitz-Gebiet und Γ_D, Γ_N eine Partition des Randes Γ in einfach zusammenhängende Teilstücke mit positivem Oberflächenmaß, die (3.5.9) erfüllen. Dann existiert eine Konstante $\gamma(\Gamma_D, \Gamma_N) > 0$ mit*

$$\forall \varphi \in \tilde{H}^{-1/2}(\Gamma_D): \qquad (V_{DD}\varphi, \varphi)_{L^2(\Gamma_S)} \geq c_V \|\varphi\|^2_{\tilde{H}^{-1/2}(\Gamma_D)}$$

$$\forall \sigma \in \tilde{H}^{1/2}(\Gamma_N): \qquad (W_{NN}\sigma, \sigma)_{L^2(\Gamma_N)} \geq \gamma \|\sigma\|^2_{\tilde{H}^{1/2}(\Gamma_N)}.$$

Beweis. Für die erste Abschätzung verwenden wir $\varphi \in \tilde{H}^{-1/2}(\Gamma_D) \Longrightarrow \varphi^\star \in H^{-1/2}(\Gamma)$ mit der Nullfortsetzung $\varphi^\star$ von φ auf Γ. Aus (3.4.4) folgt $\|\varphi\|_{\tilde{H}^{-1/2}(\Gamma_D)} = \|\varphi^\star\|_{H^{-1/2}(\Gamma)}$ und die Elliptizität von V auf Γ (vgl. Satz 3.5.3) ergibt

$$(V_{DD}\varphi, \varphi)_{L^2(\Gamma_D)} = (V\varphi^\star, \varphi^\star)_{L^2(\Gamma)} \geq c_V \|\varphi^\star\|^2_{H^{-1/2}(\Gamma)} = c_V \|\varphi\|^2_{\tilde{H}^{-1/2}(\Gamma_D)}. \tag{3.5.12}$$

*Dieser Abschnitt ist als Ergänzung zum eigentlichen Schwerpunkt dieses Buches zu betrachten.

Die Abschätzung für den Operator W folgt aus

$$\sigma \in \tilde{H}^{1/2}(\Gamma_N) \Longrightarrow \sigma^\star \in H^{1/2}(\Gamma), \qquad \|\sigma\|_{\tilde{H}^{1/2}(\Gamma_N)} = \|\sigma^\star\|_{H^{1/2}(\Gamma)}.$$

Damit und mit der Elliptizität des hypersingulären Operators W auf Γ (vgl. Satz 3.5.3) folgt

$$(W_{NN}\sigma, \sigma)_{L^2(\Gamma_N)} = \langle W\sigma^\star, \sigma^\star\rangle_{L^2(\Gamma)} \geq c_W \|\sigma^\star\|^2_{H^{1/2}(\Gamma)/\mathbb{R}} = c_W \min_{c\in\mathbb{R}} \|\sigma^\star - c\|^2_{H^{1/2}(\Gamma)}. \tag{3.5.13}$$

Wir erinnern an die Definition der $H^{1/2}(\Gamma)$-Norm

$$\begin{aligned} \|\varphi\|^2_{H^{1/2}(\Gamma)} &= \|\varphi\|^2_{L^2(\Gamma)} + |\varphi|^2_{H^{1/2}(\Gamma)}, \\ |\varphi|^2_{H^{1/2}(\Gamma)} &= \int_\Gamma \int_\Gamma \frac{|\varphi(\mathbf{x}) - \varphi(\mathbf{y})|^2}{|\mathbf{x}-\mathbf{y}|^3} ds_{\mathbf{y}} ds_{\mathbf{x}}. \end{aligned} \tag{3.5.14}$$

Daher gilt $|c|_{H^{1/2}(\Gamma)} = 0$ und somit

$$\|\sigma^\star\|^2_{H^{1/2}(\Gamma)/\mathbb{R}} = |\sigma^\star|^2_{H^{1/2}(\Gamma)} + \min_{c\in\mathbb{R}} \|\sigma^\star - c\|^2_{L^2(\Gamma)}.$$

Das Minimum wird angenommen für den Mittelwert $c := |\Gamma|^{-1} \int_\Gamma \sigma^\star ds = |\Gamma|^{-1} \int_{\Gamma_N} \sigma ds$. Dies führt auf $|c|^2 \leq |\Gamma|^{-2} |\Gamma_N| \|\sigma\|^2_{L^2(\Gamma_N)}$ und

$$\begin{aligned} \min_{\alpha\in\mathbb{R}} \|\sigma^\star - \alpha\|^2_{L^2(\Gamma)} &= \|\sigma\|^2_{L^2(\Gamma_N)} + \|c\|^2_{L^2(\Gamma)} - 2\int_{\Gamma_N} \sigma c\, ds \\ &= \|\sigma\|^2_{L^2(\Gamma_N)} + |\Gamma||c|^2 - 2c\int_{\Gamma_N} \sigma\, ds \\ &= \|\sigma\|^2_{L^2(\Gamma_N)} + \frac{1}{|\Gamma|}\left(\int_{\Gamma_N} \sigma ds\right)^2 - \frac{2}{|\Gamma|}\left(\int_{\Gamma_N} \sigma ds\right)^2 \\ &= \|\sigma\|^2_{L^2(\Gamma_N)} - \frac{1}{|\Gamma|}\left(\int_{\Gamma_N} \sigma ds\right)^2 \geq \|\sigma\|^2_{L^2(\Gamma_N)} \left(1 - \frac{|\Gamma_N|}{|\Gamma|}\right). \end{aligned}$$

Damit folgt für alle $\sigma \in \tilde{H}^{1/2}(\Gamma_N)$ die Abschätzung

$$\begin{aligned} \|\sigma^\star\|^2_{H^{1/2}(\Gamma)/\mathbb{R}} &\geq \left(1 - \tfrac{|\Gamma_N|}{|\Gamma|}\right) \left(\|\sigma^\star\|^2_{L^2(\Gamma)} + |\sigma^\star|^2_{H^{1/2}(\Gamma)}\right) \\ &= \left(1 - \tfrac{|\Gamma_N|}{|\Gamma|}\right) \|\sigma^\star\|^2_{H^{1/2}(\Gamma)} = \left(1 - \tfrac{|\Gamma_N|}{|\Gamma|}\right) \|\sigma\|^2_{\tilde{H}^{1/2}(\Gamma_N)}. \end{aligned} \tag{3.5.15}$$

Damit ist Teil 2 der Behauptung bewiesen. ■

Aus (3.5.12) und (3.5.13) folgt die Elliptizität von b_{mixed}:

Korollar 3.5.7 *Für $|\Gamma_N| < |\Gamma|$ existiert $c > 0$, so daß für alle $(\varphi, \sigma) \in \tilde{H}^{-1/2}(\Gamma_D) \times \tilde{H}^{1/2}(\Gamma_N)$ gilt*

$$b_{mixed}\left(\begin{pmatrix} \varphi \\ \sigma \end{pmatrix}, \begin{pmatrix} \varphi \\ \sigma \end{pmatrix}\right) \geq c\left(\|\varphi\|^2_{\tilde{H}^{-1/2}(\Gamma_D)} + \|\sigma\|^2_{\tilde{H}^{1/2}(\Gamma_N)}\right). \tag{3.5.16}$$

Satz 3.5.8 *Das System von Randintegralgleichungen (3.4.9) bzw. (3.4.7) zum gemischten Randwertproblem besitzt für alle* $g_D \in H^{1/2}(\Gamma_D)$, $g_N \in H^{-1/2}(\Gamma_N)$ *genau eine Lösung* $(\varphi, \sigma) \in \mathbf{H}$.

Das Variationsproblem (2.9.16), (2.9.17) zum gemischten Randwertproblem (3.5.10) besitzt ebenfalls eine eindeutige Lösung $u \in H^1_D(\Omega^-)$. *Diese Lösung besitzt die Darstellung (3.5.11).*

Beweis. Die eindeutige Lösbarkeit der Randintegralgleichungen folgt aus der **H**-Elliptizität der Bilinearform b_{mixed} und dem Lax-Milgram-Lemma.

Die eindeutige Lösbarkeit des Variationsproblems (2.9.16), (2.9.17) zum gemischten Randwertproblem (3.5.10) folgt aus Satz 2.10.6.

Die Gültigkeit der Darstellungsformel wurde in Satz 3.1.12 bewiesen. ■

3.5.3 Schirmprobleme*

Die bisher betrachteten Randwertprobleme führten immer auf Integralgleichungen auf geschlossenen Oberflächen. Im Zusammenhang mit Schirmproblemen sind beispielsweise elektrische Felder und Potentiale zu berechnen, die durch dünne geladene Platten oder Schirme erzeugt werden. Schirme werden als Hyperflächen $\Gamma_0 \subset \mathbb{R}^3$ modelliert, die im allgemeinen nicht offen sind, $\partial\Gamma_0 \neq \emptyset$. Die Potentialgleichung wird im Außenraum $\mathbb{R}^3 \backslash \Gamma_0$ formuliert, und die Randintegralgleichungen reduzieren das Problem auf den Schirm Γ_0.

Die Energieräume für Integralgleichungen auf Teilrändern waren durch $\tilde{H}^{-1/2}(\Gamma_D)$, $\tilde{H}^{1/2}(\Gamma_N)$ gegeben. Diese Räume erlauben es auch, Randintegralgleichungen auf offenen Flächenstücken Γ zu betrachten.

Wir nehmen daher in diesem Unterkapitel an, daß ein offenes Flächenstück Γ_0 gegeben ist, welches sich zu einer geschlossenen Oberfläche Γ in $\mathbb{R}^3$ derart ergänzen lässt, daß für $\Gamma_0^c = \Gamma \backslash \overline{\Gamma}_0$ gilt

$$\Gamma = \Gamma_0 \cup \Gamma_0^c \quad \text{und} \quad \Gamma \text{ ist eine Lipschitz-Oberfläche.} \tag{3.5.17}$$

Um technische Schwierigkeiten zu vermeiden, fordern wir wie im vorigen Unterkapitel, daß Γ_0 und Γ_0^c einfach zusammenhängend sind.

Dirichlet-Schirmproblem: Finde, für gegebenes $g_D \in H^{1/2}(\Gamma_0)$, die Funktion $u \in H^1_{\text{lok}}(\mathbb{R}^3 \backslash \overline{\Gamma}_0)$ mit

$$\Delta u = 0 \quad \text{in } \mathbb{R}^3 \backslash \overline{\Gamma}_0, \qquad u = g_D \text{ auf } \Gamma_0, \qquad |u(\mathbf{x})| = O\left(\|\mathbf{x}\|^{-1}\right) \text{ für } \|\mathbf{x}\| \to \infty. \tag{3.5.18}$$

Neumann-Schirmproblem: Finde, für gegebenes $g_N \in H^{-1/2}(\Gamma_0)$, die Funktion $u \in H^1_{\text{lok}}(\mathbb{R}^3 \backslash \overline{\Gamma}_0)$ mit

$$\Delta u = 0 \quad \text{in } \mathbb{R}^3 \backslash \overline{\Gamma}_0, \qquad \partial u / \partial \mathbf{n} = g_N \text{ auf } \Gamma_0, \qquad |u(\mathbf{x})| = O\left(\|\mathbf{x}\|^{-1}\right) \text{ für } \|\mathbf{x}\| \to \infty. \tag{3.5.19}$$

Mit einem Potentialansatz lassen sich diese Schirmprobleme in Randintegralgleichungen umwandeln, und wir formulieren diese wieder als Variationsaufgaben.

*Dieser Abschnitt ist als Ergänzung zum eigentlichen Schwerpunkt dieses Buches zu betrachten.

Dirichlet-Schirmproblem: Finde, für gegebenes $g_D \in H^{1/2}(\Gamma_0)$, die Funktion $\varphi \in \tilde{H}^{-1/2}(\Gamma_0)$ mit

$$(V\varphi, \eta)_{L^2(\Gamma_0)} = (g_D, \eta)_{L^2(\Gamma_0)} \qquad \forall \eta \in \tilde{H}^{-1/2}(\Gamma_0). \tag{3.5.20}$$

Neumann-Schirmproblem: Finde, für gegebenes $g_N \in H^{-1/2}(\Gamma_0)$, die Funktion $\sigma \in \tilde{H}^{1/2}(\Gamma_0)$ mit

$$(W\sigma, \kappa)_{L^2(\Gamma_0)} = (g_N, \kappa) \qquad \forall \kappa \in \tilde{H}^{1/2}(\Gamma_0)\,. \tag{3.5.21}$$

Hierbei wird -wie üblich- das Skalarprodukt $(\cdot,\cdot)_{L^2(\Gamma_0)}$ mit seiner Erweiterung auf $H^{1/2}(\Gamma_0) \times \tilde{H}^{-1/2}(\Gamma_0)$ bzw. auf $H^{-1/2}(\Gamma_0) \times \tilde{H}^{1/2}(\Gamma_0)$ identifiziert.

Satz 3.5.9 *Die Operatoren $V : \tilde{H}^{-1/2}(\Gamma_0) \to H^{1/2}(\Gamma_0)$ und $W : \tilde{H}^{1/2}(\Gamma_0) \to H^{-1/2}(\Gamma_0)$ sind stetig und positiv: Es existiert c_V, $c_W > 0$ mit*

$$\forall \varphi \in \tilde{H}^{-1/2}(\Gamma_0) : (V\varphi, \varphi)_{L^2(\Gamma_0)} \geq c_V \|\varphi\|^2_{\tilde{H}^{-1/2}(\Gamma_0)}\,, \tag{3.5.22}$$

$$\forall \sigma \in \tilde{H}^{\frac{1}{2}}(\Gamma_0) : \ (W\sigma, \sigma)_{L^2(\Gamma_0)} \geq c_W \|\sigma\|^2_{\tilde{H}^{1/2}(\Gamma_0)}\,. \tag{3.5.23}$$

Der Satz 3.5.9 folgt direkt aus Lemma 3.5.6 mit $\Gamma_0 = \Gamma_D$ bzw. $\Gamma_0 = \Gamma_N$ mit c_V, c_W, die von Γ_0 abhängen.

3.6 Calderón-Projektor*

Die direkte Methode ergibt Randintegralgleichungen für die unbekannten Randdaten des Randwertproblems. In diesem Unterkapitel werden wir uns nochmals den Identitäten (3.4.12), (3.4.15) zuwenden und einige nützliche Folgerungen ableiten.

Für $\sigma \in \{-,+\}$ definieren wir den Raum Y_σ durch

$$Y_\sigma := \left\{u \in H^1_L(\Omega^\sigma) : Lu = 0 \text{ in } \Omega^\sigma\right\}.$$

Auf $Y_- \times Y_+$ ist die Greensche Darstellungsformel im allgemeinen nur in der Form (3.1.19) mit additivem Zusatzterm gültig.

Für den Operator L in (3.1.1) mit $a_{\min} c > \|\mathbf{b}\|^2$ wurde in Satz 3.1.11 gezeigt, daß der Zusatzterm in der Greenschen Darstellungsformel für Funktionen aus $Y_- \times Y_+$ verschwindet.

Dies gilt auch für den Laplace-Operator $-\Delta$ (vgl. Satz 3.1.12) auf dem Unterraum

$$\left\{u \in H^1\left(\Omega^-\right) : \Delta u = 0\right\} \times \left\{u \in H^1\left(-\Delta, \Omega^+\right) : \Delta u = 0\right\}$$

und für den Helmholtz-Operator $L_k := -\Delta - k^2$ (vgl. Satz 3.1.13) auf dem Unterraum

$$\left\{u \in H^1\left(\Omega^-\right) : L_k u = 0\right\} \times \left\{u \in H^1\left(L_k, \Omega^+\right) : L_k u = 0\right\}$$

(vgl. (2.9.21)).

*Dieser Abschnitt ist als Ergänzung zum eigentlichen Schwerpunkt dieses Buches zu betrachten.

Annahme 3.6.1 *Für den gegebenen Differentialoperator L ist ein Unterraum $X_- \times X_+ \subset Y_- \times Y_+$ gewählt, so daß der Zusatzterm in (3.1.19) verschwindet und die Greensche Darstellungsformel in der Form*

$$u = -S[\gamma_1 u] + D[\gamma_0 u] \qquad \text{in } \Omega^- \cup \Omega^+$$

für alle $u \in X_- \times X_+$ gilt, wobei $u \in X_- \times X_+$ eine Kurzschreibweise für $(u_-, u_+) \in X_- \times X_+$ mit der Konvention $u|_{\Omega^\sigma} = u_\sigma$, $\sigma \in \{-,+\}$, ist.

Die direkten Randintegralgleichungen basierten auf den Identitäten (3.4.12), (3.4.15) zwischen den Dirichletdaten $u_D \in H^{\frac{1}{2}}(\Gamma)$ und den Neumanndaten $u_N \in H^{-\frac{1}{2}}(\Gamma)$. Für alle $u \in X_- \times X_+$

mit $(u_D, u_N) = (\gamma_0^- u, \gamma_1^- u)$ gilt im **Innengebiet** Ω^-:

$$\begin{pmatrix} \gamma_0^- u \\ \gamma_1^- u \end{pmatrix} = \begin{pmatrix} u_D \\ u_N \end{pmatrix} = \begin{pmatrix} \frac{1}{2}I - K & V \\ W & \frac{1}{2}I + K' \end{pmatrix} \begin{pmatrix} u_D \\ u_N \end{pmatrix} =: P_- \begin{pmatrix} u_D \\ u_N \end{pmatrix}, \tag{3.6.1}$$

und mit $(u_D, u_N) = (\gamma_0^+ u, \gamma_1^+ u)$ im **Aussengebiet** Ω^+:

$$\begin{pmatrix} \gamma_0^+ u \\ \gamma_1^+ u \end{pmatrix} = \begin{pmatrix} u_D \\ u_N \end{pmatrix} = \begin{pmatrix} \frac{1}{2}I + K & -V \\ -W & \frac{1}{2}I - K' \end{pmatrix} \begin{pmatrix} u_D \\ u_N \end{pmatrix} =: P_+ \begin{pmatrix} u_D \\ u_N \end{pmatrix}. \tag{3.6.2}$$

Dies motiviert die Definition des **Calderón-Operators** A auf dem Rand Γ durch

$$A = \tfrac{1}{2}(P_- - P_+) = \begin{pmatrix} -K & V \\ W & K' \end{pmatrix}. \tag{3.6.3}$$

Damit lauten (3.6.1), (3.6.2) kompakt

$$\begin{pmatrix} \gamma_0^\sigma u \\ \gamma_1^\sigma u \end{pmatrix} = -\left(\sigma A - \tfrac{1}{2}I\right) \begin{pmatrix} \gamma_0^\sigma u \\ \gamma_1^\sigma u \end{pmatrix} \qquad \sigma \in \{-,+\}. \tag{3.6.4}$$

Wir definieren für $\sigma \in \{-,+\}$ die Operatoren

$$P_\sigma := -\left(\sigma A - \frac{1}{2} I\right).$$

Proposition 3.6.2 *Die Operatoren P_σ haben die folgenden Eigenschaften:*

i) *P_σ lässt sich stetig erweitern auf $H^{1/2}(\Gamma) \times H^{-1/2}(\Gamma) \to H^{1/2}(\Gamma) \times H^{-1/2}(\Gamma)$.*

ii) *P_σ ist eine Projektion von $H^{1/2}(\Gamma) \times H^{-1/2}(\Gamma) \to H^\sigma_{\text{Cauchy}}(\Gamma)$ wobei der Raum $H^\sigma_{\text{Cauchy}}(\Gamma)$ definiert ist durch*

$$H^\sigma_{\text{Cauchy}}(\Gamma) := \{(\gamma_0^\sigma u, \gamma_1^\sigma u) : u \in X_\sigma\}. \tag{3.6.5}$$

iii) *Es gilt*

$$P_+ + P_- = I \quad \text{und} \quad P_+ P_- = P_- P_+ \quad \text{auf} \quad H^{1/2}(\Gamma) \times H^{-1/2}(\Gamma).$$

Beweis. Behauptung i) folgt direkt aus den Abbildungseigenschaften der Randintegraloperatoren im Calderón Operator A.

Wir beweisen ii): Seien $\varphi \in H^{-1/2}(\Gamma), \psi \in H^{1/2}(\Gamma)$ beliebig gegeben. Dann ist das Potential $u = S\varphi - D\psi \in Y_- \times Y_+$ und erfüllt daher insbesondere die homogene Differentialgleichung.

Es bezeichne $u^\sigma = u|_{\Omega^\sigma}$. Anwenden der Spuroperatoren $\gamma_0^\sigma, \gamma_1^\sigma$ auf u^σ ergibt

$$\gamma_0^\sigma u^\sigma = \gamma_0^\sigma S\varphi - \gamma_0^\sigma D\psi = V\varphi - \left(\frac{\sigma 1}{2} + K\right)\psi$$

und

$$\gamma_1^\sigma u^\sigma = \gamma_1^\sigma S\varphi - \gamma_1^\sigma D\psi = \left(-\frac{\sigma 1}{2} I + K'\right)\varphi + W\psi,$$

so daß folgt

$$P_\sigma \begin{pmatrix} \varphi \\ \psi \end{pmatrix} = \begin{pmatrix} \gamma_0^\sigma u \\ \gamma_1^\sigma u \end{pmatrix} \in H^\sigma_{\text{Cauchy}}(\Gamma).$$

Aussage iii) erhält man durch Nachrechnen: Es ist

$$P_+P_- = (A - \frac{1}{2}I)(-A - \frac{1}{2}I) = (-A - \frac{1}{2}I)(A - \frac{1}{2}I) = P_-P_+.$$

■

Die Operatoren P_σ reproduzieren Cauchy-Daten: Für $\sigma \in \{-,+\}$ erhalten wir die Beziehungen:

$$(P_\sigma)^2 = P_\sigma \quad \text{und} \quad P_+\,P_- = P_-\,P_+ \text{ auf } H^{1/2}(\Gamma) \times H^{-1/2}(\Gamma)\,.$$

Definition 3.6.3 *Für $\sigma \in \{-,+\}$ heißen P_σ* ***Calderón-Projektoren*** *zum elliptischen System (L, γ_0, γ_1) in Ω^σ.*

Sei $\gamma_0 X$ (bzw. $\gamma_1 X$) die lineare Hülle von $\gamma_0^- X_-$ und $\gamma_0^+ X_+$ (bzw. von $\gamma_1^- X_-$ und $\gamma_1^+ X_+$). (Man beachte, daß für alle Standardfälle $\gamma_0 X = H^{1/2}(\Gamma)$ und $\gamma_1 X = H^{-1/2}(\Gamma)$ gilt.)

Proposition 3.6.4 *Es gelten die* ***Calderón-Identitäten***

$$KV = VK' \text{ auf } \gamma_1 X, \qquad WK = K'W \text{ auf } \gamma_0 X \tag{3.6.6a}$$

und

$$VW = \tfrac{1}{4}I - K^2 \text{ auf } \gamma_0 X, \quad WV = \tfrac{1}{4}I - K'^2 \text{ auf } \gamma_1 X. \tag{3.6.6b}$$

Beweis. Die Identität $(P_\sigma)^2 = P_\sigma$ auf $\mathbf{H}^\sigma_{\text{Cauchy}}(\Gamma)$ lautet in Komponenten

$$\begin{pmatrix} \sigma K + K^2 + VW + \frac{1}{4}I & -(\sigma V + KV - VK') \\ -(\sigma W + WK - K'W) & -(\sigma K' - K'^2 - WV - \frac{1}{4}I) \end{pmatrix} = \begin{pmatrix} \sigma K + \frac{1}{2}I & -(\sigma V) \\ -(\sigma W) & -(\sigma K' - \frac{1}{2}I) \end{pmatrix}$$

Vergleich der Koeffizienten ergibt (3.6.6). ■

Bemerkung 3.6.5 *Die Calderón-Identitäten (3.6.6) haben verschiedene Konsequenzen.*

(a) Die Relation (3.6.6a) impliziert, daß V bzw. W den Operator K bzw. K' symmetrisiert, genauer gilt $(KV)' = KV$ und $(WK)' = WK$.

(b) Die Operatoren V bzw. W besitzen die Ordnung 1 bzw. -1. Aus (3.6.6b) folgt, daß die Hintereinanderausführungen VW und WV Operatoren der Ordnung Null definieren. Diese Eigenschaft kann vorteilhaft verwendet werden zur Vorkonditionierung der linearen Gleichungssysteme, die aus der Galerkin-Diskretisierung der Randintegraloperatoren V und W resultieren (vgl. Kapitel 6), [139], [140], [25].

3.7 Poincaré-Steklov-Operator*

Wir betrachten das Dirichlet-Innenraumproblem (vgl. (2.9.12)): Für gegebenes $g_D \in H^{1/2}(\Gamma)$ ist $u \in H^1(\Omega^-)$ mit $\gamma_0^- u = g_D$ auf Γ gesucht mit

$$B(u,v) = 0 \qquad \forall v \in H_0^1(\Omega^-). \tag{3.7.1}$$

In diesem Unterkapitel setzen wir die eindeutige Lösbarkeit des Dirichlet-Problems voraus.

Annahme 3.7.1 *Das Problem (3.7.1) besitzt für alle $g_D \in H^{1/2}(\Gamma_D)$ eine eindeutige Lösung, die stetig von g_D abhängt:*

$$\|u\|_{H^1(\Omega^-)} \le C \|g_D\|_{H^{1/2}(\Gamma)}.$$

Notwendige und hinreichende Bedingungen an die Koeffizienten des Differentialoperators L für die Gültigkeit von Annahme 3.7.1 sind in Unterkapitel 2.10 diskutiert.

Die Abbildung $g_D \to \gamma_1^- u$, die einer Lösung des Dirichlet-Problems in Ω^- die Neumann-Daten zuordnet, definiert die Dirichlet-zu-Neumann-Abbildung. Der zugehörige **Poincaré-Steklov-Operator** ist durch

$$P_S g_D := \gamma_1^- u. \tag{3.7.2}$$

gegeben. Für $u \in X_-$ (vgl. Annahme 3.6.1) läßt sich diese Abbildung auch in der Form

$$P_S(\gamma_0^- u) = \gamma_1^- u$$

schreiben. Offensichtlich ist $P_S : H^{\frac{1}{2}}(\Gamma) \to H^{-\frac{1}{2}}(\Gamma)$ stetig. Mit (3.6.1) und (3.6.6) können wir P_S explizit gemäß

$$P_S = V^{-1}\left(\tfrac{1}{2}I + K\right) = W + \left(\tfrac{1}{2}I + K'\right) V^{-1}\left(\tfrac{1}{2}I + K\right). \tag{3.7.3}$$

darstellen. Der Operator P_S stimmt mit der Komposition $\gamma_1 \circ T$ überein, wobei T den Lösungsoperator aus Unterkapitel 2.8 (für die Wahl $\lambda = 0$) bezeichnet und dessen Existenz durch Annahme 3.7.1 gesichert ist.

Wir betrachten nun das Neumann-Innenraumproblem (vgl. (2.9.14), (2.9.15)). Für gegebenes $g_N \in H^{-1/2}(\Gamma)$ ist $u \in H^1(\Omega^-)$ gesucht mit

$$B(u,v) = (g_N, \gamma_0 v)_{L^2(\Gamma)} \qquad \forall v \in H^1(\Omega^-). \tag{3.7.4}$$

Auch in diesem Fall setzen wir die eindeutige Lösbarkeit voraus.

Annahme 3.7.2 *Das Problem (3.7.4) besitzt für alle $g_N \in H^{-1/2}(\Gamma)$ eine eindeutige Lösung, die stetig von g_N abhängt:*

$$\|u\|_{H^1(\Omega^-)} \le C \|g_N\|_{H^{-1/2}(\Gamma)}.$$

Notwendige und hinreichende Bedingungen an die Koeffizienten des Differentialoperators L für die Gültigkeit von Annahme 3.7.2 sind in Unterkapitel 2.10 diskutiert. Falls die eindeutige Lösbarkeit auf $H^1(\Omega^-)$ verletzt ist (Beispiel: $L = -\Delta$), kann diese gegebenenfalls durch Übergang zu geeigneten Unterräumen von $H^1(\Omega^-)$ und $H^{-1/2}(\Gamma)$ sichergestellt werden.

*Dieser Abschnitt ist als Ergänzung zum eigentlichen Schwerpunkt dieses Buches zu betrachten.

Die Neumann-zu-Dirichlet-Abbildung $S_P : H^{-1/2}(\Gamma) \to H^{1/2}(\Gamma)$ ist für $u \in X_-$ durch

$$S_P(\gamma_1^- u) = \gamma_0^- u \tag{3.7.5}$$

definiert und wird **Steklov-Poincaré-Operator** genannt. Unter der Annahme, daß $W : H^{1/2}(\Gamma) \to H^{-1/2}(\Gamma)$ bijektiv ist, ergibt sich die explizite Darstellung

$$S_P = W^{-1}\left(\tfrac{1}{2}I - K'\right) = V + \left(\tfrac{1}{2}I - K\right) W^{-1}\left(\tfrac{1}{2}I - K'\right). \tag{3.7.6}$$

Bemerkung 3.7.3 *Die Annahme an W kann abgeschwächt werden. Sei*

$$R := \left\{\frac{1}{2}\varphi - K'\varphi : \varphi \in H^{-1/2}(\Gamma)\right\} \quad \textit{und} \quad U := \left\{\varphi \in H^{1/2}(\Gamma) : W\varphi \in R\right\}.$$

Dann gilt (3.7.6) auch unter der Annahme: $W : U \to R$ ist bijektiv.

Proposition 3.7.4 *Die Operatoren P_S, S_P in (3.7.2), (3.7.5) sind stetig und hermitesch: $P_S = P_S'$ und $S_P = S_P'$.*

Beweis. Verwende die Darstellungen (3.7.3) und (3.7.6). ∎

Bemerkung 3.7.5 *Die Annahmen 3.7.1 und 3.7.2 seien erfüllt.*

Die Operatoren $P_S : H^{1/2}(\Gamma) \to H^{-1/2}(\Gamma)$ und $S_P : H^{-1/2}(\Gamma) \to H^{1/2}(\Gamma)$ sind invertierbar und erfüllen:

$$P_S S_P = I \quad \textit{auf}\; H^{-1/2}(\Gamma), \qquad S_P P_S = I \quad \textit{auf}\; H^{1/2}(\Gamma).$$

3.8 Invertierbarkeit von Randintegraloperatoren 2. Art*

In Abschnitt 3.4 haben wir unter anderem Integralgleichungen 2. Art zur Lösung von Randwertproblemen hergeleitet. Die auftretenden Randintegraloperatoren $\frac{1}{2}I \pm K$, $\frac{1}{2}I \pm K'$ besitzen die Ordnung 0 und sind im allgemeinen nicht selbstadjungiert. Als Funktionenraum für eine Variationsformulierung liegt deshalb $L^2(\Gamma)$ nahe. Aus den Calderón-Identitäten (3.6.6) sowie den Abbildungseigenschaften von K, K' (vgl. Satz 3.1.16) ist aber eine Formulierung in den Räumen $H^{\pm 1/2}(\Gamma)$ natürlicher und letztlich für Existenz von Lösungen auf nichtglattem Rand Γ entscheidend.

Annahme 3.8.1 *Der Einfachschichtoperator $V : H^{-1/2}(\Gamma) \to H^{1/2}(\Gamma)$ ist hermitesch, stetig und positiv: Es existiert $c_V > 0$ mit*

$$(\sigma, V\sigma)_{L^2(\Gamma)} \geq c_V \|\sigma\|^2_{H^{-1/2}(\Gamma)} \qquad \forall \sigma \in H^{-1/2}(\Gamma). \tag{3.8.1}$$

Zusammen mit der Beschränktheit von V ist daher der Ausdruck

$$\|\sigma\|_V := (\sigma, V\sigma)^{1/2}_{L^2(\Gamma)} \tag{3.8.2}$$

*Dieser Abschnitt ist als Ergänzung zum eigentlichen Schwerpunkt dieses Buches zu betrachten.

eine Norm auf $H^{-1/2}(\Gamma)$ und äquivalent zur $H^{-1/2}(\Gamma)$ Norm. Analog ist V^{-1}: $H^{1/2}(\Gamma) \to H^{-1/2}(\Gamma)$ stetig, hermitesch und es gilt

$$\|\varphi\|_{V^{-1}}^2 := \left(\varphi, V^{-1}\varphi\right)_{L^2(\Gamma)} \leq \frac{1}{c_V} \|\varphi\|_{H^{1/2}(\Gamma)}^2 \qquad \forall \varphi \in H^{1/2}(\Gamma). \tag{3.8.3}$$

Damit definiert $\|\varphi\|_{V^{-1}}$ eine zu $\|\cdot\|_{H^{1/2}(\Gamma)}$ äquivalente Norm. Analoge Definitionen lassen sich für den hypersingulären Operator W treffen, der aber beispielsweise für das Laplace-Problem nur auf Quotientenräumen positiv ist.

Definition 3.8.2 *Für das homogene Neumann-Problem*

$$Lu = 0 \quad in\, \Omega^-, \quad \gamma_1 u = 0 \quad auf\, \partial\Omega^- \tag{3.8.4}$$

ist der Raum der Spuren von Lösungen gegeben durch

$$\mathcal{N} = \{\gamma_0 u : u \in H^1\left(\Omega^-\right) \text{ löst (3.8.4)}\}.$$

Bemerkung 3.8.3 *(a) Die Riesz-Schauder-Theorie (vgl. Unterkapitel 2.1.4) impliziert: $\mathcal{N} \subset H^{1/2}(\Gamma)$ ist endlichdimensional.*

(b) Falls der zur Randwertaufgabe (3.8.4) gehörende Operator injektiv ist, gilt $\mathcal{N} = \{0\}$.

(c) Für $L = -\Delta$, $\gamma_1 = \frac{\partial}{\partial n}$ gilt $\mathcal{N} = \operatorname{span}\{1\}$.

Bemerkung 3.8.4 *Für $\sigma \in \{-,+\}$ sind die Quotientenräume $H^{\sigma 1/2}(\Gamma)/\mathcal{N}$ gegeben durch die Klassen*

$$\{u\} := \{u + v : v \in \operatorname{span} \mathcal{N}\}, \qquad u \in H^{\sigma 1/2}(\Gamma).$$

Diese können identifiziert werden mit den Repräsentanten $u_0 = u_0(u) := u+v$, wobei $v = v(u)$ so gewählt ist, daß gilt

$$\forall v \in \mathcal{N} : (u_0, v)_{L^2(\Gamma)} = 0.$$

Damit ist $H^{\sigma 1/2}(\Gamma)/\mathcal{N}$ isomorph zu

$$H_{\mathcal{N}}^{\sigma 1/2}(\Gamma) := \{u_0(u) : u \in H^{\sigma 1/2}(\Gamma)\}, \tag{3.8.5}$$

und die Quotientennorm auf $H^{\sigma 1/2}(\Gamma)/\mathcal{N}$ ist äquivalent zur $H^{\sigma 1/2}(\Gamma)$-Norm auf $H_{\mathcal{N}}^{\sigma 1/2}(\Gamma)$.

Annahme 3.8.5 *Es existiert eine Konstante $c_W > 0$ mit*

$$(\varphi, W\varphi)_{L^2(\Gamma)} \geq c_W \|\varphi\|_{H^{1/2}(\Gamma)}^2 \quad \forall \varphi \in H_{\mathcal{N}}^{1/2}(\Gamma). \tag{3.8.6}$$

In Satz 3.5.3 haben wir gezeigt, daß die Annahmen 3.8.1 und 3.8.5 für die Integraloperatoren V und W zu $L = -\Delta$ erfüllt sind.

Übungsaufgabe 3.8.6 *Beweisen Sie*

$$\forall \varphi \in \mathcal{N} : \ W\varphi = \left(\tfrac{1}{2}I + K\right)\varphi = 0.$$

Hinweis: In Abschnitt 3.9.2 wird die analoge Aussage für den Helmholtz-Operator bewiesen.

Satz 3.8.7 *Unter den Annahmen 3.8.1, 3.8.5 gilt für das Produkt der Konstanten in (3.8.1) und (3.8.6) die Abschätzung* $c_V c_W \leq 1/4$ *und für* $\sigma \in \{-,+\}$

$$(1-c_K)\|u\|_{V^{-1}} \leq \left\|\left(\sigma K + \tfrac{1}{2}I\right)u\right\|_{V^{-1}} \leq c_K\|u\|_{V^{-1}} \qquad \forall u \in H^{1/2}_{\mathcal{N}}(\Gamma). \tag{3.8.7}$$

mit

$$0 < c_K = \tfrac{1}{2} + \sqrt{\tfrac{1}{4} - c_V c_W} < 1.$$

Beweis. Die Calderón-Identität (3.6.4) gibt mit (3.7.3)

$$\begin{aligned}
\left\|\left(\tfrac{1}{2}I + K\right)u\right\|^2_{V^{-1}} &= \left(V^{-1}\left(\tfrac{1}{2}I + K\right)u,\ \left(\tfrac{1}{2}I + K\right)u\right)_{L^2(\Gamma)} \\
&= \left(\left(\tfrac{1}{2}I + K'\right)V^{-1}\left(\tfrac{1}{2}I + K\right)u, u\right)_{L^2(\Gamma)} \\
&= (P_S u, u)_{L^2(\Gamma)} - (Wu, u)_{L^2(\Gamma)}.
\end{aligned}$$

Mit Annahme 3.8.1 besitzt $V^{-1} : H^{1/2}(\Gamma) \to H^{-1/2}(\Gamma)$ eine Wurzel: Genauer existiert ein vollständiges Orthonormalsystem $(e_i)_{i\in\mathbb{N}}$ in $L^2(\Gamma)$ und positive Zahlen $(\lambda_i)_{i\in\mathbb{N}}$ mit $V^{-1}e_i = \lambda_i e_i$ für alle $i \in \mathbb{N}$. Damit läßt sich die *Wurzel* $V^{-1/2}$ aus V^{-1} für alle $u \in H^{1/2}(\Gamma)$ gemäß

$$V^{-1/2}u = \sum_{i\in\mathbb{N}} \lambda_i^{1/2}(u, e_i)_{L^2(\Gamma)}\, e_i$$

definieren und erfüllt $(V^{-1}u, u)_{L^2(\Gamma)} = \left(V^{-1/2}u, V^{-1/2}u\right)_{L^2(\Gamma)}$ (siehe z.B. [97, Theorem 2.37, Corollary 2.38]).

Daher gilt

$$\begin{aligned}
(P_S u, u)_{L^2(\Gamma)} &= \left(V^{-1}VP_S u, u\right)_{L^2(\Gamma)} = \left(V^{-1/2}VP_S u, V^{-1/2}u\right)_{L^2(\Gamma)} \\
&\leq \|V^{-\frac{1}{2}}VP_S u\|_{L^2(\Gamma)}\|V^{-\frac{1}{2}}u\|_{L^2(\Gamma)} \\
&= \|VP_S u\|_{V^{-1}}\,\|u\|_{V^{-1}} \\
&= \left\|\left(\tfrac{1}{2}I + K\right)u\right\|_{V^{-1}}\,\|u\|_{V^{-1}}.
\end{aligned}$$

Für $u \in H^{1/2}_{\mathcal{N}}(\Gamma)$ gilt nach Annahme 3.8.5 mit (3.8.3)

$$(Wu, u)_{L^2(\Gamma)} \geq c_W\,\|u\|^2_{H^{1/2}(\Gamma)} \geq c_W c_V\left(V^{-1}u, u\right)_{L^2(\Gamma)} = c_V c_W\|u\|^2_{V^{-1}}.$$

Es folgt für alle $u \in H^{1/2}_{\mathcal{N}}(\Gamma)$:

$$\left\|\left(\tfrac{1}{2}I + K\right)u\right\|^2_{V^{-1}} \leq \left\|\left(\tfrac{1}{2}I + K\right)u\right\|_{V^{-1}}\,\|u\|_{V^{-1}} - c_V c_W\,\|u\|^2_{V^{-1}}.$$

Diese Ungleichung hat die Form

$$a^2 \leq ab - c_V c_W\, b^2.$$

Der Fall $0 = b = \|u\|_{V^{-1}}$ impliziert $u = 0$ und $0 = \left\|\left(\tfrac{1}{2}I + K\right)u\right\|_{V^{-1}} = a$ und ist daher trivial. Für $b \neq 0$ ist die Ungleichung äquivalent zu

$$a^2b^{-2} - ab^{-1} + c_V c_W \leq 0 \Longleftrightarrow 1 - c_K \leq \frac{a}{b} \leq c_K \wedge c_V c_W \leq 1/4,$$

woraus (3.8.7) mit „+“ folgt.

Wir beweisen die „-“ Ungleichung. Mit der Ungleichung für „+“ folgt für $u \in H_{\mathcal{N}}^{1/2}(\Gamma)$

$$\begin{aligned}\|u\|_{V^{-1}} &= \left\|\left(\tfrac{1}{2}I + K + \tfrac{1}{2}I - K\right)u\right\|_{V^{-1}} \\ &\le \left\|\left(\tfrac{1}{2}I - K\right)u\right\|_{V^{-1}} + \left\|\left(\tfrac{1}{2}I + K\right)u\right\|_{V^{-1}} \\ (1-c_K)\|u\|_{V^{-1}} &\le \left\|\left(\tfrac{1}{2}I - K\right)u\right\|_{V^{-1}} .\end{aligned}$$

Der Beweis der oberen Schranke benutzt (3.7.3):

$$\begin{aligned}\left\|\left(\tfrac{1}{2}I - K\right)u\right\|_{V^{-1}}^2 &= \|u\|_{V^{-1}}^2 + \left\|\left(\tfrac{1}{2}I + K\right)u\right\|_{V^{-1}}^2 - 2\left(V^{-1}\left(\tfrac{1}{2}I + K\right)u, u\right)_{L^2(\Gamma)} \\ &= \|u\|_{V^{-1}}^2 + \left\|\left(\tfrac{1}{2}I + K\right)u\right\|_{V^{-1}}^2 - 2\left(P_S u, u\right)_{L^2(\Gamma)} \\ &= \|u\|_{V^{-1}}^2 - \left\|\left(\tfrac{1}{2}I + K\right)u\right\|_{V^{-1}}^2 - 2\left(W u, u\right)_{L^2(\Gamma)} \\ &\le \left(1 - (1-c_K)^2 - 2c_V c_W\right)\|u\|_{V^{-1}}^2 \\ &= c_K^2 \|u\|_{V^{-1}}^2 .\end{aligned}$$

■

Falls der zur Randwertaufgabe (3.8.4) gehörende Operator injektiv ist, impliziert Satz 3.8.7 die eindeutige Lösbarkeit der Gleichung 2. Art

$$\left(\tfrac{1}{2}I - K\right)\varphi = -g_D \ \text{ in } \ H^{1/2}(\Gamma) \tag{3.8.8}$$

für das innere Dirichlet-Problem

$$Lu = 0 \quad \text{in } \Omega^-, \qquad \gamma_0 u = g_D \text{ in } H^{1/2}(\Gamma) \tag{3.8.9}$$

mit dem Doppelschichtansatz der indirekten Methode.

Übungsaufgabe 3.8.8 *Für die Lösung φ der Gleichung zweiter Art (3.8.8) gilt die Darstellung*

$$\varphi = -\left(\tfrac{1}{2}I - K\right)^{-1} g_D = -\sum_{\nu=0}^{\infty}\left(\tfrac{1}{2}I + K\right)^{\nu} g_D, \tag{3.8.10}$$

und die Neumannsche Reihe konvergiert in $H^{1/2}(\Gamma)$.

Analog gilt für das Neumann Problem

$$Lu = 0 \quad \text{in } \Omega^-, \qquad \gamma_1^- u = g_N \qquad \text{in } H_{\mathcal{N}}^{-1/2}(\Gamma), \tag{3.8.11}$$

mit dem Einfachschichtansatz der indirekten Methode die Integralgleichung 2. Art

$$\left(\tfrac{1}{2}I + K'\right)\psi = g_N \qquad \text{in } H^{-1/2}(\Gamma). \tag{3.8.12}$$

Formal ist hier die Lösung gegeben durch die Neumannsche Reihe

$$\psi = \left(\tfrac{1}{2}I + K'\right)^{-1} g_N = \sum_{\nu=0}^{\infty}\left(\tfrac{1}{2}I - K'\right)^{\nu} g_N . \tag{3.8.13}$$

Die Neumannsche Reihe (3.8.13) konvergiert in der Norm $\|\cdot\|_V$ und –wegen der Äquivalenz der $\|\cdot\|_V$ - und der $\|\cdot\|_{H^{-1/2}(\Gamma)}$-Normen– auch in $H^{-1/2}(\Gamma)$, wie das zu Satz 3.8.7 analoge Resultat zeigt.

Satz 3.8.9 *Mit $c_K \in (0,1)$ in (3.8.7) gilt für $\sigma \in \{-,+\}$*

$$(1-c_K)\|u\|_V \le \left\|\left(\sigma K' - \tfrac{1}{2}I\right)u\right\|_V \le c_K\|u\|_V \qquad \forall u \in H_{\mathcal{N}}^{-1/2}(\Gamma). \tag{3.8.14}$$

Beweis. Aus der Beschränktheit von $\frac{1}{2}I - K' : H_{\mathcal{N}}^{-1/2}(\Gamma) \to H_{\mathcal{N}}^{-1/2}(\Gamma)$ und (3.8.7) folgt für $\sigma \in \{-,+\}$

$$\begin{aligned}\left\|\left(\sigma K' - \tfrac{1}{2}I\right)u\right\|_V^2 &= \left(\left(\sigma K' - \tfrac{1}{2}I\right)u,\ V\left(\sigma K' - \tfrac{1}{2}I\right)u\right)_{L^2(\Gamma)} \\ &= \left(V\left(\sigma K' - \tfrac{1}{2}I\right)u,\ V^{-1}\left(\sigma K - \tfrac{1}{2}I\right)Vu\right)_{L^2(\Gamma)} \\ &= \left(\left(\sigma K - \tfrac{1}{2}I\right)Vu,\ V^{-1}\left(\sigma K - \tfrac{1}{2}I\right)Vu\right)_{L^2(\Gamma)} \\ &= \left\|\left(\sigma K - \tfrac{1}{2}I\right)Vu\right\|_{V^{-1}}^2 \\ &\le c_K^2\left\|Vu\right\|_{V^{-1}}^2 = c_K^2\|u\|_V^2 .\end{aligned}$$

Die umgekehrte Abschätzung folgt analog. ■

Die Neumannschen Reihen (3.8.10), (3.8.13) zur Darstellung von Lösungen der Integralgleichungen (3.8.8), (3.8.12) legen analoge Reihendarstellungen auch für diskretisierte Integralgleichungen nahe. (Man beachte, daß zur Auswertung von (3.8.10), (3.8.13) lediglich die Matrizen der diskretisierten Randintegraloperatoren angewendet werden müssen.) Da jedoch für die Lösung von (diskretisierten) Gleichungen 2. Art effiziente, iterative Lösungsverfahren zur Verfügung stehen (vgl. Kapitel 6), raten wir von der Verwendung der Neumannschen Reihen zur numerischen Lösung der Integralgleichungen ab.

Die Realisierung der Gleichungen 2. Art in $H^{\pm 1/2}(\Gamma)$ ist verhältnismäßig aufwendig, da das $H^{\pm 1/2}$-Skalarprodukts zur Diskretisierung zu Grunde gelegt werden muß. Wir geben daher im restlichen Teil dieses Abschnitts Kriterien an, welche die Formulierung der Gleichungen 2. Art in $L^2(\Gamma)$ erlauben. Wir betrachten dazu exemplarisch die abstrakte Gleichung zweiter Art:

Sei $g \in H^{1/2}(\Gamma)$ gegeben. Finde $\varphi \in H^{1/2}(\Gamma)$ mit

$$-\frac{1}{2}(\varphi,\eta)_{L^2(\Gamma)} + b_K(\varphi,\eta) = (g,\eta)_{L^2(\Gamma)} \qquad \forall \eta \in H^{-1/2}(\Gamma). \tag{3.8.15}$$

Hier bezeichnet $(\cdot,\cdot)_{L^2(\Gamma)}$ wieder die stetige Erweiterung des $L^2(\Gamma)$-Skalarprodukts auf die duale Paarung $\langle\cdot,\cdot\rangle_{H^{1/2}(\Gamma)\times H^{-1/2}(\Gamma)}$. Äquivalent zu (3.8.15) ist die Gleichung in $H^{1/2}(\Gamma)$:

$$\gamma_0^- D\varphi = g \tag{3.8.16}$$

mit dem Doppelschichtpotential D, wobei $\gamma_0^- D = -\frac{1}{2}I + K$ verwendet wurde (vgl. (3.3.29)). Jedes Funktional $\eta \in H^{-1/2}(\Gamma)$ besitzt nach dem Rieszschen Darstellungssatz einen eindeutigen Repräsentanten $\psi \in H^{1/2}(\Gamma)$ mit

$$\langle v,\eta\rangle_{H^{1/2}(\Gamma)\times H^{-1/2}(\Gamma)} = (v,\psi)_{H^{1/2}(\Gamma)} \qquad \forall v \in H^{1/2}(\Gamma).$$

Damit läßt sich (3.8.15) äquivalent wie folgt formulieren:

Finde $\varphi \in H^{1/2}(\Gamma)$ mit

$$\left(\gamma_0^- D\varphi,\psi\right)_{H^{1/2}(\Gamma)} = (g,\psi)_{H^{1/2}(\Gamma)} \qquad \forall \psi \in H^{1/2}(\Gamma). \tag{3.8.17}$$

Die Existenz, Eindeutigkeit der Lösung φ und die stetige Abhängigkeit von den Daten g ist durch die Annahme gesichert: $\gamma_0^- D : H^{1/2}(\Gamma) \to H^{1/2}(\Gamma)$ ist ein Isomorphismus.

Da das $H^{1/2}(\Gamma)$-Skalarprodukt numerisch sehr aufwendig zu realisieren ist, stellen wir uns im folgenden die Frage, unter welchen Zusatzannahmen das $H^{1/2}(\Gamma)$-Skalarprodukt in (3.8.17) durch das $L^2(\Gamma)$-Skalarprodukt ersetzt werden darf (vgl. beispielsweise [39, Corollary A.2 und A.5] und [96]).

Annahme 3.8.10 *Der Operator $\gamma_0^- D : H^s(\Gamma) \to H^s(\Gamma)$ ist ein Isomorphismus für $s \in \{0, 1/2\}$.*

Die folgende Bemerkung zeigt, daß Annahme 3.8.10 für den Laplace-Operator erfüllt ist.

Bemerkung 3.8.11 *Im Fall des Laplace-Operators wird in [39, Corollary A.2 und A.5] für den Operator $\gamma_0^- D$ eine Gårdingsche Ungleichung auf $H^{1/2}(\Gamma)$ gezeigt. Darüber hinaus erfüllt $\gamma_0^- D$ die Annahme 3.8.10.*

Die in der vorigen Bemerkung beschriebenen Eigenschaften würden sich direkt auf die numerische Diskretisierung übertragen, falls der Operator $\gamma_0^- D$ als Operator in $H^{1/2}(\Gamma)$ aufgefaßt werden würde. Dies wird in der Regel jedoch vermieden, wegen des zusätzlichen Aufwandes für die Diskretisierung des nichtlokalen $H^{1/2}(\Gamma)$-Skalarproduktes und stattdessen $\gamma_0^- D$ als Operator in $L^2(\Gamma)$ aufgefaßt. Annahme 3.8.10 erlaubt es, die Integralgleichung auch in $L^2(\Gamma)$ zu formulieren: Sei $g \in L^2(\Gamma)$ gegeben. Finde $\tilde{\varphi} \in L^2(\Gamma)$ mit

$$\left(\gamma_0^- D\tilde{\varphi}, \psi\right)_{L^2(\Gamma)} = (g, \psi)_{L^2(\Gamma)}, \qquad \forall \psi \in L^2(\Gamma). \tag{3.8.18}$$

Hier bezeichnet $(\cdot,\cdot)_{L^2(\Gamma)}$ das übliche Skalarprodukt in $L^2(\Gamma)$ (und nicht die Erweiterung auf duale Paarungen). Annahme 3.8.10 sichert die Existenz einer Lösung in $L^2(\Gamma)$. Unter der Zusatzvoraussetzung $g \in H^{1/2}(\Gamma)$ erfüllt die Lösung $\tilde{\varphi} \in H^{1/2}(\Gamma)$. Da $\gamma_0^- D : H^{1/2}(\Gamma) \to H^{1/2}(\Gamma)$ nach Annahme ein Isomorphismus ist, folgt $\tilde{\varphi} = \varphi$.

Bemerkung 3.8.12 *(a) Annahme 3.8.10 sei erfüllt, und es gelte $g \in H^{1/2}(\Gamma)$. Dann stimmen die Lösungen aus (3.8.17) und (3.8.18) überein.*

(b) Die Aussage „$\gamma_0^- D : L^2(\Gamma) \to L^2(\Gamma)$ ist ein Isomorphismus“ überträgt sich im allgemeinen nicht auf die numerische Diskretisierung der Gleichung (3.8.18). Der Operator $\gamma_0^- D$ erfüllt im allgemeinen keine Gårdingsche Ungleichung in $L^2(\Gamma)$, und die Stabilität der Diskretisierung muß für konkrete Situationen mit speziellen Methoden untersucht werden.

3.9 Randintegralgleichungen zur Helmholtz-Gleichung

3.9.1 Helmholtz-Gleichung

Für die Lösbarkeit der Randintegralgleichungen haben wir bisher immer $a_{\min} c > \|\mathbf{b}\|^2$ vorausgesetzt oder das Laplace-Problem betrachtet. In diesem Unterkapitel werden wir physikalische Anwendungen im Bereich der zeitharmonischen Akustik und in der Elektromagnetik behandeln, die durch die Helmholtz-Gleichung mit positiver Wellenzahl $k > 0$ beschrieben

$$L_k u := -\Delta u - k^2 u = f \tag{3.9.1}$$

sind. Zu dieser Gleichung gehören wie üblich noch geeignete Randbedingungen, und für Außenraumprobleme werden die **Sommerfeldschen Abstrahlbedingungen** (vgl. (2.9.5)) gefordert

$$\left.\begin{aligned} |u(\mathbf{x})| &\leq C\,\|\mathbf{x}\|^{-1} \\ \left|\frac{\partial u}{\partial r} - iku\right| &\leq C\,\|\mathbf{x}\|^{-2} \end{aligned}\right\} \quad \text{für } \|\mathbf{x}\| \to \infty. \tag{3.9.2}$$

Hier bezeichnet $\partial u/\partial r = \langle \mathbf{x}/\|\mathbf{x}\|, \nabla u\rangle$ die radiale Ableitung.

Da die Koeffizienten des Helmholtz-Operators L_k nicht durch die obigen Voraussetzungen erfaßt sind, werden spezielle Methoden für die Analyse entwickelt.

Für die Raumdimension wird generell $d = 3$ vorausgesetzt. Die Fundamentallösung zum Operator L_k ist durch (vgl. (3.1.3))

$$G_k(\mathbf{z}) = \frac{e^{ik\|\mathbf{z}\|}}{4\pi\,\|\mathbf{z}\|} \tag{3.9.3}$$

gegeben. In Übungsaufgabe 3.1.15 war zu zeigen, daß das Einfach- und Doppelschichtpotential zur Helmholtz-Gleichung

$$(S_k\varphi)(\mathbf{x}) = \int_{\mathbf{y}\in\Gamma} G_k(\mathbf{x}-\mathbf{y})\,\varphi(\mathbf{y})ds_{\mathbf{y}}, \qquad (D_k\psi)(\mathbf{x}) = \int_{\mathbf{y}\in\Gamma} \gamma_{1,\mathbf{y}}\,G_k(\mathbf{x}-\mathbf{y})\,\psi(\mathbf{y})ds_{\mathbf{y}} \tag{3.9.4}$$

die Sommerfeldschen Abstrahlbedingungen (3.9.2) erfüllen.

Für gegebenes $g_D \in H^{1/2}(\Gamma)$ lautet das **äußere Dirichletproblem** (ÄDP) zur Helmholtz-Gleichung (vgl. (2.9.6)):

$$\begin{aligned} &L_k u = 0 \text{ in } \Omega^+, \qquad \gamma_0^+ u = g_D \text{ auf } \Gamma, \\ &u \text{ erfüllt die Sommerfeldschen Abstrahlbedingungen.} \end{aligned} \tag{3.9.5}$$

Für gegebene Daten $g_N \in H^{-1/2}(\Gamma)$ ist das **äußere Neumann Problem** (ÄNP) zur Helmholtz-Gleichung (vgl. (2.9.7)) durch

$$\begin{aligned} &L_k u = 0 \text{ in } \Omega^+, \qquad \gamma_1^+ u = g_N \text{ auf } \Gamma, \\ &u \text{ erfüllt die Sommerfeldschen Abstrahlbedingungen} \end{aligned} \tag{3.9.6}$$

gegeben.

3.9.2 Integralgleichungen und Resonanzen

Wir werden in diesem Kapitel notwendige und hinreichende Bedingungen für die eindeutige Lösbarkeit der Integralgleichungen zu den Innenraumproblemen der Helmholtz-Gleichung angeben. Im Aussenraum stellt die Abstrahlbedingung sicher, daß das ÄDP und das ÄNP zur Helmholtz-Gleichung für jede Wellenzahl k eindeutig lösbar ist. Die bei der Randreduktion von Innen- und Aussenraumproblemen entstehenden Integralgleichungen sind zum Teil identisch. Es folgt, daß für das Außenraumproblem trotz eindeutiger Lösbarkeit der Randwertaufgaben die Randintegraloperatoren in den natürlichen Sobolev-Räumen auf Γ **nicht** für jede Wellenzahl invertierbar sind.

Aus Satz 3.1.1 bzw. Proposition 3.1.7 und Übungsaufgabe 3.1.15 folgt, daß für $\varphi \in H^{-1/2}(\Gamma)$ das Einfachschichtpotential $u = S_k\varphi$ die homogene Differentialgleichung $L_k\, S_k\varphi = 0$ in $\Omega^+ \cup \Omega^-$ erfüllt sowie die Sommerfeldsche Abstrahlbedingung (3.9.2). Nach Satz 3.3.1 gilt $[S_k\varphi] = 0$ und der Einfachschichtoperator

$$V_k\varphi = \gamma_0^+ \, S_k\varphi = \gamma_0^- \, S_k\varphi : H^{-1/2}(\Gamma) \to H^{1/2}(\Gamma)$$

ist wohldefiniert. Für das IDP

$$L_k\varphi = 0 \text{ in } \Omega^-, \quad \gamma_0^- u = g_D \in H^{1/2}(\Gamma)$$

ergibt sich die Integralgleichung 1. Art: Finde $\varphi \in H^{-1/2}(\Gamma)$ mit

$$(V_k\varphi, \psi)_{L^2(\Gamma)} = (g_D, \psi)_{L^2(\Gamma)} \quad \forall \psi \in H^{-1/2}(\Gamma)\,. \tag{3.9.7}$$

Im folgenden Satz wird die Invertierbarkeit des Operators V_k behandelt.

Satz 3.9.1 *Der Einfachschichtoperator V_k zum Helmholtz-Problem ist auf $H^{-1/2}(\Gamma)$ invertierbar genau dann, wenn k^2 kein Eigenwert des IDP zum Operator $-\Delta$ ist:*

$$-\Delta u = k^2 u \text{ in } \Omega^-, \quad \gamma_0^- u = 0 \Longrightarrow u = 0 \text{ in } \Omega^-.$$

Der Nullraum von V_k ist gegeben durch

$$\operatorname{span}\left\{\gamma_1^- v : -\Delta v = k^2 v \text{ in } \Omega^- \wedge \gamma_0^- v = 0 \text{ auf } \Gamma\right\}.$$

Beweis. Sei v Eigenfunktion des IDP für den Laplace-Operator zum Eigenwert k^2, d.h. $-\Delta v = k^2 v$ in Ω^-, $\gamma_0^- v = 0$. Das Einfachschichtpotential $S_k\gamma_0^- v$ ist identisch null auf $\mathbb{R}^3$. Bezeichne mit w die Nullfortsetzung von v nach ganz $\mathbb{R}^3$. Dann gilt $[\gamma_0 w] = 0$ und $[\gamma_1 w] = -\gamma_1^- v$. Somit ist die Darstellungsformel (3.1.10) für den Helmholtz-Operator anwendbar und ergibt $v = -S_k\,[\gamma_1 w] = S_k\gamma_1^- v$ in Ω^-. Da v Eigenfunktion des IDP für den Laplace-Operator zum Eigenwert k^2 ist, gilt $L_k v = 0$ in Ω^- und $\gamma_0^- v = 0$, also

$$0 = \gamma_0^- v = \gamma_0^- \left(S_k\gamma_1^- v\right) = V_k\gamma_1^- v.$$

Damit ist $\gamma_1^- v$ im Nullraum von V_k.

Sei k^2 kein Eigenwert des IDP zum Laplace-Operator in Ω^- und $w \neq 0$ im Kern von V_k. Dann erfüllt das Einfachschichtpotential $v = S_k w$ die Gleichung $L_k w = 0$ in Ω^- und aus $w \in \operatorname{Kern}(V_k)$ folgt $\gamma_0^- v = 0$. Daraus ergibt sich $L_k v = -\Delta v - k^2 v = 0$ in Ω^-, $\gamma_0^- v = 0$. Da k^2 kein Eigenwert des IDP zum Laplace-Operator in Ω^- ist, folgt $v = 0$ in Ω^- und, mit $w = -\gamma_1^- v = 0$, ein Widerspruch.

Folgerung 3.9.2 *Obwohl das ÄDP (3.9.5) für alle $k \geq 0$ genau eine Lösung besitzt, ist die aus der direkten Methode resultierende Integralgleichung (3.9.7) für das ÄDP nicht für alle $g_D \in H^{1/2}(\Gamma)$ lösbar, falls k^2 Eigenwert des IDP zum Operator $-\Delta$ ist.*

Analoges gilt für die Gleichungen 2. Art. Verwendet man für das ÄNP den Einfachschichtpotentialansatz $u = S_k\varphi$, ergibt sich die Aufgabe: Für gegebene Daten $g_N \in H^{-1/2}(\Gamma)$ ist $\varphi \in H^{-1/2}(\Gamma)$ gesucht mit

$$-\frac{1}{2}(\varphi, \eta)_{L^2(\Gamma)} + (K_k'\varphi, \eta)_{L^2(\Gamma)} = (g_N, \eta)_{L^2(\Gamma)} \quad \forall \eta \in H^{1/2}(\Gamma)\,. \tag{3.9.8}$$

Satz 3.9.3 *Für jeden Eigenwert k^2 des IDPs zum Operator $-\Delta$ in Ω^- ist $-\frac{1}{2}I + K'_k$ nicht injektiv.*

Beweis. Der Beweis ist ähnlich dem von Satz 3.9.1. Sei $0 \neq w \in H_0^1(\Omega^-)$ eine Eigenfunktion zum IDP für $-\Delta$ in Ω^- und w^* die Nullfortsetzung dieser Eigenfunktion nach Ω^+. Dann löst w^* die homogene Gleichung $L_k w^* = 0$ in $\Omega^+ \cup \Omega^-$ und die Abstrahlbedingung (3.9.2) gilt. Somit ist $0 = S_k(\gamma_1^- w)$ in Ω^+ (vgl. (3.1.13), (3.1.19)). Daraus folgt

$$\left(-\frac{1}{2}I + K'_k\right)(\gamma_1^- w) = 0\,. \tag{3.9.9}$$

■

Folgerung 3.9.4 *Das ÄNP (3.9.6) kann nicht für alle $g_N \in H^{-1/2}(\Gamma)$ durch die Integralgleichung (3.9.8) gelöst werden, falls k^2 Eigenwert des IDPs ist.*

Analoges gilt für die Integraloperatoren $\frac{1}{2}I + K_k$ sowie W_k.

Übungsaufgabe 3.9.5 *Sei k^2 Eigenwert zum INP der Laplace-Gleichung und $0 \neq w \in H^1(\Omega^-)$ eine zugehörige Eigenfunktion. Dann gilt*

$$\Big(-\frac{1}{2}I + K_k\Big)(\gamma_1^- w) = 0, \quad W_k(\gamma_0^- w) = 0, \tag{3.9.10}$$

und die Integraloperatoren in den Randintegralgleichungen

$$\left(\frac{1}{2}I + K_k\right)\varphi = g_D, \quad W_k\varphi = g_N, \tag{3.9.11}$$

für die (eindeutig lösbaren) ÄDP, ÄNP der Helmholtz-Gleichung sind in diesem Fall nicht invertierbar.

Bemerkung 3.9.6 *Man beachte, daß die Aussagen aus den Sätzen 3.9.1, 3.9.3, den Folgerungen 3.9.2, 3.9.4 und der Übungsaufgabe 3.9.5 unverändert für die Operatoren V_{-k}, K_{-k}, K'_{-k} und W_{-k} gelten, da die zugehörige Eigenwert-Gleichung $-\Delta u = k^2 u$ in Ω^- nicht vom Vorzeichen von k abhängt.*

Diese Überlegungen zeigen das folgende Dilemma auf: Die Lösungen der Aussenraumprobleme (3.9.5), (3.9.6) sind eindeutig bestimmt für alle k, wohingegen die (Standard-) Randintegralgleichungen (3.9.7), (3.9.8) für die Resonanzfrequenzen der Innenraumprobleme **nicht** für beliebige Randdaten $g_D \in H^{1/2}(\Gamma)$, $g_N \in H^{-1/2}(\Gamma)$ lösbar sind. Wir werden in Unterkapitel 3.9.4 modifizierte Randintegralgleichungen angeben, bei denen diese Schwierigkeit vermieden werden kann.

3.9.3 Existenz von Lösungen des Aussenraumproblems

Wir geben hier einen Existenzbeweis für Lösungen der Helmholtz-Aussenraumprobleme an. Der klassische Zugang besteht darin, die Randintegraloperatoren zum Helmholtz-Operator als kompakte Störung der Operatoren für den Laplace-Operator aufzufassen. Der Nachteil hierbei ist, daß die Randintegralgleichungen für gewisse, kritische Wellenzahlen keine Lösung besitzen, obwohl das zugehörige Randwertproblem eindeutig lösbar ist.

Eine stabilisierte Formulierung ohne kritische Frequenzen geht auf Panich zurück und wird in Unterkapitel 3.9.4 vorgestellt.

Die einfachste Situation liegt vor, falls der Rand Γ glatt ist. In diesem Fall ist $K_k : H^{1/2}(\Gamma) \to H^{1/2}(\Gamma)$ kompakt, da die zugehörige Kernfunktionen dann schwach singulär ist, wie die folgende Übung zeigt.

Übungsaufgabe 3.9.7 *Sei $\Gamma \in C^2$. Dann existiert $C(\Gamma) > 0$ mit*

$$|G_k(\mathbf{x}-\mathbf{y})| + |\gamma_{1,\mathbf{y}} G_k(\mathbf{x}-\mathbf{y})| \leq \frac{C(\Gamma)}{\|\mathbf{x}-\mathbf{y}\|} \qquad \forall \mathbf{x},\mathbf{y} \in \Gamma,\ \mathbf{x} \neq \mathbf{y}. \tag{3.9.12}$$

(Hinweis: Verwende Lemma 2.2.14.)

Mit der Kompaktheit von K wird die Integralgleichung (3.8.8) eine Fredholm-Gleichung 2. Art in $H^{1/2}(\Gamma)$ und Injektivität des Integraloperators in (3.8.8) impliziert die Existenz genau einer Lösung $\varphi \in H^{1/2}(\Gamma)$ nach Satz 2.1.33, vorausgesetzt, k^2 liegt nicht im Spektrum des INP für die Laplace-Gleichung.

Für die Integralgleichung 1. Art, $W_k \varphi = g_N$, die bei der indirekten Randreduktion des ÄNPs entsteht, folgt die Anwendbarkeit von Satz 2.1.33 aus einer Zerlegung von W_k in einen definiten Operator und eine kompakte Störung. Folgendes Lemma macht dies präzise.

Lemma 3.9.8 *Sei Γ ein Lipschitz-Rand in $\mathbb{R}^3$ und $k \in \mathbb{R}$. Dann sind folgende Operatoren kompakt:*

$$\begin{aligned}
V_k - V_0 :&\quad H^{-1/2}(\Gamma) \to H^{1/2}(\Gamma) \\
K_{\sigma,k} - K_{\sigma,0} :&\quad H^{1/2}(\Gamma) \to H^{1/2}(\Gamma), \quad \sigma \in \{+,-\} \\
K'_{\sigma,k} - K'_{\sigma,0} :&\quad H^{-1/2}(\Gamma) \to H^{-1/2}(\Gamma), \quad \sigma \in \{+,-\} \\
W_k - W_0 :&\quad H^{1/2}(\Gamma) \to H^{-1/2}(\Gamma).
\end{aligned}$$

Beweis. Wir betrachten das Newton-Potential zum Helmholtz-Operator $(\mathcal{N}_k \varphi)(\mathbf{x}) = \int_{\mathbb{R}^3} G_k(\mathbf{x}-\mathbf{y})\, \varphi(\mathbf{y}) ds_{\mathbf{y}}$. Dann ist $\mathcal{N}_k - \mathcal{N}_0$ das Potential zur Kernfunktion $G_k(\mathbf{z}) - G_0(\mathbf{z}) = \frac{e^{ik\|\mathbf{z}\|}-1}{4\pi\|\mathbf{z}\|}$ und

$$\mathcal{N}_k - \mathcal{N}_0 : H^{\ell}_{komp}(\mathbb{R}^3) \to H^{\ell+4}_{lok}(\mathbb{R}^3) \qquad \forall \ell \in \mathbb{R}$$

stetig (vgl. Bemerkung 3.1.3). Wir verwenden die Darstellung $V_k - V_0 = \gamma_0(\mathcal{N}_k - \mathcal{N}_0)\gamma_0'$ (vgl. (3.1.6)). Die Stetigkeit $\gamma_0 : H^1_{lok}(\mathbb{R}^3) \to H^{1/2}(\Gamma)$ impliziert die Stetigkeit von $\gamma_0' : H^{-1/2}(\Gamma) \to H^{-1}_{komp}(\mathbb{R}^3)$. Damit ergibt sich die Kompaktheit von $V_k - V_0 : H^{-1/2}(\Gamma) \to H^{1/2}(\Gamma)$ aus den Hintereinanderausführungen

$$H^{-1/2}(\Gamma) \underset{\gamma_0'}{\longrightarrow} H^{-1}_{komp}(\mathbb{R}^3) \underset{\mathcal{N}_k - \mathcal{N}_0}{\longrightarrow} H^3_{lok}(\mathbb{R}^3) \underset{c}{\hookrightarrow} H^1_{lok}(\mathbb{R}^3) \underset{\gamma_0}{\longrightarrow} H^{1/2}(\Gamma),$$

wobei die Kompaktheit der Einbettung $H^3_{lok}(\mathbb{R}^3) \underset{c}{\hookrightarrow} H^1_{lok}(\mathbb{R}^3)$ direkt aus der Kompaktheit der Einbettung $H^3(\Omega) \underset{c}{\hookrightarrow} H^1(\Omega)$ für jedes kompakte Gebiet Ω folgt (vgl. Satz 2.6.7). Für $\sigma \in \{-,+\}$ gilt $K_{\sigma,k} - K_{\sigma,0} = \gamma_0^\sigma(\mathcal{N}_k - \mathcal{N}_0)(\gamma_1^\sigma)'$ (vgl. Definition 3.1.5).

Um die Abbildungseigenschaft von $K_{\sigma,k} - K_{\sigma,0}$ zu analysieren, gehen wir analog wie im Beweis von Satz 3.1.16 vor. Wir verwenden den Lösungsoperators T aus (2.8) zum Innenraumproblem an (mit $L \leftarrow L_k$ und $\lambda \leftarrow k^2$) und definieren für eine gegebene Randbelegung $v \in H^{1/2}(\Gamma)$ die Funktion $u \in H^1_L(\mathbb{R}^d)$ durch

$$u := \begin{cases} Tv & \text{in } \Omega^-, \\ 0 & \text{in } \Omega^+. \end{cases}$$

Wir definieren $f_k \in L^2_{komp}(\mathbb{R}^d)$ mittels

$$f_k := (L_k)_\pm u = \begin{cases} -k^2 Tv & \text{in } \Omega^-, \\ 0 & \text{in } \Omega^+. \end{cases}$$

Die Greensche Formel (3.1.10) läßt sich wegen des beschränkten Trägers von u anwenden und liefert die Beziehungen

$$u = \mathcal{N}_k f_k + S_k \gamma_1^- u - D_k v,$$
$$u = \mathcal{N}_0 f_0 + S_0 \gamma_1^- u - D_0 v.$$

Offensichtlich gilt $f_0 = 0$, und Subtraktion beider Gleichungen führt auf

$$(D_k - D_0)\, v = \mathcal{N}_k f_k + (S_k - S_0)\, \gamma_1^- Tv. \tag{3.9.13}$$

Im folgenden verwenden wir die Notationen wie im Beweis von Satz 3.1.16. Die Abbildungseigenschaften von $S_k - S_0$, $\mathcal{N}_k$ und $\gamma_1^- T$ (vgl. Satz 2.8.2) implizieren

$$H^{1/2}(\Gamma) \overset{\binom{-k^2T}{0}}{\rightarrow} L^2_{komp}(\mathbb{R}^d) \overset{\mathcal{N}_k}{\rightarrow} H^2_{lok}(\mathbb{R}^d) \underset{c}{\hookrightarrow} H^1_{lok}(\mathbb{R}^3),$$
$$H^{1/2}(\Gamma) \xrightarrow{\gamma_1^- T} H^{-1/2}(\Gamma) \overset{S_k - S}{\rightarrow} H^3_{lok}(\mathbb{R}^d) \underset{c}{\hookrightarrow} H^1_{lok}(\mathbb{R}^3).$$

Zusammen ergibt sich die Kompaktheit der Abbildung $D_k - D_0 : H^{1/2}(\Gamma) \to H^1_{lok}(\mathbb{R}^d)$. Aus der Stetigkeit der Spuroperatoren $\gamma_0^\pm : H^1_{lok}(\Omega^\pm) \to H^{1/2}(\Gamma)$ folgert man daher die Kompaktheit der Differenzabbildung $K_{\sigma,k} - K_{\sigma,0} : H^{1/2}(\Gamma) \to H^{1/2}(\Gamma)$.

Die rechte Seite in (3.9.13) läßt sich zerlegen in $\mathcal{N}_k f_k + S_k \gamma_1^- Tv \in H^1_{L_k}(\mathbb{R}^d \backslash \Gamma)$ und $S_0 \gamma_1^- Tv \in H^1_{L_0}(\mathbb{R}^d \backslash \Gamma)$. Daher läßt sich $\gamma_1^\sigma : H^1_L(\Omega^\sigma) \to H^{-1/2}(\Gamma)$ auf jeden dieser Summanden anwenden, und es ergibt sich die Kompaktheit von $W_k - W_0 = -\gamma_1 D : H^{1/2}(\Gamma) \to H^{-1/2}(\Gamma)$. ∎

Wir benutzen nun Lemma 3.9.8, um Existenz für das ÄDP zur Helmholtz-Gleichung zu zeigen.

Satz 3.9.9 *Für jedes $g_D \in H^{1/2}(\Gamma)$ hat das ÄDP (3.9.5) genau eine Lösung.*

Beweis. Wir reduzieren das ÄDP mit der Darstellungsformel $u(x) = S_k u_N - D_k g_D$ und der direkten Methode auf die äquivalente Randintegralgleichung: Finde $u_N \in H^{-1/2}(\Gamma)$ derart, daß gilt

$$(V_k u_N, \eta)_{L^2(\Gamma)} = \left((-\frac{1}{2}I + K_k) g_D, \eta\right)_{L^2(\Gamma)} \qquad \forall \eta \in H^{-1/2}(\Gamma). \tag{3.9.14}$$

Nach Lemma 3.9.8 existiert $C > 0$ mit

$$(V_k\varphi, \varphi)_{L^2(\Gamma)} \geq C\|\varphi\|^2_{H^{-1/2}(\Gamma)} - c(\varphi, \varphi) \qquad \forall \varphi \in H^{-1/2}(\Gamma)$$

und einer auf $H^{-1/2}(\Gamma)$ kompakten Form $c(\cdot, \cdot)$ (gegeben durch die Sesquilinearform zu $V_k - V_0$). Es gilt für (3.9.14) die Fredholmsche Alternative und die Injektivität von V_k impliziert die eindeutige Lösbarkeit von (3.9.14). Nach Satz 3.9.1 ist V_k auf $H^{-1/2}(\Gamma)$ injektiv genau dann, wenn k^2 kein Eigenwert des IDP zum Operator $-\Delta$ ist. Dann hat (3.9.14) für alle $g_D \in H^{1/2}(\Gamma_D)$ eine eindeutige Lösung $u_N \in H^{-1/2}(\Gamma)$.

Falls k^2 ein Eigenwert des IDP zum Operator $-\Delta$ ist, kann nach der Fredholmschen Alternative die Integralgleichung (3.9.14) genau dann gelöst werden, wenn die rechte Seite auf dem Kern des zu V_k adjungierten Operators verschwindet.

Der adjungierte Operator zu V_k ist durch $V_k^\star(x) = \int_\Gamma \frac{e^{-ik\|x-y\|}}{4\pi\|x-y\|} u(y)\, ds_y$ gegeben. Wegen Bemerkung 3.9.6 wird der Kern von $V_k^\star$ durch $\gamma_1^- v$ mit

$$-\Delta v - k^2 v = 0 \text{ in } \Omega^-, \qquad \gamma_0^- v = 0 \text{ auf } \Gamma \tag{3.9.15}$$

aufgespannt. Sei v eine Lösung von (3.9.15). Dann gilt für dieses v mit der 2. Greenschen Formel (vgl. (2.7.16)) in Ω^-:

$$\begin{aligned}\left(\gamma_1^- v, (-\frac{1}{2}I + K_k)g_D\right)_{L^2(\Gamma)} &= \left(\gamma_1^- v, \gamma_0^-(D_k g_D)\right)_{L^2(\Gamma)} \\ &= \left(\gamma_0^- v, \gamma_1^-(D_k g_D)\right)_{L^2(\Gamma)} - (L_k v, D_k g_D)_{L^2(\Omega^-)} + (v, L_k D_k g_D)_{L^2(\Omega^-)}\end{aligned}$$

Alle Terme der rechten Seite verschwinden, womit nach der Fredholmschen Alternative die Integralgleichung (3.9.14) lösbar ist. Die Lösungen sind eindeutig bis auf Elemente im Kern von V_k, das heißt, bis auf $\gamma_1^- v$ für Eigenfunktionen v des IDP zum Operator $-\Delta$ und Eigenwert k^2.

Damit ist gezeigt, daß die Integralgleichung (3.9.14) für jedes k und jedes $g_D \in H^{1/2}(\Gamma)$ eine Lösung u_N besitzt. Durch $S_k u_N - D_k g_D$ ist damit die Existenz einer Lösung des ÄDP gezeigt. ∎

Mit ähnlichen Methoden läßt sich die Existenz von Lösungen für das ÄNP für alle Wellenzahlen zeigen.

3.9.4 Modifizierte Randintegralgleichungen

Die stabile, numerische Lösung der Randintegralgleichungen zur Helmholtz-Gleichung wird durch das Problem der Resonanzfrequenzen erheblich erschwert. Von Interesse sind daher modifizierte Integralgleichungen, die für alle Wellenzahlen eindeutige Lösungen besitzen.

Um die Aussenraumprobleme (3.9.5), (3.9.6) in modifizierte Integralgleichungen umzuwandeln, die für alle Wellenzahlen eindeutige Lösungen besitzen, gibt es mehrere Zugänge. Wir stellen zwei vor.

Von Brakhage und Werner [10] stammt der klassische Ansatz, einen kombinierten Einfach- und Doppelschichtansatz zu verwenden. Für global glatte Oberflächen läßt sich zeigen, daß die entstehenden Randintegralgleichungen eindeutige Lösungen für alle Wellenzahlen besitzen. Wir betrachten das ÄDP (3.9.5) und verwenden die indirekte Methode. Sei $\eta \in \mathbb{R}$ mit

$$\eta \operatorname{Re} k > 0. \tag{3.9.16}$$

Für $\mathbf{x} \in \Omega^+$ setzen wir

$$u = D_k\varphi - i\eta S_k\varphi. \tag{3.9.17}$$

Dieser Ansatz erfüllt $L_k u = 0$ in Ω^+ und die Sommerfeldschen Abstrahlbedingungen (3.9.2). Die Sprungrelationen ergeben die Randintegralgleichung

$$g_D = \gamma_0^+ u = \left(\frac{1}{2}I + K_k\right)\varphi - i\eta V_k\varphi, \tag{3.9.18}$$

eine Integralgleichung 2. Art für die Unbekannte φ. Unter der Voraussetzung, daß Γ global glatt ist, wird beispielsweise in [88, Theorem 3.33, 3.34] bewiesen, daß der Integraloperator $\frac{1}{2}I + K_k - i\eta V_k$ für alle Wellenzahlen k bijektiv ist. Der Beweis ist ähnlich dem von Satz 3.9.1, wobei anstelle des Nullraums des IDPs nun der Nullraum des Innenraumproblems

$$-\Delta u - k^2 u = 0 \quad \text{in } \Omega^-, \qquad \gamma_1^- u + i\eta\gamma_0^- u = 0$$

tritt, bei dem für alle $\eta \neq 0$ der Wert k^2 kein Eigenwert ist.

Der Beweis der Bijektivität verwendet die globale Glattheit des Randes, die nach Übungsaufgabe 3.9.7 die schwache Singularität der Kerne von K_k sowie von K_k' impliziert. Damit ist der Integraloperator in Gleichung (3.9.18) ein Fredholm-Integraloperator 2. Art und somit beschränkt invertierbar für alle Wellenzahlen k.

Offen ist bei der Brakhage-Werner-Regularisierung (3.9.18) die Frage, ob $\frac{1}{2}I + K_k - i\eta\, V_k$ auch für stückweise glatte oder allgemeine Lipschitz-Ränder Γ bijektiv ist. Der Ansatz (3.9.17) ist dann problematisch, da die Definitionsbereiche von D_k und S_k auf nichtglatten Rändern nicht übereinstimmen.

Abhilfe schafft ein Zugang, der auf Panich [110] zurückgeht, und der auch für Lipschitz-Ränder die eindeutige Lösbarkeit für alle Wellenzahlen sichert. Wir nehmen an, daß ein Isomorphismus

$$R : H^{-1/2+s}(\Gamma) \to H^{1/2+s}(\Gamma) \qquad \forall |s| \leq 1/2 \tag{3.9.19}$$

auf allgemeinen Lipschitz-Rändern Γ existiert, der für $s = 0$ hermitesch ist.

Zur Lösung des ÄDP mit Lipschitz-Rand verwenden wir den Potentialansatz

$$u(x) = D_k\varphi + i\eta\, S_k\, R^{-1}\varphi \qquad \forall \varphi \in H^{1/2}(\Gamma)\,. \tag{3.9.20}$$

Dann gilt $L_k u = 0$ in Ω^+ und (3.9.2) für alle $\varphi \in H^{1/2}(\Gamma)$. Die unbekannte Belegung ist Lösung der Randintegralgleichung

$$g_D = \gamma_0^+ u = B_k\varphi := \left(\frac{1}{2}\, I + K_k\right)\varphi + i\eta\, V_k\, R^{-1}\varphi \text{ in } H^{1/2}(\Gamma)\,. \tag{3.9.21}$$

Weiterhin gilt für das Potential u in (3.9.20)

$$[\gamma_0 u] = \varphi \quad \text{und} \quad [\gamma_1 u] = -i\eta\, R^{-1}\varphi\,. \tag{3.9.22}$$

Elimination der Dichte φ in (3.9.22) ergibt, daß u in (3.9.20) Lösung des Innenraumproblems

$$L_k u = 0 \text{ in } \Omega^-, \quad i\eta\gamma_0^- u + R(\gamma_1^- u) = i\eta g_D + R\gamma_1^+ u \tag{3.9.23}$$

ist.

Proposition 3.9.10 *Für $\eta \neq 0$ ist der Integraloperator B_k in (3.9.21) injektiv für alle k.*

Beweis. Sei $0 \neq \varphi \in H^{1/2}(\Gamma)$ Lösung von $B_k\varphi = 0$. Dann ist $u := D_k\varphi + i\eta\, S_k\, R^{-1}\varphi$ in Ω^+ Lösung des ÄDP (3.9.5) mit $g_D = 0$. Die eindeutige Lösbarkeit des ÄDP impliziert $u = 0$ in Ω^+. Daraus folgert man $-\gamma_0^- u = [\gamma_0 u] = \varphi$ und $-\gamma_1^- u = [\gamma_1 u] = -i\eta\, R^{-1}\varphi$. Die Greensche Formel in Ω^- ergibt

$$\|\nabla u\|^2_{L^2(\Omega^-)} - k^2\, \|u\|^2_{L^2(\Omega^-)} = (\gamma_1^- u, \gamma_0^- u)_{L^2(\Gamma)} = -(i\eta R^{-1}\varphi, \varphi)_{L^2(\Gamma)}\,.$$

Da R hermitesch ist, folgt für $0 \neq \eta \in \mathbb{R}$, daß die rechte Seite dieser Identität rein imaginär ist, woraus sich $(R^{-1}\varphi, \varphi)_{L^2(\Gamma)} = 0$ ergibt. Wegen (3.9.19) folgt dann $\varphi = 0$, also die Injektivität von B_k. ■

Die eindeutige Lösbarkeit der Integralgleichung (3.9.21) für alle Wellenzahlen folgt aus der Injektivität und einer Gårding-Ungleichung für B_k in $H^{1/2}(\Gamma)$, die uniform in k ist.

Bemerkung 3.9.11 *Die Wahl von R ist nicht eindeutig und sollte nach Implementierungsgesichtspunkten erfolgen. In [19] wird ein Ansatz mit Hilfe des stark glättenden Integral-Operators $\int_\Gamma e^{-\|\mathbf{x}-\mathbf{y}\|}\varphi(\mathbf{y})\, ds_{\mathbf{y}}$ vorgestellt und die Abhängigkeit der Galerkin-Diskretisierung von der Wellenzahl k explizit analysiert. In [76] wird die Inverse des Laplace-Beltrami-Operators zur Stabilisierung der Integralgleichung vorgestellt.*

Kapitel 4

Randelementmethoden

In Kapitel 3 haben wir stark elliptische Randwertaufgaben zweiter Ordnung in Gebieten $\Omega \subset \mathbb{R}^3$ in Randintegralgleichungen überführt. Alle Integralgleichungen waren als Variationsaufgaben auf einem Hilbert-Raum H formuliert:

$$\text{Finde } u \in H: \qquad b(u,v) = F(v) \qquad \forall v \in H, \tag{4.0.1}$$

der in den einfachsten Fällen als einer der Sobolev-Räume $H^s(\Gamma)$, $s = -1/2, 0, 1/2$ gewählt wurde. Das Funktional $F \in H'$ bezeichnet die gegebene rechte Seite, welche im Fall der direkten Methode (vgl. Unterkapitel 3.4.2) wiederum Integraloperatoren enthalten kann. Die Sesquilinearform $b(\cdot,\cdot)$ besitzt die abstrakte Form

$$b(u,v) = (Bu, v)_{L^2(\Gamma)}$$

mit dem Integraloperator

$$(Bu)(\mathbf{x}) = \lambda_1(\mathbf{x})\, u(\mathbf{x}) + \lambda_2(\mathbf{x}) \int_\Gamma k(\mathbf{x}, \mathbf{y}, \mathbf{y} - \mathbf{x})\, u(\mathbf{y})\, ds_{\mathbf{y}} \qquad \mathbf{x} \in \Gamma \text{ f.ü.} \tag{4.0.2}$$

Konvention 4.0.1 *Das Skalarprodukt $(\cdot,\cdot)_{L^2(\Gamma)}$ wird wieder mit der stetigen Erweiterung auf $H^{-s}(\Gamma) \times H^s(\Gamma)$ identifiziert.*

Die Koeffizienten λ_1, λ_2 sind beschränkt. Für $\lambda_1 = 0$, f.ü., spricht man von einem Integraloperator erster Art, sonst von einem zweiter Art. Die Kernfunktion ist in einigen Anwendungen nicht uneigentlich integrierbar und das Integral über eine geeignete Regularisierung erklärt (vgl. Satz 3.3.22).

Die Sesquilinearform in (4.0.1) zum Randintegraloperator in (4.0.2) erfüllt eine Gårdingsche Ungleichung: Es existiert $\gamma > 0$ und ein kompakter Operator $T : H \to H'$ mit

$$\forall u \in H : \left| b(u,u) + \langle Tu, u \rangle_{H' \times H} \right| \geq \gamma \|u\|_H^2, \tag{4.0.3}$$

Die Variationsformulierung (4.0.1) der Integralgleichungen ist die Basis für deren numerische Lösung mit Finite-Elemente-Methoden auf dem Rand $\Gamma = \partial\Omega$, den sogenannten Randelementmethoden. Die Kurzbezeichnung „BEM“ stammt von der englischen Übersetzung „Boundary Element Method“.

Hinweis: Leserinnen und Leser, welche mit den Konzepten der Finite-Elemente-Methode vertraut sind, werden diese hier wiederfinden. Der wesentliche Unterschied zur Finite-Elemente-Methode besteht darin, daß die auftretenden Finite-Elemente-Gitter *in der Regel* aus gekrümmten Elementen bestehen und sich daher im allgemeinen *nicht affin* über einem Referenzelement parametrisieren lassen.

Wir betrachten hier in erster Linie die Galerkin-BEM, welche für die Variationsformulierung (4.0.1) der Randintegralgleichung am natürlichsten ist. In Abschnitt 4.1 beschreiben wir die Galerkin-BEM für die Randwertprobleme der Laplace-Gleichung mit Dirichlet-, Neumann- und gemischten Randbedingungen, die alle auf Randintegralgleichungen 1. Art mit positiv definiten Bilinearformen führen. Wir erhalten quasioptimale Approximationen und beweisen asymptotische Konvergenzraten für die Galerkin-BEM. Im Abschnitt 4.2 untersuchen wir dann für Operatoren, die nur mit einer kompakten Störung positiv sind, Galerkin-Verfahren in abstrakter Form und geben einen allgemeinen Rahmen für die Konvergenzanalyse von Galerkin-Methoden an. In Abschnitt 4.3 beweisen wir schließlich die Approximationseigenschaften der Randelementräume.

4.1 Randelemente für die Potentialgleichung in $\mathbb{R}^3$

Wir führen zunächst die Galerkin-BEM für Integralgleichungen zum klassischen Potentialproblem in $\mathbb{R}^3$ ein und leiten für die einfachsten Randelemente die relevanten Fehlerabschätzungen her.

4.1.1 Modellproblem 1: Dirichlet-Problem

Sei $\Omega^- \subset \mathbb{R}^3$ ein beschränktes Polyedergebiet, dessen Rand $\Gamma = \partial\Omega^-$ aus endlich vielen, disjunkten, ebenen Seiten Γ^j, $j = 1, \ldots, J$, besteht: $\Gamma = \bigcup_{j=1}^J \overline{\Gamma^j}$.

Im Außenraum $\Omega^+ = \mathbb{R}^3 \backslash \Omega^-$ betrachten wir das Dirichletproblem

$$\Delta u = 0 \text{ in } \Omega^+ , \tag{4.1.1a}$$

$$u = g_D \text{ auf } \Gamma , \tag{4.1.1b}$$

$$|u(\mathbf{x})| = O(\|\mathbf{x}\|^{-1}) \text{ für } \|\mathbf{x}\| \to \infty . \tag{4.1.1c}$$

In Kapitel 2 (Satz 3.5.3) wurde die eindeutige Lösbarkeit des Problems (4.1.1) gezeigt.

Proposition 4.1.1 *Für alle $g_D \in H^{1/2}(\Gamma)$ hat das Problem (4.1.1) genau eine Lösung $u \in H^1(L, \Omega^+)$ mit $L = -\Delta$.*

Beweis. Satz 2.10.11 impliziert die eindeutige Lösbarkeit der zu (4.1.1) gehörenden Variationsformulierung in $H^1(L, \Omega^+)$ mit $L = -\Delta$. In Kapitel 2.9.3 wurde gezeigt, daß diese Lösung auch (4.1.1a) und (4.1.1b) fast überall löst.

Zur Abklingbedingung: Aus Satz 3.5.3 folgt die eindeutige Lösbarkeit der zu (4.1.1) gehörende Randintegralgleichung (mit Einfachschichtansatz) in $H^{-1/2}(\Gamma)$. Das zugehörige Einfachschichtpotential ist in $H^1(L, \Omega^+)$ enthalten (vgl. Übungsaufgabe 3.1.14) und stimmt daher mit der eindeutigen Lösung überein.

Schließlich wurde in (3.1.22) gezeigt, daß das Einfachschichtpotential die Abklingbedingung (4.1.1c) erfüllt. ■

Wir reduzieren (4.1.1) auf eine Randintegralgleichung 1. Art. Wir erfüllen (4.1.1a), (4.1.1c) mit dem Einfachschichtansatz (vgl. Kapitel 3)

$$u(\mathbf{x}) = (S\varphi)(\mathbf{x}) = \int_\Gamma \frac{\varphi(\mathbf{y})}{4\pi \|\mathbf{x}-\mathbf{y}\|} ds_{\mathbf{y}}, \qquad \mathbf{x} \in \Omega^+. \tag{4.1.2}$$

Die unbekannte Dichte φ aus (4.1.2) ist die Lösung der Randintegralgleichung

$$V\varphi = g_D \qquad \text{auf } \Gamma \tag{4.1.3}$$

mit dem Einfachschichtoperator

$$(V\varphi)(\mathbf{x}) := \int_\Gamma \frac{\varphi(\mathbf{y})}{4\pi \|\mathbf{x}-\mathbf{y}\|} ds_{\mathbf{y}} \qquad \mathbf{x} \in \Gamma\,. \tag{4.1.4}$$

Durch (4.1.3) ist eine Randintegralgleichung 1. Art definiert. Die Galerkin-Randelementmethode basiert auf der Variationsformulierung der Integralgleichung. Statt (4.1.3) für alle $\mathbf{x} \in \Gamma$ zu verlangen, multipliziert man (4.1.3) mit einer „Testfunktion" und integriert über Γ. Dies ergibt: Finde $\varphi \in H^{-1/2}(\Gamma)$ mit

$$\int_\Gamma (V\varphi)\eta\, ds_x = \int_\Gamma \eta(\mathbf{x}) \int_\Gamma \frac{\varphi(\mathbf{y})}{4\pi \|\mathbf{x}-\mathbf{y}\|} ds_{\mathbf{y}}\, ds_{\mathbf{x}} = \int_\Gamma g_D(\mathbf{x})\,\eta(\mathbf{x})\, ds_{\mathbf{x}} \qquad \forall \eta \in H^{-1/2}(\Gamma)\,. \tag{4.1.5}$$

Wir betrachten für den Laplace-Operator alle Vektorräume über dem Körper $\mathbb{R}$ und nicht über $\mathbb{C}$, so daß in (4.1.5) keine komplexe Konjugation auftritt.

Die „Integrale" in (4.1.5) sind hierbei als Dualitätspaarungen in $H^{-\frac{1}{2}}(\Gamma) \times H^{\frac{1}{2}}(\Gamma)$ zu interpretieren: Für $\varphi \in H^{-1/2}(\Gamma)$ gilt $V\varphi \in H^{1/2}(\Gamma)$, und wir können (4.1.5) wegen Konvention 4.0.1 schreiben als

$$\text{Finde } \varphi \in H^{-1/2}(\Gamma):\ (V\varphi, \eta)_{L^2(\Gamma)} = (g_D, \eta)_{L^2(\Gamma)} \qquad \forall \eta \in H^{-1/2}(\Gamma). \tag{4.1.6}$$

Allgemeiner definiert die linke Seite in (4.1.6) eine Bilinearform $b(\cdot,\cdot)$ auf dem Hilbert-Raum $H = H^{-1/2}(\Gamma)$ mit

$$b(\varphi, \eta) := (V\varphi, \eta)_{L^2(\Gamma)}\,, \tag{4.1.7}$$

und die rechte Seite ein lineares Funktional auf $H^{-1/2}(\Gamma)$:

$$F(\eta) := (g_D, \eta)_{L^2(\Gamma)}\,. \tag{4.1.8}$$

Unter Beachtung der Dualität von $H^{-1/2}(\Gamma)$ und $H^{1/2}(\Gamma)$ folgt aus

$$|F(\eta)| \le \sup_{\eta \in H^{-1/2}(\Gamma)\setminus\{0\}} \frac{|(g_D, \eta)_{L^2(\Gamma)}|}{\|\eta\|_{H^{-1/2}(\Gamma)}} \|\eta\|_{H^{-1/2}(\Gamma)} = \|g_D\|_{H^{1/2}(\Gamma)} \|\eta\|_{H^{-1/2}(\Gamma)}$$

die Stetigkeit von F auf $H^{-1/2}(\Gamma)$.

Für hinreichend glatte Funktionen φ, η in (4.1.7) gilt mit dem Satz von Fubini

$$b(\varphi, \eta) = \int_\Gamma \int_\Gamma \frac{\eta(\mathbf{x})\varphi(\mathbf{y})}{4\pi \|\mathbf{x}-\mathbf{y}\|} ds_{\mathbf{y}}\, ds_{\mathbf{x}} = b(\eta, \varphi) \tag{4.1.9}$$

und daher ist die Form $b(\cdot,\cdot)$ symmetrisch. Sie ist darüber hinaus auch $H^{-1/2}$-elliptisch (vgl. Satz 3.5.3). Nach dem Lax-Milgram-Lemma (vgl. Kap. 2.1.6) hat das Problem (4.1.6) für alle $g_D \in H^{1/2}(\Gamma)$ genau eine Lösung $\varphi \in H^{-1/2}(\Gamma)$, und dieses φ gibt in der Darstellungsformel (4.1.2) die eindeutige Lösung u des Außenraumproblems (4.1.1).

Die **Diskretisierung** der Randintegralgleichung besteht in der Approximation der unbekannten Dichtefunktion φ in (4.1.3) durch eine Näherung $\tilde{\varphi}$, die durch endlich viele Zahlen $(\alpha_i)_{i=1}^N$ bestimmt ist. Bei der Galerkin-Randelementmethode geschieht dies durch Einschränken von φ, η in der Variationsform (4.1.6) auf endlichdimensionale Teilräume, die Randelementräume, die wir nun konstruieren.

4.1.2 Paneelierungen

Fast alle Randelemente basieren auf einer Paneelierung $\mathcal{G}$ des Randes Γ. Alternativ verwenden wir die Bezeichnungen „Triangulierung" und „Gitter". Eine Paneelierung ist die Vereinigung gekrümmter Drei- und Vierecke auf dem Rand Γ, welche noch geeignete Kompatibilitätsbedingungen erfüllen. Ein allgemeines Element von $\mathcal{G}$ wird als „Paneel" bezeichnet.

Für die Definition führen wir die Referenzelemente

$$\begin{aligned} &\textit{Einheitsdreieck:} && \widehat{S}_2 := \{(\xi_1, \xi_2) \in \mathbb{R}^2 : 0 < \xi_2 < \xi_1 < 1\} \\ &\textit{Einheitsquadrat:} && \widehat{Q}_2 := (0,1)^2 \end{aligned} \tag{4.1.10}$$

ein. Die allgemeine Bezeichnung des Referenzelements ist $\widehat{\tau}$.

Definition 4.1.2 *Eine Paneelierung $\mathcal{G}$ des Randes Γ ist eine Unterteilung von Γ in relativ offene, disjunkte Elemente $\tau \subset \Gamma$, welche folgende Bedingungen erfüllen.*

(a) $\mathcal{G}$ ist eine Überdeckung von Γ :

$$\Gamma = \overline{\bigcup\nolimits_{\tau \in \mathcal{G}} \tau}.$$

(b) Jedes Element $\tau \in \mathcal{G}$ ist das Bild eines Referenzelements $\widehat{\tau}$ unter einer regulären Referenzabbildung χ_τ. Dabei heißt χ_τ regulär, falls die Jacobi-Matrix $\mathbf{J}_\tau = D\chi_\tau$ die Bedingung

$$0 < \lambda_{\min} \leq \inf_{\hat{\xi} \in \widehat{\tau}} \inf_{\substack{\mathbf{v} \in \mathbb{R}^2 \\ \|\mathbf{v}\|=1}} \left\langle \mathbf{J}_\tau\left(\hat{\xi}\right)\mathbf{v}, \mathbf{J}_\tau\left(\hat{\xi}\right)\mathbf{v}\right\rangle \leq \sup_{\hat{\xi} \in \widehat{\tau}} \sup_{\substack{\mathbf{v} \in \mathbb{R}^2 \\ \|\mathbf{v}\|=1}} \left\langle \mathbf{J}_\tau\left(\hat{\xi}\right)\mathbf{v}, \mathbf{J}_\tau\left(\hat{\xi}\right)\mathbf{v}\right\rangle \leq \lambda_{\max} < \infty$$

erfüllt.

(c) Für ein ebenes, geradlinig berandetes Dreieck $\tau \in \mathcal{G}$ mit Ecken $\mathbf{P}_0$, $\mathbf{P}_1$, $\mathbf{P}_2$ ist die reguläre Abbildung χ_τ affin

$$\chi_\tau\left(\hat{\xi}\right) = \mathbf{P}_0 + \hat{\xi}_1\left(\mathbf{P}_1 - \mathbf{P}_0\right) + \hat{\xi}_2\left(\mathbf{P}_2 - \mathbf{P}_1\right), \tag{4.1.11}$$

und für ein ebenes, geradlinig berandetes Viereck $\tau \in \mathcal{G}$ mit Ecken $\mathbf{P}_0$, $\mathbf{P}_1$, $\mathbf{P}_2$, $\mathbf{P}_3$ (gegen den Uhrzeigersinn numeriert) ist sie bilinear

$$\chi_\tau\left(\hat{\xi}\right) = \mathbf{P}_0 + \hat{\xi}_1\left(\mathbf{P}_1 - \mathbf{P}_0\right) + \hat{\xi}_2\left(\mathbf{P}_3 - \mathbf{P}_0\right) + \hat{\xi}_1\hat{\xi}_2\left(\mathbf{P}_2 - \mathbf{P}_3 + \mathbf{P}_0 - \mathbf{P}_1\right). \tag{4.1.12}$$

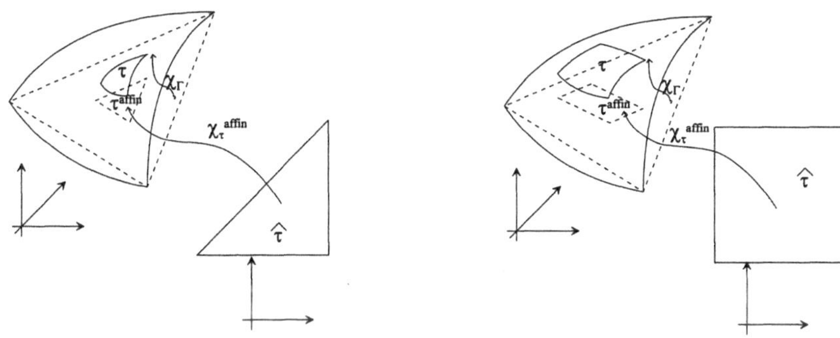

Abbildung 4.1: Schema der Referenzabbildungen; links: Dreieckspaneel, rechts: Parallelogramm

In Abbildung 4.1.2 ist Definition 4.1.2 für ein Dreiecks- und ein Viereckselement illustriert.

Übungsaufgabe 4.1.3 *Zeigen Sie:*

a. *Die affine Abbildung χ_τ in (4.1.11) ist regulär genau dann, wenn $\mathbf{P}_0$, $\mathbf{P}_1$, $\mathbf{P}_2$ Ecken eines nichtdegenerierten (ebenen) Dreiecks τ sind, also nicht kolinear liegen. Schätzen Sie die Konstanten $\lambda_{\min}$, $\lambda_{\max}$ aus Definition 4.1.2(b) mit Hilfe der Innenwinkel von τ ab.*

c. *Seien $\mathbf{P}_0, \mathbf{P}_1, \mathbf{P}_2, \mathbf{P}_3$ die Ecken eines ebenen, geradlinig berandeten Vierecks τ. Die Abbildung χ_τ aus (4.1.12) ist regulär, falls alle Innenwinkel kleiner als π und größer als 0 sind.*

In vielen Fällen werden wir für Paneelierungen eine Kompatibilitätsbedingung für den Schnitt zweier Paneele fordern.

Definition 4.1.4 *Eine Paneelierung $\mathcal{G}$ von Γ heißt* ***regulär****, falls*

a. *der Schnitt zweier verschiedener Elemente $\tau, \tau' \in \mathcal{G}$ entweder leer, eine gemeinsame Ecke oder eine ganze Seite ist und*

b. *die Parametrisierungen der Paneelkanten von beiden angrenzenden Paneelen „übereinstimmen": Für jedes Paar verschiedener Elemente $\tau, \tau' \in \mathcal{G}$ mit gemeinsamer Kante $e = \overline{\tau} \cap \overline{\tau'}$ gilt*

$$\chi_\tau|_{\hat{e}} = \chi_{\tau'} \circ \gamma_{\tau,\tau'}|_{\hat{e}},$$

wobei $\hat{e} := \chi_\tau^{-1}(e)$ und $\gamma_{\tau,\tau'} : \widehat{\tau} \to \widehat{\tau}$ eine geeignete affine Bijektion ist.

Für die späteren Fehlerabschätzungen werden wir einige geometrische Parameter einführen, welche ein Maß für die Verzerrung der Paneele und Schranken für deren Durchmesser darstellen.

Annahme 4.1.5 *Für jedes $\tau \in \mathcal{G}$ mit regulärer Referenzabbildung $\chi_\tau : \widehat{\tau} \to \tau$ existiert eine reguläre, affine Abbildung $\chi_\tau^{\text{affin}} : \mathbb{R}^2 \to \mathbb{R}^3$ und ein Diffeomorphismus $\chi_\Gamma : \mathbb{R}^3 \to \mathbb{R}^3$, der nur von Γ aber nicht von τ abhängt, so daß $\chi_\tau = \chi_\Gamma \circ \chi_\tau^{\text{affin}}$ gilt.*

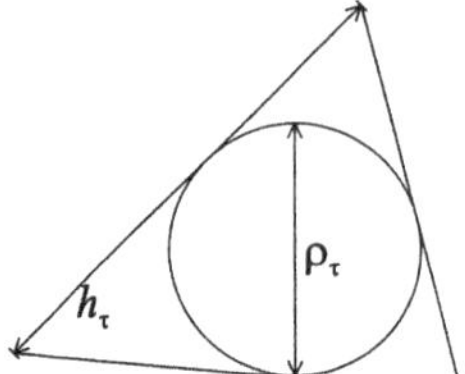

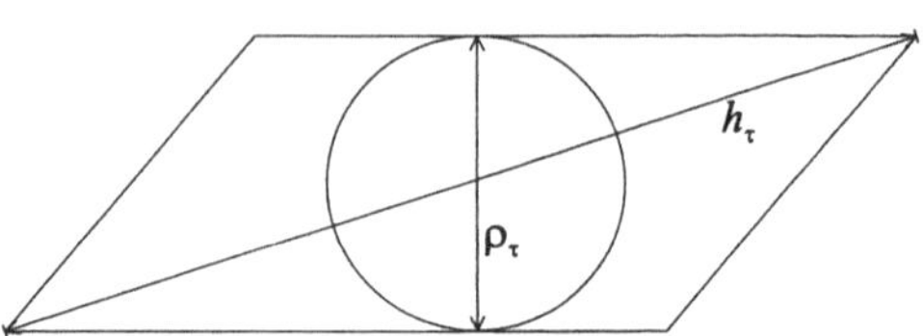

Abbildung 4.2: Durchmesser und Inkreisdurchmesser eines Paneels; links: Dreieckspaneel, rechts: Parallelogramm

Beispiel 4.1.6

1. *Sei Γ eine stückweise glatte Oberfläche, die sich bi-Lipschitz-stetig über einer Polyederoberfläche $\hat{\Gamma}$ parametrisieren lasse: $\chi_\Gamma : \hat{\Gamma} \to \Gamma$. Sei $\mathcal{G}^{\text{affin}} := \left\{\tau_i^{\text{affin}} : 1 \leq i \leq N\right\}$ eine reguläre Paneelierung von $\hat{\Gamma}$ mit zugehörigen affinen Referenzabbildungen $\chi_{\tau^{\text{affin}}}^{\text{affin}} : \widehat{\tau} \to \tau^{\text{affin}}$. Dann definiert $\mathcal{G} := \left\{\chi_\Gamma\left(\tau^{\text{affin}}\right) : \tau^{\text{affin}} \in \mathcal{G}^{\text{affin}}\right\}$ eine reguläre Paneelierung von Γ, welche die Annahme 4.1.5 erfüllt.*

2. *Für die Einheitssphäre $\Gamma := \{\mathbf{x} \in \mathbb{R}^3 : \|\mathbf{x}\| = 1\}$ kann als Polyederoberfläche $\hat{\Gamma}$ die eingeschriebene Doppelpyramide mit Ecken $(\pm 1, 0, 0)^\intercal$, $(0, \pm 1, 0)^\intercal$, $(0, 0, \pm 1)^\intercal$ gewählt werden, und $\chi_\Gamma : \hat{\Gamma} \to \Gamma$ ist durch $\chi_\Gamma(\mathbf{x}) := \mathbf{x}/\|\mathbf{x}\|$ definiert. Reguläre Paneelierungen auf Γ lassen sich dann mittels χ_Γ durch Hochheben regulärer Paneelierungen auf der Polyederoberfläche $\hat{\Gamma}$ erzeugen.*

Um für eine gegebene Oberfläche Γ eine Folge von verfeinerten Paneelierungen zu konstruieren, geht man in vielen Fällen wie folgt vor.

Bemerkung 4.1.7 *Sei Γ die Oberfläche eines beschränkten Lipschitz-Gebiets $\Omega \subset \mathbb{R}^3$. Im ersten Schritt wird ein Polyeder $\hat{\Gamma}$ zusammen mit einer bi-Lipschitz-stetigen Abbildung $\chi_\Gamma : \hat{\Gamma} \to \Gamma$ konstruiert (vgl. Beispiel 4.1.6). Sei $\mathcal{G}_0^{\text{affin}}$ eine (sehr grobe) Paneelierung von $\hat{\Gamma}$. Dann ist durch $\mathcal{G}_0 := \left\{\tau = \chi_\Gamma\left(\tau^{\text{affin}}\right) : \tau^{\text{affin}} \in \mathcal{G}_0^{\text{affin}}\right\}$ eine grobe Paneelierung der Oberfläche Γ gegeben. Eine Folge $\left(\mathcal{G}_\ell^{\text{affin}}\right)_\ell$ feinerer Paneelierungen erhält man, in dem in jedem Verfeinerungsschritt alle Paneele in $\mathcal{G}_0^{\text{affin}}$ mit einem festen Verfeinerungsmuster in neue Paneele zerlegt werden. Für Dreieckselemente verbindet man dazu beispielsweise die Seitenmitten und für Viereckselemente die gegenüberliegenden Seitenmitten. Eine Folge von Oberflächenpaneelierungen ist dann durch $\mathcal{G}_\ell := \left\{\tau = \chi_\Gamma\left(\tau^{\text{affin}}\right) : \tau^{\text{affin}} \in \mathcal{G}_\ell^{\text{affin}}\right\}$ gegeben.*

Konvention 4.1.8 *Falls τ und τ^{affin} im gleichen Zusammenhang auftreten, stehen sie gemäß $\tau = \chi_\Gamma\left(\tau^{\text{affin}}\right)$ zueinander in Beziehung.*

Die folgende Definition ist in Abbildung 4.2 illustriert.

Definition 4.1.9 *Annahme 4.1.5 sei erfüllt. Die Konstanten $c_{\text{affin}} > 0$ ($C_{\text{affin}} > 0$) sind die maximalen (minimalen) Konstanten in*

$$c_{\text{affin}} \|\mathbf{x} - \mathbf{y}\| \leq \|\chi_\Gamma(\mathbf{x}) - \chi_\Gamma(\mathbf{y})\| \leq C_{\text{affin}} \|\mathbf{x} - \mathbf{y}\| \quad \forall \mathbf{x}, \mathbf{y} \in \tau^{\text{affin}}, \forall \tau^{\text{affin}} \in \mathcal{G}^{\text{affin}}$$

und beschreiben die Verzerrung gekrümmter Paneele τ gegenüber ihren ebenen Urbildern τ^{affin}.

Der Durchmesser eines Paneels $\tau \in \mathcal{G}$ ist durch

$$h_\tau := \sup_{\mathbf{x},\mathbf{y}\in\tau} \|\mathbf{x}-\mathbf{y}\|$$

gegeben und die innere Weite ρ_τ durch den Inkreisdurchmesser von τ^{affin}.

*Die **Maschenweite** $h_\mathcal{G}$ einer Paneelierung $\mathcal{G}$ ist durch*

$$h_\mathcal{G} := \max\{h_\tau : \tau \in \mathcal{G}\} \tag{4.1.13}$$

gegeben. Wir schreiben h statt $h_\mathcal{G}$, falls das Gitter $\mathcal{G}$ aus dem Kontext klar ist.

Bemerkung 4.1.10 *Für ebene Paneele τ ist ρ_τ der Inkreisdurchmesser von τ.*

Die Durchmesser von τ und τ^{affin} erfüllen

$$C_{\text{affin}}^{-1} h_\tau \leq \sup_{\mathbf{x},y\in\tau^{\text{affin}}} \|\mathbf{x}-\mathbf{y}\| = h_{\tau^{\text{affin}}} \leq c_{\text{affin}}^{-1} h_\tau.$$

Definition 4.1.11 *Die Konstante $\kappa_\mathcal{G}$ der Formregularität ist durch*

$$\kappa_\mathcal{G} := \max_{\tau\in\mathcal{G}} \frac{h_\tau}{\rho_\tau} \tag{4.1.14}$$

gegeben.

Für einige Sätze werden wir neben der Formregularität annehmen, daß die Durchmesser aller Dreiecke vergleichbare Größe besitzen.

Definition 4.1.12 *Die Konstante $q_\mathcal{G}$ der Quasiuniformität ist durch*

$$q_\mathcal{G} := h_\mathcal{G} / \min\{h_\tau : \tau \in \mathcal{G}\}$$

gegeben.

Bemerkung 4.1.13 *Um die Konvergenz von Randelementmethoden zu untersuchen, werden wir Folgen $(\mathcal{G}_\ell)_{\ell\in\mathbb{N}}$ von Paneelierungen betrachten, deren Maschenweite $h_\ell := h_{\mathcal{G}_\ell}$ gegen Null konvergiert. Wesentlich hierbei ist, daß die Konstanten für die Formregularität $\kappa_\ell := \kappa_{\mathcal{G}_\ell}$ gleichmäßig nach oben beschränkt bleiben*

$$\sup_{\ell\in\mathbb{N}} \kappa_\ell \leq \kappa < \infty. \tag{4.1.15}$$

Analog müssen die Konstanten der Quasiuniformität $q_\ell := q_{\mathcal{G}_\ell}$ in einigen Sätzen gleichmäßig nach oben beschränkt sein

$$\sup_{\ell\in\mathbb{N}} q_\ell \leq q < \infty. \tag{4.1.16}$$

*Eine Gitterfamilie $(\mathcal{G}_\ell)_{\ell\in\mathbb{N}}$ mit der Eigenschaft (4.1.15) nennen wir **formregulär** und mit der Eigenschaft (4.1.16) **quasiuniform**.*

Übungsaufgabe 4.1.14 *Zeigen Sie:*

(a) Ist die Paneelierung $\mathcal{G}_0$ regulär und werden feinere Paneelierungen $(\mathcal{G}_\ell)_\ell$ nach der in Bemerkung 4.1.7 beschriebenen Methode konstruiert, so sind alle Paneelierungen $(\mathcal{G}_\ell)_\ell$ regulär.

(b) Die Konstanten der Formregularität und Quasiuniformität sind unter den Voraussetzungen von Teil (a) gleichmäßig bezüglich ℓ beschränkt.

4.1.3 Unstetige Randelemente

Die Randelementmethode definiert eine Approximation der unbekannten Dichte φ in der Randintegralgleichung (4.1.3), die durch endlich viele Parameter beschrieben ist. Dies läßt sich beispielsweise durch einen (stückweisen) Polynomansatz auf den Elementen τ eines Gitters $\mathcal{G}$ erreichen.

Beispiel 4.1.15 *(stückweise konstante Randelemente)*
Sei $\Gamma = \partial\Omega$ stückweise glatt und $\mathcal{G}$ eine -nicht notwendigerweise reguläre- Paneelierung auf Γ. Dann bezeichnet $S^0_{\mathcal{G}}$ alle stückweise konstanten Funktionen auf dem Gitter $\mathcal{G}$

$$S^0_{\mathcal{G}} := \{\psi \in L^\infty(\Gamma) \mid \forall \tau \in \mathcal{G} : \psi|_\tau \text{ ist konstant}\}. \tag{4.1.17}$$

Wegen $\psi \in L^\infty(\Gamma)$ genügt es, ψ nur im Inneren eines Elements zu definieren, da der Rand $\partial\tau$, also die Menge der Ecken und Kanten des Paneels, eine Nullmenge ist.

Jede Funktion $\psi \in S^0_{\mathcal{G}}$ ist durch ihre Werte ψ_τ auf den Elementen $\tau \in \mathcal{G}$ bestimmt und kann in der Form

$$\psi(\mathbf{x}) = \sum_{\tau\in\mathcal{G}} \psi_\tau b_\tau(\mathbf{x}) \tag{4.1.18}$$

geschrieben werden mit der charakteristischen Funktion $b_\tau : \Gamma \to \mathbb{R}$ von $\tau \in \mathcal{G}$:

$$b_\tau(\mathbf{x}) := \begin{cases} 1 & \mathbf{x} \in \tau, \\ 0 & \text{sonst}. \end{cases} \tag{4.1.19}$$

Insbesondere ist $S^0_{\mathcal{G}}$ ein Vektorraum der Dimension $N = \#\{\tau : \tau \in \mathcal{G}\}$ mit Basis $\{b_\tau : \tau \in \mathcal{G}\}$.

In vielen Fällen konvergiert die stückweise konstante Approximation der unbekannten Dichte zu langsam, und man verwendet stattdessen Polynome vom Grad $p \geq 1$. Analog wie in Beispiel 4.1.15 führt dies auf die Randelementräume $S^p_{\mathcal{G}}$. Wir benötigen für deren Definition die Polynome vom Gesamtgrad p auf dem Referenzelement und die Konvention für Multiindizes aus (2.2.1)

$$\mathbb{P}^\Delta_p = \operatorname{span}\left\{\xi^\mu : \mu \in \mathbb{N}^2_0 \wedge |\mu| \leq p\right\}. \tag{4.1.20}$$

Für $p = 1$ und $p = 2$ enthält $\mathbb{P}^\Delta_p$ alle Polynome der Form

$$\begin{array}{lll} a_{00} + a_{10}\xi_1 + a_{01}\xi_2 & \forall a_{00}, a_{10}, a_{01} \in \mathbb{R} & \text{für } p = 1, \\ a_{00} + a_{10}\xi_1 + a_{01}\xi_2 + a_{20}\xi_1^2 + a_{11}\xi_1\xi_2 + a_{02}\xi_2^2 & \forall a_{00}, a_{10}, a_{01}, a_{20}, a_{11}, a_{02} \in \mathbb{R} & \text{für } p = 2. \end{array}$$

Definition 4.1.16 *Sei $\Gamma = \partial\Omega$ stückweise glatt und $\mathcal{G}$ eine Paneelierung von Γ. Dann ist für $p \in \mathbb{N}_0$*

$$S^p_{\mathcal{G}} := \left\{\psi : \Gamma \to \mathbb{R} \mid \forall \tau \in \mathcal{G} : \psi \circ \chi_\tau \in \mathbb{P}^\Delta_p\right\}. \tag{4.1.21}$$

Falls der Bezug zur Paneelierung $\mathcal{G}$ klar ist, schreiben wir kurz S^p oder auch nur S.

Bemerkung 4.1.17 *Man beachte, daß in (4.1.21) die Funktionen $\psi \in S^p$ keine Polynome auf der Oberfläche Γ sind, sondern nur nach „Rücktransport" auf das Referenzelement $\hat{\tau}$ mittels der Elementabbildung χ_τ (vgl. Abb. 4.1). Die Parametrisierungen χ_τ der Elemente $\tau \in \mathcal{G}$ in*

Definition 4.1.2 (b,c) sind also Bestandteil der Menge $S^p_{\mathcal{G}}$ - ein Wechsel der Parametrisierungen χ_τ führt (bei gleichem Gitter $\mathcal{G}$) auf ein anderes $S^p_{\mathcal{G}}$. Deshalb fassen wir für ein Gitter $\mathcal{G}$ die Elementabbildungen χ_τ im Abbildungsvektor

$$\chi := \{\chi_\tau : \tau \in \mathcal{G}\} \tag{4.1.22}$$

zusammen und schreiben statt (4.1.21) auch $S^p_{\mathcal{G},\chi}$.

Bemerkung 4.1.18 *Beachte, daß (4.1.21) auch für Gitter $\mathcal{G}$ mit Viereckselementen, d.h. mit Referenzelement $\widehat{\tau} = (0,1)^2$, gilt. Da S^p keine Stetigkeit über Elementkanten erzwingt, ist der Polynomraum $\mathbb{P}^\Delta_p$ in (4.1.20) auch für Vierecksgitter zulässig.*

Zur Realisierung der Randelementräume benötigen wir eine Basis für $\mathbb{P}^\Delta_p$, die wir mit $\widehat{N}_{i,j}(\hat{\xi}_1, \hat{\xi}_2)$ bezeichnen und die

$$\mathbb{P}^\Delta_p = \operatorname{span}\left\{\widehat{N}_{i,j} :\ 0 \le i,j \le p,\ i+j \le p\right\} \tag{4.1.23}$$

erfüllt. Beispielsweise wären $\widehat{N}_{i,j}(\xi_1, \xi_2) := \hat{\xi}_1^i \hat{\xi}_2^j$, $0 \le i+j \le p$, wie in (4.1.20) zulässige Basisfunktionen.

Bemerkung 4.1.19 *(Schachtelung der Räume)*
Es gilt $\mathbb{P}^\Delta_p \subset \mathbb{P}^\Delta_q$ für alle $p \le q$. Daher läßt sich immer eine Basis in $\mathbb{P}^\Delta_q$ wählen, welche die Basisfunktionen aus $\mathbb{P}^\Delta_p$ als Teilmenge enthält. Die Basisfunktionen $\widehat{N}_{i,j}$ in (4.1.20) besitzen diese Eigenschaft.

Indem eine Basis $\widehat{N}_{i,j}(\hat{\xi})$ auf $\widehat{\tau}$ festgelegt wird, läßt sich jedes $\psi \in S^p_{\mathcal{G},\chi}$ auf einem Paneel $\tau \in \mathcal{G}$ gemäß

$$\psi|_\tau = \sum_{0 \le i+j \le p} \alpha_{i,j} \left(\widehat{N}_{i,j} \circ \chi_\tau^{-1}\right)$$

darstellen, und

$$N^\tau_{i,j} := \widehat{N}_{i,j} \circ \chi_\tau^{-1} \qquad 0 \le i+j \le p,$$

spannt die Einschränkung $\{\psi|_\tau : \psi \in S^p(\Gamma, \mathcal{G}, \chi)\}$ auf. Um eine geeignete Indizierung einer Basis von $S^p_{\mathcal{G},\chi}$ zu erhalten, definieren wir

$$\iota_p := \left\{\mu \in \mathbb{N}_0^2 : |\mu| \le p\right\}.$$

Damit gilt

$$S^p_{\mathcal{G},\chi} = \operatorname{span}\left\{b_{(\mu,\tau)}(x) : (\mu,\tau) \in \iota_p \times \mathcal{G}\right\}, \tag{4.1.24}$$

wobei die globale Basisfunktionen $b_I(x)$ zum Multiindex $I = (\mu, \tau)$ die Nullfortsetzung der Elementfunktion N^τ_μ auf Γ bezeichnet: Für

$$I = (\mu, \tau) \in \iota_p \times \mathcal{G} =: \mathcal{I}(\mathcal{G}, p) =: \mathcal{I} \tag{4.1.25}$$

gilt explizit

$$b_I(\mathbf{x}) := \begin{cases} N^\tau_\mu(\mathbf{x}), & \mathbf{x} \in \tau, \\ 0 & \text{sonst.} \end{cases} \tag{4.1.26}$$

Damit kann jedes ψ als Kombination der Basisfunktion $b_I(x)$ geschrieben werden:

$$\psi(\mathbf{x}) = \sum_{I\in\mathcal{I}} \psi_I \, b_I(\mathbf{x}), \qquad \mathbf{x}\in\tau, \quad \tau\in\mathcal{G}. \tag{4.1.27}$$

Sei $|\mathcal{G}|$ die Anzahl der Elemente im Gitter $\mathcal{G}$. Die Dimension von $S^p_{\mathcal{G},\chi}$ bzw. die Anzahl der Freiheitsgrade ist dann durch

$$N = |\mathcal{G}|\,(p+1)(p+2)/2 = \dim(S^p_{\mathcal{G},\chi}) \tag{4.1.28}$$

gegeben. Jede Funktion in $\psi \in S^p_{\mathcal{G},\chi}$ ist eineindeutig durch den Vektor $(\psi_I)_{I\in\mathcal{I}(\mathcal{G},p)} \subset \mathbb{R}^N \cong \mathbb{R}^{\mathcal{I}(\mathcal{G},p)}$ gemäß (4.1.27) charakterisiert.

4.1.4 Galerkin-Randelementmethode

Die einfachste Randelementmethode für das Problem (4.1.3) besteht darin, die unbekannte Dichte φ in (4.1.6) durch eine stückweise konstante Funktion $\varphi_S \in S^0(\Gamma,\mathcal{G})$ zu approximieren.

Konvention 4.1.20 *Die Randelementfunktionen hängen vom Randelementraum $S^p(\Gamma,\mathcal{G},\chi)$ ab, insbesondere von Γ, von der Paneelierung $\mathcal{G}$ und vom Polynomgrad p. Wir werden -wenn möglich- immer die abkürzende Notation φ_S an Stelle von $\varphi_{S^p_{\mathcal{G},\chi}}$ verwenden.*

Einsetzen von (4.1.27) in (4.1.3) oder in die Variationsformulierung (4.1.5) führt auf einen Widerspruch: Da allgemein $\varphi_S \neq \varphi$ gilt, können (4.1.3), (4.1.5) nicht mit $\varphi = \varphi_S$ erfüllt sein und sind demnach abzuschwächen. Da φ_S durch N Parameter $\left(\varphi_I^S\right)_{I\in\mathcal{I}}$ (vgl. (4.1.26) - (4.1.28)) festgelegt ist, suchen wir N Bedingungen zur Bestimmung der φ_I^S. Bei der Galerkin-Randelementmethode läßt man dazu die Testfunktion η in der Variationsformulierung der Randintegralgleichung (4.1.6) nur durch eine Basis von $S^p_{\mathcal{G}}$ laufen. Die Galerkin-Approximation von Integralgleichung (4.1.6) lautet demnach:
Finde $\varphi_S \in S^p_{\mathcal{G},\chi}$ derart, daß

$$b(\varphi_S,\eta_S) = F(\eta_S) \qquad \forall\eta_S \in S^p_{\mathcal{G},\chi}, \tag{4.1.29}$$

gilt mit $b(\cdot,\cdot)$ und $F(\cdot)$ aus (4.1.7), (4.1.8).

Bemerkung 4.1.21

i) Die Galerkin-Diskretisierung (4.1.29) von (4.1.5) erfolgt durch Einschränken von Ansatz- und Testfunktionen φ,η auf den Unterraum $S^p_{\mathcal{G},\chi} \subset H^{-1/2}(\Gamma)$ in der Variationsformulierung (4.1.5).

ii) Die Randelementlösung φ_S in (4.1.29) ist unabhängig von der gewählten Basis für den Unterraum.

Die *Berechnung* der Approximation φ_S erfordert die konkrete Wahl einer Basis des Unterraums. Sei dazu (vgl. (4.1.26) - (4.1.28)) für festes $p\in\mathbb{N}_0$ die Basis

$$(b_I : I \in \mathcal{I}(\mathcal{G},p)) \tag{4.1.30}$$

für $S^p_{\mathcal{G},\chi}$ gewählt. Dann ist (4.1.29) äquivalent zu dem linearen Gleichungssystem:
Finde $\varphi \in \mathbb{R}^N$ mit

$$\mathbf{B}\,\varphi = \mathbf{F}. \tag{4.1.31}$$

Hierbei ist die **Systemmatrix** $\mathbf{B} = (B_{I,J})_{I,J\in\mathcal{I}(\mathcal{G},p)}$ und die rechte Seite $\mathbf{F} = (F_J)_{J\in\mathcal{I}(\mathcal{G},p)} \in \mathbb{R}^N$ mit $I = (\mu,\tau)$ und $J = (\nu,t)$ durch

$$\begin{aligned} B_{I,J} &:= b(b_I, b_J) \qquad (4.1.32)\\ &= \int_\Gamma\int_\Gamma \frac{b_J(\mathbf{x})\,b_I(\mathbf{y})}{4\pi\,\|\mathbf{x}-\mathbf{y}\|} ds_{\mathbf{y}}\,ds_{\mathbf{x}} = \int_t\int_\tau \frac{N^t_\nu(\mathbf{x})\,N^\tau_\mu(\mathbf{y})}{4\pi\,\|\mathbf{x}-\mathbf{y}\|} ds_{\mathbf{y}}\,ds_{\mathbf{x}} \end{aligned}$$

$$F_J := F(b_J) = \int_\Gamma g_D(\mathbf{x}) b_J(\mathbf{x})\,ds_{\mathbf{x}} = \int_t g_D(\mathbf{x}) N^t_\nu(\mathbf{x})\,ds_{\mathbf{x}} \tag{4.1.33}$$

gegeben.

Bemerkung 4.1.22 *Die Matrix* $\mathbf{B}$ *in (4.1.31) ist wegen (4.1.32) voll besetzt, das heißt, alle Einträge* $B_{I,J}$ *sind im allgemeinen ungleich Null. Des weiteren können die vierfachen Integrale in (4.1.32) häufig selbst für Polyeder nicht exakt berechnet werden und erfordern numerische Integrationsmethoden zu deren Approximation. Der Einfluß dieser zusätzlichen Approximation wird in Kapitel 5 diskutiert werden. In diesem Kapitel nehmen wir immer an, daß die Matrix* $\mathbf{B}$ *exakt verfügbar ist.*

Proposition 4.1.23 *Die Systemmatrix* $\mathbf{B}$ *in (4.1.31) ist symmetrisch und positiv definit.*

Beweis. Aus der Symmetrie $b(\varphi,\eta) = b(\eta,\varphi)$ folgt sofort

$$B_{I,J} = b(b_I, b_J) = b(b_J, b_I) = B_{J,I}\,,$$

und daraus $\mathbf{B} = \mathbf{B}^\intercal$. Sei nun $\varphi \in \mathbb{R}^N$ beliebig. Dann gilt

$$\begin{aligned} \varphi^\intercal \mathbf{B}\,\varphi &= \sum_{I,J\in\mathcal{I}(\mathcal{G},p)} \varphi_J\varphi_I B_{I,J} = \sum_{I,J} \varphi_J\varphi_I b(b_I,b_J) = b\left(\sum_I \varphi_I b_I, \sum_J \varphi_J b_J\right)\\ &= b(\varphi_S,\varphi_S) \geq \gamma \|\varphi_S\|^2_{H^{-1/2}(\Gamma)} > 0 \end{aligned}$$

genau dann, wenn $\varphi_S \neq 0$ ist. Da $\{b_I : I \in \mathcal{I}\}$ eine Basis von S^p ist, gilt $\varphi_S \neq 0$ genau dann, wenn $\varphi \neq \mathbf{0} \in \mathbb{R}^N$. Daher ist $\mathbf{B}$ positiv definit. ■

Somit hat das diskrete Problem (4.1.29) bzw. (4.1.31) genau eine Lösung $\varphi_S \in S^p_{\mathcal{G}}$.

Eine Abschätzung für den Fehler $\varphi - \varphi_S$ wird in der folgenden Proposition angegeben.

Proposition 4.1.24 *Sei* φ *die exakte Lösung von (4.1.6). Die Galerkin-Lösung* φ_S *von (4.1.29) konvergiert quasioptimal*

$$\|\varphi - \varphi_S\|_{H^{-1/2}(\Gamma)} \leq \frac{\|b\|}{\gamma} \min_{\eta_S\in S^p} \|\varphi - \eta_S\|_{H^{-1/2}(\Gamma)}\,. \tag{4.1.34}$$

Der Fehler erfüllt die Galerkin-Orthogonalität

$$b(\varphi - \varphi_S, \eta_S) = 0 \qquad \forall \eta_S \in S^p. \tag{4.1.35}$$

Beweis. Wir beweisen zuerst Aussage (4.1.35). Betrachten wir Gleichung (4.1.7) nur für Testfunktionen aus S^p, können wir davon (4.1.29) subtrahieren und erhalten

$$b(\varphi - \varphi_S, \eta_S) = b(\varphi, \eta_S) - b(\varphi_S, \eta_S) = F(\eta_S) - F(\eta_S) = 0 \qquad \forall \eta_S \in S^p.$$

Zu (4.1.34): Es gilt für den Fehler $e_S = \varphi - \varphi_S$ wegen der Elliptizität und Stetigkeit des Randintegraloperators V und (4.1.35)

$$\begin{aligned}\gamma \|\varphi - \varphi_S\|^2_{H^{-1/2}(\Gamma)} &\leq b(e_S, e_S) = b(e_S, \varphi - \varphi_S) \\ &= b(e_S, \varphi) - b(e_S, \varphi_S) = b(e_S, \varphi) - b(e_S, \eta_S) = b(e_S, \varphi - \eta_S) \\ &\leq \|b\| \|e_S\|_{H^{-1/2}(\Gamma)} \|\varphi - \eta_S\|_{H^{-1/2}(\Gamma)}\end{aligned}$$

für alle $\eta_S \in S^p$.

Kürzen von $\|e_S\|_{H^{-1/2}(\Gamma)}$ und Minimieren über $\eta_S \in S^p$ ergibt die Behauptung (4.1.34). ∎

Abschätzung (4.1.34) zeigt, daß der Galerkin-Fehler $\|\varphi - \varphi_S\|_{H^{-1/2}(\Gamma)}$ bis auf eine multiplikative Konstante mit der Größe des Fehlers der besten Approximation von φ in S^p übereinstimmt - daher der Begriff **Quasioptimalität** für die a-priori Fehlerabschätzung (4.1.34).

Bemerkung 4.1.25 *(Kollokation)*

Die Galerkin-Diskretisierung (4.1.29) wurde aus (4.1.5) durch Einschränken von Ansatz- und Testfunktionen φ, η auf den Unterraum $S^p \subset S$ erhalten. Alternativ dazu kann man φ_S auch in (4.1.3) einsetzen und verlangen, daß die Gleichung

$$(V\varphi_S)(\mathbf{x}_J) = g_D(\mathbf{x}_J) \qquad J \in \mathcal{I}(\mathcal{G}, p) \tag{4.1.36}$$

nur für N Kollokationspunkte $\{\mathbf{x}_J : J \in \mathcal{I}\}$ erfüllt ist. Die Lösbarkeit von (4.1.36) hängt stark von der Wahl der Kollokationspunkte $\{\mathbf{x}_J : J \in \mathcal{I}\}$ ab. Gleichung (4.1.36) ist ebenfalls äquivalent zu einen linearen Gleichungssystem, wobei die Einträge der Systemmatrix $\mathbf{B}^{Koll}$ durch

$$B^{Koll}_{I,J} := \int_\tau \frac{b_J(\mathbf{y})}{4\pi \|\mathbf{x}_I - \mathbf{y}\|} ds_\mathbf{y} \tag{4.1.37}$$

definiert sind.

Man beachte, daß $\mathbf{B}^{Koll}$ wiederum vollbesetzt, jedoch nicht symmetrisch ist.

Das Kollokationsverfahren (4.1.36) ist in der Ingenieurpraxis weitverbreitet, da die Berechnung der Matrixeinträge (4.1.37) lediglich die numerische Auswertung von Doppelintegralen -statt Vierfachintegralen für Galerkin-Verfahren- erfordert. Auf Polyeder-Oberflächen ist allerdings die Stabilität sowie die Konvergenz von Kollokationsverfahren weitgehend offen -besonders bei Integralgleichungen 1. Art. Für Integraloperatoren der Ordnung Null oder Gleichungen 2. Art gibt es nur in Spezialfällen Stabilitätsaussagen. Für eine ausführliche Darstellung von Kollokationsmethoden verweisen wir beispielsweise auf [40], [116], [132], [3], [137] und die Referenzen dort.

Wir kehren nun wieder zum Galerkin-Verfahren zurück.

Bemerkung 4.1.26 *(Stabilität der Galerkin-Projektion)*
Das Galerkin-Verfahren (4.1.29) definiert eine Abbildung

$$\Pi_S^p : H^{-1/2}(\Gamma) \to S_{\mathcal{G},\chi}^p : \qquad \Pi_S^p \varphi := \varphi_S,$$

die Galerkin-Projektion genannt wird. Offensichtlich ist Π_S^p linear und wegen der Elliptizität des Randintegraloperators V gilt

$$\begin{aligned}\gamma \|\Pi_S^p \varphi\|_{H^{-1/2}(\Gamma)}^2 = \gamma \|\varphi_S\|_{H^{-1/2}(\Gamma)}^2 &\le b(\varphi_S, \varphi_S) = b(\varphi, \varphi_S) \\ &\le \|b\| \|\varphi\|_{H^{-1/2}(\Gamma)} \|\Pi_S^p \varphi\|_{H^{-1/2}(\Gamma)},\end{aligned}$$

woraus nach Kürzen die Beschränktheit der Galerkin-Projektion $\Pi_S^p : H^{-\frac{1}{2}}(\Gamma) \to H^{-\frac{1}{2}}(\Gamma)$ unabhängig vom Gitter $\mathcal{G}$ folgt:

$$\|\Pi_S^p \varphi\|_{H^{-1/2}(\Gamma)} \le \frac{\|b\|}{\gamma} \|\varphi\|_{H^{-1/2}(\Gamma)}. \tag{4.1.38}$$

Aus der Quasioptimalität (4.1.34) und der Beschränktheit der Galerkin-Projektion ergibt sich mit folgendem Korollar die Konvergenz der Galerkin-BEM.

Korollar 4.1.27 *Sei $(\mathcal{G}_\ell)_{\ell \in \mathbb{N}}$ eine Folge von Gittern auf Γ der Maschenweiten $h_\ell = h_{\mathcal{G}_\ell}$, und es gelte $h_\ell \to 0$ für $\ell \to \infty$. Dann konvergiert die Folge $(\varphi_\ell)_{\ell \in \mathbb{N}}$ der Randelementlösungen (4.1.29) in $S_\ell = S_{\mathcal{G}_\ell}^p$ für jedes feste $p \in \mathbb{N}_0$ gegen φ.*

Beweis. Wegen $S_\ell^0 \subseteq S_\ell^p$ für alle $p \in \mathbb{N}_0$ betrachten wir nur den Fall $p = 0$. S_ℓ^0 sind Treppenfunktionen auf Gittern, deren Maschenweite gegen Null konvergiert. Aus der Konstruktion der Lebesgue-Räume folgt die Dichtheit

$$\overline{\bigcup_{\ell \in \mathbb{N}} S_\ell^0}^{\|\cdot\|_{L^2(\Gamma)}} = L^2(\Gamma)$$

und aus Proposition 2.5.2 die dichte Einbettung $L^2(\Gamma) \subset H^{-1/2}(\Gamma)$.

Für $\varphi \in H^{-1/2}(\Gamma)$ und beliebiges $\varepsilon > 0$, läßt sich daher ein $\tilde{\varphi}$ aus $L^2(\Gamma)$ und $\ell \in \mathbb{N}$ zusammen mit $\tilde{\varphi}_\ell \in S_\ell^0$ wählen, so daß

$$\|\varphi - \tilde{\varphi}\|_{H^{-1/2}(\Gamma)} \le \varepsilon/2 \quad \text{und} \quad \|\tilde{\varphi} - \tilde{\varphi}_\ell\|_{L^2(\Gamma)} \le \varepsilon/2$$

gilt. Daraus folgt

$$\|\varphi - \tilde{\varphi}_\ell\|_{H^{-1/2}(\Gamma)} \le \|\varphi - \tilde{\varphi}\|_{H^{-1/2}(\Gamma)} + \|\tilde{\varphi} - \tilde{\varphi}_\ell\|_{H^{-1/2}(\Gamma)} \le \frac{\varepsilon}{2} + \frac{\varepsilon}{2} \le \varepsilon.$$

Die Quasioptimalität des Galerkin-Verfahrens liefert

$$\|\varphi - \varphi_\ell\|_{H^{-1/2}(\Gamma)} \le \frac{\|b\|}{\gamma} \|\varphi - \tilde{\varphi}_\ell\|_{H^{-1/2}(\Gamma)} \le \varepsilon \frac{\|b\|}{\gamma}.$$

Da $\varepsilon > 0$ beliebig ist, folgt für $\ell \to \infty$ die Behauptung. ∎

4.1.5 Konvergenzrate unstetiger Randelemente

In Proposition 4.1.24 hatten wir gesehen, daß die von der Galerkin-Randelementmethode gelieferten Approximationen $\varphi_S \in S$ die exakte Lösung φ der Gleichung 1. Art (4.1.6) quasioptimal approximieren: Der Fehler $\varphi - \varphi_S$ ist, gemessen in der „natürlichen“ $H^{-1/2}(\Gamma)$-Norm, bis auf einen multiplikativen Faktor so groß wie der Fehler der besten Approximation im Raum S

$$\min \left\{ \|\varphi - \psi_S\|_{H^{-1/2}(\Gamma)} : \psi_S \in S \right\}. \tag{4.1.39}$$

Die Konvergenzrate der BEM gibt an, wie schnell der Fehler bei Erhöhung der Anzahl der Freiheitsgrade N gegen Null strebt. Wir beweisen die Konvergenzrate hier nur für $p = 0$, der allgemeine Fall wird in Abschnitt 4.3 behandelt werden. Wir beginnen mit der 2. Poincaré-Ungleichung auf dem Referenzelement $\widehat{\tau}$.

Konvention 4.1.28 *Variablen auf dem Referenzelement werden immer mit einem „ ^ “ versehen. Falls Variablen $\mathbf{x} \in \tau$ und $\widehat{\mathbf{x}} \in \widehat{\tau}$ im gleichen Zusammenhang auftreten, ist dies immer als Beziehung $\mathbf{x} = \chi_\tau(\widehat{\mathbf{x}})$ zu verstehen. Ableitungen nach Variablen im Referenzelement werden ebenfalls mit einem „ ^ “ versehen, und wir schreiben beispielsweise $\widehat{\nabla}$ kurz für $\nabla_{\widehat{\mathbf{x}}}$. Falls Funktionen $u : \tau \to \mathbb{R}$ und $\widehat{u} : \widehat{\tau} \to \mathbb{R}$ im gleichen Kontext auftreten, stehen diese immer in der Beziehung $u \circ \chi_\tau = \widehat{u}$.*

Proposition 4.1.29 *Sei $\widehat{\tau} \subset \mathbb{R}^2$ das Referenzelement, $\widehat{\varphi} \in H^1(\widehat{\tau})$ und $\widehat{\varphi}_0 := \frac{1}{|\widehat{\tau}|} \int_{\widehat{\tau}} \widehat{\varphi}\, d\widehat{\mathbf{x}}$. Dann existiert $\widehat{c} > 0$ mit*

$$\|\widehat{\varphi} - \widehat{\varphi}_0\|_{L^2(\widehat{\tau})} \leq \widehat{c} \|\widehat{\nabla}\widehat{\varphi}\|_{L^2(\widehat{\tau})}, \tag{4.1.40}$$

wobei $\widehat{c}$ nur von $\widehat{\tau}$ abhängt.

Beweis. Die Behauptung folgt direkt aus dem Beweis von Korollar 2.5.10. ■

Wir werden im folgenden Fehlerabschätzungen für eine vereinfachte Situation herleiten und den allgemeinen Fall in Abschnitt 4.3 betrachten: Sei Γ eine ebene, polygonal berandete Mannigfaltigkeit im $\mathbb{R}^3$. Da Integrale rotations- und translationsinvariant sind, nehmen wir o.B.d.A.

$$\Gamma \text{ ist ein zweidimensionales Polygongebiet} \tag{4.1.41}$$

an, d.h., wir beschränken uns hier auf das zweidimensionale Approximationsproblem in der Ebene.

Sei nun weiter $\mathcal{G} = \{\tau_i : 1 \leq i \leq N\}$ eine Paneelierung auf Γ aus formregulären, geradlinig berandeten Dreiecken der Maschenweite $h > 0$. Dann sind die Dreiecke $\tau \in \mathcal{G}$ mit der Transformation (4.1.11) affin äquivalent zum Referenzelement $\widehat{\tau}$:

$$\tau \ni \mathbf{x} = \chi_\tau(\widehat{\mathbf{x}}) = \mathbf{P}_0 + \mathbf{J}\widehat{\mathbf{x}}, \qquad \widehat{\mathbf{x}} \in \widehat{\tau}, \tag{4.1.42}$$

wobei $\mathbf{J}$ die Matrix mit den Spalten $\mathbf{P}_1 - \mathbf{P}_0$ und $\mathbf{P}_2 - \mathbf{P}_1$ ist (vgl. Abb. 4.1). Mit (4.1.42) folgt nach der Kettenregel

$$\frac{\partial}{\partial x_\alpha} = \frac{\partial}{\partial \hat{x}_1}\frac{\partial \hat{x}_1}{\partial x_\alpha} + \frac{\partial}{\partial \hat{x}_2}\frac{\partial \hat{x}_2}{\partial x_\alpha} \qquad \alpha = 1, 2,$$

die Beziehung

$$\nabla = \left(\mathbf{J}^{-1}\right)^{\intercal} \widehat{\nabla}, \qquad d\mathbf{x} = (\det \mathbf{J})\, d\widehat{\mathbf{x}} = 2\,|\tau|\, d\widehat{\mathbf{x}}. \tag{4.1.43}$$

Dies führt auf die Transformationsformel für Sobolev-Normen

$$\begin{aligned}\|\widehat{\nabla}\widehat{\varphi}\|^2_{L^2(\widehat{\tau})} &= \int_{\widehat{\tau}} |\widehat{\nabla}\widehat{\varphi}|^2\, d\hat{\mathbf{x}} = \frac{|\widehat{\tau}|}{|\tau|}\int_\tau (\nabla\varphi)^\top \mathbf{J}\mathbf{J}^\top(\nabla\varphi)d\mathbf{x} \\ &\leq \frac{|\widehat{\tau}|}{|\tau|}\lambda_\tau \int_\tau \|\nabla\varphi\|^2\, d\mathbf{x},\end{aligned} \tag{4.1.44}$$

wobei λ_τ den größten Eigenwert von $\mathbf{J}\mathbf{J}^\top \in \mathbb{R}^{2\times 2}$ bezeichnet. Weiter gilt für die linke Seite von (4.1.40)

$$\|\widehat{\varphi} - \widehat{\varphi}_0\|^2_{L^2(\widehat{\tau})} = \frac{|\widehat{\tau}|}{|\tau|}\|\varphi - \varphi_0\|^2_{L^2(\tau)} \tag{4.1.45}$$

mit $\varphi_0 := \frac{1}{|\tau|}\int_\tau \varphi d\mathbf{x}$. Die Kombination von (4.1.45) mit (4.1.40) und (4.1.44) ergibt

$$\|\varphi - \varphi_0\|^2_{L^2(\tau)} = \frac{|\tau|}{|\widehat{\tau}|}\|\widehat{\varphi} - \widehat{\varphi}_0\|^2_{L^2(\widehat{\tau})} \leq \widehat{c}^2 \frac{|\tau|}{|\widehat{\tau}|}\|\widehat{\nabla}\widehat{\varphi}\|^2_{L^2(\widehat{\tau})} \leq \widehat{c}^2\lambda_\tau \|\nabla\varphi\|^2_{L^2(\tau)} \qquad \forall\tau\in\mathcal{G}. \tag{4.1.46}$$

Übungsaufgabe 4.1.31 zeigt

$$\lambda_\tau \leq \|\mathbf{P}_1 - \mathbf{P}_0\|^2 + \|\mathbf{P}_2 - \mathbf{P}_1\|^2 \leq 2h_\tau^2. \tag{4.1.47}$$

Daraus folgt

$$\|\varphi - \varphi_0\|_{L^2(\tau)} \leq \sqrt{2}\widehat{c}h_\tau|\varphi|_{H^1(\tau)}. \tag{4.1.48}$$

Quadrieren und Aufsummieren über alle $\tau \in \mathcal{G}$ führt zu folgender Fehlerabschätzung.

Proposition 4.1.30 *Es gelte (4.1.41). $\mathcal{G}$ sei eine Paneelierung von Γ. Sei $\varphi \in L^2(\Gamma)$ mit $\varphi|_\tau \in H^1(\tau)$ für alle $\tau \in \mathcal{G}$. Dann gilt die Fehlerabschätzung*

$$\min_{\psi\in S^0_{\mathcal{G}}} \|\varphi - \psi\|_{L^2(\Gamma)} \leq \sqrt{2}\widehat{c}\left(\sum_{\tau\in\mathcal{G}} h_\tau^2|\varphi|^2_{H^1(\tau)}\right)^{1/2}. \tag{4.1.49}$$

Für $\varphi \in H^1(\Gamma)$ vereinfacht sich die Fehlerabschätzung zu

$$\min_{\psi\in S^0_{\mathcal{G}}} \|\varphi - \psi\|_{L^2(\Gamma)} \leq \sqrt{2}\widehat{c}h_{\mathcal{G}}|\varphi|_{H^1(\Gamma)}. \tag{4.1.50}$$

Übungsaufgabe 4.1.31 *Sei τ ein ebenes, geradlinig berandetes Dreieck in $\mathbb{R}^2$ mit Ecken $\mathbf{P}_0$, $\mathbf{P}_1$, $\mathbf{P}_2$. Die Matrix $\mathbf{J}$ bzw. der Eigenwert λ_τ seien wie in (4.1.42) bzw. (4.1.44) definiert. Zeigen sie*

$$\lambda_\tau \leq \|\mathbf{P}_1 - \mathbf{P}_0\|^2 + \|\mathbf{P}_2 - \mathbf{P}_1\|^2.$$

Aus der Approximationseigenschaft leiten wir nun eine Fehlerabschätzung für die Galerkin-Lösung her.

Satz 4.1.32 *Sei Γ die Oberfläche eines Polyeders. Die Paneelierung $\mathcal{G}$ bestehe aus geradlinig berandeten Dreiecken.*

Für die Lösung φ der Integralgleichung 1. Art (4.1.3) gelte für ein $0 \leq s \leq 1$:

$$\varphi \in H^s(\Gamma). \tag{4.1.51}$$

Dann erfüllt die Galerkin-Approximation $\varphi_S \in S^0_{\mathcal{G}}$ die Fehlerabschätzung

$$\|\varphi - \varphi_S\|_{H^{-1/2}(\Gamma)} \leq C\, h^{s+1/2}\|\varphi\|_{H^s(\Gamma)}. \tag{4.1.52}$$

Beweis. Die Voraussetzungen des Satzes erlauben die Anwendung von Proposition 4.1.30. Mit (4.1.34) ergibt sich für die Galerkin-Lösung φ_S die Fehlerabschätzung

$$\|\varphi - \varphi_S\|_{H^{-1/2}(\Gamma)} = \|\varphi - \Pi_S^0 \varphi\|_{H^{-1/2}(\Gamma)} \leq \frac{\|b\|}{\gamma} \min_{\psi_S \in S_{\mathcal{G}}^0} \|\varphi - \psi_S\|_{H^{-1/2}(\Gamma)} .$$

Die Definition der $H^{-1/2}(\Gamma)$-Norm liefert

$$\|\varphi - \psi_S\|_{H^{-1/2}(\Gamma)} = \sup_{\eta \in H^{1/2}(\Gamma)\backslash\{0\}} \frac{(\varphi - \psi_S, \eta)_{L^2(\Gamma)}}{\|\eta\|_{H^{1/2}(\Gamma)}} . \tag{4.1.53}$$

Wir betrachten zunächst den Fall $\varphi \in H^1(\Gamma)$ und wählen ψ_S elementweise als Mittelwert von φ

$$P\varphi := \psi_S \quad \text{mit} \quad \psi_S|_\tau := \frac{1}{|\tau|} \int_\tau \varphi \, d\mathbf{x}, \qquad \tau \in \mathcal{G},$$

d.h., P ist die L^2-Orthogonalprojektion auf $S_{\mathcal{G}}^0$. Damit folgt aus Proposition 4.1.30

$$\|\psi_S\|_{L^2(\Gamma)} \leq \|\varphi\|_{L^2(\Gamma)}, \quad \|\varphi - \psi_S\|_{L^2(\Gamma)} \leq 2\|\varphi\|_{L^2(\Gamma)}, \quad \|\varphi - \psi_S\|_{L^2(\Gamma)} \leq ch\|\varphi\|_{H^1(\Gamma)} . \tag{4.1.54}$$

Wählen wir in Proposition 2.1.59 $T = I - P$, so gilt $T : L^2(\Gamma) \to L^2(\Gamma)$ und $T : H^1(\Gamma) \to L^2(\Gamma)$. Für die Normen gelten wegen (4.1.54) die Abschätzungen

$$\|T\|_{L^2(\Gamma) \leftarrow L^2(\Gamma)} \leq 2 \quad \text{und} \quad \|T\|_{L^2(\Gamma) \leftarrow H^1(\Gamma)} \leq ch.$$

Proposition 2.1.59 impliziert, daß $T : H^s(\Gamma) \to L^2(\Gamma)$ für alle $0 \leq s \leq 1$ gilt und

$$\|T\|_{L^2(\Gamma) \leftarrow H^s(\Gamma)} \leq ch^s.$$

Dies ist äquivalent zur Fehlerabschätzung

$$\|\varphi - \psi_S\|_{L^2(\Gamma)} \leq c\, h^s \|\varphi\|_{H^s(\Gamma)} . \tag{4.1.55}$$

Um für die $H^{-1/2}(\Gamma)$-Norm eine Fehlerabschätzung herzuleiten, verwenden wir (4.1.53) und beachten, daß für beliebiges $\eta_S \in S_{\mathcal{G}}^0$ die Gleichheit

$$|(\varphi - \psi_S, \eta)_{L^2(\Gamma)}| = |(\varphi - \psi_S, \eta - \eta_S)_{L^2(\Gamma)}|$$

gilt. Wegen $\varphi \in H^s(\Gamma)$, $\eta \in H^{1/2}(\Gamma)$ erhalten wir mit (4.1.55) und der konkreten Wahl von η_S als elementweises Integralmittelwert von η die Abschätzung

$$\begin{aligned} \left|(\varphi - \psi_S, \eta)_{L^2(\Gamma)}\right| &= \left|(\varphi - \psi_S, \eta - \eta_S)_{L^2(\Gamma)}\right| \leq \|\varphi - \psi_S\|_{L^2(\Gamma)} \|\eta - \eta_S\|_{L^2(\Gamma)} \\ &\leq ch^s \|\varphi\|_{H^s(\Gamma)} h^{1/2} \|\eta\|_{H^{1/2}(\Gamma)}. \end{aligned}$$

■

Die Fehlerabschätzung (4.1.52) zeigt, daß die Konvergenzrate $h^{s+1/2}$ der BEM von der Regularität der Lösung φ abhängt. In Unterkapitel 3.2 wurde die Regularität -das maximale $s > 0$ mit $\varphi \in H^{-1/2+s}(\Gamma)$- angegeben, ohne die exakte Lösung φ explizit zu kennen. Im Idealfall ist φ glatt auf der ganzen Oberfläche ($s = \infty$) oder zumindest auf jedem Paneel. Die Konvergenzrate wäre dann durch die polynomiale Ordnung p der Randelemente beschränkt, denn es gilt folgende Verallgemeinerung von Satz 4.1.32.

Korollar 4.1.33 *Die exakte Lösung der Gleichung (4.1.6) erfülle $\varphi \in H^s(\Gamma)$ für ein $s \geq 0$. Dann erfüllt die Randelementlösung $\varphi_S \in S^p_{\mathcal{G}}$ für eine Paneelierung $\mathcal{G}$ des Randes Γ, welche aus geradlinig berandeten Dreiecken besteht, die Fehlerabschätzung*

$$\|\varphi - \varphi_S\|_{H^{-1/2}(\Gamma)} \leq c h_{\mathcal{G}}^{1/2+\min(s,p+1)} \|\varphi\|_{H^s(\Gamma)}, \tag{4.1.56}$$

wobei die Konstante c von p und der Formregularität der Paneelierung abhängt.

Der Beweis des Korollars 4.1.33 wird in Unterkapitel 4.3.4 nachgeholt (vgl. Bemerkung 4.3.20).

4.1.6 Modellproblem 2: Neumann Problem

Sei $\Omega^- \subset \mathbb{R}^3$ ein beschränktes Innengebiet mit Rand Γ und $\Omega^+ := \mathbb{R}^3 \backslash \overline{\Omega^-}$. Wir betrachten für $g_N \in H^{-1/2}(\Gamma)$ das Neumann Problem

$$\Delta u = 0 \qquad \text{in } \Omega^+, \tag{4.1.57}$$

$$\gamma_1 u = g_N \qquad \text{auf } \Gamma, \tag{4.1.58}$$

$$|u(\mathbf{x})| \leq C \|\mathbf{x}\|^{-1} \qquad \text{für } \|\mathbf{x}\| \to \infty. \tag{4.1.59}$$

Da Außenraumproblem (4.1.57)-(4.1.59) besitzt genau eine Lösung u, die als Doppelschichtpotential

$$u(\mathbf{x}) = \frac{1}{4\pi} \int_\Gamma \varphi(\mathbf{y}) \frac{\partial}{\partial \mathbf{n}_\mathbf{y}} \frac{1}{\|\mathbf{x} - \mathbf{y}\|} ds_\mathbf{y}, \qquad \mathbf{x} \in \Omega^+ \tag{4.1.60}$$

darstellbar ist. Wegen den Sprungrelationen (vgl. Korollar 3.3.12)

$$\frac{1}{4\pi} \int_\Gamma \frac{\partial}{\partial \mathbf{n}_\mathbf{y}} \frac{1}{\|\mathbf{x} - \mathbf{y}\|} ds_\mathbf{y} = \begin{cases} -1 & \mathbf{x} \in \Omega^-, \\ -\frac{1}{2} & \mathbf{x} \in \Gamma \text{ und } \Gamma \text{ ist glatt in } \mathbf{x} \\ 0 & \mathbf{x} \in \Omega^+ \end{cases}$$

ändert sich $u(\mathbf{x})$ in (4.1.60) nicht, wenn eine Konstante zu φ addiert wird. Einsetzen von (4.1.60) in die Randbedingung (4.1.58) ergibt die Gleichung

$$-W\varphi = \frac{\partial}{\partial \mathbf{n}_\mathbf{x}} \left(\frac{1}{4\pi} \int_\Gamma \varphi(\mathbf{y}) \frac{\partial}{\partial \mathbf{n}_\mathbf{y}} \frac{1}{\|\mathbf{x} - \mathbf{y}\|} ds_\mathbf{y} \right) = g_N(\mathbf{x}), \qquad \mathbf{x} \in \Gamma. \tag{4.1.61}$$

Die folgende Bemerkung zeigt, daß die Ableitung $\partial/\partial\mathbf{n}_\mathbf{x}$ nicht unter das Integral gezogen werden darf.

Bemerkung 4.1.34 *Die Normalenableitung $\partial/\partial\mathbf{n}_\mathbf{x}$ -angewandt auf den Kern in (4.1.61)- ergibt*

$$\frac{\partial^2}{\partial \mathbf{n}_\mathbf{x} \partial \mathbf{n}_\mathbf{y}} \frac{1}{\|\mathbf{x} - \mathbf{y}\|} = \frac{\langle \mathbf{n}_\mathbf{x}, \mathbf{n}_\mathbf{y} \rangle}{\|\mathbf{x} - \mathbf{y}\|^3} - 3 \frac{\langle \mathbf{n}_\mathbf{x}, \mathbf{x} - \mathbf{y} \rangle \langle \mathbf{n}_\mathbf{y}, \mathbf{x} - \mathbf{y} \rangle}{\|\mathbf{x} - \mathbf{y}\|^5}.$$

Der Kern des entsprechenden hypersingulären Integraloperators ist daher nicht integrierbar.

Es existieren drei Möglichkeiten, den Integraloperator $W\varphi$ auf der Oberfläche darzustellen: (a) Durch eine Erweiterung des Integralbegriffs auf stark-singuläre Kernfunktionen (vgl. [134], [129]), (b) durch partielle Integration (vgl. Unterkapitel 3.3.4) und (c) durch Differenzenbildung (vgl. [63, Kapitel 8.3]). In diesem Unterkapitel wird die Möglichkeit (b) betrachtet. Die Notationen und Sätze aus Unterkapitel 3.3.4 vereinfachen sich für das Laplace-Problem zu

$$\begin{aligned} \operatorname{rot}_\Gamma \varphi &:= \gamma_0 \left(\operatorname{grad} Z_- \varphi\right) \times \mathbf{n}, \\ b(\varphi, \eta) &= \int_\Gamma \int_\Gamma \frac{\left\langle \operatorname{rot}_\Gamma \varphi\left(\mathbf{x}\right), \operatorname{rot}_\Gamma \eta\left(\mathbf{y}\right)\right\rangle}{4\pi \left\|\mathbf{x}-\mathbf{y}\right\|} ds_{\mathbf{y}} ds_{\mathbf{x}}, \end{aligned}$$

wobei $Z_- : H^{1/2}(\Gamma) \to H^1(\Omega^-)$ ein beliebiger Fortsetzungsoperator ist (vgl. Satz 2.6.11 und Übungsaufgabe 3.3.24).

Die Variationsformulierung der Randintegralgleichung ist gegeben durch (vgl. Satz 3.3.22): Suche $\varphi \in H^{1/2}(\Gamma)/\mathbb{R}$ mit

$$b(\varphi, \eta) = -\left(g_N, \eta\right)_{L^2(\Gamma)} \qquad \forall \eta \in H^{1/2}(\Gamma)/\mathbb{R}. \tag{4.1.62}$$

In Satz 3.5.3 wurde bereits gezeigt, daß die Dichte φ in (4.1.60) die eindeutige Lösung der Randintegralgleichung (4.1.62) ist. Der Beweis beruhte auf der Eigenschaft, daß die Bilinearform $b(\cdot,\cdot)$ symmetrisch, stetig und $H^{1/2}(\Gamma)/\mathbb{R}$-elliptisch ist.

4.1.7 Stetige Randelemente

Die Galerkin-Methode basiert auf der Ersetzung des unendlichdimensionalen Hilbert-Raumes durch einen endlichdimensionalen *Teil*raum. Die Bilinearform zum hypersingulären Integraloperator ist auf dem Sobolev-Raum $H^{1/2}(\Gamma)/\mathbb{R}$ definiert. Da die unstetigen Randelementfunktionen aus Beispiel 4.1.15 und Definition 4.1.16 nicht in $H^{1/2}(\Gamma)/\mathbb{R}$ enthalten sind (vgl. Übungsaufgabe 2.4.4), werden wir für das Neumann-Problem *stetige* Randelementräume einführen.

Ausgangspunkt ist wieder ein Gitter $\mathcal{G}$ auf dem Rand Γ. Zur Definition stetiger Randelemente nehmen wir an (vgl. Definition 4.1.4):

$$\text{Die Paneelierung } \mathcal{G} \text{ ist regulär.} \tag{4.1.63}$$

Das heißt, der Schnitt $\overline{\tau} \cap \overline{\tau}'$ zweier verschiedener Paneele ist entweder leer, eine Ecke oder eine ganze Seite. Weiter sind die Randelemente entweder Dreiecke oder Vierecke und Bilder des Referenzdreiecks oder -vierecks $\widehat{\tau}$ (vgl. Abb. 4.1). Man beachte, daß die Randkanten der Paneele im Fall von stetigen Randelementen von „beiden Seiten gleich parametrisiert sind“ (vgl. Definition 4.1.4).

Wir nehmen an, daß der Rand Γ stückweise glatt ist (vgl. Definition 2.2.10 und Abb. 4.1), so daß die Referenzabbildungen $\chi_\tau : \widehat{\tau} \to \tau$ als glatte Diffeomorphismen gewählt werden können. Wie schon bei den unstetigen Randelementen sind auch stetige Randelemente stückweise Polynome auf der Oberfläche Γ. Aufgrund der Stetigkeit zwischen den Elementen ergeben sich aber zwei Hauptunterschiede zu unstetigen Randelementen:

Bei unstetigen Elementen ist eine Randelementfunktion φ_S in **jedem** Element $\tau \in \mathcal{G}$ lokal ein Polynom vom Grad p:

$$\forall \tau \in \mathcal{G}: \qquad \varphi_S \circ \chi_\tau \in \mathbb{P}_p^\Delta(\widehat{\tau}).$$

Bei stetigen Elementen gilt für $\tau \in \mathcal{G}$:

$$\varphi_S|_\tau \circ \chi_\tau \in \mathbb{P}_p^\tau := \begin{cases} \mathbb{P}_p^\Delta & \text{falls } \tau \text{ ein Dreieckselement ist,} \\ \mathbb{P}_p^\square & \text{falls } \tau \text{ ein Viereckselement ist.} \end{cases} \tag{4.1.64}$$

wobei für $p \geq 1$ der Polynomraum $\mathbb{P}_p^\Delta$ wie in (4.1.20) definiert ist und

$$\mathbb{P}_p^\square := \operatorname{span}\{\hat{\xi}_1^i \hat{\xi}_2^j : \ 0 \leq i, j \leq p\}.$$

gesetzt wird.

Damit kommen wir nun zur Definition stetiger Randelementfunktionen von Grad $p \geq 1$.

Definition 4.1.35 *Sei Γ eine stückweise glatte Oberfläche, $\mathcal{G}$ eine reguläre Paneelierung von Γ und $\chi = \{\chi_\tau : \tau \in \mathcal{G}\}$ der Abbildungsvektor. Dann ist der Raum der stetigen Randelemente vom Grad $p \geq 1$ durch*

$$S_{\mathcal{G},\chi}^{p,0} := \{\varphi \in C^0(\Gamma) \mid \forall \tau \in \mathcal{G} : \varphi|_\tau \circ \chi_\tau \in \mathbb{P}_p^\tau\}$$

gegeben.

Zur Unterscheidung bezeichnen wir unstetige Randelemente vom Grad p im folgenden mit $S_{\mathcal{G},\chi}^{p,-1}$.

Wie der Raum $S^{p,-1}$ unstetiger Randelemente ist auch $S^{p,0}$ endlichdimensional. Wir geben im folgenden eine Basis $\{\varphi_I : I \in \mathcal{I}\}$ von $S^{p,0}$ an. Anders als bei $S^{p,-1}$ besteht der Träger der Basisfunktionen im allgemeinen aus mehr als einem Paneel. Die Basisfunktionen werden abschnittsweise auf den Trägerpaneelen definiert. Wir beginnen mit dem einfachsten Fall, $p = 1$.

Beispiel 4.1.36 *(Lineare und bilineare, stetige Randelemente)*

Die Formfunktionen $\widehat{N}(\hat{\mathbf{x}})$, $\hat{\mathbf{x}} = (\hat{x}_1, \hat{x}_2)$, auf dem Referenzelement $\hat{\tau}$ sind

- *im Fall des Einheitsdreiecks mit Ecken $\mathbf{P}_0 = (0,0)^\intercal$, $\mathbf{P}_1 = (1,0)^\intercal$, $\mathbf{P}_2 = (1,1)^\intercal$ (vgl. (4.1.10)) durch*

$$\begin{aligned} \widehat{N}_0(\hat{\mathbf{x}}) &= 1 - \hat{x}_1, \\ \widehat{N}_1(\hat{\mathbf{x}}) &= \hat{x}_1 - \hat{x}_2, \\ \widehat{N}_2(\hat{\mathbf{x}}) &= \hat{x}_2 \end{aligned} \tag{4.1.66}$$

  gegeben und

- *im Fall des Einheitsquadrats mit Ecken $\mathbf{P}_0 = (0,0)^\intercal$, $\mathbf{P}_1 = (1,0)^\intercal$, $\mathbf{P}_2 = (1,1)^\intercal$, $\mathbf{P}_3 = (0,1)^\intercal$ durch*

$$\begin{aligned} \widehat{N}_0(\hat{\mathbf{x}}) &= (1 - \hat{x}_1)(1 - \hat{x}_2), \\ \widehat{N}_1(\hat{\mathbf{x}}) &= \hat{x}_1(1 - \hat{x}_2), \\ \widehat{N}_2(\hat{\mathbf{x}}) &= (1 - \hat{x}_1)\,\hat{x}_2, \\ \widehat{N}_3(\hat{\mathbf{x}}) &= \hat{x}_1\hat{x}_2. \end{aligned} \tag{4.1.67}$$

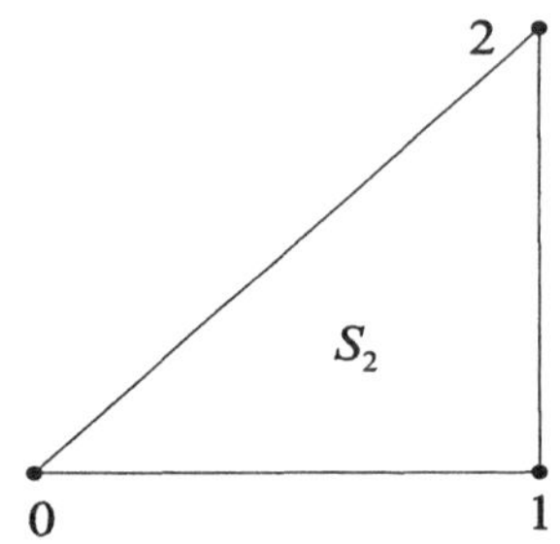

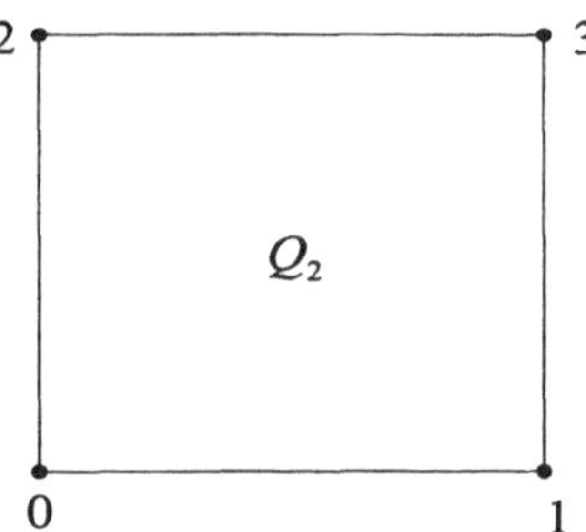

Abbildung 4.3: Referenzelemente $\hat{\tau} = S_2$ (links) und $\hat{\tau} = Q_2$ (rechts) mit Knoten für $\mathbb{P}_1^{\hat{\tau}}$.

Wir sehen, daß die Formfunktion $\widehat{N}_i$ im Eckpunkt $\mathbf{P}_i$ des Referenzelements gleich 1 *ist und in allen anderen Eckpunkten verschwindet (vgl. Abb. 4.3)*

Offensichtlich gilt $\mathbb{P}_1^{\Delta}(\widehat{\tau}) = \operatorname{span}\{\widehat{N}_1 : i = 0, 1, 2\}$ *und* $\mathbb{P}_1^{\square}(\widehat{\tau}) = \operatorname{span}\{\widehat{N}_i : i = 0, \ldots 3\}$.

Für die Definition der Randelementräume vom Polynomgrad p müssen wir zwischen Viereckselementen und Dreieckselementen unterscheiden. Für das Referenzelement $\widehat{\tau} \in \mathcal{G}$ und $p \in \mathbb{N}_0$ definieren wir die Indexmenge

$$\iota_{\widehat{\tau}}^p := \begin{cases} \{(i,j) \in \mathbb{N}_0^2 : 0 \leq j \leq i \leq p\} & \text{im Fall des Einheitsdreiecks,} \\ \{(i,j) \in \mathbb{N}_0^2 : 0 \leq i, j \leq p\} & \text{im Fall des Einheitsquadrats.} \end{cases} \tag{4.1.68}$$

Der Index $\widehat{\tau}$ in $\iota_{\widehat{\tau}}^p$ wird weggelassen, falls das Referenzelement aus dem Zusammenhang klar ist.

Beispiel 4.1.37 *(Randelemente vom Grad $p > 1$)*

Die Ansatzräume $\mathbb{P}_p^{\Delta}$, $\mathbb{P}_p^{\square}$ in (4.1.64) werden von folgenden Funktionen aufgespannt: Wir definieren die Knoten für das Referenzelement $\widehat{\tau}$ durch

$$\hat{\mathbf{P}}_{i,j}^{(p)} := \left(\frac{i}{p}, \frac{j}{p}\right)^{\mathsf{T}}, \qquad \forall\, (i,j) \in \iota_{\widehat{\tau}}^p \tag{4.1.69}$$

(vgl. Abb. 4.4).

Für $(i,j) \in \iota_{\widehat{\tau}}^p$ ist die Formfunktion $\widehat{N}_{i,j}^{(p)}$ durch die Bedingungen

$$\widehat{N}_{i,j}^{(p)} \in \mathbb{P}_p^{\widehat{\tau}} \quad \text{und} \quad \widehat{N}_{i,j}^{(p)}(\hat{\mathbf{P}}_{k,\ell}^{(p)}) = \begin{cases} 1 & (k,\ell) = (i,j), \\ 0 & (k,\ell) \in \iota_{\widehat{\tau}}^p \backslash \{(i,j)\} \end{cases}$$

charakterisiert (vgl. Satz 4.1.38).

Satz 4.1.38 *Sei $k \in \mathbb{N}$. Dann ist jedes $p \in \mathbb{P}_k^{\widehat{\tau}}$ eindeutig bestimmt durch seine Werte in $\Sigma_k := \left\{(i/k, j/k) : (i,j) \in \iota_{\widehat{\tau}}^k\right\}$.*

Die Menge Σ_k wird wegen dieser Eigenschaft *unisolvent* für den Polynomraum $\mathbb{P}_k^{\widehat{\tau}}$ genannt.

Beweis. Eine leichte Rechnung zeigt

$$\dim \mathbb{P}_k^{\widehat{\tau}} = \sharp\Sigma_k.$$

Daher genügt es, eine der Aussagen (a) und (b) zu beweisen.

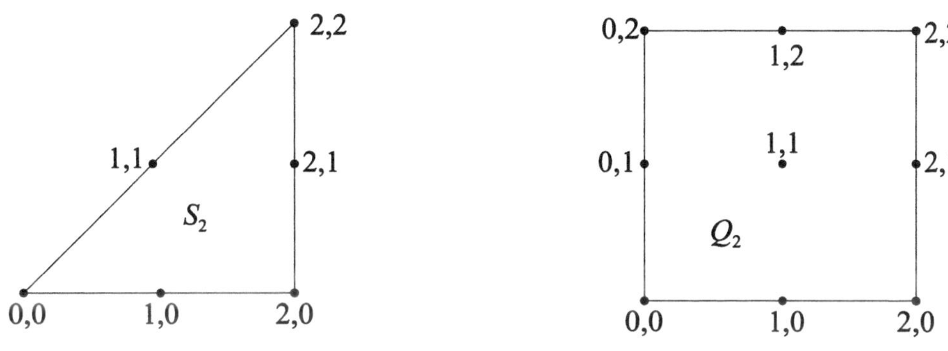

Abbildung 4.4: Knoten $\hat{\mathbf{P}}_{i,j}^{(2)}$ für das Einheitsdreieck (links) und das Einheitsquadrat (rechts).

a. Zu jedem Vektor $(b_\mathbf{z})_{\mathbf{z}\in\Sigma_k}$ existiert ein $p \in \mathbb{P}_k^{\widehat{\tau}}$ mit $p(\mathbf{z}) = b_\mathbf{z}$ für alle $\mathbf{z} \in \Sigma_k$.

b. Ist $p \in \mathbb{P}_k^{\widehat{\tau}}$ und $p(\mathbf{z}) = 0$ für alle $\mathbf{z} \in \Sigma_k$, so ist $p \equiv 0$.

Fall 1: $\widehat{\tau} = (0,1)^2$: Definiere für $\mu \in \iota_p^{\widehat{\tau}}$ die Funktion $\widehat{N}_\mu$ durch

$$\widehat{N}_\mu(\mathbf{x}) := \prod_{j=1}^{2} \prod_{\substack{i_j=0 \\ i_j \neq \mu_j}}^{k} \frac{kx_j - i_j}{\mu_j - i_j}.$$

Dann ist $\widehat{N}_\mu \in \mathbb{P}_k^{\widehat{\tau}}$ mit $\widehat{N}_\mu(\mu/k) = 1$ und $\widehat{N}_\mu\left(\frac{i_1}{k}, \frac{i_2}{k}\right) = 0$ für alle $(i_1, i_2) \in \iota_k^{\widehat{\tau}} \backslash \{\mu\}$. Sei nun $(b_\mu)_{\mu\in\iota_k^{\widehat{\tau}}}$ beliebig. Dann besitzt das Polynom $p \in \mathbb{P}_k^{\widehat{\tau}}$

$$p(\mathbf{x}) = \sum_{\mu\in\iota_p^{\widehat{\tau}}} b_\mu \widehat{N}_\mu(\mathbf{x})$$

die Eigenschaft (a).

Fall 2: $\widehat{\tau}$ ist das Referenzdreieck. Wie in Beispiel 4.1.36 setzen wir

$$\hat{\lambda}_1(\mathbf{x}) := 1 - \hat{x}_1, \qquad \hat{\lambda}_2(\mathbf{x}) := \hat{x}_1 - \hat{x}_2, \qquad \hat{\lambda}_3(\mathbf{x}) := \hat{x}_2.$$

Offensichtlich sind diese Funktionen in $\mathbb{P}_1^{\widehat{\tau}}$ und besitzen die Lagrange-Eigenschaft

$$\forall 1 \le i,j \le 3 : \hat{\lambda}_i(A_j) = \delta_{i,j} \quad \text{mit} \quad A_1 = (0,0)^\intercal, A_2 = (1,0)^\intercal, A_3 = (1,1)^\intercal.$$

1. $k = 1$: Zu gegebenem $(b_i)_{i=1}^3 \in \mathbb{R}^3$ besitzt offensichtlich $p \in \mathbb{P}_1$:

$$p(\mathbf{x}) = \sum_{i=1}^{3} b_i \hat{\lambda}_i(\mathbf{x})$$

die Eigenschaft (a).

2. $k = 2$: Für $1 \le i < j \le 3$ bezeichnen $A_{i,j} := (A_i + A_j)/2$ die Kantenmittelpunkte von $\widehat{\tau}$. Definiere

$$\begin{aligned} \widehat{N}_i &:= \hat{\lambda}_i \left(2\hat{\lambda}_i - 1\right) & 1 \le i \le 3, \\ \widehat{N}_{i,j} &:= 4\hat{\lambda}_i \lambda_j & 1 \le i < j \le 3. \end{aligned}$$

Dann gilt offensichtlich $\widehat{N}_k, \widehat{N}_{i,j} \in \mathbb{P}_2^{\widehat{\tau}}$ und

$$\begin{array}{lll} \widehat{N}_i(A_j) = \delta_{i,j} & \widehat{N}_i(A_{k,\ell}) = 0 & \forall i,k,\ell, \\ \widehat{N}_{i,j}(A_k) = 0 & \widehat{N}_{i,j}(A_{k,\ell}) = \delta_{i,k}\delta_{j,\ell} & \forall i,j,k,\ell. \end{array}$$

Für gegebenes $\{b_{\mathbf{z}} : \mathbf{z} \in \Sigma_2\} = \{b_i, b_{k,\ell}\}$ besitzt $p \in \mathbb{P}_2^{\widehat{\tau}}$:

$$p(\mathbf{x}) := \sum_{i=1}^{3} b_i \widehat{N}_i(\mathbf{x}) + \sum_{1\leq k<\ell\leq 3} b_{k,\ell}\widehat{N}_{k,\ell}(\mathbf{x})$$

die Eigenschaft (a).

3. $k = 3$: Dieser Fall wird in Übungsaufgabe 4.1.39 behandelt.

4. $k \geq 4$: Sei $p \in \mathbb{P}_k^{\Delta}$ mit $p(\mathbf{z}) = 0$ für alle $\mathbf{z} \in \Sigma_k$. Dann verschwindet p auf allen Kanten von $\widehat{\tau}$. Daher gibt es ein $\psi \in \mathbb{P}_{k-3}^{\Delta}$ mit

$$p = \hat{\lambda}_1\hat{\lambda}_2\hat{\lambda}_3\psi \quad \text{und} \quad \forall \mathbf{z} \in \Sigma_k \cap \widehat{\tau} : \psi(\mathbf{z}) = 0.$$

(Man beachte hierbei, daß $\widehat{\tau}$ offen ist.) Die Aufgabe ist daher auf das Problem zurückgeführt

$$\left(\psi \in \mathbb{P}_{k-3}^{\Delta}\right) \wedge (\forall \mathbf{z} \in \Sigma_k \cap \widehat{\tau} : \psi(\mathbf{z}) = 0) \Longrightarrow \psi \equiv 0. \tag{4.1.70}$$

Eigenschaft (b) folgt durch Induktion über k:
Sei $\widehat{\tau}'$ das Dreieck mit Ecken $A = \left(\frac{2}{k+1}, \frac{1}{k+1}\right)^\intercal$, $B = \left(\frac{k}{k+1}, \frac{1}{k+1}\right)^\intercal$, $C = \left(\frac{k}{k+1}, \frac{k-1}{k+1}\right)^\intercal$. Dann gilt $\Sigma_k \cap \widehat{\tau} =: \Sigma_k' \subset \widehat{\tau}'$. Die Transformation

$$T : \widehat{\tau} \to \widehat{\tau}' : T\xi = A + \left(1 - \frac{3}{k+1}\right)\xi$$

ist affin und daher $\tilde{\psi} = \psi \circ T \in \mathbb{P}_{k-3}^{\Delta}$. Weiter gilt $T^{-1}\Sigma_k' = \Sigma_{k-3}$. Daher ist (4.1.70) äquivalent zu

$$\left(\tilde{\psi} \in \mathbb{P}_{k-3}^{\Delta}\right) \wedge \left(\forall \mathbf{z} \in \Sigma_{k-3} : \tilde{\psi}(\mathbf{z}) = 0\right) \Longrightarrow \tilde{\psi} \equiv 0.$$

Das ist aber Aussage (b) für $k \leftarrow k-3$. Da der Induktionsanfang für $k = 1,2,3$ durch die Beweisschritte 1-3 wegen der Äquivalenz der Aussagen (a) und (b) gegeben ist, folgt die Behauptung. ■

Übungsaufgabe 4.1.39 *Sei $\widehat{\tau}$ das Einheitsdreieck. Konstruieren Sie für $\mathbb{P}_3^{\widehat{\tau}}$ eine Lagrange-Basis zur Stützstellenmenge Σ_k (vgl. Satz 4.1.38).*

Zum Polynomraum $\mathbb{P}_p^{\widehat{\tau}}$ auf $\widehat{\tau}$ definieren wir den Interpolationsoperator zur Knotenmenge $\Sigma_p = \left(\hat{\mathbf{P}}_{i,j}^{(p)}\right)_{(i,j)\in\iota^{(p)}}$ für stetige Funktionen $\varphi \in C^0\left(\overline{\widehat{\tau}}\right)$ gemäß

$$\widehat{I}^p\varphi := \sum_{(i,j)\in\iota_{\widehat{\tau}}^p} \varphi\left(\hat{\mathbf{P}}_{i,j}^{(p)}\right)\widehat{N}_{i,j}^{(p)}. \tag{4.1.71}$$

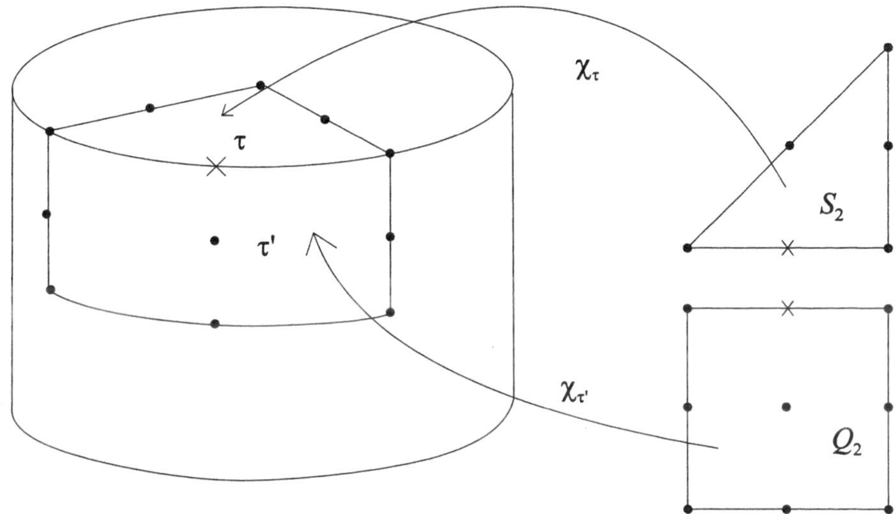

Abbildung 4.5: Quadratische Dreiecks- und Viereckselemente, die an einer Kante zusammenstossen. Die Kompatibilität der Parametrisierungen stellt sicher, daß die Kantenmitten „×“ aus den Referenzelementen auf den gleichen Oberflächenpunkt abgebildet werden.

Der Sobolevsche Einbettungssatz (Satz 2.5.4) zeigt wegen $\widehat{\tau} \subset \mathbb{R}^2$ für $t > 1$ die Stetigkeit der Einbettung $H^t(\widehat{\tau}) \hookrightarrow C^0\left(\overline{\widehat{\tau}}\right)$ und daher ist $\widehat{I^p}$ auf $H^t(\widehat{\tau})$ erklärt

$$\widehat{I^p} : H^t(\widehat{\tau}) \rightarrow \mathbb{P}_p^{\widehat{\tau}} \quad \text{und stetig:} \quad \left\| \widehat{I^p} \right\|_{C^0\left(\overline{\widehat{\tau}}\right) \leftarrow H^t(\widehat{\tau})} < \infty.$$

Die Knotenmenge auf der Oberfläche erhält man durch Hochheben der Knotenmenge auf dem Referenzelement mittels der Element-Parametrisierungen:

$$\mathcal{I} := \left\{ \chi_\tau \left(\hat{\mathbf{P}}_{(i,j)} \right) : \forall \tau \in \mathcal{G}, \quad \forall (i,j) \in \iota_{\widehat{\tau}}^p \right\}. \tag{4.1.72}$$

Offensichtlich werden in einem Gitter $\mathcal{G}$ auf Γ auch Knoten existieren, die in mehreren Elementen -genauer deren Abschüssen- liegen. Als Beispiel diene Abbildung 4.5 mit zwei Paneelen, die eine gemeinsame Kante besitzen.

Falls die Parameterdarstellungen $\chi_\tau, \chi_{\tau'}$ der Paneele $\tau, \tau' \in \mathcal{G}$ nicht kompatibel sind, kommt der Seitenmittelpunkt „×“ auf der gemeinsamen Kante je nach Zuordnung zu τ oder τ' an verschiedene Urbilder in $\widehat{\tau}$, $\widehat{\tau'}$. Reguläre Elementabbildungen (vgl. Definition 4.1.4) parametrisieren also Kanten $e = \overline{\tau} \cap \overline{\tau}'$ „identisch von beiden Seiten“. Im folgenden nehmen wir immer in der Definition der stetigen Randelemente $S_{\mathcal{G},\chi}^{p,0}$ an, daß $\mathcal{G}$, χ regulär sind.

Beispiel 4.1.40 *(Isoparametrische Randelemente)*

Sei $\mathcal{G}$ ein reguläres Gitter auf Γ und $q \geq 1$ fest gegeben. Dann läßt sich eine reguläre, im allgemeinen nichtlineare Parametrisierung $\chi_\tau : \widehat{\tau} \longrightarrow \tau \in \mathcal{G}$ approximieren durch die isoparametrische Elementabbildung

$$\widetilde{\chi}_\tau(\hat{\mathbf{x}}) := \sum_{(i,j)\in\iota^q_{\widehat{\tau}}} \mathbf{P}^{(q)}_{i,j}(\tau)\widehat{N}^{(q)}_{i,j}(\hat{\mathbf{x}}), \qquad \hat{\mathbf{x}} \in \widehat{\tau}, \tag{4.1.73}$$

wobei $\mathbf{P}^{(q)}_{i,j}(\tau) := \chi_\tau\left(\hat{\mathbf{P}}^{(q)}_{i,j}\right)$ *die hochgehobenen Knotenpunkte des Referenzelements bezeichnen.*

Bemerkung 4.1.41 *Die Konstruktion (4.1.73) wird in der Praxis für $p = 1$ und $p = 2$ mit den Formfunktionen $\widehat{N}^{(p)}_{i,j}$ zu den Punktmengen $\hat{\mathbf{P}}^{(p)}_{i,j}$ in (4.1.69) verwendet. In jedem Fall interpoliert das Näherungspaneel $\widetilde{\tau} := \widetilde{\chi}_\tau(\widehat{\tau})$ das exakte Paneel τ in den Punkten $\mathbf{P}^{(p)}_{i,j}$. Aus der Interpolationstheorie ist bekannt (vgl. Unterkapitel 7.1.3.1), daß gerade für höhere Approximationsordnung $p \geq 3$ die Wahl der Interpolationspunkte für die Approximationsgüte ganz wesentlich ist. Bessere Knotenmengen $\mathbf{P}^{(p)}_{i,j}$ für $p \geq 3$ sind die Bilder der Gauß-Lobatto-Punkte für das Einheitsquadrat. Für das Einheitsdreieck sind analoge Punktmengen bekannt (vgl. [5], [74]).*

Wir nehmen im folgenden immer an, daß die χ die exakte Fläche Γ beschreiben. Der Einfluß der Gebietsapproximation auf die Genauigkeit der Randelementlösung wird in [35, Chap. XIII, §2] betrachtet.

Wir definieren den Raum der stetigen, stückweise polynomialen Randelemente vom Grad $p \geq 1$ durch eine Basis b_I. Sei dazu $\mathcal{I}$ wie in (4.1.72) die Menge aller Knoten im Gitter $\mathcal{G}$. Die Basisfunktion $b_\mathbf{P}$ zum Knotenpunkt $\mathbf{P} \in \mathcal{I}$ ist durch die Bedingungen

$$b_\mathbf{P} \in S^{p,0}_\mathcal{G} \quad \text{und} \quad b_\mathbf{P}(\mathbf{P}') := \begin{cases} 1 & \mathbf{P}' = \mathbf{P}, \\ 0 & \mathbf{P}' \neq \mathbf{P}, \quad \mathbf{P}' \in \mathcal{I} \end{cases} \tag{4.1.74}$$

charakterisiert.

Für einen Knotenpunkt $\mathbf{P} \in \mathcal{I}$ definieren wir eine lokale Umgebung aus Dreiecken durch $\Gamma_\mathbf{P} := \bigcup\{\overline{\tau} : \tau \in \mathcal{G},\ \mathbf{P} \in \overline{\tau}\}$. Dann gilt

$$\operatorname{Tr}(b_\mathbf{P}) = \Gamma_\mathbf{P}. \tag{4.1.75}$$

Um eine lokale Darstellung der Basisfunktionen durch Elementformfunktionen herzuleiten, benötigen wir eine Verbindung zwischen globalen Indizes $\mathbf{P} \in \mathcal{I}$ und lokalen Indizes $(i,j) \in \iota^p_{\widehat{\tau}}$. Für $\tau \in \mathcal{G}$ und $I = (i,j) \in \iota^p_{\widehat{\tau}}$ definieren wir eine Abbildung $\operatorname{ind} : \mathcal{G} \times \iota^p_{\widehat{\tau}} \to \mathcal{I}$ durch

$$\operatorname{ind}(\tau, I) := \chi_\tau\left(\hat{\mathbf{P}}_{i,j}\right) \in \mathcal{I}. \tag{4.1.76}$$

Damit gilt für $\tau \in \mathcal{G}$, $I = (i,j) \in \iota^p_{\widehat{\tau}}$ und $\mathbf{P} = \operatorname{ind}(\tau, I) \in \mathcal{I}$ die Relation

$$b_\mathbf{P}|_\tau = N^\tau_{i,j} := \widehat{N}_I \circ \chi_\tau^{-1}. \tag{4.1.77}$$

Im folgenden zeigen wir, daß die Funktionen in $S^{p,0}_{\mathcal{G},\chi}$ Lipschitz-stetig sind und daher in $H^1(\Gamma)$ enthalten sind. Um die Euklidische Distanz mit der Oberflächendistanz zu vergleichen, führen wir die geodätische Distanz ein

$$\operatorname{dist}_\Gamma(\mathbf{x},\mathbf{y}) := \inf\{\text{Länge}(\gamma_{\mathbf{x},\mathbf{y}}) : \gamma_{\mathbf{x},\mathbf{y}} \text{ ist ein Weg in } \Gamma, \text{ der } \mathbf{x},\mathbf{y} \text{ verbindet}\}$$

und die Konstante g_Γ durch

$$g_\Gamma := \sup_{\mathbf{x},\mathbf{y}\in\Gamma} \left\{\frac{\operatorname{dist}_\Gamma(\mathbf{x},\mathbf{y})}{\|\mathbf{x}-\mathbf{y}\|}\right\}. \tag{4.1.78}$$

Bemerkung 4.1.42 *Die Funktionen $\varphi_S \in S^{p,0}_{\mathcal{G},\chi}$ sind Lipschitz-stetig*

$$|\varphi_S(\mathbf{x}) - \varphi_S(\mathbf{y})| \leq C\, \|\mathbf{x} - \mathbf{y}\| \qquad \forall \mathbf{x}, \mathbf{y} \in \Gamma,$$

wobei C von Γ, $\mathcal{G}$, χ und g_Γ abhängt.

Beweis. Die Stetigkeit von $\varphi_S \in S^{p,0}_{\mathcal{G},\chi}$ folgt direkt aus der Definition, so daß wir uns auf den Nachweis der Lipschitz-Stetigkeit beschränken können. Sei $\mathbf{x}, \mathbf{y} \in \Gamma$ und $\gamma_{\mathbf{x},\mathbf{y}}$ ein Verbindungsweg mit minimaler Länge auf Γ. Sei $(\tau_j)_{j=0}^q \subset \mathcal{G}$ eine minimale Teilmenge von $\mathcal{G}$ mit der Eigenschaft:

$$\mathbf{x} \in \overline{\tau_0}, \quad \mathbf{y} \in \overline{\tau_q}, \quad \gamma_{\mathbf{x},\mathbf{y}} \subset \bigcup_{j=1}^{q} \overline{\tau_j}$$

$$\forall 1 \leq j \leq q : \overline{\tau_{j-1}} \cap \overline{\tau_j} \text{ ist eine gemeinsame Kante } e_j \text{ und } e_j \cap \gamma_{\mathbf{x},\mathbf{y}} \neq \emptyset.$$

Fixiere Punkte M_j auf $e_j \cap \gamma_{\mathbf{x},\mathbf{y}}$, $1 \leq j \leq q$, und setze $M_0 = \mathbf{x}$ und $M_{q+1} = \mathbf{y}$. O.B.d.A. nehmen wir an, daß alle $(M_j)_{j=0}^{q+1}$ verschieden sind, andernfalls werden mehrfach auftretende Punkte aus der Folge eliminiert. Dann gilt wegen der Stetigkeit von φ_S

$$\varphi_S(\mathbf{y}) - \varphi_S(\mathbf{x}) = \varphi_S(M_{q+1}) - \varphi_S(M_0) = \sum_{j=0}^{q} \left(\varphi_S(M_{j+1}) - \varphi_S(M_j)\right).$$

Die Punkte M_{j+1}, M_j sind im Paneel τ_j enthalten. Da $\varphi_S|_\tau$ die Komposition eines Polynoms mit einem Diffeomorphismus ist, sind diese Einschränkungen insbesondere Lipschitz-stetig. Mit

$$c_\tau := \sup_{\mathbf{x},\mathbf{y} \in \tau} \frac{|\varphi_S(\mathbf{x}) - \varphi_S(\mathbf{y})|}{\|\mathbf{x} - \mathbf{y}\|}$$

gilt

$$|\varphi_S(M_{j+1}) - \varphi_S(M_j)| \leq c_\tau \|M_{j+1} - M_j\| \leq c_\tau L\left(\gamma_{M_j, M_{j+1}}\right),$$

wobei $L\left(\gamma_{M_j,M_{j+1}}\right)$ die Länge eines kürzesten Verbindungsweges in Γ von M_j und M_{j+1} bezeichnet. Insgesamt gilt mit (4.1.78)

$$|\varphi_S(\mathbf{y}) - \varphi_S(\mathbf{x})| \leq \left(\max_{1 \leq j \leq q} c_{\tau_j}\right) L(\gamma_{\mathbf{x},\mathbf{y}}) \leq g_\Gamma \left(\max_{1 \leq j \leq q} c_{\tau_j}\right) \|\mathbf{x} - \mathbf{y}\|,$$

und das ist die Lipschitz-Stetigkeit von φ_S. ■

4.1.8 Galerkin-BEM mit stetigen Randelementen

Die Inklusion $S^{p,0}_{\mathcal{G},\chi} \subset H^{1/2}(\Gamma)$ der stetigen Randelemente erlaubt die Galerkin-Diskretisierung der hypersingulären Randintegralgleichung.
Finde $\varphi_S \in S^{p,0}_{\mathcal{G}}/\mathbb{R}$ mit

$$b(\varphi_S, \eta_S) = (g_N, \eta_S)_{L^2(\Gamma)} \qquad \forall \eta_S \in S^{p,0}_{\mathcal{G}}/\mathbb{R}. \tag{4.1.79}$$

Die Elliptizität (Satz 3.5.3) impliziert die eindeutige Lösbarkeit des Problems (4.1.79). Die Systemmatrix zur hypersingulären Integralgleichung besitzt analoge Eigenschaften wie diejenige zum Einfachschichtpotential (vgl. Proposition 4.1.23).

Proposition 4.1.43 *Die Systemmatrix* $\mathbf{W}$ *zur Bilinearform* $b : S_{\mathcal{G}}^{p,0}/\mathbb{R} \times S_{\mathcal{G}}^{p,0}/\mathbb{R} \to \mathbb{R}$ *in (4.1.62) ist symmetrisch und positiv definit. Die Einträge* $W_{I,J}$, $I, J \in \mathcal{I}$, *haben die explizite Darstellung*

$$W_{I,J} = \int_\Gamma \int_\Gamma \frac{\langle \operatorname{rot}_\Gamma b_I(\mathbf{x}), \operatorname{rot}_\Gamma b_J(\mathbf{y})\rangle}{4\pi \|\mathbf{x}-\mathbf{y}\|} ds_{\mathbf{y}} ds_{\mathbf{x}} = W_{J,I} \tag{4.1.80}$$

Die Integrale in (4.1.80) sind schwach singulär nach Bemerkung 4.1.42 und die Matrixeinträge daher wohldefiniert. Die Erzeugung der Matrix läßt sich mit Hilfe der Indexzuordnung (4.1.76) aus Integralen über einzelnen Paneelen darstellen. Wir geben eine algorithmische Beschreibung dieser Berechnung in einer Pseudoprogrammiersprache an.

procedure erzeuge_systemmatrix;
for all $\tau, t \in \mathcal{G}$ **do begin**
  for all $I = (i, i') \in \iota_\tau^p$, $J = (j, j') \in \iota_t^p$ **do begin**

$$W_{\tau,t}^{I,J} := \int_\tau \int_t G(\mathbf{x}-\mathbf{y}) \left\langle \operatorname{rot}_\Gamma \left(\widehat{N}_{i,i'} \circ \chi_\tau^{-1}(\mathbf{x})\right), \operatorname{rot}_\Gamma \left(\widehat{N}_{j,j'} \circ \chi_t^{-1}(\mathbf{y})\right)\right\rangle ds_{\mathbf{y}} ds_{\mathbf{x}};$$

$$K := \operatorname{ind}(\tau, I); \quad L := \operatorname{ind}(t, J); \quad W_{K,L} := W_{K,L} + W_{\tau,t}^{I,J}; \tag{4.1.81}$$

end;end;

Übungsaufgabe 4.1.44 *Seien* $\tau, t \in \mathcal{G}$ *Paneele mit Referenzelementen* $\widehat{\tau}$, $\widehat{t}$ *und Referenzabbildungen* χ_τ, χ_t. *Die Jacobi-Matrix der Transformation wird mit* $J_\tau := \left[\hat{\partial}_1 \chi_\tau, \hat{\partial}_2 \chi_\tau\right]$ *bezeichnet und* $\hat{\nabla}^\perp := \left(\hat{\partial}_2, -\hat{\partial}_1\right)$ *gesetzt. Beweisen Sie für hinreichend glatte Funktionen* $u : \tau \to \mathbb{R}$ *die Beziehung*

$$g_\tau \operatorname{rot}_\Gamma u \circ \chi_\tau = J_\tau \nabla^\perp \hat{u},$$

wobei $g_\tau := \sqrt{\det\left(J_\tau^\intercal J_\tau\right)}$ *und* $\hat{u} := u \circ \chi_\tau$.

Für die lokale Systemmatrix $W_{\tau,t}^{I,J}$ *in (4.1.81) gilt die Darstellung*

$$\int_{\widehat{\tau}} \int_{\widehat{t}} \frac{\left\langle \left(J_\tau \hat{\nabla} \hat{N}_{i,i'}\right)(\hat{\mathbf{x}}), \left(J_t \hat{\nabla} \hat{N}_{j,j'}\right)(\hat{\mathbf{y}})\right\rangle}{4\pi \|\chi_\tau(\hat{\mathbf{x}}) - \chi_t(\hat{\mathbf{y}})\|} d\hat{\mathbf{y}} d\hat{\mathbf{x}}.$$

(Hinweis: Verwende Übungsaufgabe 3.3.24.)

Analog wie in Proposition 4.1.24 erhalten wir für stetige Randelemente auf einem regulärem Gitter $\mathcal{G}$ eine quasioptimale Abschätzung für den Galerkin-Fehler.

Proposition 4.1.45 *Die Galerkin-Approximation* $\varphi_S \in S_{\mathcal{G}}^{p,0}$ *zur Lösung* φ *des hypersingulären Randintegralgleichung konvergiert quasioptimal*

$$\|\varphi - \varphi_S\|_{H^{1/2}(\Gamma)/\mathbb{R}} \le \frac{\|b\|}{\gamma} \min_{\psi_S \in S_{\mathcal{G}}^{p,0}} \|\varphi - \psi_S\|_{H^{1/2}(\Gamma)/\mathbb{R}}. \tag{4.1.82}$$

Die Galerkin-Projektion $\Pi_{\mathcal{G}}^{(p)} : H^{1/2}(\Gamma)/\mathbb{R} \to S_{\mathcal{G}}^{p,0}/\mathbb{R}$, *gegeben durch* $\Pi_{\mathcal{G}}^{(p)} \varphi = \varphi_S$, *ist stabil:*

$$\|\Pi_{\mathcal{G}}^{(p)}\|_{H^{1/2}(\Gamma)/\mathbb{R} \leftarrow H^{1/2}(\Gamma)/\mathbb{R}} \le \|b\|/\gamma, \tag{4.1.83}$$

wobei die Norm der Bilinearform $b(\cdot,\cdot)$ durch

$$\|b\| := \sup_{\varphi \in H^{1/2}(\Gamma)\setminus\{0\}} \sup_{\eta \in H^{1/2}(\Gamma)\setminus\{0\}} \frac{b(\varphi,\eta)}{\|\varphi\|_{H^{1/2}(\Gamma)/\mathbb{R}} \|\eta\|_{H^{1/2}(\Gamma)/\mathbb{R}}}$$

gegeben ist (vgl. (2.1.28)).

Mit der Stabilität (4.1.83) ist wieder die Frage der Konvergenzraten der Galerkin-BEM zurückgeführt auf die Approximationseigenschaften der Räume $S_{\mathcal{G}}^{p,0}$.

4.1.9 Konvergenzraten mit stetigen Randelementen

Um Konvergenzraten für die Randelementapproximationen φ_S in (4.1.79) der hypersingulären Gleichung (4.1.62) zu erhalten, benötigen wir die Approximationseigenschaften der stetigen Randelementräume, die wir nun angeben. Sei dazu der Rand Γ beschränkt und stückweise glatt.

Die Regularität der zu approximierenden Lösung φ auf Γ messen wir in den Räumen $H_{stw}^t(\Gamma)$, die für $0 \le t \le 1$ mit $H^t(\Gamma)$ übereinstimmen und für $t > 1$ abschnittweise aus den Räume $H^t(\tau)$, $\tau \in \mathcal{G}$, zusammengesetzt sind und mit der Graphennorm versehen werden

$$H_{stw}^t(\Gamma) = \left\{\psi \in H^{\min\{1,t\}}(\Gamma) \mid \forall \tau \in \mathcal{G} : \psi|_\tau \in H^t(\tau)\right\}, \qquad \|\psi\|_{H_{stw}^t(\Gamma)} = \left(\sum_{\tau \in \mathcal{G}} \|\psi\|_{H^t(\tau)}^2\right)^{1/2}. \tag{4.1.84}$$

Proposition 4.1.46 *Sei Γ stückweise glatt und $\mathcal{G}$ eine reguläre Paneelierung von Γ. Sei $\varphi \in H_{stw}^t(\Gamma)$ für ein $t > 1$. Dann existiert ein stetiger Interpolant $I_{\mathcal{G}}^p \varphi \in S_{\mathcal{G}}^{p,0}$ mit*

$$\|\varphi - I_{\mathcal{G}}^p \varphi\|_{H^s(\Gamma)} \le C\, h^{\min\{t,p+1\}-s} \|\varphi\|_{H_{stw}^t(\Gamma)}, \qquad s \in \{0,1\}, \tag{4.1.85}$$

wobei die Konstante C lediglich von p und von der Formregularität des Gitters über die Konstante $\kappa_{\mathcal{G}}$ aus Definition 4.1.11 abhängt.

Der Beweis von Proposition 4.1.46 wird in Abschnitt 4.3.5 nachgeholt.

Mit Proposition 4.1.46 können wir nun aus der Quasioptimalität (4.1.82) der Galerkin-Lösung φ_S quantitative Fehlerabschätzungen herleiten.

Satz 4.1.47 *Sei Γ eine stückweise glatte Lipschitz-Fläche. Sei weiter $\mathcal{G}$ eine reguläre Paneelierung auf Γ. Es sei $\varphi \in H_{stw}^t(\Gamma)$ mit $t \ge 1/2$. Dann gilt für die Galerkin-Approximation $\varphi_S \in S_{\mathcal{G}}^{p,0}$ von (4.1.62) die Fehlerabschätzung*

$$\|\varphi - \varphi_S\|_{H^{1/2}(\Gamma)/\mathbb{R}} \le C h^{\min(t,p+1)-1/2} \|\varphi\|_{H_{stw}^t(\Gamma)}, \tag{4.1.86}$$

wobei die Konstante C lediglich von p und von der Formregularität des Gitters über die Konstante $\kappa_{\mathcal{G}}$ aus Definition 4.1.11 abhängt.

Beweis.

Fall 1: $t = 1/2$.

Für $\varphi \in H^{1/2}(\Gamma)/\mathbb{R}$ folgt aus (4.1.82) mit der Wahl $\psi_S = 0$ die Beschränktheit des Fehlers $\|\varphi - \varphi_S\|_{H^{1/2}(\Gamma)/\mathbb{R}}$ durch $\|b\|/\gamma\, \|\varphi\|_{H^{1/2}(\Gamma)/\mathbb{R}}$. Dies ergibt (4.1.86) für $t = 1/2$.

Fall 2: $t > 1$.

Sei nun $\varphi \in H^t_{stw}(\Gamma)$ mit $t > 1$. Wegen des Sobolevschen Einbettungssatzes ist der Interpolant $I^p_{\mathcal{G}}$ aus Proposition 4.1.46 wohldefiniert. Dann folgt aus der Quasioptimalität (4.1.82) mit $\psi_S = I^p_{\mathcal{G}}\varphi$ die Abschätzung

$$\|\varphi - \varphi_S\|_{H^{1/2}(\Gamma)/\mathbb{R}} \leq \frac{\|b\|}{\gamma}\|\varphi - I^p_{\mathcal{G}}\varphi\|_{H^{1/2}(\Gamma)/\mathbb{R}} \leq \frac{\|b\|}{\gamma}\|\varphi - I^p_{\mathcal{G}}\varphi\|_{H^{1/2}(\Gamma)},$$

wobei $\|\varphi\|_{H^{1/2}(\Gamma)/\mathbb{R}} = \min_{c\in\mathbb{R}} \|\varphi - c\|_{H^{1/2}(\Gamma)} \leq \|\varphi\|_{H^{1/2}(\Gamma)}$ verwendet wurde.

Wenden wir Proposition 2.1.62 mit $X_0 = L^2(\Gamma)$, $X_1 = H^1(\Gamma)$ und $\theta = 1/2$ an, erhalten wir die Interpolationsungleichung

$$\|\varphi\|^2_{H^{1/2}(\Gamma)} \leq \|\varphi\|_{L^2(\Gamma)} \|\varphi\|_{H^1(\Gamma)}.$$

Damit und mit Proposition 4.1.46 folgt für $t > 1$

$$\|\varphi - I^p_{\mathcal{G}}\varphi\|^2_{H^{1/2}(\Gamma)} \leq C\,\|\varphi - I^p_{\mathcal{G}}\varphi\|_{L^2(\Gamma)}\|\varphi - I^p_{\mathcal{G}}\varphi\|_{H^1(\Gamma)} \leq C\,h^{2\min(t,p+1)-1}\|\varphi\|^2_{H^t_{stw}(\Gamma)} \tag{4.1.87}$$

und damit (4.1.86) für $t > 1$.

Fall 3: $1/2 < t \leq 1$.

In diesem Fall beweisen wir (4.1.86) durch Interpolation: Es gilt für den Operator $I - \Pi^{(p)}_{\mathcal{G}}$ (vgl. (4.1.83), (4.1.82), (4.1.87)) die Abschätzung

$$\|I - \Pi^{(p)}_{\mathcal{G}}\|_{H^{1/2}(\Gamma)\leftarrow H^{1/2}(\Gamma)} \leq C, \qquad \|I - \Pi^{(p)}_{\mathcal{G}}\|_{H^{1/2}(\Gamma)\leftarrow H^{p+1}(\Gamma)} \leq C\,h^{p+1-\frac{1}{2}}.$$

Wie im Beweis von Satz 4.1.32 folgt für $1/2 \leq t \leq 1$ durch Interpolation des linearen Operators $I - \Pi^{(p)}_{S}$: $H^t(\Gamma) \to H^{\frac{1}{2}}(\Gamma)$ zum Index $\theta = \left(t - \frac{1}{2}\right) / \left(p + \frac{1}{2}\right)$ (vgl. Proposition 2.1.59) die Abschätzung

$$\|(I - \Pi^{(p)}_{\mathcal{G}})\varphi\|_{H^{\frac{1}{2}}(\Gamma)} \leq C\,h^{\theta(p+1-\frac{1}{2})}\|\varphi\|_{(H^{\frac{1}{2}}(\Gamma),H^{p+1}(\Gamma))_{\theta,2}} \leq Ch^{t-\frac{1}{2}}\|\varphi\|_{H^t(\Gamma)}.$$

■

4.1.10 Modellproblem 3: Gemischtes Randwertproblem*

Wir betrachten das gemischte Randwertproblem zum Laplace-Operator:

$$\Delta u = 0 \quad \text{in } \Omega^-, \qquad u = g_D \quad \text{auf } \Gamma_D, \qquad \partial u/\partial \mathbf{n} = g_N \quad \text{auf } \Gamma_N \tag{4.1.88}$$

für gegebene Randdaten $g_D \in H^{1/2}(\Gamma_D)$, $g_N \in H^{-1/2}(\Gamma_2)$ und verweisen für die zugehörige Variationsformulierung auf Unterkapitel 2.9.2.3. Der Zugang, das gemischte Randwertproblem mit Galerkin-Randelementmethoden zu diskretisieren, geht auf die Arbeiten [142], [159] zurück. Für die Behandlung von Problemen mit allgemeineren Transmissionsbedingungen verweisen wir auf [154].

Das Problem läßt sich zurückführen auf eine Integralgleichung für das Dichtepaar $(\varphi, \sigma) \in \mathbf{H} = \tilde{H}^{-1/2}(\Gamma_D) \times \tilde{H}^{1/2}(\Gamma_N)$ und die Lösung von (4.1.88) über die Greensche Darstellungsformel

$$u(\mathbf{x}) = (S\sigma)(\mathbf{x}) - (D\varphi)(\mathbf{x}), \qquad \mathbf{x} \in \Omega^-$$

*Dieser Abschnitt ist als Ergänzung zum eigentlichen Schwerpunkt dieses Buches zu betrachten.

darstellen. Die Variationsformulierung der Randintegralgleichung lautet (vgl. (3.4.9)):
Finde $(\varphi, \sigma) \in \mathbf{H}$ mit

$$b_{mixed}\left(\begin{pmatrix}\varphi\\ \sigma\end{pmatrix}, \begin{pmatrix}\eta\\ \kappa\end{pmatrix}\right) = (g_D, \eta)_{L^2(\Gamma_D)} + (g_N, \kappa)_{L^2(\Gamma_N)} \qquad \forall\, (\eta, \kappa) \in \mathbf{H} \tag{4.1.89}$$

mit

$$b_{mixed}\left(\begin{pmatrix}\varphi\\ \sigma\end{pmatrix}, \begin{pmatrix}\eta\\ \kappa\end{pmatrix}\right) = (V_{DD}\varphi, \eta)_{L^2(\Gamma_D)} - (K_{DN}\sigma, \eta)_{L^2(\Gamma_D)} + (K'_{ND}\varphi, \kappa)_{L^2(\Gamma_N)} + (W_{NN}\sigma, \kappa)_{L^2(\Gamma_N)}.$$

Die **Randelement-Diskretisierung** erfolgt durch Kombination verschiedener Randelementräume auf den Teilstücken Γ_D, Γ_N. Seien dazu $\mathcal{G}_D$, $\mathcal{G}_N$ Paneelierungen von Γ_D, Γ_N, wobei wir voraussetzen, daß $\mathcal{G}_N$ regulär ist (vgl. Definition 4.1.4). Auf Γ_D verwenden wir unstetige Randelemente der Ordnung $p_1 \geq 0$. Die Inklusion

$$S^{p_1,-1}_{\mathcal{G}_D} \subset \tilde{H}^{-1/2}(\Gamma_D), \tag{4.1.90}$$

ergibt sich, da die Nullfortsetzung $\psi^\star$ jeder Funktion $\psi \in S^{p_1,-1}_{\mathcal{G}_D}$ die Inklusion $\psi^\star \in L^2(\Gamma) \subset H^{-1/2}(\Gamma)$ erfüllt und daher $\psi \in \tilde{H}^{-1/2}(\Gamma)$ gilt.

Für die Approximation von $\sigma \in \tilde{H}^{1/2}(\Gamma_N)$ definieren wir für $p_2 \geq 1$

$$S^{p_2,0}_{\mathcal{G}_N,0} = \left\{\eta \in S^{p_2,0}_{\mathcal{G}_N} : \eta|_{\partial\Gamma_N} = 0\right\} \tag{4.1.91}$$

und somit verschwinden die Randwerte von Funktionen $\eta \in S^{p_2,0}_{\mathcal{G}_N,0}$ auf $\partial\Gamma_N$.

Bemerkung 4.1.48 *Die Nullfortsetzung $\sigma^\star$ von Funktionen $\sigma \in S^{p,0}_{\mathcal{G}_N,0}$ erfüllt $\sigma^\star \in S^{p,0}_{\mathcal{G}} \subset H^{1/2}(\Gamma)$, wobei $\mathcal{G} := \mathcal{G}_D \cup \mathcal{G}_N$ gesetzt wurde.*

Mit diesen Räumen läßt sich nun die Randelement-Diskretisierung von (4.1.89) formulieren. Für das folgende fassen wir die Polynomordnungen $p_1 \geq 0$ und $p_2 \geq 1$ im Vektor $\mathbf{p} = (p_1, p_2)$ zusammen.
Finde $(\varphi_S, \sigma_S) \in S^{\mathbf{p}} := S^{p_1,-1}_{\mathcal{G}_D} \times S^{p_2,0}_{\mathcal{G}_N,0}$ mit

$$b_{mixed}\left(\begin{pmatrix}\varphi_S\\ \sigma_S\end{pmatrix}, \begin{pmatrix}\eta_S\\ \kappa_S\end{pmatrix}\right) = (g_D, \eta_S)_{L^2(\Gamma_D)} + (g_N, \kappa_S)_{L^2(\Gamma_N)} \qquad \forall(\eta_S, \kappa_S) \in S^{\mathbf{p}}. \tag{4.1.92}$$

Die Norm für Funktionen $(\varphi, \sigma) \in \mathbf{H}$ ist durch $\|(\varphi, \sigma)\|_{\mathbf{H}} := \|\varphi\|_{\tilde{H}^{-1/2}(\Gamma_D)} + \|\sigma\|_{\tilde{H}^{1/2}(\Gamma_N)}$ gegeben. Aus der **H**-Elliptizität (3.5.16) der Bilinearform b_{mixed} folgt wieder die eindeutige Lösbarkeit der Randelement-Diskretisierung der Integralgleichung, und aus der Galerkin-Orthogonalität des Fehlers ergibt sich die Quasioptimalität.

Satz 4.1.49 *Sei $(\varphi, \sigma) \in \mathbf{H}$ die exakte Lösung von (4.1.89). Die Diskretisierung (4.1.92) besitzt eine eindeutige Lösung $(\varphi_S, \sigma_S) \in S^{\mathbf{p}}$, $\mathbf{p} = (p_1, p_2)$, die quasioptimal konvergiert:*

$$\|(\varphi, \sigma) - (\varphi_S, \sigma_S)\|_{\mathbf{H}} \leq C_1 \min_{(\eta,\kappa)\in S^{\mathbf{p}}} \|(\varphi, \sigma) - (\eta, \kappa)\|_{\mathbf{H}}. \tag{4.1.93a}$$

Falls die exakte Lösung $(\varphi, \sigma) \in H^s_{stw}(\Gamma_D) \times H^t_{stw}(\Gamma_N)$ *für* $s, t \geq 0$ *erfüllt, gilt die quantitative Abschätzung*

$$\|(\varphi, \sigma) - (\varphi_S, \sigma_S)\|_{\mathbf{H}} \leq C_2 \left(h^{\min(s+\frac{1}{2}, p_1+\frac{3}{2})} \|\varphi\|_{H^s_{stw}(\Gamma_D)} + h^{\min(t-\frac{1}{2}, p_2+\frac{1}{2})} \|\sigma\|_{H^t_{stw}(\Gamma_N)} \right). \tag{4.1.93b}$$

Dabei hängt die Konstante C_2 *lediglich von* C_1 *in (4.1.93a), von der Formregularität (vgl. Definition 4.1.11) der Paneelierungen* $\mathcal{G}_D$, $\mathcal{G}_N$ *und den Polynomgraden* p_1 *bzw.* p_2 *ab.*

Beweis. Für den Beweis ist lediglich die Approximationseigenschaft auf den Teilrändern Γ_D und Γ_N zu zeigen. Hier verwenden wir (4.1.56) auf Γ_D und (4.1.85) auf Γ_N für hinreichend großes $t > 1$. Damit ist der Interpolant $I^p_{\mathcal{G}}\varphi$ in (4.1.85) wohldefiniert und es gilt $\varphi|_{\partial\Gamma_N} = I^p_{\mathcal{G}}\varphi|_{\partial\Gamma_N} = 0$. Die Nullfortsetzung der Differenzfunktion erfüllt daher $\left(\varphi - I^p_{\mathcal{G}}\varphi\right)^\star \in H^{1/2}(\Gamma)$, und es folgt aus (4.1.85) mit $s = 0, 1$:

$$\begin{aligned} \|\left(\varphi - I^p_{\mathcal{G}}\varphi\right)^\star\|_{L^2(\Gamma)} &= \|\varphi - I^p_{\mathcal{G}}\varphi\|_{L^2(\Gamma_N)} \leq C h^{\min(t,p+1)} \|\varphi\|_{H^t_{stw}(\Gamma_N)}, \\ \|\left(\varphi - I^p_{\mathcal{G}}\varphi\right)^\star\|_{H^1(\Gamma)} &= \|\varphi - I^p_{\mathcal{G}}\varphi\|_{H^1(\Gamma_N)} \leq C h^{\min(t,p+1)-1} \|\varphi\|_{H^t_{stw}(\Gamma_N)}. \end{aligned} \tag{4.1.94}$$

Dann folgt (4.1.93b) durch Interpolation wie im Beweis von Satz 4.1.47 und der Beschränktheit der Galerkin-Projektion (vgl. Bemerkung 4.1.26). ■

4.1.11 Modellproblem 4: Schirmprobleme*

In diesem Abschnitt werden wir die Galerkin-Randelementmethode für das Schirmproblem aus Unterkapitel 3.5.3 behandeln, die auf [141] zurückgeht.

Wir nehmen daher wieder an, daß ein offenes Flächenstück Γ_0 gegeben ist, welches sich zu einer geschlossenen Lipschitz-Fläche Γ in $\mathbb{R}^3$ derart ergänzen läßt, daß für $\Gamma_0^c = \Gamma \backslash \overline{\Gamma}_0$ gilt

$$\Gamma = \Gamma_0 \cup \Gamma_0^c.$$

Um technische Schwierigkeiten zu vermeiden, fordern wir, daß Γ_0 und Γ_0^c einfach zusammenhängend sind. Die Integralgleichungen zum Dirichlet- und Neumann-Schirmproblem haben wir Unterkapitel 3.5.3 angegeben:

Dirichlet-Schirmproblem: Für gegebenes $g_D \in H^{1/2}(\Gamma_0)$ ist $\varphi \in \tilde{H}^{-1/2}(\Gamma_0)$ gesucht, so daß

$$(V\varphi, \eta)_{L^2(\Gamma_0)} = (g_D, \eta)_{L^2(\Gamma_0)} \qquad \forall \eta \in \tilde{H}^{-1/2}(\Gamma_0) \tag{4.1.95}$$

gilt.

Neumann-Schirmproblem: Für gegebenes $g_N \in H^{-1/2}(\Gamma_0)$ ist $\sigma \in \tilde{H}^{1/2}(\Gamma_0)$ gesucht mit

$$(W\sigma, \kappa)_{L^2(\Gamma_0)} = (g_N, \kappa)_{L^2(\Gamma_0)} \qquad \forall \kappa \in \tilde{H}^{1/2}(\Gamma_0). \tag{4.1.96}$$

Die Galerkin-BEM für (4.1.95) und (4.1.96) basieren auf einer regulären Paneelierung $\mathcal{G}$ von Γ_0 und einem Randelementraum mit Polynomgrad $p_1 \geq 0$ für das Dirichlet-Problem (4.1.95) und $p_2 \geq 1$ für das Neumann-Problem (4.1.96).

*Dieser Abschnitt ist als Ergänzung zum eigentlichen Schwerpunkt dieses Buches zu betrachten.

Dirichlet-Schirmproblem: Für gegebenes $g_D \in H^{1/2}(\Gamma_0)$ ist $\varphi_S \in S_{\mathcal{G}}^{p_1,-1}$ gesucht mit

$$(V\psi_S, \eta_S)_{L^2(\Gamma_0)} = (g_D, \eta_S)_{L^2(\Gamma_0)} \qquad \forall \eta_S \in S_{\mathcal{G}}^{p_1,-1}. \tag{4.1.97}$$

Neumann-Schirmproblem: Für gegebenes $g_N \in H^{-1/2}(\Gamma_0)$ ist $\sigma_S \in S_{\mathcal{G},0}^{p_2,0}$ gesucht mit

$$(W\sigma_S, \kappa_S)_{L^2(\Gamma_0)} = (g, \kappa)_{L^2(\Gamma_0)} \qquad \forall \kappa \in S_{\mathcal{G},0}^{p_2,0}. \tag{4.1.98}$$

Beachte, daß in $S_0^{p_2,0}$ die Randdaten von σ_S auf $\partial\Gamma_0$ gleich Null gesetzt sind (vgl. Bemerkung 4.1.48). Mit der Elliptizität aus Satz 3.5.9 folgt sofort die Quasioptimalität der Diskretisierung.

Satz 4.1.50 *Die Gleichungen (3.5.20), (3.5.21) sowie (4.1.97), (4.1.98) sind eindeutig lösbar und die Galerkin-Lösungen konvergieren quasioptimal:*

$$\|\psi - \psi_S\|_{\tilde{H}^{-1/2}(\Gamma_0)} \leq C \min_{\eta_S \in S_{\mathcal{G}}^{p_1,-1}} \|\psi - \eta_S\|_{\tilde{H}^{-1/2}(\Gamma_0)}, \tag{4.1.99a}$$

$$\|\sigma - \sigma_S\|_{\tilde{H}^{1/2}(\Gamma_0)} \leq C \min_{\kappa_S \in S_{\mathcal{G},0}^{p_2,0}} \|\sigma - \kappa_S\|_{\tilde{H}^{1/2}(\Gamma_0)}. \tag{4.1.99b}$$

Falls die exakte Lösung des Dirichlet-Problems (3.5.20) in $H^s_{stw}(\Gamma_0)$ für ein $s \geq 0$ enthalten ist, gilt

$$\|\psi - \psi_S\|_{\tilde{H}^{-\frac{1}{2}}(\Gamma_0)} \leq C_1\, h^{\min(s,p_1+1)+\frac{1}{2}} \|\psi\|_{H^s_{stw}(\Gamma_0)}. \tag{4.1.100a}$$

Falls die exakte Lösung des Neumann-Problems für ein $t > 1/2$ in $H^t_{stw}(\Gamma_0)$ enthalten ist, gilt

$$\|\sigma - \sigma_S\|_{\tilde{H}^{1/2}(\Gamma_0)} \leq C_2\, h^{\min(t,p_2+1)-\frac{1}{2}} \|\sigma\|_{H^t_{stw}(\Gamma_0)}. \tag{4.1.100b}$$

Dabei hängen die Konstanten C_1, C_2 lediglich von der jeweiligen Konstante C in (4.1.99), von der Formregularität (vgl. Definition 4.1.11) der Paneelierung und den Polynomgraden p_1 bzw. p_2 ab.

Bemerkung 4.1.51 *Die exakte Lösung der Schirmprobleme besitzt im allgemeinen Kantensingularitäten und damit nur eine geringe Regularitätsordnung s bzw. t in (4.1.100). Die Konvergenzraten in (4.1.100) der Galerkin-Lösungen sind daher klein, selbst bei Ansätzen höherer Ordnung. Abhilfe schafft hier eine gezielte, anisotrope Gitterverfeinerung nach $\partial\Gamma_0$ hin. Für Details verweisen wir auf [143].*

4.2 Konvergenz abstrakter Galerkin-Verfahren

Alle Randintegraloperatoren in Kapitel 4.1 waren elliptisch und die Existenz und Eindeutigkeit ergab sich mit dem Lax-Milgram-Lemma. Wie wir schon beim Helmholtz-Problem gesehen haben, treten in der Praxis jedoch auch indefinite Randintegraloperatoren auf. Wir zeigen hier für ganz allgemeine Teilräume und insbesondere für nichtsymmetrische und nichtelliptische Sesquilinearformen, unter welchen Bedingungen die Galerkin-Lösungen $u_S \in S$ existieren und der Fehler quasioptimal konvergiert. Eine frühe Arbeit zu diesem Themenkreis ist [145]. Für eine Darstellung der Konvergenz allgemeiner Randelementmethoden verweisen wir auf [137].

4.2.1 Abstraktes Variationsproblem

Wir erinnern zunächst kurz an den abstrakten Rahmen aus Unterkapitel 2.1.6.

Seien H_1, H_2 Hilberträume und $a(\cdot,\cdot) : H_1 \times H_2 \to \mathbb{C}$ eine stetige Sesquilinearform:

$$\|a\| = \sup_{u \in H_1 \setminus \{0\}} \sup_{v \in H_2 \setminus \{0\}} \frac{|a(u,v)|}{\|u\|_{H_1} \|v\|_{H_2}} < \infty , \tag{4.2.1}$$

und es gelten die (kontinuierlichen) inf-sup-Bedingungen: Es existiert $\gamma > 0$ mit

$$\inf_{u \in H_1 \setminus \{0\}} \sup_{v \in H_2 \setminus \{0\}} \frac{|a(u,v)|}{\|u\|_{H_1} \|v\|_{H_2}} \geq \gamma > 0, \tag{4.2.2a}$$

und es gilt

$$\forall v \in H_2 \setminus \{0\} : \sup_{u \in H_1} |a(u,v)| > 0 . \tag{4.2.2b}$$

Dann hat für jedes Funktional $F \in H_2'$ das Problem

$$\text{Finde } u \in H_1 : \qquad a(u,v) = F(v) \qquad \forall v \in H_2 \tag{4.2.3}$$

genau eine Lösung. Diese erfüllt

$$\|u\|_{H_1} \leq \frac{1}{\gamma} \|F\|_{H_2'} . \tag{4.2.4}$$

4.2.2 Galerkin-Approximation

Zur Definition der Galerkin-Methode zur Lösung von (4.2.3) benötigt man die folgende Konstruktion von approximierenden Unterräumen.

Seien für $i = 1, 2$ Folgen $(S_\ell^i)_{\ell \in \mathbb{N}}$ endlich-dimensionaler, geschachtelter Unterräume von H_i gegeben, deren Vereinigung dicht in H_i ist

$$\forall \ell \geq 0 : S_\ell^i \subset S_{\ell+1}^i, \quad \dim S_\ell^i < \infty \quad \text{und} \quad \overline{\bigcup\nolimits_{\ell \in \mathbb{N}} S_\ell^i}^{\|\cdot\|_{H_i}} = H_i, \qquad i = 1, 2 \tag{4.2.5}$$

und deren Dimensionen die Bedingungen

$$\begin{aligned} &N_\ell := \dim S_\ell^1 = \dim S_\ell^2 < \infty, \qquad \forall \ell \in \mathbb{N} : N_\ell < N_{\ell+1}, \\ &N_\ell \to \infty \quad \text{für } \ell \to \infty \end{aligned} \tag{4.2.6}$$

erfüllen. Aus der Gleichheit der Dimensionen von S_ℓ^1 und S_ℓ^2 folgt, daß die Systemmatrix für die Randelementmethode quadratisch ist.

Die Dichtheit impliziert die **Approximationseigenschaft**

$$\forall u_i \in H_i : \qquad \lim_{\ell \to \infty} \min\{\|u_i - v\|_{H_i} : v \in S_\ell^i\} = 0 . \tag{4.2.7}$$

Jedes u_i in H_i läßt sich daher durch eine Folge $v_\ell^i \in S_\ell^i$ approximieren. In Kapitel 4.1 haben wir bereits die Räume $S_{\mathcal{G}}^{p,0}$ und $S_{\mathcal{G}}^{p,-1}$ kennengelernt, und man erhält eine Folge von Randelementräumen beispielsweise durch sukzessive Verfeinerung einer groben Ausgangspaneelierung $\mathcal{G}_0$.

Mit den Unterräumen $(S_\ell^i)_{\ell \in \mathbb{N}} \subset H_i$ ist die Galerkin-Diskretisierung von (4.2.3) gegeben durch: Finde $u_\ell \in S_\ell^1$ mit

$$a(u_\ell, v_\ell) = F(v_\ell) \qquad \forall v_\ell \in S_\ell^2 . \tag{4.2.8}$$

Eine Lösung von (4.2.8) wird *Galerkin-Lösung* genannt. Die Existenz und Eindeutigkeit der Galerkin-Lösung wird in folgendem Satz bewiesen.

Satz 4.2.1

i) Für jedes Funktional $F \in H_2'$ *hat (4.2.8) genau eine Lösung* $u_\ell \in S_\ell^1$, *wenn die diskrete inf-sup-Bedingung*

$$\inf_{u\in S_\ell^1\backslash\{0\}} \sup_{v\in S_\ell^2\backslash\{0\}} \frac{|a(u,v)|}{\|u\|_{H_1}\|v\|_{H_2}} \geq \gamma_\ell \tag{4.2.9}$$

mit einer Stabilitätskonstanten $\gamma_\ell > 0$ *gilt und wenn*

$$\forall v \in S_\ell^2 \backslash \{0\}: \qquad \sup_{u\in S_\ell^1} |a(u,v)| > 0 \tag{4.2.10}$$

erfüllt ist.

ii) Für alle ℓ *gelte (4.2.10) sowie (4.2.9) mit* $\gamma_\ell > 0$. *Dann erfüllt die Folge* $(u_\ell)_\ell \subset H_1$ *der Galerkin-Lösungen die Fehlerabschätzung*

$$\|u-u_\ell\|_{H_1} \leq \left(1+\frac{\|a\|}{\gamma_\ell}\right) \min_{v\in S_\ell^1} \|u-v\|_{H_1}\,. \tag{4.2.11}$$

Beweis. Aussage (i) folgt aus Satz 2.1.41.

Zu (ii): Die Differenz aus (4.2.8) und (4.2.3) ergibt mit $S_\ell^2 \subset H_2$ die **Galerkin-Orthogonalität** des Fehlers:

$$a(u-u_\ell, v) = 0 \quad \forall v \in S_\ell^2. \tag{4.2.12}$$

Wegen der diskreten inf-sup-Bedingung (4.2.9) gilt

$$\begin{aligned}\gamma_\ell \|u_\ell\|_{H_1} &\leq \sup_{v\in S_\ell^2\backslash\{0\}} \frac{|a(u_\ell,v)|}{\|v\|_{H_2}} = \sup_{v\in S_\ell^2\backslash\{0\}} \frac{|F(v)|}{\|v\|_{H_2}} \\ &\leq \sup_{v\in H_2\backslash\{0\}} \frac{|F(v)|}{\|v\|_{H_2}} = \sup_{v\in H_2\backslash\{0\}} \frac{|a(u,v)|}{\|v\|_{H_2}} \leq \|a\|\,\|u\|_{H_1}.\end{aligned}$$

Daher definiert die Vorschrift $Q_\ell u := u_\ell$ eine lineare Abbildung $Q_\ell : H_1 \to S_\ell^1$ mit $\|Q_\ell\|_{H_1\leftarrow H_1} \leq \|a\|/\gamma_\ell$. Für alle $w \in S_\ell^1 \subset H_1$ folgt aus (4.2.9) und (4.2.12) die Abschätzung

$$\|w-Q_\ell w\|_{H_1} \leq \frac{1}{\gamma_\ell} \sup_{v\in S_\ell^2\backslash\{0\}} \frac{|a(w-Q_\ell w,v)|}{\|v\|_{H_2}} = 0\,,$$

woraus sich die Projektionseigenschaft ergibt:

$$\forall w \in S_\ell^1: \qquad Q_\ell w = w.$$

Damit folgt für alle $w \in S_\ell^1 \subset H_1$:

$$\begin{aligned}\|u-u_\ell\|_{H_1} &\leq \|u-w\|_{H_1} + \|w-Q_\ell u\|_{H_1} \\ &= \|u-w\|_{H_1} + \|Q_\ell(u-w)\|_{H_1} \\ &\leq \left(1+\frac{\|a\|}{\gamma_\ell}\right) \|u-w\|_{H_1}\,.\end{aligned}$$

Da $w \in S_\ell^1$ beliebig war, folgt (4.2.11). ∎

Bemerkung 4.2.2

i) Das Galerkin-Verfahren (4.2.8) heißt gleichmäßig stabil, falls $\gamma > 0$ unabhängig von ℓ existiert mit $\gamma_\ell \geq \gamma > 0$. In diesem Fall impliziert (4.2.11) die quasioptimale Konvergenz der Galerkin-Lösungen.

ii) Die Unterräume S_ℓ^1 und S_ℓ^2 haben verschiedene Funktionen: S_ℓ^1 dient der Approximation der Lösung und sichert die Konsistenz, während S_ℓ^2 wegen der (zu (4.2.9) äquivalenten) diskreten inf-sup-Bedingung

$$\forall u \in S_\ell^1: \qquad \sup_{v \in S_\ell^2 \setminus \{0\}} \frac{|a(u,v)|}{\|v\|_{H_2}} \geq \gamma_\ell \|u\|_{H_1} \tag{4.2.13}$$

die Stabilität sichert.

Bemerkung 4.2.3 *In Unterkapitel 4.1 haben wir gesehen, daß für die Integralgleichungen für das Laplace-Problem immer $S_\ell^1 = S_\ell^2$ gewählt werden kann. Gleiches gilt auch für die Integralgleichungsformulierungen der Helmholtz-Gleichung.*

Bemerkung 4.2.4 *Zu (4.2.9) und (4.2.10) äquivalent sind die Bedingungen*

$$\inf_{v \in S_\ell^2 \setminus \{0\}} \sup_{u \in S_\ell^1 \setminus \{0\}} \frac{|a(u,v)|}{\|u\|_{H_1} \|v\|_{H_2}} \geq \gamma_\ell^* \tag{4.2.14}$$

mit $\gamma_\ell^* > 0$ und

$$\forall u \in S_\ell^1 \setminus \{0\}: \qquad \sup_{v \in S_\ell^2} |a(u,v)| > 0\,. \tag{4.2.15}$$

Bemerkung 4.2.5 *Für $H_1 = H_2 = H$ und $S_\ell^1 = S_\ell^2 = S_\ell$ impliziert (4.2.9) die Bedingung (4.2.14) mit $\gamma_\ell^* = \gamma_\ell$ und umgekehrt.*

Die Galerkin-Methode (4.2.8) ist äquivalent zu einem linearen Gleichungssystem: Dazu sind $\left(b_j^i\right)_{j=1}^{N_\ell}$ Basen von S_ℓ^i, $i = 1, 2$, zu wählen

$$S_\ell^1 = \operatorname{span}\{b_j^1 : j = 1, \ldots, N_\ell\}, \qquad S_\ell^2 = \operatorname{span}\{b_j^2 : j = 1, \ldots, N_\ell\}\,.$$

Jedes $u \in S_\ell^1$ und $v \in S_\ell^2$ besitzt damit eine eindeutige Basisdarstellung

$$u = \sum_{j=1}^{N_\ell} u_j b_j^1, \qquad v_\ell = \sum_{j=1}^{N_\ell} v_j\, b_j^2. \tag{4.2.16}$$

Einsetzen von (4.2.16) in (4.2.8) ergibt:

$$\forall v \in S_\ell^2 : \ a(u,v) - F(v) = 0 \Longrightarrow$$

$$\forall \mathbf{v} = (v_j)_{j=1}^{N_\ell} \in \mathbb{C}^{N_\ell} : \quad \sum_{j=1}^{N_\ell} \overline{v}_j \left(\left\{ \sum_{k=1}^{N_\ell} u_k\, a(b_k^1, b_j^2) \right\} - F(b_j^2) \right) = 0 \Longrightarrow \tag{4.2.17}$$

$$\mathbf{K}_\ell \mathbf{u} = \mathbf{F}_\ell,$$

wobei die Matrix $\mathbf{K}_\ell$ und die Vektoren $\mathbf{u}$, $\mathbf{F}_\ell$ gegeben sind durch $\mathbf{u} = (u_j)_{j=1}^{N_\ell}$ und

$$\left.\begin{array}{lcl} (\mathbf{K}_\ell)_{j,k} & := & a(b_k^1, b_j^2) \\ (\mathbf{F}_\ell)_j & := & F(b_j^2) \end{array}\right\} \qquad 1 \leq j,k \leq N_\ell.$$

Das lineare Gleichungssystem in (4.2.17) ist die Basisdarstellung von (4.2.8). In der Ingenieurliteratur wird die Systemmatrix $\mathbf{K}_\ell$ auch Steifigkeits- oder Momentenmatrix zum Galerkin-Verfahren (4.2.8) genannt und der Vektor $\mathbf{F}_\ell$ auf der rechten Seite als Lastvektor bezeichnet.

Proposition 4.2.6 *Die Steifigkeitsmatrix $\mathbf{K}_\ell$ in (4.2.17) ist genau dann nicht-singulär, wenn (4.2.13) mit $\gamma_\ell > 0$ gilt.*

Beweis. Sei $\mathbf{K}_\ell$ singulär. Dann existiert ein Vektor $\mathbf{u} = (u_j)_{j=1}^{N_\ell} \in \mathbb{C}^{N_\ell} \setminus \{0\}$ mit $\mathbf{K}_\ell \mathbf{u} = \mathbf{0}$. Da $\left(b_j^1\right)_{j=1}^{N_\ell}$ eine Basis von S_ℓ^1 ist, gilt für die zugehörige Funktion $u = \sum_{j=1}^{N_\ell} u_j b_j^1 \neq 0$. Aus (4.2.17) folgt jedoch $a(u_\ell, v_\ell) = 0$ für alle $v_\ell \in S_\ell^2$. Dies ist ein Widerspruch zu (4.2.13) mit $\gamma_\ell > 0$.

Die Umkehrung beweist man analog. ∎

4.2.3 Kompakte Störungen

Randintegralgleichungen treten häufig in der Form

$$(A+T)u = F \tag{4.2.18}$$

auf mit einem Hauptteil $A \in L(H, H')$ und zugehöriger Sesquilinearform $a(\cdot,\cdot) : H \times H \to \mathbb{C}$, welche die inf-sup-Bedingungen erfüllen

$$\inf_{u \in H\setminus\{0\}} \sup_{v \in H\setminus\{0\}} \frac{|a(u,v)|}{\|u\|_H \, \|v\|_H} \geq \gamma > 0, \tag{4.2.19}$$

$$\forall v \in H\setminus\{0\}: \qquad \sup_{u \in H} |a(u,v)| > 0 \tag{4.2.20}$$

und einem kompaktem Operator $T \in L(H, H')$. Sei $t : H \times H \to \mathbb{C}$ die mit T assoziierte Sesquilinearform. Äquivalent zu (4.2.18) ist die Variationsformulierung:
Finde $u \in H$ mit

$$a(u,v) + t(u,v) = F(v) \qquad \forall v \in H\,. \tag{4.2.21}$$

Die Diskretisierung des Variationsproblems (4.2.21) basiert auf einer dichten Folge endlichdimensionaler Teilräume $(S_\ell)_{\ell \in \mathbb{N}}$ in H:

Für gegebenes $F \in H'$ ist $u_\ell \in S_\ell$ gesucht mit

$$a(u_\ell, v_\ell) + t(u_\ell, v_\ell) = F(v_\ell) \qquad \forall v_\ell \in S_\ell. \tag{4.2.22}$$

Satz 4.2.7 *Es gelte (4.2.19), (4.2.20), $T \in L(H, H')$ sei kompakt und $A+T$ injektiv,*

$$(A+T)u = 0 \Longrightarrow u = 0\,. \tag{4.2.23}$$

Dann hat das Problem (4.2.18) für jedes $F \in H'$ genau eine Lösung $u \in H$.

Sei weiter $(S_\ell)_\ell$ eine dichte Folge endlichdimensionaler Teilräume in H und $t(\cdot,\cdot)$ die Sesquilinearform zum kompakten Operator T. Es existiere $\ell_0 > 0$ und $\gamma > 0$ derart, daß für alle $\ell \geq \ell_0$ die gleichmäßigen diskreten inf-sup-Bedingungen

$$\inf_{u_\ell \in S_\ell \backslash \{0\}} \sup_{v_\ell \in S_\ell \backslash \{0\}} \frac{|a(u_\ell, v_\ell) + t(u_\ell, v_\ell)|}{\|u_\ell\|_H \; \|v_\ell\|_H} \geq \gamma \tag{4.2.24a}$$

und

$$\inf_{v_\ell \in S_\ell \backslash \{0\}} \sup_{u_\ell \in S_\ell \backslash \{0\}} \frac{|a(u_\ell, v_\ell) + t(u_\ell, v_\ell)|}{\|u_\ell\|_H \; \|v_\ell\|_H} \geq \gamma \tag{4.2.24b}$$

erfüllt sind. Dann gilt:

i) Für alle $F \in H'$ und alle $\ell \geq \ell_0$ haben die Galerkin-Gleichungen (4.2.22) eine eindeutige Lösung u_ℓ.

ii) Die Galerkin-Lösungen u_ℓ konvergieren für $\ell \to \infty$ gegen die eindeutige Lösung $u \in H$ des Problems (4.2.18) und erfüllen die quasioptimale Fehlerabschätzung

$$\|u - u_\ell\|_H \leq C \min\{\|u - v_\ell\|_H : v_\ell \in S_\ell\}, \qquad \ell \geq \ell_0$$

mit einer Konstanten $C > 0$ unabhängig von ℓ.

Beweis. Da $a(\cdot,\cdot)$ die inf-sup-Bedingungen erfüllt, ist der zugeordnete Operator $A : H \to H'$ ein Isomorphismus mit $\|A\|_{H' \leftarrow H} \leq \gamma^{-1}$ (vgl. (2.1.35)). Damit ist die Gleichung (4.2.18) äquivalent zur Fredholm-Gleichung

$$\left(I + A^{-1}T\right) u = A^{-1} f$$

mit dem kompakten Operator $A^{-1}T : H \to H$ (vgl. Lemma 2.1.26). Wegen (4.2.23) ist -1 kein Eigenwert von $A^{-1}T$, und aus der Fredholmschen Alternative (Satz 2.1.33) folgt, daß $I + A^{-1}T$ ein Isomorphismus ist $\|I + A^{-1}T\|_{H \leftarrow H} \leq C$. Daraus folgt die eindeutige Lösbarkeit von (4.2.18) und die stetige Abhängigkeit von den Daten.

Zu (i): Aus Satz 2.1.41 folgt (i) und die stetige Abhängigkeit der Galerkin-Lösung von den Daten:

$$\|u_\ell\|_H \leq \frac{1}{\gamma} \|F\|_{H'}\,. \tag{4.2.25}$$

Zu (ii): Sei

$$b(u,v) := a(u,v) + t(u,v)\,.$$

Wegen (4.2.25) ist die Folge $(u_\ell)_\ell$ der Galerkin-Lösungen gleichmäßig beschränkt in H. Satz 2.1.23 sichert daher die Existenz einer in H schwach konvergenten Teilfolge $u_{\ell_i} \rightharpoonup u \in H$ (die wir im folgenden wiederum mit u_ℓ bezeichnen). Für diesen Grenzwert zeigen wir nun: $b(u,v) = F(v)$ für alle $v \in H$. Für beliebiges $v \in H$ bezeichnet $P_\ell v \in S_\ell$ die Orthogonalprojektion:

$$\forall w_\ell \in S_\ell : (v - P_\ell v, w_\ell)_H = 0.$$

Dann gilt

$$\begin{aligned}|b(u,v)-F(v)| \leq\ & \underbrace{|b(u,v)-b(u_\ell,v)|}_{T_1}+\underbrace{|b(u_{\ell_i},v)-b(u_\ell,P_\ell v)|}_{T_2}\\ +\ & \underbrace{|b(u_\ell,P_\ell v)-F(P_\ell v)|}_{T_3}+\underbrace{|F(P_\ell v)-F(v)|}_{T_4}.\end{aligned}$$

Für festes $v \in H$ ist durch

$$b(\cdot,v): H \to \mathbb{C}$$

ein stetiges Funktional in H' definiert. Aus der Definition der schwachen Konvergenz ergibt sich die Konvergenz von T_1 gegen 0 für $\ell \to \infty$.

Da nach Voraussetzung $\bigcup_\ell S_\ell$ dicht in H ist, folgt die Konsistenz der Diskretisierungsfolge

$$\|u-P_\ell u\|_H = \inf_{v_\ell \in S_\ell} \|u-v_\ell\|_H \overset{\ell\to\infty}{\to} 0. \tag{4.2.26}$$

Daher gilt für T_4

$$|T_4| = |F(v-P_\ell v)| \leq \|F\|_{H'} \|v-P_\ell v\|_H \overset{\ell\to\infty}{\to} 0.$$

Da $(u_\ell)_\ell$ gleichmäßig beschränkt ist, gilt

$$|T_2| \leq (\|A\|_{H'\leftarrow H}+\|T\|_{H'\leftarrow H})\,\|u_\ell\|_H\,\|v-P_\ell v\|_H,$$

und die Konsistenz impliziert wieder $T_2 \to 0$ für $\ell \to \infty$. Schließlich gilt $T_3 = 0$ wegen $b(u_\ell, v_\ell) = F(v_\ell)$ für alle $v_\ell \in S_\ell$. Also ist u Lösung von (4.2.18). Wegen (4.2.23) ist u eindeutig.

Damit ist die eindeutige Lösbarkeit von Problem (4.2.18) in H gezeigt.

Wegen (4.2.24) erfüllt $b(\cdot,\cdot)$ für $\ell \geq \ell_0$ die Voraussetzungen von Satz 4.2.1, woraus die Quasioptimalität folgt.

■

Bemerkung 4.2.8 *Satz 4.2.7 gilt nur, falls die diskreten inf-sup-Bedingungen (4.2.24) erfüllt sind. Die Gültigkeit der diskreten inf-sup-Bedingungen folgt im allgemeinen nicht aus der Dichtheit der $(S_\ell)_\ell$ in H und (4.2.19), (4.2.20), sondern muß problemabhängig verifiziert werden.*

In Anwendungen bei Randintegralgleichungen tritt häufig folgender Spezialfall von Satz 4.2.7 auf.

Satz 4.2.9 *Sei H ein Hilbert-Raum und $(S_\ell)_\ell$ eine dichte Folge endlichdimensionaler Teilräume in H. Für die Sesquilinearformen $a(\cdot,\cdot)$ und $t(\cdot,\cdot)$ des Variationsproblems (4.2.21) gelte*

i) $a(\cdot,\cdot)$ erfüllt die Elliptizitätsbedingung (2.1.40): Es existiert ein $\alpha > 0$, mit

$$\forall u \in H: \qquad |a(u,u)| \geq \alpha \|u\|_H^2, \tag{4.2.27}$$

ii) Der mit der Sesquilinearform $t(\cdot,\cdot): H \times H \to \mathbb{C}$ assoziierte Operator $T \in L(H,H')$ ist kompakt.

iii) Für $F = 0$ habe (4.2.21) nur die triviale Lösung:

$$\forall v \in H\backslash\{0\}: \qquad a(u,v) + t(u,v) = 0 \Longrightarrow u = 0. \tag{4.2.28}$$

Dann hat das Variationsproblem (4.2.21) für jedes $F \in H'$ genau eine Lösung $u \in H$.

Es existiert $\ell_0 > 0$, so daß für alle $\ell \geq \ell_0$, die Galerkin-Gleichungen (4.2.22) genau eine Lösung $u_\ell \in S_\ell$ besitzen. Die Folge $(u_\ell)_\ell$ der Galerkin-Lösungen konvergiert gegen u und erfüllt für $\ell \geq \ell_0$ die quasioptimale Fehlerabschätzung

$$\|u - u_\ell\|_H \leq C \min_{v_\ell \in S_\ell} \|u - v_\ell\|_H \tag{4.2.29}$$

mit einer Konstanten C unabhängig von ℓ.

Beweis. Die H-Elliptizität von $a(\cdot,\cdot)$ impliziert die inf-sup-Bedingungen (4.2.19), (4.2.20), und daher folgt die eindeutige Lösbarkeit von (4.2.21) aus Satz 4.2.7.

Wir wenden uns nun den Galerkin-Gleichungen zu und zeigen die inf-sup-Bedingungen für hinreichend großes ℓ.

Wir setzen $b(\cdot,\cdot) = a(\cdot,\cdot) + t(\cdot,\cdot)$ und definieren die zugeordneten Operatoren $B: H \to H'$ und $B_\ell: S_\ell \to S_\ell'$ durch

$$\forall u,v \in H: \langle Bu, v\rangle_{H'\times H} := b(u,v) \quad \text{und} \quad \forall u_\ell, v_\ell \in S_\ell: \langle B_\ell u_\ell, v_\ell\rangle_{S_\ell'\times S_\ell} := b(u_\ell, v_\ell).$$

Die Norm von $B_\ell u_\ell \in S_\ell'$ ist durch

$$\|B_\ell u_\ell\|_{S_\ell'} = \sup_{v_\ell \in S_\ell\backslash\{0\}} \frac{|b(u_\ell, v_\ell)|}{\|v_\ell\|_H}$$

gegeben, und die diskrete inf-sup-Bedingung (4.2.24a) ist äquivalent zu

$$\forall u_\ell \in S_\ell \text{ mit } \|u_\ell\|_H = 1 \text{ gilt:} \quad \|B_\ell u_\ell\|_{S_\ell'} \geq \gamma.$$

Wir beweisen diese unter den Voraussetzungen des Satzes indirekt und nehmen dazu an:

$$\exists (w_\ell)_{\ell\in\mathbb{N}} \subset S_\ell \quad \text{mit} \quad \|w_\ell\|_H = 1, \quad \text{so daß: } \|B_\ell w_\ell\|_{S_\ell'} \to 0 \quad \text{für } \ell \to \infty. \tag{4.2.30}$$

Da $(w_\ell)_\ell$ beschränkt in H ist, existiert nach Satz 2.1.23 eine schwach-konvergente Teilfolge (wiederum mit $(w_\ell)_\ell$ bezeichnet) mit $w_\ell \rightharpoonup w \in H$.

Für alle $v \in H$ definiert $b(\cdot, v)$ ein stetiges Funktional auf H und somit gilt

$$\forall v \in H: b(w_\ell, v) \to b(w,v) \quad \text{für } \ell \to \infty.$$

Daraus folgt

$$\|Bw\|_{H'} = \sup_{v\in H\backslash\{0\}} \frac{|b(w,v)|}{\|v\|_H} = \sup_{v\in H\backslash\{0\}} \lim_{\ell\to\infty} \frac{|b(w_\ell, v)|}{\|v\|_H}. \tag{4.2.31}$$

Den Zähler des rechten Ausdrucks wollen wir im folgenden abschätzen und verwenden die Aufspaltung

$$b(w_\ell, v) = b(w_\ell, v_\ell) + b(w_\ell, v - v_\ell) \tag{4.2.32}$$

mit der H-Orthogonalprojektion $v_\ell = P_\ell v \in S_\ell$. Aus Annahme (4.2.30) folgt

$$|b(w_\ell, v_\ell)| \leq \|B_\ell w_\ell\|_{S'_\ell} \|v_\ell\|_H \leq \|B_\ell w_\ell\|_{S'_\ell} \|v\|_H \overset{\ell\to\infty}{\to} 0.$$

Aus der Dichtheit der Räume S_ℓ in H ergibt sich für den zweiten Term in (4.2.32)

$$|b(w_\ell, v - v_\ell)| \leq \|b\| \|w_\ell\|_H \|v - v_\ell\|_H \leq \|b\| \|v - v_\ell\|_H \overset{\ell\to\infty}{\to} 0.$$

Also gilt für alle $v \in H$ die Konvergenz $\lim_{\ell\to\infty} b(w_\ell, v) = 0$ und aus (4.2.31) folgt $Bw = 0$ und mit der Injektivität (4.2.28) schließlich $w = 0$.

Wir zeigen nun die starke Konvergenz $w_\ell \to w$ und beginnen mit der Abschätzung

$$\alpha \|w - w_\ell\|_H^2 \leq |a(w - w_\ell, w - w_\ell)| = |a(w - w_\ell, w) - a(w, w_\ell) + a(w_\ell, w_\ell)|. \tag{4.2.33}$$

Da T kompakt ist, existiert eine Teilfolge (wiederum mit $(w_\ell)_{\ell\in\mathbb{N}}$ bezeichnet) mit $Tw_\ell \to Tw$ in H'. Dies läßt sich in der Form

$$\sup_{\substack{v\in H \\ \|v\|_H=1}} |t(w_\ell, v) - t(w, v)| =: \delta_\ell \overset{\ell\to\infty}{\to} 0$$

schreiben, woraus wir

$$|t(w_\ell, w_\ell) - t(w, w_\ell)| \leq \delta_\ell \|w_\ell\|_H = \delta_\ell \overset{\ell\to\infty}{\to} 0$$

folgern können. Damit und mit Annahme (4.2.30) ergibt sich

$$0 \overset{\ell\to\infty}{\leftarrow} b(w_\ell, w_\ell) = |a(w_\ell, w_\ell) + t(w_\ell, w_\ell)| \leq |a(w_\ell, w_\ell) + t(w, w_\ell)| + \delta_\ell,$$

mit anderen Worten:

$$a(w_\ell, w_\ell) = -t(w, w_\ell) + \tilde{\delta}_\ell \quad \text{mit} \quad \lim_{\ell\to\infty} \tilde{\delta}_\ell = 0. \tag{4.2.34}$$

Einsetzen in (4.2.33) ergibt

$$\alpha \|w - w_\ell\|_H^2 \leq \left| a(w - w_\ell, w) - b(w, w_\ell) + \tilde{\delta}_\ell \right|.$$

Die ersten beiden Terme in den Betragstrichen sind Null wegen $w = 0$ und $\lim_{\ell\to 0} \tilde{\delta}_\ell = 0$ wurde in (4.2.34) festgestellt, so daß $w_\ell \to w = 0$ bewiesen ist. Das ist aber ein Widerspruch zur Annahme $\|w_\ell\|_H = 1$.

Bedingung (4.2.24b) folgert man analog.

Die Lösbarkeit der Galerkin-Gleichungen für $\ell \geq \ell_0$ und die Fehlerabschätzungen (4.2.29) folgen damit aus Satz 4.2.7. ∎

4.2.4 Konsistente Störungen. Lemma von Strang

Wir betrachten in diesem Unterkapitel Variationsformulierungen von Randintegralgleichungen der abstrakten Form:
Finde $u \in H$ mit

$$b(u,v) = F(v) \qquad \forall v \in H \tag{4.2.35}$$

mit $F \in H'$.

Generell nehmen wir an, daß die Sesquilinearform $b(\cdot,\cdot)$ stetig und injektiv ist und eine Gårdingsche Ungleichung erfüllt.

Stetigkeit:

$$\forall u, v \in H: \ |b(u,v)| \leq C_b \|u\|_H \|v\|_H, \tag{4.2.36}$$

Gårdingsche Ungleichung:

$$\forall u \in H: \left| b(u,u) + (Tu,u)_{H' \times H} \right| \geq \alpha \|u\|_H^2 \tag{4.2.37}$$

mit $\alpha > 0$ und einem kompakten Operator $T \in L(H, H')$.

Injektivität:

$$\forall v \in H \setminus \{0\}: \ b(u,v) = 0 \Longrightarrow u = 0. \tag{4.2.38}$$

Die Bedingungen (4.2.36)-(4.2.38) ergeben die Voraussetzungen (i)-(iii) aus Satz 4.2.9 mit $t(\cdot,\cdot) := -\langle T\cdot,\cdot\rangle_{H'\times H}$ und $a := b - t$. Daher folgt aus Satz 4.2.9 die eindeutige Lösbarkeit von (4.2.35) sowie die Stabilität (und damit die quasioptimale Konvergenz) von Galerkin-Verfahren: Für eine dichte Folge endlichdimensionaler Randelementräume $(S_\ell)_\ell$ in H existiert $\ell_0 > 0$ derart, daß für alle $\ell \geq \ell_0$ die diskreten inf-sup-Bedingungen

$$\begin{aligned} \inf_{u \in S_\ell \setminus \{0\}} \ \sup_{v \in S_\ell \setminus \{0\}} \frac{|b(u,v)|}{\|u\|_H \|v\|_H} \geq \gamma > 0 \\ \inf_{v \in S_\ell \setminus \{0\}} \ \sup_{u \in S_\ell \setminus \{0\}} \frac{|b(u,v)|}{\|u\|_H \|v\|_H} \geq \gamma > 0 \end{aligned} \tag{4.2.39}$$

gelten mit $\gamma > 0$ unabhängig von ℓ. Die Galerkin-Gleichungen

$$\text{Finde } u_\ell \in S_\ell: \qquad b(u_\ell, v) = F(v) \quad \forall v \in S_\ell \tag{4.2.40}$$

sind nach Satz 4.2.7 für $\ell \geq \ell_0$ eindeutig lösbar, und es gilt

$$\|u - u_\ell\|_H \leq C \min_{v \in S_\ell} \|u - v\|_H. \tag{4.2.41}$$

In einer praktischen Implementierung der Galerkin-Randelementmethode in Form eines Computerprogramms läßt sich im allgemeinen nicht die exakte Sesquilinearform $b(\cdot,\cdot)$ realisieren, sondern lediglich eine **approximative** Sesquilinearform $b_\ell(\cdot,\cdot)$. Gründe hierfür sind

a) die Approximation der Systemmatrix durch numerische Integration,
b) die Verwendung komprimierter, approximativer Darstellungen der Galerkin-Gleichungen mit Cluster- oder Wavelet-Verfahren, (4.2.42)
c) die Approximation des exakten Randes Γ beispielsweise durch eine Polyederoberfläche.

Die Störung der Sesquilinearform $b(\cdot,\cdot)$ sowie des Funktionals F führt zum **gestörten Galerkin-Verfahren**

Finde $\widetilde{u}_\ell \in S_\ell$ mit

$$b_\ell(\widetilde{u}_\ell, v) = F_\ell(v) \qquad \forall v \in S_\ell. \tag{4.2.43}$$

Bei der Algorithmenentwicklung für die Randelementmethode ist ein wesentliches Ziel, die Approximationen (4.2.42) so auszulegen, daß die Lösungen $\widetilde{u}_\ell$ existieren, quasioptimal konvergieren und -verglichen mit der Berechnung der exakten Galerkin-Lösung- möglichst schnell und speichersparsam berechnet werden können. Hinreichend dafür ist, daß die Differenz $b_\ell(\cdot,\cdot) - b(\cdot,\cdot)$ „hinreichend klein" ist. Dies werden wir im folgenden präzisieren.

Für die Galerkin-Diskretisierung nehmen wir im folgenden generell an, daß eine dichte Folge $(S_\ell)_\ell \subset H$ von Teilräumen der Dimension $N_\ell := \dim S_\ell < \infty$ gewählt ist, die (4.2.6) erfüllen.

Für alle $\ell \in \mathbb{N}$ seien Sesquilinearformen $b_\ell : S_\ell \times S_\ell \to \mathbb{C}$ definiert. Diese sind **gleichmäßig stetig**, falls eine Konstante $\tilde{C}_b$ unabhängig von ℓ existiert mit

$$|b_\ell(u_\ell, v_\ell)| \le \tilde{C}_b \|u_\ell\|_H \|v_\ell\|_H \qquad \forall u_\ell, v_\ell \in S_\ell. \tag{4.2.44}$$

Die Formen b_ℓ erfüllen die **Stabilitätsbedingung**, falls ein Nullfolge $(c_\ell)_{\ell\in\mathbb{N}}$ existiert mit

$$|b(u_\ell, v_\ell) - b_\ell(u_\ell, v_\ell)| \le c_\ell \|u_\ell\|_H \|v_\ell\|_H \qquad \forall u_\ell, v_\ell \in S_\ell. \tag{4.2.45}$$

Die Stabilitätsbedingung wird die eindeutige Lösbarkeit der gestörten Galerkin-Gleichungen für hinreichend großes ℓ implizieren (vgl. Satz 4.2.11).

Für die Fehlerabschätzung der gestörten Galerkin-Lösung dürfen wir die Funktion u_ℓ auf der rechten Seite in (4.2.45) in einer stärkeren Norm messen (vgl. Satz 4.2.11). Dabei definiert $\|\cdot\|_U : S_\ell \to \mathbb{R}_{\ge 0}$ eine *stärkere* Norm auf S_ℓ, falls eine Konstante $C > 0$ unabhängig von ℓ existiert mit

$$\|u\|_H \le C \|u\|_U \qquad \forall u \in S_\ell.$$

Die gestörten Sesquilinearformen $b_\ell : S_\ell \times S_\ell \to \mathbb{C}$ erfüllen die **Konsistenzbedingung bezüglich einer stärkeren Norm** $\|\cdot\|_U$, falls eine Nullfolge $(\delta_\ell)_{\ell\in\mathbb{N}}$ existiert mit

$$|b(u_\ell, v_\ell) - b_\ell(u_\ell, v_\ell)| \le \delta_\ell \|u_\ell\|_U \|v_\ell\|_H \qquad \forall u_\ell, v_\ell \in S_\ell. \tag{4.2.46}$$

Bemerkung 4.2.10 *(a) Die Stabilitätsbedingung und die Stetigkeit von $b(\cdot,\cdot)$ implizieren die gleichmäßige Stetigkeit der Sesquilinearform $b_\ell(\cdot,\cdot)$.*

(b) Aus der Stabilitätsbedingung folgt die Konsistenzbedingung mit $\delta_\ell = Cc_\ell$.

(c) In vielen praktischen Anwendungen erlaubt die Verwendung der stärkeren Norm $\|\cdot\|_U$ in (4.2.46) eine schneller konvergente Nullfolge $(\delta_\ell)_\ell$ zu wählen als in (4.2.45). Die Konvergenzgeschwindigkeit der gestörten Galerkin-Lösung wird von $(\delta_\ell)_\ell$ und nicht von $(c_\ell)_\ell$ beeinflußt.

Satz 4.2.11 *Die Sesquilinearform $b(\cdot,\cdot)$: $H \times H \to \mathbb{C}$ sei stetig, injektiv und erfülle eine Gårdingsche Ungleichung (vgl. (4.2.36) - (4.2.38)). Die Stabilitätsbedingung (4.2.45) sei von den Approximationen b_ℓ erfüllt.*

Dann ist das gestörte Galerkin-Verfahren (4.2.43) stabil: Es existieren $\tilde{\gamma} > 0$, $\ell_0 > 0$, so daß für alle $\ell \ge \ell_0$ die diskreten inf-sup-Bedingungen

$$\begin{aligned} \inf_{u_\ell \in S_\ell \setminus \{0\}} \sup_{v_\ell \in S_\ell \setminus \{0\}} \frac{|b_\ell(u_\ell, v_\ell)|}{\|u_\ell\|_H \|v_\ell\|_H} &\ge \tilde{\gamma}\,, \\ \inf_{v_\ell \in S_\ell \setminus \{0\}} \sup_{u_\ell \in S_\ell \setminus \{0\}} \frac{|b_\ell(u_\ell, v_\ell)|}{\|u_\ell\|_H \|v_\ell\|_H} &\ge \tilde{\gamma} \end{aligned} \tag{4.2.47}$$

gelten. Die gestörten Galerkin-Gleichungen (4.2.43) sind für $\ell \geq \ell_0$ eindeutig lösbar.

Falls darüber hinaus die approximativen Sesquilinearformen gleichmäßig stetig sind und die Konsistenzbedingung (4.2.46) erfüllen, genügen die Lösungen $\widetilde{u}_\ell$ der Fehlerabschätzung

$$\|u - \widetilde{u}_\ell\|_H \leq C \left\{ \min_{w_\ell \in S_\ell} \left(\|u - w_\ell\|_H + \delta_\ell \|w_\ell\|_U\right) + \sup_{v_\ell \in S_\ell \setminus \{0\}} \frac{|F(v_\ell) - F_\ell(v_\ell)|}{\|v_\ell\|_H} \right\}. \tag{4.2.48}$$

Beweis. Die exakte Sesquilinearform $b(\cdot,\cdot)$ erfüllt nach Voraussetzung die inf-sup-Bedingungen (4.2.39) sowie die Stabilitätsbedingung (4.2.41). Wir zeigen (4.2.47). Sei dazu $0 \neq u_\ell \in S_\ell \subset H$ beliebig. Dann gilt

$$\begin{aligned}
\sup_{v_\ell \in S_\ell \setminus \{0\}} \frac{|b_\ell(u_\ell, v_\ell)|}{\|v_\ell\|_H} &\geq \sup_{v_\ell \in S_\ell \setminus \{0\}} \left(\frac{|b(u_\ell, v_\ell)|}{\|v_\ell\|_H} - \frac{|b(u_\ell, v_\ell) - b_\ell(u_\ell, v_\ell)|}{\|v_\ell\|_H} \right) \\
&\geq \gamma \|u_\ell\|_H - \sup_{v_\ell \in S_\ell} \frac{|b(u_\ell, v_\ell) - b_\ell(u_\ell, v_\ell)|}{\|v_\ell\|_H} \\
&\geq (\gamma - c_\ell) \|u_\ell\|_H .
\end{aligned} \tag{4.2.49}$$

Wählt man $\ell_0 > 0$, so daß $c_\ell < \gamma$ für alle $\ell \geq \ell_0$ gilt, ist die erste Bedingung in (4.2.47) gezeigt. Die zweite Bedingung zeigt man analog.

Mit (4.2.47) folgt aus Satz 4.2.1 i), die eindeutige Lösbarkeit der gestörten Galerkin-Gleichungen (4.2.43) für $\ell \geq \ell_0$.

Zur Fehlerabschätzung (4.2.48): Sei $u_\ell \in S_\ell$ die exakte Galerkin-Lösung aus (4.2.40). Für $\ell \geq \ell_0$ gilt nach (4.2.49) für die gestörte Galerkin-Lösung $\widetilde{u}_\ell \in S_\ell$ die Abschätzung

$$\begin{aligned}
\|u - \widetilde{u}_\ell\|_H &\leq \|u - u_\ell\|_H + \|u_\ell - \widetilde{u}_\ell\|_H \\
&\leq \|u - u_\ell\|_H + (\gamma - c_\ell)^{-1} \sup_{v_\ell \in S_\ell \setminus \{0\}} \frac{|b_\ell(u_\ell - \widetilde{u}_\ell, v_\ell)|}{\|v_\ell\|_H} \\
&= \|u - u_\ell\|_H + (\gamma - c_\ell)^{-1} \sup_{v_\ell \in S_\ell \setminus \{0\}} \frac{|b_\ell(u_\ell, v_\ell) - F_\ell(v_\ell)|}{\|v_\ell\|_H} \\
&\leq \|u - u_\ell\|_H + (\gamma - c_\ell)^{-1} \sup_{v_\ell \in S_\ell \setminus \{0\}} \frac{|b_\ell(u_\ell, v_\ell) - b(u_\ell, v_\ell)| + |F(v_\ell) - F_\ell(v_\ell)|}{\|v_\ell\|_H} .
\end{aligned}$$

Wir betrachten den Differenzterm $|b_\ell(u_\ell, v_\ell) - b(u_\ell, v_\ell)|$ und erhalten für ein beliebiges $w_\ell \in S_\ell$ mit der Stetigkeit von b_ℓ und b sowie der Konsistenzbedingung

$$\begin{aligned}
|b_\ell(u_\ell, v_\ell) - b(u_\ell, v_\ell)| &\leq |b_\ell(u_\ell - w_\ell, v_\ell)| + |b_\ell(w_\ell, v_\ell) - b(w_\ell, v_\ell)| + |b(w_\ell - u_\ell, v_\ell)| \\
&\leq \tilde{C}_b \|u_\ell - w_\ell\|_H \|v_\ell\|_H + \delta_\ell \|w_\ell\|_U \|v_\ell\|_H + C_b \|w_\ell - u_\ell\|_H \|v_\ell\|_H .
\end{aligned}$$

Daraus folgt

$$\sup_{v_\ell \in S_\ell \setminus \{0\}} \frac{|b_\ell(u_\ell, v_\ell) - b(u_\ell, v_\ell)|}{\|v_\ell\|_H} \leq C \min_{w_\ell \in S_\ell} \left(\|u - w_\ell\|_H + \delta_\ell \|w_\ell\|_U\right).$$

Mit $c_\ell < \gamma$ und der Konsistenzbedingung (4.2.46) ergibt sich schließlich

$$\|u - \widetilde{u}_\ell\|_H \leq C \min_{w_\ell \in S_\ell} \left\{ \|u - w_\ell\|_H \right. \tag{4.2.50}$$

$$\left. + \frac{1}{\gamma - c_\ell} \left(\|u - w_\ell\|_H + \delta_\ell \|w_\ell\|_U + \sup_{v_\ell \in S_\ell \setminus \{0\}} \frac{|F(v_\ell) - F_\ell(v_\ell)|}{\|v_\ell\|_H} \right) \right\}.$$

■

Bemerkung 4.2.12 *Im Zusammenhang mit dem Randintegraloperator V zum Einfachschichtpotential gilt* $H = H^{-1/2}(\Gamma)$. *Da alle betrachteten Randelementräume in* $L^2(\Gamma)$ *enthalten sind, können wir* $\|\cdot\|_U = \|\cdot\|_{L^2(\Gamma)}$ *als stärkere Norm auf* S_ℓ *wählen. Der Term* $\|w_\ell\|_{L^2(\Gamma)}$ *auf der rechten Seite in (4.2.48) läßt sich einfach abschätzen, falls der Randintegraloperator* L^2*-regulär ist -genauer* $V^{-1} : H^1(\Gamma) \to L^2(\Gamma)$ *stetig ist. Sei* $u \in L^2(\Gamma)$ *die exakte Lösung und* $w_\ell := \Pi_\ell u$ *die* L^2*-Orthogonalprojektion von u auf den Randelementraum* S_ℓ. *Dann gilt* $\|w_\ell\|_{L^2(\Gamma)} \leq \|u\|_{L^2(\Gamma)} \leq C\|F\|_{H^1(\Gamma)}$ *und damit für hinreichend großes* $\ell \geq \ell_0$:

$$\|u - \widetilde{u}_\ell\|_{H^{-1/2}(\Gamma)} \leq C \left\{ \|u - \Pi_\ell u\|_{H^{-1/2}(\Gamma)} + \delta_\ell \|F\|_{H^1(\Gamma)} + \sup_{v_\ell \in S_\ell \setminus \{0\}} \frac{|F(v_\ell) - F_\ell(v_\ell)|}{\|v_\ell\|_{H^{-1/2}(\Gamma)}} \right\}.$$

Daraus liest man ab, wie die Nullfolge $(\delta_\ell)_\ell$ *und die Konsistenz der Approximation der rechten Seite in die Fehlerabschätzung eingeht.*

Der Fehler $\|u - \Pi_\ell u\|_{H^{-1/2}(\Gamma)}$ *läßt sich auf Approximationseigenschaften von* S_ℓ *zurückführen: Die Wahl von* $w_\ell = \Pi_\ell u$ *ergibt für beliebiges* $v_\ell \in S_\ell$

$$\|u - \Pi_\ell u\|_{H^{-1/2}(\Gamma)} = \sup_{v \in H^{1/2}(\Gamma) \setminus \{0\}} \frac{\left|(u - \Pi_\ell u, v)_{L^2(\Gamma)}\right|}{\|v\|_{H^{1/2}(\Gamma)}} = \sup_{v \in H^{1/2}(\Gamma) \setminus \{0\}} \frac{\left|(u - \Pi_\ell u, v - v_\ell)_{L^2(\Gamma)}\right|}{\|v\|_{H^{1/2}(\Gamma)}}.$$

Wir gehen zum Infimum über und erhalten

$$\|u - \Pi_\ell u\|_{H^{-1/2}(\Gamma)} \leq \left(\sup_{v \in H^{1/2} \setminus \{0\}} \inf_{v_\ell \in S_\ell \setminus \{0\}} \frac{\|v - v_\ell\|_{L^2(\Gamma)}}{\|v\|_{H^{1/2}(\Gamma)}} \right) \left(\inf_{w_\ell \in S_\ell} \|u - w_\ell\|_{L^2(\Gamma)} \right).$$

4.2.5 Aubin-Nitsche-Dualitätstechnik

Randintegralgleichungen wurden mit Hilfe der Integralgleichungsmethode (direkte und indirekte Methode) für elliptische Randwertaufgaben hergeleitet. In vielen Fällen ist daher unser Ziel, durch Lösen der Randintegralgleichung die Lösung des ursprünglichen Randwertproblems zu erhalten. Die numerische Lösung der Randintegralgleichung stellt dann nur einen Teilschritt im Gesamtlösungsprozeß dar. (Man beachte jedoch, daß bei der direkten Methode die Randelementmethode eine quasioptimale Approximation der unbekannten Cauchy-Daten liefert.) Gesucht ist vielmehr die Lösung u der zu Grunde liegenden elliptischen Differentialgleichung im Gebiet Ω. Diese läßt sich, wie wir hier zeigen, aus den Galerkin-Lösungen der Randintegralgleichungen mit erhöhter Konvergenzordnung aus der Darstellungsformel extrahieren.

Beispiel 4.2.13 *(Dirichlet-Problem im Innenraum Ω)*

Sei $\Omega \subset \mathbb{R}^3$ ein beschränktes Lipschitz-Gebiet mit Rand Γ und Dirichlet-Daten $g_D \in H^{1/2}(\Gamma)$ gegeben. Gesucht ist $u \in H^1(\Omega)$ mit

$$\Delta u = 0 \quad \text{in } \Omega, \qquad u|_\Gamma = g_D\,. \tag{4.2.51}$$

Die Fundamentallösung zum Laplace-Operator ist durch $G(\mathbf{z}) := (4\pi \|\mathbf{z}\|)^{-1}$ gegeben. Der Einfachschichtansatz $u(\mathbf{x}) = \int_\Gamma G(\mathbf{x}-\mathbf{y})\,\sigma(\mathbf{y}) ds_\mathbf{y}$, $\mathbf{x} \in \Omega$, führt auf die Randintegralgleichung: Finde $\sigma \in H^{-1/2}(\Gamma)$ mit

$$(V\sigma, \eta)_{L^2(\Gamma)} = (g_D, \eta)_{L^2(\Gamma)} \qquad \forall \eta \in H^{-1/2}(\Gamma), \tag{4.2.52}$$

wobei $(\cdot,\cdot)_{L^2(\Gamma)}$ wieder die stetige Erweiterung des L^2-Skalarprodukts auf die duale Paarung $\langle\cdot,\cdot\rangle_{H^{1/2}(\Gamma)\times H^{-1/2}(\Gamma)}$ bezeichnet.

Für einen Teilraum $S_\ell \subset H^{-1/2}(\Gamma)$ ist die Galerkin-Approximation $\sigma_\ell \in S_\ell$ definiert durch: Finde $\sigma_\ell \in S_\ell$ mit

$$(V\sigma_\ell, \eta)_{L^2(\Gamma)} = (g_D, \eta)_{L^2(\Gamma)} \qquad \forall \eta \in S_\ell\,. \tag{4.2.53}$$

Gleichung (4.2.53) besitzt eine eindeutige Lösung, welche die quasioptimale Fehlerabschätzungen erfüllt

$$\|\sigma - \sigma_\ell\|_{H^{-1/2}(\Gamma)} \leq C \min\left\{\|\sigma - v\|_{H^{-1/2}(\Gamma)}, v \in S_\ell\right\}\,. \tag{4.2.54}$$

Die Approximation der Lösung $u(\mathbf{x})$ des Randwertproblems (4.2.51) erhalten wir durch

$$u_\ell(\mathbf{x}) := \int_\Gamma G(\mathbf{x}-\mathbf{y})\,\sigma_\ell(\mathbf{y})\,ds_\mathbf{y}, \qquad \mathbf{x} \in \Omega\,. \tag{4.2.55}$$

In diesem Unterkapitel werden wir Fehlerabschätzungen für den punktweisen Fehler $|u(\mathbf{x}) - u_\ell(\mathbf{x})|$ herleiten.

4.2.5.1 Fehler in Funktionalen der Lösung

Die Aubin-Nitsche-Technik erlaubt es, den Fehler in linearen Funktionalen der Galerkin-Lösung abzuschätzen. Wir geben die Methode zunächst für abstrakte Probleme im Rahmen von Kapitel 4.2.1 an. Die abstrakte Variationsaufgabe lautet, für gegebenes $F(\cdot) \in H'$ eine Funktion $u \in H$ zu finden mit

$$b(u,v) = F(v) \qquad \forall v \in H\,. \tag{4.2.56}$$

Es sei $(S_\ell)_\ell \subset H$ eine Familie dichter Teilräumen, welche die diskreten inf-sup-Bedingungen (4.2.9), (4.2.10) erfüllt. Dann hat die Galerkin-Diskretisierung von (4.2.56): Finde $u_\ell \in S_\ell$ mit

$$b(u_\ell, v_\ell) = F(v_\ell) \qquad \forall v_\ell \in S_\ell \tag{4.2.57}$$

genau eine Lösung. Der Fehler $e_\ell = u - u_\ell$ erfüllt die Galerkin-Orthogonalität

$$b(u - u_\ell, v_\ell) = 0 \qquad \forall v_\ell \in S_\ell \tag{4.2.58}$$

und die quasioptimale Fehlerabschätzung

$$\|u - u_\ell\|_H \leq \frac{C}{\gamma_\ell} \min\{\|u - \varphi_\ell\|_H : \varphi_\ell \in S_\ell\}\,. \tag{4.2.59}$$

Das Aubin-Nitsche-Argument schätzt den Fehler in *Funktionalen* der Lösung ab.

Satz 4.2.14 *Es sei* $\mathfrak{G} \in H'$ *ein stetiges, lineares Funktional auf der Lösungsmenge H des Problems (4.2.56), welches die Annahmen (4.2.1), (4.2.2) erfülle. Sei* $u_\ell \in S_\ell$ *die Galerkin-Approximation aus (4.2.57) der Lösung u. Die diskreten inf-sup-Bedingungen (4.2.9), (4.2.10) seien gleichmäßig erfüllt:* $\gamma_\ell \geq \gamma > 0$.

Dann gilt die Fehlerabschätzung

$$|\mathfrak{G}(u) - \mathfrak{G}(u_\ell)| \leq C\, \|u - \varphi_\ell\|_H \|w_\mathfrak{G} - \psi_\ell\|_H \tag{4.2.60}$$

für beliebige $\varphi_\ell \in S_\ell$, $\psi_\ell \in S_\ell$, *wobei* $w_\mathfrak{G}$ *die Lösung des dualen Problems:*

$$\textit{Finde } w_\mathfrak{G} \in H: \qquad b(w, w_\mathfrak{G}) = \mathfrak{G}(w) \quad \forall w \in H \tag{4.2.61}$$

ist.

Beweis. Aus den kontinuierlichen inf-sup-Bedingungen (4.2.2) folgen nach Bemerkung 2.1.42 die inf-sup-Bedingungen für das adjungierte Problem und damit dessen eindeutige Lösbarkeit.

Bemerkung 4.2.4 zeigt, daß die diskreten inf-sup-Bedingungen für $b(\cdot,\cdot)$ die diskreten inf-sup-Bedingungen für die adjungierte Form $b^*(u, v) = \overline{b(v, u)}$ nach sich ziehen. Das adjungierte Problem (4.2.61) hat somit für jedes $\mathfrak{G}(\cdot) \in H'$ eine eindeutige Lösung $w_\mathfrak{G} \in H$. Damit folgt, wegen $S_\ell \subset H$ und (4.2.61), (4.2.58),

$$\begin{aligned} |\mathfrak{G}(u) - \mathfrak{G}(u_\ell)| &= |\mathfrak{G}(u - u_\ell)| = |b(u - u_\ell, w_\mathfrak{G})| \\ &= |b(u - u_\ell, w_\mathfrak{G} - v_\ell)| \qquad \forall v_\ell \in S_\ell\,. \end{aligned}$$

Mit der Stetigkeit (4.2.1) der Form $b(\cdot,\cdot)$ und der Fehlerabschätzung (4.2.11) ergibt sich (4.2.60). ■

Die Fehlerabschätzung (4.2.60) besagt, daß lineare Funktionale $\mathfrak{G}(u)$ der Lösung unter Umständen besser konvergieren als der Energiefehler $\|u - u_\ell\|_H$. Die Konvergenzrate ist um den Faktor $\inf\{\|w_\mathfrak{G} - \psi_\ell\|_H\colon\ \psi_\ell \in S_\ell\}$ besser als die Rate in der Energienorm. Folgendes Beispiel, für das $\mathfrak{G}(\cdot)$ eine Auswertung der Darstellungsformel (4.2.55) in einem Gebietspunkt $\mathbf{x} \in \Omega$ ist, verdeutlicht dies.

Beispiel 4.2.15 *Mit den Begriffen aus Beispiel 4.2.13 folgt für den Fehler* $|u(\mathbf{x}) - u_\ell(\mathbf{x})|$ *die Abschätzung*

$$\begin{aligned} |u(\mathbf{x}) - u_\ell(\mathbf{x})| \leq C \quad &\min\left\{\|\sigma - \varphi_\ell\|_{H^{-1/2}(\Gamma)} : \varphi_\ell \in S_\ell\right\} \\ &\times \min\left\{\|v_e - \psi_\ell\|_{H^{-1/2}(\Gamma)} : \psi_\ell \in S_\ell\right\} \end{aligned} \tag{4.2.62}$$

mit der Lösung $v_e \in H^{-1/2}(\Gamma)$ *der dualen Aufgabe:*

Finde $v_e \in H^{-\frac{1}{2}}(\Gamma)$ *mit*

$$(V v_e, \eta)_{L^2(\Gamma)} = (G(\mathbf{x} - \cdot), \eta)_{L^2(\Gamma)} \qquad \forall \eta \in H^{-1/2}(\Gamma). \tag{4.2.63}$$

Mit Korollar 4.1.33 schließt man für $S_\ell = S^{p,-1}_{\mathcal{G}_\ell}$ *auf die Konvergenzrate*

$$|u(\mathbf{x}) - u_\ell(\mathbf{x})| \leq C\, h_\ell^{\min(s,p+1)+\frac{1}{2}+\min(t,p+1)+\frac{1}{2}}\, \|\sigma\|_{H^s(\Gamma)} \|v_e\|_{H^t(\Gamma)} \tag{4.2.64}$$

für $s,t > -\frac{1}{2}$*, falls* $\|\sigma\|_{H^s(\Gamma)}$, $\|v_e\|_{H^t}$ *beschränkt sind. Falls maximale Regularität vorliegt, also* $s = t = p+1$ *gilt, resultiert die zweifache Konvergenzrate des Galerkin-Verfahrens. Beispielsweise ergibt sich für stückweise konstante Randelemente* $p = 0$ *und (4.2.64) mit* $s = t = 1$ *die Abschätzung*

$$|u(\mathbf{x}) - u_\ell(\mathbf{x})| \leq C\, h_\ell^3 \|\sigma\|_{H^1(\Gamma)} \|v_e\|_{H^1(\Gamma)} \tag{4.2.65}$$

und damit Konvergenz dritter Ordnung für alle $\mathbf{x} \in \Omega$*. Man beachte, daß die Konstante* C *gegen Unendlich strebt für* $\operatorname{dist}(\mathbf{x}, \Gamma) \to 0$.

Bemerkung 4.2.16 *(Regularität)*
Abschätzung (4.2.64) ergibt nur dann eine hohe Konvergenzrate, falls die Lösungen σ, v_e *hinreichend regulär sind. Beim Randintegraloperator* V *auf glatten Oberflächen* Γ *ist* $g_D \in H^{1/2+s}(\Gamma)$ *mit* $s \geq 0$ *hinreichend für* $\sigma \in H^{-1/2+s}(\Gamma)$ *und* $G(\mathbf{x} - \cdot) \in H^{1/2+t}(\Gamma)$ *mit* $t \geq 0$ *hinreichend für* $v_e \in H^{-1/2+t}(\Gamma)$ *(vgl. Abschnitt 3.2). Dann gelten die Abschätzungen*

$$\|\sigma\|_{H^{-1/2+s}(\Gamma)} \leq C(s) \|g_D\|_{H^{1/2+s}(\Gamma)}, \qquad \|v_e\|_{H^{-1/2+t}(\Gamma)} \leq C(t) \|G(\mathbf{x}, \cdot)\|_{H^{1/2+t}(\Gamma)}, \tag{4.2.66}$$

mit einer von g_D *und* G *unabhängigen Konstanten* $C(\cdot)$*. Wegen der Glattheit der Fundamentallösung* $G(\mathbf{x} - \cdot)$ *für* $\mathbf{x} \in \Omega$, $\mathbf{y} \in \Gamma$ *gilt* $G(\mathbf{x} - \cdot) \in C^\infty(\Gamma)$*. Dies impliziert auf glatten Oberflächen die Abschätzung (4.2.66) für alle* $t \geq 0$*. Damit wird (4.2.64) zu*

$$|u(\mathbf{x}) - u_\ell(\mathbf{x})| \leq C_1(p)\, C_2(\mathbf{x})\, h_\ell^{2(p+1)+1}, \tag{4.2.67}$$

wobei $C_2(\mathbf{x}) = \|v_e\|_{H^{p+1}(\Gamma)} \leq C(p) \|G(\mathbf{x} - \cdot)\|_{H^{p+2}(\Gamma)}$ *gilt.*

Man beachte, daß insbesondere für Elemente hoher Ordnung $C_2(\mathbf{x})$ für $\mathbf{x}$ nahe Γ sehr groß werden kann. Die Formel (4.2.55) sollte daher nur für Feldpunkte $\mathbf{x}$ mit hinreichend grossem Abstand zu Γ verwendet werden.

Falls eine Größe, die mit Hilfe des Galerkin-Verfahrens berechnet wurde, mit höherer Ordnung konvergiert als der Galerkin-Fehler in der Energienorm spricht man von *Superkonvergenz*. Analog zur Superkonvergenz (4.2.60) von Funktionalen $\mathfrak{G}(\cdot)$ der Galerkin-Lösung u_ℓ kann man auch die Konvergenz von u_ℓ in Normen unterhalb der Energienorm untersuchen.

Sei dazu jetzt $H = H^s(\Gamma)$ der Hilbertraum zum Randintegraloperator $B : H^s(\Gamma) \to H^{-s}(\Gamma)$ der Ordnung $2s$ und $b(\cdot, \cdot)$ die mit B assoziierte Sesquilinearform:

$$b(u, v) = (Bu, v)_{L^2(\Gamma)} : H^s(\Gamma) \times H^s(\Gamma) \to \mathbb{C},$$

die $H^s(\Gamma)$-elliptisch und injektiv sei. Hier wird die stetige Erweiterung des $L^2(\Gamma)$-Skalarprodukts zur dualen Paarung $\langle \cdot, \cdot \rangle_{H^s(\Gamma) \times H^{-s}(\Gamma)}$ wieder mit $(\cdot, \cdot)_{L^2(\Gamma)}$ bezeichnet. Sei weiter $(S_\ell)_\ell$ eine dichte Folge von Teilräumen in $H^s(\Gamma)$, und es gelten die diskreten inf-sup-Bedingungen (4.2.9), (4.2.10). Dann gilt für $t > 0$

$$\|u - u_\ell\|_{H^{s-t}(\Gamma)} = \sup_{v \in H^{-s+t}(\Gamma) \setminus \{0\}} \frac{(v, u - u_\ell)_{L^2(\Gamma)}}{\|v\|_{H^{-s+t}(\Gamma)}}.$$

Sei w_v Lösung des adjungierten Problems: Finde $w_v \in H^s(\Gamma)$ mit

$$b(w, w_v) = (v, w)_{L^2(\Gamma)} \qquad \forall w \in H^s(\Gamma). \tag{4.2.68}$$

Dann gilt mit der Galerkin-Orthogonalität (4.2.58) (übertragen auf das adjungierte Problem)

$$\begin{aligned}\|u-u_\ell\|_{H^{s-t}(\Gamma)} &= \sup_{v\in H^{-s+t}(\Gamma)\backslash\{0\}} \frac{b\,(u-u_\ell,w_v)}{\|v\|_{H^{-s+t}(\Gamma)}} \\ &= \sup_{v\in H^{-s+t}(\Gamma)\backslash\{0\}} \frac{b\,(u-u_\ell,w_v-w_\ell)}{\|v\|_{H^{-s+t}(\Gamma)}} \\ &\leq C\,\|u-u_\ell\|_{H^s(\Gamma)} \sup_{v\in H^{-s+t}(\Gamma)\backslash\{0\}} \frac{\|w_v-w_\ell\|_{H^s(\Gamma)}}{\|v\|_{H^{-s+t}(\Gamma)}}.\end{aligned}$$

Da $w_\ell \in S_\ell$ beliebig war, ergibt sich

$$\|u-u_\ell\|_{H^{s-t}(\Gamma)} \leq C\|u-u_\ell\|_{H^s(\Gamma)} \sup_{v\in H^{-s+t}(\Gamma)\backslash\{0\}} \inf_{w_\ell\in S_\ell} \frac{\|w_v-w_\ell\|_{H^s(\Gamma)}}{\|v\|_{H^{-s+t}(\Gamma)}}.$$

Für $t>0$ sind demnach für u_ℓ höhere Konvergenzraten als in der H^s-Norm möglich, vorausgesetzt, das adjungierte Problem (4.2.68) besitzt die Regularität

$$v\in H^{-s+t}(\Gamma) \Longrightarrow w_v \in H^{s+t}(\Gamma)\,, \quad \forall 0\leq t\leq \bar{t}. \tag{4.2.69}$$

Um quantitative Fehlerabschätzung bezüglich der Maschenweite h_ℓ zu erhalten, betrachten wir wieder eine dichte Folge von Randelementräumen $(S_\ell)_\ell$ der Ordnung p auf regulären Gittern $\mathcal{G}_\ell$ der Maschenweite h_ℓ. Dann gilt die Approximationseigenschaft

$$\inf_{w_\ell\in S_\ell} \|w_v-w_\ell\|_{H^s(\Gamma)} \leq C\,h_\ell^{\min(p+1,s+t)-s}\|w_v\|_{H^{s+t}(\Gamma)}.$$

Diese Überlegungen sind in folgendem Satz zusammengefaßt.

Satz 4.2.17 *Die Sesquilinearform $b\,(\cdot,\cdot)$ des Problems (4.2.56) erfülle die Bedingungen (4.2.1), (4.2.2). Die exakte Lösung erfülle $u\in H^r(\Gamma)$ mit $r\geq s$. Das adjungierte Problem (4.2.68) besitze die Regularität (4.2.69) mit $\bar{t}\geq 0$. $(S_\ell)_\ell$ sei eine dichte Folge von Randelementräumen der Ordnung p in $H^s(\Gamma)$ auf regulären Gittern $\mathcal{G}_\ell$ der Maschenweite h_ℓ.*

Dann gilt für die Galerkin-Lösung $u_\ell\in S_\ell$ und $0\leq t\leq\bar{t}$ die Fehlerabschätzung

$$\|u-u_\ell\|_{H^{s-t}(\Gamma)} \leq C\,h_\ell^{\min(p+1,r)+\min(p+1),s+t)-2s}\|u\|_{H^r(\Gamma)}. \tag{4.2.70}$$

Insbesondere folgt im Fall maximaler Regularität, also für $r\geq p+1$, $\bar{t}\geq p+1-s$ die doppelte Konvergenzrate des Galerkin-Verfahrens:

$$\|u-u_\ell\|_{H^{2s-p-1}} \leq C\,h^{2(p+1)-2s}\|u\|_{H^{p+1}(\Gamma)}\,.$$

4.2.5.2 Störungen

Die effiziente numerische Realisierung der Galerkin-BEM (4.2.57) bedingt beispielsweise Störungen der Sesquilinearform $b(\cdot,\cdot)$ durch Quadratur-, Oberflächen- und Cluster-Approximation des Operators oder des Funktionals $\mathfrak{G}(\cdot)$ zur Auswertung der Darstellungsformel in einem Punkt $\mathbf{x}\in\Omega$. Statt (4.2.57) realisiert man eine gestörte Randelementmethode:
Finde $\widetilde{u}_\ell\in S_\ell$ mit

$$b_\ell(\widetilde{u}_\ell,v) = F_\ell(v) \quad \forall v\in S_\ell \tag{4.2.71}$$

und anstelle von $\mathfrak{G}(u_\ell)$ eine Approximation $\mathfrak{G}_\ell(\widetilde{u}_\ell)$. Wir untersuchen hier den Fehler

$$\mathfrak{G}(u) - \mathfrak{G}_\ell(\widetilde{u}_\ell) \tag{4.2.72}$$

eines linearen Funktionals der Lösung, beispielsweise der Darstellungsformel (vgl. Beispiel 4.2.13). Nach Satz 4.2.11 hat (4.2.71) für hinreichend große ℓ eine eindeutige Lösung, falls die exakte Form $b(\cdot,\cdot)$ auf $S_\ell \times S_\ell$ die diskreten inf-sup-Bedingungen

$$\begin{aligned} \inf_{u_\ell \in S_\ell \setminus \{0\}} \sup_{v_\ell \in S_\ell \setminus \{0\}} \frac{|b(u_\ell, v_\ell)|}{\|u_\ell\|_H \|v_\ell\|_H} &\geq \gamma > 0\,, \\ \inf_{v_\ell \in S_\ell \setminus \{0\}} \sup_{u_\ell \in S_\ell \setminus \{0\}} \frac{|b(u_\ell, v_\ell)|}{\|u_\ell\|_H \|v_\ell\|_H} &\geq \gamma > 0 \end{aligned} \tag{4.2.73}$$

erfüllt und falls die gestörte Form $b_\ell(\cdot,\cdot)$ gleichmäßig stetig ist (vgl. (4.2.44)) und die **Stabilitäts- und Konsistenzbedingungen** (4.2.45), (4.2.46) erfüllt. Dann gilt für hinreichend großes ℓ die Fehlerabschätzung

$$\|u - \widetilde{u}_\ell\|_H \leq C \left\{ \min_{w_\ell \in S_\ell} (\|u - w_\ell\|_H + \delta_\ell \|w_\ell\|_U) + \sup_{v_\ell \in S_\ell \setminus \{0\}} \frac{|F(v_\ell) - F_\ell(v_\ell)|}{\|v_\ell\|_H} \right\}. \tag{4.2.74}$$

Die Störungen der rechten Seite F und des Funktionals $\mathfrak{G}$ definieren die Größen

$$f_\ell := \sup_{v_\ell \in S_\ell \setminus \{0\}} \frac{|F_\ell(v_\ell) - F(v_\ell)|}{\|v_\ell\|_H} \quad \text{und} \quad g_\ell := \sup_{v_\ell \in S_\ell \setminus \{0\}} \frac{|\mathfrak{G}_\ell(v_\ell) - \mathfrak{G}(v_\ell)|}{\|v_\ell\|_H}. \tag{4.2.75}$$

Man beachte, daß in vielen praktischen Anwendungen die Störungen F_ℓ und $\mathfrak{G}_\ell$ nicht auf H sondern lediglich auf S_ℓ erklärt sind. Wir nehmen an, daß $(f_\ell)_\ell$ und $(g_\ell)_\ell$ Nullfolgen sind und daher insbesondere Konstanten C_F und C_G existieren mit

$$\|\mathfrak{G}\|_{H'} =: C_G < \infty \quad \text{und} \quad \|F\|_{H'} + f_\ell \leq C_F \qquad \forall \ell \in \mathbb{N}.$$

Satz 4.2.18 *Die Form $b(\cdot,\cdot)$ erfülle (4.2.73), und die gestörte Form $b_\ell(\cdot,\cdot)$ genüge den Bedingungen (4.2.44)-(4.2.46). Dann gilt für den Fehler (4.2.72) für hinreichend großes ℓ die Abschätzung*

$$\begin{aligned} |\mathfrak{G}(u) - \mathfrak{G}_\ell(\widetilde{u}_\ell)| \leq{}& C\|u - u_\ell\|_H \min_{\psi_\ell \in S_\ell} \|w_{\mathfrak{G}} - \psi_\ell\|_H + \frac{C_G}{\gamma} c_\ell \|\widetilde{u}_\ell - u\|_H + \frac{C_G}{\gamma} f_\ell \\ &+ \frac{C_G}{\gamma} \min_{\varphi_\ell \in S_\ell} (c_\ell \|u - \varphi_\ell\|_H + \delta_\ell \|\varphi_\ell\|_U) + \frac{C_F}{\gamma} g_\ell. \end{aligned} \tag{4.2.76}$$

Beweis. Es gilt mit der Definition (4.2.62) von $w_{\mathfrak{G}}$ und der Orthogonalität des Galerkin-Fehlers

$$\begin{aligned} |\mathfrak{G}(u) - \mathfrak{G}(\widetilde{u}_\ell)| &= |b(u - \widetilde{u}_\ell, w_{\mathfrak{G}})| \\ &= |b(u - u_\ell, w_{\mathfrak{G}} - \psi_\ell)| + |b(u_\ell - \widetilde{u}_\ell, w_{\mathfrak{G}})| \end{aligned} \tag{4.2.77}$$

für ein beliebiges $\psi_\ell \in S_\ell$. Sei weiter $w_\ell^{\mathfrak{G}} \in S_\ell$ die Lösung der Galerkin-Gleichungen

$$b(w_\ell, w_\ell^{\mathfrak{G}}) = b(w_\ell, w_{\mathfrak{G}}) = \mathfrak{G}(w_\ell) \qquad \forall w_\ell \in S_\ell.$$

Dann gilt mit der Galerkin-Orthogonalität

$$\begin{aligned}|b(u_\ell - \widetilde{u}_\ell, w_{\mathfrak{G}})| &= |b(u_\ell - \widetilde{u}_\ell, w_\ell^{\mathfrak{G}})| = |b(u_\ell, w_\ell^{\mathfrak{G}}) - b(\widetilde{u}_\ell, w_\ell^{\mathfrak{G}})| \\ &\leq |F(w_\ell^{\mathfrak{G}}) - b_\ell(\widetilde{u}_\ell, w_\ell^{\mathfrak{G}})| + |(b_\ell - b)(\widetilde{u}_\ell, w_\ell^{\mathfrak{G}})| \\ &= |F(w_\ell^{\mathfrak{G}}) - F_\ell(w_\ell^{\mathfrak{G}})| + |(b - b_\ell)(\widetilde{u}_\ell, w_\ell^{\mathfrak{G}})| .\end{aligned}$$

Wir betrachten die Differenz $b - b_\ell$ und erhalten mit der Stabilitäts- und Konsistenzbedingung für beliebiges $\varphi_\ell \in S_\ell$ die Abschätzung

$$\begin{aligned}\left|(b - b_\ell)(\widetilde{u}_\ell, w_\ell^{\mathfrak{G}})\right| &\leq \left|(b - b_\ell)\left(\widetilde{u}_\ell - \varphi_\ell, w_\ell^{\mathfrak{G}}\right))\right| + \left|b\left(\varphi_\ell, w_\ell^{\mathfrak{G}}\right) - b_\ell\left(\varphi_\ell, w_\ell^{\mathfrak{G}}\right)\right| \\ &\leq c_\ell \left\|\widetilde{u}_\ell - \varphi_\ell\right\|_H \left\|w_\ell^{\mathfrak{G}}\right\|_H + \delta_\ell \left\|\varphi_\ell\right\|_U \left\|w_\ell^{\mathfrak{G}}\right\|_H .\end{aligned} \tag{4.2.78}$$

Damit und mit (4.2.77) folgt

$$\begin{aligned}|\mathfrak{G}(u) - \mathfrak{G}_\ell(\widetilde{u}_\ell)| &\leq |\mathfrak{G}(u) - \mathfrak{G}(\widetilde{u}_\ell)| + |\mathfrak{G}(\widetilde{u}_\ell) - \mathfrak{G}_\ell(\widetilde{u}_\ell)| \\ &\leq |b(u - u_\ell, w_{\mathfrak{G}} - \psi_\ell)| + |(F - F_\ell)(w_\ell^{\mathfrak{G}})| \\ &\quad + |(b - b_\ell)(\widetilde{u}_\ell, w_\ell^{\mathfrak{G}})| + |(\mathfrak{G} - \mathfrak{G}_\ell)(\widetilde{u}_\ell)| \\ &\leq C\|u - u_\ell\|_H \|w_{\mathfrak{G}} - \psi_\ell\|_H + f_\ell \left\|w_\ell^{\mathfrak{G}}\right\|_H \\ &\quad + \left\|w_\ell^{\mathfrak{G}}\right\|_H (c_\ell \left\|\widetilde{u}_\ell - \varphi_\ell\right\|_H + \delta_\ell \left\|\varphi_\ell\right\|_U) + g_\ell \left\|\widetilde{u}_\ell\right\|_H .\end{aligned} \tag{4.2.79}$$

Für hinreichend großes ℓ ist nach Satz 4.2.11 die Folge $(\widetilde{u}_\ell)_\ell$ der gestörten Galerkin-Lösungen stabil, und es gilt mit ℓ_0 aus Satz 4.2.11

$$\|\widetilde{u}_\ell\|_H \leq \frac{1}{\gamma}\left(\|F\|_{H'} + f_\ell\right) \leq \frac{C_F}{\gamma} \qquad \forall \ell \geq \ell_0. \tag{4.2.80}$$

Die Abschätzung des Terms $\left\|w_\ell^{\mathfrak{G}}\right\|_H$ verwendet die diskreten inf-sup-Bedingungen (4.2.73):

$$\gamma\|w_\ell^{\mathfrak{G}}\|_H \leq \sup_{w_\ell \in S_\ell \setminus \{0\}} \frac{|b(w_\ell, w_\ell^{\mathfrak{G}})|}{\|w_\ell\|_H} = \sup_{w_\ell \in S_\ell \setminus \{0\}} \frac{|\mathfrak{G}(w_\ell)|}{\|w_\ell\|_H} \leq \|\mathfrak{G}\|_{H'} = C_G$$

für $\ell \geq \ell_0$. Das ergibt

$$\begin{aligned}|\mathfrak{G}(u) - \mathfrak{G}_\ell(\widetilde{u}_\ell)| &\leq C\|u - u_\ell\|_H \|w_{\mathfrak{G}} - \psi_\ell\|_H + \frac{C_G}{\gamma} f_\ell \\ &\quad + \frac{C_G}{\gamma}\left(c_\ell \left\|\widetilde{u}_\ell - \varphi_\ell\right\|_H + \delta_\ell \left\|\varphi_\ell\right\|_U\right) + \frac{C_F}{\gamma} g_\ell.\end{aligned}$$

Die Dreiecksungleichung $\|\widetilde{u}_\ell - \varphi_\ell\|_H \leq \|\widetilde{u}_\ell - u\|_H + \|u - \varphi_\ell\|_H$ liefert schließlich die Behauptung. ■

Die Abschätzung (4.2.76) läßt sich verwenden, um die Größe der Störungen c_ℓ, δ_ℓ, f_ℓ und g_ℓ so zu bestimmen, damit das Funktional $\mathfrak{G}_\ell\left(\widetilde{u}_\ell\right)$ mit der gleichen Rate wie das Funktional $\mathfrak{G}\left(u_\ell\right)$ für das ursprüngliche Galerkin-Verfahren konvergiert.

Um dies zu illustrieren, betrachten wir $H = H^s(\Gamma)$ und eine Diskretisierung mit stückweisen Polynomen vom Grad p. Dann ist die optimale Konvergenzrate des ungestörten Galerkin-Verfahrens durch $\|u - u_\ell\|_H \leq C h_\ell^{p+1-s}$ gegeben.

Abschätzung (4.2.74) zeigt, daß die beiden Voraussetzungen $\delta_\ell \leq C h_\ell^{p+1-s}$ und $f_\ell \leq C h_\ell^{p+1-s}$ an die Größe der Störungen sicherstellen, daß $\|u - \widetilde{u}_\ell\|_H \leq C h_\ell^{p+1-s}$ mit gleicher Rate wie das ungestörte Galerkin-Verfahren konvergiert. Die optimale Konvergenzrate für das duale Problem ist ebenfalls $\left\|w_{\mathfrak{G}} - w_\ell^{\mathfrak{G}}\right\|_H \leq C h_\ell^{p+1-s}$, und unser Ziel ist es, die Größe der Störungen so zu kontrollieren, damit das Funktional $\mathfrak{G}_\ell(\widetilde{u}_\ell)$ wie $C h_\ell^{2p+2-2s}$ konvergiert.

Dazu müssen die gestörten Sesquilinearformen, rechten Seiten und Funktionale in (4.2.45), (4.2.46) und (4.2.75) den Abschätzungen

$$c_\ell \leq C h_\ell^{p+1-s}, \qquad \delta_\ell \leq C h_\ell^{2p+2-2s}, \qquad f_\ell \leq C h_\ell^{2p+2-2s}, \qquad g_\ell \leq C h_\ell^{2p+2-2s}$$

genügen.

Im folgenden Satz wird der Einfluß von Störungen $b - b_\ell$ und $F - F_\ell$ auf negative Normen des Galerkin-Fehlers abgeschätzt.

Satz 4.2.19 *Die Annahmen von Satz 4.2.18 seien für $H = H^s(\Gamma)$, $b : H^s(\Gamma) \times H^s(\Gamma) \to \mathbb{C}$ erfüllt. Das adjungierte Problem (4.2.68) erfülle die Regularitätsannahme (4.2.69) für ein $\bar{t} > 0$. Dann gilt für hinreichend großes ℓ die Fehlerabschätzung*

$$\|u - \widetilde{u}_\ell\|_{H^{s-t}(\Gamma)} \leq C \Big\{ d_{\ell,s,s+t} \|u - u_\ell\|_{H^s(\Gamma)} + c_\ell \|u - \widetilde{u}_\ell\|_{H^s(\Gamma)} + f_\ell + \inf_{\varphi_\ell \in S_\ell} \left(c_\ell \|u - \varphi_\ell\|_{H^s(\Gamma)} + \delta_\ell \|\varphi_\ell\|_U \right) \Big\} \tag{4.2.81}$$

für $0 \leq t \leq \bar{t}$ mit

$$d_{\ell,s,s+t} := \sup_{w \in H^{s+t}(\Gamma) \setminus \{0\}} \left(\inf_{\psi_\ell \in S_\ell} \frac{\|w - \psi_\ell\|_{H^s(\Gamma)}}{\|w\|_{H^{s+t}(\Gamma)}} \right).$$

Beweis. Sei $v \in H^{-s+t}(\Gamma)$ beliebig und w_v die Lösung des adjungierten Problems (4.2.68) mit rechter Seite v. Dann gilt

$$\begin{aligned} (v, u - \widetilde{u}_\ell)_{L^2(\Gamma)} &= b(u - \widetilde{u}_\ell, w_v) \\ &= b(u - u_\ell, w_v) + \underbrace{b(u_\ell - \widetilde{u}_\ell, w_v)}_{(*)}. \end{aligned} \tag{4.2.82}$$

Wir betrachten $(*)$. Sei $w_v^\ell \in S_\ell$ die Galerkin-Approximation zu w_v:

$$b\left(v_\ell, w_v^\ell\right) = (w_v, v_\ell)_{L^2(\Gamma)} \qquad \forall v_\ell \in S_\ell.$$

Mit $v_\ell = u_\ell - \widetilde{u}_\ell \in S_\ell$ folgt aus der Galerkin-Orthogonalität $b\left(v_\ell, w_v - w_v^\ell\right) = 0$ die Beziehung

$$\begin{aligned} (*) &= b(u_\ell - \widetilde{u}_\ell, w_v) = b\left(u_\ell - \widetilde{u}_\ell, w_v^\ell\right) \\ &= (b - b_\ell)\left(u_\ell - \widetilde{u}_\ell, w_v^\ell\right) + b_\ell\left(u_\ell - \widetilde{u}_\ell, w_v^\ell\right) \\ &= (b - b_\ell)\left(u_\ell - \widetilde{u}_\ell, w_v^\ell\right) + b_\ell\left(u_\ell, w_v^\ell\right) - F_\ell(w_v^\ell) \\ &= (b - b_\ell)\left(u_\ell - \widetilde{u}_\ell, w_v^\ell\right) + (b_\ell - b)\left(u_\ell, w_v^\ell\right) + b\left(u_\ell, w_v^\ell\right) - F_\ell(w_v^\ell) \\ &= (b - b_\ell)\left(-\widetilde{u}_\ell, w_v^\ell\right) + F(w_v^\ell) - F_\ell(w_v^\ell). \end{aligned}$$

Damit schätzen wir (4.2.82) unter Verwendung von (4.2.58) wie folgt ab: Für jedes $\psi_\ell \in S_\ell$ gilt

$$\begin{aligned} |(v, u - \widetilde{u}_\ell)_{L^2(\Gamma)}| \leq & \, |b(u - u_\ell, w_v - \psi_\ell)| \\ & + \left|(b - b_\ell)\left(\widetilde{u}_\ell, w_v^\ell\right)\right| + \left|F(w_v^\ell) - F_\ell(w_v^\ell)\right|. \end{aligned} \tag{4.2.83}$$

Wie in (4.2.78) zeigt man mit der Konsistenzbedingung für beliebiges $\varphi_\ell \in S_\ell$ die Abschätzung

$$\left|(b - b_\ell)(\widetilde{u}_\ell, w_v^\ell)\right| \leq \left(c_\ell \left\|\widetilde{u}_\ell - \varphi_\ell\right\|_{H^s(\Gamma)} + \delta_\ell \left\|\varphi_\ell\right\|_U\right) \left\|w_v^\ell\right\|_{H^s(\Gamma)}, \tag{4.2.84}$$

wobei $\|\cdot\|_U$ wieder eine stärkere Norm als $H^s(\Gamma)$ bezeichnet.

Die Regularitätsannahme (4.2.69) und die Stabilität der Galerkin-Approximationen $\left(w_v^\ell\right)_\ell$ des adjungierten Problems ergeben für alle $0 \leq t < \overline{t}$ und alle $v \in H^{-s+t}(\Gamma)$ die Abschätzung

$$\|w_v^\ell\|_{H^s(\Gamma)} \leq C \|w_v\|_{H^s(\Gamma)} \leq C \|v\|_{H^{-s}(\Gamma)} \leq C \|v\|_{H^{-s+t}(\Gamma)}. \tag{4.2.85}$$

Damit folgt aus (4.2.83) und (4.2.84) mit (4.2.75)

$$\begin{aligned} \|u - \widetilde{u}_\ell\|_{H^{s-t}(\Gamma)} = & \sup_{v \in H^{-s+t}(\Gamma) \setminus \{0\}} \frac{|(v, u - \widetilde{u}_\ell)_{L^2(\Gamma)}|}{\|v\|_{H^{-s+t}(\Gamma)}} \\ & \leq C \|u - u_\ell\|_{H^s(\Gamma)} \sup_{v \in H^{-s+t}(\Gamma) \setminus \{0\}} \left(\inf_{\psi_\ell \in S_\ell} \frac{\|w_v - \psi_\ell\|_{H^s(\Gamma)}}{\|v\|_{H^{-s+t}(\Gamma)}} \right) \\ & + C \inf_{\varphi_\ell \in S_\ell} \left(c_\ell \|\widetilde{u}_\ell - \varphi_\ell\|_{H^s(\Gamma)} + \delta_\ell \|\varphi_\ell\|_U\right) + C f_\ell. \end{aligned}$$

Die Regularitätsannahme an das adjungierte Problem ergibt die Abschätzung $\|v\|_{H^{-s+t}(\Gamma)} \geq C^{-1} \|w_\nu\|_{H^{s+t}(\Gamma)}$. Somit gilt

$$\sup_{v \in H^{-s+t}(\Gamma) \setminus \{0\}} \left(\inf_{\psi_\ell \in S_\ell} \frac{\|w_v - \psi_\ell\|_{H^s(\Gamma)}}{\|v\|_{H^{-s+t}(\Gamma)}} \right) \leq C \sup_{w \in H^{s+t}(\Gamma) \setminus \{0\}} \left(\inf_{\psi_\ell \in S_\ell} \frac{\|w - \psi_\ell\|_{H^s(\Gamma)}}{\|w\|_{H^{s+t}(\Gamma)}} \right) = C d_{\ell,s,s+t}.$$

Man beachte, daß $d_{\ell,s,t}$ eine Approximationseigenschaft des Raumes S_ℓ darstellt. Zusammen haben wir

$$\begin{aligned} \|u - \widetilde{u}_\ell\|_{H^{s-t}(\Gamma)} \leq C \Big\{ & d_{\ell,s,s+t} \|u - u_\ell\|_{H^s(\Gamma)} + c_\ell \|u - \widetilde{u}_\ell\|_{H^s(\Gamma)} \\ & + f_\ell + \inf_{\varphi_\ell \in S_\ell} \left(c_\ell \|u - \varphi_\ell\|_{H^s(\Gamma)} + \delta_\ell \|\varphi_\ell\|_U \right) \Big\} \end{aligned}$$

bewiesen. ■

Mit Hilfe der Abschätzung (4.2.81) läßt sich die zulässige Größe der Störungen c_ℓ, δ_ℓ, f_ℓ und g_ℓ so bestimmen, daß der Galerkin-Fehler $\|u - \widetilde{u}_\ell\|_{H^{s-t}(\Gamma)}$ mit der gleichen Rate wie für die ungestörte Galerkin-Lösung konvergiert.

Um dies zu illustrieren, betrachten eine Diskretisierung mit stückweisen Polynomen vom Grad p und nehmen an, daß die kontinuierliche Lösung $u \in H^{p+1}(\Gamma)$ erfüllt. Dann ist die optimale Konvergenzrate des ungestörten Galerkin-Verfahrens durch $\|u - u_\ell\|_{H^{s-t}(\Gamma)} \leq C h_\ell^{p+1-s+\min(p+1-s),t)} \|u\|_{H^{p+1}(\Gamma)}$ gegeben.

Abschätzung (4.2.74) zeigt, daß die beiden Voraussetzungen $\delta_\ell \leq Ch_\ell^{p+1-s}$ und $f_\ell \leq Ch_\ell^{p+1-s}$ an die Größe der Störungen sicherstellen, daß $\|u - \widetilde{u}_\ell\|_{H^s(\Gamma)} \leq Ch_\ell^{p+1-s}$ mit gleicher Rate wie das ungestörte Galerkin-Verfahren (bzgl. der H^s-Norm) konvergiert. Die optimale Konvergenzrate des Terms $d_{\ell,s,s+t}$ ist $d_{\ell,s,s+t} \leq Ch_\ell^{\min\{p+1-s,t\}}$ und unser Ziel ist es, die Größe der Störungen so zu kontrollieren, damit die Größe $\|u - \widetilde{u}_\ell\|_{H^{s-t}(\Gamma)}$ wie $Ch_\ell^{p+1-s+\min(p+1-s),t)}$ konvergiert. Dies führt auf die Bedingung

$$C\left(h_\ell^{\min\{p+1-s,t\}+p+1-s} + c_\ell h^{p+1-s} + f_\ell + c_\ell h^{p+1-s} + \delta_\ell\right) \overset{!}{\leq} Ch_\ell^{p+1-s+\min(p+1-s),t)}.$$

Dazu müssen die gestörten Sesquilinearformen, rechten Seiten und Funktionale in (4.2.45), (4.2.46) und (4.2.75) den Abschätzungen

$$c_\ell \leq Ch_\ell^{\min\{p+1-s,t\}}, \qquad \delta_\ell \leq Ch_\ell^{\min\{p+1-s,t\}+p+1-s}, \qquad f_\ell \leq Ch_\ell^{\min\{p+1-s,t\}+p+1-s}$$

genügen.

4.3 Beweis der Approximationseigenschaft

In den Abschnitten 4.1 - 4.2.5 haben wir gesehen, daß die Galerkin-Randelementmethode Näherungslösungen von Randintegralgleichungen liefert, die quasioptimal konvergieren. Wir geben hier die Beweise der Konvergenzraten (4.1.56), (4.1.85) unstetiger bzw. stetiger Randelemente auf Paneelierungen $\mathcal{G}$ der Maschenweite $h > 0$ an.

Generell nehmen wir in diesem Unterkapitel an, daß Annahme 4.1.5 gilt, also die Paneelparametrisierungen gemäß $\chi_\tau = \chi_\Gamma \circ \chi_\tau^{\text{affin}}$ in eine reguläre, affine Abbildung χ_τ^{affin} und einen von τ unabhängigen Diffeomorphismus χ_Γ zerlegt werden können. Für χ_τ^{affin} existiert $\mathbf{b}_\tau \in \mathbb{R}^3$ und $\mathbf{B}_\tau \in \mathbb{R}^{3\times 2}$ mit

$$\chi_\tau^{\text{affin}}(\hat{\mathbf{x}}) = \mathbf{B}_\tau\hat{\mathbf{x}} + \mathbf{b}_\tau.$$

Die Gramsche Matrix dieser Abbildung wird mit $\mathbf{G}_\tau := \mathbf{B}_\tau^\intercal\mathbf{B}_\tau \in \mathbb{R}^{2\times 2}$ bezeichnet. Sie ist symmetrisch und positiv definit.

Hinweis: Der Beweis der Approximationseigenschaft ist ganz analog aufgebaut wie für Finite-Elemente-Methoden (vgl. beispielsweise [9], [15], [26]) und beruht ebenfalls auf Konzepten wie Rücktransformation, Formregularität, Bramble-Hilbert-Lemma.

4.3.1 Approximationseigenschaften auf ebenen Paneelen

Wir verwenden die Bezeichnungen aus Unterkapitel 4.1.2. Sei $\hat{\Gamma}$ eine Polyeder-Oberfläche mit ebenen Seiten und $\mathcal{G}^{\text{affin}}$ eine Paneelierung von $\hat{\Gamma}$, welche aus Dreiecken oder Parallelogrammen besteht. Die Paneele $\tau \in \mathcal{G}^{\text{affin}}$ sind Bilder des Referenzelements $\widehat{\tau}$ unter einer regulären, affinen Transformation $\chi_\tau^{\text{affin}} : \widehat{\tau} \to \tau$.

Wie in (4.1.20) bezeichnen wir für das Referenzelement $\widehat{\tau}$ und $p \geq 0$ den Raum aller Polynome vom Gesamtgrad p mit $\mathbb{P}_p^\Delta(\widehat{\tau})$ und $\iota_{\widehat{\tau}}^p$ die Indexmenge für die zugehörige unisolvente Knotenmenge (vgl. (4.1.68)).

Zur Vorbereitung von Proposition 4.3.3 beweisen wir eine Normäquivalenz.

Lemma 4.3.1 *Sei $k \in \mathbb{N}_{\geq 1}$. Dann wird durch*

$$[u]_{k+1} := |u|_{k+1} + \sum_{(i,j)\in\iota_{\hat{\tau}}^{p}} \left| u\left(\frac{i}{p}, \frac{j}{p}\right)\right| \tag{4.3.1}$$

eine Norm auf $H^{k+1}(\hat{\tau})$ definiert, die zu $\|\cdot\|_{k+1}$ äquivalent ist.

Beweis. Aus dem Sobolevschen Einbettungssatz (vgl. Satz 2.5.4) folgt die Stetigkeit der Einbettung $H^{k+1}(\hat{\tau}) \hookrightarrow C(\bar{\hat{\tau}})$ und daher ist $[\cdot]_{k+1}$ wohldefiniert. Es gibt daher eine Konstante $c_1 \in \mathbb{R}_{>0}$ mit

$$[u]_{k+1} \leq c_1 \|u\|_{k+1} \qquad \forall u \in H^{k+1}(\hat{\tau}).$$

Wir müssen also noch zeigen, daß es eine Konstante $c_2 \in \mathbb{R}_{>0}$ gibt mit

$$\|u\|_{k+1} \leq c_2 [u]_{k+1} \qquad \forall u \in H^{k+1}(\hat{\tau}).$$

Der Beweis wird indirekt geführt, und wir nehmen daher an, daß eine Folge $(u_n)_{n\in\mathbb{N}} \subset H^{k+1}(\hat{\tau})$ existiert mit

$$\forall n \in \mathbb{N} : \|u_n\|_{k+1} = 1 \quad \text{und} \quad \lim_{n\to\infty} [u_n]_{k+1} = 0. \tag{4.3.2}$$

Aus Satz 2.5.6 folgert man per Induktion bezüglich k, daß eine Teilfolge $(u_{n_j})_{j\in\mathbb{N}}$ existiert, die gegen ein $u \in H^k(\hat{\tau})$ konvergiert:

$$\lim_{j\to\infty} \|u_{n_j} - u\|_k = 0.$$

Aus der zweiten Annahme in (4.3.2) ergibt sich

$$\lim_{j\to\infty} |u_{n_j} - u|_{k+1} = 0.$$

Daher ist sogar $u \in H^{k+1}(\hat{\tau})$ mit $|u|_{k+1} = 0$, und es gilt

$$\lim_{j\to\infty} \|u_{n_j} - u\|_{k+1} = 0.$$

Aus $|u|_{k+1} = 0$ folgt $u \in \mathbb{P}_k$ und aus dem Sobolevschen Einbettungssatz die Konvergenz in den Stützstellen

$$u(z) = \lim_{j\to\infty} u_{n_j}(z) \qquad \forall z = \left(\frac{i}{p}, \frac{j}{p}\right), \quad (i,j) \in \iota_{\hat{\tau}}^{p}.$$

Satz 4.1.38 ergibt daher ein Widerspruch zur ersten Annahme in (4.3.2). ■

Lemma 4.3.2 (Bramble-Hilbert-Lemma) *Sei $k \in \mathbb{N}_0$. Dann gilt für alle $u \in H^{k+1}(\hat{\tau})$*

$$\inf_{p\in\mathbb{P}_k} \|u - p\|_{k+1} \leq c_2 |u|_{k+1}$$

mit c_2 aus dem Beweis von Lemma 4.3.1.

Beweis. Für $k = 0$ folgt die Aussage aus der Poincaré-Ungleichung (vgl. Korollar 2.5.10).

Sei im folgenden $k \geq 1$ und $u \in H^{k+1}(\hat{\tau})$. Wegen des Sobolevschen Einbettungssatzes sind Punktauswertungen von u wohldefiniert. Sei $(b_{\mathbf{z}})_{z\in\Sigma_k}$ der Vektor mit den Werten von u in den Knotenpunkten: $b_{\mathbf{z}} = u(\mathbf{z})$ für alle $\mathbf{z} \in \Sigma_k$. Sei $p \in \mathbb{P}_k^{\hat{\tau}}$ das nach Satz 4.1.38 eindeutig bestimmte Polynom mit $b_{\mathbf{z}} = p(\mathbf{z})$ für alle $\mathbf{z} \in \Sigma_k$. Dann gilt mit Lemma 4.3.1:

$$\inf_{q\in\mathbb{P}_k} \|u - q\|_{k+1} \leq \|u - p\|_{k+1} \leq c_2 [u - p]_{k+1} = c_2 |u|_{k+1}.$$

■

Proposition 4.3.3 *Sei* $\widehat{\Pi} : H^{p+1}(\widehat{\tau}) \to H^s(\widehat{\tau})$ *linear und stetig für* $0 \leq s \leq p+1$ *derart, daß*

$$\forall q \in \mathbb{P}_p^{\Delta}(\widehat{\tau}) : \widehat{\Pi} q = q. \tag{4.3.3}$$

Dann existiert $c = c(\widehat{\Pi})$*, so daß gilt*

$$\forall v \in H^{p+1}(\widehat{\tau}) : \ \|v - \widehat{\Pi} v\|_{H^s(\widehat{\tau})} \leq \widehat{c}\, |v|_{H^{p+1}(\widehat{\tau})} . \tag{4.3.4}$$

Beweis. Sei $v \in H^{p+1}(\widehat{\tau})$. Dann gilt wegen (4.3.3) für alle $q \in \mathbb{P}_p^{\Delta}(\widehat{\tau})$

$$\begin{aligned} v - \widehat{\Pi} v &= v + q - \widehat{\Pi}(v+q) \\ \|v - \widehat{\Pi} v\|_{H^s(\widehat{\tau})} &\leq \hat{c}\, \|v+q\|_{H^{p+1}(\widehat{\tau})} \\ \hat{c} &:= \|I - \widehat{\Pi}\|_{H^s(\widehat{\tau}) \leftarrow H^{p+1}(\widehat{\tau})}, \end{aligned}$$

wobei I die Identität bezeichnet. Da $q \in \mathbb{P}_p^{\Delta}(\widehat{\tau})$ beliebig war, folgt mit Lemma 4.3.2

$$\forall v \in H^{p+1}(\widehat{\tau}) : \ \|v - \Pi v\|_{H^s(\widehat{\tau})} \leq \hat{c} \inf_{q \in \mathbb{P}_p^{\Delta}(\widehat{\tau})} \|v+q\|_{H^{p+1}(\widehat{\tau})} = \hat{c}\, |v|_{H^{p+1}(\widehat{\tau})} .$$

∎

Die Abschätzung des Approximationsfehlers wird durch Transformation auf das Referenzelement bewiesen.

Zunächst benötigen wir einige Transformationsformeln für Sobolev-Normen. Sei $\tau \subset \mathbb{R}^2$ wie zuvor ein ebenes Paneel (Dreieck oder Parallelogramm) mit affiner Parametrisierung $\chi_\tau^{\text{affin}} : \widehat{\tau} \to \tau$. Tangentialvektoren auf τ sind für $i = 1, 2$ durch $\mathbf{b}_i := \partial \chi_\tau^{\text{affin}} / \partial \hat{x}_i$ definiert. Der (konstante) Normalenvektor $\mathbf{n}_\tau$ wird so orientiert, daß $(\mathbf{b}_1, \mathbf{b}_2, \mathbf{n}_\tau)$ ein Rechtssystem bilden. Für $\varepsilon > 0$ setzen wir $I_\varepsilon = (-\varepsilon, \varepsilon)$ und definieren eine Umgebung $U_\varepsilon \subset \mathbb{R}^3$ von τ durch

$$U_\varepsilon := \left\{ \mathbf{z} \in \mathbb{R}^3 : \exists\, (\mathbf{x}, \alpha) \in \tau \times I_\varepsilon : \mathbf{z} = \mathbf{x} + \alpha \mathbf{n}_\tau \right\}. \tag{4.3.5}$$

Eine Funktion $u \in H^{k+1}(\tau)$, läßt sich konstant auf U_ε fortsetzen:

$$u^\star(\mathbf{x} + \alpha \mathbf{n}_\tau) = u(\mathbf{x}) \qquad \forall (\mathbf{x}, \alpha) \in \tau \times I_\varepsilon.$$

Der Oberflächengradient $\nabla_S u$ ist durch

$$\nabla_S u = \nabla u^\star|_\tau$$

definiert und damit ergibt sich

$$|u|^2_{H^1(\tau)} = \int_\tau \langle \nabla_S u, \nabla_S u \rangle .$$

Der Rücktransport der Funktion u auf das Referenzelement wird mit $\hat{u} := u \circ \chi_\tau^{\text{affin}}$ bezeichnet.

Lemma 4.3.4 *Es gilt*

$$\begin{aligned} \|u\|^2_{L^2(\tau)} &= \frac{|\tau|}{|\widehat{\tau}|} \int_{\widehat{\tau}} |\hat{u}|^2 \\ |u|^2_{H^1(\tau)} &= \frac{|\tau|}{|\widehat{\tau}|} \int_{\widehat{\tau}} \left\langle \hat{\nabla} \hat{u}, \mathbf{G}_\tau^{-1} \hat{\nabla} \hat{u} \right\rangle, \end{aligned}$$

wobei $\hat{\nabla}$ *den zweidimensionalen Gradienten in den Koordinaten des Referenzelement bezeichnet.*

Beweis. Die Transformationsformel für Oberflächenintegrale ergibt die erste Gleichheit

$$\int_\tau |u|^2 = \frac{|\tau|}{|\widehat{\tau}|} \int_{\widehat{\tau}} |\hat{u}|^2 .$$

Wir definieren $\chi : \mathbb{R}^3 \to \mathbb{R}^3$ für $\hat{\mathbf{x}} \in \widehat{\tau}$ und $x_3 \in \mathbb{R}$ durch

$$\chi(\hat{\mathbf{x}}, \hat{x}_3) := \chi_\tau^{\text{affin}}(\hat{\mathbf{x}}) + \hat{x}_3 \mathbf{n}_\tau = \mathbf{B}_\tau \hat{\mathbf{x}} + \hat{x}_3 \mathbf{n}_\tau + \mathbf{b}_\tau$$

und setzen $\hat{U}_\varepsilon := \chi^{-1}(U_\varepsilon)$. Damit läßt sich die Funktion $\hat{u}^\star : \hat{U}_\varepsilon \to \mathbb{R}$ durch

$$\hat{u}^\star := u^\star \circ \chi$$

erklären und erfüllt $\hat{u}^\star|_{\widehat{\tau}} = \hat{u}$ im Sinne der Spurbildung. Die Kettenregel liefert

$$(\nabla u^\star) \circ \chi_\tau^{\text{affin}} = \left(\mathbf{J}_\tau^{-1}\right)^\intercal \nabla \hat{u}^\star .$$

mit der Jacobi-Matrix $\mathbf{J}_\tau = [\mathbf{B}_\tau, \mathbf{n}_\tau]$ der Transformation χ. Daraus folgt

$$(\nabla_S u) \circ \chi_\tau^{\text{affin}} = \left(\mathbf{J}_\tau^{-1}\right)^\intercal \hat{\nabla} \hat{u}^\star \Big|_{\widehat{\tau}} .$$

Elementare Eigenschaften des Vektorprodukts ergeben

$$\mathbf{J}_\tau^{-1} \left(\mathbf{J}_\tau^{-1}\right)^\intercal = \begin{bmatrix} \mathbf{G}_\tau^{-1} & 0 \\ 0 & 1 \end{bmatrix}$$

und daraus folgt

$$\left\|(\nabla_S u) \circ \chi_\tau^{\text{affin}}\right\|^2 = \left\langle \hat{\nabla}\hat{u}, \mathbf{G}_\tau^{-1} \hat{\nabla}\hat{u} \right\rangle \qquad \text{auf } \widehat{\tau}.$$

Zusammen mit der Transformationsformel für Oberflächenintegrale ergibt sich die Behauptung. ■

Lemma 4.3.5 *Es gilt*

$$\|\mathbf{G}_\tau\| \le 2h_\tau^2, \qquad \|\mathbf{G}_\tau^{-1}\| \le \frac{2}{\pi^2} \left(\frac{h_\tau}{\rho_\tau}\right)^4 h_\tau^{-2}. \tag{4.3.6}$$

Beweis. Die Jacobi-Matrix $\mathbf{B}_\tau$ der affinen Transformation χ_τ^{affin} besitzt die Spaltenvektoren $\mathbf{b}_1$, $\mathbf{b}_2$. Der maximale Eigenwert der symmetrisch, positiv-definiten Matrix $\mathbf{G}_\tau$ läßt sich durch die Zeilensummennorm abschätzen

$$\|\mathbf{G}_\tau\| \le \max_{i=1,2} \left\{ \|\mathbf{b}_i\|^2 + \langle \mathbf{b}_1, \mathbf{b}_2 \rangle \right\} \le 2h_\tau^2,$$

da $\mathbf{b}_i$ Kantenvektoren von τ sind (vgl. Definition 4.1.2). Für die inverse Matrix gilt

$$\mathbf{G}_\tau^{-1} = \frac{1}{\det \mathbf{G}_\tau} \begin{bmatrix} \|\mathbf{b}_2\|^2 & -\langle \mathbf{b}_1, \mathbf{b}_2 \rangle \\ -\langle \mathbf{b}_1, \mathbf{b}_2 \rangle & \|\mathbf{b}_1\|^2 \end{bmatrix} = \left(\frac{|\widehat{\tau}|}{|\tau|}\right)^2 \begin{bmatrix} \|\mathbf{b}_2\|^2 & -\langle \mathbf{b}_1, \mathbf{b}_2 \rangle \\ -\langle \mathbf{b}_1, \mathbf{b}_2 \rangle & \|\mathbf{b}_1\|^2 \end{bmatrix}.$$

Daraus folgt für den größten Eigenwert

$$\|\mathbf{G}_\tau^{-1}\| \le \left(\frac{|\widehat{\tau}|}{\pi \rho_\tau^2}\right)^2 2h_\tau^2 \le \frac{2}{\pi^2} \left(\frac{h_\tau}{\rho_\tau}\right)^4 h_\tau^{-2}.$$

■

Lemma 4.3.4 läßt sich für höhere Ableitungen verallgemeinern.

Lemma 4.3.6 *Sei $\tau \in \mathcal{G}^{\text{affin}}$ das affine Bild des Referenzelements $\widehat{\tau}$*

$$\tau = \chi_\tau^{\text{affin}}(\widehat{\tau}) \quad \textit{mit} \quad \chi_\tau^{\text{affin}}(\hat{\mathbf{x}}) = \mathbf{B}_\tau \hat{\mathbf{x}} + \mathbf{b}_\tau.$$

Dann ist

$$v \in H^k(\tau) \Longleftrightarrow \hat{v} := v \circ \chi_\tau^{\text{affin}} \in H^k(\widehat{\tau}), \tag{4.3.7}$$

und es gilt für alle $0 \le \ell \le k$

$$|v|_{H^\ell(\tau)} \le C_1 h_\tau^{1-\ell} |\hat{v}|_{H^\ell(\widehat{\tau})},$$

$$|\hat{v}|_{H^\ell(\widehat{\tau})} \le C_2 h_\tau^{\ell-1} |v|_{H^\ell(\tau)}$$

mit Konstanten C_1, C_2, die nur von k und der Konstanten $\kappa_{\mathcal{G}}$ der Formregularität (vgl. Definition 4.1.11) abhängen.

Beweis. Die Äquivalenz (4.3.7) folgt aus der Kettenregel, da die Transformation affin ist und damit alle Ableitungen von χ_τ^{affin} beschränkt sind. Wir zeigen nur die erste Ungleichung, der Beweis der zweiten ist völlig analog.

Da $C^\infty(\tau) \cap H^\ell(\tau)$ dicht in $H^\ell(\tau)$ ist (vgl. Proposition 2.3.10), genügt es, die Aussage für glatte Funktionen zu beweisen.

Seien $v^\star$, $\hat{v}$, U_ε, $\hat{U}_\varepsilon$, $\hat{v}^\star$, χ, $\mathbf{J}_\tau$ wie im Beweis von Lemma 4.3.4. Im folgenden bezeichnet α immer einen dreidimensionalen Multiindex $\alpha \in \mathbb{N}_0^3$ und $\hat{\partial}$ bezeichnet die Ableitung in der Koordinaten des Referenzelements. Dann gilt

$$|v|_{H^\ell(\tau)}^2 = \sum_{|\alpha|=\ell} \int_\tau |\partial^\alpha v^\star|^2 = \frac{|\tau|}{|\widehat{\tau}|} \sum_{|\alpha|=\ell} \int_{\widehat{\tau}} |(\partial^\alpha v^\star) \circ \chi|^2 .$$

Aus der Kettenregel folgt

$$((\partial^\alpha v^\star) \circ \chi) = \left((\mathbf{J}_\tau^{-1})^\intercal \hat{\nabla}^\star \right)^\alpha \hat{v}^\star,$$

dabei bezeichnet $\hat{\nabla}^\star$ den dreidimensionalen Gradient (während der zweidimensionale im folgenden wie bisher mit $\hat{\nabla}$ bezeichnet wird). Für die (transponierte) Inverse der Jacobi-Matrix von χ gilt $(\mathbf{J}_\tau^{-1})^\intercal = [\mathbf{A}_\tau, \mathbf{n}_\tau]$ mit

$$\mathbf{A}_\tau := [\mathbf{a}_1, \mathbf{a}_2] \in \mathbb{R}^{3\times 2}, \quad \mathbf{a}_1 := \frac{|\widehat{\tau}|}{|\tau|} (\mathbf{b}_2 \times \mathbf{n}_\tau), \quad \mathbf{a}_2 := \frac{|\widehat{\tau}|}{|\tau|} (\mathbf{n}_\tau \times \mathbf{b}_1).$$

Wegen $\hat{\partial}_3 \hat{v}^\star = 0$ ergibt sich

$$((\partial^\alpha v^\star) \circ \chi)|_{\widehat{\tau}} = \left(\mathbf{A}_\tau \hat{\nabla} \right)^\alpha \hat{v}.$$

Für Multiindizes $\mu, \alpha \in \mathbb{N}_0^3$ verwenden wir die Konventionen

$$\sum_{\mu \le \alpha} \dots := \sum_{\mu_1=0}^{\alpha_1} \sum_{\mu_2=0}^{\alpha_2} \sum_{\mu_3=0}^{\alpha_3} \dots, \quad \binom{\alpha}{\mu} = \binom{\alpha_1}{\mu_1}\binom{\alpha_2}{\mu_2}\binom{\alpha_3}{\mu_3} \quad \text{und} \quad \mathbf{a}^\mu = \prod_{i=1}^3 \mathbf{a}_i^{\mu_i}.$$

Damit gilt

$$\left(\mathbf{A} \hat{\nabla} \right)^\alpha \hat{v} = \sum_{\mu \le \alpha} \binom{\alpha}{\mu} \mathbf{a}_1^\mu \mathbf{a}_2^{\alpha-\mu} \hat{\partial}_1^\mu \hat{\partial}_2^{\alpha-\mu} \hat{v}.$$

Um den Betrag abzuschätzen, nützen wir

$$|\mathbf{a}_{i,j}| \leq \|\mathbf{a}_i\| \leq \frac{h_\tau}{\pi \rho_\tau^2} \leq \frac{\kappa_{\mathcal{G}}^2}{\pi} h_\tau^{-1}$$

aus und erhalten mit $|\alpha| = \ell$

$$\left| \left(\mathbf{A} \hat{\nabla} \right)^\alpha \hat{v}\left(\hat{\mathbf{x}}\right) \right|^2 \leq C h_\tau^{-2\ell} \sum_{\mu \leq \alpha} \left| \hat{\partial}_1^\mu \hat{\partial}_2^{\alpha - \mu} \hat{v}\left(\hat{\mathbf{x}}\right) \right|^2$$

mit einer Konstante C, die lediglich von ℓ und der Konstanten $\kappa_{\mathcal{G}}$ abhängt. Integration über $\widehat{\tau}$ liefert:

$$\|\partial^\alpha v^\star\|_{L^2(\tau)}^2 = \frac{|\tau|}{|\widehat{\tau}|} \left\| \left(\mathbf{A} \hat{\nabla} \right)^\alpha \hat{v} \right\|_{L^2(\widehat{\tau})}^2 \leq C h_\tau^{2-2\ell} |\hat{v}|_{H^\ell(\widehat{\tau})}^2 .$$

Summation über alle α mit $|\alpha| = \ell$ ergibt die Behauptung. ∎

Satz 4.3.7 *Sei $\tau \in \mathcal{G}^{\text{affin}}$ das affine Bild des Referenzelement $\tau = \chi_\tau^{\text{affin}}(\widehat{\tau})$. Der Interpolationsoperator $\widehat{\Pi} : H^s(\widehat{\tau}) \to H^t(\widehat{\tau})$ sei stetig für $0 \leq t \leq s \leq k+1$, und es gelte*

$$\forall q \in \mathbb{P}_k^{\widehat{\tau}} : \quad \widehat{\Pi} q = q. \tag{4.3.8}$$

Dann gilt für den Operator $\Pi : H^s(\tau) \to H^t(\tau)$, definiert durch:

$$\Pi v := \left(\widehat{\Pi} \hat{v} \right) \circ \left(\chi_\tau^{\text{affin}} \right)^{-1} \quad \text{mit} \quad \hat{v} := v \circ \chi_\tau^{\text{affin}}, \tag{4.3.9}$$

für $0 \leq t \leq s \leq k+1$ die Fehlerabschätzung

$$\forall v \in H^{k+1}(\tau) : \ |v - \Pi v|_{H^t(\tau)} \leq C h_\tau^{s-t} |v|_{H^s(\tau)} . \tag{4.3.10}$$

Die Konstante C hängt nur von k und der Formregularität der Paneelierung ab, genauer von der Konstanten $\kappa_{\mathcal{G}}$ in Definition 4.1.11.

Beweis. Auf dem Referenzelement $\widehat{\tau}$ gilt nach Proposition 4.3.3

$$\left\| \hat{v} - \widehat{\Pi} \hat{v} \right\|_{H^t(\widehat{\tau})} \leq \hat{c} |\hat{v}|_{H^s(\widehat{\tau})} .$$

Wir transportieren diese Abschätzung von $\widehat{\tau}$ nach $\tau = \chi_\tau^{\text{affin}}(\widehat{\tau})$. Mit Lemma 4.3.6 folgt die Fehlerabschätzung für $s = k+1$

$$|v - \Pi v|_{H^t(\tau)} \leq C h_\tau^{1-t} \left| \hat{v} - \widehat{\Pi} \hat{v} \right|_{H^t(\widehat{\tau})} \leq C h_\tau^{1-t} |\hat{v}|_{H^{k+1}(\widehat{\tau})} \leq C h_\tau^{k+1-t} |v|_{H^{k+1}(\tau)} .$$

Für $s < k+1$ folgt (4.3.10) aus der Stetigkeit von $\widehat{\Pi} : H^s(\widehat{\tau}) \to H^t(\widehat{\tau})$ durch Interpolation (vgl. Beweis von Satz 4.1.32). ∎

Bemerkung 4.3.8 *Der Interpolationsoperator $\widehat{I^k}$ aus (4.1.71) erfüllt wegen des Sobolevschen Einbettungssatzes die Voraussetzungen von Proposition 4.3.3 mit $p \leftarrow k \geq 1$.*

Für $k = 0$ läßt sich $\widehat{\Pi}$ als Mittelwert definieren:

$$\left(\widehat{\Pi} v \right)(\mathbf{x}) = \frac{1}{|\widehat{\tau}|} \int_{\widehat{\tau}} v \qquad \forall \mathbf{x} \in \widehat{\tau}.$$

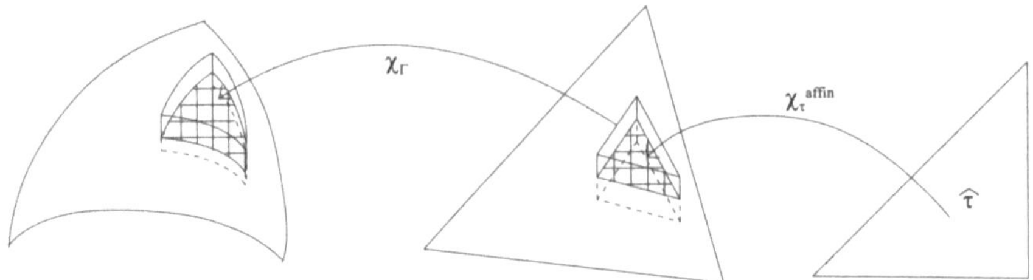

Abbildung 4.6: Links: gekümmtes Oberflächenpaneel τ mit dreidimensionaler Umgebung U_τ. Mitte: ebenes Oberflächenpaneel τ^{affin} mit Umgebung U_τ^{affin}. Rechts: Referenzelement $\widehat{\tau} \subset \mathbb{R}^2$.

4.3.2 Approximation auf gekrümmten Paneelen*

In diesem Abschnitt beweisen wir die Approximationseigenschaft für gekrümmte Paneele, welche folgende geometrische Annahmen erfüllen (vgl. Annahme 4.1.5 und Abbildung 4.6). Für $\mathbf{x} \in \tau \in \mathcal{G}$ bezeichnet $\mathbf{n}_\tau(\mathbf{x}) \in \mathbb{S}_2$ den Normalenvektor an τ im Punkt $\mathbf{x}$.

Annahme 4.3.9 *Für jedes $\tau \in \mathcal{G}$ mit zugehöriger Referenzabbildung $\chi_\tau : \widehat{\tau} \to \tau$ existiert*

- *eine reguläre, affine Abbildung $\chi_\tau^{\text{affin}} : \mathbb{R}^3 \to \mathbb{R}^3$ der Form*

$$\chi_\tau^{\text{affin}}(\hat{\mathbf{x}}, x_3) = \begin{bmatrix} \mathbf{a} & \mathbf{0} \\ \mathbf{0} & 1 \end{bmatrix} \begin{pmatrix} \hat{\mathbf{x}} \\ \hat{x}_3 \end{pmatrix} + \begin{pmatrix} \mathbf{b}_\tau \\ 0 \end{pmatrix}$$

mit $\mathbf{a} \in \mathbb{R}^{2\times 2}$, $(\hat{\mathbf{x}}, \hat{x}_3) \in \mathbb{R}^2 \times \mathbb{R}$, $\mathbf{b}_\tau \in \mathbb{R}^2$ *und* $\det \mathbf{a} > 0$,

- *ein von $\mathcal{G}$ unabhängiger C^∞-Diffeomorphismus $\chi : U \to V$ mit offenen Mengen $U, V \in \mathbb{R}^3$, die*

$$\begin{aligned} \tau_\varepsilon^{\text{affin}} \subset U, \quad & \tau_\varepsilon^{\text{affin}} := \left\{\chi_\tau^{\text{affin}}(\hat{\mathbf{x}}, 0) : \hat{\mathbf{x}} \in \widehat{\tau}\right\} \times (-\varepsilon, \varepsilon), \\ \tau_\varepsilon \subset V, \quad & \tau_\varepsilon := \{\mathbf{x} + \alpha \mathbf{n}_\tau(\mathbf{x}) : \mathbf{x} \in \tau, \ \alpha \in (-\varepsilon, \varepsilon)\} \end{aligned}$$

für ein $\varepsilon > 0$ erfüllen, so daß

$$\chi_\tau(\hat{\mathbf{x}}) = \chi \circ \chi_\tau^{\text{affin}}(\hat{\mathbf{x}}, 0)$$

gilt,

- *und für jede Funktion $u \in H^k(\tau)$ mit konstanter Fortsetzung*

$$u^\star(\mathbf{x} + \alpha \mathbf{n}_\tau(\mathbf{x})) = u(\mathbf{x}) \tag{4.3.11}$$

gilt

$$\partial\left(u^\star \circ \chi \circ \chi_\tau^{\text{affin}}\right) / \partial \hat{x}_3 = 0. \tag{4.3.12}$$

Eine derartige Situation wurde in Beispiel 4.1.6 vorgestellt (vgl. auch [103, Chapter 2]). Zunächst beweisen wir eine Transformationsformel für zusammengesetzte Funktionen.

*Dieser Abschnitt ist als Ergänzung zum eigentlichen Schwerpunkt dieses Buches zu betrachten.

Lemma 4.3.10 *Sei $\eta : U \to V$ ein C^∞-Diffeomorphismus und $U, V \in \mathbb{R}^3$ offene Mengen. Für eine Funktion $u \in H^k(V)$ setzen wir $\tilde{u} = u \circ \eta$. Dann gilt $\tilde{u} \in H^k(U)$ und für alle $\alpha \in \mathbb{N}_0^3$, $1 \le |\alpha| \le k$:*

$$(\partial^\alpha \tilde{u}) \circ \eta^{-1} = \sum_{|\beta|=1}^{|\alpha|} c_\beta \partial^\beta u \tag{4.3.13}$$

mit Koeffizienten c_β, die reelle Linearkombination aus Produkten der Form

$$\prod_{r=1}^{|\beta|} \partial^{\mu_r} \eta_{n_r} \tag{4.3.14}$$

sind, wobei die auftretenden Indizes für $1 \le r \le |\beta|$ die Relationen $1 \le n_r \le 3$, $\mu_r \in \mathbb{N}_0^3$ und $\sum_{r=1}^{|\beta|} |\mu_r| = |\alpha|$ erfüllen.

Beweis. Für die Äquivalenz $u \in H^k(V) \iff \tilde{u} \in H^k(U)$ genügt es, (4.3.13) für glatte Funktionen zu beweisen. Formel (4.3.13) zeigen wir per Induktion. Sei $\mathbf{e}_k$ der k-te kanonische Einheitsvektor im $\mathbb{R}^3$.

Anfang: Für $|\alpha| = 1$ rechnet man explizit nach

$$(\partial^\alpha \tilde{u}) \circ \eta^{-1} = \sum_{|\beta|=1} c_\beta \partial^\beta u, \quad \text{wobei für } \beta = \mathbf{e}_k \text{ gilt: } c_\beta = \partial^\alpha \eta_k.$$

Annahme: Die Behauptung gelte für $|\alpha| \le i - 1$.

Schluß: Sei $|\alpha| = i$ und ein $1 \le k \le 3$ so gewählt, daß $\tilde{\alpha} = \alpha - \mathbf{e}_k \in \mathbb{N}_0^3$ gilt. Damit erhalten wir

$$\begin{aligned}(\partial^\alpha \tilde{u}) \circ \eta^{-1} &= \partial_k \left(\partial^{\tilde{\alpha}} \tilde{u}\right) \circ \eta^{-1} = \left(\partial_k \sum_{|\beta|=1}^{i-1} c_\beta \left(\partial^\beta u\right) \circ \eta\right) \circ \eta^{-1} \\ &= \sum_{|\beta|=1}^{i-1} \left(\partial_k c_\beta\right) \partial^\beta u + \sum_{|\beta|=1}^{i-1} \sum_{j=1}^{3} \left(c_\beta \partial_k \eta_j\right) \left(\partial_j \partial^\beta u\right).\end{aligned}$$

Damit ist die Behauptung bewiesen, wenn wir zeigen, daß $\partial_k c_\beta$ und $c_\beta\left(\partial_k \eta_j\right)$ von der Bauart (4.3.14) ist. Es gilt mit der Leibnizschen Produktregel

$$\partial_k \prod_{r=1}^{|\beta|} \partial^{\mu_r} \eta_{n_r} = \sum_{j=1}^{|\beta|} \left(\partial_k \partial^{\mu_j}\right) \eta_{n_j} \prod_{\substack{r=1 \\ r \ne j}}^{|\beta|} \partial^{\mu_r} \eta_{n_r}$$

und der rechte Ausdruck ist eine Linearkombination von Termen der Form

$$\prod_{r=1}^{|\beta|} \partial^{\tilde{\mu}_r} \eta_{n_r}$$

mit $\sum_{r=1}^{|\beta|} |\tilde{\mu}_r| = i$. Für das Produkt $c_\beta\left(\partial_k \eta_j\right)$ folgt die Behauptung analog. ∎

Korollar 4.3.11

1. *Die Voraussetzungen aus Lemma 4.3.10 seien erfüllt. Dann gilt*

$$C_1 \sum_{i=1}^{k} |\tilde{u}|^2_{H^i(U)} \leq |u|^2_{H^k(V)} \leq C_2 \sum_{i=1}^{k} |\tilde{u}|^2_{H^i(U)} .$$

Dabei hängen die Konstanten C_1, C_2 lediglich von k und den Ableitungen von η, η^{-1} bis zur Ordnung k ab.

2. *Es seien Annahme 4.3.9 und die Voraussetzungen aus Lemma 4.3.10 mit $\eta \leftarrow \chi$ erfüllt. Für $\tau \in \mathcal{G}$, $\tau^{\text{affin}} := \chi^{-1}(\tau)$ und $u \in H^k(\tau)$, $\tilde{u}(\hat{\mathbf{x}}) := u \circ \chi(\hat{\mathbf{x}}, 0)$ gilt*

$$C_3 \sum_{i=1}^{k} |\tilde{u}|^2_{H^i(\tau^{\text{affin}})} \leq |u|^2_{H^k(\tau)} \leq C_4 \sum_{i=1}^{k} |\tilde{u}|^2_{H^i(\tau^{\text{affin}})} .$$

Dabei hängen die Konstanten C_3, C_4 wiederum lediglich von k und den Ableitungen von χ, χ^{-1} bis zur Ordnung k ab.

Beweis. Aussage 1 folgt aus der Transformationsformel (4.3.13).

Für die zweite Aussage setzen wir u konstant in Normalenrichtung gemäß (4.3.11) zu einer Funktion $u^\star$ fort und beachten, daß die Normalenableitungen von $u^\star$ verschwinden, also $|u^\star|_{H^k(\tau_\varepsilon)} = |u|_{H^k(\tau)}$ gilt.

Aus (4.3.12) folgt $|u^\star \circ \chi|_{H^k(\tau_\varepsilon^{\text{affin}})} = |\tilde{u}|_{H^k(\tau^{\text{affin}})}$ und daher die Behauptung aus Teil 1. ∎

Im nächsten Schritt wenden wir Lemma 4.3.10 auf die zusammengesetzte Referenzabbildung an und untersuchen die Abhängigkeit vom Paneeldurchmesser h_τ.

Lemma 4.3.12 *Es seien Annahme 4.3.9 und die Voraussetzungen aus Lemma 4.3.10 mit $\eta \leftarrow \chi$ erfüllt. Für $\tau \in \mathcal{G}$ und $u \in H^k(\tau)$, $\tau \subset V$, $\hat{u} := u \circ \chi_\tau$ gilt*

$$v \in H^k(\tau) \Longleftrightarrow \hat{v} := v \circ \chi_\tau \in H^k(\hat{\tau}) \tag{4.3.15}$$

und

$$|u|^2_{H^k(\tau)} \leq C_1 h_\tau^{2-2k} \sum_{i=1}^{k} |\hat{u}|^2_{H^i(\hat{\tau})}$$

$$|\hat{u}|^2_{H^k(\hat{\tau})} \leq C_2 h_\tau^{2k-2} \sum_{i=1}^{k} |u|^2_{H^i(\tau)} .$$

Die Konstanten C_1, C_2, hängen nur von k, der Konstanten $\kappa_{\mathcal{G}}$ der Formregularität (vgl. Definition 4.1.11) und den Ableitungen von χ, χ^{-1} bis zur Ordnung k ab.

Beweis. Aus Korollar 4.3.11 folgt

$$|u|^2_{H^k(\tau)} \leq C \sum_{i=1}^{k} |\tilde{u}|^2_{H^i(\tau^{\text{affin}})} .$$

Damit lassen sich die Transformationsformel aus Lemma 4.3.6 verwenden und ergeben die Abschätzungen

$$|u|^2_{H^k(\tau)} \leq C_1 h_\tau^2 \sum_{i=1}^{k} h^{-2i} |\tilde{u}|^2_{H^i(\tau^{\text{affin}})} \leq C_2 h_\tau^{2-2k} \sum_{i=1}^{k} |\hat{u}|^2_{H^i(\hat{\tau})},$$

$$|\hat{u}|^2_{H^k(\hat{\tau})} \leq C_3 h_\tau^{2k-2} |\tilde{u}|^2_{H^k(\tau^{\text{affin}})} \leq C_4 h_\tau^{2k-2} \sum_{i=1}^{k} |u|^2_{H^i(\tau)}.$$

■

Damit ergibt sich das Analogon von Satz 4.3.7 für gekrümmte Paneele.

Satz 4.3.13 *Es seien Annahme 4.3.9 und die Voraussetzungen aus Lemma 4.3.10 mit $\eta \leftarrow \chi$ erfüllt. Sei $\tau \in \mathcal{G}$ das Bild des Referenzelements $\hat{\tau}$ gemäß $\tau = \chi_\Gamma \circ \chi_\tau^{\text{affin}}$. Der Interpolationsoperator $\widehat{\Pi} : H^s(\hat{\tau}) \to H^t(\hat{\tau})$ erfülle für $0 \leq t \leq s \leq k+1$ die Voraussetzungen aus Satz 4.3.7.*

Dann gilt für den Operator $\Pi : H^s(\tau) \to H^t(\tau)$, definiert durch:

$$\Pi v := \left(\widehat{\Pi}\hat{v}\right) \circ \chi_\tau^{-1} \quad \text{mit} \quad \hat{v} := v \circ \chi_\tau,$$

für $0 \leq t \leq s \leq k+1$ die Fehlerabschätzung

$$\forall v \in H^{k+1}(\tau) : \ |v - \Pi v|_{H^t(\tau)} \leq C h_\tau^{s-t} \|v\|_{H^s(\tau)}. \tag{4.3.16}$$

Die Konstante C hängt nur von k, der Formregularität der Paneelierung über die Konstante $\kappa_\mathcal{G}$ in Definition 4.1.11 ab, sowie den Ableitungen von χ, χ^{-1} bis zur Ordnung k ab.

Satz 4.3.7 und Satz 4.3.13 beinhalten die zentralen, lokalen Approximationseigenschaften, die in den Unterkapiteln 4.3.4, 4.3.5 zu Fehlerabschätzungen für Randelemente zusammengesetzt werden. Die globale Approximation für stetige Randelemente wird für hinreichend glatte Funktion am einfachsten durch Interpolation konstruiert. Dazu müssen die Funktionen $u \in H^s_{stw}(\Gamma)$ stetig sein. Im folgenden Abschnitt zeigen wir, daß dies für $s > 1$ gilt.

4.3.3 Stetigkeit von Funktionen in $H^s_{stw}(\Gamma)$ für $s > 1$

Um technische Schwierigkeiten zu vermeiden, legen wir in diesem Abschnitt generell die geometrische Situation aus Beispiel 4.1.6(1) zugrunde.

Annahme 4.3.14 *Γ ist eine stückweise glatte Lipschitz-Oberfläche, die sich bi-Lipschitz-stetig über einer Polyederoberfläche $\hat{\Gamma}$ parametrisieren läßt: $\chi_\Gamma : \hat{\Gamma} \to \Gamma$.*

Dann sind auf Γ die Sobolev-Räume $H^s(\Gamma)$ für $|s| \leq 1$ invariant definiert, hängen also nicht von der gewählten Parametrisierung von Γ ab (vgl. Proposition 2.4.2). Für höheren Differentiationsindex $s > 1$ ist $H^s_{stw}(\Gamma)$ wie in (4.1.84) definiert. Diese Räume bilden eine Skala mit

$$L^2(\Gamma) = H^0_{stw}(\Gamma) \supset H^s_{stw}(\Gamma) \supset H^t_{stw}(\Gamma), \ 0 < s < t. \tag{4.3.17}$$

Lemma 4.3.15 *Für $s > 1$ ist jedes $u \in H^s_{stw}(\Gamma)$ stetig auf Γ, d.h. $H^s_{stw}(\Gamma) \subset C^0(\Gamma)$.*

Beweis. Γ ist das bi-Lipschitz-stetige Bild einer Polyederoberfläche: $\Gamma = \chi_\Gamma\left(\hat{\Gamma}\right)$, und daher genügt es, die Aussage für Polyederoberflächen zu beweisen. Seien $\hat{\Gamma}^j$, $1 \leq j \leq J$, die ebenen, relativ abgeschlossenen, polygonalen Seitenflächen des Polyeders.

Sei $u \in H^s_{stw}\left(\hat{\Gamma}\right)$ für $s > 1$. Der Sobolevsche Einbettungssatz impliziert $u \in C^0\left(\overline{\hat{\Gamma}^j}\right)$ für alle $1 \leq j \leq J$, und es genügt, die Stetigkeit über die gemeinsamen Kanten der Flächenstücke $\hat{\Gamma}_j$ zu beweisen. Wir betrachten dazu zwei Flächenstücke $\hat{\Gamma}_i$ und $\hat{\Gamma}_j$ mit gemeinsamer Kante $\hat{E}$. Dann existiert ein (offenes) Polygongebiet $U \subset \mathbb{R}^2$ und eine bi-Lipschitz-stetige Abbildung $\chi : \overline{U} \to \hat{\Gamma}_i \cup \hat{\Gamma}_j$ mit den Eigenschaften

$$\overline{U}_1 := \chi^{-1}\left(\hat{\Gamma}_i\right), \quad \overline{U}_2 := \chi^{-1}\left(\hat{\Gamma}_j\right), \quad \text{und} \quad \chi|_{U_k} \text{ ist affin für } k = 1, 2.$$
$$U_1,\ U_2 \text{ sind disjunkt und } \overline{U} = \overline{U_1 \cup U_2}.$$
$$e := \chi^{-1}\left(\hat{E}\right) = \overline{U_1} \cap \overline{U_2}.$$

Es genügt zu zeigen, daß $w := u \circ \chi$ stetig über e ist. Offensichtlich gilt $w_k := w \circ \chi_k \in H^s(U_k)$, $k = 1, 2$ und $w \in H^1(U)$. Damit folgt die Behauptung aus Satz 2.6.8 und Bemerkung 2.6.10. ∎

4.3.4 Approximationseigenschaften von $S_{\mathcal{G}}^{p,-1}$

Wir beweisen die Fehlerabschätzung (4.1.56) für die folgenden geometrischen Situationen:

Annahme 4.3.16 (Polyederoberfläche) *Γ ist die Oberfläche eines Polyeders. Das Gitter $\mathcal{G}$ auf Γ besteht aus ebenen, geradlinig berandeten Paneelen mit Maschenweite $h > 0$.*

Annahme 4.3.17 (Gekrümmte Oberfläche) *Es gilt Annahme 4.3.9, und die Voraussetzungen aus Lemma 4.3.10 sind mit $\eta \leftarrow \chi$ erfüllt.*

Satz 4.3.18 *Es gelte Annahme 4.3.16 oder Annahme 4.3.17. Sei $s \geq 0$. Dann existiert ein Operator $I_{\mathcal{G}}^{p,-1} : H^s_{stw}(\Gamma) \to S_{\mathcal{G}}^{p,-1}$ mit*

$$\left\|u - I_{\mathcal{G}}^{p,-1} u\right\|_{L^2(\Gamma)} \leq C\, h^{\min(p+1,s)} \left\|u\right\|_{H^s(\Gamma)}. \tag{4.3.18}$$

Die Konstante C hängt für eine Polyederoberfläche lediglich von p und von der Formregularität des Gitters $\mathcal{G}$ über die Konstante $\kappa_{\mathcal{G}}$ aus Definition 4.1.11 ab. Im Fall einer gekrümmten Oberfläche hängt sie darüberhinaus von den Ableitungen der globalen Transformationen χ, χ^{-1} bis zur Ordnung k ab.

Beweis. Sei $\widehat{\Pi}^p_{\hat{\tau}} : H^s(\hat{\tau}) \to \mathbb{P}^\Delta_p$ die L^2-Projektion:

$$\left(\widehat{\Pi}^p_{\hat{\tau}} u, q\right)_{L^2(\hat{\tau})} = (u, q)_{L^2(\hat{\tau})} \qquad \forall q \in \mathbb{P}^\Delta_p. \tag{4.3.19}$$

Diese heben wir hoch zu den Paneelen $\tau \in \mathcal{G}$ mittels

$$\left(\Pi^p_\tau u_\tau\right)(\mathbf{x}) := \left(\widehat{\Pi}^p_{\hat{\tau}} \hat{u}_\tau\right) \circ \chi_\tau^{-1}(\mathbf{x}) \qquad \forall \mathbf{x} \in \tau,$$

wobei $u_\tau := u|_\tau$ und $\hat{u}_\tau := u_\tau \circ \chi_\tau$. Der Operator $I_{\mathcal{G}}^{p,-1}$ ist dann paneelweise aus Π_τ^p zusammengesetzt:

$$I_{\mathcal{G}}^{p,-1}u\big|_\tau := \Pi_\tau^p u \qquad \forall \tau \in \mathcal{G}.$$

Offensichtlich ist damit eine Abbildung von $H_{stw}^s(\Gamma)$ nach $S_{\mathcal{G}}^{p,-1}$ definiert. Der Operator $\widehat{\Pi}_{\widehat{\tau}}^p$ erfüllt die Voraussetzungen aus Satz 4.3.7, denn für die Orthogonalprojektion gilt

1. $$\left\|\widehat{\Pi}_{\widehat{\tau}}^p \hat{v}\right\|_0 \leq \|\hat{v}\|_0 \qquad \forall \hat{v} \in L^2(\widehat{\tau}).$$

   Da $\widehat{\Pi}_{\widehat{\tau}}^p \hat{v}$ ein Polynom im endlichdimensionalen Raum $\mathbb{P}_p^\Delta$ ist, sind alle Normen äquivalent, und es existiert ein $C_p > 0$, so daß für alle $0 \leq t \leq s \leq p+1$ gilt

   $$\left\|\widehat{\Pi}_{\widehat{\tau}}^p \hat{v}\right\|_s \leq C_p \left\|\widehat{\Pi}_{\widehat{\tau}}^p \hat{v}\right\|_0 \leq C_p \|\hat{v}\|_0 \leq C_p \|\hat{v}\|_t \qquad \forall \hat{v} \in H^s(\widehat{\tau}).$$

2. Aus der Charakterisierung (4.3.19) folgt sofort

   $$\forall q \in \mathbb{P}_p^\Delta : \widehat{\Pi} q = q.$$

Wir können daher (4.3.10) bzw. (4.3.16) anwenden mit $t = 0$ und erhalten für alle $v \in H^s(\Gamma)$ mit $0 \leq s \leq p+1$ die Fehlerabschätzung

$$\left|v - I_{\mathcal{G}}^{p,-1} v\right|_{L^2(\tau)} \leq C h_\tau^s \|v\|_{H^s(\tau)}. \tag{4.3.20}$$

Quadrieren und Summieren über alle $\tau \in \mathcal{G}$ ergibt die Behauptung. ■

Fehlerabschätzungen in negativen Normen ergeben sich aus Satz 4.3.18 durch dasselbe Dualitätsargument wie im Beweis von Satz 4.1.32. Dies ist Gegenstand des folgenden Satzes.

Satz 4.3.19 *Die Annahmen aus Satz 4.3.18 seien erfüllt. Dann gilt für den Interpolant $I_{\mathcal{G}}^{p,-1}$ und $0 \leq t \leq s \leq p+1$ und alle $u \in H_{stw}^s(\Gamma)$ die Abschätzung*

$$\|u - I_{\mathcal{G}}^{p,-1} u\|_{H^{-t}(\Gamma)} \leq C h^{s+t} \|u\|_{H^s(\Gamma)}. \tag{4.3.21}$$

Beweis. Die stetige Erweiterung des L^2-Skalarprodukts auf $H_{stw}^{-t}(\Gamma) \times H_{stw}^t(\Gamma)$ wird wieder mit $(\cdot,\cdot)_0$ bezeichnet. Da $I_{\mathcal{G}}^{p,-1}$ lokal aus L^2-Orthogonalprojektionen zusammengesetzt ist, gilt für beliebiges $\varphi_{\mathcal{G}} \in S_{\mathcal{G}}^{p,-1}$

$$\left\|u - I_{\mathcal{G}}^{p,-1} u\right\|_{H^{-t}(\Gamma)} = \sup_{\varphi \in H^t(\Gamma)\backslash\{0\}} \frac{\left|\left(u - I_{\mathcal{G}}^{p,-1} u, \varphi\right)_0\right|}{\|\varphi\|_{H^t(\Gamma)}} = \sup_{\varphi \in H^t(\Gamma)\backslash\{0\}} \frac{\left|\left(u - I_{\mathcal{G}}^{p,-1} u, \varphi - \varphi_{\mathcal{G}}\right)_0\right|}{\|\varphi\|_{H^t(\Gamma)}} \tag{4.3.22}$$

(vgl. Beweis von Satz 4.1.32). Mit der Wahl $\varphi_{\mathcal{G}} = I_{\mathcal{G}}^{p,-1} \varphi \in S_{\mathcal{G}}^{p,-1}$ folgt (4.3.21) durch zweimaliges Anwenden von (4.3.18). ■

Bemerkung 4.3.20 *Korollar 4.1.33 folgt aus (4.3.21) mit $t = \frac{1}{2}$.*

4.3.5 Approximationseigenschaften von $S_{\mathcal{G}}^{p,0}$

Wir beweisen hier die Approximationseigenschaften stetiger Randelemente, die bereits in Proposition 4.1.46 angegeben worden sind.

Satz 4.3.21 *Es gelte Annahme 4.3.16 oder Annahme 4.3.17.*

Dann existiert ein Interpolationsoperator $I_{\mathcal{G}}^{p,0} : H_{stw}^s(\Gamma) \to S_{\mathcal{G}}^{p,0}$ derart, daß für $t = 0, 1$ und $1 < s \leq p + 1$ für alle $u \in H_{stw}^s(\Gamma)$ gilt

$$\left\| u - I_{\mathcal{G}}^{p,0} u \right\|_{H^t(\Gamma)} \leq C h^{s-t} \left\| u \right\|_{H^s(\Gamma)} . \tag{4.3.23}$$

Die Konstante C hängt für eine Polyederoberfläche lediglich von p und von der Formregularität des Gitters $\mathcal{G}$ über die Konstante $\kappa_{\mathcal{G}}$ aus Definition 4.1.11 ab. Im Fall einer gekrümmten Oberfläche hängt sie darüberhinaus von den Ableitungen der globalen Transformationen χ, χ^{-1} bis zur Ordnung k ab.

Beweis. Lemma 4.3.15 impliziert $u \in H_{stw}^s(\Gamma) \subset C^0(\Gamma)$ für $s > 1$. Wir definieren $I_{\mathcal{G}}^{p,0} u$ auf $\tau \in \mathcal{G}$ durch

$$\left(I_{\mathcal{G}}^{p,0} u_\tau \right)(\mathbf{x}) := \left(\widehat{I}^p \hat{u}_\tau \right) \circ \chi_\tau^{-1}(\mathbf{x}) \qquad \forall \mathbf{x} \in \tau \tag{4.3.24}$$

mit $u_\tau := u|_\tau$, $\hat{u}_\tau := u_\tau \circ \chi_\tau$ und dem Interpolationsoperator $\widehat{I}^p$ aus (4.1.71) für die Stützstellenmenge Σ_p aus Satz 4.1.38. Dieser ist wohldefiniert wegen Satz 4.1.38 und erfüllt

$$\begin{aligned} \left(\widehat{I}^p \hat{u}_\tau \right)(\mathbf{z}) &= \hat{u}_\tau(\mathbf{z}) && \forall \mathbf{z} \in \Sigma_p, \\ \widehat{I}^p q &= q && \forall q \in \mathbb{P}_p^{\widehat{\tau}} . \end{aligned}$$

Wegen Lemma 4.3.1 gilt auf dem Referenzelement

$$\begin{aligned} \left\| \widehat{I}^p \hat{u}_\tau \right\|_t &\leq \left\| \widehat{I}^p \hat{u}_\tau \right\|_{p+1} \leq c_2 \left(\left| \widehat{I}^p \hat{u}_\tau \right|_{p+1} + \sum_{\mathbf{z} \in \Sigma^p} \left| \left(\widehat{I}^p \hat{u}_\tau \right)(\mathbf{z}) \right| \right) = c_2 \sum_{\mathbf{z} \in \Sigma^p} \left| \hat{u}(\mathbf{z}) \right| \\ &\leq c_2 \left\| \hat{u} \right\|_{C^0(\widehat{\tau})} \leq C c_2 \left\| \hat{u} \right\|_{H^s(\widehat{\tau})} . \end{aligned}$$

Damit ist Satz 4.3.7 bzw. Satz 4.3.13 anwendbar, und wir erhalten für $1 < s \leq p + 1$ und $t \in \{0, 1\}$ die Abschätzung

$$\forall u \in H^s(\tau) : \left| u_\tau - I_{\mathcal{G}}^{p,0} u_\tau \right|_{H^t(\tau)} \leq C h_\tau^{s-t} \left\| u_\tau \right\|_{H^s(\tau)} . \tag{4.3.25}$$

Quadrieren von (4.3.25) und Summieren über alle $\tau \in \mathcal{G}^{\text{affin}}$ ergibt (4.3.23). ∎

4.4 Inverse Abschätzungen

Die Räume $H^s(\Gamma)$ bilden eine Skala:

$$H^s(\Gamma) \subseteq H^t(\Gamma), \quad \text{für } t \leq s, \tag{4.4.1}$$

mit stetiger Einbettung: Es gibt $C(s, t) > 0$ derart, daß gilt

$$\left\| u \right\|_{H^t(\Gamma)} \leq C(s, t) \left\| u \right\|_{H^s(\Gamma)} , \qquad \forall u \in H^s(\Gamma) . \tag{4.4.2}$$

Man beachte, daß der Bereich von s und t durch die Glattheit der Oberfläche beschränkt sein kann (vgl. Abschnitt 2.4). Die Umkehrung dieser Ungleichung ist im allgemeinen falsch.

Übungsaufgabe 4.4.1 *Gesucht ist eine Funktionenfolge* $(u_n)_{n\in\mathbb{N}} \in C^\infty([0,1])$, *welche die Umkehrung von (4.4.2) für* $s=0$ *und* $t=1$ *verletzt, also*

$$\lim_{n\to\infty} \|u_n\|_{H^1([0,1])} / \|u_n\|_{L^2([0,1])} = \infty$$

erfüllt.

Für Randelementfunktionen gilt aber eine Umkehrung von (4.4.2), eine sogenannte **inverse Ungleichung**, wobei die Konstante C von der Dimension des Randelementraumes abhängt. Im folgenden nehmen wir an, daß die maximale Maschenweite h durch eine globale Konstante h_0 nach oben beschränkt ist. Beispielsweise kann $h_0 = \operatorname{diam}\Gamma$ oder -für hinreichend feine Paneelierungen- $h_0 = 1$ gewählt werden.

Satz 4.4.2 *Es gelte Annahme 4.3.16 oder Annahme 4.3.17. Für* $0 \le m \le \ell$, *alle* $\tau \in \mathcal{G}$ *und alle* $v \in \mathbb{P}_k^\tau$ *gilt:*

$$\|v\|_{H^\ell(\tau)} \le C h_\tau^{m-\ell} \|v\|_{H^m(\tau)}.$$

Die Konstante C *hängt lediglich von* h_0, ℓ, k *und für eine Polyederoberfläche von der Formregularität des Gitters* $\mathcal{G}$ *über die Konstante* $\kappa_{\mathcal{G}}$ *aus Definition 4.1.11 ab. Im Fall einer gekrümmten Oberfläche hängt sie darüberhinaus von den Ableitungen der globalen Transformationen* χ, χ^{-1} *bis zur Ordnung* k *ab.*

Beweis. Es genügt, den Fall einer ebenen Polyederoberfläche zu betrachten, wegen der h-unabhängigen Äquivalenz der Normen $\|v\|_{H^\ell(\tau)}$ und $\|\tilde{v}\|_{H^\ell(\tau^{\mathrm{affin}})}$ aus Korollar 4.3.11).

Fall 1: $m = 0$. Da $\mathbb{P}_k^\tau$ endlichdimensional ist, sind alle Normen auf $\mathbb{P}_k^\tau$ äquivalent: Es existiert eine positive Konstante C_ℓ, so daß für $0 \le j \le \ell$

$$\|\hat{v}\|_{H^j(\tau)} \le C_\ell \|\hat{v}\|_{L^2(\tau)} \qquad \forall \hat{v} \in \mathbb{P}_k^{\hat{\tau}}.$$

Mit Lemma 4.3.6 bzw. Lemma 4.3.12 folgt daraus für alle $v \in \mathbb{P}_k^\tau$

$$|v|_{H^j(\tau)} \le C_1 h_\tau^{1-j} |\hat{v}|_{H^j(\hat{\tau})} \le C_\ell C_1 h_\tau^{1-j} \|\hat{v}\|_{L^2(\tau)} \le C_\ell C_1 C_2 h_\tau^{-j} \|v\|_{L^2(\tau)}.$$

Für die $\|\cdot\|_{H^\ell}$-Norm ergibt sich durch Summation der Quadrate der Seminormen

$$\|v\|_{H^\ell(\tau)} \le C h_\tau^{-\ell} \|v\|_{L^2(\tau)}, \tag{4.4.3}$$

wobei C von ℓ, k und der oberen Schranke für die Maschenweite h_0 abhängt.

Fall 2: $0 < m \le \ell$. Für $\ell - m \le n \le \ell$ und $|\alpha| = n$ schreiben wir $\partial^\alpha v = \partial^\beta \partial^{\alpha-\beta}$ mit $|\beta| = \ell - m$ und $\beta \le \alpha$ komponentenweise. Dann gilt mit Fall 1:

$$\|\partial^\alpha v\|_{L^2(\tau)} \le \left|\partial^{\alpha-\beta} v\right|_{H^{\ell-m}(\tau)} \le C h_\tau^{m-\ell} \left\|\partial^{\alpha-\beta} v\right\|_{L^2(\tau)} \le C h_\tau^{m-\ell} |v|_{H^{n-\ell+m}(\tau)}.$$

Da $|\alpha| = n$ beliebig war, folgt hieraus und aus $n - \ell + m \le m$

$$|v|_{H^n(\tau)} \le C h_\tau^{m-\ell} |v|_{H^{n-\ell+m}(\tau)} \le C h_\tau^{m-\ell} \|v\|_{H^m(\tau)} \tag{4.4.4}$$

für beliebiges $\ell - m \le n \le \ell$. Die Ungleichung (4.4.3) für $\ell \leftarrow \ell - m$ und Abschätzung (4.4.4) ergeben schließlich die Behauptung

$$\begin{aligned} \|v\|_{H^\ell(\tau)}^2 &= \|v\|_{H^{\ell-m}(\tau)}^2 + \sum_{n=\ell-m+1}^{m} |v|_{H^n(\tau)}^2 \le C \left\{ h_\tau^{2(m-\ell)} \|v\|_{L^2(\tau)}^2 + \sum_{n=\ell-m+1}^{m} h_\tau^{2(m-\ell)} \|v\|_{H^m(\tau)}^2 \right\} \\ &\le C h_\tau^{2(m-\ell)} \|v\|_{H^m(\tau)}^2. \end{aligned}$$

■

Die globale Version von Satz 4.4.2 benötigt die Quasiuniformität der Paneelierung.

Satz 4.4.3 *Es gelte Annahme 4.3.16 oder Annahme 4.3.17. Dann gilt für alle $t, s \in \{0,1\}$, $t \leq s$, die Abschätzung*

$$\forall v \in S_{\mathcal{G}}^{p,0} : \|v\|_{H^s(\Gamma)} \leq C h^{t-s} \|v\|_{H^t(\Gamma)} . \tag{4.4.5}$$

Die Konstante C hängt lediglich von h_0, p und für eine Polyederoberfläche von der Formregularität und Quasiuniformität des Gitters $\mathcal{G}$ über die Konstanten $\kappa_{\mathcal{G}}$, $q_{\mathcal{G}}$ aus den Definitionen 4.1.11, 4.1.12 ab. Im Fall einer gekrümmten Oberfläche hängt sie darüberhinaus von den Ableitungen der globalen Transformationen χ, χ^{-1} bis zur Ordnung k ab.

Beweis. Es gilt mit Satz 4.4.2

$$\begin{aligned}\|v\|^2_{H^s(\Gamma)} &= \sum_{\tau \in \mathcal{G}} \|v\|^2_{H^s(\tau)} \leq C \sum_{\tau \in \mathcal{G}} h_\tau^{2(t-s)} \|v\|^2_{H^t(\tau)} \leq C \left(\min_{\tau \in \mathcal{G}} h_\tau \right)^{2(t-s)} \|v\|^2_{H^t(\Gamma)} \\ &\leq \left(C q_{\mathcal{G}}^{2(s-t)} \right) h^{2(t-s)} \|v\|^2_{H^t(\Gamma)} .\end{aligned}$$

■

Satz 4.4.3 läßt sich in verschiedene Richtungen verallgemeinern. Wir zitieren im folgenden Ergebnisse aus [31].

Bemerkung 4.4.4

a. *Satz 4.4.3 gilt für alle $t, s \in \mathbb{R}$ mit $0 \leq t \leq s \leq 1$ oder $-1 \leq t \leq 0 \wedge s = 0$ (vgl. [31, Theorem 4.1, Theorem 4.6]).*

b. *Satz 4.4.3 gilt für den Raum $S_{\mathcal{G}}^{p,-1}$ für alle $t, s \in \mathbb{R}$ mit $t = 0 \wedge 0 \leq s < 1/2$ oder $-1 \leq t \leq 0 \wedge s = 0$ (vgl. [31, Theorem 4.2, Theorem 4.6]).*

Wir werden auch Abschätzungen zwischen unterschiedlichen L^p-Normen und diskreten ℓ^p-Normen für Randelementfunktionen benötigen und starten wieder mit einer lokalen Aussage. Wir betrachten hier immer die Situation, daß auf $\widehat{\tau}$ eine Lagrange-Basis für $\mathbb{P}_k^{\widehat{\tau}}$ gewählt ist. $\Sigma_\kappa = \left\{ \widehat{P}_i : i \in \iota_k^{\widehat{\tau}} \right\}$ bezeichnet die Menge der Stützstellen auf $\widehat{\tau}$. Die Lagrange-Basis $\left(\widehat{N}_i \right)_{i \in \iota_k^{\widehat{\tau}}}$ von $\mathbb{P}_k^{\widehat{\tau}}$ erfüllt

$$\widehat{N}_i \left(\widehat{P}_j \right) = \delta_{i,j} \qquad \forall i, j \in \iota_k^{\widehat{\tau}}.$$

Einem Koeffizientenvektor $\mathbf{w} := (w_i)_{i \in \iota_k^{\widehat{\tau}}}$ ist das zugehörige Polynom $\widehat{w} \in \mathbb{P}_k^{\widehat{\tau}}$ auf dem Referenzelement durch

$$\widehat{w} := \widehat{P} \mathbf{w} := \sum_{i \in \iota_k^{\widehat{\tau}}} w_i \widehat{N}_i$$

zugeordnet. Analog definieren wir die „hochgehobene" Funktion

$$w := P_\tau \mathbf{w} := \sum_{i \in \iota_k^{\widehat{\tau}}} w_i N_i \quad \text{mit} \quad N_i = \widehat{N}_i \circ \chi_\tau^{-1}.$$

Satz 4.4.5 *Es gelte Annahme 4.3.16 oder Annahme 4.3.17. Für alle $\tau \in \mathcal{G}$ und alle $\mathbf{w} := (w_i)_{i \in \iota_k^{\widehat{\tau}}}$ gilt:*

$$\tilde{c} h_\tau \|\mathbf{w}\|_{\ell^2} \leq \|P_\tau \mathbf{w}\|_{L^2(\tau)} \leq \tilde{C} h_\tau \|\mathbf{w}\|_{\ell^2} .$$

Die Abhängigkeit der Konstanten $\tilde{c}$ und $\tilde{C}$ von den Parametern ist qualitativ wie in Satz 4.4.3 für C beschrieben.

Beweis. Mit Lemma 4.3.6 bzw. Lemma 4.3.12 gilt

$$ch_\tau \|\widehat{w}\|_{L^2(\widehat{\tau})} \leq \|w\|_{L^2(\tau)} \leq Ch_\tau \|\widehat{w}\|_{L^2(\widehat{\tau})} \quad \text{mit} \quad \widehat{w} := w \circ \chi_\tau.$$

Da auf $\mathbb{P}_k^{\widehat{\tau}}$ alle Normen äquivalent sind, gilt

$$c_k \|\widehat{w}\|_{H^{k+1}(\widehat{\tau})} \leq \|\widehat{w}\|_{L^2(\widehat{\tau})} \leq C_k \|\widehat{w}\|_{H^{k+1}(\widehat{\tau})}.$$

Aus Lemma 4.3.1 folgt die Äquivalenz der $H^{k+1}(\widehat{\tau})$-Norm und der $[\cdot]_{k+1}$-Norm. Für diese gilt wegen $\widehat{w} \in \mathbb{P}_k^{\widehat{\tau}}$

$$[\widehat{w}]_{k+1} = |\widehat{w}|_{H^{k+1}(\widehat{\tau})} + \sum_{\mathbf{z}\in\Sigma_k} |\widehat{w}(\mathbf{z})| = \sum_{\mathbf{z}\in\Sigma_k} |\widehat{w}(\mathbf{z})| = \sum_{i\in\iota_p^{\widehat{\tau}}} |w_i| = \|\mathbf{w}\|_{\ell^1}. \tag{4.4.6}$$

Da $\sharp\Sigma_k$ endlich ist, existieren positive Konstanten c, C mit

$$c\|\mathbf{w}\|_{\ell^2} \leq \|\mathbf{w}\|_{\ell^1} \leq C\|\mathbf{w}\|_{\ell^2}.$$

Insgesamt haben wir damit

$$\tilde{c}h_\tau \|\mathbf{w}\|_{\ell^2} \leq \|w\|_{L^2(\tau)} \leq \tilde{C}h_\tau \|\mathbf{w}\|_{\ell^2}$$

bewiesen. ■

Korollar 4.4.6 *Die Voraussetzungen aus Satz 4.4.5 seien erfüllt. Dann gilt für alle* $w \in \mathbb{P}_k^\tau$:

$$\hat{c}h_\tau \|w\|_{L^\infty(\tau)} \leq \|w\|_{L^2(\tau)} \leq \hat{C}h_\tau \|w\|_{L^\infty(\tau)}.$$

Die qualitative Abhängigkeit der Konstanten $\hat{c}, \hat{C}$ *von den Parametern ist analog wie in Satz 4.4.5 für* $\tilde{c}, \tilde{C}$ *beschrieben.*

Beweis. Aus Satz 4.4.5 folgt mit der Normäquivalenz auf endlichdimensionalen Räumen für $\mathbf{w} = (w_i)_{i\in\iota_p^{\widehat{\tau}}}$ und $w = P_\tau\mathbf{w}$

$$\|w\|_{L^2(\tau)} \leq Ch_\tau \|\mathbf{w}\|_{\ell^2} \leq \hat{C}h_\tau \|\mathbf{w}\|_{\ell^\infty} \leq \hat{C}h_\tau \|w\|_{L^\infty(\tau)}.$$

Umgekehrt gilt mit den Bezeichnungen aus dem Beweis von Satz 4.4.5

$$\begin{aligned}\|w\|_{L^\infty(\tau)} &= \|\widehat{w}\|_{L^\infty(\widehat{\tau})} \leq C\|\widehat{w}\|_{H^{k+1}(\widehat{\tau})} \leq C'[\widehat{w}]_{k+1} \overset{(4.4.6)}{=} C'\|\mathbf{w}\|_{\ell^1} \\ &\leq C''\|\mathbf{w}\|_{\ell^\infty} \leq C'''\|\mathbf{w}\|_{\ell^2}.\end{aligned}$$

und daraus folgt mit Satz 4.4.5 die Abschätzung nach unten. ■

Die globale Version von Satz 4.4.5 zeigt eine Äquivalenz von Randelementfunktionen und zugehörigem Koeffizientenvektor. Sei $(b_i)_{i=1}^N$ die Lagrange-Basis des Randelementraumes S. Wir definieren den Operator $P : \mathbb{R}^N \to S$ für $\mathbf{w} = (w_i)_{i=1}^N$ durch

$$P\mathbf{w} = \sum_{i=1}^N w_i b_i.$$

Satz 4.4.7 *Es gelte Annahme 4.3.16 oder Annahme 4.3.17. Dann gilt für alle* $\mathbf{w} \in \mathbb{R}^N$

$$\check{c}h \|\mathbf{w}\|_{\ell^2} \leq \|P\mathbf{w}\|_{L^2(\Gamma)} \leq \check{C}h \|\mathbf{w}\|_{\ell^2}.$$

Die qualitative Abhängigkeit der Konstanten $\check{c}, \check{C}$ *von den Parametern ist analog wie in Satz 4.4.5 für* $\tilde{c}, \tilde{C}$ *beschrieben.*

Beweis. Sei $\mathbf{w} \in \mathbb{R}^N$ der Koeffizientenvektor der Randelementfunktion $w = P\mathbf{w}$. Für $\tau \in \mathcal{G}$ läßt sich jedem lokalen Freiheitsgrade $m \in \iota_k^{\hat{\tau}}$ auf τ der zugehörige globale Index $\operatorname{ind}(m, \tau) \in \{1, 2, \ldots, N\}$ zuordnen. Wir setzen $\mathbf{w}_\tau := (\mathbf{w}_{\tau,m})_{m \in \iota_k^{\hat{\tau}}} := \left(\mathbf{w}_{\operatorname{ind}(m,\tau)}\right)_{m \in \iota_k^{\hat{\tau}}}$. Mit Satz 4.4.5 ergibt sich

$$\|P\mathbf{w}\|_{L^2(\Gamma)}^2 = \sum_{\tau \in \mathcal{G}} \|P_\tau \mathbf{w}\|_{L^2(\tau)}^2 \leq Ch^2 \sum_{\tau \in \mathcal{G}} \|\mathbf{w}_\tau\|_{\ell^2}^2.$$

Die Konstante

$$M := \max_{i \in \{1,2,\ldots,N\}} \sharp \left\{(m, \tau) \in \iota_p^{\hat{\tau}} \times \mathcal{G} : i = \operatorname{ind}(m, \tau)\right\}$$

hängt lediglich vom Polynomgrad k und von der Formregularität der Paneelierung ab. Damit folgt

$$\|P\mathbf{w}\|_{L^2(\Gamma)}^2 \leq CMh^2 \|\mathbf{w}\|_{\ell^2}^2.$$

Die Abschätzung nach unten folgt analog. ■

Die Abhängigkeit der Konstanten in den Normäquivalenzen von der Maschenweite h läßt sich auch für ℓ^p- und $L^p(\Gamma)$-Normen und $1 \leq p \leq \infty$ analysieren. Wir werden hier lediglich die Fälle $p = 2$ und $p = \infty$ benötigen und verweisen daher für den allgemeinen Fall auf [31].

4.5 Kondition der Systemmatrizen

Eine erste Anwendung der inversen Ungleichungen ist die Abschätzung der Kondition der Systemmatrizen der Integraloperatoren.

Lemma 4.5.1 *Annahme 4.3.16 oder Annahme 4.3.17 seien erfüllt. Sei* $\mathbf{K}$ *die Systemmatrix zur Galerkin-Diskretisierung des Einfachschichtoperators* V *für das Laplace-Problem. Dann gilt*

$$\operatorname{cond}_2(\mathbf{K}) \leq Ch^{-1}.$$

Die Konstante C *hängt lediglich vom Polynomgrad* p *und der Formregularität und der Quasiuniformität der Paneelierung* $\mathcal{G}$ *ab, genauer von den Konstanten* $\kappa_{\mathcal{G}}$ *und* $q_{\mathcal{G}}$ *aus den Definitionen 4.1.11 und 4.1.12. Im Fall einer gekrümmten Oberfläche hängt sie darüberhinaus von den Ableitungen der globalen Transformationen* χ, χ^{-1} *bis zur Ordnung* k *ab.*

Beweis. Da $\mathbf{K}$ symmetrisch und positiv definit ist, gilt

$$\operatorname{cond}_2(\mathbf{K}) = \frac{\lambda_{\max}(\mathbf{K})}{\lambda_{\min}(\mathbf{K})}.$$

Im folgenden schätzen wir daher die Eigenwerte von $\mathbf{K}$ ab. Aus der Stetigkeit und der $H^{-1/2}$-Elliptizität der Bilinearform $(V\cdot,\cdot)_0 : H^{-1/2}(\Gamma) \times H^{-1/2}(\Gamma) \to \mathbb{R}$ folgt die Existenz zweier positiver Konstanten γ und C_a mit

$$\gamma \|u\|_{H^{-1/2}(\Gamma)}^2 \leq (Vu, u)_0 \leq C_a \|u\|_{H^{-1/2}(\Gamma)}^2 \qquad \forall u \in H^{-1/2}(\Gamma).$$

Daraus folgt mit Satz 4.4.7

$$\lambda_{\max}(\mathbf{K}) = \max_{\mathbf{w}=(w_i)_i \in \mathbb{R}^N \setminus \{0\}} \frac{\langle \mathbf{K}\mathbf{w}, \mathbf{w} \rangle}{\|\mathbf{w}\|^2} \leq Ch^2 \max_{w \in S \setminus \{0\}} \frac{(Vw, w)_0}{\|w\|^2_{L^2(\Gamma)}}$$
$$\leq Ch^2 C_a \max_{w \in S \setminus \{0\}} \frac{\|w\|^2_{H^{-1/2}(\Gamma)}}{\|w\|^2_{L^2(\Gamma)}} \leq Ch^2 C_a.$$

Für den kleinsten Eigenwert gilt mit Satz 4.4.7 und Bemerkung 4.4.4

$$\lambda_{\min}(\mathbf{K}) = \min_{\mathbf{w}=(w_i)_i \in \mathbb{R}^N \setminus \{0\}} \frac{\langle \mathbf{K}\mathbf{w}, \mathbf{w} \rangle}{\|\mathbf{w}\|^2} \geq Ch^2 \min_{w \in S \setminus \{0\}} \frac{(Vw, w)_0}{\|w\|^2_{L^2(\Gamma)}}$$
$$\geq Ch^2 \gamma \min_{w \in S \setminus \{0\}} \frac{\|w\|^2_{H^{-1/2}(\Gamma)}}{\|w\|^2_{L^2(\Gamma)}} \geq C' h^2 \gamma h.$$

Für die Kondition folgt daher

$$\lambda_{\max}(\mathbf{K}) / \lambda_{\min}(\mathbf{K}) \leq Ch^{-1}.$$

■

Übungsaufgabe 4.5.2 *Zeigen Sie, daß die Systemmatrix* $\mathbf{K}$ *zum hypersingulären Operator unter den Voraussetzungen von Lemma 4.5.1 ebenfalls die Abschätzung*

$$\operatorname{cond}_2(\mathbf{K}) \leq Ch^{-1}$$

erfüllt.

Bemerkung 4.5.3 *Für die Kondition der* Massenmatrix $\mathbf{M} := \left((b_i, b_j)_{L^2(\Gamma)} \right)_{i,j=1}^N$ *gilt*

$$\operatorname{cond}_2(\mathbf{M}) \leq C.$$

Beweis. Wegen

$$\langle \mathbf{w}, \mathbf{M}\mathbf{w} \rangle = (P\mathbf{w}, P\mathbf{w})_{L^2(\Gamma)}$$

läßt sich Satz 4.4.7 anwenden:

$$\check{c}^2 h^2 \leq \min_{\mathbf{w} \in \mathbb{R}^N \setminus \{0\}} \frac{\langle \mathbf{M}\mathbf{w}, \mathbf{w} \rangle}{\|\mathbf{w}\|^2} \leq \max_{\mathbf{w} \in \mathbb{R}^N \setminus \{0\}} \frac{\langle \mathbf{M}\mathbf{w}, \mathbf{w} \rangle}{\|\mathbf{w}\|^2} \leq \check{C}^2 h^2,$$

woraus die Abschätzung der Kondition mit $C = \check{C}^2 / \check{c}^2$ folgt. ■

Die Abschätzung der Kondition der Systemmatrizen für Gleichungen 2. Art ist problematischer, da die Stabilität der Galerkin-Diskretisierung für diese Gleichungen in vielen Fällen offen ist. Wird die h-unabhängige Stabilität der diskreten Operatoren vorausgesetzt, läßt sich die Kondition der Systemmatrizen für Gleichungen 2. Art durch eine h-unabhängige Konstante analog wie zuvor zeigen.

Kapitel 5

Berechnung der Matrixkoeffizienten

Für die Realisierung des Galerkin-Verfahrens für Randintegralgleichungen ist die effiziente Approximation der Koeffizienten der Systemmatrix und der rechten Seite eine zentrale Aufgabe. Die Integrale sind dabei von der Bauart

$$\int_\Gamma b_i(\mathbf{x})\, b_j(\mathbf{x})\, ds_\mathbf{x}, \qquad \int_\Gamma b_i(\mathbf{x})\, r(\mathbf{x})\, ds_\mathbf{x} \tag{5.0.1}$$

bzw.

$$\int_\Gamma b_i(\mathbf{x}) \int_\Gamma k(\mathbf{x},\mathbf{y},\mathbf{y}-\mathbf{x})\, b_j(\mathbf{y})\, ds_\mathbf{y} ds_\mathbf{x}, \qquad \int_\Gamma b_i(\mathbf{x}) \int_\Gamma k(\mathbf{x},\mathbf{y},\mathbf{y}-\mathbf{x})\, r(\mathbf{y})\, ds_\mathbf{y} ds_\mathbf{x}, \tag{5.0.2}$$

wobei b_i die Basisfunktionen des Randelementraumes bezeichnen und r eine gegebene Funktion (rechte Seite) ist. Man beachte, daß die Basisfunktionen reellwertig sind und daher die komplexe Konjugation entfällt.

Ziel dieses Kapitels ist es, problemangepaßte Integrationstechniken zur Approximation dieser Integrale zu entwickeln und zu analysieren. Man beachte, daß die Integrale in (5.0.1) -Glattheit der rechten Seite r auf jedem Paneel vorausgesetzt- keine Singularitäten enthalten und die Anzahl der von Null verschiedenen Integrale in (5.0.1) wegen der Lokalität der Basisfunktionen lediglich proportional zur Dimension (und nicht zum Quadrat der Dimension) des Randelementraumes ist.

Zunächst werden wir die Klasse der Kernfunktionen definieren und deren charakteristische Eigenschaften (in lokalen Koordinaten) herleiten. Alle bisher betrachteten Kernfunktionen gehören zu dieser Klasse, aber auch Kerne, die im Zusammenhang mit der linearen Elastizität auftreten. Anschließend werden geeignete Variablentransformationen eingeführt, welche die Integranden glätten und dadurch die numerische Approximation der Integrale durch Standard-Quadraturverfahren erlauben. Diese Koordinatentransformationen werden nicht von der expliziten Gestalt der Kernfunktion abhängen, so daß der Integrator im Computerprogramm abstrakt realisiert werden kann.

Die Fehleranalyse schließt dieses Kapitel ab, wobei zunächst der lokale Quadraturfehler in Abhängigkeit der Quadraturordnungen analysiert wird und danach dessen Einfluß auf die Gesamtdiskretisierung abgeschätzt wird.

Falls nicht explizit anders vermerkt, beschränken wir uns im gesamten Kapitel auf den Fall $d = 3$ und zweidimensionale Oberflächen Γ.

Bemerkung 5.0.1 *In einigen Spezialfällen (ebene, rechtwinklige Paneele, Kernfunktionen zum Laplace-Operator) lassen sich die Integrale in (5.0.1) und (5.0.2) exakt berechnen (siehe [94]). Wir ziehen den Zugang über numerische Quadratur vor, da er sich auf eine wesentlich größere Klasse von Integraloperatoren anwenden läßt und einfacher zu implementieren ist.*

Hinweis: Für Leserinnen und Leser, die mehr an den Quadraturformeln und an der erforderlichen Anzahl der Quadraturpunkte und weniger an deren Analyse und Herleitung interessiert sind, finden sich die Formeln in Unterkapitel 5.2.4 und Satz 5.3.30 kompakt zusammengestellt.

5.1 Kernfunktionen und stark singuläre Integrale

Die Eigenschaften eines Integraloperators der Form

$$(Ku)(\mathbf{x}) := \int_\Gamma k(\mathbf{x}, \mathbf{y}, \mathbf{y} - \mathbf{x})\, u(\mathbf{y})\, ds_{\mathbf{y}}$$

sind durch die Eigenschaften der Kernfunktion k und die Glattheit der Oberfläche charakterisiert.

5.1.1 Geometrische Voraussetzungen

In diesem Abschnitt stellen wir eine Reihe von Annahmen an die Oberfläche und die Randelementgitter zusammen, die in den meisten Anwendungen erfüllt sind, beziehungsweise abgeschwächt werden können. Hinweise zur Abschwächung dieser Voraussetzungen werden an den relevanten Stellen gegeben.

Wie zuvor verwenden wir die Bezeichnungen $\mathcal{G} := \{\tau_1, \ldots, \tau_n\}$ für das Randelementgitter und $\chi_\tau : \widehat{\tau} \to \tau$ für die Parametrisierungen über dem Referenzelement (Einheitsquadrat/ -dreieck).

Annahme 5.1.1 *Die Paneelierung $\mathcal{G}$ ist regulär im Sinne von Definition 4.1.4.*

Wir nehmen an, daß die Funktionen χ_τ, χ_t analytisch sind. Die Details finden sich in folgender Definition. Der darin auftretende Differentialoperator $\langle \mathbf{v}, \nabla \rangle^m$ ist für einen Vektor $\mathbf{v} \in \mathbb{R}^2$ erklärt durch

$$\langle \mathbf{v}, \nabla \rangle^m f := \sum_{k=0}^{m} \binom{m}{k} v_1^k v_2^{m-k} \partial_1^k \partial_2^{m-k} f.$$

Definition 5.1.2 *Sei $\tau \in \mathcal{G}$. Die Parametrisierung $\chi_\tau : \widehat{\tau} \to \tau$ ist analytisch, falls eine offene, komplexe Umgebung $\widehat{\tau}^\star \subset \mathbb{C} \times \mathbb{C}$ von $\overline{\widehat{\tau}}$ existiert, auf die sich χ_τ analytisch fortsetzen läßt, d.h., für alle $\mathbf{z} = (z_1, z_2) \in \widehat{\tau}^\star$ existiert eine Umgebung $U(\mathbf{z}) \subset \widehat{\tau}^\star$ mit*

$$\chi_\tau(\mathbf{w}) = \sum_{i=0}^{\infty} \frac{\langle \mathbf{w} - \mathbf{z}, \nabla \rangle^i \chi_\tau(\mathbf{z})}{i!} \qquad \forall \mathbf{w} \in U(\mathbf{z}).$$

Die Fortsetzung wird wiederum mit χ_τ bezeichnet.

Annahme 5.1.3 *Für alle $\tau \in \mathcal{G}$ sind die Parametrisierungen $\chi_\tau : \widehat{\tau} \to \tau$ analytisch.*

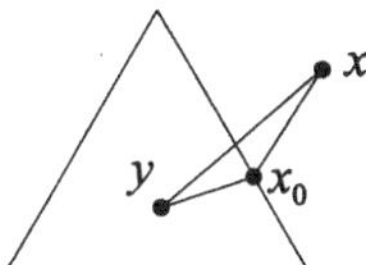

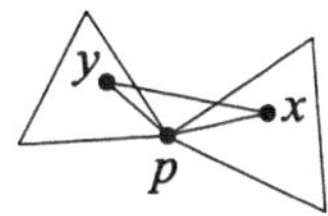

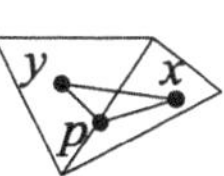

Abbildung 5.1: Illustration der Kegel- und Winkelbedingungen an die Paneelierung und Oberfläche.

Die folgende Annahme ist in praktischen Fällen einfach nachprüfbar und besagt, daß die Oberfläche Γ einer Kegelbedingung genügen muß und der minimale Winkel der Paneelierungen nach unten durch eine positive Konstante beschränkt ist (vgl. Abbildung 5.1).

Annahme 5.1.4 *1. Es existiert $c > 0$ und für alle $\tau \in \mathcal{G}$, $\mathbf{x} \in \Gamma \backslash \tau$, $\mathbf{y} \in \tau$ ein $\mathbf{x}_0 \in \overline{\tau}$ mit*

$$\|\mathbf{x} - \mathbf{x}_0\| = \operatorname{dist}(\mathbf{x}, \tau) \quad \text{und} \quad \|\mathbf{x} - \mathbf{y}\|^2 \geq c\left(\|\mathbf{x} - \mathbf{x}_0\|^2 + \|\mathbf{x}_0 - \mathbf{y}\|^2\right).$$

2. Für alle $\tau, t \in \mathcal{G}$, deren Schnitt aus höchstens einem Punkt besteht, existiert ein Eckpunkt $\mathbf{p}$ von t mit

$$\|\mathbf{x} - \mathbf{y}\| \geq c(\|\mathbf{x} - \mathbf{p}\| + \|\mathbf{p} - \mathbf{y}\|) \qquad \forall \mathbf{x} \in \tau, \forall \mathbf{y} \in t.$$

3. Für alle $\tau, t \in \mathcal{G}$ mit genau einer gemeinsamen Kante $\overline{\tau} \cap \overline{t} = E$ und für alle $\mathbf{x} \in \tau$, $\mathbf{y} \in t$ existiert ein Punkt $\mathbf{p} \in E$ mit

$$\|\mathbf{y} - \mathbf{x}\| \geq c(\|\mathbf{y} - \mathbf{p}\| + \|\mathbf{p} - \mathbf{x}\|).$$

Der Diskretisierungsparameter für die Randelementmethode ist der Durchmesser h des größten Paneels einer Paneelierung. Die Fehlerabschätzungen aus Kapitel 4 beschreiben quantitativ, mit welcher Geschwindigkeit der Fehler gegen Null strebt für $h \to 0$. Es ist daher für die lokale Quadraturfehleranalyse wesentlich, das Verhalten der Parametrisierungen bezüglich der Paneeldurchmesser explizit zu erfassen. Zur Beschreibung definieren wir die Größen $e_1, e_2, \theta : \widehat{\tau} \to \mathbb{R}$ durch

$$e_1(\hat{\mathbf{x}}) := \|\partial_1 \chi_\tau(\hat{\mathbf{x}})\|, \quad e_2(\hat{\mathbf{x}}) := \|\partial_2 \chi_\tau(\hat{\mathbf{x}})\|, \quad \cos\theta(\hat{\mathbf{x}}) := \frac{\langle \partial_1 \chi_\tau(\hat{\mathbf{x}}), \partial_2 \chi_\tau(\hat{\mathbf{x}}) \rangle}{\|\partial_1 \chi_\tau(\hat{\mathbf{x}})\| \, \|\partial_2 \chi_\tau(\hat{\mathbf{x}})\|}. \tag{5.1.1}$$

Für ebene Dreieckselemente lassen sich e_1, e_2, $\cos\theta$ und das Verhältnis e_1/e_2 durch einfache geometrische Größen im Dreieck abschätzen.

Beispiel 5.1.5 *Sei $\tau \subset \mathbb{R}^3$ ein ebenes Dreieck mit Eckpunkten A, B, C und Innenwinkeln α, β, γ. Das Referenzdreieck wird mit $\widehat{S}$ bezeichnet und besitzt die Eckpunkte $(0,0)^\intercal$, $(1,0)^\intercal$, $(1,1)^\intercal$. Dann ist die Abbildung $\chi_\tau : \widehat{S} \to \tau$ durch*

$$\chi_\tau(\hat{\mathbf{x}}) = A + \mathbf{m}\hat{\mathbf{x}}$$

mit der 3×2-Matrix

$$\mathbf{m} := [B - A, C - B]$$

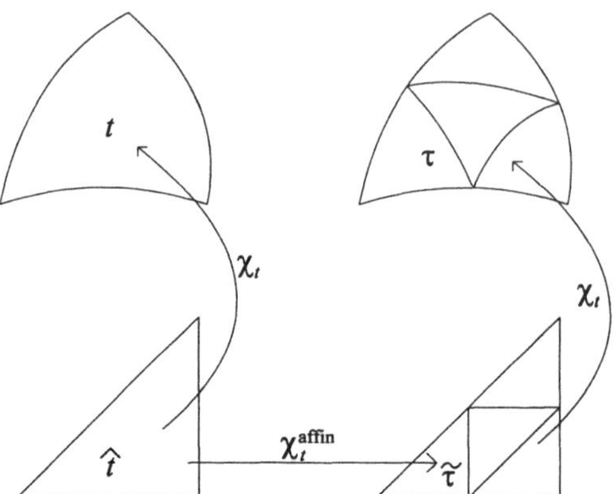

Abbildung 5.2: Verfeinerung einer Triangulierung durch Verfeinerung des Referenzelements

gegeben. Es gilt

$$e_1 = \|B - A\|, \qquad e_2 = \|C - B\|, \qquad \cos\theta := \frac{\langle B - A, C - B\rangle}{\|B - A\| \, \|C - B\|}.$$

Mit dem kleinsten Innenwinkel des Dreiecks τ

$$\theta_0(\tau) := \min\{\alpha, \beta, \gamma\} \tag{5.1.2}$$

erhalten wir die Abschätzungen

$$\theta_0 \leq \theta \leq \pi - \theta_0 \quad \textit{und} \quad \sin\theta_0 \leq \frac{\|B - A\|}{\|C - B\|} = \frac{\sin\gamma}{\sin\alpha} \leq \frac{1}{\sin\theta_0}.$$

Das bedeutet, daß für Triangulierungen, bestehend aus ebenen Dreiecken, die Größen e_1/e_2 *und* $\cos\theta$ *lediglich vom minimalen Innenwinkel, aber nicht von der Feinheit der Triangulierungen abhängen.*

Beispiel 5.1.6 *Sei* Γ *eine Oberfläche und* $\mathcal{G}_0$ *eine Triangulierung mit (gekrümmten) Dreiecken, deren Durchmesser Größenordnung 1 besitzt. Eine Verfeinerung von* $\mathcal{G}_0$ *läßt sich wie folgt konstruieren. Für jedes* $t \in \mathcal{G}_0$ *wird eine ebene Triangulierung* $\widehat{\mathcal{G}}_t$ *des Referenzelements* $\widehat{t}$ *erzeugt und dann mittels* χ_t *auf* Γ *abgebildet, d.h.* $\mathcal{G}_t := \left\{\chi_t(\tilde{\tau}) : \tilde{\tau} \in \widehat{\mathcal{G}}_t\right\}$. *Die Verfeinerung von* $\mathcal{G}_0$ *ist durch*

$$\mathcal{G} := \left\{\chi_t(\tilde{\tau}) : \forall\tilde{\tau} \in \widehat{\mathcal{G}}_t, \ \forall t \in \mathcal{G}_0\right\}$$

gegeben (vgl. Abbildung 5.2). Für ein Dreieck $\tau \in \mathcal{G}$ *mit* $\tau \subset t \in \mathcal{G}_0$ *werden die Ecken und Innenwinkel des Dreiecks* $\tilde{\tau} := \chi_t^{-1}(\tau)$ *mit* A, B, C *und* α, β, γ *bezeichnet. Dann ist die Parametrisierung von* τ *durch*

$$\chi_\tau(\hat{\mathbf{x}}) := \chi_t(A + \mathbf{m}\hat{\mathbf{x}})$$

gegeben mit der 2×2*-Matrix* $\mathbf{m} = [B - A, C - B]$. *Daraus folgt*

$$e_1(\hat{\mathbf{x}}) = \langle B - A, \mathbf{G}_t(\hat{\mathbf{x}})(B - A)\rangle^{1/2}, \qquad e_2(\hat{\mathbf{x}}) = \langle C - B, \mathbf{G}_t(\hat{\mathbf{x}})(C - B)\rangle^{1/2}$$
$$\cos\theta(\hat{\mathbf{x}}) = \frac{\langle B - A, \mathbf{G}_t(\hat{\mathbf{x}})(C - B)\rangle}{e_1(\hat{\mathbf{x}})\, e_2(\hat{\mathbf{x}})}$$

mit der Gramschen Matrix

$$\mathbf{G}_t(\hat{\mathbf{x}}) := (\mathbf{D}\chi_t(A+\mathbf{m}\hat{\mathbf{x}}))^{\intercal}(\mathbf{D}\chi_t(A+\mathbf{m}\hat{\mathbf{x}}))$$

und der Jacobi-Matrix $\mathbf{D}\chi_t$. *Offensichtlich läßt sich der kleinste bzw. größte Eigenwert dieser Matrix durch* $\lambda_{\min}, \lambda_{\max}$, *definiert durch*

$$0 < \lambda_{\min} := \inf_{t\in\mathcal{G}_0} \inf_{\hat{\mathbf{x}}\in\hat{t}} \inf_{\xi\in\mathbb{R}^2\setminus\{0\}} \frac{\langle \xi, \mathbf{G}_t(\hat{\mathbf{x}})\,\xi\rangle}{\|\xi\|^2} \leq \sup_{t\in\mathcal{G}_0} \sup_{\hat{\mathbf{x}}\in\hat{t}} \sup_{\xi\in\mathbb{R}^2\setminus\{0\}} \frac{\langle \xi, \mathbf{G}_t(\hat{\mathbf{x}})\,\xi\rangle}{\|\xi\|^2} =: \lambda_{\max} < \infty,$$

nach unten bzw. nach oben abschätzen. Man beachte, daß $\lambda_{\min}, \lambda_{\max}$ *lediglich von der Grobtriangulierung* $\mathcal{G}_0$ *abhängen und daher insbesondere unabhängig von der Feinheit von* $\mathcal{G}$ *sind. Daraus folgt*

$$\frac{\lambda_{\min}\sin\theta_0}{\lambda_{\max}} \leq e_1/e_2 \leq \frac{\lambda_{\max}}{\lambda_{\min}\sin\theta_0}$$

mit (vgl. (5.1.2))

$$\theta_0 := \inf\left\{\theta_0(\tilde{\tau}) : \forall\tilde{\tau}\in\widehat{\mathcal{G}}_t,\ \forall t\in\mathcal{G}_0\right\}.$$

Für die Größe $\cos\theta(\hat{\mathbf{x}})$ *erhalten wir*

$$\cos\theta(\hat{\mathbf{x}}) = \frac{\langle\tilde{\mathbf{m}}_1, \mathbf{G}_t(\hat{\mathbf{x}})\,\tilde{\mathbf{m}}_2\rangle}{\langle\tilde{\mathbf{m}}_1, \mathbf{G}_t(\hat{\mathbf{x}})\,\tilde{\mathbf{m}}_1\rangle^{1/2}\langle\tilde{\mathbf{m}}_2, \mathbf{G}_t(\hat{\mathbf{x}})\,\tilde{\mathbf{m}}_2\rangle^{1/2}}$$

mit $\tilde{\mathbf{m}}_1 = (B-A)/\|B-A\|$ *und* $\tilde{\mathbf{m}}_2 = (C-B)/\|C-B\|$. *Mit der Funktion* θ_0 *aus (5.1.2) gilt*

$$|\langle\tilde{\mathbf{m}}_1, \tilde{\mathbf{m}}_2\rangle| \leq \cos\theta_0(\tilde{\tau}) < 1.$$

Wir definieren die kompakte Menge $D := \{(\xi,\zeta)\in\mathbb{S}_2\times\mathbb{S}_2 : \langle\xi,\zeta\rangle \leq \cos\theta_0(\tilde{\tau})\}$. *Da* $\mathbf{G}_t(\hat{\mathbf{x}})$ *positiv definit ist, existiert die Cholesky-Zerlegung von* $\mathbf{G}_t(\hat{\mathbf{x}})$, *d.h. eine rechte obere Dreiecksmatrix* $\mathbf{R} = \mathbf{R}_t(\hat{\mathbf{x}})$ *mit* $\mathbf{G}_t(\hat{\mathbf{x}}) = \mathbf{R}^{\intercal}\mathbf{R}$. *Damit ergibt sich die Abschätzung*

$$|\cos\theta(\hat{\mathbf{x}})| \leq \max_{(\xi,\zeta)\in D} \frac{|\langle\mathbf{R}\xi, \mathbf{R}\zeta\rangle|}{\langle\mathbf{R}\xi,\mathbf{R}\xi\rangle^{1/2}\langle\mathbf{R}\zeta,\mathbf{R}\zeta\rangle^{1/2}} \leq 1. \tag{5.1.3}$$

Die Gleichheit auf der rechten Seite gilt genau für linear abhängige Vektoren $\mathbf{R}\xi = c\mathbf{R}\zeta$, *d.h.* $\xi = c\zeta$ *mit* $c\in\mathbb{R}$. *Diese liegen jedoch nicht in D und daraus folgt, daß der Quotient in (5.1.3) immer strikt kleiner als Eins ist. Da D kompakt ist, folgt daraus*

$$|\cos\theta(\hat{\mathbf{x}})| \leq |\cos\theta^{\star}(\hat{\mathbf{x}})| < 1$$

mit $0 < \theta^{\star}(\hat{\mathbf{x}}) < \pi$. *Diese Abschätzung gilt für jedes* $\hat{\mathbf{x}}\in\overline{\widehat{S}}$ *und aus der Kompaktheit von* $\overline{\widehat{S}}$ *schließen wir wieder auf die Existenz eines* $0 < \theta^{\star} < \pi$, *welches lediglich von* $\theta_0(\tilde{\tau})$, χ_t *und* $\lambda_{\min}, \lambda_{\max}$ *abhängt, mit*

$$\sup_{\hat{\mathbf{x}}\in\widehat{S}} |\cos\theta(\hat{\mathbf{x}})| \leq |\cos\theta^{\star}| < 1.$$

5.1.2 Cauchy-singuläre Integrale

In Unterkapitel 3.3 wurde gezeigt, daß alle Kernfunktionen $G(\mathbf{x}-\mathbf{y})$, $\gamma_{1,\mathbf{x}}G(\mathbf{x}-\mathbf{y})$ und $\tilde{\gamma}_{1,\mathbf{y}}G(\mathbf{x}-\mathbf{y})$ mit G aus (3.1.3) uneigentlich integrierbar sind. Dies ist für andere Kernfunktionen (Beispiel: Elastizität) nicht der Fall. Da alle Quadraturverfahren in diesem Kapitel auch für *Cauchy-singuläre* Kernfunktionen ohne Modifikation verwendet werden können, erweitern wir die Klasse der Kernfunktionen. Die Raumdimension wird mit $d = 2, 3$ bezeichnet.

Definition 5.1.7 *Die Kernfunktion k ist Cauchy-singulär, falls der Cauchy-Hauptwert (principal value)*

$$p.v. \int_\Gamma k(\mathbf{x},\mathbf{y},\mathbf{y}-\mathbf{x}) f(\mathbf{y})\, ds_\mathbf{y} := \lim_{\varepsilon\to 0} \int_{\Gamma\backslash K_\varepsilon(\mathbf{x})} k(\mathbf{x},\mathbf{y},\mathbf{y}-\mathbf{x}) f(\mathbf{y})\, ds_\mathbf{y} \qquad \forall \mathbf{x}\in\Gamma$$

für alle Funktionen $f \in L^\infty(\Gamma)$ existiert, welche in einer lokalen Umgebung von $\mathbf{x}$ Hölder-stetig mit Exponent $\lambda > 0$ sind.

Bemerkung 5.1.8 ist eine direkte Folgerung aus der Definition uneigentlicher Integrale.

Bemerkung 5.1.8 *Für schwachsinguläre Kerne k stimmt der Cauchy-Hauptwert mit dem uneigentlichen Integral überein.*

Beispiel 5.1.9 *Sei $d = 2$ und $\Gamma = (-1, 2)$. Die Kernfunktion $k : \Gamma\times\Gamma \to \mathbb{R}$, $k(x,y) = 1/(x-y)$ ist Cauchy-singulär für $x \in \Gamma$, jedoch nicht für $x \in \{-1; 2\}$. Es gilt*

$$p.v. \int_\Gamma \frac{f(y)}{x-y} dy = p.v. \int_\Gamma \frac{f(y)-f(x)}{x-y} dy + f(x)\, p.v. \int_\Gamma \frac{1}{y-x} dy.$$

Sei f Hölder-stetig mit Exponent $\lambda > 0$. Dann ist durch $|(f(y)-f(x))/(x-y)| \le C|x-y|^{\lambda-1}$ eine uneigentliche Majorante des ersten Integranden gefunden. Die zweite Integration ergibt für $x \in \Gamma$ und hinreichend kleines ε

$$\begin{aligned} p.v. \int_\Gamma \frac{1}{y-x} dy &= \lim_{\varepsilon\to 0}\left(\int_{-1}^{x-\varepsilon} \frac{1}{y-x} dy + \int_{x+\varepsilon}^{2} \frac{1}{y-x} dy\right) \qquad (5.1.4)\\ &= \lim_{\varepsilon\to 0}(\log\varepsilon - \log(1+x) + \log(2-x) - \log\varepsilon) = \log\frac{2-x}{1+x}. \end{aligned}$$

Damit ist die Darstellung

$$p.v. \int_\Gamma \frac{f(y)}{x-y} dy = \int_\Gamma \frac{f(y)-f(x)}{x-y} dy + f(x)\log\frac{2-x}{1+x} \qquad (5.1.5)$$

bewiesen. Falls x ein Randpunkt ist, divergiert das Integral, da lediglich ein $(\log\varepsilon)$-Term in (5.1.4) entsteht. Man beachte, daß die Funktion $p.v. \int_\Gamma f(y)/(\cdot - y)\, dy : \Gamma \to \mathbb{R}$ in (5.1.5) logarithmische Endpunktsingularitäten für $x = -1, 2$ besitzt.

Übungsaufgabe 5.1.10 *Sei $\Gamma = (-1,1)\times(-1,1)$. Zeigen Sie, daß die Funktion $k : \overline{\Gamma}\times\overline{\Gamma} \to \mathbb{R}$, $k(\mathbf{x},\mathbf{y}) := (x_1 - y_1)/\|\mathbf{x}-\mathbf{y}\|^3$, Cauchy-singulär auf $\Gamma\times\Gamma$ aber nicht auf $\overline{\Gamma}\times\overline{\Gamma}$ ist.*

Sinnvolle numerische Quadraturverfahren sind auf einem Referenzgebiet definiert und werden auf andere Gebiete mittels Rücktransformation übertragen. Dazu ist es notwendig, die zweifache Integration über Γ in eine Summe von Integralen über Paare von Paneelen zu zerlegen und die Integration über ein Paneel-Paar auf eine zweifache Integration über ein Referenzelement zu transformieren. Beide Schritte sind für Kernfunktionen mit starken Singularitäten nicht offensichtlich und werden im folgenden hergeleitet. Die Annahmen an die Kernfunktion und den zugehörigen Integraloperator werden im folgenden präzisiert. Der allgemeine Randelementraum auf Γ zu einer Paneelierung $\mathcal{G}$ wird wieder mit S bezeichnet.

Annahme 5.1.11 *Die Kernfunktion k ist Cauchy-singulär. Der zugehörige Integraloperator*

$$(Ku)(\mathbf{x}) := p.v. \int_\Gamma k(\mathbf{x}, \mathbf{y}, \mathbf{y} - \mathbf{x})\, u(\mathbf{y})\, ds_\mathbf{y}$$

ist ein stetiger Operator $K : H^\mu(\Gamma) \to H^{-\mu}(\Gamma)$ für ein $\mu \in \{-1/2, 0, 1/2\}$ und eine stetige Abbildung $K : S \to L^2(\Gamma)$.

Der Randelementraum S ist eingebettet in $L^2(\Gamma)$ und $L^\infty(\Gamma)$.

Bemerkung 5.1.12 *Die Bedingung $K : S \to L^2(\Gamma)$ erlaubt die Aufspaltung der äußeren Integration*

$$(Ku, v)_{L^2(\Gamma)} = \sum_{\tau \in \mathcal{G}} (Ku, v)_{L^2(\tau)} \qquad \forall u \in S, \quad \forall v \in L^2(\Gamma), \tag{5.1.6}$$

wobei hier $(\cdot,\cdot)_{L^2(\Gamma)}$ und $(\cdot,\cdot)_{L^2(\tau)}$ das übliche L^2-Skalarprodukt bezeichnet und nicht die stetige Erweiterung auf duale Paarungen.

Bemerkung 5.1.13 *Die Integraloperatoren (V, K, K') zum Einfach- und Doppelschichtpotential aus Kapitel 3 erfüllen die Annahme 5.1.11 mit $\mu = -1/2, 0, 0$. Für $\mu = -1/2$ folgt dies aus Satz 3.1.16 und den stetigen Einbettungen $S \hookrightarrow H^{-1/2}(\Gamma)$ und $H^{1/2}(\Gamma) \hookrightarrow L^2(\Gamma)$. Für $\mu = 0$ folgt dies aus Korollar 3.3.9 und der stetigen Einbettung $S \hookrightarrow L^\infty(\Gamma)$.*

Für den hypersingulären Operator verwenden wir die Darstellung aus Satz 3.3.22 und die Eigenschaft $\operatorname{rot}_{\Gamma,\mathbf{A},\mathbf{0}} \varphi, \operatorname{rot}_{\Gamma,\mathbf{A},\mathbf{2b}} \psi \in L^\infty(\Gamma)$ für alle $\varphi, \psi \in S^{p,0}$ (vgl. Definition 4.1.35). Damit gilt mit den vorigen Überlegungen

$$\begin{aligned} b_W(\psi, \varphi) &= (V \operatorname{rot}_{\Gamma,\mathbf{A},\mathbf{2b}} \psi, \operatorname{rot}_{\Gamma,\mathbf{A},\mathbf{0}} \varphi)_{L^2(\Gamma)} + c\left(\tilde{V}\psi, \varphi\right)_{L^2(\Gamma)} \\ &= \sum_{\tau \in \mathcal{G}} \left\{ (V \operatorname{rot}_{\Gamma,\mathbf{A},\mathbf{2b}} \psi, \operatorname{rot}_{\Gamma,\mathbf{A},\mathbf{0}} \varphi)_{L^2(\tau)} + \left(\tilde{V}\psi, \varphi\right)_{L^2(\tau)} \right\} \end{aligned}$$

mit dem Integraloperator V zum Einfachschichtpotential und

$$\left(\tilde{V}\psi\right)(\mathbf{x}) := c \int_\Gamma G(\mathbf{x} - \mathbf{y})\, \psi(\mathbf{y}) \left\langle \mathbf{A}^{1/2}\mathbf{n}(\mathbf{x}), \mathbf{A}^{1/2}\mathbf{n}(\mathbf{y}) \right\rangle ds_\mathbf{x} ds_\mathbf{y} \qquad \forall \mathbf{x} \in \Gamma \text{ f.ü.}$$

Die Lokalisierbarkeit des Integraloperators ist für Cauchy-singuläre Kernfunktionen eine Konsequenz der Lokalität des Cauchy-Hauptwerts. Die Einschränkung der Integration auf ein Paneel $\tau \in \mathcal{G}$ führt zur Definition

$$(K_\tau u)(\mathbf{x}) := p.v. \int_\tau k(\mathbf{x}, \mathbf{y}, \mathbf{x} - \mathbf{y})\, u(\mathbf{y})\, ds_\mathbf{y}. \tag{5.1.7}$$

Lemma 5.1.14 *Es gelte Annahme 5.1.11. Sei $u \in L^{\infty}(\Gamma)$ und $u|_{\tau} \in C^1(\tau)$ für alle $\tau \in \mathcal{G}$. Dann gilt:*

a. Für jedes $\mathbf{x} \in t \in \mathcal{G}$ ist (5.1.7) endlich.

b. Für $\mathbf{x} \notin \overline{\tau}$ stimmt der Cauchy-Hauptwert mit dem Riemann-Integral überein.

c. Es gilt

$$(Ku)(\mathbf{x}) = \sum_{\tau \in \mathcal{G}} (K_\tau u)(\mathbf{x}) \qquad \forall \mathbf{x} \in t \in \mathcal{G}. \tag{5.1.8}$$

Beweis. Sei $\mathbf{x} \in \tau \in \mathcal{G}$ und $u \in L^{\infty}(\Gamma)$ mit $u|_{\tau} \in C^1(\tau)$. Wir finden ein $\varepsilon_0 > 0$ mit $\Gamma \cap K_\varepsilon(\mathbf{x}) = \tau \cap K_\varepsilon(\mathbf{x})$ für alle $0 < \varepsilon \leq \varepsilon_0$. Da u in $\tau \cap K_\varepsilon(\mathbf{x})$ differenzierbar ist, existiert der Cauchy-Hauptwert $p.v. \int_{\tau \cap K_\varepsilon(\mathbf{x})} k(\mathbf{x}, \mathbf{y}, \mathbf{x} - \mathbf{y})\, u(\mathbf{y})\, ds_{\mathbf{y}}$. Die lokale Definition der Hauptwerteigenschaft und die Beschränktheit des Integranden auf $\Gamma \backslash K_{\varepsilon_0}(\mathbf{x})$ ergeben, daß

$$p.v. \int_\tau k(\mathbf{x}, \mathbf{y}, \mathbf{x} - \mathbf{y})\, u(\mathbf{y})\, ds_{\mathbf{y}}$$

für $\mathbf{x} \notin \tau$ als Riemann-Integral und für $\mathbf{x} \in \tau$ als Cauchy-Hauptwert existiert. Summation über alle $\tau \in \mathcal{G}$ ergibt die Darstellung

$$(Ku)(\mathbf{x}) = \sum_{\tau \in \mathcal{G}} p.v. \int_\tau k(\mathbf{x}, \mathbf{y}, \mathbf{x} - \mathbf{y})\, u(\mathbf{y})\, ds_{\mathbf{y}}. \tag{5.1.9}$$

■

In Abschnitt 5.3 werden wir effiziente numerische Integrationsverfahren zur Approximation von Integralen des Typs $\int_{\tau \times t} k(\mathbf{x}, \mathbf{y}, \mathbf{y} - \mathbf{x})\, u(\mathbf{y})\, v(\mathbf{x})\, ds_{\mathbf{y}} ds_{\mathbf{x}}$ behandeln. Lemma 5.1.14 und Annahme 5.1.11 zeigen, daß für Cauchy-singuläre Integrale diese Aufspaltung unproblematisch ist.

Korollar 5.1.15 *Die Annahmen aus Lemma 5.1.14 seien erfüllt. Dann gilt für alle $v \in L^2(\Gamma)$*

$$(Ku, v)_{L^2(\Gamma)} = \sum_{\tau, t \in \mathcal{G}} (K_t u, v)_{L^2(\tau)}$$

mit

$$(K_t u, v)_{L^2(\tau)} = \begin{cases} \displaystyle\int_{\tau \times t} \overline{v}(\mathbf{x})\, k(\mathbf{x}, \mathbf{y}, \mathbf{y} - \mathbf{x})\, u(\mathbf{y})\, ds_{\mathbf{y}} ds_{\mathbf{x}} & \tau \neq t, \\ \displaystyle\int_\tau \overline{v}(\mathbf{x})\, p.v. \int_\tau k(\mathbf{x}, \mathbf{y}, \mathbf{y} - \mathbf{x})\, u(\mathbf{y})\, ds_{\mathbf{y}} ds_{\mathbf{x}}. & \tau = t. \end{cases}$$

5.1.3 Explizite Voraussetzungen an Cauchy-singuläre Kernfunktionen

In diesem Unterkapitel werden wir explizite Voraussetzungen formulieren, welche die Analytizität der Kernfunktionen beschreiben (Annahme 5.1.16) und die Existenz des Cauchy-Hauptwerts sicherstellen (Annahme 5.1.20).

Annahme 5.1.16 *Die Kernfunktion besitzt die Darstellung*

$$k(\mathbf{x},\mathbf{y},\mathbf{z}) := \|\mathbf{z}\|^{-s} \sum_{i=0}^{b} \kappa_i(\mathbf{x},\mathbf{y}) A_i\left(\|\mathbf{z}\|, \frac{\mathbf{z}}{\|\mathbf{z}\|}\right), \qquad \forall \mathbf{x},\mathbf{y} \in \Gamma, \mathbf{z} = \mathbf{y} - \mathbf{x}, \mathbf{x} \neq \mathbf{y} \quad (5.1.10)$$

mit $s \in \mathbb{Z}$ und $b \in \mathbb{N}$. Die Funktionen $\kappa_i(\mathbf{x},\mathbf{y})$ und $A_i(r,\xi)$ genügen den Eigenschaften:

1. *Für $0 \leq i \leq b$ ist A_i analytisch auf $(0,\rho_0) \times U_0$ mit einer Umgebung U_0 der Einheitssphäre $\mathbb{S}_2$ und $\rho_0 > 0$.*

2. *$\|\mathbf{z}\|^{-s} A_b\left(\|\mathbf{z}\|, \frac{\mathbf{z}}{\|\mathbf{z}\|}\right)$ ist uneigentlich integrierbar in jeder zweidimensionalen, beschränkten Umgebung des Ursprungs.*

3. *Die Koeffizientenfunktionen κ_i sind in $L^\infty(\Gamma \times \Gamma)$ und gleichmäßig stetig differenzierbar auf glatten Teilstücken $\Gamma_j \times \Gamma_k$ von $\Gamma \times \Gamma$. Die Differenzierbarkeitsordnung hängt dabei von der Glattheit der Oberflächenstücke $\Gamma_j \times \Gamma_k$ ab. Sind diese analytisch, so sind die Koeffizienten ebenfalls analytisch.*

Wir bemerken, daß praktisch alle Kernfunktionen, die mittels der Integralgleichungsmethode aus skalaren oder Systemen von elliptischen Randwertproblemen (in $\mathbb{R}^3$) abgeleitet sind, die Form (5.1.10) besitzen. Für eine ausführliche Analyse von Fundamentallösungen partieller Differentialgleichungen verweisen wir auf ([82], [51]). Die Annahme $b \in \mathbb{N}$ in (5.1.10) stellt sicher, daß *höchstens* endlich viele Terme existieren, die nicht uneigentlich integrierbar sind. Man beachte, daß die Darstellung (5.1.10) keineswegs eindeutig ist.

Beispiel 5.1.17 *Die Fundamentallösung G aus (3.1.3) ist von der Form (5.1.10) mit $s = 1$, $b = 0$, $\kappa_0 \equiv 1$ und*

$$A_0 : \mathbb{R}_{\geq 0} \times \mathbb{S}_2 \to \mathbb{C}, \qquad A_0(r,\xi) = \frac{1}{4\pi\sqrt{\det \mathbf{A}}} \frac{e^{r\left(\langle \mathbf{b},\xi\rangle_{\mathbf{A}} - \lambda\|\xi\|_{\mathbf{A}}\right)}}{\|\xi\|_{\mathbf{A}}}.$$

Die Kernfunktion des klassischen Doppelschichtpotentials gehört ebenfalls zur eingeführten Kernklasse.

Beispiel 5.1.18 *Der Kern des Doppelschichtpotentials ist durch*

$$\widetilde{\gamma_{1,\mathbf{y}}} G(\mathbf{x}-\mathbf{y}) = \gamma_{1,\mathbf{y}} G(\mathbf{x}-\mathbf{y}) + 2\langle \mathbf{n},\mathbf{b}\rangle G(\mathbf{x}-\mathbf{y})$$

gegeben. Wir verwenden (3.3.5) und erhalten

$$\nabla_{\mathbf{z}} G(\mathbf{z}) = -\frac{1}{4\pi\sqrt{\det \mathbf{A}}} \frac{\mathbf{A}^{-1}\mathbf{z}}{\|\mathbf{z}\|_{\mathbf{A}}^3} + \mathbf{R}(\mathbf{z}) \quad \text{mit} \quad \|\mathbf{R}(\mathbf{z})\| \leq C \|\mathbf{z}\|^{-1}.$$

Daraus folgt

$$k(\mathbf{x},\mathbf{y},\mathbf{z}) = \|\mathbf{z}\|^{-s} \sum_{i=0}^{b} \kappa_i(\mathbf{x},\mathbf{y}) A_i\left(\|\mathbf{z}\|, \frac{\mathbf{z}}{\|\mathbf{z}\|}\right)$$

mit $s = 2$, $b = 6$,

$$\forall i = 0,1,2 : \kappa_i(\mathbf{x},\mathbf{y}) = \kappa_{i+3}(\mathbf{x},\mathbf{y}) = \mathbf{n}_{i+1}(\mathbf{y}),$$
$$\forall i = 0,1,2 : A_i(r,\xi) = -\xi_i / \left(4\pi\sqrt{\det \mathbf{A}}\,\|\xi\|_{\mathbf{A}}^3\right), \quad A_{i+3}(r,\xi) = r^2 (\mathbf{AR}(r\xi))_{i+1}$$

und $\kappa_6(\mathbf{x},\mathbf{y}) = 2\langle \mathbf{n}(\mathbf{y}), \mathbf{b}\rangle$, $A_6(r,\xi) = r^2 G(r\xi)$.

Für den Laplace-Operator läßt sich die Darstellung vereinfachen, und die Parameter können gemäß $s = 2$, $b = 3$, $\kappa_3 = A_3 \equiv 0$,

$$\forall i = 0,1,2 : \kappa_i(\mathbf{x},\mathbf{y}) = \mathbf{n}_{i+1}(\mathbf{y}), \quad A_i(r,\xi) := -\xi_i/(4\pi)$$

gewählt werden.

Übungsaufgabe 5.1.19 *Sei G die Fundamentallösung aus (3.1.3). Zeigen Sie, daß die Kernfunktionen*

$$\gamma_{1,\mathbf{x}} G(\mathbf{x}-\mathbf{y}), \qquad \gamma_{1,\mathbf{x}}\tilde{\gamma}_{1,\mathbf{y}} G(\mathbf{x}-\mathbf{y})$$

zur eingeführten Kernklasse gehören.

In ([82]) wird gezeigt, daß für Kernfunktionen zu elliptischen Differentialoperatoren zweiter Ordnung im $\mathbb{R}^3$ die Singularitätsordnung s in (5.1.10) ganzzahlig ist und $s \leq 3$ erfüllt. Der Fall $s = 3$ tritt für die Kernfunktion $\gamma_{1,\mathbf{x}}\tilde{\gamma}_{1,\mathbf{y}} G(\mathbf{x}-\mathbf{y})$ mit G aus (3.1.3) auf. Wir haben jedoch in (3.3.22) gezeigt, daß sich mittels partieller Integration die (hypersinguläre) Kernfunktion regularisieren läßt. Analoge Regularisierungstechniken existieren auf für die Integraloperatoren der Elastizität (siehe [71], [102]).

Kernfunktionen, die Annahme 5.1.16 erfüllen, besitzen nicht notwendigerweise einen Cauchy-Hauptwert. Für die Singularitätsordnung s muß $s \leq 2$ gefordert werden und im Fall $s = 2$ darüber hinaus eine Antisymmetriebedingung.

Annahme 5.1.20 *Die Kernfunktion erfüllt Annahme 5.1.16 mit* $s \leq 2$. *Im Fall* $s = 2$ *existiere für* $0 \leq i \leq b$ *eine Aufspaltung*

$$A_i\left(\|\mathbf{z}\|, \frac{\mathbf{z}}{\|\mathbf{z}\|}\right) = A_{i,0}\left(\frac{\mathbf{z}}{\|\mathbf{z}\|}\right) + \|\mathbf{z}\|\, A_{i,1}\left(\|\mathbf{z}\|, \frac{\mathbf{z}}{\|\mathbf{z}\|}\right) \tag{5.1.11}$$

mit Funktionen $A_{i,0}(\xi) : \mathbb{S}_2 \to \mathbb{R}$ *und* $A_{i,1}(r,\xi) : \mathbb{R}_{\geq 0} \times \mathbb{S}_2 \to \mathbb{R}$, *welche die gleichen Analytizitätseigenschaften wie* A_i *besitzen und*

$$A_{i,0}(\xi) = -A_{i,0}(-\xi)$$

für alle $\xi \in \mathbb{S}_2$ *erfüllen.*

Kernfunktionen, welche der Annahme 5.1.20 genügen, werden antisymmetrisch genannt.

Bemerkung 5.1.21 *Uneigentlich integrierbare Kernfunktionen erfüllen Annahme 5.1.20 mit* $A_{i,0} \equiv 0$.

5.1.4 Kernfunktionen in lokalen Koordinaten

Für die Untersuchung der Kernfunktion in lokalen Koordinaten genügt es, einen beliebigen Term in der Summe (5.1.10) zu analysieren. Wir nehmen daher an, daß die Kernfunktion durch

$$k(\mathbf{x},\mathbf{y},\mathbf{z}) := \|\mathbf{z}\|^{-s} \kappa(\mathbf{x},\mathbf{y}) A\left(\|\mathbf{z}\|, \frac{\mathbf{z}}{\|\mathbf{z}\|}\right)$$

gegeben ist und Annahme 5.1.20 erfüllt. Wir setzen

$$\hat{k}(\hat{\mathbf{x}},\hat{\mathbf{y}}) := k(\chi_\tau(\hat{\mathbf{x}}), \chi_t(\hat{\mathbf{y}}), \chi_t(\hat{\mathbf{y}}) - \chi_\tau(\hat{\mathbf{x}})), \qquad \forall (\hat{\mathbf{x}},\hat{\mathbf{y}}) \in \hat{\tau} \times \hat{t} : \hat{\mathbf{x}} \neq \hat{\mathbf{y}} \tag{5.1.13}$$

und unterscheiden zur Untersuchung des Verhaltens von $\hat{k}$ in lokalen Koordinaten drei Fälle:

I. $\overline{\tau}$, $\overline{t}$ berühren sich maximal in einem Punkt.

II. Der Schnitt $\overline{\tau} \cap \overline{t}$ ist eine gemeinsame Kante.

III. Die Paneele sind identisch $\overline{\tau} = \overline{t}$.

Für reguläre Paneelierungen trifft für zwei Paneele $\tau, t \in \mathcal{G}$ immer einer der obigen Fälle zu. Der Fall von hängenden Knoten läßt sich durch Zerlegung auf die drei Situationen zurückführen.

Fall I: Für $\overline{\tau} \cap \overline{t} = \emptyset$ ist die Kernfunktion regulär und die Analytizität auf den Referenzgebieten folgt aus der Analytizität der Transformationen χ_τ und χ_t. Daher nehmen wie im folgenden an, daß $\overline{\tau} \cap \overline{t} = \mathbf{p}$ gilt. In lokalen Koordinaten ergibt sich für die Differenzvariable $\mathbf{z} = \mathbf{y} - \mathbf{x}$ die Darstellung

$$\mathbf{z} = \chi_t(\hat{\mathbf{y}}) - \chi_\tau(\hat{\mathbf{x}}). \tag{5.1.14}$$

O.B.d.A. nehmen wir $\chi_\tau(0) = \chi_t(0) = \mathbf{p}$ an. Offensichtlich gilt $\mathbf{z} = 0$ genau dann, wenn $\hat{\mathbf{x}} = \hat{\mathbf{y}} = (0,0)^\intercal$ gilt. Daher ist im betrachteten Fall $\hat{k}$ analytisch außerhalb von $\|\hat{\mathbf{x}}\| + \|\hat{\mathbf{y}}\| \leq \varepsilon$ mit beliebigem $\varepsilon > 0$ und es genügt, das singuläre Verhalten von $\hat{k}$ in einer beliebig kleinen Umgebung von 0 zu analysieren. Ersetzen wir χ_τ und χ_t in (5.1.14) durch die jeweiligen Taylor-Entwicklungen um 0, so erhalten wir

$$\mathbf{z} = \sum_{m=1}^{\infty} \frac{\langle \hat{\mathbf{y}}, \nabla \rangle^m \chi_t(0) - \langle \hat{\mathbf{x}}, \nabla \rangle^m \chi_\tau(0)}{m!}. \tag{5.1.15}$$

Wir fassen $(\hat{\mathbf{x}},\hat{\mathbf{y}})$ als Vektor im $\mathbb{R}^4$ auf und führen vierdimensionale Polarkoordinaten ein

$$(\hat{\mathbf{x}},\hat{\mathbf{y}}) = r\xi \tag{5.1.16}$$

mit $\xi = (\hat{\mathbf{x}},\hat{\mathbf{y}}) / \|(\hat{\mathbf{x}},\hat{\mathbf{y}})\| \in \mathbb{S}_3$. Einsetzen in (5.1.15) liefert

$$\mathbf{z} = r \sum_{m=0}^{\infty} r^m l_m(\xi) =: r a_1(r,\xi) \tag{5.1.17}$$

mit

$$l_m(\xi) := \frac{\langle \xi_{34}, \nabla \rangle^{m+1} \chi_t(0) - \langle \xi_{12}, \nabla \rangle^{m+1} \chi_\tau(0)}{(m+1)!} \quad \text{und} \quad \xi_{ij} := (\xi_i, \xi_j), \quad 1 \leq i,j \leq 4.$$

Die Funktion a_1 ist analytisch in $(0,\rho_1)\times U_1$ mit einer Umgebung U_1 der Einheitssphäre $\mathbb{S}_3$ und $\rho_1>0$. Mit Annahme 5.1.4 und der bi-Lipschitz-Stetigkeit von χ_t, χ_τ existieren $c,\tilde{c},\hat{c}>0$ mit

$$\begin{aligned} r\left\|a_1(r,\xi)\right\| &= \left\|ra_1(r,\xi)\right\| = \|\mathbf{z}\| = \|\mathbf{y}-\mathbf{x}\| \geq c\left(\|\mathbf{y}-\mathbf{p}\|+\|\mathbf{p}-\mathbf{x}\|\right) \\ &\geq c\left(\|\chi_t(\hat{\mathbf{y}})-\chi_t(0)\|+\|\chi_\tau(\hat{\mathbf{x}})-\chi_\tau(0)\|\right) \geq \tilde{c}\left(\|\hat{\mathbf{y}}\|+\|\hat{\mathbf{x}}\|\right) \geq \hat{c}r \end{aligned}$$

und daher besitzt a_1 keine Nullstelle in $(0,\rho_2)\times U_2$ mit einer Umgebung U_2 von $\mathbb{S}_3$ und $\rho_2>0$. Daraus folgt die Analytizität von $a_{2,s}(r,\xi):=\|a_1(r,\xi)\|^s$ für alle $s\in\mathbb{R}$.

Der Quotient $\mathbf{z}/\|\mathbf{z}\| = a_1(r,\xi)\,a_{2,-1}(r,\xi)$ ist daher ebenfalls analytisch in $(0,\rho_2)\times U_2$. Kombination dieser Entwicklungen liefert die Darstellung

$$\|\mathbf{z}\|^{-s} A\left(\|\mathbf{z}\|,\frac{\mathbf{z}}{\|\mathbf{z}\|}\right) = r^{-s}a_{3,s}(r,\xi) \tag{5.1.18}$$

mit einer Funktion $a_{3,s}(r,\xi)$, die analytisch in $(0,\rho_3)\times U_3$ ist mit $\rho_3>0$ und einer Umgebung U_3 von $\mathbb{S}_3$.

Fall II: Der Schnitt $E:=\overline{\tau}\cap\overline{t}$ ist eine gemeinsame Kante. O.B.d.A. nehmen wir an, daß die Parametrisierungen χ_τ, χ_t die Beziehung

$$\chi_\tau\binom{\xi_1}{0} = \chi_t\binom{\xi_1}{0} \qquad \forall\xi_1\in[0,1]$$

erfüllen. Die Differenz

$$\mathbf{z}=\mathbf{y}-\mathbf{x}=\chi_t(\hat{\mathbf{y}})-\chi_\tau(\hat{\mathbf{x}})$$

ist daher genau dann Null, wenn die dreidimensionalen Relativkoordinaten

$$\hat{\mathbf{z}}:=(\hat{z}_1,\hat{z}_2,\hat{z}_3)^\intercal := \begin{pmatrix} \hat{y}_1-\hat{x}_1 \\ \hat{y}_2 \\ \hat{x}_2 \end{pmatrix}$$

gleich Null sind. Die Differenz $\mathbf{z}$ besitzt in diesen Koordinaten die Darstellung

$$\mathbf{z}=\chi_t\binom{\hat{z}_1+\hat{x}_1}{\hat{z}_2}-\chi_\tau\binom{\hat{x}_1}{\hat{z}_3}.$$

Wir führen dreidimensionale Polarkoordinaten $\hat{\mathbf{z}}=r\xi$ mit $r:=\|\hat{\mathbf{z}}\|$ und $\xi=\hat{\mathbf{z}}/\|\hat{\mathbf{z}}\|\in\mathbb{S}_2$ ein und entwickeln $\mathbf{z}$ bezüglich $\hat{\mathbf{z}}$ um Null

$$\begin{aligned} \mathbf{z} = \chi_t\binom{\hat{z}_1+\hat{x}_1}{\hat{z}_2}-\chi_\tau\binom{\hat{x}_1}{\hat{z}_3} &= \sum_{m=1}^{\infty} r^m \frac{\left\langle\binom{\xi_1}{\xi_2},\nabla\right\rangle^m \chi_t\binom{\hat{x}_1}{0}-(\xi_3\partial_2)^m\chi_\tau\binom{\hat{x}_1}{0}}{m!} \\ &= r\sum_{m=0}^{\infty} r^m l_m(\hat{x}_1,\xi) =: rb(\hat{x}_1,r,\xi) \end{aligned} \tag{5.1.19}$$

mit

$$l_m(\hat{x}_1,\xi) := \frac{\left\langle\binom{\xi_1}{\xi_2},\nabla\right\rangle^{m+1} \chi_t\binom{\hat{x}_1}{0}-(\xi_3\partial_2)^{m+1}\chi_\tau\binom{\hat{x}_1}{0}}{(m+1)!}.$$

Wegen Annahme 5.1.4 existiert ein Punkt auf der gemeinsamen Kante $\mathbf{p} = \chi_t(\theta, 0) \in E$ mit

$$\begin{aligned} rb(\hat{x}_1, r, \xi) &= \|\mathbf{y} - \mathbf{x}\| \geq c(\|\mathbf{y} - \mathbf{p}\| + \|\mathbf{p} - \mathbf{x}\|) \\ &= c\left(\left\|\chi_t\binom{\hat{y}_1}{\hat{y}_2} - \chi_t\binom{\theta}{0}\right\| + \left\|\chi_\tau\binom{\hat{x}_1}{\hat{x}_2} - \chi_t\binom{\theta}{0}\right\|\right) \\ &\geq c\left((\hat{y}_1 - \theta)^2 + \hat{y}_2^2 + (\hat{x}_1 - \theta)^2 + \hat{x}_2^2\right)^{1/2} \\ &\geq c\left(\frac{(\hat{y}_1 - \hat{x}_1)^2}{2} + \hat{y}_2^2 + \hat{x}_2^2\right)^{1/2} \geq \frac{c}{2}\|\hat{\mathbf{z}}\| = \frac{c}{2}r. \end{aligned}$$

Daher besitzt $b(\hat{x}_1, r, \xi)$ keine Nullstelle in $(0, \rho_4) \times U_4$ mit einer Umgebung U_4 von $\mathbb{S}_2$ und $\rho_4 > 0$. Daraus folgt die Analytizität von $b_{2,s}(\hat{x}_1, r, \xi) := \|b(\hat{x}_1, r, \xi)\|^s$ für alle $s \in \mathbb{R}$.

Wie im Fall **I** schließt man daraus auf die Darstellung

$$\|\mathbf{z}\|^{-s} A\left(\|\mathbf{z}\|, \frac{\mathbf{z}}{\|\mathbf{z}\|}\right) = r^{-s} b_{3,s}(x_1, r, \xi) \tag{5.1.20}$$

mit einer Funktion $b_{3,s}$ die analytisch in $I_5 \times (0, \rho_5) \times U_5$ ist mit Umgebungen I_5 von $[0,1]$, U_5 von $\mathbb{S}_2$ und $\rho_5 > 0$.

Fall III: Die Paneele τ, t stimmen überein. Da χ_τ bijektiv ist, verschwindet die Differenz

$$\mathbf{z} = \mathbf{y} - \mathbf{x} = \chi_\tau(\hat{\mathbf{y}}) - \chi_\tau(\hat{\mathbf{x}})$$

genau dann, wenn die zweidimensionalen Relativkoordinaten

$$\hat{\mathbf{z}} := \begin{pmatrix} \hat{y}_1 - \hat{x}_1 \\ \hat{y}_2 - \hat{x}_2 \end{pmatrix}$$

gleich Null sind. Entwicklung der Differenz $\mathbf{z}$ um $\hat{\mathbf{z}} = 0$ ergibt

$$\mathbf{z} = \chi_\tau(\hat{\mathbf{z}} + \hat{\mathbf{x}}) - \chi_\tau(\hat{\mathbf{x}}) = \sum_{m=1}^{\infty} \left(\frac{\langle \hat{\mathbf{z}}, \nabla \rangle^m \chi_\tau}{m!}\right)(\hat{\mathbf{x}}).$$

Wir führen zweidimensionale Polarkoordinaten ein $\hat{\mathbf{z}} = r\xi$ mit $\xi = \hat{\mathbf{z}} / \|\hat{\mathbf{z}}\|$ und erhalten

$$\mathbf{z} = r \sum_{m=0}^{\infty} r^m l_m(\hat{\mathbf{x}}, \xi) =: rd(\hat{\mathbf{x}}, r, \xi) \tag{5.1.21}$$

mit

$$l_m(\hat{\mathbf{x}}, \xi) = \left(\frac{\langle \xi, \nabla \rangle^{m+1} \chi_\tau}{(m+1)!}\right)(\hat{\mathbf{x}}).$$

Aus der bi-Lipschitz-Stetigkeit von χ_τ folgert man

$$r\|d(\hat{\mathbf{x}}, r, \xi)\| = \|\mathbf{z}\| = \|\chi_\tau(\hat{\mathbf{y}}) - \chi_\tau(\hat{\mathbf{x}})\| \geq c\|\hat{\mathbf{y}} - \hat{\mathbf{x}}\| = c\|\hat{\mathbf{z}}\| = cr,$$

und daher besitzt $d(\hat{\mathbf{x}}, r, \xi)$ keine Nullstelle in $I_6 \times (0, \rho_6) \times U_6$ mit Umgebungen I_6 von $\overline{\hat{\tau}}$, U_6 von $\mathbb{S}_1$ und $\rho_6 > 0$. Daraus folgt die Analytizität von $d_{2,s}(x_1, r, \xi) := \|b(x_1, r, \xi)\|^s$ für alle $s \in \mathbb{R}$.

Wie im Fall **I** schließt man daraus auf die Darstellung

$$k(\mathbf{x},\mathbf{y},\mathbf{z}) = \|\mathbf{z}\|^{-s} A\left(\|\mathbf{z}\|, \frac{\mathbf{z}}{\|\mathbf{z}\|}\right) = r^{-s} d_{3,s}(\hat{\mathbf{x}}, r, \xi) \tag{5.1.22}$$

mit einer Funktion $d_{3,s}$ die analytisch in $I_7 \times (0,\rho_7) \times U_7$ ist mit Umgebungen I_7 von $\overline{\hat{\tau}}$, U_7 von $\mathbb{S}_1$ und $\rho_7 > 0$.

Für Cauchy-singuläre Kernfunktionen, die Annahme 5.1.20 erfüllen, können wir dieses Resultat weiter verfeinern. Wir verwenden die Aufspaltung aus Annahme 5.1.20

$$A\left(\|\mathbf{z}\|, \frac{\mathbf{z}}{\|\mathbf{z}\|}\right) = A_0\left(\frac{\mathbf{z}}{\|\mathbf{z}\|}\right) + \|\mathbf{z}\| A_1\left(\|\mathbf{z}\|, \frac{\mathbf{z}}{\|\mathbf{z}\|}\right)$$

mit antisymmetrischem A_0. Die Wahl $A = A_0$, $s = 2$ und $\kappa \equiv 1$ bzw. $A(r,\xi) = rA_1(r,\xi)$ in (5.1.22) liefert

$$\|\mathbf{z}\|^{-2}\left(A_0\left(\frac{\mathbf{z}}{\|\mathbf{z}\|}\right) + \|\mathbf{z}\| A_1\left(\|\mathbf{z}\|, \frac{\mathbf{z}}{\|\mathbf{z}\|}\right)\right) = r^{-2} d_{3,2}(\hat{\mathbf{x}}, r, \xi) + r^{-1} d_{3,1}(\hat{\mathbf{x}}, r, \xi).$$

Übungsaufgabe 5.1.22 *Folgern Sie aus der Antisymmetrie von A_0 die Existenz einer Funktion $\tilde{d}_{3,2}$, die analytisch in $I_8 \times (0,\rho_8) \times U_8$ ist mit Umgebungen I_8 von $\overline{\hat{\tau}}$, U_8 von $\mathbb{S}_1$ und $\rho_8 > 0$ und*

$$d_{3,2}(\hat{\mathbf{x}}, r, \xi) = d_{3,2}(\hat{\mathbf{x}}, \xi) + r\tilde{d}_{3,2}(\hat{\mathbf{x}}, r, \xi), \qquad d_{3,2}(\hat{\mathbf{x}}, \xi) = -d_{3,2}(\hat{\mathbf{x}}, -\xi)$$

mit $d_{3,2}(\hat{\mathbf{x}}, \xi) := d_{3,2}(\hat{\mathbf{x}}, 0, \xi)$ erfüllt.

Satz 5.1.23 *Die Kernfunktion erfülle die Annahme 5.1.20.*

a. *Dann existieren Funktionen $\tilde{d}_{3,2}$, $\tilde{d}_{3,1}$, die analytisch in $I \times (0,\rho) \times U$ sind und Umgebungen I von $\overline{\hat{\tau}}$, U von $\mathbb{S}_1$ und $\rho > 0$, so daß*

$$k(\mathbf{x},\mathbf{y},\mathbf{z}) = r^{-2}\tilde{d}_{3,2}(\hat{\mathbf{x}}, \xi) + r^{-1}\tilde{d}_{3,1}(\hat{\mathbf{x}}, r, \xi) \quad \text{und} \quad \tilde{d}_{3,2}(\hat{\mathbf{x}}, \xi) = -\tilde{d}_{3,2}(\hat{\mathbf{x}}, -\xi)$$

mit $\mathbf{x} = \chi_\tau(\hat{\mathbf{x}})$, $\mathbf{y} = \chi_\tau(\hat{\mathbf{x}} + r\xi)$, $\mathbf{z} = \mathbf{y} - \mathbf{x}$ gilt.

b. *Seien $\hat{b}_i$, $\hat{b}_j$ die Basisfunktionen auf den Referenzelementen. Der Integrand $\hat{b}_i(\hat{\mathbf{x}})\, \hat{b}_j(\hat{\mathbf{y}})\, \hat{k}(\hat{\mathbf{x}},\hat{\mathbf{y}})\, g_\tau(\hat{\mathbf{x}})\, g_\tau(\hat{\mathbf{y}})$ (vgl. (5.1.13)) besitzt die Darstellung*

$$r^{-2}\hat{d}_{3,2}(\hat{\mathbf{x}}, \xi) + r^{-1}\hat{d}_{3,1}(\hat{\mathbf{x}}, r, \xi)$$

mit Funktionen $\hat{d}_{3,2}$, $\hat{d}_{3,1}$ mit analogen Analytizitäts- und Antisymmetrieeigenschaften.

c. *Es existiert eine Funktion f mit analogen Analytizitätseigenschaften wie $\tilde{d}_{3,2}$, $\tilde{d}_{3,1}$ aus (a) und*

$$\hat{k}(\hat{\mathbf{x}}, \hat{\mathbf{x}} - \hat{\mathbf{z}}) + \hat{k}(\hat{\mathbf{x}} - \hat{\mathbf{z}}, \hat{\mathbf{x}}) = r^{-1} f(\hat{\mathbf{x}}, r, \xi). \tag{5.1.23}$$

Beweis. Die Analytizität von κ in beiden Variablen überträgt sich mit der Analytizität von χ_τ auf

$$\begin{aligned} \kappa(\chi_\tau(\hat{\mathbf{x}}), \chi_\tau(\hat{\mathbf{y}})) &=: \tilde{\kappa}(\hat{\mathbf{x}}, \hat{\mathbf{y}}) = \tilde{\kappa}(\hat{\mathbf{x}}, \hat{\mathbf{x}} + \hat{\mathbf{z}}) = \tilde{\kappa}(\hat{\mathbf{x}}, \hat{\mathbf{x}}) + \langle \hat{\mathbf{z}}, \overrightarrow{\kappa}_1(\hat{\mathbf{x}}, \hat{\mathbf{z}}) \rangle \\ &= \tilde{\kappa}(\hat{\mathbf{x}}, \hat{\mathbf{x}}) + r\langle \xi, \overrightarrow{\kappa}_1(\hat{\mathbf{x}}, r\xi) \rangle =: \tilde{\kappa}(\hat{\mathbf{x}}, \hat{\mathbf{x}}) + r\tilde{\kappa}_1(\hat{\mathbf{x}}, r, \xi) \end{aligned}$$

mit analytischen Funktionen $\tilde{\kappa}_1$ und (vektorwertigem) $\overrightarrow{\kappa}_1$. Analoge Überlegungen lassen sich für das Oberflächenelement g_τ und die Basisfunktionen $\hat{b}_i$ und $\hat{b}_j$ anwenden und liefern damit die Behauptungen (a) und (b).

Zu c: Substituiert man $\hat{\mathbf{x}} - \hat{\mathbf{z}} \leftarrow \hat{\mathbf{y}}$ im zweiten Summanden von (5.1.23) und wendet die bereits abgeleiteten Darstellungen an, nützt die Glattheit von $\tilde{d}_{3,1}$ bezüglich der ersten Variablen aus, so ergibt sich mit $\hat{\mathbf{z}} = r\xi$ für $\hat{k}(\hat{\mathbf{x}}, \hat{\mathbf{x}} - \hat{\mathbf{z}}) + \hat{k}(\hat{\mathbf{y}}, \hat{\mathbf{y}} + \hat{\mathbf{z}})$ die Darstellung

$$\begin{aligned} &r^{-2}\tilde{d}_{3,2}(\hat{\mathbf{x}}, -\xi) + r^{-1}\tilde{d}_{3,1}(\hat{\mathbf{x}}, r, -\xi) + r^{-2}\tilde{d}_{3,2}(\hat{\mathbf{y}}, \xi) + r^{-1}\tilde{d}_{3,1}(\hat{\mathbf{y}}, r, \xi) \\ &\quad = r^{-2}\left(\tilde{d}_{3,2}(\hat{\mathbf{x}}, -\xi) + \tilde{d}_{3,2}(\hat{\mathbf{x}} - \hat{\mathbf{z}}, \xi)\right) + r^{-1}\left(\tilde{d}_{3,1}(\hat{\mathbf{x}}, r, -\xi) + \tilde{d}_{3,1}(\hat{\mathbf{x}} - \hat{\mathbf{z}}, r, \xi)\right) \\ &\quad =: r^{-2}\left(\tilde{d}_{3,2}(\hat{\mathbf{x}}, -\xi) + \tilde{d}_{3,2}(\hat{\mathbf{x}}, \xi) + r\left\langle \xi, \overrightarrow{f}(\hat{\mathbf{x}}, r, \xi)\right\rangle\right) + r^{-1}f_0(\hat{\mathbf{x}}, r, \xi) =: r^{-1}f(\hat{\mathbf{x}}, r, \xi). \end{aligned}$$

■

5.2 Relativkoordinaten

Die numerische Integration wird auf einem Paar von Referenzpaneelen definiert und durch Transformation auf die Integration über Paneelpaare $\tau \times t$ übertragen. Generell werden die Annahmen aus Unterkapitel 5.1.1 vorausgesetzt. Wir unterscheiden vier Fälle:

1. Identische Paneele,
2. Paneele mit genau einer gemeinsamen Kante,
3. Paneele mit genau einem gemeinsamen Eckpunkt,
4. Paneele mit positiver Distanz.

Für eindimensionale Kurven und Intervallpartitionierungen gehen die Relativkoordinaten auf [78] zurück. In [134] wurden allgemeine Kernfunktionen in lokalen Koordinaten analysiert und, basierend auf diesen Resultaten, in [135] gezeigt, daß bei Verwendung von Simplexkoordinaten die Determinante der Transformation die Singularität im Integranden hebt und dieser in einer Umgebung der ursprünglichen Singularität analytisch wird.

Relativkoordinaten für Dreieckselemente wurden in [123] und [69] eingeführt. Die Kombination mit der Rücktransformation auf das Referenzelement wurde in [155] entwickelt. In [43] findet sich eine kompakte Zusammenstellungen der erforderlichen Quadraturordnungen in Abhängigkeit vom zugrundeliegenden Operator, von der Approximationsordnung und der Norm, in der der Fehler gemessen wird.

5.2.1 Der Fall identischer Paneele

Zur Berechnung der Matrixkoeffizienten wird die Bilinearform in Paaren b_i, b_j von Basisfunktionen ausgewertet. Im Fall identischer Paneele betrachten wir das Integral

$$\int_\tau b_i(\mathbf{x})\, p.v. \int_\tau k(\mathbf{x}, \mathbf{y}, \mathbf{y} - \mathbf{x})\, b_j(\mathbf{y})\, ds_{\mathbf{y}} ds_{\mathbf{x}}. \tag{5.2.1}$$

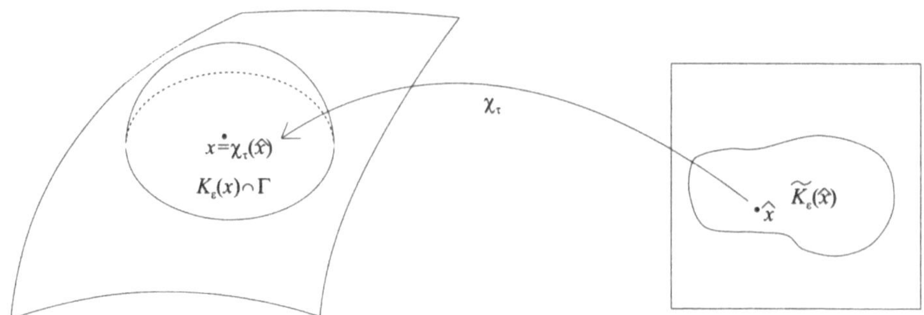

Abbildung 5.3: Schnitt der ε-Kugel mit der Oberfläche und deformierte, rücktransformierte Schnittmenge im Parametergebiet.

Für $\mathbf{x} \in \tau$ und hinreichend kleines $\varepsilon_0 > 0$ gilt $K_\varepsilon(\mathbf{x}) \cap \Gamma \subset \tau$ für alle $0 < \varepsilon \leq \varepsilon_0$, und die Beschränktheit der Kernfunktion auf $\tau \times (\tau \backslash K_\varepsilon(\mathbf{x}))$ erlaubt die Definition des Integrals

$$I_\varepsilon := \int_\tau \int_{\tau \backslash K_\varepsilon(\mathbf{x})} k_1(\mathbf{x}, \mathbf{y}, \mathbf{y} - \mathbf{x})\, ds_\mathbf{y} ds_\mathbf{x}$$

mit

$$k_1(\mathbf{x}, \mathbf{y}, \mathbf{z}) := b_i(\mathbf{x})\, k(\mathbf{x}, \mathbf{y}, \mathbf{z})\, b_j(\mathbf{y}).$$

Sei $\chi_\tau : \widehat{\tau} \to \tau$ die Transformation des Referenzelements auf τ. Wir setzen

$$k_2(\hat{\mathbf{x}}, \hat{\mathbf{y}}) := k_1(\chi_\tau(\hat{\mathbf{x}}), \chi_\tau(\hat{\mathbf{y}}), \chi_\tau(\hat{\mathbf{y}}) - \chi_\tau(\hat{\mathbf{x}}))\, g_\tau(\hat{\mathbf{x}})\, g_\tau(\hat{\mathbf{y}}). \tag{5.2.2}$$

$\tilde{K}_\varepsilon(\hat{\mathbf{x}}) := \chi_\tau^{-1}(\Gamma \cap K_\varepsilon(\chi_\tau(\hat{\mathbf{x}})))$ bezeichnet die rücktransformierte ε-Umgebung von $\mathbf{x}$ (siehe Abbildung 5.3). Man beachte, daß $\tilde{K}_\varepsilon(\hat{\mathbf{x}})$ im allgemeinen keineswegs eine Kreisscheibe im Parametergebiet darstellt. Wir werden jedoch zeigen, daß der Grenzwert $\varepsilon \to 0$ derselbe bleibt, wenn $\tilde{K}_\varepsilon(\mathbf{x})$ durch die Kreisscheibe $K_\varepsilon(\mathbf{x})$ ersetzt wird.

Satz 5.2.1 *Die Kernfunktion erfülle die Annahme (5.1.20). Sei $\tau \in \mathcal{G}$ parametrisiert durch $\chi_\tau \in C^{1+\lambda}(\widehat{\tau})$ mit $\lambda > 0$. Dann gilt*

$$\lim_{\varepsilon \to 0} \int_{\widehat{\tau}} \int_{\widehat{\tau} \backslash \tilde{K}_\varepsilon(\hat{\mathbf{x}})} k_2(\hat{\mathbf{x}}, \hat{\mathbf{y}})\, d\hat{\mathbf{y}} d\hat{\mathbf{x}} = \lim_{\varepsilon \to 0} \int_{\widehat{\tau}} \int_{\widehat{\tau} \backslash K_\varepsilon(\hat{\mathbf{x}})} k_2(\hat{\mathbf{x}}, \hat{\mathbf{y}})\, d\hat{\mathbf{y}} d\hat{\mathbf{x}}.$$

Beweis. Wir führen Polarkoordinaten (r, φ) um $\hat{\mathbf{x}} := \chi_\tau^{-1}(\mathbf{x})$ ein. Die Parametrisierung des Randes $\partial\tilde{K}_\varepsilon(\hat{\mathbf{x}})$ definiert implizit die Funktion $\rho : [0, \varepsilon_0] \times [-\pi, \pi[\to \mathbb{R}_{\geq 0}$ durch

$$\left\| \chi_\tau\left(\rho(\varepsilon, \varphi) \binom{\cos\varphi}{\sin\varphi}\right) - \mathbf{x} \right\| = \varepsilon.$$

Entwicklung nach ε ergibt (vgl. Übungsaufgabe 5.2.2) mit dem Satz über implizite Funktionen $\rho \in C^{1+\lambda}([0, \varepsilon_0] \times [-\pi, \pi[)$ und

$$\rho(0, \varphi) = 0, \quad \rho(\varepsilon, \varphi) = \varepsilon \rho_\varepsilon(0, \varphi) + O\left(\varepsilon^{1+\lambda}\right) \quad \text{und} \quad \rho_\varepsilon(0, \varphi) = \left\| D\chi_\tau(0) \binom{\cos\varphi}{\sin\varphi} \right\|^{-1}. \tag{5.2.3}$$

Dies führt zur Aufspaltung

$$\int_{\widehat{\tau}}\int_{\widehat{\tau}\setminus\tilde{K}_\varepsilon(\hat{\mathbf{x}})} \dots = \int_{\widehat{\tau}}\int_{\widehat{\tau}\setminus K_\varepsilon(\hat{\mathbf{x}})} \dots - \int_{\widehat{\tau}}\int_{-\pi}^{\pi}\int_{\rho(\varepsilon,\varphi)}^{\varepsilon} \dots . \tag{5.2.4}$$

Wir zeigen, daß das zweite Integral auf der rechten Seite für $\varepsilon \to 0$ gegen Null konvergiert. Die Winkelintegration wird in $[-\pi, 0[$ und $[0, \pi[$ zerlegt und φ im ersten Intervall durch $\varphi = \tilde{\varphi} - \pi$ substituiert. Damit ergibt sich für das zweite Integral in (5.2.4) die Darstellung

$$\int_{\widehat{\tau}}\int_0^{\pi}\left(\int_{\rho(\varepsilon,\varphi)}^{\varepsilon} k_2\left(\hat{\mathbf{x}}, \hat{\mathbf{x}} + r\binom{\cos\varphi}{\sin\varphi}\right) r dr + \int_{\rho(\varepsilon,\varphi-\pi)}^{\varepsilon} k_2\left(\hat{\mathbf{x}}, \hat{\mathbf{x}} + r\binom{\cos(\varphi-\pi)}{\sin(\varphi-\pi)}\right) r dr\right) d\varphi d\hat{\mathbf{x}}. \tag{5.2.5}$$

Die Entwicklung (5.2.3) impliziert

$$\rho(\varepsilon, \varphi - \pi) = \varepsilon\rho_\varepsilon(0, \varphi - \pi) + O\left(\varepsilon^{1+\lambda}\right) = \varepsilon\rho_\varepsilon(0, \varphi) + O\left(\varepsilon^{1+\lambda}\right) = \rho(\varepsilon, \varphi) + O\left(\varepsilon^{1+\lambda}\right),$$

so daß sich für das Integral in (5.2.5) die Darstellung

$$\begin{aligned} &\int_{\widehat{\tau}}\int_0^{\pi}\int_{\rho(\varepsilon,\varphi)}^{\varepsilon}\left(k_2\left(\hat{\mathbf{x}}, \hat{\mathbf{x}} + r\binom{\cos\varphi}{\sin\varphi}\right) + k_2\left(\hat{\mathbf{x}}, \hat{\mathbf{x}} - r\binom{\cos(\varphi)}{\sin(\varphi)}\right)\right) r dr d\varphi d\hat{\mathbf{x}} \\ &+ \int_{\widehat{\tau}}\int_0^{\pi}\int_{\rho(\varepsilon,\varphi-\pi)}^{\rho(\varepsilon,\varphi)} k_2\left(\hat{\mathbf{x}}, \hat{\mathbf{x}} - r\binom{\cos(\varphi)}{\sin(\varphi)}\right) r dr d\varphi d\hat{\mathbf{x}} \end{aligned} \tag{5.2.6}$$

ergibt. Die Kernfunktion in Polarkoordinaten läßt sich gemäß

$$\left| r k_2\left(\hat{\mathbf{x}}, \hat{\mathbf{x}} - r\binom{\cos\varphi}{\sin\varphi}\right)\right| \leq C r^{-1}$$

abschätzen. Wegen $|\rho(\varepsilon, \varphi) - \rho(\varepsilon, \varphi - \pi)| = O\left(\varepsilon^{1+\lambda}\right)$ konvergiert das zweite Integral in (5.2.6) gegen Null, und wir betrachten nur noch das erste. Die Antisymmetrie der Kernfunktion in lokalen Koordinaten (vgl. Satz 5.1.23) impliziert

$$r\left(k_2\left(\hat{\mathbf{x}}, \hat{\mathbf{x}} + r\binom{\cos\varphi}{\sin\varphi}\right) + k_2\left(\hat{\mathbf{x}}, \hat{\mathbf{x}} - r\binom{\cos(\varphi)}{\sin(\varphi)}\right)\right) = O(1)$$

und daher konvergiert auch das erste Integral in (5.2.6) gegen Null. ∎

Übungsaufgabe 5.2.2 *Beweisen Sie die Entwicklungen (5.2.3).*

Damit ist gezeigt, daß (5.2.1) mit dem Grenzwert des Integrals

$$\tilde{I}_\varepsilon := \int_0^1\int_0^{\hat{x}_1}\underbrace{\int_0^1\int_0^{\hat{y}_1}}_{\|\hat{\mathbf{y}}-\hat{\mathbf{x}}\|\geq\varepsilon} k_2(\hat{\mathbf{x}}, \hat{\mathbf{y}})\, d\hat{\mathbf{y}} d\hat{\mathbf{x}}$$

für $\varepsilon \to 0$ übereinstimmt. Unser Ziel ist es, den Grenzwert $\lim_{\varepsilon\to 0}\tilde{I}_\varepsilon$ als Integral über ein festes, $\varepsilon-$unabhängiges Integrationsgebiet mit analytischen Integranden darzustellen. Dazu werden zunächst Relativkoordinaten $(\hat{\mathbf{x}}, \hat{\mathbf{z}}) = (\hat{\mathbf{x}}, \hat{\mathbf{y}} - \hat{\mathbf{x}})$ eingeführt, die das singuläre Verhalten der Kernfunktion in $\hat{\mathbf{z}} = \mathbf{0}$ fixieren. Sei zunächst $\widehat{\tau}$ das Einheitsdreieck. Die Resultate für das Einheitsquadrat werden summarisch in Abschnitt 5.2.4 behandelt.

Dann gilt

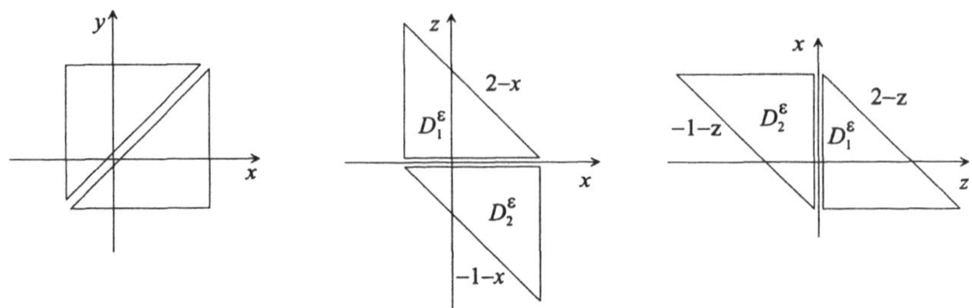

Abbildung 5.4: Relativkoordinaten für $(x, y) \in (-1,2) \times (-1,2)$.

$$\tilde{I}_\varepsilon = \int_0^1 \int_0^{\hat{x}_1} \underbrace{\int_{-\hat{x}_1}^{1-\hat{x}_1} \int_{-\hat{x}_2}^{\hat{z}_1+\hat{x}_1-\hat{x}_2}}_{\|\hat{\mathbf{z}}\|\geq\varepsilon} k_2(\hat{\mathbf{x}}, \hat{\mathbf{z}} + \hat{\mathbf{x}})\, d\hat{\mathbf{z}} d\hat{\mathbf{x}}. \tag{5.2.7}$$

Die folgenden beiden Beispiele sollen das charakteristische Verhalten des Integranden und die weitere Vorgehensweise illustrieren (vgl. Abb. 5.4)).

Beispiel 5.2.3 *Sei $k : (-1,2) \times (-1,2) \to \mathbb{R}$ durch $k(x,y) = (y-x)^{-1}$ gegeben. Für glatte Funktionen u, v soll das Integral*

$$I_\varepsilon := \int_{-1}^{2} v(x) \int_{\substack{-1\\|x-y|\geq\varepsilon}}^{2} k(x,y)\, u(y)\, dy dx$$

berechnet werden. Relativkoordinaten $z = y - x$ liefern in diesem Fall

$$I_\varepsilon := \int_{-1}^{2} v(x) \left(\int_{\substack{-1-x\\|z|\geq\varepsilon}}^{2-x} \frac{u(z+x)}{z} dz \right) dx. \tag{5.2.8}$$

Der Einfachheit halber setzen wir $u(z) \equiv 1$ (im allgemeinen wäre u um $z = 0$ zu entwickeln). Explizite Auswertung der inneren Integration liefert (für $\varepsilon < \min\{2-x, 1+x\}$)

$$\lim_{\varepsilon\to 0} \int_{\substack{-1-x\\|z|\geq\varepsilon}}^{2-x} \frac{1}{z} dz = \ln \frac{2-x}{1+x}.$$

Daran erkennt man, daß das Ergebnis der inneren Integration charakteristische (logarithmische) Singularitäten an den Rändern des äußeren Paneels besitzt und es daher keineswegs genügt, lediglich für die innere Integration spezielle Integrationsmethoden zu entwickeln. Standardquadraturverfahren lassen sich daher lediglich mit erheblichem Genauigkeitsverlust anwenden. Im Fall von zweidimensionalen Oberflächen läßt sich für Cauchy-singuläre Kernfunktionen zeigen, daß das Ergebnis der inneren $z-$Integration sich wie $\sim \log(\operatorname{dist}(\mathbf{x}, \partial\tau))$ verhält. Die Stärke des singulären Verhaltens hängt im allgemeinen von der Singularitätsordnung der Kernfunktion ab und macht die Verwendung gewichteter Integrationsformeln aufwendig. Wir werden im folgenden zeigen, daß durch einfaches Vertauschen der Integrationsreihenfolge der Integrand regularisiert werden kann.

Beispiel 5.2.4 *Sorgfältige Beachtung der Nebenbedingung $|z| \geq \varepsilon$ liefert die Zerlegung des Integrationsgebiets in (5.2.8) gemäß*

$$\bigcup_{i=1}^{2} D_i^\varepsilon := \left\{ \begin{array}{c} -1 \leq x \leq 2-\varepsilon \\ \varepsilon \leq z \leq 2-x \end{array} \right\} \cup \left\{ \begin{array}{c} -1+\varepsilon \leq x \leq 2 \\ -1-x \leq z \leq -\varepsilon \end{array} \right\}.$$

Vertauschen der Integrationsreihenfolge in den Teilgebieten $D_{1,2}^\varepsilon$ ergibt

$$D_1^\varepsilon \cup D_2^\varepsilon = \left\{ \begin{array}{c} \varepsilon \leq z \leq 3 \\ -1 \leq x \leq 2-z \end{array} \right\} \cup \left\{ \begin{array}{c} -3 \leq z \leq -\varepsilon \\ -1-z \leq x \leq 2 \end{array} \right\},$$

und wir erhalten

$$\lim_{\varepsilon \to 0} I_\varepsilon := \lim_{\varepsilon \to 0} \left(\int_\varepsilon^3 \frac{1}{z} \underbrace{\int_{-1}^{2-z} v(x)\, dx}_{=:h^1(z)} dz + \int_{-3}^{-\varepsilon} \frac{1}{z} \underbrace{\int_{-1-z}^{2} v(x)\, dx}_{h^{(2)}(z)} dz \right) \tag{5.2.9}$$

$$= \lim_{\varepsilon \to 0} \left(\int_\varepsilon^3 \frac{1}{z} h^{(1)}(z)\, dz + \int_{-3}^{-\varepsilon} \frac{1}{z} h^{(2)}(z)\, dz \right).$$

Die Substitution $z \leftarrow -z$ im zweiten Integral liefert

$$\lim_{\varepsilon \to 0} I_\varepsilon = \lim_{\varepsilon \to 0} \int_\varepsilon^3 \frac{h^{(1)}(z) - h^{(2)}(-z)}{z} dz.$$

Wegen $\left| h_0^{(2)}(z) - h_0^{(1)}(-z) \right| \leq Cz$ ist der Integrand beschränkt und der Cauchy-Hauptwert stimmt mit dem Riemann-Integral überein

$$\lim_{\varepsilon \to 0} I_\varepsilon = \int_0^3 \frac{h^{(1)}(z) - h^{(2)}(-z)}{z} dz.$$

Der Integrand besitzt eine hebbare Singularität für $z = 0$.

Das in diesem Beispiel entwickelte, eindimensionale Konzept werden wir nun auf die allgemeine Situation (5.2.7) anwenden und zunächst die Integrationsreihenfolge vertauschen.

Das Integrationsgebiet wird gemäß

$$\left\{ \begin{array}{c} -1 \leq \hat{z}_1 \leq 0 \\ -1 \leq \hat{z}_2 \leq \hat{z}_1 \\ -\hat{z}_2 \leq \hat{x}_1 \leq 1 \\ -\hat{z}_2 \leq \hat{x}_2 \leq \hat{x}_1 \end{array} \right\} \cup \left\{ \begin{array}{c} -1 \leq \hat{z}_1 \leq 0 \\ \hat{z}_1 \leq \hat{z}_2 \leq 0 \\ -\hat{z}_1 \leq \hat{x}_1 \leq 1 \\ -\hat{z}_2 \leq \hat{x}_2 \leq \hat{x}_1 + \hat{z}_1 - \hat{z}_2 \end{array} \right\} \cup \left\{ \begin{array}{c} -1 \leq \hat{z}_1 \leq 0 \\ 0 \leq \hat{z}_2 \leq 1 + \hat{z}_1 \\ \hat{z}_2 - \hat{z}_1 \leq \hat{x}_1 \leq 1 \\ 0 \leq \hat{x}_2 \leq \hat{x}_1 + \hat{z}_1 - \hat{z}_2 \end{array} \right\}$$

$$\cup \left\{ \begin{array}{c} 0 \leq \hat{z}_1 \leq 1 \\ -1 + \hat{z}_1 \leq \hat{z}_2 \leq 0 \\ -\hat{z}_2 \leq \hat{x}_1 \leq 1 - \hat{z}_1 \\ -\hat{z}_2 \leq \hat{x}_2 \leq \hat{x}_1 \end{array} \right\} \cup \left\{ \begin{array}{c} 0 \leq \hat{z}_1 \leq 1 \\ 0 \leq \hat{z}_2 \leq \hat{z}_1 \\ 0 \leq \hat{x}_1 \leq 1 - \hat{z}_1 \\ 0 \leq \hat{x}_2 \leq \hat{x}_1 \end{array} \right\} \cup \left\{ \begin{array}{c} 0 \leq \hat{z}_1 \leq 1 \\ \hat{z}_1 \leq \hat{z}_2 \leq 1 \\ \hat{z}_2 - \hat{z}_1 \leq \hat{x}_1 \leq 1 - \hat{z}_1 \\ 0 \leq \hat{x}_2 \leq \hat{z}_1 - \hat{z}_2 + \hat{x}_1 \end{array} \right\}$$

mit der Nebenbedingung $\|\hat{\mathbf{z}}\| \geq \varepsilon$ in Teilgebiete D_i, $1 \leq i \leq 6$, zerlegt. Man beachte, daß die $\hat{\mathbf{z}}$-Variablen analog wie in (5.2.9) die äußere Integration beschreiben. Wie im Beweis von Satz

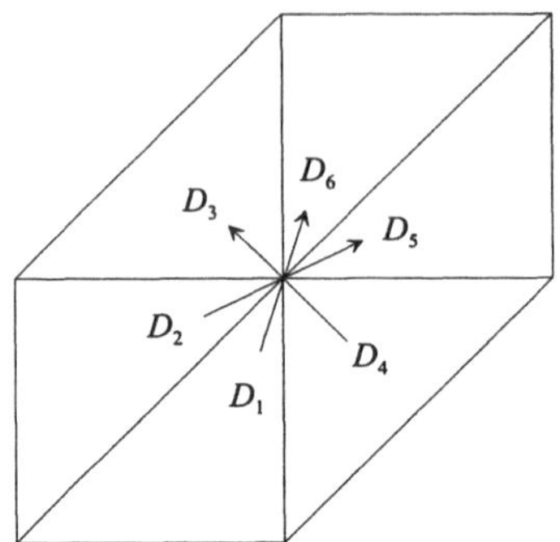

Abbildung 5.5: Teilgebiete D_i, $1 \leq i \leq 6$, mit zugehörigen Spiegelungsrichtungen.

5.2.1 nützen wir die Antisymmetrie des Hauptteils der Kernfunktion aus, um durch Spiegelung den Integranden zu regularisieren. Die Teilgebiete D_1, D_2, D_4 werden durch die Substitution $\hat{\mathbf{z}}^{neu} = -\hat{\mathbf{z}}$ auf die Teilgebiete D_6, D_5, D_3 gespiegelt (siehe Abbildung 5.5) und die $\hat{\mathbf{x}}$-Variablen im jeweils anderen Integranden durch die Substitution $\hat{\mathbf{x}}^{neu} = \hat{\mathbf{x}} - \hat{\mathbf{z}}^{neu}$ transformiert. Genauer verwenden wir auf dem Integrationsgebiet D_i die lineare Transformationen

$$\begin{pmatrix} \mathbf{x}_{\text{neu}}^{(1)} \\ \mathbf{z}_{\text{neu}}^{(1)} \end{pmatrix} = \begin{pmatrix} \mathbf{x} \\ -\mathbf{z} \end{pmatrix} \quad \begin{pmatrix} \mathbf{x}_{\text{neu}}^{(2)} \\ \mathbf{z}_{\text{neu}}^{(2)} \end{pmatrix} = \begin{pmatrix} \mathbf{x} \\ -\mathbf{z} \end{pmatrix} \quad \begin{pmatrix} \mathbf{x}_{\text{neu}}^{(3)} \\ \mathbf{z}_{\text{neu}}^{(3)} \end{pmatrix} = \begin{pmatrix} \mathbf{x}+\mathbf{z} \\ \mathbf{z} \end{pmatrix}$$
$$\begin{pmatrix} \mathbf{x}_{\text{neu}}^{(4)} \\ \mathbf{z}_{\text{neu}}^{(4)} \end{pmatrix} = \begin{pmatrix} \mathbf{x} \\ -\mathbf{z} \end{pmatrix} \quad \begin{pmatrix} \mathbf{x}_{\text{neu}}^{(4)} \\ \mathbf{z}_{\text{neu}}^{(4)} \end{pmatrix} = \begin{pmatrix} \mathbf{x}+\mathbf{z} \\ \mathbf{z} \end{pmatrix} \quad \begin{pmatrix} \mathbf{x}_{\text{neu}}^{(6)} \\ \mathbf{z}_{\text{neu}}^{(6)} \end{pmatrix} = \begin{pmatrix} \mathbf{x}+\mathbf{z} \\ \mathbf{z} \end{pmatrix}$$

und bezeichnen die neuen Koordinaten wieder mit $(\mathbf{x}, \mathbf{z})$. Dies ergibt

$$\begin{aligned}
\tilde{I}_\varepsilon = & \underbrace{\int_0^1 \int_{\hat{z}_1}^1}_{\|\hat{\mathbf{z}}\| \geq \varepsilon} \left(\int_{\hat{z}_2}^1 \int_{\hat{z}_2}^{\hat{x}_1} k_2(\hat{\mathbf{x}}, \hat{\mathbf{x}} - \hat{\mathbf{z}}) + k_2(\hat{\mathbf{x}} - \hat{\mathbf{z}}, \hat{\mathbf{x}}) \, d\hat{\mathbf{x}} \right) d\hat{\mathbf{z}} \\
& + \underbrace{\int_0^1 \int_0^{\hat{z}_1}}_{\|\hat{\mathbf{z}}\| \geq \varepsilon} \left(\int_{\hat{z}_1}^1 \int_{\hat{z}_2}^{\hat{x}_1 - \hat{z}_1 + \hat{z}_2} k_2(\hat{\mathbf{x}}, \hat{\mathbf{x}} - \hat{\mathbf{z}}) + k_2(\hat{\mathbf{x}} - \hat{\mathbf{z}}, \hat{\mathbf{x}}) \, d\hat{\mathbf{x}} \right) d\hat{\mathbf{z}} \\
& + \underbrace{\int_{-1}^0 \int_0^{1+\hat{z}_1}}_{\|\hat{\mathbf{z}}\| \geq \varepsilon} \left(\int_{\hat{z}_2}^{1+\hat{z}_1} \int_{\hat{z}_2}^{\hat{x}_1} k_2(\hat{\mathbf{x}}, \hat{\mathbf{x}} - \hat{\mathbf{z}}) + k_2(\hat{\mathbf{x}} - \hat{\mathbf{z}}, \hat{\mathbf{x}}) \, d\hat{\mathbf{x}} \right) d\hat{\mathbf{z}}.
\end{aligned}$$

Für $\|\hat{\mathbf{z}}\| \to 0$ verhalten sich die Integranden wegen der Glattheit von k bezüglich des ersten Arguments und -im Fall von Cauchy-singulären Kernen- wegen der Antisymmetrie der Kernfunktion (vgl. (5.1.23)) wie

$$k_2(\hat{\mathbf{x}}, \hat{\mathbf{x}} - \hat{\mathbf{z}}) + k_2(\hat{\mathbf{x}} - \hat{\mathbf{z}}, \hat{\mathbf{x}}) = O\left(\|\hat{\mathbf{z}}\|^{-1}\right)$$

und sind daher uneigentlich integrierbar. Wir setzen $k_2^+(\hat{\mathbf{x}},\hat{\mathbf{z}}) := k_2(\hat{\mathbf{x}},\hat{\mathbf{x}}-\hat{\mathbf{z}}) + k_2(\hat{\mathbf{x}}-\hat{\mathbf{z}},\hat{\mathbf{x}})$. Der Grenzwert $\varepsilon \to 0$ ergibt daher

$$
\begin{aligned}
I = \lim_{\varepsilon\to 0} \tilde{I}_\varepsilon &= \int_0^1 \int_{\hat{z}_1}^1 \left(\int_{\hat{z}_2}^1 \int_{\hat{z}_2}^{\hat{x}_1} k_2^+(\hat{\mathbf{x}},\hat{\mathbf{z}})\, d\hat{\mathbf{x}} \right) d\hat{\mathbf{z}} \\
&+ \int_0^1 \int_0^{\hat{z}_1} \left(\int_{\hat{z}_1}^1 \int_{\hat{z}_2}^{\hat{x}_1-\hat{z}_1+\hat{z}_2} k_2^+(\hat{\mathbf{x}},\hat{\mathbf{z}})\, d\hat{\mathbf{x}} \right) d\hat{\mathbf{z}} \\
&+ \int_{-1}^0 \int_0^{1+\hat{z}_1} \left(\int_{\hat{z}_2}^{1+\hat{z}_1} \int_{\hat{z}_2}^{\hat{x}_1} k_2^+(\hat{\mathbf{x}},\hat{\mathbf{z}})\, d\hat{\mathbf{x}} \right) d\hat{\mathbf{z}}.
\end{aligned}
\tag{5.2.10}
$$

Im nächsten Schritt werden diese drei Integrale auf das vierdimensionale Referenzgebiet

$$D := \{0 \le w_1 \le 1, 0 \le w_2 \le w_1, 0 \le w_3 \le w_2, 0 \le w_4 \le w_3\}$$

transformiert. Die zugehörigen linearen Abbildungen $T_i : D \to D_i$, $(\hat{\mathbf{x}},\hat{\mathbf{z}}) := T_i\mathbf{w}$ sind für $i = 1,2,3$ durch die Matrizen $\mathbf{m}_i$ dargestellt

$$
\mathbf{m}_1 := \begin{bmatrix} 1 & 0 & 0 & 0 \\ 1 & -1 & 1 & 0 \\ 0 & 0 & 0 & 1 \\ 0 & 0 & 1 & 0 \end{bmatrix}, \quad
\mathbf{m}_2 := \begin{bmatrix} 1 & 0 & 0 & 0 \\ 0 & 1 & -1 & 1 \\ 0 & 0 & 1 & 0 \\ 0 & 0 & 0 & 1 \end{bmatrix}, \quad
\mathbf{m}_3 := \begin{bmatrix} 1 & 0 & 0 & -1 \\ 0 & 1 & 0 & -1 \\ 0 & 0 & 0 & -1 \\ 0 & 0 & 1 & -1 \end{bmatrix}.
$$

Es gilt $\det(\mathbf{m}_i) = 1$ für alle $1 \le i \le 3$. Daraus folgt für das Integral (5.2.10)

$$I = \sum_{i=1}^3 \int_0^1 \int_0^{w_1} \int_0^{w_2} \int_0^{w_3} k_2^+(\mathbf{m}_i\mathbf{w})\, d\mathbf{w}.$$

Die Simplexkoordinaten $(\xi,\eta_1,\eta_2,\eta_3)$ transformieren den Einheitswürfel $(0,1)^4$ auf D:

$$(w_1,w_2,w_3,w_4)^\intercal = (\xi, \xi\eta_1, \xi\eta_1\eta_2, \xi\eta_1\eta_2\eta_3)^\intercal.$$

Man beachte, daß die Determinante der Jacobi-Matrix für diese Transformation gleich $\xi^3\eta_1^2\eta_2$ ist und wir schließlich die Darstellung

$$I = \sum_{i=1}^3 \int_0^1 \int_0^1 \int_0^1 \int_0^1 \xi^3\eta_1^2\eta_2 k_2^+\left(\xi\mathbf{m}_i(1,\eta_1,\eta_1\eta_2,\eta_1\eta_2\eta_3)^\intercal\right) d\eta_1 d\eta_2 d\eta_3 d\xi \tag{5.2.11}$$

erhalten.

In Satz 5.2.5 wird bewiesen, daß der Integrand in dieser Darstellung analytisch ist. Das Integral kann daher effizient mit Hilfe der Gauß-Quadratur bezüglich jeder Koordinatenrichtung durchgeführt werden.

Satz 5.2.5 *Der Integrand in (5.2.11) ist analytisch fortsetzbar bezüglich aller Variablen in eine komplexe Umgebung von* $[0,1]^4$.

Bemerkung 5.2.6 *Die Größe der komplexen Umgebung von* $[0,1]^4$*, auf die sich der Integrand in (5.2.11) fortsetzen läßt, wird in Abschnitt 5.3.2.3 abgeschätzt.*

Notation 5.2.7 *Eine Funktion $u : \tau \times \mathbb{R}_{\geq 0} \times \mathbb{S}_1$ besitzt die Eigenschaft (A), falls $\rho > 0$, Umgebungen $\tau^\star$ von $\overline{\tau}$ und U von $\mathbb{S}_1$ existieren, so daß u sich zu einer Funktion $u^\star : \tau^\star \times \mathbb{R}_{\geq 0} \times U$ fortsetzen läßt, die analytisch auf $\tau^\star \times [0, \rho] \times U$ ist.*

Beweis von Satz 5.2.5: Wir setzen $\hat{b}_i := (b_i \circ \chi_\tau) g_\tau$ und verwenden $r = \|\hat{\mathbf{z}}\|$ und $\xi = \hat{\mathbf{z}} / \|\hat{\mathbf{z}}\|$. Die Analytizität der Basisfunktionen und des Oberflächenelements g_τ in lokalen Koordinaten führen auf die Darstellung

$$\begin{aligned} rk_2^+ (\hat{\mathbf{x}}, \hat{\mathbf{z}}) &= r \left(\hat{b}_i (\hat{\mathbf{x}}) \hat{b}_j (\hat{\mathbf{x}} - \hat{\mathbf{z}}) \hat{k} (\hat{\mathbf{x}}, \hat{\mathbf{x}} - \hat{\mathbf{z}}) + \hat{b}_i (\hat{\mathbf{x}} - \hat{\mathbf{z}}) \hat{b}_j (\hat{\mathbf{x}}) \hat{k} (\hat{\mathbf{x}} - \hat{\mathbf{z}}, \hat{\mathbf{x}}) \right) \\ &= \hat{b}_i (\hat{\mathbf{x}}) \hat{b}_j (\hat{\mathbf{x}}) r \left(\hat{k} (\hat{\mathbf{x}}, \hat{\mathbf{x}} - \hat{\mathbf{z}}) + \hat{k} (\hat{\mathbf{x}} - \hat{\mathbf{z}}, \hat{\mathbf{x}}) \right) + r^2 R (\hat{\mathbf{x}}, r, \xi) \end{aligned}$$

mit

$$R := \hat{b}_i (\hat{\mathbf{x}}) \left(D_r \hat{b}_j \right) (\hat{\mathbf{x}}, r, \xi) \hat{k} (\hat{\mathbf{x}}, \hat{\mathbf{x}} - r\xi) + \hat{b}_j (\hat{\mathbf{x}}) \left(D_r \hat{b}_i \right) (\hat{\mathbf{x}}, r, \xi) \hat{k} (\hat{\mathbf{x}} - r\xi, \hat{\mathbf{x}})$$

und

$$(D_r u) (\hat{\mathbf{x}}, r, \xi) := \begin{cases} \dfrac{u (\hat{\mathbf{x}} - r\xi) - u (\hat{\mathbf{x}})}{r} & \text{falls } r > 0, \\ - \langle \xi, \nabla u (\hat{\mathbf{x}}) \rangle & \text{falls } r = 0. \end{cases}$$

Offensichtlich besitzen die Funktionen $D_r \hat{b}_j$, $D_r \hat{b}_i$ die Eigenschaft (A). Aus Satz 5.1.23(c) folgt daher die Eigenschaft (A) auch für die Funktion rk_2^+ in $(\hat{\mathbf{x}}, r, \xi)$-Koordinaten. Der Integrand in (5.2.11) ist daher analytisch bezüglich jeder Variablen, wenn wir zeigen, daß die Transformation von (ξ, η)-Koordinaten auf $(\hat{\mathbf{x}}, r, \xi)$ analytisch ist. Die Koordinatensysteme stehen gemäß

$$(\hat{x}_1, \hat{x}_2, r \cos \varphi, r \sin \varphi)^\intercal = (\hat{\mathbf{x}}, \hat{\mathbf{z}}) = \xi \mathbf{m}_i (1, \eta_1, \eta_1 \eta_2, \eta_1 \eta_2 \eta_3)^\intercal$$

zueinander in bezug. Für $\mathbf{m}_i$, $1 \leq i \leq 3$, erhalten wir die Transformationen

$$(\hat{x}_1, \hat{x}_2, r, \varphi)^\intercal = \begin{cases} \left(\xi, \xi (1 - \eta_1 + \eta_1 \eta_2), \xi \eta_1 \eta_2 \sqrt{1 + \eta_3^2}, \operatorname{arccot} \eta_3 \right)^\intercal & i = 1 \\ \left(\xi, \xi \eta_1 (1 - \eta_2 + \eta_2 \eta_3), \xi \eta_1 \eta_2 \sqrt{1 + \eta_3^2}, \arctan \eta_3 \right)^\intercal & i = 2 \\ \left(\xi (1 - \eta_3), \xi \eta_1 (1 - \eta_2 \eta_3), \xi \eta_1 \eta_2 \sqrt{\eta_3^2 + (1 - \eta_3)^2}, \arctan \dfrac{1 - \eta_3}{\eta_3} \right)^\intercal & i = 3 \end{cases} \tag{5.2.12}$$

die offensichtlich analytisch bezüglich aller Variablen in $(0, 1)$ sind. Für die Determinante der Jacobi-Matrix in (5.2.11) gilt in $(\hat{\mathbf{x}}, r, \varphi)$-Koordinaten $\xi^3 \eta_1^2 \eta_2 = r \times$ (ganze Funktion in $\hat{\mathbf{x}}, \varphi$) und somit überträgt sich die Eigenschaft (A) von $rk_2^+ \left(\hat{\mathbf{x}}, r \binom{\cos \varphi}{\sin \varphi} \right)$ auf die Integranden in (5.2.11). ∎

5.2.2 Der Fall einer gemeinsamen Kante

Wir betrachten zwei Paneele $\tau, t \in \mathcal{G}$ mit genau einer gemeinsamen Kante $E = \overline{\tau} \cap \overline{t}$. In Lemma 5.1.14 wurde gezeigt, daß das Integral

$$I_{\tau \times t} := \int_{\tau \times t} b_i (\mathbf{x}) b_j (\mathbf{y}) k (\mathbf{x}, \mathbf{y}, \mathbf{y} - \mathbf{x}) ds_{\mathbf{y}} ds_{\mathbf{x}}$$

in diesem Fall als uneigentliches Riemann-Integral existiert. Die Parametrisierungen $\chi_\tau : \widehat{\tau} \to \tau$ und $\chi_t : \widehat{t} \to t$ seien so gewählt, daß

$$\chi_\tau \binom{s}{0} = \chi_t \binom{s}{0} \qquad \forall s \in [0, 1]$$

gilt. Der Integrand in lokalen Koordinaten ist durch

$$k_3(\hat{\mathbf{x}}, \hat{\mathbf{y}}) := \hat{b}_i(\hat{\mathbf{x}})\, \hat{b}_j(\hat{\mathbf{y}})\, k(\chi_\tau(\hat{\mathbf{x}}), \chi_t(\hat{\mathbf{y}}), \chi_t(\hat{\mathbf{y}}) - \chi_\tau(\hat{\mathbf{x}}))\, g_\tau(\hat{\mathbf{x}})\, g_t(\hat{\mathbf{y}}) \tag{5.2.13}$$

gegeben, d.h.

$$I_{\tau\times t} = \int_{\widehat{\tau}} \int_{\widehat{t}} k_3(\hat{\mathbf{x}}, \hat{\mathbf{y}})\, d\hat{\mathbf{y}} d\hat{\mathbf{x}}.$$

Wir betrachten zunächst wieder den Fall, daß $\widehat{\tau} = \widehat{t}$ das Einheitsdreieck ist. Wie zuvor führen wir Relativkoordinaten ein

$$\hat{\mathbf{z}} = (\hat{y}_1 - \hat{x}_1, \hat{y}_2, \hat{x}_2)^\intercal,$$

um die Singularität des Integranden in $\hat{\mathbf{z}} = \mathbf{0}$ zu fixieren. Damit gilt

$$I_{\tau\times t} = \int_0^1 \int_{-\hat{x}_1}^{1-\hat{x}_1} \int_0^{\hat{z}_1+\hat{x}_1} \int_0^{\hat{x}_1} k_3(\hat{x}_1, \hat{z}_3, \hat{z}_1 + \hat{x}_1, \hat{z}_2)\, d\hat{\mathbf{z}} d\hat{x}_1. \tag{5.2.14}$$

Im allgemeinen besitzt das Ergebnis der $\hat{\mathbf{z}}$-Integration als Funktion von $\hat{x}_1$ Endpunktsingularitäten in $(0,1)$. Zur Regularisierung wird die Integrationsreihenfolge vertauscht. Das Integrationsgebiet in (5.2.14) läßt sich zerlegen in fünf disjunkte, vierdimensionale Polyeder

$$I_{\tau\times t} = \sum_{i=1}^{5} \int_{D_i} \ldots d\hat{x}_1 d\hat{\mathbf{z}}$$

mit

$$\bigcup_{i=1}^{5} D_i := \left\{ \begin{array}{c} -1 \le \hat{z}_1 \le 0 \\ 0 \le \hat{z}_2 \le 1 + \hat{z}_1 \\ 0 \le \hat{z}_3 \le \hat{z}_2 - \hat{z}_1 \\ \hat{z}_2 - \hat{z}_1 \le \hat{x}_1 \le 1 \end{array} \right\} \cup \left\{ \begin{array}{c} -1 \le \hat{z}_1 \le 0 \\ 0 \le \hat{z}_2 \le 1 + \hat{z}_1 \\ \hat{z}_2 - \hat{z}_1 \le \hat{z}_3 \le 1 \\ \hat{z}_3 \le \hat{x}_1 \le 1 \end{array} \right\} \cup \left\{ \begin{array}{c} 0 \le \hat{z}_1 \le 1 \\ 0 \le \hat{z}_2 \le \hat{z}_1 \\ 0 \le \hat{z}_3 \le 1 - \hat{z}_1 \\ \hat{z}_3 \le \hat{x}_1 \le 1 - \hat{z}_1 \end{array} \right\}$$
$$\cup \left\{ \begin{array}{c} 0 \le \hat{z}_1 \le 1 \\ \hat{z}_1 \le \hat{z}_2 \le 1 \\ 0 \le \hat{z}_3 \le \hat{z}_2 - \hat{z}_1 \\ \hat{z}_2 - \hat{z}_1 \le \hat{x}_1 \le 1 - \hat{z}_1 \end{array} \right\} \cup \left\{ \begin{array}{c} 0 \le \hat{z}_1 \le 1 \\ \hat{z}_1 \le \hat{z}_2 \le 1 \\ \hat{z}_2 - \hat{z}_1 \le \hat{z}_3 \le 1 - \hat{z}_1 \\ \hat{z}_3 \le \hat{x}_1 \le 1 - \hat{z}_1 \end{array} \right\}.$$

Die Integrationsgebiete D_i, $1 \le i \le 5$, werden wie im Fall identischer Paneele auf den vierdimensionalen Einheitswürfel transformiert. Die Transformationen $T_i : (0,1)^4 \to D_i$, $(\hat{x}_1, \hat{\mathbf{z}}) := T_i(\xi, \eta)$, besitzen für $1 \le i \le 5$ die Darstellung

$$T_1\begin{pmatrix} \xi \\ \eta \end{pmatrix} = \xi \begin{pmatrix} 1 \\ -\eta_1\eta_2 \\ \eta_1(1-\eta_2) \\ \eta_1\eta_3 \end{pmatrix}, \qquad T_2\begin{pmatrix} \xi \\ \eta \end{pmatrix} = \xi \begin{pmatrix} 1 \\ -\eta_1\eta_2\eta_3 \\ \eta_1\eta_2(1-\eta_3) \\ \eta_1 \end{pmatrix},$$

$$T_3\begin{pmatrix} \xi \\ \eta \end{pmatrix} = \xi \begin{pmatrix} 1-\eta_1\eta_2 \\ \eta_1\eta_2 \\ \eta_1\eta_2\eta_3 \\ \eta_1(1-\eta_2) \end{pmatrix}, \qquad T_4\begin{pmatrix} \xi \\ \eta \end{pmatrix} = \xi \begin{pmatrix} 1-\eta_1\eta_2\eta_3 \\ \eta_1\eta_2\eta_3 \\ \eta_1 \\ \eta_1\eta_2(1-\eta_3) \end{pmatrix}$$

$$T_5\begin{pmatrix} \xi \\ \eta \end{pmatrix} = \xi \begin{pmatrix} (1-\eta_1\eta_2\eta_3) \\ \eta_1\eta_2\eta_3 \\ \eta_1\eta_2 \\ \eta_1(1-\eta_2\eta_3) \end{pmatrix}.$$

Für den Betrag der Jacobi-Determinante von T_i gilt

$$|\det T_i| = \begin{cases} \xi^3\eta_1^2 & \text{für } i = 1, \\ \xi^3\eta_1^2\eta_2 & \text{für } 2 \le i \le 5. \end{cases}$$

Für das Integral $I_{\tau\times t}$ haben wir somit die Darstellung

$$\begin{aligned} I_{\tau\times t} = \int_{(0,1)^4} & \{\xi^3\eta_1^2 k_3\left(\xi, \xi\eta_1\eta_3, \xi\left(1-\eta_1\eta_2\right), \xi\eta_1\left(1-\eta_2\right)\right) \\ & +\xi^3\eta_1^2\eta_2 \left[k_3\left(\xi, \xi\eta_1, \xi\left(1-\eta_1\eta_2\eta_3\right), \xi\eta_1\eta_2\left(1-\eta_3\right)\right)\right. \\ & +k_3\left(\xi\left(1-\eta_1\eta_2\right), \xi\left(\eta_1\left(1-\eta_2\right)\right), \xi, \xi\eta_1\eta_2\eta_3\right) \\ & +k_3\left(\xi\left(1-\eta_1\eta_2\eta_3\right), \xi\eta_1\eta_2\left(1-\eta_3\right), \xi, \xi\eta_1\right) \\ & \left.+k_3\left(\xi\left(1-\eta_1\eta_2\eta_3\right), \xi\eta_1\left(1-\eta_2\eta_3\right), \xi, \xi\eta_1\eta_2\right)\right]\} \, d\eta d\xi \end{aligned} \tag{5.2.15}$$

hergeleitet.

Der folgende Satz zeigt, daß der Integrand analytisch bezüglich jeder Variablen ist.

Satz 5.2.8 *Der Integrand in (5.2.15) ist analytisch fortsetzbar bezüglich aller Variablen in eine komplexe Umgebung von* $[0,1]^4$.

Beweis. Mit derselben Argumentation wie im Beweis von Satz 5.2.5 genügt es zu zeigen, daß die Transformation der (ξ,η)-Koordination auf (x_1, r, ξ)-Koordinaten analytisch ist. Die Koordinatensysteme stehen gemäß

$$(\hat{x}_1, r\cos\varphi\sin\theta, r\sin\varphi\sin\theta, r\cos\theta) = T_i(\xi,\eta)$$

miteinander in bezug. Explizit erhalten wir für $i=1$ die Transformation

$$\begin{pmatrix} \hat{x}_1 \\ r \\ \varphi \\ \theta \end{pmatrix} = \begin{pmatrix} \xi \\ \xi\eta_1\sqrt{\eta_2^2 + (1-\eta_2)^2 + \eta_3^2} \\ \arctan\frac{\eta_2 - 1}{\eta_2} \\ \arccos\frac{\eta_3}{\sqrt{\eta_2^2+(1-\eta_2)^2+\eta_3^2}} \end{pmatrix},$$

die bezüglich jeder Variablen $\xi, \eta_1, \eta_2, \eta_3$ analytisch ist. Für $i = 2,3,4,5$ lassen sich die Koordinaten-Transformationen ebenfalls explizit angeben und die Analytizität daran ablesen. Wir verzichten hier auf die detaillierte Analyse im Fall $2 \le i \le 5$. ■

5.2.3 Der Fall eines gemeinsamen Punktes

Wir betrachten zwei Paneele $\tau, t \in \mathcal{G}$ mit genau einem gemeinsamen Eckpunkt $\mathbf{p} = \overline{\tau} \cap \overline{t}$. In Lemma 5.1.14 wurde gezeigt, daß das Integral

$$I_{\tau\times t} := \int_{\tau\times t} b_i(\mathbf{x})\, b_j(\mathbf{y})\, k(\mathbf{x},\mathbf{y},\mathbf{y}-\mathbf{x})\, ds_{\mathbf{y}} ds_{\mathbf{x}}$$

in diesem Fall als uneigentliches Riemann-Integral existiert. Die Parametrisierungen $\chi_\tau : \widehat{\tau} \to \tau$ und $\chi_t : \widehat{t} \to t$ seien so gewählt, daß

$$\chi_\tau(\mathbf{0}) = \chi_t(\mathbf{0}) = \mathbf{p}$$

gilt. Der Integrand in lokalen Koordinaten ist wie im Fall einer gemeinsamen Kante durch

$$k_3(\hat{\mathbf{x}}, \hat{\mathbf{y}}) = \hat{b}_i(\hat{\mathbf{x}})\, \hat{b}_j(\hat{\mathbf{y}})\, k(\chi_\tau(\hat{\mathbf{x}}), \chi_t(\hat{\mathbf{y}}), \chi_t(\hat{\mathbf{y}}) - \chi_\tau(\hat{\mathbf{x}}))\, g_\tau(\hat{\mathbf{x}})\, g_t(\hat{\mathbf{y}})$$

gegeben. Wir führen vierdimensionale Relativkoordinaten ein

$$\hat{\mathbf{z}} = (\hat{x}_1, \hat{x}_2, \hat{y}_1, \hat{y}_2)^\intercal,$$

um die Singularität des Integranden in $\hat{\mathbf{z}} = \mathbf{0}$ zu fixieren.

Sei zunächst wieder $\widehat{\tau} = \widehat{t}$ das Einheitsdreieck. Dann gilt

$$I_{\tau\times t} = \int_0^1 \int_0^{\hat{z}_1} \int_0^1 \int_0^{\hat{z}_3} k_3(\hat{\mathbf{z}})\, d\hat{\mathbf{z}}.$$

Um die Singularität wieder durch geeignete multilineare Transformationen heben zu können, muß das Integrationsgebiet in

$$D_1 \cup D_2 := \left\{ \begin{array}{c} 0 \le \hat{z}_1 \le 1 \\ 0 \le \hat{z}_2 \le \hat{z}_1 \\ 0 \le \hat{z}_3 \le \hat{z}_1 \\ 0 \le \hat{z}_4 \le \hat{z}_3 \end{array} \right\} \cup \left\{ \begin{array}{c} 0 \le \hat{z}_3 \le 1 \\ 0 \le \hat{z}_4 \le \hat{z}_3 \\ 0 \le \hat{z}_1 \le \hat{z}_3 \\ 0 \le \hat{z}_2 \le \hat{z}_1 \end{array} \right\}$$

zerlegt werden. Für $i = 1, 2$ sind die Transformationen $T_i : (0,1)^4 \to D_i$, $\hat{\mathbf{z}} = T_i(\xi, \eta)$ durch

$$\begin{aligned} T_1(\xi, \eta) &:= \xi\,(1, \eta_1, \eta_2, \eta_2\eta_3)^\intercal \\ T_2(\xi, \eta) &:= \xi\,(\eta_2, \eta_2\eta_3, 1, \eta_1)^\intercal \end{aligned}$$

gegeben. Die Beträge der Jacobi-Determinante ergeben in beiden Fällen $\xi^3\eta_2$. Damit haben wir die Darstellung

$$I_{\tau\times t} = \int_{(0,1)^4} \xi^3\eta_2 \left\{ k_3(\xi, \xi\eta_1, \xi\eta_2, \xi\eta_2\eta_3) + k_3(\xi\eta_2, \xi\eta_2\eta_3, \xi, \xi\eta_1) \right\} d\xi d\eta \tag{5.2.16}$$

hergeleitet. Der folgende Satz zeigt, daß der Integrand in (5.2.16) bezüglich jeder Variablen analytisch ist.

Satz 5.2.9 *Der Integrand in (5.2.16) ist analytisch fortsetzbar bezüglich aller Variablen in eine komplexe Umgebung von* $[0,1]^4$.

Beweis. Wie zuvor genügt es zu zeigen, daß die Transformation der (ξ, η)-Koordinaten auf vierdimensionale Polarkoordinaten analytisch ist. Die explizite Herleitung der Transformationsformeln wird dem interessierten Leser als Übungsaufgabe empfohlen. ∎

5.2.4 Überblick: Regularisierende Koordinatentransformationen

Wir geben in diesem Unterabschnitt die regularisierenden Koordinatentransformationen für alle auftretenden Fälle in kompakter Form an. Wir nehmen an, daß die Kernfunktion die Annahme 5.1.20 erfüllt. Für $\tau, t \in \mathcal{G}$ bezeichnen $\chi_\tau : \widehat{\tau} \to \tau$ und $\chi_t : \widehat{t} \to t$ die (analytischen) Parametrisierungen über den Referenzelementen. Im Fall identischer Paneele nehmen wir $\chi_\tau = \chi_t$ an, im Fall einer gemeinsamen Kanten wird $\chi_\tau(s, 0) = \chi_t(s, 0)$ vorausgesetzt und im Fall eines gemeinsamen Punktes $\chi_\tau(\mathbf{0}) = \chi_t(\mathbf{0})$. Der Integrand in lokalen Koordinaten definiert

$$k_3(\hat{\mathbf{x}}, \hat{\mathbf{y}}) = \hat{b}_i(\hat{\mathbf{x}}) \hat{b}_j(\hat{\mathbf{y}}) k(\chi_\tau(\hat{\mathbf{x}}), \chi_t(\hat{\mathbf{y}}), \chi_t(\hat{\mathbf{y}}) - \chi_\tau(\hat{\mathbf{x}})) g_\tau(\hat{\mathbf{x}}) g_t(\hat{\mathbf{y}}),$$

und wir setzen

$$I_{\tau\times t} := \int_{\widehat{\tau}} p.v. \int_{\widehat{t}} k_3(\hat{\mathbf{x}}, \hat{\mathbf{y}}) \, d\hat{\mathbf{y}} d\hat{\mathbf{x}}.$$

Das Einheitsquadrat wird mit $\widehat{Q}$, das Einheitsdreieck mit $\widehat{S}$ bezeichnet.

I. Identische Paneele

I.1 $\widehat{\tau} = \widehat{t} = \widehat{S}$

$$I_{\tau\times t} = \int_{(0,1)^4} \xi^3 \eta_1^2 \eta_2 \left\{ k_3\left(\xi \begin{pmatrix} 1 \\ 1-\eta_1+\eta_1\eta_2 \\ 1-\eta_1\eta_2\eta_3 \\ 1-\eta_1 \end{pmatrix}\right) + k_3\left(\xi \begin{pmatrix} 1-\eta_1\eta_2\eta_3 \\ 1-\eta_1 \\ 1 \\ 1-\eta_1+\eta_1\eta_2 \end{pmatrix}\right) \right.$$
$$k_3\left(\xi \begin{pmatrix} 1 \\ \eta_1(1-\eta_2+\eta_2\eta_3) \\ 1-\eta_1\eta_2 \\ \eta_1(1-\eta_2) \end{pmatrix}\right) + k_3\left(\xi \begin{pmatrix} 1-\eta_1\eta_2 \\ \eta_1(1-\eta_2) \\ 1 \\ \eta_1(1-\eta_2+\eta_2\eta_3) \end{pmatrix}\right)$$
$$\left. k_3\left(\xi \begin{pmatrix} 1-\eta_1\eta_2\eta_3 \\ \eta_1(1-\eta_2\eta_3) \\ 1 \\ \eta_1(1-\eta_2) \end{pmatrix}\right) + k_3\left(\xi \begin{pmatrix} 1 \\ \eta_1(1-\eta_2) \\ 1-\eta_1\eta_2\eta_3 \\ \eta_1(1-\eta_2\eta_3) \end{pmatrix}\right) \right\} d\eta_1 d\eta_2 d\eta_3 d\xi$$

I.2 $\widehat{\tau} = \widehat{t} = \widehat{Q}$

$$I_{\tau\times t} = \int_{(0,1)^4} \xi(1-\xi)(1-\xi\eta_1) \left\{ k_3 \begin{pmatrix} (1-\xi)\eta_3 \\ (1-\xi\eta_1)\eta_2 \\ \xi+(1-\xi)\eta_3 \\ \xi\eta_1+(1-\xi\eta_1)\eta_2 \end{pmatrix} + k_3 \begin{pmatrix} (1-\xi\eta_1)\eta_2 \\ (1-\xi)\eta_3 \\ \xi\eta_1+(1-\xi\eta_1)\eta_2 \\ \xi+(1-\xi)\eta_3 \end{pmatrix} \right.$$
$$+k_3 \begin{pmatrix} (1-\xi)\eta_3 \\ \xi\eta_1+(1-\xi\eta_1)\eta_2 \\ \xi+(1-\xi)\eta_3 \\ (1-\xi\eta_1)\eta_2 \end{pmatrix} + k_3 \begin{pmatrix} (1-\xi\eta_1)\eta_2 \\ \xi+(1-\xi)\eta_3 \\ \xi\eta_1+(1-\xi\eta_1)\eta_2 \\ (1-\xi)\eta_3 \end{pmatrix} + k_3 \begin{pmatrix} \xi+(1-\xi)\eta_3 \\ (1-\xi\eta_1)\eta_2 \\ (1-\xi)\eta_3 \\ \xi\eta_1+(1-\xi\eta_1)\eta_2 \end{pmatrix}$$
$$\left. +k_3 \begin{pmatrix} \xi\eta_1+(1-\xi\eta_1)\eta_2 \\ (1-\xi)\eta_3 \\ (1-\xi\eta_1)\eta_2 \\ \xi+(1-\xi)\eta_3 \end{pmatrix} + k_3 \begin{pmatrix} \xi+(1-\xi)\eta_3 \\ \xi\eta_1+(1-\xi\eta_1)\eta_2 \\ (1-\xi)\eta_3 \\ (1-\xi\eta_1)\eta_2 \end{pmatrix} + k_3 \begin{pmatrix} \xi\eta_1+(1-\xi\eta_1)\eta_2 \\ \xi+(1-\xi)\eta_3 \\ (1-\xi\eta_1)\eta_2 \\ (1-\xi)\eta_3 \end{pmatrix} \right\} d\eta d\xi$$

II. Gemeinsame Kante

II.1 $\widehat{\tau} = \widehat{t} = \widehat{S}$

$$I_{\tau\times t} = \int_{(0,1)^4} \xi^3\eta_1^2 k_3 \begin{pmatrix} \xi \\ \xi\eta_1\eta_3 \\ \xi(1-\eta_1\eta_2) \\ \xi\eta_1(1-\eta_2) \end{pmatrix} + \xi^3\eta_1^2\eta_2 \left\{ k_3 \begin{pmatrix} \xi \\ \xi\eta_1 \\ \xi(1-\eta_1\eta_2\eta_3) \\ \xi\eta_1\eta_2(1-\eta_3) \end{pmatrix} \right.$$
$$\left. +k_3 \begin{pmatrix} \xi(1-\eta_1\eta_2) \\ \xi\eta_1(1-\eta_2) \\ \xi \\ \xi\eta_1\eta_2\eta_3 \end{pmatrix} + k_3 \begin{pmatrix} \xi(1-\eta_1\eta_2\eta_3) \\ \xi\eta_1\eta_2(1-\eta_3) \\ \xi \\ \xi\eta_1 \end{pmatrix} + k_3 \begin{pmatrix} \xi(1-\eta_1\eta_2\eta_3) \\ \xi\eta_1(1-\eta_2\eta_3) \\ \xi \\ \xi\eta_1\eta_2 \end{pmatrix} \right\} d\eta d\xi$$

II.2 $\widehat{\tau} = \widehat{Q}, \quad \widehat{t} = \widehat{S}$

$$I_{\tau\times t} = \int_{(0,1)^4} \xi^2(1-\xi) \left\{ k_3 \begin{pmatrix} \xi(1-\eta_3)+\eta_3 \\ \xi\eta_2 \\ \xi(1-\eta_1-\eta_3)+\eta_3 \\ \xi(1-\eta_1) \end{pmatrix} + k_3 \begin{pmatrix} (1-\xi)\eta_3 \\ \xi\eta_2 \\ \xi(1-\eta_3)+\eta_3 \\ \xi\eta_1 \end{pmatrix} \right.$$
$$\left. +k_3 \begin{pmatrix} \xi(1-\eta_1-\eta_3)+\eta_3 \\ \xi\eta_2 \\ \xi(1-\eta_3)+\eta_3 \\ \xi \end{pmatrix} \right\} + \xi^2\eta_1(1-\xi\eta_1) \left\{ k_3 \begin{pmatrix} \xi\eta_1(1-\eta_3)+\eta_3 \\ \xi \\ \xi\eta_1(1-\eta_2-\eta_3)+\eta_3 \\ \xi\eta_1(1-\eta_2) \end{pmatrix} \right.$$
$$\left. +k_3 \begin{pmatrix} (1-\xi\eta_1)\eta_3 \\ \xi \\ \xi\eta_1+(1-\xi\eta_1)\eta_3 \\ \xi\eta_1\eta_2 \end{pmatrix} + k_3 \begin{pmatrix} \xi\eta_1(1-\eta_2-\eta_3)+\eta_3 \\ \xi \\ \xi\eta_1(1-\eta_3)+\eta_3 \\ \xi\eta_1 \end{pmatrix} \right\} d\eta d\xi$$

II.3 $\widehat{\tau} = \widehat{S}, \quad \widehat{t} = \widehat{Q}$

$$I_{\tau\times t} = \int_{(0,1)^4} \xi^2(1-\xi) \left\{ k_3 \begin{pmatrix} \xi(1-\eta_1-\eta_3)+\eta_3 \\ \xi(1-\eta_1) \\ \xi(1-\eta_3)+\eta_3 \\ \xi\eta_2 \end{pmatrix} + k_3 \begin{pmatrix} \xi(1-\eta_3)+\eta_3 \\ \xi\eta_1 \\ (1-\xi)\eta_3 \\ \xi\eta_2 \end{pmatrix} \right.$$
$$\left. +k_3 \begin{pmatrix} \xi(1-\eta_3)+\eta_3 \\ \xi \\ \xi(1-\eta_1-\eta_3)+\eta_3 \\ \xi\eta_2 \end{pmatrix} \right\} + \xi^2\eta_1(1-\xi\eta_1) \left\{ k_3 \begin{pmatrix} \xi\eta_1(1-\eta_2-\eta_3)+\eta_3 \\ \xi\eta_1(1-\eta_2) \\ \xi\eta_1(1-\eta_3)+\eta_3 \\ \xi \end{pmatrix} \right.$$
$$\left. +k_3 \begin{pmatrix} \xi\eta_1+(1-\xi\eta_1)\eta_3 \\ \xi\eta_1\eta_2 \\ (1-\xi\eta_1)\eta_3 \\ \xi \end{pmatrix} + k_3 \begin{pmatrix} \xi\eta_1(1-\eta_3)+\eta_3 \\ \xi\eta_1 \\ \xi\eta_1(1-\eta_2-\eta_3)+\eta_3 \\ \xi \end{pmatrix} \right\} d\eta d\xi$$

II.4 $\widehat{\tau} = \widehat{t} = \widehat{Q}$

$$I_{\tau\times t} = \int_{(0,1)^4} \xi^2 (1-\xi) \left\{ k_3 \begin{pmatrix} (1-\xi)\eta_3 + \xi \\ \xi\eta_2 \\ (1-\xi)\eta_3 \\ \xi\eta_1 \end{pmatrix} + k_3 \begin{pmatrix} (1-\xi)\eta_3 \\ \xi\eta_2 \\ \xi + (1-\xi)\eta_3 \\ \xi\eta_1 \end{pmatrix} \right\}$$
$$+ \xi^2 (1-\xi\eta_1) \left\{ k_3 \begin{pmatrix} (1-\xi\eta_1)\eta_3 + \xi\eta_1 \\ \xi\eta_2 \\ (1-\xi\eta_1)\eta_3 \\ \xi \end{pmatrix} + k_3 \begin{pmatrix} (1-\xi\eta_1)\eta_3 + \xi\eta_1 \\ \xi \\ (1-\xi\eta_1)\eta_3 \\ \xi\eta_2 \end{pmatrix} \right.$$
$$\left. k_3 \begin{pmatrix} (1-\xi\eta_1)\eta_3 \\ \xi\eta_2 \\ (1-\xi\eta_1)\eta_3 + \xi\eta_1 \\ \xi \end{pmatrix} + k_3 \begin{pmatrix} (1-\xi\eta_1)\eta_3 \\ \xi \\ (1-\xi\eta_1)\eta_3 + \xi\eta_1 \\ \xi\eta_2 \end{pmatrix} \right\} d\eta d\xi.$$

III. Gemeinsamer Punkt

III.1 $\widehat{\tau} = \widehat{t} = \widehat{S}$

$$I_{\tau\times t} = \int_{(0,1)^4} \xi^3 \eta_2 \left\{ k_3(\xi, \xi\eta_1, \xi\eta_2, \xi\eta_2\eta_3) + k_3(\xi\eta_2, \xi\eta_2\eta_3, \xi, \xi\eta_1) \right\} d\eta d\xi$$

III.2 $\widehat{\tau} = \widehat{Q}, \quad \widehat{t} = \widehat{S}$

$$I_{\tau\times t} = \int_{(0,1)^4} \xi^3 \eta_2 \left\{ k_3 \begin{pmatrix} \xi \\ \xi\eta_1 \\ \xi\eta_2 \\ \xi\eta_2\eta_3 \end{pmatrix} + k_3 \begin{pmatrix} \xi\eta_1 \\ \xi \\ \xi\eta_2 \\ \xi\eta_2\eta_3 \end{pmatrix} \right\} + \xi^3 k_3 \begin{pmatrix} \xi\eta_1 \\ \xi\eta_2 \\ \xi \\ \xi\eta_3 \end{pmatrix} d\eta d\xi$$

III.3 $\widehat{\tau} = \widehat{S}, \quad \widehat{t} = \widehat{Q}$

$$I_{\tau\times t} = \int_{(0,1)^4} \xi^3 \eta_2 \left\{ k_3 \begin{pmatrix} \xi\eta_2 \\ \xi\eta_2\eta_3 \\ \xi \\ \xi\eta_1 \end{pmatrix} + k_3 \begin{pmatrix} \xi\eta_2 \\ \xi\eta_2\eta_3 \\ \xi\eta_1 \\ \xi \end{pmatrix} \right\} + \xi^3 k_3 \begin{pmatrix} \xi \\ \xi\eta_3 \\ \xi\eta_1 \\ \xi\eta_2 \end{pmatrix} d\eta d\xi$$

III.4 $\widehat{\tau} = \widehat{t} = \widehat{Q}$

$$I_{\tau\times t} = \int_{(0,1)^4} \xi^3 \left\{ k_3 \begin{pmatrix} \xi \\ \xi\eta_1 \\ \xi\eta_2 \\ \xi\eta_3 \end{pmatrix} + k_3 \begin{pmatrix} \xi\eta_1 \\ \xi \\ \xi\eta_2 \\ \xi\eta_3 \end{pmatrix} + k_3 \begin{pmatrix} \xi\eta_1 \\ \xi\eta_2 \\ \xi \\ \xi\eta_3 \end{pmatrix} + k_3 \begin{pmatrix} \xi\eta_1 \\ \xi\eta_2 \\ \xi\eta_3 \\ \xi \end{pmatrix} \right\} d\eta d\xi.$$

5.2.5 Berechnung der rechten Seite und des integralfreien Terms

Im folgenden werden wir kurz auf die Approximation der Integrale

$$\int_\Gamma b_i(\mathbf{x})\, b_j(\mathbf{x})\, ds_{\mathbf{x}}, \qquad \int_\Gamma b_i(\mathbf{x})\, r(\mathbf{x})\, ds_{\mathbf{x}} \tag{5.2.17}$$

(vgl. (5.0.1)) eingehen. Seien $\widehat{\tau}$ das Referenzelement, χ_τ die Parametrisierung und $\hat{b}_i := b_i|_\tau \circ \chi_\tau$, $\hat{r}_\tau := r|_\tau \circ \chi_\tau$. Dann gilt

$$\int_\Gamma b_i(\mathbf{x})\, b_j(\mathbf{x})\, ds_\mathbf{x} = \sum_{\tau\in\mathcal{G}} \int_{\widehat{\tau}} \hat{b}_i(\hat{\mathbf{x}})\, \hat{b}_j(\hat{\mathbf{x}})\, g_\tau(\hat{\mathbf{x}})\, d\hat{\mathbf{x}}.$$

Für das Einheitsdreieck transformieren wir das Integral über $\widehat{\tau}$ mittels $\hat{\mathbf{x}} = (\xi, \xi\eta)$ auf das Einheitsquadrat und erhalten

$$\int_{\widehat{\tau}} \hat{b}_i(\hat{\mathbf{x}})\, \hat{b}_j(\hat{\mathbf{x}})\, g_\tau(\hat{\mathbf{x}})\, d\hat{\mathbf{x}} = \int_0^1 \int_0^1 \xi \hat{b}_i\left(\begin{smallmatrix}\xi\\ \xi\eta\end{smallmatrix}\right) \hat{b}_j\left(\begin{smallmatrix}\xi\\ \xi\eta\end{smallmatrix}\right) g_\tau\left(\begin{smallmatrix}\xi\\ \xi\eta\end{smallmatrix}\right) d\xi d\eta. \tag{5.2.18}$$

Der Integrand im rechten Integral ist analytisch, da die Basisfunktionen in ξ, η-Koordinaten Polynome und daher analytisch sind. Die Analytizität des Oberflächenelements $g_\tau(\xi, \xi\eta)$ wurde bereits in Abschnitt 5.1, Beweis von Satz 5.1.23, gezeigt.

Analog gilt unter der Voraussetzung $r \in L^2(\Gamma)$ für das Integral in (5.2.17) die Darstellung

$$\int_\Gamma b_i(\mathbf{x})\, r(\mathbf{x})\, ds_\mathbf{x} = \sum_{\tau\in\mathcal{G}} \int_{\widehat{\tau}} \hat{b}_i(\hat{\mathbf{x}})\, \hat{r}_\tau(\hat{\mathbf{x}})\, g_\tau(\hat{\mathbf{x}})\, d\hat{\mathbf{x}}$$

mit

$$\int_{\widehat{\tau}} \hat{b}_i(\hat{\mathbf{x}})\, \hat{r}_\tau(\hat{\mathbf{x}})\, g_\tau(\hat{\mathbf{x}})\, d\hat{\mathbf{x}} = \int_0^1 \int_0^1 \xi \hat{b}_i\left(\begin{smallmatrix}\xi\\ \xi\eta\end{smallmatrix}\right) \hat{r}_\tau\left(\begin{smallmatrix}\xi\\ \xi\eta\end{smallmatrix}\right) g_\tau\left(\begin{smallmatrix}\xi\\ \xi\eta\end{smallmatrix}\right) d\xi d\eta. \tag{5.2.19}$$

Falls $\hat{r}_\tau(\xi, \xi\eta)$ sich analytisch fortsetzen läßt auf eine Umgebung des Einheitsquadrats, folgt mit der gleichen Argumentation wie zuvor, daß der Integrand im rechten Integral analytisch ist. In der Praxis treten jedoch auch Fälle auf, in denen die rechte Seite weniger glatt ist oder sogar Singularitäten besitzt. In diesem Fall sind adaptive numerische Quadraturverfahren zu verwenden, welche das singuläre Verhalten der Funktion $\hat{r}_\tau$ geeignet auflösen. Da derartige Verfahren stark von der konkret betrachteten Funktion $\hat{r}_\tau$ abhängen, verzichten wir hier auf eine allgemeine Beschreibung dieser Verfahren und verweisen für eine einführende Behandlung dieser Fragestellung auf [146].

Bemerkung 5.2.10 *Falls das Referenzelement das Einheitsquadrat ist, entfällt die Transformation $\hat{\mathbf{x}} = (\xi, \xi\eta)$. Die Analytizitätsaussagen für die lokalen Integranden übertragen sich sinngemäß.*

Falls die direkte Methode zur Formulierung des Randwertproblems als Integralgleichung verwendet wird, ist die rechte Seite r im allgemeinen durch einen Integraloperator definiert

$$r = \lambda_2 f + K_2 f,$$

und daher sind Integrale der Form

$$\int_\Gamma b_i(\mathbf{x})\, r(\mathbf{x})\, ds_\mathbf{x} = \int_\Gamma \lambda_2(\mathbf{x})\, b_i(\mathbf{x})\, f(\mathbf{x})\, ds_\mathbf{x} + \int_\Gamma b_i(\mathbf{x}) \int_\Gamma k_2(\mathbf{x}, \mathbf{y}, \mathbf{x}-\mathbf{y})\, f(\mathbf{y})\, ds_\mathbf{y} ds_\mathbf{x} \tag{5.2.20}$$

auszuwerten. Beide Integrale sind jedoch von der Bauart (5.2.17) und (5.0.2) und lassen sich daher mit den gleichen Techniken regularisieren und approximieren, vorausgesetzt die Funktion f ist stückweise analytisch. Andernfalls müssen auch hier adaptive Verfahren eingesetzt werden, welche das singuläre Verhalten von f berücksichtigen.

5.3 Numerische Integration

Wir haben gezeigt, daß die Koeffizienten der Systemmatrix und der rechten Seite als Integrale über $[0,1]^4$ mit analytischem Integranden dargestellt werden können. Derartige Integrale lassen sich effizient mittels Gauß-Quadratur (siehe [146]) approximieren. In diesem Unterkapitel werden wir die entsprechende Tensor-Gauß-Quadratur zur Approximation dieser Integrale angeben und die minimale Anzahl der Stützstellen pro Raumdimension abschätzen, um eine vorgegebene Approximationsgenauigkeit zu erreichen. Es wird sich zeigen, daß die Quadraturordnung für einige der Integrale proportional zu $|\log h|$ gewählt werden muß, d.h., daß die Quadraturordnung für $h \to 0$ gegen Unendlich strebt. Daher müssen die Fehlerabschätzungen *explizit* nicht nur bezüglich der Maschenweite h sein, sondern auch bezüglich der Quadraturordnung.

Die Integrale in (5.0.1) werden mit Quadraturverfahren *fester* Ordnung approximiert und erlauben daher die Verwendung einfacherer Quadraturverfahren.

Bemerkung 5.3.1 *Falls die kontinuierlichen Integraloperatoren auf symmetrische Bilinearformen bzw. hermitesche Sesquilinearformen führen, sind die (exakten) Systemmatrizen* $\mathbf{K}$ *der Galerkin-Diskretisierungen symmetrisch bzw. hermitesch. Es genügt daher, lediglich den oberen Dreiecksanteil von* $\mathbf{K}$ *durch numerische Quadratur zu approximieren und abzuspeichern. Da die Symmetrie der Systemmatrizen für die Konvergenz iterativer Lösungsverfahren häufig wesentlich ist, sichert diese Vorgehensweise automatisch auch die Symmetrie der gestörten Systemmatrizen.*

5.3.1 Numerische Quadraturverfahren

In diesem Unterkapitel werden wir einfache Quadraturverfahren für Quadrate und Dreiecke, sowie Gauß-Quadraturverfahren beliebiger Ordnung angeben.

5.3.1.1 Einfache Quadraturverfahren

Für $\tau \in \mathcal{G}$ bezeichnet $\widehat{\tau}$ das Referenzelement und $\chi_\tau : \widehat{\tau} \to \tau$ die lokale Parametrisierung. Die Integration einer stetigen Funktion $v \in C^0(\overline{\tau})$ wird gemäß

$$I_\tau(v) := \int_\tau v(\mathbf{x})\, d\mathbf{x} = \int_{\widehat{\tau}} \hat{v}(\hat{\mathbf{x}})\, g_\tau(\hat{\mathbf{x}})\, d\hat{\mathbf{x}}$$

auf das Referenzelement zurücktransportiert. Hierbei bezeichnet $g_\tau(\hat{\mathbf{x}})$ das Oberflächenelement und $\hat{v} := v|_\tau \circ \chi_\tau$. Die numerische Quadratur auf dem *Referenzelement* ist durch eine Abbildung $Q : C^0\left(\overline{\widehat{\tau}}\right) \to \mathbb{R}$ der Form

$$Q(v) := \sum_{i=1}^{n} \omega_{i,n} v(\xi_{i,n})$$

mit Gewichten $\omega_{i,n} \in \mathbb{R}$ und Stützstellen $\xi_{i,n} \in \overline{\widehat{\tau}}$ gegeben und der zugehörige Quadraturfehler $E_\tau : C^0(\overline{\tau}) \to \mathbb{R}$ auf dem *Oberflächenpaneel* durch

$$E_\tau(v) := I_\tau(v) - Q(\hat{v} g_\tau). \tag{5.3.1}$$

Der Raum aller Polynome mit Maximalgrad $m \in \mathbb{N}$ wurde in (4.1.20) eingeführt und mit $\mathbb{P}_m^\Delta$ bezeichnet. In diesem Abschnitt schreiben wir kurz $\mathbb{P}_m = \mathbb{P}_m^\Delta$.

Definition 5.3.2 *Die numerische Quadratur hat den Exaktheitsgrad* $m \in \mathbb{N}_0$*, falls*

$$E_\tau(v) = 0 \qquad \forall v \in \mathbb{P}_m$$

gilt. Die numerische Quadratur ist stabil, falls

$$\sum_{i=1}^{n} \omega_{i,n} = |\widehat{\tau}| \qquad \text{und} \qquad \sum_{i=1}^{n} |\omega_{i,n}| \leq C_Q \sum_{i=1}^{n} \omega_{i,n}$$

gilt.

Beispiel 5.3.3 *Sei* $\widehat{\tau}$ *das Einheitsdreieck mit Ecken* $(0,0)^\intercal$, $(1,0)^\intercal$, $(1,1)^\intercal$*. Dann ist durch*

$$Q(v) = \frac{v(2/3, 1/3)}{2}$$

ein Quadraturformel mit Exaktheitsgrad 1 *und* $C_Q = 1$ *gegeben.*

Eine Quadraturformel mit Exaktheitsgrad 2 *und* $C_Q = 1$ *wird durch*

$$Q(v) = \frac{v(1/2, 0) + v(1, 1/2) + v(1/2, 1/2)}{6}$$

definiert.

Beispiel 5.3.4 *Sei* $\widehat{\tau}$ *das Einheitsquadrat. Dann ist durch*

$$Q(v) = v(1/2, 1/2)$$

eine Quadraturformel mit Exaktheitsgrad 1 *und* $C_Q = 1$ *gegeben und durch*

$$Q(v) = \frac{1}{4} \sum_{i,j=1}^{2} v(\xi_i, \xi_j)$$

mit $\xi_1 = \left(1 - 1/\sqrt{3}\right)/2$ *und* $\xi_2 = \left(1 + 1/\sqrt{3}\right)/2$ *eine Quadraturformel mit Exaktheitsgrad* 3 *und* $C_Q = 1$.

Weitere Quadraturformeln für das Einheitsdreieck und -quadrat finden sich in [148].

5.3.1.2 Tensor-Gauß-Quadratur

Für eine stetige Funktion $f : [0,1] \to \mathbb{C}$ setzen wir

$$I(f) = \int_0^1 f dx.$$

Seien $(\xi_{i,n}, \omega_{i,n})_{i=1}^n$ die Stützstellen und Gewichte der Gauß-Quadratur der Ordnung n mit Gewichtsfunktion 1 auf dem Intervall $[0,1]$ (vgl. [146]). Die zugehörige Gauß-Quadratur ist durch

$$Q^n(f) = \sum_{i=1}^{n} \omega_{i,n} f(\xi_{i,n})$$

gegeben. Der Quadraturfehler wird mit $E^n := I(f) - Q^n(f)$ bezeichnet und erfüllt

$$E^n(p) = 0 \qquad \forall p \in \mathbb{P}_{2n-1}.$$

Für eine Funktion $f : [0,1]^4 \to \mathbb{C}$ setzen wir $\mathbf{I}(f) = \int_{(0,1)^4} f(\mathbf{x})\, d\mathbf{x}$ und definieren für $\mathbf{n} = (n_i)_{i=1}^4 \in \mathbb{N}^4$, die Tensor-Gauß-Quadratur der Ordnung $\mathbf{n}$ durch

$$\mathbf{Q}^{\mathbf{n}}[f] = \sum_{i=1}^{n_1}\sum_{j=1}^{n_2}\sum_{k=1}^{n_3}\sum_{\ell=1}^{n_4} \omega_{i,n_1}\omega_{j,n_2}\omega_{k,n_3}\omega_{\ell,n_4} f\left(\xi_{i,n_1}, \xi_{j,n_2}, \xi_{k,n_3}, \xi_{\ell,n_4}\right). \tag{5.3.2}$$

Da alle im vorigen Unterkapitel hergeleiteten Integraldarstellungen von der Bauart $\mathbf{I}(f)$ mit analytischen Integranden $f : [0,1]^4 \to \mathbb{C}$ sind, läßt sich die Tensor-Gauß-Quadratur zu deren Approximation einsetzen. Da die numerische Integration einen erheblichen Anteil in der Gesamtrechenzeit für die numerische Lösung von Randintegralgleichungen einnimmt, besitzt die minimale Wahl der Quadraturordnungen $(n_i)_{i=1}^4$, um eine vorgegebene Genauigkeit $\varepsilon > 0$ zu erreichen

$$|\mathbf{E}^n(f)| := |\mathbf{I}(f) - \mathbf{Q}^{\mathbf{n}}(f)| \overset{!}{\leq} \varepsilon \|f\|, \tag{5.3.3}$$

eine entscheidende Bedeutung. Die Stützstellen und Gewichte der Gauß-Formeln bis zu einer hohen Ordnung können beispielsweise mit dem in [115, Chapter 4.5] beschriebenen Programm GAULEG erzeugt werden. Der Aufruf "gauleg(a,b,x,w,n)" liefert die Felder $\mathbf{x}(1:n)$, $w(1:n)$ der Knoten und Gewichte der n-Punkt-Gaußformel Q^n auf dem Intervall $[a,b]$.

5.3.2 Lokale Quadraturfehlerabschätzungen

Wir beginnen mit Quadraturfehlerabschätzungen für stabile Quadraturverfahren mit Exaktheitsgrad m. Wir werden die Konvergenz für $h_\tau \to 0$ und *festen* Exaktheitsgrad zeigen. Diese lassen sich zur Approximation der Integrale in (5.0.1) verwenden.

Die Integranden in den regularisierten Integraldarstellungen (vgl. Kapitel 5.2.4)) sind alle analytisch, besitzen jedoch Polstellen in der Nähe (genauer: in komplexen Umgebungen) des Integrationsgebiets. Die auftretenden Kernfunktionen und deren Ableitungen in lokalen Koordinaten besitzen in der Praxis häufig eine sehr komplizierte Gestalt, so daß Quadratur-Fehlerabschätzungen, die Ableitungen hoher Ordnung des Integranden enthalten, ungeeignet sind. Für die Abschätzung des lokalen Quadraturfehlers verwenden wir daher *ableitungsfreie* Fehlerdarstellungen für analytische Integranden, die explizit bezüglich der Ordnung sind.

5.3.2.1 Lokale Fehlerabschätzungen für einfache Quadraturverfahren

Ausgangspunkt ist die Analyse der analytischen Fortsetzbarkeit der Parametrisierungen χ_t. Wir beschränken uns im folgenden auf Dreiecksgitter. Die Analyse für Vierecke kann analog durchgeführt werden. Um die Skalierung der Dreiecksgröße explizit zu analysieren benötigen wir eine geeignete Annahme an die Parametrisierungen.

Annahme 5.3.5 *Für jedes $\tau \in \mathcal{G}$ läßt sich die Parametrisierung χ_τ als Komposition einer affinen Abbildung*

$$\chi_\tau^{\text{affin}} : \mathbb{R}^2 \to \mathbb{R}^2, \qquad \chi_\tau^{\text{affin}}(\hat{\mathbf{x}}) := \mathbf{A}_\tau + \mathbf{m}_\tau \hat{\mathbf{x}}$$

und einer Abbildung $\chi : U \to \Gamma$ mit $\overline{\chi_\tau^{\text{affin}}(\widehat{\tau})} \subset U$ darstellen

$$\chi_\tau = \chi \circ \chi_\tau^{\text{affin}}.$$

Das Bild $\tilde{\tau} := \chi_\tau^{\text{affin}}(\widehat{\tau})$ *ist ein ebenes Dreieck in* $\mathbb{R}^2$. *Die Abbildung* χ *ist analytisch fortsetzbar in eine komplexe Umgebung* $U^\star$ *mit* $\overline{\overline{\tau}} \subset \overline{U} \subset U^\star \subset \mathbb{C} \times \mathbb{C}$ *und insbesondere unabhängig von der Triangulierung* $\mathcal{G}$.

Es existiert eine positive Konstante C_K *mit der Eigenschaft: Für alle* $\tau, t \in \mathcal{G}$ *mit* $\overline{\tau} \cap \overline{t} \neq \emptyset$ *gilt*

$$h_\tau / h_t \leq C_K \qquad \text{mit} \qquad h_\tau := \operatorname{diam} \tau, \quad h_t := \operatorname{diam} t. \tag{5.3.4}$$

Bemerkung 5.3.6 *Die Abbildung* $\chi : U \to \Gamma$ *kann als Karte in einem Atlas* $\mathcal{A}$ *für* Γ *aufgefaßt werden. Die Wahl der Karte aus* $\mathcal{A}$ *hängt vom Paneel* $\tau \in \mathcal{G}$ *durch* $\tau \subset \chi(U)$ *ab. Die Karte* χ *selbst ist jedoch unabhängig von* τ.

Bemerkung 5.3.7 *Aus Bedingung (5.3.4) folgt die Existenz einer Konstanten* $c_1 > 0$, *die nur von* χ *abhängt, so daß für die ebenen Paneele* $\tilde{\tau} := \chi_\tau^{\text{affin}} \circ \chi_\tau^{-1}(\tau)$ *und* $\tilde{t} := \chi_t^{\text{affin}} \circ \chi_t^{-1}(t)$ *gilt*

$$c_1 h_\tau \leq h_{\tilde{\tau}} \leq c_1^{-1} h_\tau. \tag{5.3.5}$$

Daraus folgt weiter

$$h_{\tilde{\tau}} / h_{\tilde{t}} \leq c_1^{-2} h_\tau / h_t \leq \tilde{C}_K$$

mit $\tilde{C}_K = c_1^{-2} C_K$ *(vgl. Bemerkung 4.1.10).*

Das Skalierungs- und Verzerrungsverhalten der affinen Abbildung χ_τ^{affin} wird im folgenden durch geeignete geometrische Parameter charakterisiert. Die Ecken des Bilddreiecks $\tilde{\tau} = \chi_\tau^{\text{affin}}(\widehat{\tau})$ werden mit $\mathbf{A}_\tau, \mathbf{B}_\tau, \mathbf{C}_\tau$ bezeichnet und sind gegen den Uhrzeigersinn orientiert. Die zugehörigen Innenwinkel nennen wir $\alpha_\tau, \beta_\tau, \gamma_\tau$. Dann gilt $\mathbf{m}_\tau = [\mathbf{B}_\tau - \mathbf{A}_\tau, \mathbf{C}_\tau - \mathbf{B}_\tau]$. Wir setzen

$$\theta_\tau := \min \{\alpha_\tau, \beta_\tau, \gamma_\tau\}. \tag{5.3.6}$$

Proposition 5.3.8 *Sei* $\mathbf{m}_\tau$ *wie in Annahme 5.3.5 und* $\lambda_{\max}$ *(bzw.* $\lambda_{\min}$*) der größte (kleinste) Eigenwert von* $\mathbf{m}_\tau^\intercal \mathbf{m}_\tau$. *Dann gilt*

$$c h_{\tilde{\tau}}^2 \leq \lambda_{\min} \leq \lambda_{\max} \leq 2 h_{\tilde{\tau}}^2 \quad \text{und} \quad c h_{\tilde{\tau}}^2 \leq g_\tau^{\text{affin}} := \sqrt{\det(\mathbf{m}_\tau^\intercal \mathbf{m}_\tau)} \leq C h_{\tilde{\tau}}^2$$

mit Konstanten $c, C > 0$, *die lediglich von* θ_τ *abhängt.*

Beweis. Wir setzen $e_1 := \|\mathbf{B}_\tau - \mathbf{A}_\tau\|$ und $e_2 = \|\mathbf{C}_\tau - \mathbf{B}_\tau\|$ und beachten $e_i \leq h_{\tilde{\tau}}$, $1 \leq i \leq 2$. Die Abschätzung nach oben für die Singulärwerte von $\mathbf{m}_\tau$ ergibt sich aus

$$\begin{aligned} |\langle \mathbf{m}_\tau \xi, \mathbf{m}_\tau \xi \rangle| &= \xi_1^2 e_1^2 + 2\xi_1 \xi_2 \langle \mathbf{B}_\tau - \mathbf{A}_\tau, \mathbf{C}_\tau - \mathbf{B}_\tau \rangle + \xi_2^2 e_2^2 \\ &\leq (|\xi_1| e_1 + |\xi_2| e_2)^2 \leq 2 h_{\tilde{\tau}}^2 \|\xi\|^2. \end{aligned}$$

Elementare geometrische Beziehungen auf $\tilde{\tau}$ und die Binomische Formel liefern

$$\begin{aligned} \frac{\langle \mathbf{m}_\tau \xi, \mathbf{m}_\tau \xi \rangle}{e_1 e_2} &= \xi_1^2 \frac{e_1}{e_2} - 2\xi_1 \xi_2 \cos\beta + \xi_2^2 \frac{e_2}{e_1} \\ &\geq (1 - \cos\beta) \left(\xi_1^2 \frac{e_1}{e_2} + \xi_2^2 \frac{e_2}{e_1} \right) \geq 2 \sin^2 \frac{\beta}{2} \min \left\{ \frac{e_1}{e_2}, \frac{e_2}{e_1} \right\} \|\xi\|^2. \end{aligned}$$

Aus

$$\sin^2 \frac{\beta}{2} \geq \sin^2 \frac{\theta_\tau}{2} \quad \text{und} \quad \min \left\{ \frac{e_1}{e_2}, \frac{e_2}{e_1} \right\} = \min \left\{ \frac{\sin\gamma}{\sin\alpha}, \frac{\sin\alpha}{\sin\gamma} \right\} \geq \sin\theta_\tau$$

folgt schließlich die Eigenwertabschätzung.

Die Abschätzung für g_τ^{affin} ergibt sich aus der Darstellung $g_\tau^{\text{affin}} = e_1 e_2 \left|\sin\beta\right|$. ■

Wir betrachten stabile Quadraturverfahren mit Exaktheitsgrad m. Die Stabilität impliziert für alle $f \in C^0\left(\hat{\tau}\right)$

$$\left|Q\left(f\right)\right| = \left|\sum_{i=1}^{n} \omega_{i,n} f\left(\xi_{i,n}\right)\right| \leq \max_{1\leq i\leq n} \left|f\left(\xi_{i,n}\right)\right| \sum_{i=1}^{n} \left|\omega_{i,n}\right| \leq C_Q \left\|f\right\|_{C^0\left(\hat{\tau}\right)}.$$

Wenden wir diese Abschätzung auf das Produkt $g_\tau \hat{v}$ an, so ergibt sich

$$\left|Q\left(g_\tau \hat{v}\right)\right| \leq C_Q \left\|g_\tau \hat{v}\right\|_{C^0\left(\hat{\tau}\right)} \leq C_Q \left\|g_\tau\right\|_{C^0\left(\hat{\tau}\right)} \left\|\hat{v}\right\|_{C^0\left(\hat{\tau}\right)}.$$

Lemma 5.3.9 *Die Annahme 5.3.5 sei erfüllt, d.h.* $\chi_\tau = \chi \circ \chi_\tau^{\text{affin}}$. *Dann gilt*

$$\left\|g_\tau\right\|_{C^0\left(\hat{\tau}\right)} \leq C h_\tau^2,$$

wobei C lediglich von der globalen Parametrisierung und der Größe θ_τ aus (5.3.6) abhängt.

Beweis. Der Determinantenmultiplikationssatz liefert

$$g_\tau\left(\hat{\mathbf{x}}\right) = \sqrt{\det\left(\left(D\chi_\tau\right)^\intercal \left(D\chi_\tau\right)\right)} = \left|\det \mathbf{m}_\tau\right| \sqrt{\det\left(\mathbf{G}_\tau \circ \chi_\tau^{\text{affin}}\left(\hat{\mathbf{x}}\right)\right)} = \left|\det \mathbf{m}_\tau\right| \left(g_\tau^\chi \circ \chi_\tau^{\text{affin}}\right)\left(\hat{\mathbf{x}}\right) \tag{5.3.7}$$

mit der Gramschen Matrix

$$\mathbf{G}_\tau\left(\hat{\mathbf{w}}\right) := \left(D\chi\left(\hat{\mathbf{w}}\right)\right)^\intercal D\chi\left(\hat{\mathbf{w}}\right) \in \mathbb{R}^{2\times 2},$$

die lediglich von der globalen Karte χ abhängt und $g_\tau^\chi := \sqrt{\det G_\tau}$. Daraus folgt

$$\left\|g_\tau\right\|_{C^0\left(\hat{\tau}\right)} \leq C_\chi \left|\det \mathbf{m}_\tau\right| \leq C h_\tau^2,$$

wobei C lediglich von der globalen Parametrisierung und der Größe θ_τ aus (5.3.6) abhängt. ■

Korollar 5.3.10 *Die Annahme 5.3.5 sei erfüllt. Dann gilt für den Fehler E_τ aus (5.3.1) die Stabilitätsabschätzung*

$$\left|E_\tau\left(v\right)\right| \leq C h_\tau^2 \left\|v\right\|_{C^0\left(\overline{\tau}\right)} \qquad \forall v \in C^0\left(\overline{\tau}\right).$$

Beweis. Die Dreiecksungleichung liefert mit Lemma 5.3.9

$$\begin{aligned}\left|E\left(v\right)\right| &= \left|\int_\tau v\left(\mathbf{x}\right) d\mathbf{x} - Q\left(\hat{v} g_\tau\right)\right| \leq \left|\tau\right| \left\|v\right\|_{C^0\left(\overline{\tau}\right)} + \left|\sum_{i=1}^{n} \omega_{i,n} \left(\hat{v} g_\tau\right)\left(\xi_{i,n}\right)\right| \\ &\leq C_1 h_\tau^2 \left\|v\right\|_{C^0\left(\overline{\tau}\right)} + C_Q C_2 h_\tau^2 \left\|\hat{v}\right\|_{C^0\left(\hat{\tau}\right)} = \left(C_1 + C_Q C_2\right) h_\tau^2 \left\|v\right\|_{C^0\left(\overline{\tau}\right)}.\end{aligned}$$

■

Wir kommen nun zur zentralen Fehlerabschätzung für stabile Quadraturverfahren mit Exaktheitsgrad m.

Satz 5.3.11 *Die Annahme 5.3.5 sei erfüllt, d.h.* $\chi_\tau = \chi \circ \chi_\tau^{\text{affin}}$. *Das Quadraturverfahren sei stabil und besitze den Exaktheitsgrad* m.

Dann existiert eine Konstante C*, die von* C_Q, m*, der globalen Parametrisierung* χ *und* θ_τ *aus (5.3.6) abhängt, so daß für alle Funktionen* $v \in H^{m^+}(\tau)$ *mit* $m^+ = \max\{2, m+1\}$ *der Quadraturfehler der Abschätzung*

$$|E_\tau(v)| \leq C h_\tau^{m+2} \|v\|_{H^{m^+}(\tau)}$$

genügt.

Beweis. Der Sobolevsche Einbettungssatz impliziert $v \in C^0(\overline{\tau})$. Für beliebiges $p \in \mathbb{P}_m$ gilt wegen des Exaktheitsgrades von E_τ und Korollar 5.3.10 die Abschätzung

$$|E_\tau(v)| = |E_\tau(v-p)| \leq C h_\tau^2 \|v-p\|_{C^0(\overline{\tau})}. \tag{5.3.8}$$

Sei zunächst $m \geq 1$. Wir wählen $p := \left(\widehat{I}^m \hat{v}\right) \circ \chi_\tau^{-1}$ mit dem Interpolanten $\widehat{I}^m$aus (4.1.71) und $\hat{v} = v \circ \chi_\tau$. Verwendung der Normäquivalenz auf endlichdimensionalen Räumen, Lemma 4.3.1, Lemma 4.3.6 bzw. Lemma 4.3.12 ergibt

$$\begin{aligned}\|v-p\|_{C^0(\overline{\tau})} &= \left\|\hat{v} - \widehat{I}^m \hat{v}\right\|_{C^0\left(\overline{\hat{\tau}}\right)} \leq C_1 \left\|\hat{v} - \widehat{I}^m \hat{v}\right\|_{H^{m+1}(\hat{\tau})} \leq C_2 \left|\hat{v} - \widehat{I}^m \hat{v}\right|_{H^{m+1}(\hat{\tau})} \\ &= C_2 |\hat{v}|_{H^{m+1}(\hat{\tau})} \leq C_3 h_\tau^m \|v\|_{H^{m+1}(\tau)}.\end{aligned}$$

Insgesamt haben wir

$$|E_\tau(v)| \leq C h_\tau^{m+2} \|v\|_{H^{m+1}(\tau)}$$

bewiesen.

Für $m = 0$ transformieren wir die rechte Seite auf das Einheitselement und wenden das Lemma von Sobolev an. Genauer gilt mit $\hat{v} - \hat{p} = v \circ \chi_\tau - p \circ \chi_\tau$ und Lemma 4.3.6 bzw. Lemma 4.3.12

$$\|v-p\|_{C^0(\overline{\tau})} = \|\hat{v} - \hat{p}\|_{C^0(\overline{\hat{\tau}})} \leq C \|\hat{v} - \hat{p}\|_{H^2(\hat{\tau})} \leq C \left(|\hat{v}|_{H^1(\hat{\tau})} + |\hat{v}|_{H^2(\hat{\tau})}\right) \leq C \|v\|_{H^2(\tau)}.$$

■

Korollar 5.3.12 *Die Annahmen aus Satz 5.3.11 seien erfüllt und* $r \in H^{m^+}(\tau)$ *und* $v \in S$ *mit lokalem Polynomgrad* p. *Dann gilt*

$$|E_\tau(vr)| \leq C h_\tau^{m+2} \|v\|_{H^p(\tau)} \|r\|_{H^{m^+}(\tau)}.$$

Für zwei Randelementfunktionen $u, v \in S$ *gilt*

$$|E_\tau(uv)| \leq C h_\tau^{m+2} \|u\|_{H^p(\tau)} \|v\|_{H^p(\tau)}.$$

Beweis. Wegen Satz 5.3.11 genügt es, $\|vr\|_{H^{m^+}(\tau)} \leq C \|v\|_{H^p(\tau)} \|r\|_{H^{m^+}(\tau)}$ zu zeigen. Wir setzen $\tilde{v} = v \circ \chi^{-1}$, $\tilde{r} = r \circ \chi^{-1}$ und $\tilde{\tau} := \chi^{-1}(\tau) \subset \mathbb{R}^2$. Man beachte, daß die Abbildung χ^{-1} unabhängig vom Gitter $\mathcal{G}$ ist. Aus Korollar 4.3.11 folgt

$$\|vr\|_{H^{m^+}(\tau)}^2 \leq C \sum_{j=1}^{m^+} |\tilde{v}\tilde{r}|_{H^j(\tilde{\tau})}^2.$$

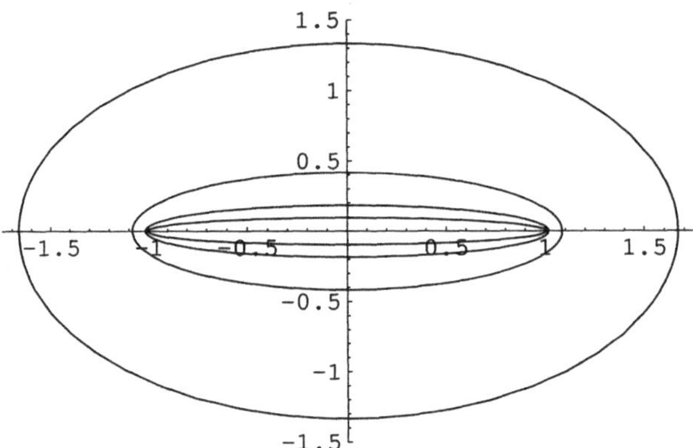

Abbildung 5.6: Ellipsen $\mathcal{E}_{-1,1}^{\rho}$ mit Brennpunkten -1, 1 und Halbachsensumme $\rho \in \{1.1, 1.2, 1.5, 3\}$.

Die Leibniz-Regel für Produkte ergibt

$$D^{\alpha}(\tilde{v}\tilde{r}) = \sum_{\mu \leq \alpha} \binom{\alpha}{\mu} \left(D^{\mu}\tilde{v}\right)\left(D^{\alpha-\mu}\tilde{r}\right) \quad \text{mit} \quad \binom{\alpha}{\mu} := \binom{\alpha_1}{\mu_1}\binom{\alpha_2}{\mu_2} \quad \text{und} \quad \sum_{\mu \leq \alpha} \ldots := \sum_{\substack{\mu_1 \leq \alpha_1 \\ \mu_2 \leq \alpha_2}} \ldots .$$

Daraus folgt mit $j = |\alpha|$ die Abschätzung

$$\|D^{\alpha}(\tilde{v}\tilde{r})\|_{L^2(\tilde{\tau})} \leq C \|\tilde{v}\|_{H^j(\tilde{\tau})} \|\tilde{r}\|_{H^j(\tilde{\tau})} .$$

Da $\tilde{v}$ ein Polynom vom Maximalgrad p ist, gilt $\|\tilde{v}\|_{H^k(\tilde{\tau})} = 0$ für $k > p$ und somit

$$\|\tilde{v}\|_{H^k(\tilde{\tau})} = \|\tilde{v}\|_{H^p(\tilde{\tau})} .$$

Zusammen haben wir

$$\|\tilde{v}\tilde{r}\|_{H^{m^+}(\tilde{\tau})} \leq C \|\tilde{v}\|_{H^p(\tilde{\tau})} \|\tilde{r}\|_{H^{m^+}(\tilde{\tau})}$$

gezeigt. Rücktransformation auf das Oberflächenelement (vgl. Korollar 4.3.11) ergibt die erste Behauptung.

Die Abschätzung für das Produkt von Randelementfunktionen beweist man analog. ■

5.3.2.2 Ableitungsfreie Quadraturfehlerabschätzungen für analytische Integranden

In diesem Abschnitt geben wir die klassischen, ableitungsfreien Quadraturfehlerabschätzungen für analytische Integranden an, die auf Davis zurückgehen [36, Eqn. (4.6.1.11)]. Sei $\mathcal{E}_{a,b}^{\rho} \subset \mathbb{C}$ die abgeschlosse Ellipse mit Brennpunkten in $z = a, b$, großer Halbachse $\bar{a} > (b-a)/2$ und kleiner Halbachse $\bar{b} > 0$ (vgl. Abbildung 5.6). Die Summe der Halbachsen wird mit $\rho = \bar{a} + \bar{b}$ bezeichnet. Für $a = 0$ und $b = 1$ schreiben wir kurz $\mathcal{E}^{\rho}$ für $\mathcal{E}_{0,1}^{\rho}$. Eine klassische ableitungsfreie Fehlerabschätzung der Gauß-Quadratur für analytische Integranden findet sich in [36].

Für $f : [0,1] \to \mathbb{C}$ bezeichnet Q^n die auf $[0,1]$ skalierte Gauß-Quadratur mit n Stützstellen, $I(f)$ das Integral von f über $[0,1]$ und E^n den zugehörigen Fehler.

Satz 5.3.13 *Sei $f : [0,1] \to \mathbb{C}$ analytisch mit analytischer Fortsetzung $f^\star$ auf eine Ellipse $\mathcal{E}^\rho \subset \mathbb{C}$, $\rho > 1/2$.*

Dann gilt

$$|I - Q^n| \le C\,(2\rho)^{-2n} \max_{z\in\partial\mathcal{E}^\rho} |f^\star(z)|.$$

Diese eindimensionale Fehlerabschätzung läßt sich einfach auf den Fehler der Tensor-Gauß-Quadratur übertragen.

Definition 5.3.14 *Für $1 \le i \le d$ und $-\infty < a_i < b_i < \infty$ sei $\omega := \bigotimes_{i=1}^d [a_i, b_i] \subset \mathbb{R}^d$. Eine stetige Funktion $f : \omega \to \mathbb{C}$ heißt komponentenweise analytisch, falls $(\rho_i)_{i=1}^d \in \mathbb{R}^d$ existiert mit $\rho_i > (b_i - a_i)/2$, $1 \le i \le d$, so daß für alle $1 \le i \le d$ und alle $\mathbf{x} \in \omega$ die Funktion*

$$f_{i,\mathbf{x}} : [a_i, b_i] \to \mathbb{C}, \qquad f_{i,\mathbf{x}}(t) := f(x_1, \ldots, x_{i-1}, t, x_{i+1}, \ldots x_d)$$

sich zu einer analytischen Funktion $f_{i,\mathbf{x}} : \mathcal{E}^{\rho_i}_{a_i,b_i} \to \mathbb{C}$ fortsetzen läßt.

Satz 5.3.15 *Sei $f : [0,1]^d \to \mathbb{C}$ komponentenweise analytisch und $(\rho_i)_{i=1}^d$ wie in Definition 5.3.14. Dann gilt für den Fehler der Gauß-Quadratur mit n_i Stützstellen pro Koordinatenrichtung, $1 \le i \le d$, die Abschätzung*

$$|\mathbf{E}^{\mathbf{n}} f| \le \sum_{i=1}^d \max_{\mathbf{x}\in[0,1]^d} |E^{n_i} f_{i,\mathbf{x}}| \le \sum_{i=1}^d C_i\,(2\rho_i)^{-2n_i} \max_{\mathbf{x}\in[0,1]^d} \max_{z\in\partial\mathcal{E}^{\rho_i}} |f_{i,\mathbf{x}}(z)|.$$

Die Konstanten C_i, $1 \le i \le d$, sind wie in Satz 5.3.13.

Beweis. Es genügt, den Fall $d = 2$ zu betrachten, da für $d = 1$ die Behauptung bereits in Satz 5.3.13 behandelt wurde und für $d > 2$ das Resultat durch Induktion folgt. Wir verwenden ein klassisches Tensorproduktargument. Seien $g : [0,1] \to \mathbb{C}$, $f : [0,1]^2 \to \mathbb{C}$ analytisch und $(\rho_i)_{i=1}^2$ wie in Definition 5.3.14. Wir setzen

$$\begin{array}{ll} I_1 g := \int_0^1 g(t)\,dt, & (I_2 f)(t) := \int_0^1 f(t,s)\,ds, \\ (Q_1^{n_1} g)(t) := \sum_{j=1}^{n_1} \omega_{j,n} g(\xi_{j,n}), & (Q_2^{n_2} f)(t) := \sum_{j=1}^{n_2} \omega_{j,n_2} f(t, \xi_{j,n_2}). \end{array}$$

Damit ergibt sich die Fehlerdarstellung

$$\begin{aligned} \mathbf{E}^{\mathbf{n}} f &= (I_1 I_2 - Q_1^{n_1} Q_2^{n_2}) f = (I_1 I_2 - I_1 Q_2^{n_2} + I_1 Q_2^{n_2} - Q_1^{n_1} Q_2^{n_2}) f \\ &= I_1 (E_2^{n_2} f) + E_1^{n_1} (Q_2^{n_2} f) \end{aligned}$$

mit $E_i^{n_i} := I_i - Q_i^{n_i}$. Für $i = 1, 2$ ist das Integral $I_i : C^0([0,1]) \to \mathbb{C}$ stetig, d.h.

$$|I_1 g| \le \max_{t\in[0,1]} |g(t)|, \qquad |(I_2 f)(t)| \le \max_{s\in[0,1]} |f(t,s)|.$$

Die Gewichte der Gauß-Quadratur sind positiv und addieren sich zur Intervallänge $\sum_{j=1}^n \omega_{j,n} = 1$ (siehe [146]). Daraus folgt

$$\begin{aligned} |(\mathbf{I} - \mathbf{Q}^{\mathbf{n}}) f| &\le \max_{t\in[0,1]} |E_2^{n_2} f(t,\cdot)| + \sum_{j=1}^{n_2} \omega_{j,n_2} |E_1^{n_1} f(\cdot, \xi_{j,n_2})| \\ &\le \max_{t\in[0,1]} |E_2^{n_2} f(t,\cdot)| + \max_{t\in[0,1]} |E_1^{n_1} f(\cdot, t)|. \end{aligned}$$

■

5.3.2.3 Abschätzung der Analytizitätsellipsen der regularisierten Integranden

In diesem Unterkapitel werden wir die Größe der Analytizitätsgebiete der regularisierten Integranden aus Abschnitt 5.2.4 und die darauf fortgesetzten Integranden abschätzen. Wir unterscheiden wiederum die vier Fälle: Identische Paneele, Paneele mit gemeinsamer Kante, mit gemeinsamem Punkt und mit positiver Distanz. Die Abschätzungen der Integranden auf den Analytizitätsellipsen werden jedoch immer nach dem gleichen Konzept hergeleitet: Zunächst werden die Integrale auf das Einheitsdreieck oder -quadrat transformiert. Mit geeigneten Entwicklungen in lokalen Koordinaten wird die Singularität in den transformierten, komplexen Koordinaten bestimmt; genauer die Größe der Ellipsen abgeschätzt, auf die sich die Integranden analytisch fortsetzen lassen. Danach werden die einzelnen Faktoren der Integranden wie Gramsche Determinante, Basisfunktionen, Kernfunktion auf diesen Ellipsen abgeschätzt. Die Abhängigkeit bezüglich der Paneeldurchmesser h_τ, h_t wird explizit herausgearbeitet, so daß die Konstanten in den Abschätzungen im allgemeinen nur vom Polynomgrad p des Randelementraumes und der Formregularität des Gitters abhängen.

Fall 1: Identische Paneele

Wir betrachten zunächst den Fall $\widehat{\tau} = \widehat{t} = \widehat{S}$ und verwenden die Darstellung **I.1** aus Kapitel 5.2.4. Im Hinblick auf die Definition von k_3 (siehe (5.2.13)) analysieren wir die Analytizitätsgebiete der Basisfunktionen, der Oberflächenelemente und der Kernfunktion getrennt und beginnen mit der Kernfunktion in lokalen Koordinaten. Wie nehmen wieder an, daß sich das Paneel τ als Komposition einer globalen Karte χ und einer affinen Abbildung $\chi_\tau^{\text{affin}} : \mathbb{R}^2 \to \mathbb{R}^2$ schreiben läßt: $\chi_\tau = \chi \circ \chi_\tau^{\text{affin}}$. Der affine Anteil besitze wieder die Bauart $\chi_\tau^{\text{affin}}(\hat{\mathbf{x}}) = \mathbf{A}_\tau + \mathbf{m}_\tau \hat{\mathbf{x}}$.

Die Differenzvariable $\mathbf{z} = \mathbf{y} - \mathbf{x}$ besitzt für die betrachteten Parametrisierungen die Darstellung in zweidimensionalen Polarkoordinaten (vgl. (5.1.21))

$$\mathbf{z} = \chi_\tau(\hat{\mathbf{z}} + \hat{\mathbf{x}}) - \chi_\tau(\hat{\mathbf{x}}) = h_\tau r \sum_{m=0}^{\infty} (h_\tau r)^m \, l_m\left(\chi_\tau^{\text{affin}}(\hat{\mathbf{x}}), \xi\right) =: (h_\tau r)\, d\left(\chi_\tau^{\text{affin}}(\hat{\mathbf{x}}), h_\tau r, h_\tau^{-1}\mathbf{m}_\tau \xi\right)$$

mit

$$l_m(\hat{\mathbf{w}}, \xi) := \left(\frac{\langle h_\tau^{-1}\mathbf{m}_\tau \xi, \nabla\rangle^{m+1} \chi}{(m+1)!}\right)(\hat{\mathbf{w}})$$

und einer Funktion d, die lediglich von der globalen Karte χ, aber nicht von der Triangulierung χ_τ abhängt. Analog wie in (5.1.22) schließt man auf die Darstellung

$$k(\mathbf{x}, \mathbf{y}, \mathbf{z}) = (h_\tau r)^{-s} d_{3,s}\left(\chi_\tau^{\text{affin}}(\hat{\mathbf{x}}), h_\tau r, h_\tau^{-1}\mathbf{m}_\tau \xi\right) \tag{5.3.9}$$

mit einer Funktion $d_{3,s}$, die lediglich von der globalen Karte χ und der Kernfunktion k abhängt.

Die Basisfunktionen $\hat{b}_i$, $\hat{b}_j$ auf dem Referenzelement sind Polynome vom Grad p und besitzen die Polarkoordinatendarstellung

$$B_{i,j}(\hat{\mathbf{x}}, r, \xi) := \hat{b}_i(\hat{\mathbf{x}})\, \hat{b}_j(\hat{\mathbf{x}} + r\xi),$$

die unabhängig von der Triangulierung $\mathcal{G}$ ist. Damit gilt für den Integranden $k_2(\hat{\mathbf{x}}, \hat{\mathbf{x}} + r\xi)$ aus (5.2.2) mit $\hat{\mathbf{w}} := \chi_\tau^{\text{affin}}(\hat{\mathbf{x}})$ und $\hat{\mathbf{v}} := \chi_\tau^{\text{affin}}(\hat{\mathbf{x}} + r\xi)$ die Darstellung (vgl. (5.3.7))

$$r k_2(\hat{\mathbf{x}}, \hat{\mathbf{x}} + r\xi) = r (\det \mathbf{m}_\tau)^2 B_{i,j}(\hat{\mathbf{x}}, r, \xi)\, g_\tau^\chi(\hat{\mathbf{w}})\, g_\tau^\chi(\hat{\mathbf{v}})\, (h_\tau r)^{-s} d_{3,s}\left(\hat{\mathbf{w}}, h_\tau r, h_\tau^{-1}\mathbf{m}_\tau \xi\right). \tag{5.3.10}$$

Die Funktionen $B_{i,j}$, g_τ^χ, $d_{3,2}$ hängen lediglich von der globalen Karte χ, dem Polynomgrad p und den Koeffizienten der Kernfunktion k ab und sind insbesondere unabhängig von der Triangulierung. Sie lassen sich fortsetzen auf geeignete komplexe Umgebungen der Parametergebiete, deren Größe daher gleichfalls unabhängig von der Triangulierung ist.

Die numerische Quadratur wurde nicht in Polarkoordinaten, sondern bezüglich der (ξ,η)-Koordinaten formuliert, die mittels der Transformation aus (5.2.12) auf $(\hat{\mathbf{x}},r,\varphi)$-Koordinaten abgebildet werden. Dem Summand i in (5.2.11) entspricht die Transformation zum Index i in (5.2.12) und wird mit $\mathfrak{T}_i$ bezeichnet:

$$(\hat{\mathbf{x}},r,\varphi) = \mathfrak{T}_i(\xi,\eta). \tag{5.3.11}$$

Da diese Transformationen wiederum analytisch und unabhängig von der Triangulierung sind, ergibt sich die Analytizität bezüglich der Koordinaten $(\xi,\eta) \in [0,1]^4$.

Zur Beschreibung dieser Umgebungen verwenden wir die folgenden Notationen. Für $\rho > 0$ und $i \in \{1,2,3,4\}$ setzen wir

$$\overrightarrow{\mathcal{E}}_\rho^{(i)} := \underbrace{(0,1)\times(0,1)\times\ldots\times(0,1)}_{(i-1)\text{-fach}} \times \mathcal{E}_\rho \times \underbrace{(0,1)\times(0,1)\times\ldots\times(0,1)}_{(4-i)\text{-fach}}.$$

Lemma 5.3.16 *Die Kernfunktion k erfülle Annahme 5.1.20 mit $s \le 1$ oder $s = 2$. Sei $\sigma := \min\{1,s\}$. Es existieren Konstanten $\rho_1 > 0$ und $\rho_2 > 1/2$, die lediglich von θ_τ aus (5.3.6), der globalen Karte χ, den Koeffizienten der Kernfunktion und dem Polynomgrad p abhängen, so daß sich der Integrand aus Abschnitt 5.2.4 **(I.1)***

$$k_4 : (0,1)^4 \to \mathbb{C} \qquad k_4(\xi,\eta) = \xi^3\eta_1^2\eta_2 \sum_{i=1}^{3} k_3\left(\hat{\mathbf{x}}, \hat{\mathbf{x}} + r\begin{pmatrix}\cos\varphi\\ \sin\varphi\end{pmatrix}\right) \tag{5.3.12}$$

nach Substitution (5.3.11) analytisch fortsetzen läßt auf $\overrightarrow{\mathcal{E}}^{(1)}_{\rho_1/h_\tau} \cup \bigcup_{j=2}^4 \overrightarrow{\mathcal{E}}^{(j)}_{\rho_2}$. Es gelten die Abschätzungen

$$\sup_{(\xi,\eta)\in\overrightarrow{\mathcal{E}}^{(1)}_{\rho_1/h_\tau}} |k_4(\xi,\eta)| \le C h_\tau^{1-2p},$$
$$\sup_{(\xi,\eta)\in\overrightarrow{\mathcal{E}}^{(i)}_{\rho_2}} |k_4(\xi,\eta)| \le C h_\tau^{4-\sigma}$$

für $2 \le i \le 4$.

Beweis. Es genügt, jeden Summanden in (5.3.12) einzeln zu analysieren, und wir schreiben im folgenden kurz $\mathfrak{T}$ statt $\mathfrak{T}_i$.

Wir betrachten zunächst schwachsinguläre Kernfunktionen mit $s \le 1$. Die Größe der Analytizitätsellipsen liest man aus der Darstellung (5.3.10) und aus

$$\left\|h_\tau^{-1}\mathbf{m}_\tau\xi\right\| \le |\xi_1| \frac{\|\mathbf{B}_\tau - \mathbf{A}_\tau\|}{h_\tau} + |\xi_2| \frac{\|\mathbf{C}_\tau - \mathbf{B}_\tau\|}{h_\tau} \le c_1^{-1}\sqrt{2}\,\|\xi\|$$

ab (mit c_1 aus (5.3.5)). Für die Abschätzung des Integranden auf den Analytizitätsellipsen betrachten wir die Funktionen in (5.3.10) einzeln. Um die Funktion $B_{i,j}$ in (ξ,η)-Koordinaten abzuschätzen, betrachten wir die in Kapitel 5.2.4, **I.1**, auftretenden Transformationen und erhalten

$$B_{i,j} \circ \mathfrak{T}(\xi,\eta) = \hat{b}_i(\xi\Lambda_1(\eta))\,\hat{b}_j(\xi\Lambda_2(\eta))$$

mit Funktionen Λ_1, Λ_2, die affin bezüglich jeder Variablen sind. Da $\hat{b}_i$ und $\hat{b}_j$ Polynome vom Grad p sind, schließt man daraus

$$\sup_{(\xi,\eta)\in\overrightarrow{\mathcal{E}}^{(1)}_{\rho_1/h_\tau}} |B_{i,j}\circ\mathfrak{T}(\xi,\eta)| \leq Ch_\tau^{-2p} \quad \text{und} \quad \sup_{(\xi,\eta)\in\overrightarrow{\mathcal{E}}^{(i)}_{\rho_2}} |B_{i,j}\circ\mathfrak{T}(\xi,\eta)| \leq C, \quad 2\leq i\leq 4, \tag{5.3.13}$$

mit einer Konstanten C, die lediglich vom Polynomgrad p abhängt.

Wir betrachten nun die Wurzeln aus den Gramschen Determinanten $g_\tau(\hat{\mathbf{x}})$, $g_\tau(\hat{\mathbf{y}})$ und definieren für $i=1,2$

$$U_{\rho_1,i} := \left\{\mathbf{A}_\tau + \xi\mathbf{m}_\tau\Lambda_i(\eta) : (\xi,\eta)\in\overrightarrow{\mathcal{E}}^{(1)}_{\rho_1/h_\tau}\right\}.$$

Abhängig von θ_τ und der globalen Karte χ läßt sich $\rho_1>0$ hinreichend klein wählen, daß

$$U_{\rho_1,i} \subset U^\star$$

gilt, wobei $U^\star \subset \mathbb{C}\times\mathbb{C}$ das Gebiet ist, auf das sich χ analytisch fortsetzen läßt. Daraus folgt für $i=1,2$

$$\sup_{(\xi,\eta)\in\overrightarrow{\mathcal{E}}^{(1)}_{\rho_1/h_\tau}} \left|g_\tau^\chi\circ\chi_\tau^{\text{affin}}(\xi\Lambda_i(\eta))\right| \leq \sup_{\hat{\mathbf{w}}\in U^\star(\tau)} |g_\tau^\chi(\hat{\mathbf{w}})| \leq C,$$

wobei C lediglich von der globalen Karte χ abhängt. Analog zeigt man

$$\sup_{(\xi,\eta)\in\overrightarrow{\mathcal{E}}^{(j)}_{\rho_2}} \left|g_\tau^\chi\circ\chi_\tau^{\text{affin}}(\xi\Lambda_i(\eta))\right| \leq C, \qquad i=1,2, \quad j=2,3,4.$$

Den singulären Term $(h_\tau r)^{-s}$ in (5.3.10) betrachten wir zusammen mit den Faktoren $\xi^3\eta_1^2\eta_2$. In (ξ,η)-Koordinaten gilt

$$\frac{\xi^3\eta_1^2\eta_2}{(h_\tau r)^s} = \frac{\xi^3\eta_1^2\eta_2}{\left(h_\tau\xi\eta_1\eta_2\sqrt{\Lambda_4(\eta_3)}\right)^s} = \frac{\xi^2\eta_1}{h_\tau^s\Lambda_4^{s/2}(\eta_3)}(\xi\eta_1\eta_2)^{1-s}$$

mit einem Polynom Λ_4, welches $\Lambda_4(\eta_3)>0$ für alle $\eta_3\in[0,1]$ erfüllt. Daraus folgt

$$\sup_{(\xi,\eta)\in\overrightarrow{\mathcal{E}}^{(1)}_{\rho_1/h_\tau}} \frac{\xi^2\eta_1}{h_\tau^s\Lambda_4^{s/2}(\eta_3)}(\xi\eta_1\eta_2)^{1-s} \leq Ch_\tau^{-3},$$

$$\sup_{(\xi,\eta)\in\overrightarrow{\mathcal{E}}^{(i)}_{\rho_2}} \frac{\xi^2\eta_1}{h_\tau^s\Lambda_4^{s/2}(\eta_3)}(\xi\eta_1\eta_2)^{1-s} \leq Ch_\tau^{-s}$$

für $i=2,3,4$. Schließlich ist der Faktor $d_{3,s}(\hat{\mathbf{w}},h_\tau r,h_\tau^{-1}\mathbf{m}_\tau\xi)$ in (ξ,η)-Koordinaten abzuschätzen. Wir erhalten mit der gleichen Argumentation wie für g_τ die Abschätzungen

$$\sup_{(\xi,\eta)\in\overrightarrow{\mathcal{E}}^{(1)}_{\rho_1/h_\tau}} \left| d_{3,s}\left(\chi_\tau^{\text{affin}}(\hat{\mathbf{x}}),h_\tau r,h_\tau^{-1}\mathbf{m}_\tau\binom{\cos\varphi}{\sin\varphi}\right)\Big|_{(\hat{\mathbf{x}},r,\varphi)=\mathfrak{T}(\xi,\eta)}\right| \leq C,$$

$$\sup_{(\xi,\eta)\in\overrightarrow{\mathcal{E}}^{(i)}_{\rho_2}} \left| d_{3,s}\left(\chi_\tau^{\text{affin}}(\hat{\mathbf{x}}),h_\tau r,h_\tau^{-1}\mathbf{m}_\tau\binom{\cos\varphi}{\sin\varphi}\right)\Big|_{(\hat{\mathbf{x}},r,\varphi)=\mathfrak{T}(\xi,\eta)}\right| \leq C$$

für $i = 2,3,4$. Mit $(\det \mathbf{m}_\tau)^2 \le Ch_\tau^4$ haben wir

$$\sup_{(\xi,\eta)\in \overrightarrow{\mathcal{E}}^{(1)}_{\rho_1/h_\tau}} |k_4(\xi,\eta)| \le Ch_\tau^{1-2p} \qquad \text{und} \qquad \sup_{(\xi,\eta)\in \overrightarrow{\mathcal{E}}^{(i)}_{\rho_2}} |k_4(\xi,\eta)| \le Ch_\tau^{4-s}, \qquad i = 2,3,4$$

bewiesen.

Wir betrachten nun Cauchy-singuläre Kernfunktionen, die Annahme 5.1.20 mit $s = 2$ erfüllen. Der Integrand aus Kapitel 5.2.4, **I.1**, ist eine Summe aus Paaren von Kernfunktionen der Bauart $k_2(\hat{\mathbf{x}}, \hat{\mathbf{x}} - \hat{\mathbf{z}}) + k_2(\hat{\mathbf{x}} - \hat{\mathbf{z}}, \hat{\mathbf{x}})$. Daher läßt sich Satz 5.1.23(c) anwenden und zeigt, daß die obigen Argumente auf die Terme $k_2(\hat{\mathbf{x}}, \hat{\mathbf{x}} - \hat{\mathbf{z}}) + k_2(\hat{\mathbf{x}} - \hat{\mathbf{z}}, \hat{\mathbf{x}})$ angewendet werden können und die Behauptung auch für die Kernfunktion aus Annahme 5.1.20 beweisen. ■

Proposition 5.3.17 *Die Aussagen aus Lemma 5.3.16 übertragen sich direkt auf den Fall identischer Vierecke, da die in Kapitel 5.2.4,* ***I.2****, angegebenen Variablen-Transformationen die gleiche Bauart wie für Dreiecke besitzen.*

Fall 2: Paneele mit gemeinsamer Kante

Wir wenden den für identische Paneele entwickelten Zugang auch für Paneele mit genau einer gemeinsamen Kante an. Wir betrachten zunächst den Fall zweier Dreiecke $\tau, t \in \mathcal{G}$ mit $\chi_\tau(\xi, 0) = \chi_t(\xi, 0)$ für alle $\xi \in (0,1)$ und verwenden die Darstellung **II.1** aus Kapitel 5.2.4. Wir setzen wieder voraus, daß die lokalen Karten χ_τ und χ_t als Komposition aus globalen Karten χ_1, χ_2 mit affinen Transformationen dargestellt werden können

$$\chi_\tau = \chi_1 \circ \chi_\tau^{\text{affin}}, \qquad \chi_t = \chi_2 \circ \chi_t^{\text{affin}}.$$

Die dreidimensionale Differenzvariable $\hat{\mathbf{z}} = (\hat{y}_1 - \hat{x}_1, \hat{y}_2, \hat{x}_2)^\intercal$ besitzt für die betrachteten Parametrisierungen in dreidimensionalen Polarkoordinaten $\hat{\mathbf{z}} = r\xi$, $r = \|\hat{\mathbf{z}}\|$, $\xi = \hat{\mathbf{z}}/\|\hat{\mathbf{z}}\|$ (vgl. (5.1.19)) die Darstellung

$$\begin{aligned}\mathbf{z} = \chi_t\binom{\hat{z}_1+\hat{x}_1}{\hat{z}_2} - \chi_\tau\binom{\hat{x}_1}{\hat{z}_3} &= h_t r \sum_{m=0}^{\infty} (h_t r)^m\, l_m\left(\chi_t^{\text{affin}}\binom{\hat{x}_1}{0}, \chi_\tau^{\text{affin}}\binom{\hat{x}_1}{0}, \xi\right) \\ &=: (h_t r)\, b\left(\chi_t^{\text{affin}}\binom{\hat{x}_1}{0}, \chi_\tau^{\text{affin}}\binom{\hat{x}_1}{0}, h_t r, h_t^{-1}\mathbf{m}_t\binom{\xi_1}{\xi_2}, h_t^{-1}\xi_3(\mathbf{C}_\tau - \mathbf{B}_\tau)\right)\end{aligned}$$

mit

$$l_m(\hat{\mathbf{v}}, \hat{\mathbf{w}}, \xi) := \frac{\left\langle h_t^{-1}\mathbf{m}_t\binom{\xi_1}{\xi_2}, \nabla\right\rangle^{m+1} \chi_2(\hat{\mathbf{v}}) - \left\langle h_t^{-1}\xi_3(\mathbf{C}_\tau - \mathbf{B}_\tau), \nabla\right\rangle^{m+1} \chi_1(\hat{\mathbf{w}})}{(m+1)!}$$

und einer Funktion b, die lediglich von den globalen Karten χ_1, χ_2, aber nicht von der Triangulierung abhängt. Analog wie in (5.1.20) schließt man auf die Darstellung

$$k(\mathbf{x}, \mathbf{y}, \mathbf{z}) = (h_t r)^{-s}\, b_{3,s}\left(\chi_t^{\text{affin}}\binom{\hat{x}_1}{0}, \chi_\tau^{\text{affin}}\binom{\hat{x}_1}{0}, h_t r, h_t^{-1}\mathbf{m}_t\binom{\xi_1}{\xi_2}, h_t^{-1}\xi_3(\mathbf{C}_\tau - \mathbf{B}_\tau)\right)$$

mit einer Funktion $b_{3,s}$, die lediglich von den globalen Karten $\chi_{1,2}$ und der Kernfunktion k abhängt.

Die numerische Integration wird nicht in $(\hat{x}_1, r, \xi)$-Koordinaten ausgeführt, sondern in Simplexkoordinaten (ξ, η). Die zugehörige Transformation wird mit $\mathfrak{T}_j$ bezeichnet $(\hat{x}_1, r, \xi) = \mathfrak{T}_j(\xi, \eta)$, wobei der Index j sich auf die einzelnen Summanden in den Darstellungen aus

Abschnitt 5.2.4(**II.1-II.4**) bezieht und im folgenden weggelassen wird. Die Transformationen sind bezüglich jeder Variablen analytisch. Man prüft leicht nach, daß die 3. – 5. Komponente von $\mathfrak{T}$ unabhängig von ξ ist, und wir führen daher die Kurzschreibweise

$$\xi_i = \mathfrak{T}_{i+2}(\eta) \qquad 1 \leq i \leq 3$$

ein. Die Größe der Analytizitätsellipsen der lokalen Integranden wird in folgendem Lemma abgeschätzt.

Lemma 5.3.18 *Die Kernfunktion erfülle Annahme 5.1.20 mit $s \in \mathbb{Z}_{\leq 2}$. Die Funktion $k_5 : (0,1)^4 \to \mathbb{C}$ bezeichne einen der Integranden aus Kapitel 5.2.4, **II.1-II.4**. Es existieren Konstanten $\rho_1 > 0$ und $\rho_2 > 1/2$, die lediglich von $\theta_\tau, \theta_t, C_K, c_1$ aus (5.3.6), (5.3.4), (5.3.5), den globalen Karten $\chi_{1,2}$, den Koeffizienten der Kernfunktion und dem Polynomgrad p abhängen, so daß k_5 sich analytisch fortsetzen läßt auf $\overrightarrow{\mathcal{E}}^{(1)}_{\rho_1/h_t} \cup \bigcup_{j=2}^{4} \overrightarrow{\mathcal{E}}^{(j)}_{\rho_2}$. Es gelten die Abschätzungen*

$$\sup_{(\xi,\eta)\in \overrightarrow{\mathcal{E}}^{(1)}_{\rho_1/h_t}} |k_5(\xi,\eta)| \leq C h_t^{1-2p},$$

$$\sup_{(\xi,\eta)\in \overrightarrow{\mathcal{E}}^{(i)}_{\rho_2}} |k_5(\xi,\eta)| \leq C h_t^{4-s}$$

für $i = 2, 3, 4$.

Beweis. Die Bestandteile des Integranden werden einzeln analysiert, und wir beginnen mit der Kernfunktion in lokalen Koordinaten.

Die Analyse der Oberflächenelemente und Basisfunktionen erfolgt analog wie im Fall der identischen Paneele und führt auf

$$g_\tau(\hat{\mathbf{x}})\, g_t(\hat{\mathbf{y}}) = |\det \mathbf{m}_\tau|\, |\det \mathbf{m}_t| \left(g_1 \circ \chi_\tau^{\text{affin}}\right)(\hat{\mathbf{x}}) \left(g_2 \circ \chi_t^{\text{affin}}\right)(\hat{\mathbf{y}})$$

mit den Oberflächenelementen $g_{1,2}$ zu den globalen Karten $\chi_{1,2}$.

Die Koordinatentransformationen im Fall einer gemeinsamen Kante (vgl. Kapitel 5.2.4) lassen sich in der Form

$$\hat{\mathbf{x}} = \Lambda_1(\xi,\eta), \qquad \hat{\mathbf{y}} = \Lambda_2(\xi,\eta), \qquad r = \xi \eta_1^\ell \sqrt{\Lambda_3(\eta)} \tag{5.3.14}$$

schreiben mit Funktionen Λ_i, $i = 1, 2$, die affin bezüglich jeder Variablen sind und einem quadratischen Polynom Λ_3 mit $\Lambda_3(\eta) > 0$ für alle $\eta \in [0,1]^3$. Die Potenz ℓ in (5.3.14) ist Eins für die Transformationen in Abschnitt 5.2.4, **II.1** und Null für die Transformationen **II.2-II.4**. Man beachte, daß die Abbildungen Λ_i, $1 \leq i \leq 3$, unabhängig von der Triangulierung und der Oberflächenparametrisierung sind.

Die Jacobi-Determinanten der Transformationen $(\xi,\eta) \to (\hat{\mathbf{x}}, \hat{\mathbf{y}})$ aus Kapitel 5.2.4 besitzen die Bauart

$$\det\left(D\binom{\hat{\mathbf{x}}}{\hat{\mathbf{y}}}\right)(\xi,\eta) = \xi^2 \eta_1^{\ell'} p(\xi,\eta), \tag{5.3.15}$$

mit einem Polynom p vom Maximalgrad 1 bezüglich ξ und Maximalgrad 2 bezüglich der η-Variablen. Für die Potenz ℓ' gilt

$$\ell' := \begin{cases} 2 & \text{für die Transformationen } \mathbf{II.1}, \\ 0 & \text{für die Transformationen } \mathbf{II.2\text{-}4}. \end{cases}$$

Damit leitet man für den Integranden $k_3(\hat{\mathbf{x}}, \hat{\mathbf{y}})$ aus (5.2.13) mit $\hat{\mathbf{w}} := \chi_\tau^{\text{affin}}(\hat{\mathbf{x}})$, $\hat{\mathbf{v}} := \chi_t^{\text{affin}}(\hat{\mathbf{y}})$ und den Substitutionen (5.3.14) die Darstellung

$$k_3(\hat{\mathbf{x}}, \hat{\mathbf{y}}) = |\det \mathbf{m}_\tau| \, |\det \mathbf{m}_t| \, g_1(\hat{\mathbf{w}}) \, g_2(\hat{\mathbf{v}}) \, \hat{b}_i(\hat{\mathbf{x}}) \, \hat{b}_j(\hat{\mathbf{y}}) \times \times (h_t r)^{-s} \, b_{3,s}\left(\chi_t^{\text{affin}}\binom{\hat{x}_1}{0}, \chi_\tau^{\text{affin}}\binom{\hat{x}_1}{0}, h_t r, h_t^{-1}\mathbf{m}_t\binom{\mathfrak{T}_1(\eta)}{\mathfrak{T}_2(\eta)}, h_t^{-1}\mathfrak{T}_3(\eta)(\mathbf{C}_\tau - \mathbf{B}_\tau)\right) \tag{5.3.16}$$

ab. Das Produkt aus r^{-s} mit der Jacobischen Determinante ist wegen $s \in \mathbb{Z}_{\leq 2}$

$$(h_t r)^{-s} \, \xi^2 \eta_1^{\ell'} p(\xi, \eta) = h_t^{-s} \xi^{2-s} \tilde{p}(\xi, \eta) \tag{5.3.17}$$

ein Polynom und daher analytisch. Genauer ist $\tilde{p}$ ein Polynom mit Maximalgrad 1 bezüglich ξ und Maximalgrad $4 - s$ bezüglich der η-Variablen. Die Größe der Analytizitätsellipsen liest man aus der obigen Darstellung unter Verwendung von $\|\mathbf{C}_\tau - \mathbf{B}_\tau\| / h_t \leq c_1^{-1} C_K$ ab (vgl. (5.3.4), (5.3.5)).

Für die Abschätzung des Integranden auf den Analytizitätsellipsen betrachten wir die Funktionen in (5.3.16), (5.3.17) einzeln. Da $\hat{b}_i$ und $\hat{b}_j$ Polynome vom Grad p sind, schließt man daraus

$$\begin{aligned} \sup_{(\xi,\eta) \in \overrightarrow{\mathcal{E}}^{(1)}_{\rho_1/h_\tau}} \left| \hat{b}_i(\Lambda_1(\xi,\eta)) \, \hat{b}_j(\Lambda_2(\xi,\eta)) \right| &\leq C h_t^{-2p} \\ \sup_{(\xi,\eta) \in \overrightarrow{\mathcal{E}}^{(\ell)}_{\rho_2}} \left| \hat{b}_i(\Lambda_1(\xi,\eta)) \, \hat{b}_j(\Lambda_2(\xi,\eta)) \right| &\leq C, \quad 2 \leq \ell \leq 4, \end{aligned} \tag{5.3.18}$$

mit einer Konstanten C, die lediglich vom Polynomgrad p abhängt.

Wir betrachten nun die Oberflächenelemente g_1, g_2 (zu den globalen Karten χ_1, χ_2) und definieren

$$\begin{aligned} U_{\rho_1,\tau} &:= \left\{ \mathbf{A}_\tau + \mathbf{m}_\tau \Lambda_1(\xi,\eta) : (\xi,\eta) \in \overrightarrow{\mathcal{E}}^{(1)}_{\rho_1/h_t} \right\}, \\ U_{\rho_1,t} &:= \left\{ \mathbf{A}_t + \mathbf{m}_t \Lambda_2(\xi,\eta) : (\xi,\eta) \in \overrightarrow{\mathcal{E}}^{(1)}_{\rho_1/h_t} \right\}. \end{aligned}$$

Man beachte hierbei $h_t \sim h_\tau$ (vgl. (5.3.4)). Abhängig von θ_τ und der globalen Karte χ_1 läßt sich $\rho_1 > 0$ hinreichend klein wählen, so daß

$$U_{\rho_1,\tau} \subset U_1^\star, \qquad U_{\rho_1,t} \subset U_2^\star$$

gilt, wobei $U_i^\star \subset \mathbb{C} \times \mathbb{C}$, $i = 1, 2$, das Gebiet bezeichnet, auf das sich χ_i analytisch fortsetzen läßt. Daraus folgt

$$\sup_{(\xi,\eta) \in \overrightarrow{\mathcal{E}}^{(1)}_{\rho_1/h_t}} \left| g_1 \circ \chi_\tau^{\text{affin}}(\Lambda_1(\xi,\eta)) \right| \leq \sup_{\hat{\mathbf{w}} \in U^\star(\tau)} |g_1(\hat{\mathbf{w}})| \leq C,$$

wobei C lediglich von der globalen Karte χ_1 abhängt. Analog folgert man

$$\sup_{(\xi,\eta) \in \overrightarrow{\mathcal{E}}^{(i)}_{\rho_2}} \left| g_1 \circ \chi_\tau^{\text{affin}}(\Lambda_1(\xi,\eta)) \right| \leq C, \qquad i = 2, 3, 4$$

und die entsprechenden Abschätzungen für g_2.

Den singulären Term $(h_\tau r)^{-s}$ in (5.3.16) betrachten wir zusammen mit der Jacobi-Determinate (5.3.15), (5.3.17) und erhalten

$$\sup_{(\xi,\eta)\in\vec{\mathcal{E}}^{(1)}_{\rho_1/h_\tau}} (h_\tau r)^{-s}\,\xi^2\eta_1^{\ell'} p(\xi,\eta) \le C h_t^{-3}$$

$$\sup_{(\xi,\eta)\in\vec{\mathcal{E}}^{(i)}_{\rho_2}} (h_\tau r)^{-s}\,\xi^2\eta_1^{\ell'} p(\xi,\eta) \le C h_\tau^{-s}, \qquad i = 2,3,4.$$

Schließlich ist der Faktor $b_{3,s}(\cdot)$ aus (5.3.16) in (ξ,η)-Koordinaten abzuschätzen. Wir erhalten mit den gleichen Argumenten wie für g_τ die Abschätzungen

$$\sup_{(\xi,\eta)\in\vec{\mathcal{E}}^{(1)}_{\rho_1/h_t}} \left| b_{3,s}\left(\chi_t^{\text{affin}}\binom{\hat{x}_1}{0}, \chi_\tau^{\text{affin}}\binom{\hat{x}_1}{0}, h_t r, h_t^{-1}\mathbf{m}_t\binom{\mathfrak{T}_1(\eta)}{\mathfrak{T}_2(\eta)}, h_t^{-1}\mathfrak{T}_3(\eta)(\mathbf{C}_\tau - \mathbf{B}_\tau)\right)\right| \le C,$$

$$\sup_{(\xi,\eta)\in\vec{\mathcal{E}}^{(i)}_{\rho_2}} \left| b_{3,s}\left(\chi_t^{\text{affin}}\binom{\hat{x}_1}{0}, \chi_\tau^{\text{affin}}\binom{\hat{x}_1}{0}, h_t r, h_t^{-1}\mathbf{m}_t\binom{\mathfrak{T}_1(\eta)}{\mathfrak{T}_2(\eta)}, h_t^{-1}\mathfrak{T}_3(\eta)(\mathbf{C}_\tau - \mathbf{B}_\tau)\right)\right| \le C.$$

Mit $|\det \mathbf{m}_\tau|\,|\det \mathbf{m}_t| \le C h_t^4$ haben wir

$$\sup_{(\xi,\eta)\in\vec{\mathcal{E}}^{(1)}_{\rho_1/h_t}} |k_5(\xi,\eta)| \le C h_t^{1-2p} \qquad \text{und} \qquad \sup_{(\xi,\eta)\in\vec{\mathcal{E}}^{(i)}_{\rho_2}} |k_5(\xi,\eta)| \le C h_\tau^{4-s}$$

für $i = 2,3,4$ bewiesen. ■

Fall 3: Paneele mit gemeinsamem Eckpunkt

Wir betrachten zunächst den Fall zweier Dreiecke $\tau, t \in \mathcal{G}$ mit $\chi_\tau(0,0) = \chi_t(0,0)$ und verwenden die Darstellungen aus Kapitel 5.2.4, **III**. Wir setzen wieder voraus, daß die lokalen Karten χ_τ und χ_t als Komposition aus globalen Karten χ_1, χ_2 mit affinen Transformationen dargestellt werden können

$$\chi_\tau = \chi_1 \circ \chi_\tau^{\text{affin}}, \qquad \chi_t = \chi_2 \circ \chi_t^{\text{affin}}.$$

Die vierdimensionale Differenzvariable $\hat{\mathbf{z}} = (\hat{y}_1, \hat{y}_2, \hat{x}_1, \hat{x}_2)^\intercal$ besitzt für die betrachteten Parametrisierungen die Darstellung in vierdimensionalen Polarkoordinaten $\hat{\mathbf{z}} = r\xi$, $r = \|\hat{\mathbf{z}}\|$, $\xi = \hat{\mathbf{z}}/\|\hat{\mathbf{z}}\|$ (vgl. (5.1.16))

$$\begin{aligned}\mathbf{z} = \chi_t\binom{\hat{z}_1}{\hat{z}_2} - \chi_\tau\binom{\hat{z}_3}{\hat{z}_4} &= h_t r \sum_{m=0}^{\infty} (h_t r)^m\, l_m\left(\chi_t^{\text{affin}}\binom{0}{0}, \chi_\tau^{\text{affin}}\binom{0}{0}, \xi\right)\\ &=: (h_t r)\, b\left(\chi_t^{\text{affin}}\binom{0}{0}, \chi_\tau^{\text{affin}}\binom{0}{0}, h_t r, h_t^{-1}\mathbf{m}_t\binom{\xi_1}{\xi_2}, h_t^{-1}\mathbf{m}_\tau\binom{\xi_3}{\xi_4}\right)\end{aligned}$$

mit

$$l_m(\hat{\mathbf{v}}, \hat{\mathbf{w}}, \xi) := \frac{\left\langle h_t^{-1}\mathbf{m}_t\binom{\xi_1}{\xi_2}, \nabla\right\rangle^{m+1} \chi_2(\hat{\mathbf{v}}) - \left\langle h_t^{-1}\mathbf{m}_\tau\binom{\xi_3}{\xi_4}, \nabla\right\rangle^{m+1} \chi_1(\hat{\mathbf{w}})}{(m+1)!}$$

und einer Funktion b, die lediglich von den globalen Karten χ_1, χ_2, aber nicht von der Triangulierung abhängt. Analog wie in (5.1.18) schließt man auf die Darstellung

$$k(\mathbf{x}, \mathbf{y}, \mathbf{z}) = (h_t r)^{-s}\, a_{3,s}\left(\chi_t^{\text{affin}}\binom{0}{0}, \chi_\tau^{\text{affin}}\binom{0}{0}, h_t r, h_t^{-1}\mathbf{m}_t\binom{\xi_1}{\xi_2}, h_t^{-1}\mathbf{m}_\tau\binom{\xi_3}{\xi_4}\right)$$

mit einer Funktion $a_{3,s}$, die lediglich von den globalen Karten $\chi_{1,2}$ und der Kernfunktion k abhängt.

Die Transformation von Simplexkoordinaten auf Polarkoordinaten wird wieder mit $\mathfrak{T}$ bezeichnet, $(r, \xi) = \mathfrak{T}(\xi, \eta)$, und ist bezüglich jeder Variablen analytisch. Man prüft leicht nach, daß die 2. – 5. Komponente von $\mathfrak{T}$ nicht von ξ abhängt, und wir führen daher die Kurzschreibweise

$$\xi_i = \mathfrak{T}_{i+1}(\eta) \qquad 1 \leq i \leq 4$$

ein. Die Größe der Analytizitätsellipsen der lokalen Integranden wird in folgendem Lemma abgeschätzt.

Lemma 5.3.19 *Die Kernfunktion erfülle Annahme 5.1.20 mit $s \in \mathbb{Z}_{\leq 2}$. Die Funktion $k_6 : (0,1)^4 \to \mathbb{C}$ bezeichne einen der Integranden aus Kapitel 5.2.4, **III.1-III.4**. Es existieren Konstanten $\rho_1 > 0$ und $\rho_2 > 1/2$, die lediglich von $\theta_\tau, \theta_t, C_K, c_1$ aus (5.3.6), (5.3.4), (5.3.5), den globalen Karten $\chi_{1,2}$, den Koeffizienten der Kernfunktion und dem Polynomgrad p abhängen, so daß k_6 sich analytisch fortsetzen läßt auf $\overrightarrow{\mathcal{E}}^{(1)}_{\rho_1/h_t} \cup \bigcup_{i=2}^4 \overrightarrow{\mathcal{E}}^{(i)}_{\rho_2}$. Es gelten die Abschätzungen*

$$\begin{aligned} \sup_{(\xi,\eta)\in \overrightarrow{\mathcal{E}}^{(1)}_{\rho_1/h_t}} |k_6(\xi,\eta)| &\leq C h_t^{1-2p}, \\ \sup_{(\xi,\eta)\in \overrightarrow{\mathcal{E}}^{(i)}_{\rho_2}} |k_6(\xi,\eta)| &\leq C h_t^{4-s} \end{aligned} \tag{5.3.19}$$

für $2 \leq i \leq 4$.

Beweis. Der Beweis dieses Lemmas ergibt sich mit denselben Argumenten und analogen Abschätzungen wie im Fall einer gemeinsamen Kante. ∎

Fall 4: Paneele mit positiver Distanz

Wir wenden uns nun dem Fall zweier Paneele $\tau, t \in \mathcal{G}$ mit positiver Distanz zu. Sei

$$d_{\tau,t} := \operatorname{dist}(\tau, t) := \inf_{(x,y)\in\tau\times t} \|\mathbf{x} - \mathbf{y}\| > 0. \tag{5.3.20}$$

Der Integrand in lokalen Koordinaten wird wieder mit

$$k_3(\hat{\mathbf{x}}, \hat{\mathbf{y}}) = g_\tau(\hat{\mathbf{x}})\, g_t(\hat{\mathbf{y}})\, \hat{b}_i(\hat{\mathbf{x}})\, \hat{b}_j(\hat{\mathbf{y}})\, k(\chi_\tau(\hat{\mathbf{x}}), \chi_t(\hat{\mathbf{y}}), \chi_t(\hat{\mathbf{y}}) - \chi_\tau(\hat{\mathbf{x}})) \tag{5.3.21}$$

bezeichnet und ist analytisch bezüglich jeder Koordinaten. Wir setzen wieder voraus, daß die Parametrisierungen χ_τ, χ_t mittels globaler Karten χ_1, χ_2, die nicht von der Paneelierung abhängen, und affiner Abbildungen χ_τ^{affin}, χ_t^{affin} dargestellt werden können

$$\chi_\tau = \chi_1 \circ \chi_\tau^{\text{affin}}, \qquad \chi_t = \chi_2 \circ \chi_t^{\text{affin}}.$$

Lemma 5.3.20 *Die Kernfunktion erfülle Annahme 5.1.20. Für $\tau, t \in \mathcal{G}$ gelte (5.3.20) und $\widehat{\tau} = \widehat{t} = \widehat{Q}$.*

Dann existiert eine positive Konstante $\rho > 1/2$, die lediglich von θ_τ, θ_t aus (5.3.6), den globalen Karten $\chi_{1,2}$, den Koeffizienten der Kernfunktion und dem Polynomgrad p abhängen, *so daß k_3 sich analytisch fortsetzen läßt auf* $\left(\bigcup_{i=1}^{2} \overrightarrow{\mathcal{E}}^{(i)}_{\tilde\rho(\tau,t)}\right) \cup \left(\bigcup_{j=3}^{4} \overrightarrow{\mathcal{E}}^{(j)}_{\tilde\rho(t,\tau)}\right)$ *mit* $\tilde\rho(\tau,t) := \rho \max\{d_{\tau,t}/h_\tau, 1\}$. *Es gelten die Abschätzungen*

$$\begin{aligned} \sup_{(\hat{\mathbf{x}},\hat{\mathbf{y}})\in\overrightarrow{\mathcal{E}}^{(i)}_{\tilde\rho(\tau,t)}} |k_3(\hat{\mathbf{x}},\hat{\mathbf{y}})| &\le C h_\tau^2 h_t^2 \left(\frac{d_{\tau,t}}{h_\tau}\right)^p d_{\tau,t}^{-s} \qquad i=1,2,\\ \sup_{(\hat{\mathbf{x}},\hat{\mathbf{y}})\in\overrightarrow{\mathcal{E}}^{(j)}_{\tilde\rho(t,\tau)}} |k_3(\hat{\mathbf{x}},\hat{\mathbf{y}})| &\le C h_\tau^2 h_t^2 \left(\frac{d_{\tau,t}}{h_t}\right)^p d_{\tau,t}^{-s} \qquad j=3,4. \end{aligned} \tag{5.3.22}$$

Beweis. Wir betrachten zunächst die Aussage für die Variable $\hat{x}_1$.

Die Skalierung der affinen Abbildung χ_τ^{affin} zusammen mit der Distanzbedingung (5.3.20) ergibt die Existenz einer Konstanten $\rho > 0$ mit der Eigenschaft, daß

$$U_{\rho_1,\tau} := \left\{\mathbf{A}_\tau + \hat{x}_1(\mathbf{B}_\tau - \mathbf{A}_\tau) + \hat{x}_2(\mathbf{C}_\tau - \mathbf{B}_\tau) : (\hat{\mathbf{x}},\hat{\mathbf{y}}) \in \overrightarrow{\mathcal{E}}^{(1)}_{\rho d_{\tau,t}/h_\tau}\right\}$$

in $U_1^\star$ enthalten ist. Dabei bezeichnet $U_1^\star \subset \mathbb{C}\times\mathbb{C}$ das Gebiet, auf welches sich χ_1 analytisch fortsetzen läßt. Für die übrigen Variablen gilt die entsprechende Aussage. Wie zuvor folgert man daraus für $i=1,2$ und $j=3,4$ die Abschätzungen

$$\begin{aligned} \sup_{(\hat{\mathbf{x}},\hat{\mathbf{y}})\in\overrightarrow{\mathcal{E}}^{(i)}_{\rho/h_\tau}} |k_3(\hat{\mathbf{x}},\hat{\mathbf{y}})| &\le C h_\tau^2 h_t^2 \left(\frac{d_{\tau,t}}{h_\tau}\right)^p d_{\tau,t}^{-s},\\ \sup_{(\hat{\mathbf{x}},\hat{\mathbf{y}})\in\overrightarrow{\mathcal{E}}^{(j)}_{\rho/h_\tau}} |k_3(\hat{\mathbf{x}},\hat{\mathbf{y}})| &\le C h_\tau^2 h_t^2 \left(\frac{d_{\tau,t}}{h_t}\right)^p d_{\tau,t}^{-s}. \end{aligned}$$

■

Proposition 5.3.21 *Falls $\widehat{\tau}$ oder $\widehat{t}$ das Einheitsdreieck ist, schalten wir vor χ_τ^{affin} oder χ_t^{affin} die Abbildung $(\zeta_1,\zeta_2) \to (\zeta_1,\zeta_1\zeta_2)$ (mit Jacobi-Determinante ζ_1), welche das Einheitsquadrat auf das Einheitsdreieck abbildet. Die obige Analyse läßt sich für die zusammengesetzte Abbildung wiederholen, und man erhält die analogen Aussagen wie in Lemma 5.3.20.*

Bemerkung 5.3.22 *Die Konstanten in den Quadraturfehlerabschätzungen aus diesem Abschnitt hängen von der Formregularität der Dreiecke und der Polynomordnung ab. In [126] und [125] wird die numerische Quadratur für degenerierte (nicht-formreguläre) Paneele eingeführt und analysiert, die bei der adaptiven hp-Version der Randelementmethode (vgl. [144]) zum Einsatz kommen.*

5.3.2.4 Quadraturordnungen für regularisierte Kernfunktionen

Die Abschätzung der Analytizitätsgebiete für die regularisierten Integranden erlauben die Anwendung der ableitungsfreien Fehlerabschätzungen aus Abschnitt 5.3.2.2.

Der singuläre Fall

Bezeichne $k_\star : (0,1)^4 \to \mathbb{C}$ einen der Integranden aus Kapitel 5.2.4.**I-III**. Die Anzahl der Stützstellen bezüglich der ξ-Integration wird mit n_1 bezeichnet und bezüglich der η_i-Integrationen, $1 \le i \le 3$, mit n_2. Wir setzen $\mathbf{n} = (n_1, n_2, n_2, n_2)$, und p bezeichnet wieder den Polynomgrad des Randelementraumes.

Satz 5.3.23 *Die Approximationen der Integrale **I-III** mittels Tensor-Gauß-Quadratur konvergieren expenentiell bezüglich der Anzahl der Stützstellen*

$$|\mathbf{E}^{\mathbf{n}} k_{*}| \leq C h_{\tau}^{1-2p} (\rho_1 h_{\tau})^{2n_1} + C h_{\tau}^{4-s} (2\rho_2)^{-2n_2}$$

mit $\rho_1 > 0$ *und* $\rho_2 > 1/2$.

Beweis. Man beachte, daß für zwei Dreiecke $\tau, t \in \mathcal{G}$ mit $\overline{\tau} \cap \overline{t} \neq \emptyset$ gilt $c h_{\tau} \leq h_t \leq C h_{\tau}$ (vgl. (5.3.4)). Die Kombination von Lemma 5.3.16, Proposition 5.3.17, Lemma 5.3.18, Lemma 5.3.19 mit Satz 5.3.15 liefert die Behauptung. ■

Der reguläre Fall

Sei $\tau, t \in \mathcal{G}$ mit positiver Distanz $d_{\tau,t}$ (siehe (5.3.20)) und für $\widehat{\tau} = \widehat{t} = \widehat{Q}$ die Funktion k_3 wie in (5.3.21). Falls $\widehat{\tau}$ oder $\widehat{t}$ das Einheitsdreieck ist, wird wie in Proposition 5.3.21 die Abbildung $(\zeta_1, \zeta_2) \to (\zeta_1, \zeta_1\zeta_2)$ vorgeschaltet und die resultierende Funktion wiederum mit k_3 bezeichnet. Der Polynomgrad des Randelementraumes wird wieder mit p bezeichnet.

Satz 5.3.24 *Die Approximation des Integrals* $\int_{(0,1)^4} k_3(\hat{\mathbf{x}}, \hat{\mathbf{y}})\, d\hat{\mathbf{x}} d\hat{\mathbf{y}}$ *mittels Tensor-Gauß-Quadratur konvergiert exponentiell bezüglich der Anzahl der Stützstellen*

$$|\mathbf{E}^{\mathbf{n}} k_3| \leq C (h_{\tau} h_t)^2 d_{\tau,t}^{-s} \left(\left(\frac{d_{\tau,t}}{h_{\tau}} \right)^p (2\tilde{\rho}(\tau,t))^{-2n_3} + \left(\frac{d_{\tau,t}}{h_t} \right)^p (2\tilde{\rho}(t,\tau))^{-2n_4} \right)$$

mit $\tilde{\rho}(\tau,t) = \rho \max\{d_{\tau,t}/h_{\tau}, 1\}$ *und* $\rho > 1/2$.

Beweis. Die Aussage folgt aus Lemma 5.3.20, Proposition 5.3.21 und Satz 5.3.15. ■

5.3.3 Einfluß der Quadratur auf den Diskretisierungsfehler

In Kapitel 4 wurde die Galerkin-Randelementmethode für das abstrakte Variationsproblem: Finde $u \in H$ mit

$$a(u,v) = F(v) \qquad \forall v \in H \tag{5.3.23}$$

mit

$$a(u,v) = \int_{\Gamma} \lambda_1(\mathbf{x}) u(\mathbf{x}) \overline{v}(\mathbf{x})\, ds_{\mathbf{x}} + \int_{\Gamma} p.v. \int_{\Gamma} k(\mathbf{x},\mathbf{y},\mathbf{y}-\mathbf{x}) u(\mathbf{y}) \overline{v}(\mathbf{x})\, ds_{\mathbf{x}} ds_{\mathbf{y}} \tag{5.3.24}$$

eingeführt. Der Randelementraum wird abstrakt mit $S \subset H$ bezeichnet und die lokale Knotenbasis mit $(b_i)_{i=1}^N$. Damit läßt sich das lineare Gleichungssystem

$$\mathbf{A}\mathbf{u} = \mathbf{F}$$

definieren mit

$$\mathbf{A}_{i,j} = a(b_j, b_i) \qquad 1 \leq i,j \leq N \quad \text{und} \quad \mathbf{F}_i = F(b_i) \qquad 1 \leq i \leq N.$$

Der Koeffizientenvektor $\mathbf{u}$ hängt gemäß $u_S = \sum_{i=1}^N \mathbf{u}_i b_i$ mit der Galerkin-Lösung zusammen. Die Approximation der Matrixeinträge und -allgemeiner- auch der rechten Seite durch numerische Quadratur führt auf ein „gestörtes" lineares Gleichungssystem

$$\tilde{\mathbf{A}}\tilde{\mathbf{u}} = \tilde{\mathbf{F}},$$

welches sich wiederum als Variationsproblem schreiben läßt: Finde $\tilde{u}_S \in S$ mit

$$\tilde{a}(\tilde{u}_S, v) = \tilde{F}(v), \qquad \forall v \in S.$$

Der Fehler $u - \tilde{u}_S$ wurde abstrakt in Kapitel 4.2.4analysiert. In diesem Unterkapitel wenden wir diese Ergebnisse auf die Störung durch numerische Quadratur an und leiten den Zusammenhang zwischen der Konvergenzrate der Galerkin-Diskretisierung und der lokalen Quadraturordnung her.

Zunächst benötigen wir einige Bezeichnungen. Das Quadraturverfahren zur Approximation der Integrale

$$I_{\tau\times t}^{i,j} := \int_\tau p.v. \int_t k(\mathbf{x}, \mathbf{y}, \mathbf{y}-\mathbf{x})\, b_i(\mathbf{x})\, b_j(\mathbf{y})\, ds_{\mathbf{y}} ds_{\mathbf{x}} \tag{5.3.25}$$

wird mit $Q_{\tau\times t}^{i,j}$ bezeichnet. Der zugehörige Fehler ist durch

$$E_{\tau\times t}^{i,j} := I_{\tau\times t}^{i,j} - Q_{\tau\times t}^{i,j}$$

gegeben. Wir verwenden die Konvention, daß für Randelementfunktionen u, v der Koeffizientenvektor in der Basisdarstellung immer mit $\mathbf{u}, \mathbf{v} \in \mathbb{C}^N$ bezeichnet wird.

Für Randelementfunktionen $u, v \in S$ setzen wir

$$I_{\tau\times t}(u, v) := \sum_{i,j=1}^{N} \mathbf{u}_i \bar{\mathbf{v}}_j I_{\tau\times t}^{i,j} \tag{5.3.26}$$

und definieren analog $Q_{\tau\times t}(u,v)$, $E_{\tau\times t}(u,v)$. Man beachte, daß die Summe in (5.3.26) sich zu einer Summe über i, j mit $|\operatorname{Tr} b_i \cap \tau| > 0 \wedge |\operatorname{Tr} b_j \cap t| > 0$ reduzieren läßt. Dies motiviert die Definition der Indexmengen $\mathcal{I}_\tau$ durch

$$\mathcal{I}_\tau := \{i : |\operatorname{Tr} b_i \cap \tau| > 0\}.$$

Schließlich setzen wir

$$E_{\tau\times t}^{\max} := \max_{(i,j)\in\mathcal{I}_\tau\times\mathcal{I}_t} \left|E_{\tau\times t}^{i,j}\right|. \tag{5.3.27}$$

Annahme 5.3.25(a), (b) ist für alle Randelementräume aus Kapitel 4 erfüllt.

Annahme 5.3.25 *(a) Es existiert eine Konstante $P > 0$ mit*

$$\max\{\sharp\mathcal{I}_\tau : \tau \in \mathcal{G}\} \leq P.$$

(b) Es existieren Konstanten $\lambda_{\min}$, $\lambda_{\max}$, die nur vom Polynomgrad p abhängen, so daß für das Spektrum $\sigma(\hat{\mathbf{m}})$ der Matrix

$$\hat{\mathbf{m}} := \left(\int_{\hat{\tau}} \hat{b}_i(\hat{\mathbf{x}})\, \hat{b}_j(\hat{\mathbf{x}})\, d\hat{\mathbf{x}}\right)_{i,j\in\mathcal{I}_{\hat{\tau}}}$$

die Abschätzung

$$0 < \lambda_{\min} \leq \lambda \leq \lambda_{\max} < \infty \qquad \forall\lambda \in \sigma(\hat{\mathbf{m}})$$

gilt.

Da $\left(\hat{b}_i\right)_{i\in\mathcal{I}_{\hat{\tau}}}$ eine Basis in $\mathbb{P}_p$ ist und $(\cdot,\cdot)_{L^2(\hat{\tau})}$ ein Skalarprodukt auf $\mathbb{P}_p$ definiert, ist $\hat{\mathbf{m}}$ positiv definit und damit die Existenz der Konstanten $\lambda_{\min}$, $\lambda_{\max}$ gesichert. Man beachte jedoch, daß diese mit höher werdendem Polynomgrad p gegen Null bzw. Unendlich streben können.

Beispiel 5.3.26 *Sei $\hat{\tau}$ das Einheitsdreieck. Für*

- $p = 0$ *gilt* $\hat{\mathbf{m}} = \left(\frac{1}{2}\right)$ *und* $\lambda_{\min} = \lambda_{\max} = 1/2$.
- *Für* $p = 1$ *gilt*

$$\hat{\mathbf{m}} = \left(\int_0^1 \int_0^{\hat{x}_1} \hat{b}_i(\hat{\mathbf{x}})\, b_j(\hat{\mathbf{x}})\, d\hat{\mathbf{x}}\right)_{i,j=1}^3 = \begin{bmatrix} \frac{1}{12} & \frac{1}{24} & \frac{1}{24} \\ \frac{1}{24} & \frac{1}{12} & \frac{1}{24} \\ \frac{1}{24} & \frac{1}{24} & \frac{1}{12} \end{bmatrix}$$

und $\lambda_{\min} = 1/24$, $\lambda_{\max} = 1/6$.

Sei $\hat{\tau}$ das Einheitsquadrat. Für

- $p = 0$ *gilt* $\hat{\mathbf{m}} = (1)$ *und* $\lambda_{\min} = \lambda_{\max} = 1$.
- *Für* $p = 1$ *gilt*

$$\hat{\mathbf{m}} = \left(\int_0^1 \int_0^1 \hat{b}_i(\hat{\mathbf{x}})\, b_j(\hat{\mathbf{x}})\, d\hat{\mathbf{x}}\right)_{i,j=1}^4 = \begin{bmatrix} \frac{1}{9} & \frac{1}{18} & \frac{1}{36} & \frac{1}{18} \\ \frac{1}{18} & \frac{1}{9} & \frac{1}{18} & \frac{1}{36} \\ \frac{1}{36} & \frac{1}{18} & \frac{1}{9} & \frac{1}{18} \\ \frac{1}{18} & \frac{1}{36} & \frac{1}{18} & \frac{1}{9} \end{bmatrix}$$

und $\lambda_{\min} = 1/36$, $\lambda_{\max} = 1/4$.

Lemma 5.3.27 *Die Annahmen 5.3.5, 5.3.25 seien erfüllt. Dann gilt*

$$|E_{\tau\times t}(u,v)| \leq C h_\tau^{-1} h_t^{-1} \left|E_{\tau\times t}^{\max}\right| \|u\|_{L^2(\tau)} \|v\|_{L^2(t)}$$

für alle $u, v \in S$, wobei C lediglich von $\lambda_{\min}$, $\lambda_{\max}$, $\theta_0(\tau)$, $\theta_0(t)$ (vgl. (5.1.2)) und P aus Annahme 5.3.25 abhängt.

Beweis. Wir verwenden die Cauchy-Schwarzsche Ungleichung und erhalten

$$\begin{aligned} |E_{\tau\times t}(u,v)| &= \left|\sum_{(i,j)\in\mathcal{I}_\tau\times\mathcal{I}_t} \mathbf{u}_i \bar{\mathbf{v}}_j E_{\tau\times t}^{i,j}\right| \leq \left|E_{\tau\times t}^{\max}\right| \sum_{i\in\mathcal{I}_\tau} |\mathbf{u}_i| \sum_{j\in\mathcal{I}_t} |\mathbf{v}_j| \\ &\leq \left|E_{\tau\times t}^{\max}\right| P \sqrt{\sum_{i\in\mathcal{I}_\tau} |\mathbf{u}_i|^2} \sqrt{\sum_{j\in\mathcal{I}_t} |\mathbf{v}_j|^2}. \end{aligned}$$

Weiter gilt mit $\hat{u} := u|_\tau \circ \chi_\tau$ und $g_\tau^{\max} := \max_{\hat{\mathbf{x}}\in\hat{\tau}} |g_\tau(\hat{\mathbf{x}})|$ die Darstellung

$$\int_\tau |u|^2\, dx = \int_{\hat{\tau}} (g_\tau(\hat{\mathbf{x}}))\, |\hat{u}(\hat{\mathbf{x}})|^2\, d\hat{\mathbf{x}} \leq g_\tau^{\max} \int_{\hat{\tau}} |\hat{u}(\hat{\mathbf{x}})|^2\, d\hat{\mathbf{x}}.$$

Mit $\mathbf{u}_\tau = (\mathbf{u}_i)_{i\in\mathcal{I}_\tau}$ und der Matrix $\hat{\mathbf{m}}$ aus Annahme 5.3.25 erhalten wir

$$\int_\tau |u|^2 \, dx \leq g_\tau^{\max} \mathbf{u}_\tau^\intercal \hat{\mathbf{m}} \bar{\mathbf{u}}_\tau \leq g_\tau^{\max} \lambda_{\max} \sum_{i\in\mathcal{I}_\tau} |\mathbf{u}_i|^2 .$$

Analog zeigt man

$$\int_\tau |u|^2 \, dx \geq g_\tau^{\min} \lambda_{\min} \sum_{i\in\mathcal{I}_\tau} |\mathbf{u}_i|^2 .$$

Daraus folgt für den Fehler $E_{\tau\times t}$ die Abschätzung

$$|E_{\tau\times t}(u,v)| \leq \left|E_{\tau\times t}^{\max}\right| \frac{P}{\sqrt{g_\tau^{\min} g_t^{\min}} \lambda_{\min}} \|u\|_{L^2(\tau)} \|v\|_{L^2(t)} .$$

Annahme 5.3.5 impliziert mit Proposition 5.3.8 wie in (5.3.7) und im Beweis von Lemma 5.3.16 die Abschätzung

$$ch_\tau^2 \leq g_\tau^{\min} \leq Ch_\tau^2,$$

woraus die Behauptung folgt. ■

Als Nebenprodukt des vorigen Beweises ergibt sich das folgende Korollar.

Korollar 5.3.28 *Unter den Voraussetzungen aus Lemma 5.3.27 gilt*

$$c\|u\|_{L^2(\Gamma)} \leq h\|\mathbf{u}\| \leq C\|u\|_{L^2(\Gamma)} \qquad \forall u \in S,$$

wobei $\mathbf{u}$ *den Koeffizientenvektor der Randelementfunktion* u *in der Basisdarstellung bezeichnet und* $\|\cdot\|$ *die Euklidische Vektornorm in* $\mathbb{R}^N$. *Die Konstanten* c, C *hängen dabei lediglich von* $\lambda_{\min}$, $\lambda_{\max}$, $\theta_0(\tau)$, $\theta_0(t)$ *(vgl. (5.1.2)) und* P *aus Annahme 5.3.25 ab.*

Aus der lokalen Fehlerabschätzung schließen wir nun auf den Gesamtfehler. Wir betrachten das Variationsproblem: Finde $u \in S$, so daß

$$\int_\Gamma \lambda_1(\mathbf{x}) u(\mathbf{x}) \bar{v}(\mathbf{x}) \, ds_\mathbf{x} + \int_\Gamma \bar{v}(\mathbf{x}) \left(p.v. \int_\Gamma k(\mathbf{x},\mathbf{y},\mathbf{y}-\mathbf{x}) u(\mathbf{y}) \, ds_\mathbf{y} \right) ds_\mathbf{x} = \int_\Gamma r(\mathbf{x}) \bar{v}(\mathbf{x}) \, ds_\mathbf{x} \tag{5.3.28}$$

für alle $v \in S$ gilt.

Die Integrale

$$\int_\Gamma b_i(\mathbf{x}) \int_\Gamma k(\mathbf{x},\mathbf{y},\mathbf{y}-\mathbf{x}) b_j(\mathbf{y}) \, ds_\mathbf{y} ds_\mathbf{x}$$

werden regularisiert (vgl. Kapitel 5.2.4) und dann mittels Tensor-Gauß-Quadraturverfahren approximiert. Die Integrale

$$\int_\Gamma \lambda_1(\mathbf{x}) b_i(\mathbf{x}) b_j(\mathbf{x}) \, ds_\mathbf{x}$$

werden durch stabile Quadraturverfahren mit Exaktheitsgrad m_1 approximiert und die Integrale

$$\int_\Gamma b_i(\mathbf{x}) r(\mathbf{x}) \, ds_\mathbf{x}$$

durch stabile Quadraturverfahren mit Exaktheitsgrad m_2.

Sei $\tilde{\mathbf{A}}$ die Galerkin-Matrix mit numerischer Quadratur und $\tilde{a}(u,v) := \left\langle \tilde{\mathbf{A}}\mathbf{u}, \mathbf{v} \right\rangle$ die zugehörige, gestörte Bilinearform und $\tilde{\mathbf{F}}$ die rechte Seite mit numerischer Quadratur. Wir setzen

$$E_{\max} := \max_{\tau,t\in\mathcal{G}} h_\tau^{-1} h_t^{-1} E_{\tau\times t}^{\max} .$$

Satz 5.3.29 *Die Annahmen 5.3.5, 5.3.25 und die Voraussetzungen aus Korollar 5.3.12 seien erfüllt. Die Bilinearform* $a : H^{\mu}(\Gamma) \times H^{\mu}(\Gamma) \to \mathbb{C}$ *in (5.3.24) sei stetig, injektiv und koerziv ist für ein* $\mu \in \left\{-\frac{1}{2}, 0, \frac{1}{2}\right\}$, *und p bezeichne den Polynomgrad des Randelementraumes S.*

Dann gilt

$$|a(u,v) - \tilde{a}(u,v)| \leq Ch^{m_1+2+2\mu-2p} \|u\|_{H^{\mu}(\Gamma)} \|v\|_{H^{\mu}(\Gamma)} + E_{\max}(\sharp\mathcal{G}) \|u\|_{L^2(\Gamma)} \|v\|_{L^2(\Gamma)}$$

für alle $u, v \in S$. *Die Konstante C hängt nicht von h, aber im allgemeinen von* $\lambda_{\min}$, $\lambda_{\max}$, $\theta_0(\tau)$, $\theta_0(t)$ *(vgl. (5.1.2)), P aus Annahme 5.3.25 und der Quasiuniformität des Gitters (vgl. Definition 4.1.12) ab.*

Beweis. Sei E_τ wie in (5.3.1) und $E_{\tau\times t}$ wie in (5.3.26). Wir definieren $\lceil\mu\rceil$ als kleinste Ganzzahl, die $\lceil\mu\rceil \geq \mu$ erfüllt und stellen fest, daß alle eingeführten Randelementräume $S \subset H^{\lceil\mu\rceil}(\Gamma)$ erfüllen.

Der Quadraturfehler in der Bilinearform in (5.3.28) läßt sich mit der inversen Ungleichung (vgl. Satz 4.4.2) abschätzen gemäß

$$\begin{aligned}
|a(u,v) - \tilde{a}(u,v)| &\leq \sum_{\tau\in\mathcal{G}} |E_\tau(u,v)| + \sum_{\tau,t\in\mathcal{G}} |E_{\tau\times t}(u,v)| \\
&\leq C \sum_{\tau\in\mathcal{G}} h_\tau^{m_1+2} \|u\|_{H^p(\tau)} \|v\|_{H^p(\tau)} + \sum_{\tau,t\in\mathcal{G}} h_\tau^{-1} h_t^{-1} E_{\tau\times t}^{\max} \|u\|_{L^2(\tau)} \|v\|_{L^2(t)} \\
&\leq Ch^{m_1+2+2\lceil\mu\rceil-2p} \sum_{\tau\in\mathcal{G}} \|u\|_{H^{\lceil\mu\rceil}(\tau)} \|v\|_{H^{\lceil\mu\rceil}(\tau)} + E_{\max} \sum_{\tau\in\mathcal{G}} \|u\|_{L^2(\tau)} \sum_{t\in\mathcal{G}} \|v\|_{L^2(t)} \\
&\leq Ch^{m_1+2+2\lceil\mu\rceil-2p} \|u\|_{H^{\lceil\mu\rceil}(\Gamma)} \|v\|_{H^{\lceil\mu\rceil}(\Gamma)} + E_{\max}(\sharp\mathcal{G}) \|u\|_{L^2(\Gamma)} \|v\|_{L^2(\Gamma)} \\
&\leq Ch^{m_1+2+2\mu-2p} \|u\|_{H^{\mu}(\Gamma)} \|v\|_{H^{\mu}(\Gamma)} + E_{\max}(\sharp\mathcal{G}) \|u\|_{L^2(\Gamma)} \|v\|_{L^2(\Gamma)}.
\end{aligned}$$

■

Im Hinblick auf Satz 4.2.11 und Satz 4.2.18 können wir nun die erforderlichen Quadraturordnungen bestimmen. Für eine vorgegebene Konsistenzgenauigkeit $|a(u,v) - \tilde{a}(u,v)| \leq \delta$ läßt sich aus Satz 5.3.29 die lokale Quadraturordnung bestimmen und mittels der Sätze 5.3.23 und 5.3.24 die Anzahl der Gaußpunkte pro Koordinatenrichtung.

Dies werden wir für charakteristische Beispiele explizit ausführen. Unser Ziel ist es, die Zahl der Quadraturpunkte so zu wählen, daß die Konvergenzordnung des ursprünglichen Galerkin-Verfahrens für das durch Quadratur gestörte Galerkin-Verfahren erhalten bleibt. Dazu nehmen wir an, daß das Galerkin-Verfahren mit optimaler Konvergenzordnung konvergiert, d.h. die exakte Lösung hinreichend regulär ist. Wir beschränken uns in unserer Betrachtung auf den Fall formregulärer, quasiuniformer Gitter (vgl. Definitionen 4.1.11 und 4.1.12) und verweisen für den allgemeinen Fall auf [55], [56].

Wir nehmen an, daß die Bilinearform $a : H^{\mu}(\Gamma) \times H^{\mu}(\Gamma) \to \mathbb{C}$ in (5.3.24) stetig, injektiv und koerziv ist mit einem $\mu \in \left\{-\frac{1}{2}, 0, \frac{1}{2}\right\}$. Der lokale Polynomgrad der Randelementräume wird mit $p \in \mathbb{N}_0$ bezeichnet. Ist die Oberfläche hinreichend glatt und die Lösung des Problems (5.3.23) hinreichend regulär, so gilt die Fehlerabschätzung für den Galerkin-Fehler (vgl. Kapitel 4.3)

$$\|u - u_S\|_{H^{\mu}(\Gamma)} \leq Ch^{p+1-\mu} \|u\|_{H^{p+1}(\Gamma)}. \tag{5.3.29}$$

Um diese Konvergenzordnung auch für das gestörte Problem zu erhalten, wählen wir die Toleranz δ in Satz 4.2.11 gemäß $\delta = Ch^{p+1-\mu}$. Aus der Abschätzung in Satz 5.3.29 erhält man für alle $u, v \in S$ mit der inversen Abschätzung

$$|a(u,v) - \tilde{a}(u,v)| \leq C\left(h^{m_1-2p+2\mu+2}\|u\|_{H^\mu(\Gamma)} + E_{\max}(\sharp\mathcal{G})\, h^{\tilde{\mu}}\|u\|_{L^2(\Gamma)}\right)\|v\|_{H^\mu(\Gamma)},$$
$$|a(u,v) - \tilde{a}(u,v)| \leq C\left(h^{m_1-2p+2\mu+2} + E_{\max}(\sharp\mathcal{G})\, h^{2\tilde{\mu}}\right)\|u\|_{H^\mu(\Gamma)}\|v\|_{H^\mu(\Gamma)},$$

mit $\tilde{\mu} := \min\{\mu, 0\}$. Falls der lokale Quadraturfehler und der lokale Exaktheitsgrad m_1 den Abschätzungen

$$\begin{array}{ll} \left|E^{i,j}_{\tau\times t}\right| \leq Ch^{p+5-\mu-\tilde{\mu}} & \forall\tau, t \in \mathcal{G}, \quad \forall(i,j) \in \mathcal{I}(\tau) \times \mathcal{I}(t), \\ m_1 \geq 3p - 1 - 3\mu & \end{array} \tag{5.3.30}$$

genügt, folgert man mit $\sharp\mathcal{G} \leq Ch^{-2}$

$$\begin{array}{lll} |a(u,v) - \tilde{a}(u,v)| & \leq & Ch^{p+1-\mu}\|u\|_{H^{\max\{\mu,0\}}(\Gamma)}\|v\|_{H^\mu(\Gamma)}, \\ |a(u,v) - \tilde{a}(u,v)| & \leq & C\left(h^{p+1-\mu} + h^{p+1-\mu+\tilde{\mu}}\right)\|u\|_{H^\mu(\Gamma)}\|v\|_{H^\mu(\Gamma)}. \end{array} \tag{5.3.31}$$

Wegen $p+1-\mu > 0$ und $p+1-\mu+\tilde{\mu} \geq \min\{1, 1-\mu\} \geq 1/2$ konvergieren die Terme $h^{p+1-\mu}$ und $h^{p+1-\mu+\tilde{\mu}}$ für $h \to 0$ gegen Null, und daher ist für $h \leq h_0$ das Galerkin-Verfahren mit Quadratur stabil und konsistent.

Satz 5.3.30 *Das Gitter $\mathcal{G}$ sei quasiuniform mit $h \leq h_0 < 1$ und die Annahmen aus Satz 5.3.29 seien erfüllt. Die Singularitätsordnung der Kernfunktion wird mit s aus Annahme 5.1.20 bezeichnet. Die Quadraturordnungen seien gemäß*

$$n_1 \geq \frac{3p+4-\mu-\tilde{\mu}}{2}, \qquad n_2 \geq \frac{(p+1+s-\mu-\tilde{\mu})\,|\log h|}{2\log(2\rho_2)} \tag{5.3.32}$$

im singulären Fall und gemäß

$$n_3 = n_4 \geq \frac{\log\left(h^{-2p-1+\mu+\tilde{\mu}} d_{\tau,t}^{p-s}\right)}{2\log(2\rho\chi_{\tau,t})} \tag{5.3.33}$$

mit $\chi_{\tau,t} := \max\{\operatorname{dist}(\tau,t)/h, 1\}$ im regulären Fall gewählt. Wir nehmen an, die Exaktheitsgrade für die Approximation der Integrale in (5.0.1) erfüllen

$$m_1 \geq 3p - 1 - 3\mu \quad \text{und} \quad m_2 \geq 2p - 1 - 2\mu. \tag{5.3.34}$$

Dann ist das Galerkin-Verfahren mit Quadratur stabil (vgl. (4.2.45)).

Falls die exakte Lösung u für ein $t \in [\max\{0,\mu\}, p+1]$ in $H^t(\Gamma)$ liegt und die rechte Seite in (5.3.28) $r \in H^{m_2+1}(\Gamma)$ erfüllt, genügt die Lösung $\tilde{u}_S$ des gestörten Problems der Fehlerabschätzung

$$\|u - \tilde{u}_S\|_{H^\mu(\Gamma)} \leq Ch^{t-\mu}\|u\|_{H^t(\Gamma)}.$$

Bevor wir diesen Satz beweisen, geben wir eine Bemerkungen zu dessen Konsequenzen an.

Bemerkung 5.3.31 *Die Abschätzungen (5.3.32), (5.3.33) zeigen, daß die Quadraturordnungen n_2, n_3, n_4 logarithmisch mit $h \to 0$ wachsen für die singulären und für die fastsingulären Integrale mit $\operatorname{dist}(\tau,t) \sim O(h)$. Im Fernfeld, also für $\chi_{\tau,t} \sim h^{-1}$ und $d_{\tau,t} \sim 1$, sind die Quadraturordnungen unabhängig von der Schrittweite h.*

Satz 5.3.30 ist explizit bezüglich der Schrittweite h. Die Größen ρ und ρ_2 hängen im allgemeinen vom Polynomgrad p ab, der jedoch für die hier betrachteten Diskretisierungen immer fest gewählt ist.

Beweis von Satz 5.3.30. Bezeichne $k_\star : (0,1)^4 \to \mathbb{C}$ einen der Integranden aus Kapitel 5.2.4.**I-III**. Setzt man (5.3.32) in die Abschätzung aus Satz 5.3.23 ein, ergibt sich

$$|\mathbf{E}^{\mathbf{n}} k_\star| \le C_1 h_\tau^{5+p-\mu-\tilde{\mu}}$$

mit einer Konstanten C_1, die lediglich von den Konstanten C, ρ_1 aus Satz 5.3.23, und $p, \mu, \tilde{\mu}$ abhängt.

Kombiniert man die Abschätzung (5.3.33) mit der aus Satz 5.3.24, so ergibt sich wegen $h \le 1$ und $1 \le \chi_{\tau,t} = \max\{d_{\tau,t}/h, 1\}$

$$|\mathbf{E}^{\mathbf{n}} k_3| \le C_2 h^{p+5-\mu-\tilde{\mu}},$$

mit einer Konstanten C_2, die von den gleichen Parametern wie C_1 abhängt.

Da die Wahl von m_1 in (5.3.34) wie in (5.3.30) ist, folgen die Abschätzungen (5.3.31) und damit die Stabilität und Konsistenz der Bilinearform.

Es bleibt die Konsistenzabschätzung für die Approximation der rechten Seite $\int_\Gamma v(\mathbf{x})\, r(\mathbf{x})\, d\mathbf{x}$ zu zeigen. Dann gilt mit E_τ^m aus (5.3.1), Korollar 5.3.12 und der inversen Ungleichung

$$\begin{aligned}\left|F(\mathbf{v}) - \tilde{F}(\mathbf{v})\right| &= \sum_{\tau\in\mathcal{G}} |E_\tau^{m_2}(rv)| \le C \sum_{\tau\in\mathcal{G}} h_\tau^{m_2+2} \|v\|_{H^p(\tau)} \|r\|_{H^{m_2+1}(\tau)} \\ &\le C h^{m_2+2-p+\mu} \|v\|_{H^\mu(\Gamma)} \|r\|_{H^{m_2+1}(\Gamma)} \le C h^{p+1-\mu} \|v\|_{H^\mu(\Gamma)} \|r\|_{H^{m_2+1}(\Gamma)}.\end{aligned}$$

Aus Satz 4.2.11 folgert man mit $\mu_+ := \max\{\mu, 0\}$

$$\|u - \tilde{u}_S\|_{H^\mu(\Gamma)} \le C \left\{ \min_{w_\ell \in S_\ell} \left(\|u - w_\ell\|_{H^\mu(\Gamma)} + h^{p+1-\mu} \|w_\ell\|_{H^{\mu_+}(\Gamma)} \right) + h^{p+1-\mu} \|r\|_{H^{m_2+1}(\Gamma)} \right\}. \tag{5.3.35}$$

Sei w_ℓ die beste Approximation der Lösung u bezüglich der $H^{\mu_+}(\Gamma)$-Norm. Diese erfüllt $\|w_\ell\|_{H^{\mu_+}(\Gamma)} \le \|u\|_{H^{\mu_+}(\Gamma)}$ und aus Satz 4.2.17 folgt $\|u - w_\ell\|_{H^\mu(\Gamma)} \le C h^{t-\mu} \|u\|_{H^t(\Gamma)}$. Die Voraussetzung $u \in H^t$ für ein $t \in [\mu_+, p+1]$ sichert hierbei die Existenz von $\|u\|_{H^{\mu_+}(\Gamma)}$. ■

Die bisher entwickelten Fehlerabschätzungen lassen sich nicht direkt für hypersinguläre Kernfunktionen anwenden, die mit Hilfe partieller Integration regularisiert sind (vgl. Satz 3.3.22). Die Bilinearform enthält einen additiven Term der Form

$$\int_{\Gamma\times\Gamma} G(\mathbf{x}-\mathbf{y}) \langle Du(\mathbf{x}), Dv(\mathbf{y})\rangle\, ds_{\mathbf{x}} ds_{\mathbf{y}},$$

wobei D eine Tangentialableitung erster Ordnung bezeichnet und

$$\|Du\|_{L^2(\Gamma)} \le C \|u\|_{H^1(\Gamma)}$$

erfüllt. Diese Integrale lassen sich mit den Transformationen, wie sie in Kapitel 5.2 entwickelt wurden, regularisieren und mit Tensor-Gauß-Quadraturverfahren approximieren. Die Fehlerabschätzungen sind jedoch leicht zu modifizieren. Wir fassen die Modifikationen summarisch zusammen.

(a) Die Größe der Analytizitätsellipsen im singulären Fall bleibt qualitativ unverändert. Um den Integranden in Relativkoordinaten abzuschätzen, müssen nun die Basisfunktionen $B_{i,j} := \langle Db_i, Db_j\rangle$ auf den Analytizitätsellipsen abgeschätzt werden. Im allgemeinen enthält der Operator D auch Ableitungen nullter Ordnung, so daß der Polynomgrad der Basisfunktionen durch die Anwendung von D nicht notwendigerweise um eine Ordnung reduziert ist. Die Abschätzungen (5.3.13), (5.3.18), (5.3.19) und (5.3.22) bleiben daher unverändert gültig. Man beachte, daß für die Singularitätsordnung der Kernfunktion in der Darstellung mit partieller Integration $s = 1$ gilt.

(b) Aus den obigen Überlegungen folgt, daß die Fehlerabschätzungen aus Satz 5.3.23 und Satz 5.3.24 (mit $s = 1$) gültig bleiben.

(c) Die hypersinguläre Integralgleichung in Satz 3.3.22 ist eine Gleichung erster Art, so daß in (5.3.24) $\lambda_1 = 0$ gilt.

(d) Für die Fehleranalyse setzen wir

$$I_{\tau\times t}^{i,j} := \int_{\tau\times t} k(\mathbf{x},\mathbf{y},\mathbf{y}-\mathbf{x}) \langle Db_i(\mathbf{x}), Db_j(\mathbf{y})\rangle \, ds_{\mathbf{x}} ds_{\mathbf{y}},$$

bezeichnen mit $Q_{\tau\times t}^{i,j}$ das zugehörige Quadraturverfahren und mit $E_{\tau\times t}^{i,j}$ den Quadraturfehler. Der Fehler $E_{\max}$ ist gemäß (5.3.27) nun bezüglich der neuen Größen $I_{\tau\times t}^{i,j}$, $Q_{\tau\times t}^{i,j}$ definiert. Unter den gleichen Voraussetzung wie in Satz 5.3.29 gilt

$$|a(u,v) - \tilde{a}(u,v)| \le E_{\max}(\sharp\mathcal{G}) \|u\|_{L^2(\Gamma)} \|v\|_{L^2(\Gamma)} \le E_{\max}(\sharp\mathcal{G}) \|u\|_{H^{1/2}(\Gamma)} \|v\|_{H^{1/2}(\Gamma)}.$$

(e) Die Formeln für die Quadraturordnungen in Satz 5.3.30 werden mit $s = 1$ angewendet und die Aussagen übertragen sich sinngemäß.

5.3.4 Überblick über die Quadraturordnungen für das Galerkin-Verfahren mit Quadratur

5.3.4.1 Integralgleichungen negativer Ordnung

Wir betrachten zunächst den Randintegraloperator $V : H^{-1/2}(\Gamma) \to H^{1/2}(\Gamma)$ zum Einfachschichtpotential. Die folgende Tabelle stellt die Anzahl der Quadraturknoten und den Exaktheitsgrad für verschiedene Polynomgrade zusammen. Man beachte, daß kein Integral der Form (5.0.1) auftritt. Die Quadraturordnung für die regulären Integrale hängt von h und $\chi_{\tau,t} = \max\{d_{\tau,t}/h, 1\}$ ab, d.h. $n_3 = n_4 = n_{reg}(h, \chi_{\tau,t})$. Der Fall $n_{reg}(h,1)$ entspricht dem fast singulären Fall, d.h. $\operatorname{dist}(\tau,t) \sim h$ und der Fall $n_{reg}(h,h^{-1})$ den Fernfeldintegralen, d.h. $\operatorname{dist}(\tau,t) = O(1)$.

	n_1	n_2	$n_{reg}(h,\chi_{\tau,t})$	$n_{reg}(h,1)$	$n_{reg}(h,h^{-1})$	m_2
$p=0$	3	$\lceil 3C_1 \lvert\log h\rvert\rceil$	$\left\lceil \frac{\lvert\log(h^{-2}d_{\tau,t}^{-1})\rvert}{2\log(2\rho\chi_{\tau,t})} \right\rceil$	$\lceil C_2\frac{3}{2} \lvert\log h\rvert\rceil$	1	0
$p=1$	4	$\lceil 4C_1 \lvert\log h\rvert\rceil$	$\left\lceil \frac{\lvert\log(h^{-4})\rvert}{2\log(2\rho\chi_{\tau,t})} \right\rceil$	$\lceil C_2 2 \lvert\log h\rvert\rceil$	2	2

Die Konstanten C_1, C_2 sind unabhängig von p, h und $\operatorname{dist}(\tau,t)$.

5.3.4.2 Gleichungen nullter Ordnung

Wir betrachten nun den Randintegraloperator zum Doppelschichtpotential bzw. zum adjungierten Doppelschichtpotential und fassen die Abbildung als Operator $K : L^2(\Gamma) \to L^2(\Gamma)$ auf. Wendet man die Formeln aus Satz 5.3.30 auf einen Operator der Ordnung Null an, so erhalten wir folgende Ausdrücke für die Anzahl der Quadraturknoten bzw. für den erforderlichen Exaktheitsgrad. Man beachte, daß in diesem Fall ein Integral der Bauart 5.0.1 auftritt.

	n_1	n_2	$n_{reg}(h, \chi_{\tau,t})$	$n_{reg}(h, 1)$	$n_{reg}(h, Ch^{-1})$	m_1	m_2
$p = 0$	2	$\lceil 3C_3 \lvert\log h\rvert \rceil$	$\left\lceil \frac{\lvert\log(h^{-1}d_{\tau,t}^{-2})\rvert}{2\log(2\rho\chi_{\tau,t})} \right\rceil$	$\lceil \frac{3}{2}C_4 \lvert\log h\rvert \rceil$	1	0	0
$p = 1$	4	$\lceil 4C_3 \lvert\log h\rvert \rceil$	$\left\lceil \frac{\lvert\log(h^{-3}d_{\tau,t}^{-1})\rvert}{2\log(2\rho\chi_{\tau,t})} \right\rceil$	$\lceil 2C_4 \lvert\log h\rvert \rceil$	2	2	1

5.3.4.3 Gleichungen positiver Ordnung

Wir betrachten nun den Randintegraloperator $W : H^{1/2}(\Gamma) \to H^{-1/2}(\Gamma)$ der Ordnung 1. Die folgende Tabelle gibt die erforderliche Anzahl der Quadraturknoten und den Exaktheitsgrad an. Man beachte, daß kein Term $\int_\Gamma \lambda_1 uv d\mathbf{x}$ auftritt, d.h. m_1 nicht zu betrachten ist. Der minimale Polynomgrad ist $p = 1$, und wir behandeln hier den Zugang mittels partieller Integration.

	n_1	n_2	$n_{reg}(h, \chi_{\tau,t})$	$n_{reg}(h, 1)$	$n_{reg}(h, Ch^{-1})$	m_2
$p = 1$	4	$\lceil 2C_5 \lvert\log h\rvert \rceil$	$\left\lceil \frac{5\lvert\log h\rvert}{4\log(2\rho\chi_{\tau,t})} \right\rceil$	$\lceil C_6 \lvert\log h\rvert \rceil$	2	0

Bemerkung 5.3.32 *Unsere Analyse der Quadratur im Fernfeld kann verfeinert werden, indem die höhere Regularität der Randelementfunktionen ausgenützt wird. Genauer gilt häufig $S \subset H^{\mu+s}(\Gamma)$ mit einem $s > 0$, wobei $H^\mu(\Gamma)$ den Energieraum (vgl. (5.3.29)) bezeichnet. Die Details finden sich in [124] und [83].*

Kapitel 6

Lösung der linearen Gleichungssysteme

Die Galerkin-Randelementmethode führt von den Randintegralgleichungen auf das lineare Gleichungssystem

$$\mathbf{K}\mathbf{u} = \mathbf{f}, \tag{6.0.1}$$

wobei $\mathbf{K}$ die Systemmatrix des Integraloperators und $\mathbf{f}$ den Lastvektor bezeichnet. In diesem Kapitel betrachten wir die effiziente Lösung von (6.0.1). Falls die Dimension des linearen Gleichungssystems sehr groß ist, $N = \dim \mathbf{K} \sim 10^4 - 10^6$, werden direkte Verfahren wie etwa die Gauß-Elimination zur Auflösung von (6.0.1) unbrauchbar, da deren Aufwand proportional zu N^3 wächst. Stattdessen sollten iterative Verfahren zur Lösung eingesetzt werden. Im Vorgriff auf Kapitel 7 betonen wir, daß Iterationsverfahren zur Lösung linearer Gleichungssysteme *nicht* die explizite Kenntnis der Matrix $\mathbf{K}$ erfordern, sondern lediglich eine schnelle Auswertung einer Matrix-Vektor-Multiplikation benötigt wird. Das *Panel-Clustering-Verfahren*, welches in Kapitel 7 behandelt wird, ermöglicht die Ausführung einer approximativen Matrix-Vektor-Multiplikation mit einem Aufwand von $O(N \log N)$ mit Hilfe einer alternativen Darstellung der Galerkin-Diskretisierung. Im Gegensatz dazu erfordert die Auswertung von $\mathbf{Ku}$ mit der vollbesetzten Matrix $\mathbf{K}$ in der üblichen Basisdarstellung einen Aufwand von $O(N^2)$.

Da (6.0.1) bereits den Diskretisierungsfehler enthält, ist eine exakte Lösung $\mathbf{u} = \mathbf{K}^{-1}\mathbf{f}$ nicht notwendig. Es genügt, (6.0.1) näherungsweise zu lösen mit einer Genauigkeit, welche vergleichbar mit dem Diskretisierungsfehler ist. Wir untersuchen daher in diesem Kapitel die wichtigsten iterativen Verfahren für die Lösung von (6.0.1): das cg-Verfahren von Hestenes und Stiefel (siehe [73]) für symmetrisches $\mathbf{K}$ sowie gewisse Abstiegsverfahren vom Typ der *minimalen Residuen* für nichtsymmetrisches $\mathbf{K}$. Die Konvergenzgeschwindigkeit klassischer Iterationsverfahren wird durch die Kondition der Matrix $\mathbf{K}$ bestimmt. Gleichungen zweiter Art sind in der Regel gut konditioniert, und die Konvergenzgeschwindigkeit iterativer Löser ist unabhängig von der Dimension der Matrix. Die Kondition der Matrix $\mathbf{K}$ für Gleichungen erster Art wächst mit kleiner werdender Maschenweite h in der Regel mit h^{-1} (vgl. Lemma 4.5.1), und die Anzahl der Iterationen, um ein festes Abbruchkriterium zu erreichen, wächst mit größer werdender Dimension. Falls die Dimension der Matrix $\mathbf{K}$ so groß ist, daß der iterative Lösungsprozeß die Gesamtrechenzeit dominiert, sollten Vorkonditionierungsverfahren eingesetzt werden zur Verbesserung der Kondition des transformierten Systems -ein Beispiel hierfür wird in Abschnitt 6.5 behandelt.

6.1 cg-Verfahren

Wir erinnern zunächst an die Definition positiv definiter Matrizen. Sei $\mathbb{K} \in \{\mathbb{R}, \mathbb{C}\}$. Das Euklidische Skalarprodukt auf $\mathbb{K}^N$ ist durch

$$\langle \mathbf{u}, \mathbf{v} \rangle = \sum_{i=1}^{N} \mathbf{u}_i \overline{\mathbf{v}_i}$$

definiert, wobei $\alpha \rightarrow \overline{\alpha}$ die komplexe Konjugation bezeichnet. Für eine Matrix $\mathbf{A} \in \mathbb{K}^{N \times N}$ ist die adjungierte Matrix durch $\mathbf{A}^{\mathrm{H}} := \left(\overline{\mathbf{A}_{j,i}}\right)_{i,j=1}^{N}$ definiert. $\mathbf{A}$ ist hermitesch, falls $\mathbf{A} = \mathbf{A}^{\mathrm{H}}$ gilt. $\mathbf{A}$ ist positiv definit, falls

$$\langle \mathbf{A}\mathbf{u}, \mathbf{u} \rangle > 0 \qquad \forall \mathbf{u} \in \mathbb{K}^N \setminus \{0\}$$

gilt.

Das cg ("conjugate-gradient") Verfahren von Hestenes und Stiefel zur Lösung von (6.0.1) für positiv definite Matrizen $\mathbf{K}$ basiert auf der Herleitung von (6.0.1) über die Minimierung eines quadratischen Funktionals:

$$\begin{aligned} J(\mathbf{u}) &:= \frac{1}{2} \langle \mathbf{K}\,\mathbf{u}, \mathbf{u} \rangle - \operatorname{Re} \langle \mathbf{f}, \mathbf{u} \rangle, \\ &\min \left\{ J(\mathbf{u}) : \mathbf{u} \in \mathbb{K}^N \right\}. \end{aligned} \tag{6.1.1}$$

Für $\mathbf{u} \in \mathbb{K}^N$ bezeichnet $\mathbf{r}(\mathbf{u}) := \mathbf{f} - \mathbf{K}\mathbf{u}$ das *Residuum* zu $\mathbf{u}$.

6.1.1 cg-Grundalgorithmus

Der cg-Algorithmus konstruiert eine Folge $(\mathbf{u}_i)_{i \in \mathbb{N}}$ von Vektoren $\mathbf{u}_i \in \mathbb{K}^N$, die gegen die exakte Lösung von (6.0.1) konvergieren. Wir beginnen mit dem cg-Algorithmus in der Grundversion.

Algorithmus 6.1.1
Initialisierung:

$$\begin{aligned} \mathbf{u}_0 &\in \mathbb{K}^N \textit{ gegeben} \\ \mathbf{r}_0 &:= \mathbf{f} - \mathbf{K}\mathbf{u}_0 \\ \mathbf{s}_0 &\in \mathbb{K}^N \\ \mathbf{p}_0 &:= \mathbf{s}_0 \in \mathbb{K}^N \end{aligned} \tag{6.1.2}$$

Iterationen: *Für* $i = 0, 1, 2, \ldots$ *berechne*

$$\begin{aligned} \alpha_{i+1} &\in \mathbb{K}, \\ \mathbf{u}_{i+1} &:= \mathbf{u}_i + \alpha_{i+1}\,\mathbf{p}_i, \\ \mathbf{r}_{i+1} &:= \mathbf{r}_i - \alpha_{i+1}\,\mathbf{K}\mathbf{p}_i, \\ \mathbf{s}_{i+1} &\in \mathbb{K}^N, \\ \beta_{i+1} &\in \mathbb{K}, \\ \mathbf{p}_{i+1} &:= \mathbf{s}_{i+1} + \beta_{i+1}\,\mathbf{p}_i \in \mathbb{K}^N. \end{aligned} \tag{6.1.3}$$

Es sind noch die α_i, β_i, $\mathbf{s}_i$ zu bestimmen. Dazu beobachten wir, daß für die Ableitung in Richtung eines Vektors $\mathbf{z} \in \mathbb{K}^N$ von J im Punkt $\mathbf{u}_i$ gilt

$$\langle J'(\mathbf{u}_i), \mathbf{z}\rangle = \operatorname{Re}\langle \mathbf{K}\mathbf{u}_i - \mathbf{f}, \mathbf{z}\rangle = -\operatorname{Re}\langle \mathbf{r}_i, \mathbf{z}\rangle\,. \tag{6.1.4}$$

$\mathbf{u}_i \in \mathbb{K}^N$ minimiert daher $J(\cdot)$ auf einem affinen Teilraum $Z \subset \mathbb{K}^N$ genau dann, wenn $\operatorname{Re}\langle \mathbf{r}_i, \mathbf{z}\rangle = 0$ für alle $\mathbf{z} \in Z$ ist.

Im folgenden wird Z von Abstiegsrichtungen $\mathbf{p}_j$ für $j < i$ aufgespannt werden. Wir definieren α_{i+1} durch

$$\alpha_{i+1} := \frac{\langle \mathbf{r}_i, \mathbf{p}_i\rangle}{\langle \mathbf{K}\mathbf{p}_i, \mathbf{p}_i\rangle}\,, \quad \text{falls} \quad \langle \mathbf{K}\mathbf{p}_i, \mathbf{p}_i\rangle \neq 0\,. \tag{6.1.5}$$

Es gilt $\langle \mathbf{r}_0, \mathbf{p}_0\rangle = \langle \mathbf{r}_0, \mathbf{s}_0\rangle$ und aus (6.1.3) folgt $\langle \mathbf{r}_i, \mathbf{p}_{i-1}\rangle = 0$ für $i \geq 1$, woraus man mit (6.1.3) auf

$$\langle \mathbf{r}_i, \mathbf{p}_i\rangle = \langle \mathbf{r}_i, \mathbf{s}_i + \beta_i\,\mathbf{p}_{i-1}\rangle = \langle \mathbf{r}_i, \mathbf{s}_i\rangle, \qquad i \geq 1 \tag{6.1.6}$$

schließt. Daraus ergibt sich mit (6.1.5)

$$\alpha_{i+1} = \frac{\langle \mathbf{r}_i, \mathbf{s}_i\rangle}{\langle \mathbf{K}\mathbf{p}_i, \mathbf{p}_i\rangle}\,. \tag{6.1.7}$$

Wir bestimmen β_{i+1} in Algorithmus 6.1.1: Es gilt

$$\begin{aligned}\overline{\alpha}_{i+1}\langle \mathbf{r}_{i+2}, \mathbf{p}_i\rangle &= \overline{\alpha}_{i+1}\langle \mathbf{r}_{i+1} - \alpha_{i+2}\,\mathbf{K}\mathbf{p}_{i+1}, \mathbf{p}_i\rangle = \alpha_{i+2}\langle \mathbf{p}_{i+1}, -\alpha_{i+1}\mathbf{K}\mathbf{p}_i\rangle \\ &= \alpha_{i+2}\langle \mathbf{s}_{i+1} + \beta_{i+1}\,\mathbf{p}_i, \mathbf{r}_{i+1} - \mathbf{r}_i\rangle\,.\end{aligned}$$

Wir haben bereits gesehen, daß das neue Residuum $\mathbf{r}_{i+2}$ senkrecht auf der Richtung $\mathbf{p}_{i+1}$ steht. Unser Ziel ist es nun β_{i+1} so zu bestimmen, daß $\mathbf{r}_{i+2}$ auch auf $\mathbf{p}_i$ senkrecht steht. In Proposition 6.1.3 werden wir zeigen, daß damit $\mathbf{r}_{i+2}$ senkrecht steht auf allen $\mathbf{p}_j$, $j \leq i+1$.

Für $\langle \mathbf{r}_i, \mathbf{s}_i\rangle \neq 0$ setzen wir daher$\alpha_{i+2}\,\langle \mathbf{s}_{i+1} + \beta_{i+1}\,\mathbf{p}_i, \mathbf{r}_{i+1} - \mathbf{r}_i\rangle = 0$ und erhalten daraus

$$\beta_{i+1} := \frac{\langle \mathbf{s}_{i+1}, \mathbf{r}_{i+1} - \mathbf{r}_i\rangle}{\langle \mathbf{s}_i, \mathbf{r}_i\rangle}\,. \tag{6.1.8}$$

Eine mögliche Wahl von $\mathbf{s}_i$, die $\langle \mathbf{r}_i, \mathbf{s}_i\rangle \neq 0$ für $\mathbf{r}_i \neq \mathbf{0}$ sichert, ist

$$\mathbf{s}_i = \mathbf{r}_i, \; i = 0, 1, 2, \ldots\,. \tag{6.1.9}$$

Algorithmus 6.1.1 mit (6.1.7) - (6.1.9) definiert die sogenannte **Polak-Ribière-Variante** des cg-Verfahrens [113].

6.1.2 Vorkonditionierungsverfahren

Wir werden sehen, daß die Konvergenzgeschwindigkeit des cg-Verfahrens von der Kondition der Matrix $\mathbf{K}$ abhängt. Falls diese groß ist, kann der Aufwand für den iterativen Löser den Rechenaufwand für die Gesamtdiskretisierung dominieren. Abhilfe können hier Vorkonditionierungstechniken schaffen, die wir in diesem Abschnitt abstrakt betrachten werden. Für jede reguläre Matrix $\mathbf{C} \in \mathbb{K}^{N\times N}$ stimmt die Lösung des vorkonditionierten Systems

$$\mathbf{C}\mathbf{K}\mathbf{u} = \mathbf{C}\mathbf{f} \tag{6.1.10}$$

mit der Lösung von (6.0.1) überein. Ziel ist es, durch eine geschickte Wahl von $\mathbf{C}$ die Kondition der Systemmatrix $\mathbf{CK}$ in (6.1.10) deutlich gegenüber der Kondition von $\mathbf{K}$ zu verkleinern. Man beachte, daß man Algorithmus 6.1.1 durch die Wahl $\mathbf{C} = \mathbf{I}$ erhält. In diesem Abschnitt werden wir den cg-Algorithmus für das vorkonditionierte System (6.1.10) angeben.

Sei $\mathbf{C} : \mathbb{K}^N \to \mathbb{K}^N$ positiv definit. Eine Alternative zur Wahl $\mathbf{s}_i = \mathbf{r}_i$ in (6.1.9) ist durch

$$\mathbf{s}_i = \mathbf{C}\mathbf{r}_i \tag{6.1.11}$$

gegeben. Damit gilt $\langle \mathbf{r}_i, \mathbf{s}_{i+1} \rangle = \langle \mathbf{r}_i, \mathbf{C}\mathbf{r}_{i+1} \rangle = \langle \mathbf{C}\mathbf{r}_i, \mathbf{r}_{i+1} \rangle = \langle \mathbf{s}_i, \mathbf{r}_{i+1} \rangle$. In Abschnitt 6.1.1 haben wir gesehen, daß die Wahlen von α_{i+1} (vgl. (6.1.7)) und β_{i+1} (vgl. (6.1.8)) die Relation $\langle \mathbf{p}_i, \mathbf{r}_{i+1} \rangle = \langle \mathbf{p}_{i-1}, \mathbf{r}_{i+1} \rangle$ ergeben. Daraus und mit (6.1.2) folgt

$$\text{für } i = 0 \qquad \langle \mathbf{s}_i, \mathbf{r}_{i+1} \rangle = \langle \mathbf{p}_0, \mathbf{r}_1 \rangle = 0\,,$$

$$\text{für } i \geq 1 \qquad \langle \mathbf{s}_i, \mathbf{r}_{i+1} \rangle = \langle \mathbf{p}_i - \beta_i\, \mathbf{p}_{i-1}, \mathbf{r}_{i+1} \rangle = 0\,.$$

Eingesetzt in (6.1.8) ergibt sich

$$\beta_{i+1} = \frac{\langle \mathbf{s}_{i+1}, \mathbf{r}_{i+1} \rangle}{\langle \mathbf{s}_i, \mathbf{r}_i \rangle}. \tag{6.1.12}$$

Algorithmus 6.1.1, (6.1.7), (6.1.11) und (6.1.12) ergeben die **Fletcher-Reeves-Variante** des cg-Verfahrens (vgl. [47]).

Bemerkung 6.1.2

1. *Die Hestenes-Stiefel-Variante des cg-Verfahrens verwendet*

$$\beta_{i+1} := \frac{\langle \mathbf{r}_{i+1} - \mathbf{r}_i, \mathbf{s}_{i+1} \rangle}{\langle \mathbf{r}_i - \mathbf{r}_{i-1}, \mathbf{s}_i \rangle}\,,\; i \geq 1\,. \tag{6.1.13}$$

2. *Die Richtungen $\mathbf{s}_i$ in (6.1.11) sind entgegengesetzt dem Gradienten von $J(\cdot)$ im Innenprodukt $\langle \cdot, \cdot \rangle_{\mathbf{C}} := \langle \cdot, \mathbf{C} \cdot \rangle$ und korrigieren dadurch die vorhergehenden Abstiegsrichtungen. Genauer gilt*

$$\langle \nabla J(\mathbf{u}_i), \mathbf{s}_i \rangle_{\mathbf{C}} = \operatorname{Re} \langle \mathbf{K}\mathbf{u}_i - \mathbf{f}, \mathbf{C}\mathbf{s}_i \rangle = -\operatorname{Re} \langle \mathbf{r}_i, \mathbf{C}\mathbf{s}_i \rangle = -\left\| \mathbf{s}_i \right\|^2 < 0.$$

3. *Die Fletcher-Reeves- und Polak-Ribière-Varianten sind aus Erweiterungen des cg-Verfahrens auf nichtlineare Probleme hervorgegangen.*

6.1.3 Orthogonalitätsrelationen

Wir definieren für $i \geq 0$ den Krylov-Raum der Ordnung i

$$\mathcal{K}^i := \{ p(\mathbf{CK})\mathbf{s}_0 : p \in \mathbb{P}_i(\mathbb{K}) \}\,, \tag{6.1.14}$$

wobei $\mathbb{P}_i(\mathbb{K})$ die Polynome vom Grad $\leq i$ mit Koeffizienten in $\mathbb{K}$ bezeichnet.

Proposition 6.1.3 *Falls das cg-Verfahren nicht durch Nulldivision abbricht, gilt*

$$\forall i \geq 0: \quad \operatorname{span}\{\mathbf{p}_0, \ldots, \mathbf{p}_i\} = \operatorname{span}\{\mathbf{s}_0, \ldots, \mathbf{s}_i\}\,, \tag{6.1.15a}$$

$$\forall 0 \leq j < i: \quad \langle \mathbf{r}_i, \mathbf{p}_j \rangle = 0 \quad \textit{und} \quad \langle \mathbf{K}\mathbf{p}_i, \mathbf{p}_j \rangle = 0\,, \tag{6.1.15b}$$

$$\forall i \geq 0: \quad \operatorname{span}\{\mathbf{p}_0, \ldots, \mathbf{p}_i\} = \mathcal{K}^i\,. \tag{6.1.15c}$$

Beweis. a) ist offensichtlich. Wir beweisen b). Es gilt $\langle \mathbf{r}_1, \mathbf{p}_0\rangle = 0$. Sei b) richtig für ein $i \geq 1$, genauer nehmen wir $\langle \mathbf{r}_i, \mathbf{p}_j\rangle = 0$ für $j < i$ und $\langle \mathbf{K}\mathbf{p}_{i-1}, \mathbf{p}_j\rangle = 0$ für $j < i-1$ an. Wie wir bereits in Abschnitt 6.1.1 gesehen haben, gilt $\langle \mathbf{r}_{i+1}, \mathbf{p}_i\rangle = 0$ und $\langle \mathbf{r}_{i+1}, \mathbf{p}_{i-1}\rangle = 0$. Für $j < i-1$ erhalten wir

$$\begin{aligned}\langle \mathbf{r}_{i+1}, \mathbf{p}_j\rangle &= \langle \mathbf{r}_i - \alpha_{i+1}\,\mathbf{K}\mathbf{p}_i, \mathbf{p}_j\rangle \\ &= -\alpha_{i+1}\langle \mathbf{K}(\mathbf{s}_i + \beta_i\,\mathbf{p}_{i-1}), \mathbf{p}_j\rangle \\ &= -\alpha_{i+1}\langle \mathbf{s}_i, \mathbf{K}\mathbf{p}_j\rangle \\ &= \alpha_{i+1}(\overline{\alpha_{j+1}})^{-1}\,\langle \mathbf{s}_i, \mathbf{r}_{j+1} - \mathbf{r}_j\rangle \\ &= \alpha_{i+1}(\overline{\alpha_{j+1}})^{-1}\langle \mathbf{r}_i, \mathbf{s}_{j+1} - \mathbf{s}_j\rangle \\ &= 0\,,\end{aligned}$$

und für $j < i$: $\langle \mathbf{K}\mathbf{p}_i, \mathbf{p}_j\rangle = -\frac{1}{\alpha_{i+1}}\,\langle \mathbf{r}_{i+1} - \mathbf{r}_i, \mathbf{p}_j\rangle = 0$.

Wir zeigen c) per Rekursion. Es gilt $\mathbf{s}_0 = \mathbf{p}_0$ und somit $\mathcal{K}^0 = \operatorname{span}\{\mathbf{s}_0\} = \operatorname{span}\{\mathbf{p}_0\}$. Sei nun $\mathcal{K}^i = \operatorname{span}\{\mathbf{p}_0, \ldots, \mathbf{p}_i\}$ für $i \geq 1$ bereits gezeigt. Für Vektoren $\mathbf{a} \in \mathbb{K}^N$ und Unterräume $V \subset \mathbb{K}^N$ verwenden wir in diesem Beweis die Schreibweise $\mathbf{a}+V = \operatorname{span}\{\alpha\mathbf{a} + \mathbf{v} : \alpha \in \mathbb{K}, \mathbf{v} \in V\}$. Damit gilt mit $\beta_{i+1}\,\mathbf{p}_i \in \operatorname{span}\{\mathbf{p}_0, \ldots, \mathbf{p}_i\} = \mathcal{K}^i$ und (6.1.11) die Gleichheit

$$\begin{aligned}\operatorname{span}\{\mathbf{p}_0, \ldots, \mathbf{p}_{i+1}\} &= \operatorname{span}\{\mathbf{p}_0, \ldots, \mathbf{p}_i\} + \mathbf{p}_{i+1} \\ &= \mathcal{K}^i + (\mathbf{s}_{i+1} + \beta_{i+1}\mathbf{p}_i) \\ &= \mathcal{K}^i + \mathbf{C}\mathbf{r}_{i+1}.\end{aligned}$$

Daraus folgt wegen $\mathbf{C}\mathbf{r}_i = \mathbf{s}_i \in \operatorname{span}\{\mathbf{p}_0, \ldots, \mathbf{p}_i\}$ nach (a)

$$\begin{aligned}\operatorname{span}\{\mathbf{p}_0, \ldots, \mathbf{p}_{i+1}\} &= \mathcal{K}^i + \mathbf{C}(\mathbf{r}_i - \underline{\alpha}_{i+1}\,\mathbf{K}\,\mathbf{p}_i) \\ &= \mathcal{K}^i + \mathbf{C}\mathbf{K}\,\mathbf{p}_i.\end{aligned}$$

Damit folgt $\operatorname{span}\{\mathbf{p}_0, \ldots, \mathbf{p}_{i+1}\} = \mathcal{K}^i + \mathbf{C}\mathbf{K}\,\mathbf{p}_i \subseteq \mathcal{K}^{i+1}$. Die Gleichheit ergibt sich aus Dimensionsgründen. ■

6.1.4 Konvergenzrate des cg-Verfahrens

Proposition 6.1.3 impliziert, daß das cg-Verfahren bei exakter Rechnung nach spätestens N Schritten mit der Lösung $\mathbf{u}^*$ von $\mathbf{K}\mathbf{u} = \mathbf{f}$ abbricht. Wesentlich wichtiger ist jedoch die Eigenschaft des cg-Verfahrens, bereits nach $i \ll N$ Schritten sehr genaue Approximationen für $\mathbf{u}^*$ zu liefern, wie wir in diesem Abschnitt zeigen werden.

Sei $\mathbf{u}_* = \mathbf{K}^{-1}\mathbf{f}$ die Lösung von (6.1.1). Dann gilt

$$J(\mathbf{u}) = \frac{1}{2}\left(\|\mathbf{u} - \mathbf{u}_*\|^2_{\mathbf{K}} - \|\mathbf{u}_*\|^2_{\mathbf{K}}\right), \tag{6.1.16}$$

wobei $\|\mathbf{u}\|^2_{\mathbf{K}} := \langle \mathbf{u}, \mathbf{K}\mathbf{u}\rangle = \langle \mathbf{K}\mathbf{u}, \mathbf{u}\rangle$ die *Energienorm* zu $\mathbf{K}$ bezeichnet. Da weiter $J'(\mathbf{u}_{i+1}) = -\operatorname{Re}\langle \mathbf{r}_{i+1}, \cdot\rangle$ auf $\mathcal{K}^i = \operatorname{span}\{\mathbf{p}_0, \ldots, \mathbf{p}_i\}$ verschwindet, nimmt $J(\cdot)$ sein Minimum über $\mathbf{u}_0 + \mathcal{K}^i$ in $\mathbf{u}_{i+1}$ an. Daher gilt für alle reellen Polynome $p \in \mathbb{P}_i$:

$$\|\mathbf{u}_{i+1} - \mathbf{u}_*\|_{\mathbf{K}} \leq \|p(\mathbf{C}\mathbf{K})\,\mathbf{s}_0 + \mathbf{u}_0 - \mathbf{u}_*\|_{\mathbf{K}}\,. \tag{6.1.17}$$

Wegen $\mathbf{s}_0 = \mathbf{CK}(\mathbf{u}_* - \mathbf{u}_0)$ folgt für alle $p \in \mathbb{P}_{i+1}$ mit $p(0) = 1$ die Abschätzung

$$\|\mathbf{u}_{i+1} - \mathbf{u}_*\|_{\mathbf{K}} \leq \|p(\mathbf{CK})\,(\mathbf{u}_0 - \mathbf{u}_*)\|_{\mathbf{K}} . \tag{6.1.18}$$

Übungsaufgabe 6.1.4 *Für positiv definite Matrizen* $\mathbf{K}, \mathbf{C}$ *und für ein beliebiges Polynom* p *mit reellen Koeffizienten gilt*

$$\|p\,(\mathbf{KC})\,\mathbf{w}\|_{\mathbf{K}} = \|p\,(\mathbf{CK})\,\mathbf{w}\|_{\mathbf{K}} \leq \|\mathbf{w}\|_{\mathbf{K}} \max\{|p(\lambda)| : \lambda \in \sigma\} \qquad \forall \mathbf{w} \in \mathbb{K}^N$$

mit dem Spektrum σ *der Matrix* $\mathbf{CK}$.

Eine Folgerung aus (6.1.18) ist eine Abschätzung des Fehlers nach i Iterationen.

Proposition 6.1.5 *Für alle* $i \geq 0$ *und alle reellen Polynome* $p \in \mathbb{P}_i$ *mit* $p(0) = 1$ *gilt:*

$$\|\mathbf{u}_i - \mathbf{u}_*\|_{\mathbf{K}} \leq \max\{|p(\lambda)| : \lambda \in \sigma\}\ \|\mathbf{u}_0 - \mathbf{u}_*\|_{\mathbf{K}} . \tag{6.1.19}$$

Eine Konvergenzabschätzung folgt aus (6.1.19). Wir benötigen dazu zunächst noch ein vorbereitendes Lemma.

Lemma 6.1.6 *Sei* $0 < a < b$. *Das Problem*

$$\min\{\max\{|p(\lambda)| : \lambda \in [a,b]\} : p \in P_i, \wedge p(0) = 1\} \tag{6.1.20}$$

hat genau eine Lösung

$$p(z) = \frac{T_i\left(\frac{b+a-2z}{b-a}\right)}{T_i\left(\frac{b+a}{b-a}\right)},$$

wobei $T_k(x)$ *das Čebyšev-Polynom vom Grad* k *auf* $(-1,1)$ *ist, welches* $|T_k(x)| \leq 1$ *für* $|x| \leq 1$ *und* $T_k(1) = 1$ *erfüllt.*

Zusammen mit (6.1.19) ergibt sich die Konvergenzaussage.

Satz 6.1.7 *Es gelte*

$$\sigma(\mathbf{CK}) \subseteq [a,b], \quad \kappa := b/a \geq 1 .$$

Dann gilt für alle $\mathbf{u}_0 \in \mathbb{K}^N$ *und* $i \geq 1$

$$\|\mathbf{u}_i - \mathbf{u}_*\|_{\mathbf{K}} \leq \frac{1}{T_i\left(\frac{\kappa+1}{\kappa-1}\right)}\|\mathbf{u}_0 - \mathbf{u}_*\|_{\mathbf{K}} \leq 2\left(\frac{\sqrt{\kappa}-1}{\sqrt{\kappa}+1}\right)^i \|\mathbf{u}_0 - \mathbf{u}_*\|_{\mathbf{K}} . \tag{6.1.21}$$

Beweis. Proposition 6.1.5 und Lemma 6.1.6 ergeben die erste Ungleichung. Weiter gilt $T_i(x) = \cos(i \arccos x)$ oder

$$T_i(x) = \frac{1}{2}\left((x + \sqrt{x^2-1})^i + (x - \sqrt{x^2-1})^i\right), \tag{6.1.22}$$

wobei nur gerade Potenzen von $\sqrt{x^2-1}$ auftreten und somit (6.1.22) für alle $x \in \mathbb{R}$ definiert ist. Damit gilt

$$T_i\,(x) \geq \frac{1}{2}\left(x + \sqrt{x^2-1}\right)^i \qquad \text{für } x \geq 1$$

und aus

$$(x + \sqrt{x^2-1})|_{x=\frac{\kappa+1}{\kappa-1}>1} = \frac{\sqrt{\kappa}+1}{\sqrt{\kappa}-1}$$

folgt die Behauptung. ■

6.1.5 Verallgemeinerungen*

Wir gehen kurz auf Verallgemeinerungen von Satz 6.1.7 ein. Zunächst ist die Beschränkung auf endlichdimensionale Räume $\mathbb{K}^N$ nicht wesentlich - das cg-Verfahren läßt sich genauso für unendlichdimensionale Hilbert-Räume definieren und (6.1.21) bleibt gültig, falls X, Y Hilberträume über $\mathbb{K}$ sind, $\langle\cdot,\cdot\rangle_{Y\times X} : Y \times X \to \mathbb{K}$ eine Sesquilinearform ist und $A \in \mathcal{L}(X,Y)$

$$\forall u, v \in X: \quad \langle Au, v\rangle_{Y\times X} = \overline{\langle Av, u\rangle}_{Y\times X} \tag{6.1.23}$$

erfüllt. Falls $Y = X$ und $A, C \in \mathcal{L}(X,Y)$ mit $CA = I + K$ und kompaktem $K : X \to X$ gilt, läßt sich aus (6.1.19) ebenfalls eine Konvergenzrate ableiten: Wir bemerken dazu, daß das Spektrum $\sigma(K)$ von K diskret ist und sich nur bei Null häuft (vgl. Satz 2.1.33(ii)). Sei nun $\varepsilon > 0$ gegeben und $q(z)$ ein Polynom derart, daß $q(0) = 1$ und

$$q(\lambda) = 0 \qquad \forall \lambda \in \sigma(I+K); |\lambda - 1| > \varepsilon \tag{6.1.24}$$

gilt. Da für jedes $\varepsilon > 0$ nur endlich viele $\lambda \in \sigma(I+K)$ die Bedingung $|\lambda - 1| > \varepsilon$ erfüllen, existiert q in (6.1.24). Mit $r(z) = (1-z)^j$ und $p_j(z) = q(z)r(z)$ gilt $p_j(0) = 1$, Grad $p_j = j +$ Grad q und

$$\max\{|p_j(z)| : z \in \sigma(I+K)\} \le \varepsilon^j \max\{|q(z)| : z \in \sigma(I+K)\}.$$

Mit $\mathbf{u}_i$ bezeichnen wir wieder die i-te Iterierte des cg-Verfahrens und folgern für alle $i \ge$ Grad q aus (6.1.19) die Abschätzung

$$\|\mathbf{u}_i - \mathbf{u}_*\|_{\mathbf{K}} \le \max\{|q(z)| : z \in \sigma(I+K)\}\varepsilon^{(i-\mathrm{Grad}\, q)}\|\mathbf{u}_0 - \mathbf{u}_*\|_{\mathbf{K}}.$$

Proposition 6.1.8 *Sei X ein Hilbertraum über $\mathbb{K}$ und $CA = I + K$ mit kompaktem $K : X \to X$. Sei $\mathbf{u}_i$ die i-te Iterierte des cg-Verfahrens.*

Dann existiert für alle $\varepsilon > 0$ ein $C(\varepsilon)$ derart, daß für alle i gilt

$$\|\mathbf{u}_i - \mathbf{u}_*\|_{\mathbf{K}} \le C\,\varepsilon^i\,\|\mathbf{u}_0 - \mathbf{u}_*\|_{\mathbf{K}}. \tag{6.1.25}$$

6.2 Abstiegsverfahren für nichtsymmetrische Systeme

Wir betrachten

$$\mathbf{Ku} = \mathbf{f} \tag{6.2.1}$$

in $\mathbb{R}^N$ mit nichtsymmetrischem $\mathbf{K}$. Die symmetrischen bzw. schiefsymmetrischen Anteile von $\mathbf{K}$ sind durch

$$\mathbf{M} = \frac{1}{2}(\mathbf{K} + \mathbf{K}^{\mathrm{T}}), \qquad \mathbf{R} = \frac{1}{2}(\mathbf{K} - \mathbf{K}^{\mathrm{T}}), \tag{6.2.2}$$

gegeben. Damit gilt $\mathbf{K} = \mathbf{M} + \mathbf{R}$. Für eine beliebige Matrix $\mathbf{X}$ seien $\lambda_{\min}(\mathbf{X})$, $\lambda_{\max}(\mathbf{X})$ die Eigenwerte mit kleinstem bzw. größtem Absolutbetrag und $\rho(\mathbf{X}) := |\lambda_{\max}(\mathbf{X})|$ der Spektralradius von $\mathbf{X}$. Mit $\sigma(\mathbf{X})$ bezeichnen wir das Spektrum von $\mathbf{X}$. Für nichtsinguläres $\mathbf{X}$ ist die Kondition bezüglich der Euklidischen Norm $\|\cdot\|$ durch $\kappa(\mathbf{X}) = \|\mathbf{X}\|\|\mathbf{X}^{-1}\|$ gegeben.

*Dieser Abschnitt ist als Ergänzung zum eigentlichen Schwerpunkt dieses Buches zu betrachten.

6.2.1 Abstiegsverfahren

Die allgemeine Form von Abstiegsverfahren zur Lösung von (6.2.1) wird in Algorithmus 6.2.1 beschrieben. Wir beschränken uns hier auf den Fall $\mathbb{K} = \mathbb{R}$.

Algorithmus 6.2.1 *(Abstiegsverfahren)*

$$\mathbf{u}_0 \in \mathbb{R}^N \quad (\textit{Startvektor}) \tag{6.2.3a}$$

$$\mathbf{r}_0 = \mathbf{f} - \mathbf{K}\mathbf{u}_0 \tag{6.2.3b}$$

$$\alpha_i := \frac{\langle \mathbf{r}_i, \mathbf{K}\mathbf{p}_i \rangle}{\langle \mathbf{K}\mathbf{p}_i, \mathbf{K}\mathbf{p}_i \rangle} \tag{6.2.3c}$$

$$\mathbf{u}_{i+1} := \mathbf{u}_i + \alpha_i \, \mathbf{p}_i \tag{6.2.3d}$$

$$\mathbf{r}_{i+1} := \mathbf{r}_i - \alpha_i \, \mathbf{K}\mathbf{p}_i \tag{6.2.3e}$$

$$\textit{Berechne } \mathbf{p}_{i+1} \, . \tag{6.2.3f}$$

Die Wahl (6.2.3c) minimiert das Residuum

$$\|\mathbf{r}_{i+1}\| = \|\mathbf{f} - \mathbf{K}(\mathbf{u}_i + \alpha \mathbf{p}_i)\| \; ,$$

bezüglich α, und es gilt daher $\|\mathbf{r}_{i+1}\| \le \|\mathbf{r}_i\|$ in jedem Schritt. Es bleibt, die Berechnungsvorschrift für $\mathbf{p}_i$ festzulegen. Wir setzen

$$\mathbf{p}_{i+1} := \mathbf{r}_{i+1} + \sum_{j=0}^{i} \beta_j^{(i)} \, \mathbf{p}_j \tag{6.2.4a}$$

$$\beta_j^{(i)} := \; - \langle \mathbf{K}\,\mathbf{r}_{i+1}, \mathbf{K}\mathbf{p}_j \rangle \, / \, \langle \mathbf{K}\mathbf{p}_j, \mathbf{K}\mathbf{p}_j \rangle \, . \tag{6.2.4b}$$

Der Vektor $\mathbf{p}_{i+1}$ aus (6.2.3) und (6.2.4) minimiert $E(\mathbf{w}) := \|\mathbf{f} - \mathbf{K}\mathbf{w}\|$ über dem affinen Raum $\mathbf{u}_0 + \operatorname{span}\{\mathbf{p}_0, \ldots, \mathbf{p}_i\}$. Durch (6.2.3) und (6.2.4) ist ein verallgemeinertes konjugiertes Residuenverfahren definiert. Ohne Rundungsfehler ergibt es, wie das cg-Verfahren, die Lösung von (6.2.1) in maximal N Schritten.

Die Speicherung aller $\mathbf{p}_j$ in (6.2.4a) ist für große N zu speicheraufwendig - daher ersetzt man (6.2.4a) durch

$$\mathbf{p}_{i+1} = \mathbf{r}_{i+1} + \sum_{j=i-k+1}^{i} \beta_j^{(i)} \, \mathbf{p}_j \tag{6.2.5}$$

für ein $k \ge 0$ mit $\beta_j^{(i)}$ wie in (6.2.4b). Man beachte, daß für $k = 0$ gilt

$$\mathbf{p}_{i+1} = \mathbf{r}_{i+1} \, . \tag{6.2.6}$$

In diesem Fall heißt (6.2.3) auch Minimale-Residuen-Methode (MR), andernfalls Orthomin(k).

6.2.2 Konvergenzrate von MR und Orthomin(k)

Lemma 6.2.2 *Die Vektoren* $(\mathbf{u}_i)$, $(\mathbf{r}_i)$ *und* $(\mathbf{p}_i)$ *für das MR oder Orthomin* (k) *erfüllen*

$$\langle \mathbf{K}\mathbf{p}_i, \mathbf{K}\mathbf{p}_j \rangle = 0 \quad j = i-k, \ldots, i-1, \; i \ge k \, , \tag{6.2.7a}$$

$$\langle \mathbf{r}_i, \mathbf{K}\mathbf{p}_j \rangle = 0 \quad j = i-k-1, \ldots, i-1, \; i \ge k+1 \, , \tag{6.2.7b}$$

$$\langle \mathbf{r}_i, \mathbf{K}\mathbf{p}_i \rangle = \langle \mathbf{r}_i, \mathbf{K}\mathbf{r}_i \rangle \, . \tag{6.2.7c}$$

Beweis. (6.2.7a) folgt aus (6.2.4), (6.2.5) per Induktion über i. Wir empfehlen den Beweis als Übungsaufgabe.

Die Beziehung (6.2.7b) folgt mit Induktion über i: (6.2.7b) gelte für alle $i \leq I$. Dann folgt mit (6.2.3e)

$$\langle \mathbf{r}_{i+1}, \mathbf{K}\mathbf{p}_j \rangle = \langle \mathbf{r}_i, \mathbf{K}\mathbf{p}_j \rangle - \alpha_i \langle \mathbf{K}\mathbf{p}_i, \mathbf{K}\mathbf{p}_j \rangle .$$

Für $j < i \leq I$ verschwinden die Terme auf der rechten Seite nach Induktionsannahme und (6.2.7a). Für $j = i = I$ verschwindet die rechte Seite wegen der Definition (6.2.3c) der α_i. Damit folgt (6.2.7b) für $i = I + 1$. Für (6.2.7c) multiplizieren wir (6.2.4a) bzw. (6.2.5) mit $\mathbf{K}$ und bilden das Innenprodukt mit $\mathbf{r}_i$: es folgt

$$\langle \mathbf{r}_i, \mathbf{K}\mathbf{p}_i \rangle = \langle \mathbf{r}_i, \mathbf{K}\mathbf{r}_i \rangle + \sum_{j=i-k}^{i-1} \beta_j^{(i-1)} \langle \mathbf{r}_i, \mathbf{K}\mathbf{p}_j \rangle = \langle \mathbf{r}_i, \mathbf{K}\mathbf{r}_i \rangle ,$$

wegen (6.2.7b). ■

Satz 6.2.3 *Die Folge* $(\mathbf{r}_i)$ *der Residuen von MR oder Orthomin* (k) *erfüllt*

$$\|\mathbf{r}_i\| \leq \left(1 - \frac{\lambda_{\min}(\mathbf{M})^2}{\lambda_{\max}(\mathbf{K}^T\mathbf{K})}\right)^{\frac{i}{2}} \|\mathbf{r}_0\| \tag{6.2.8}$$

mit $\mathbf{M}$ *aus (6.2.2).*

Für den Beweis benötigen wir ein vorbereitendes Lemma.

Lemma 6.2.4 *Es gilt für die* $(\mathbf{p}_i)$ *und* $(\mathbf{r}_i)$ *von MR oder Orthomin*(k)

$$(\mathbf{K}\mathbf{p}_i, \mathbf{K}\mathbf{p}_i) \leq (\mathbf{K}\mathbf{r}_i, \mathbf{K}\mathbf{r}_i) . \tag{6.2.9}$$

Der Beweis verwendet (6.2.4a), (6.2.5) und (6.2.7a) und wird der Leserin oder dem Leser als Übungsaufgabe empfohlen.

Beweis von Satz 6.2.4: Aus (6.2.3e) folgt

$$\begin{aligned}
\|\mathbf{r}_{i+1}\|^2 &= \langle \mathbf{r}_i, \mathbf{r}_i \rangle - 2\alpha_i \langle \mathbf{r}_i, \mathbf{K}\mathbf{p}_i \rangle + \alpha_i^2 \langle \mathbf{K}\mathbf{p}_i, \mathbf{K}\mathbf{p}_i \rangle \\
&= \|\mathbf{r}_i\|^2 - 2\frac{\langle \mathbf{r}_i, \mathbf{K}\mathbf{p}_i \rangle^2}{\langle \mathbf{K}\mathbf{p}_i, \mathbf{K}\mathbf{p}_i \rangle} + \frac{\langle \mathbf{r}_i, \mathbf{K}\mathbf{p}_i \rangle^2}{\langle \mathbf{K}\mathbf{p}_i, \mathbf{K}\mathbf{p}_i \rangle} \\
&= \|\mathbf{r}_i\|^2 - \frac{\langle \mathbf{r}_i, \mathbf{K}\mathbf{p}_i \rangle^2}{\langle \mathbf{K}\mathbf{p}_i, \mathbf{K}\mathbf{p}_i \rangle} .
\end{aligned}$$

Damit folgt aus (6.2.7c) und (6.2.9), daß

$$\begin{aligned}
\frac{\|\mathbf{r}_{i+1}\|^2}{\|\mathbf{r}_i\|^2} &= 1 - \frac{\langle \mathbf{r}_i, \mathbf{K}\mathbf{p}_i \rangle}{\langle \mathbf{r}_i, \mathbf{r}_i \rangle} \frac{\langle \mathbf{r}_i, \mathbf{K}\mathbf{p}_i \rangle}{\langle \mathbf{K}\mathbf{p}_i, \mathbf{K}\mathbf{p}_i \rangle} \\
&\leq 1 - \frac{\langle \mathbf{r}_i, \mathbf{K}\mathbf{r}_i \rangle}{\langle \mathbf{r}_i, \mathbf{r}_i \rangle} \frac{\langle \mathbf{r}_i, \mathbf{K}\mathbf{r}_i \rangle}{\langle \mathbf{K}\mathbf{r}_i, \mathbf{K}\mathbf{r}_i \rangle} .
\end{aligned}$$

Wegen $\langle \mathbf{v}, \mathbf{R}\mathbf{v}\rangle = 0$ für alle $\mathbf{v} \in \mathbb{R}^N$ mit $\mathbf{R}$ aus (6.2.2) gilt

$$\frac{\langle \mathbf{r}_i, \mathbf{K}\mathbf{r}_i\rangle}{\langle \mathbf{r}_i, \mathbf{r}_i\rangle} = \frac{\langle \mathbf{r}_i, \mathbf{M}\mathbf{r}_i\rangle}{\langle \mathbf{r}_i, \mathbf{r}_i\rangle} \geq \lambda_{\min}(\mathbf{M}).$$

Daraus und aus

$$\frac{\langle \mathbf{r}_i, \mathbf{K}\mathbf{r}_i\rangle}{\langle \mathbf{K}\mathbf{r}_i, \mathbf{K}\mathbf{r}_i\rangle} = \frac{\langle \mathbf{r}_i, \mathbf{r}_i\rangle}{\langle \mathbf{r}_i, \mathbf{K}^T\mathbf{K}\mathbf{r}_i, \rangle} \frac{\langle \mathbf{r}_i, \mathbf{K}\mathbf{r}_i\rangle}{\langle \mathbf{r}_i, \mathbf{r}_i\rangle} \geq \frac{\lambda_{\min}(\mathbf{M})}{\lambda_{\max}(\mathbf{K}^T\mathbf{K})}$$

folgt die Behauptung (6.2.8). ■

6.3 Iterative Löser für Gleichungen negativer Ordnung

In diesem Abschnitt behandeln wir die iterative Lösung der Integralgleichung zum Einfachschichtoperator V -also einem Operator erster Art und negativer Ordnung (-1).

Numerische Approximationen der Systemmatrixeinträge und der rechten Seite (vgl. Kapitel 5) oder die Panel-Clustering-Methode (vgl. Kapitel 7) führen zu einem gestörten System von Galerkin-Gleichungen

$$\tilde{\mathbf{K}}\tilde{\mathbf{u}}_S = \tilde{\mathbf{f}}. \tag{6.3.1}$$

Die Größe der Störungen sollte so gewählt werden, daß bei exakter Lösung des Gleichungssystems die zugehörige Randelementlösung $\tilde{u}_S \in S$ mit der optimalen Rate konvergiert. Wie wir in Kapitel 4, Lemma 4.5.1, bereits festgestellt haben, verhält sich die Konditionszahl

$$\kappa(\mathbf{K}) = \lambda_{\max}(\mathbf{K})/\lambda_{\min}(\mathbf{K})$$

der exakten Galerkin-Matrix $\mathbf{K}$ zu einem Randintegraloperator erster Art mit Ordnung ± 1 auf quasiuniformem Gitter $\mathcal{G}$ auf Γ mit Maschenweite h wie

$$\kappa(\mathbf{K}) \leq Ch^{-1} \leq CN^{1/2}. \tag{6.3.2}$$

Falls die Approximation $\tilde{\mathbf{K}}$ in (6.3.1) geeignete Stabilitätsbedingungen erfüllt, gilt (6.3.2) auch für $\tilde{\mathbf{K}}$, wie die folgende Übungsaufgabe zeigt.

Übungsaufgabe 6.3.1 *Es sei* $\mathbf{K}$ *die exakte Galerkin-Matrix zu einer Randelementmethode für eine elliptische Randintegralgleichung 1. Art der Ordnung -1 auf formregulärem, quasiuniformem Gitter G der Maschenweite h. Es sei weiter* $\tilde{A}$ *eine stabile, konsistente, symmetrische Approximation von* K, *genauer nehmen wir an, daß die gestörte Galerkin-Lösung* $\tilde{u}_S \in S$ *aus (6.3.1) mit optimaler Rate konvergiert. Zeigen Sie, daß sich die Kondition der gestörten Matrix* $\tilde{A}$ *für hinreichend kleine Schrittweite* $h \leq h_0$ *wie*

$$\kappa(\tilde{\mathbf{K}}) = \lambda_{\max}(\tilde{\mathbf{K}})/\lambda_{\min}(\tilde{\mathbf{K}}) \leq h^{-1} = CN^{1/2} \tag{6.3.3}$$

verhält.

Als Konsequenz aus der Übungsaufgabe, der Symmetrie der Näherung $\tilde{\mathbf{K}}$ sowie der Konvergenzabschätzung (6.1.21) in Satz 6.1.7 für das cg-Verfahren erhalten wir Abschätzungen für den Fehler der Näherung $\tilde{u}_S^j$ nach j Schritten des cg-Verfahrens.

Sei dazu $\tilde{\mathbf{u}}_S^j$ die j-te Iterierte des cg-Verfahrens angewendet auf (6.3.1) und $\tilde{u}_S^j \in S = S_{\mathcal{G}}^{p,-1}$ die zugehörige Randelementlösung. Der Zusammenhang zwischen der Euklidischen Vektornorm $\|\tilde{\mathbf{u}}_S^j - \tilde{\mathbf{u}}_S\|$ des Fehlers in der j-ten Iterierten sowie dem Fehler $\|\tilde{u}_S^j - \tilde{u}_S\|_{H^{-1/2}(\Gamma)}$ in der Randelementlösung wird durch die Normierung der Basisfunktionen von S hergestellt: Da die Basis $(b_I)_{I\in\mathcal{I}}$ von $S_{\mathcal{G}}^{p,-1}$ für jedes Paneel τ separat konstruiert wird, läßt sie sich einfach bezüglich des $L^2(\Gamma)$-Skalarprodukts orthonormieren. In diesem Fall gilt

$$\tilde{u}_S = \sum_{I\in\mathcal{I}} (\tilde{\mathbf{u}}_S)_I \, b_I \in S \Longrightarrow \|\tilde{u}_S\|_{L^2(\Gamma)} = \|\tilde{\mathbf{u}}_S\|, \tag{6.3.4}$$

wobei $\|\cdot\|$ wieder die Euklidische Norm bezeichnet.

Proposition 6.3.2 *Sei $\tilde{\mathbf{K}}$ eine stabile, konsistente und symmetrische Approximation der Galerkin-Matrix $\mathbf{K}$ zur Randintegralgleichung 1. Art des Einfachschichtpotentials, und es sei $\left(\tilde{\mathbf{u}}_S^j\right)_{j=0}^{\infty}$ die Folge der iterierten Vektoren des cg-Verfahrens mit Starvektor $\tilde{\mathbf{u}}_S^0 = \mathbf{0}$ und $\tilde{u}_S^j \in S$ die zu $\tilde{\mathbf{u}}_S^j$ gehörigen Näherungslösungen. Die Basis von S sei L^2-orthonormal und es gelte die inverse Ungleichung aus Satz 4.4.3. Dann gilt die Fehlerabschätzung*

$$\|\tilde{u}_S - \tilde{u}_S^j\|_{H^{-1/2}(\Gamma)} \le C(1-h^{1/2})^j h^{-1/2} \, \|f\|_{H^{1/2}(\Gamma)} \,. \tag{6.3.5}$$

Beweis. Wir wenden die Konvergenzabschätzung (6.1.21) an mit der Einheitsmatrix $\mathbf{C} = \mathbf{I}$ -das ist das cg-Verfahren ohne Vorkonditionierung- und mit der Matrix $\tilde{\mathbf{K}}$. Nach Übungsaufgabe 6.3.1 folgt für hinreichend kleines $h \le h_0$

$$\kappa(\tilde{\mathbf{K}}) \le Ch^{-1} \le CN^{1/2} \,.$$

Damit erhalten wir aus Satz 6.1.7 die Abschätzung

$$\begin{aligned}\left\|\tilde{u}_S - \tilde{u}_S^j\right\|_{H^{-1/2}(\Gamma)} &\le C \left\|\tilde{u}_S - \tilde{u}_S^j\right\|_{L^2(\Gamma)} = C \left\|\tilde{\mathbf{u}}_S - \tilde{\mathbf{u}}_S^j\right\| \\ &\le C\left(1-h^{1/2}\right)^j \|\tilde{\mathbf{u}}_S\| \le C\left(1-h^{1/2}\right)^j h^{-1/2} \, \|\tilde{u}_S\|_{H^{-1/2}(\Gamma)} \,.\end{aligned}$$

Die Stabilität der Störung und des Galerkin-Verfahrens sowie die Elliptizität der Integralgleichung ergeben

$$\|\tilde{u}_S\|_{H^{-1/2}(\Gamma)} \le C_1 \|u_S\|_{H^{-1/2}(\Gamma)} \le C_2 \|u\|_{H^{-1/2}(\Gamma)} \le C_3 \|f\|_{H^{1/2}(\Gamma)},$$

woraus die Behauptung folgt. ■

Die maximale Konvergenzrate von $\tilde{u}_S$ auf quasiuniformem Gitter der Maschenweite h ist $h^{p+3/2}$ in der $H^{-1/2}(\Gamma)$-Norm.

Um die Konvergenzordnung für die Näherung $\tilde{u}_S^j$ zu erhalten, müssen wir die Fehlerschranke (6.3.5) mit dem Diskretisierungsfehler des ungestörten Galerkin-Verfahrens gleichsetzen. In der $H^{-1/2}(\Gamma)$-Norm konvergiert das Galerkin-Verfahren mit der Ordnung $O(h^{p+3/2})$, falls die exakte Lösung u maximale Regularität besitzt, genauer $u \in H^{p+1}(\Gamma)$ gilt. Wir stoppen also das cg-Verfahren nach j_0 Schritten, wobei j_0 gemäß

$$\left(1-h^{1/2}\right)^{j_0} h^{-1/2} \overset{!}{<} h^{p+3/2} \tag{6.3.6}$$

gewählt wird.

Proposition 6.3.3 *Das cg-Verfahren ohne Vorkonditionierung liefert für hinreichend kleines $h \leq h_0$ nach*

$$j_0 \geq C \, |\log h| \, h^{-1/2} \sim CN^{1/4} \log N \tag{6.3.7}$$

Schritten eine Näherung $\tilde{u}_S^{j_0} \in S$ zur Galerkin-Lösung $u_S \in S$, die mit der optimalen Ordnung konvergiert.

Wir bemerken, daß ein cg-Schritt eine Matrix-Vektormultiplikation $\mathbf{u} \longmapsto \tilde{\mathbf{K}}\mathbf{u}$ benötigt. Für vollbesetzte Matrizen erfordert diese Auswertung einen Aufwand von $O(N^2)$. In diesem Fall ist die Gesamtkomplexität des Lösungsverfahrens proportional zu $N^{9/4} \log N$. Für große Dimension $N \sim 10^4 - 10^6$ führt dieses Skalierungsverhalten auch für moderne Hochleistungscomputer zu einem inakzeptablen Rechenaufwand.

In Kapitel 7 wird das Panel-Clustering-Verfahren zur schnellen Matrix-Vektor-Multiplikation erklärt, welches für diese Multiplikation lediglich $O(N(\log N)^a)$ arithmetische Operationen erfordert mit $a \geq 0$. Damit ergibt sich eine fast lineare Gesamtkomplexität von $O(N^{5/4}(\log N)^{a+1})$ für das cg-Verfahren ohne Vorkonditionierung.

Übungsaufgabe 6.3.4 *In Proposition 6.3.3 nehmen wir an, daß die Approximation $\tilde{A}$ der Matrix K symmetrisch ist. Untersuchen Sie den Fall, daß $\tilde{A}$ eine stabile, konsistente und nichtsymmetrische Approximation einer positiv definiten Matrix K ist und daß zur iterativen Lösung von (6.3.1) ein MR- oder Orthomin(k)-Verfahren verwendet wird.*

In vielen Fällen ist der Aufwand für das cg-Verfahrens und seiner unsymmetrischen Varianten hinreichend moderat, so daß keine Vorkonditionierung verwendet werden muß.

Falls die Dimension des linearen Gleichungssystem jedoch sehr hoch ist, $N \gg 10^5$, können Vorkonditionierungsverfahren eingesetzt werden, um die Konditionszahl zu reduzieren. Beispielsweise läßt sich eine Konditionszahl von $O(|\log h|)$ erreichen, falls mit Hilfe der *Haar-Multiwavelet-Basis* des Unterraums S vorkonditioniert wird [109], [130]. Wavelet-Diskretisierungen von Integralgleichungen werden in [133], [156], [118], [119] behandelt. Eine Wavelet-Konstruktion, die sich auch für sehr komplizierte Oberflächen eignet, wird in [149], [150], [131] beschrieben.

6.4 Iterative Löser für Gleichungen positiver Ordnung

Integralgleichungen positiver Ordnung verhalten sich vergleichbar wie Differentialgleichungen. Für Finite-Elemente-Diskretisierungen von Differentialgleichungen gehören *Mehrgitterverfahren* zu den effizientesten Lösungsmethoden. Mehrgitterverfahren lassen sich auch für Integralgleichungen ohne größere Modifikationen anwenden. Wir geben in diesem Kapitel eine Einführung in Mehrgitterverfahren, zugeschnitten auf Integralgleichungen und verweisen für ausführliche Darstellungen auf [62] und [64].

6.4.1 Integralgleichungen positiver Ordnung

In diesem Unterkapitel werden Mehrgitterverfahren zur effizienten Lösung von Integralgleichungen positiver Ordnung vorgestellt. Konkret betrachten wir einen Integraloperator der Form

$$(Ku)(\mathbf{x}) = \int_\Gamma k(\mathbf{x}, \mathbf{y}) \, u(\mathbf{y}) \, ds_{\mathbf{y}} \qquad \forall \mathbf{x} \in \Gamma.$$

Γ bezeichnet die Oberfläche eines dreidimensionalen Gebiets und mit $\mathcal{G}$ sei eine Paneelierung von Γ gegeben.

Annahme 6.4.1 *Der Operator $K : H^{-1/2}(\Gamma) \to H^{1/2}(\Gamma)$ ist stetig mit Stetigkeitskonstante C_{stetig} und auf einem abgeschlossenen Teilraum $V \subset H^{-1/2}(\Gamma)$ elliptisch*

$$b(v,v) := (v, Kv)_{L^2(\Gamma)} \geq C_k \|v\|^2_{H^{1/2}(\Gamma)} \qquad \forall v \in V. \tag{6.4.1}$$

Für Integralgleichungen positiver Ordnung ist die Kernfunktion im allgemeinen hypersingulär und das Integral ist über eine geeignete Regularisierung definiert.

Für eine rechte Seite $f \in V'$ suchen wir eine Funktion $u \in V$ mit

$$b(u,v) = f(v) \qquad \forall v \in V. \tag{6.4.2}$$

Die Galerkin- oder Kollokationsdiskretisierung überführt die Integralgleichung in eine Koeffizientenmatrix $\mathbf{K} \in \mathbb{C}^{N\times N}$ und in die rechte Seite $\mathbf{f} \in \mathbb{C}^N$. Der Koeffizientenvektor $\mathbf{u}$ in der Basisdarstellung der Randelementlösung $u \in S$ ist die Lösung des linearen Gleichungssystems

$$\mathbf{Ku} = \mathbf{f}. \tag{6.4.3}$$

Wegen der Schwierigkeit, für Integralgleichungen mit hypersingulärer Kernfunktion Punktauswertungen zu definieren, beschränken wir uns hier auf Galerkin-Diskretisierungen. Die Konformität $S \subset V \subset H^{1/2}(\Gamma)$ impliziert die Lipschitz-Stetigkeit der Randelementfunktionen. In einigen Beweisen werden inverse Ungleichungen verwendet, und wir bezeichnen die minimale Konstante in

$$\|u\|_{H^{1/2}(\Gamma)} \leq Ch^{-1/2} \|u\|_{L^2(\Gamma)} \qquad \forall u \in S \tag{6.4.4}$$

mit C_{inv}. Diese hängt von der Regularität des Gitters $\mathcal{G}$ abhängt (vgl. Kapitel 4, Satz 4.4.3 und Bemerkung 4.4.4(a)). Die minimale Konstante (bzw. maximale Konstante) in

$$|\operatorname{Tr} b_i| \leq Ch^2 \quad (\text{bzw.} \quad |\operatorname{Tr} b_i| \geq ch^2) \tag{6.4.5}$$

wird mit C_T (bzw. c_T) bezeichnet.

Wir stellen eine Abschätzung für die Diagonalelemente der Matrix $\mathbf{K}$ für spätere Anwendungen bereit.

Lemma 6.4.2 *Die Galerkin-Diskretisierung der Bilinearform aus Satz 3.3.22 mit der Fundamentallösung G aus (3.1.3) führt auf eine Systemmatrix $\mathbf{K}$, deren Diagonalelemente der Abschätzung*

$$|\mathbf{K}_{i,i}| \leq C_1 h$$

genügen.

Beweis. In der Bilinearform b_W aus Satz 3.3.22 wird $\varphi = \psi = b_i$ gesetzt. Da die Operatoren $\operatorname{rot}_\Gamma$ stetige Differentialoperatoren der Ordnung 1 sind, folgt mit der inversen Ungleichung

$$|\langle \operatorname{rot}_\Gamma b_i(\mathbf{x}), \operatorname{rot}_\Gamma b_i(\mathbf{y})\rangle| \leq C \|b_i\|_{W^{1,\infty}(\Gamma)} \|b_j\|_{W^{1,\infty}(\Gamma)} \leq Ch^{-2}. \tag{6.4.6}$$

Die Fundamentallösung erfüllt

$$|G(\mathbf{z})| \leq C \|\mathbf{z}\|^{-1}$$

für alle $\mathbf{z} \in \mathbb{R}^3 \setminus \{\mathbf{0}\}$. Damit gilt

$$|\mathbf{K}_{i,i}| \leq Ch^{-2} \int_{\operatorname{Tr} b_i \times \operatorname{Tr} b_j} \frac{1}{\|\mathbf{x} - \mathbf{y}\|} ds_{\mathbf{x}} ds_{\mathbf{y}}.$$

Wie in Satz 3.3.5 zeigt man mittels Rücktransformation auf die Referenzelemente und der Einführung von lokalen Polarkoordinaten

$$|\mathbf{K}_{i,i}| \leq Ch. \tag{6.4.7}$$

■

Mit erheblich höherem technischen Aufwand läßt sich für die Diagonalelemente von $\mathbf{K}$ auch eine Abschätzung nach unten $|\mathbf{K}_{i,i}| \geq ch$ beweisen. Der Beweis wird hier nicht ausgeführt. Diese Abschätzungen werden in folgender Annahme gefordert.

Annahme 6.4.3 *Es existieren positive Konstanten c_d und C_d, so daß für alle*

$$c_d h \leq |\mathbf{K}_{i,i}| \leq C_d h \qquad \forall 1 \leq i \leq N$$

gilt. Dabei hängen die Konstanten c_d, C_d lediglich von Γ, dem minimalen Winkel der Paneelierung, der Konstanten aus der inversen Ungleichung (6.4.4) und den Koeffizienten der Kernfunktion ab.

6.4.2 Iterationsverfahren

Wir stellen in diesem Unterkapitel einige Eigenschaften von Iterationsverfahren zusammen und empfehlen für eine umfassende Darstellung [64] zum Studium. Beweise, die im folgenden nicht ausgeführt sind, finden sich in [64].

Da die hohe Dimension der Matrix $\mathbf{K}$ die Verwendung direkter Lösungsmethoden (Aufwand $O(N^3)$) verbietet, sollten Iterationsverfahren zu Lösung von (6.4.3) eingesetzt werden. Wir betrachten im folgenden lineare Iterationsverfahren der Bauart:

$$\mathbf{u}^{(i+1)} := \mathbf{u}^{(i)} - \mathbf{W}\left(\mathbf{K}\mathbf{u}^{(i)} - \mathbf{f}\right). \tag{6.4.8}$$

Offensichtlich ist der Iterationsprozeß durch die Wahl der Matrix $\mathbf{W}$ und des Startvektors $\mathbf{u}^{(0)}$ vollständig definiert.

Häufig verwendete Iterationsverfahren sind das Jacobi-Verfahren, das Gauß-Seidel-Verfahren und das SOR-Verfahren. Sie basieren auf der Aufspaltung

$$\mathbf{K} = \mathbf{D} - \mathbf{L} - \mathbf{R} \tag{6.4.9}$$

mit der Diagonalmatrix $\mathbf{D} := \operatorname{diag} \mathbf{K}$, der strikten linken unteren Dreiecksmatrix $\mathbf{L}$ und der strikten rechten oberen Dreiecksmatrix $\mathbf{R}$.

Beispiel 6.4.4 *Das Jacobi-Verfahren ist durch* $\mathbf{W} = \mathbf{D}^{-1}$ *definiert. In Komponentenschreibweise lautet die Iterationsvorschrift*

$$\mathbf{u}_j^{(i+1)} := \mathbf{u}_j^{(i)} - \frac{1}{\mathbf{K}_{j,j}} \left(\sum_{k=1}^{N} \mathbf{K}_{j,k} \mathbf{u}_k^{(i)} - \mathbf{f}_j \right) \qquad 1 \leq j \leq N.$$

In vielen Anwendungen muß das Verfahren gedämpft werden mit einem Parameter $\omega > 0$. *Das gedämpfte Jacobi-Verfahren ist durch* $\mathbf{W} = \omega \mathbf{D}^{-1}$ *definiert.*

Beispiel 6.4.5 *Das Gauß-Seidel-Verfahren ist durch die Wahl* $\mathbf{W} = (\mathbf{L} - \mathbf{D})^{-1}$ *charakterisiert. Man beachte, daß zur Durchführung der Iteration die Dreiecksmatrix* $\mathbf{L} - \mathbf{D}$ *nicht invertiert werden muß, sondern lediglich ein Gleichungssystem mit Dreiecksmatrix aufzulösen ist. Die komponentenweise Darstellung lautet*

$$\mathbf{u}_j^{(i+1)} = \mathbf{u}_j^{(i)} - \frac{1}{\mathbf{K}_{j,j}} \left(\sum_{k=1}^{j-1} \mathbf{K}_{j,k} \mathbf{u}_k^{(i+1)} + \sum_{k=j}^{N} \mathbf{K}_{j,k} \mathbf{u}_k^{(i)} - \mathbf{f}_j \right) \qquad 1 \leq j \leq N. \tag{6.4.10}$$

Die gedämpfte Version erhält man mit einem positiven Parameter ω *durch* $\mathbf{W} := \omega (\mathbf{L} - \mathbf{D})^{-1}$.

Beispiel 6.4.6 *Das SOR-Verfahren erhält man mit Hilfe eines Parameters* $\omega > 0$ *in (6.4.10) gemäß*

$$\mathbf{u}_j^{(i+1)} = \mathbf{u}_j^{(i)} - \frac{\omega}{\mathbf{K}_{j,j}} \left(\sum_{k=1}^{j-1} \mathbf{K}_{j,k} \mathbf{u}_k^{(i+1)} + \sum_{k=j}^{N} \mathbf{K}_{j,k} \mathbf{u}_k^{(i)} - \mathbf{f}_j \right) \qquad 1 \leq j \leq N.$$

Die Bezeichnung SOR-Verfahren ist vom Englischen „succesive overrelaxation“ abgeleitet.

Im folgenden werden wir die wichtigsten Konvergenzresultate für Iterationsverfahren der Form (6.4.8) zusammenstellen. Wir beginnen mit der Definition der Konvergenz.

Definition 6.4.7 *Ein Iterationsverfahren der Form (6.4.8) heißt konvergent, wenn für alle* $\mathbf{f} \in \mathbb{C}^N$ *ein vom Startwert* $\mathbf{u}^{(0)} \in \mathbb{C}^N$ *unabhängiger Grenzwert* $\mathbf{u}$ *der Iteration existiert.*

Die Konvergenz eines linearen Iterationsverfahren läßt sich äquivalent mit Hilfe des *Spektralradius* der *Iterationsmatrix* charakterisieren.

Definition 6.4.8 *Der Spektralradius einer Matrix* $\mathbf{A} \in \mathbb{C}^{N \times N}$ *ist durch*

$$\rho(\mathbf{A}) := \max \{ |\lambda| : \lambda \textit{ ist ein Eigenwert von } \mathbf{A} \}$$

gegeben.

Die Iterationsmatrix eines linearen Iterationsverfahrens der Form (6.4.8) ist

$$\mathbf{T} := \mathbf{I} - \mathbf{W}\mathbf{K}.$$

Bemerkung 6.4.9 *Ein lineares Iterationsverfahren der Form (6.4.8) mit regulärer Matrix* $\mathbf{K}$ *besitzt die Darstellung*

$$\mathbf{u}^{(i+1)} = \mathbf{T}\mathbf{u}^{(i)} + (\mathbf{I} - \mathbf{T}) \mathbf{K}^{-1} \mathbf{f}.$$

Satz 6.4.10 *Das Iterationsverfahren (6.4.8) konvergiert genau dann, wenn $\rho(\mathbf{T}) < 1$ gilt. Der Grenzwert der Iteration stimmt mit der Lösung des linearen Gleichungssystems überein.*

Beweis. Satz 3.2.7 und Zusatz 3.2.8 aus [64]. ∎

Für die *Bewertung* von Iterationsverfahren für spezielle Anwendungen spielen quantitative Konvergenzresultate die entscheidende Rolle. Für eine Vektornorm $\|\cdot\|$ auf $\mathbb{C}^N$ wird die zugeordnete Matrixnorm ebenfalls mit $\|\cdot\|$ bezeichnet.

$$\|\mathbf{A}\| := \sup_{\mathbf{v}\in\mathbb{C}^N\setminus\{\mathbf{0}\}} \frac{\|\mathbf{A}\mathbf{v}\|}{\|\mathbf{v}\|}.$$

Satz 6.4.11 *Sei $\|\cdot\|$ eine zugeordnete Matrixnorm. Eine hinreichende Bedingung für die Konvergenz einer Iteration (6.4.8) mit Iterationsmatrix $\mathbf{T}$ ist die Abschätzung $\|\mathbf{T}\| < 1$. Für den Fehler $\mathbf{e}^{(i)} := \mathbf{u}^{(i)} - \mathbf{u}$ gilt die Abschätzung*

$$\left\|\mathbf{e}^{(i+1)}\right\| \le \|\mathbf{T}\| \left\|\mathbf{e}^{(i)}\right\|, \qquad \left\|\mathbf{e}^{(i)}\right\| \le \|\mathbf{T}\|^i \left\|\mathbf{e}^{(0)}\right\|.$$

Beweis. Satz 3.2.10 in [64]. ∎

Die Bedingung $\|\mathbf{T}\| < 1$ ist lediglich hinreichend für die Konvergenz des Iterationsverfahrens.

Bemerkung 6.4.12 *(a) Sei $\|\cdot\|$ eine zugeordnete Matrixnorm. Dann gilt für jede Matrix $\mathbf{A} \in \mathbb{R}^{N\times N}$ die Abschätzung*

$$\rho(\mathbf{A}) \le \|\mathbf{A}\|.$$

(b) Für jede Matrix $\mathbf{A}$ und jedes $\varepsilon > 0$ existiert eine zugeordnete Matrixnorm $\|\cdot\| = \|\cdot\|_{\mathbf{A},\varepsilon}$ mit

$$\|\mathbf{A}\| \le \rho(\mathbf{A}) + \varepsilon.$$

Beweis. Teil a: Sei $\mathbf{w}$ ein Eigenvektor zum betragsmäßig größten Eigenwert λ von $\mathbf{A}$. Dann gilt

$$\|\mathbf{A}\| = \sup_{\mathbf{v}\in\mathbb{C}^N\setminus\{\mathbf{0}\}} \frac{\|\mathbf{A}\mathbf{v}\|}{\|\mathbf{v}\|} \ge \frac{\|\mathbf{A}\mathbf{w}\|}{\|\mathbf{w}\|} = |\lambda| = \rho(\mathbf{A}).$$

Der Beweis von Teil b verwendet die Jordansche Normalform der Matrix $\mathbf{A}$ und findet sich beispielsweise in [147, Satz 6.9.2]. ∎

Die Bemerkung zeigt, daß für ein konvergentes Iterationsverfahren immer eine zugeordnete Matrixnorm existiert, welche die Voraussetzung aus Satz 6.4.11 erfüllt. Für lineare Gleichungssysteme mit positiv definiter Koeffizientenmatrix $\mathbf{A} \in \mathbb{C}^{N\times N}$ ist die Wahl der Norm

$$\|\mathbf{x}\|_{\mathbf{A}} := \langle \mathbf{x}, \mathbf{A}\mathbf{x}\rangle^{1/2} \quad \text{mit} \quad \langle \mathbf{y}, \mathbf{A}\mathbf{x}\rangle := \sum_{i,j=1}^{N} \mathbf{y}_i \mathbf{A}_{i,j} \overline{\mathbf{x}}_j$$

in vielen Fällen ein guter Kandidat, um $\|\mathbf{T}\|_{\mathbf{A}} < 1$ zu zeigen.

Exemplarisch studieren wir das Konvergenzverhalten des Jacobi-Verfahrens in Abhängigkeit von der Konditionszahl der Matrix. Für eine detailliertere Betrachtung von Iterationsverfahren verweisen wir auf [64], [147].

Satz 6.4.13 (Jacobi-Verfahren) *Sei* $\mathbf{K}$ *in (6.4.3) positiv definit. Der größte (bzw. kleinste) Eigenwert von* $\tilde{\mathbf{K}} := \mathbf{D}^{-1/2}\mathbf{K}\mathbf{D}^{-1/2}$ *wird mit* Λ *(bzw.* λ*) bezeichnet. Der optimale Dämpfungsparameter für das Jacobi-Verfahren ist durch* $\omega_{\text{opt}} := 2/(\Lambda + \lambda)$ *gegeben und die Norm der zugehörigen Iterationsmatrix erfüllt*

$$\rho(\mathbf{T}) = \|\mathbf{T}\|_{\mathbf{K}} = \|\mathbf{T}\|_{\mathbf{A}} = \frac{\kappa - 1}{\kappa + 1} \tag{6.4.11}$$

mit der Konditionszahl κ *von* $\tilde{\mathbf{K}}$.

Aufschluß über die Kondition κ von $\tilde{\mathbf{K}}$ gibt der folgende Satz.

Satz 6.4.14 *Die Annahmen 5.3.5, 5.3.25 und 6.4.3 seien erfüllt. Die Galerkin-Matrix in (6.4.3) sei positiv definit. Dann gilt für die Iterationsmatrix des gedämpften Jacobi-Verfahrens mit optimalem Dämpfungsparameter*

$$\rho(\mathbf{T}) \leq 1 - Ch,$$

wobei die positive Konstante C *lediglich von* C_{inv} *(s. 6.4.4)),* C_k *(s. (6.4.1)),* C_{stetig}*,* c_d*,* C_d *(s. Annahme 6.4.3) und den Konstanten aus Korollar 5.3.28 abhängt.*

Beweis. Wir beginnen mit der Abschätzung der extremalen Eigenwerte von $\mathbf{K}$ (vgl. Kapitel 4, Beweis von Lemma 4.5.1 und Übungsaufgabe 4.5.2).

Für einen Koeffizientenvektor $\mathbf{u} \in \mathbb{C}^N$ bezeichnet u die zugehörige Randelementfunktion. Da $\mathbf{K}$ positiv definit ist, gilt für den größten bzw. kleinsten Eigenwert von $\mathbf{K}$

$$\lambda_{\max} = \sup_{\mathbf{u} \in \mathbb{C}^N \setminus \{0\}} \frac{\langle \mathbf{u}, \mathbf{K}\mathbf{u} \rangle}{\langle \mathbf{u}, \mathbf{u} \rangle} \quad \text{bzw.} \quad \lambda_{\min} = \inf_{\mathbf{u} \in \mathbb{C}^N \setminus \{0\}} \frac{\langle \mathbf{u}, \mathbf{K}\mathbf{u} \rangle}{\langle \mathbf{u}, \mathbf{u} \rangle}.$$

Die Abschätzung für den größten Eigenwert ergibt sich mit der Stetigkeit von K, der inversen Ungleichung (6.4.4) und Korollar 5.3.28

$$\begin{aligned} \langle \mathbf{u}, \mathbf{K}\mathbf{u} \rangle &= (u, Ku)_{L^2(\Gamma)} \leq \|u\|_{H^{1/2}(\Gamma)} \|Ku\|_{H^{-1/2}(\Gamma)} \leq C_{\text{stetig}} \|u\|^2_{H^{1/2}(\Gamma)} \\ &\leq C^2_{\text{inv}} C_{\text{stetig}} h^{-1} \|u\|^2_{L^2(\Gamma)} \leq Ch \|\mathbf{u}\|^2 \end{aligned} \tag{6.4.12}$$

zu $\lambda_{\max} \leq Ch$. Die untere Abschätzung für den kleinsten Eigenwert

$$\lambda_{\min} \geq ch^2$$

erhält man aus der Elliptizität von $\mathbf{K}$

$$\langle \mathbf{u}, \mathbf{K}\mathbf{u} \rangle = (u, Ku)_{L^2(\Gamma)} \geq C_k \|u\|^2_{H^{1/2}(\Gamma)} \geq C_k \|u\|^2_{L^2(\Gamma)} \geq ch^2 \|\mathbf{u}\|^2 .$$

Für $\mathbf{v} \in \mathbb{C}^N$ setzen wir $\mathbf{u} = \mathbf{D}^{-1/2}\mathbf{v}$ und erhalten die Abschätzungen

$$\tilde{\lambda}_{\max} \leq C \quad \text{und} \quad \tilde{\lambda}_{\min} \geq ch$$

für die extremen Eigenwerte $\tilde{\lambda}_{\max}$, $\tilde{\lambda}_{\min}$ von $\tilde{\mathbf{K}}$ unter Verwendung von Annahme 6.4.3 aus den Ungleichungen

$$\begin{aligned} \left\langle \mathbf{v}, \tilde{\mathbf{K}}\mathbf{v} \right\rangle &= \langle \mathbf{u}, \mathbf{K}\mathbf{u} \rangle \leq Ch \|\mathbf{u}\|^2 = Ch \left\|\mathbf{D}^{-1/2}\mathbf{v}\right\|^2 \leq \tilde{C} \|\mathbf{v}\|^2 , \\ \left\langle \mathbf{v}, \tilde{\mathbf{K}}\mathbf{v} \right\rangle &= \langle \mathbf{u}, \mathbf{K}\mathbf{u} \rangle \geq ch^2 \|\mathbf{u}\|^2 = ch^2 \left\|\mathbf{D}^{-1/2}\mathbf{v}\right\|^2 \geq \tilde{c}h \|\mathbf{v}\|^2 . \end{aligned} \tag{6.4.13}$$

Damit ist für die Konditionszahl von $\tilde{\mathbf{K}}$ die Abschätzung $\kappa \leq Ch^{-1}$ gezeigt. Eingesetzt in (6.4.11) ergibt sich die Behauptung. ∎

Korollar 6.4.15 *Unter den Voraussetzungen von Satz 6.4.14 gilt für das Spektrum der Galerkin-Diskretisierung von* $\mathbf{K}$ *in (6.4.3)*

$$\sigma(\mathbf{K}) \subset \left[ch^2, Ch\right]$$

mit positiven Konstanten c *und* C.

Das cg-Verfahren aus Kapitel 6.1 ist ein Beispiel eines nichtlinearen Iterationsverfahren. Falls der kontinuierliche Randintegraloperator symmetrisch und elliptisch ist, führt die Galerkin-Diskretisierung auf eine positiv definite Systemmatrix und das cg-Verfahren läßt sich zur Lösung verwenden.

Satz 6.4.16 *Die Voraussetzungen aus Satz 6.4.14 seien erfüllt. Mit* $\mathbf{u}^{(i)}$ *wird die* i*-te Iterierte im cg-Verfahren (ohne Vorkonditionierung) bezeichnet. Dann gilt für den Iterationsfehler* $\mathbf{e}^{(i)} := \mathbf{u}^{(i)} - \mathbf{u}$ *die Abschätzung*

$$\left\|\mathbf{e}^{(i)}\right\|_{\mathbf{K}} \leq 2\left(1 - C\sqrt{h}\right)^i \left\|\mathbf{e}^{(0)}\right\|_{\mathbf{K}}.$$

Beweis. Wir wenden Satz 6.1.7 an. Aus Korollar 6.4.15 folgt für $\kappa = \lambda_{\max}/\lambda_{\min}$ die Abschätzung $\kappa \leq Ch^{-1}$. Im Hinblick auf Abschätzung 6.1.21 verwenden wir

$$\frac{\sqrt{\kappa}-1}{\sqrt{\kappa}+1} \leq 1 - C\sqrt{h}$$

und erhalten daraus die Behauptung. ■

Bemerkung 6.4.17 *Satz 6.4.16 impliziert, daß die Zahl der Iterationen zur Lösung des linearen Gleichungssystems mit wachsender Dimension von* $\mathbf{K}$ *wächst.*

Unter analogen Voraussetzungen wie in Proposition 6.3.3 ergibt sich ein asymptotischer Aufwand von $O\left(\sharp It \times \sharp MVM\right)$ *zur Lösung des linearen Gleichungssystems (6.4.3), wobei* $\sharp It := \left(N^{1/4} \log N\right)$ *die Zahl der Iterationen bezeichnet und* $\sharp MVM$ *die Komplexität einer Matrix-Vektor-Multiplikation. Für das Panel-Clustering-Verfahren gilt* $\sharp MVM \leq CN \log^a N$ *mit* $a \geq 0$.

Bemerkung 6.4.17 zeigt, daß der Aufwand zur Lösung des linearen Gleichungssystems schneller als linear-logarithmisch wächst. Für sehr große Probleme ($N \sim 10^5 - 10^6$) wird dann der Aufwand zum Lösen des linearen Gleichungssystems den Gesamtaufwand dominieren. Im folgenden Kapitel wird ein Verfahren vorgestellt, welches das lineare Gleichungssystem (6.4.3) mit linear-logarithmischer Komplexität löst.

6.4.3 Mehrgitterverfahren*

Mehrgitterverfahren eignen sich zur Lösung linearer Gleichungssysteme, die als Diskretisierung von Differential- oder Integraloperatoren positiver Ordnung entstehen. In diesem Unterkapitel werden wir Mehrgitterverfahren für das Problem (6.4.3) vorstellen. Da Mehrgitterverfahren ein eigenständiges Themengebiet innerhalb der Numerik darstellen, verweisen wir für eine ausführliche Darstellung von Mehrgittermethoden auf die Monographie [62] und das Lehrbuch [64] und beschränken uns hier auf eine knappe Darstellung, die auf Randintegralgleichungen positiver Ordnung zugeschnitten ist.

*Dieser Abschnitt ist als Ergänzung zum eigentlichen Schwerpunkt dieses Buches zu betrachten.

6.4.3.1 Motivation

Der elliptische Integraloperator $K : H^{1/2}(\Gamma) \to H^{-1/2}(\Gamma)$ wirkt auf eine Funktion $u \to Ku$ differenzierend. Mehrgittermethoden lassen sich für allgemeine, elliptische Probleme positiver Ordnung anwenden. Die Grundidee von Mehrgitterverfahrens läßt sich am einfachsten an Hand eines elliptischen Differentialoperators erklären, der mit finiten Differenzen diskretisiert ist. Die Übertragung des Verfahrens auf elliptische Randintegralgleichungen positiver Ordnung erfordert keine Modifikationen und wird danach vorgestellt.

Wir betrachten das Poisson-Modellproblem auf dem Einheitsintervall $I = (0,1)$. Finde eine Funktion u mit

$$\begin{aligned} -u'' &= f \qquad \text{in } I, \\ u(0) &= u(1) = 0. \end{aligned} \tag{6.4.14}$$

Zur Diskretisierung verwenden wir ein äquidistantes Gitter $\Theta := \{ih : 1 \leq i \leq N\}$ mit $h := 1/(N+1)$. Ziel ist es, eine Approximation der Lösung in den Gitterpunkten $x \in \Theta$ zu berechnen. Diese Gitterfunktion wird mit $\mathbf{u} \in \mathbb{R}^N$ bezeichnet. Um ein Gleichungssystem für $\mathbf{u}$ zu bestimmen, wird die zweite Ableitung durch die Differenzenapproximation

$$-u''(x) \approx \frac{-u(x-h) + 2u(x) - u(x+h)}{h^2}$$

ersetzt. Einsetzen in jeden Gitterpunkt $x \in \Theta$ unter Beachtung der Nullrandbedingungen ergibt das lineare Gleichungssystem

$$\mathbf{Lu} = \mathbf{f} \tag{6.4.15}$$

mit tridiagonaler Koeffizientenmatrix $\mathbf{L}$ und dem Vektor $\mathbf{f} \in \mathbb{R}^N$

$$\mathbf{L} := h^{-2} \begin{bmatrix} 2 & -1 & 0 & \dots & 0 \\ -1 & \ddots & \ddots & \ddots & \vdots \\ 0 & \ddots & & & 0 \\ \vdots & \ddots & & & -1 \\ 0 & \dots & 0 & -1 & 2 \end{bmatrix}, \qquad \mathbf{f}_i := f\left(\frac{i}{h}\right) \qquad \forall 1 \leq i \leq N.$$

Die Lösung $\mathbf{u}$ ist die gewünschte Näherungslösung in den Gitterpunkten ih, $1 \leq i \leq N$. Für dieses Problem läßt sich das Eigensystem explizit angeben.

Proposition 6.4.18 *Die Eigenwerte und -vektoren $\left(\lambda^{(k)}, \alpha^{(k)}\right)$, $1 \leq k \leq N$, der Matrix $\mathbf{L}$ sind durch*

$$\alpha^{(k)} := \sqrt{2h}\left(\sin\left(kjh\pi\right)\right)_{j=1}^{N} \qquad \lambda^{(k)} := 4h^{-2}\sin^2\frac{k\pi h}{2}$$

gegeben.

Die gedämpfte Jacobi-Iteration, angewendet auf Gleichung (6.4.15), läßt sich in der Form

$$\mathbf{u}^{(i+1)} = \mathbf{u}^{(i)} - \frac{\omega h^2}{2}\left(\mathbf{L}\mathbf{u}^{(i)} - \mathbf{f}\right)$$

schreiben, und wir beschränken den Dämpfungsparameter auf

$$\omega \in \left]0,1\right[. \tag{6.4.16}$$

Die Iterationsmatrix ist damit durch

$$\mathbf{T}_\omega^{\mathrm{Jac}} := \mathbf{I} - \frac{\omega h^2}{2}\mathbf{L}$$

gegeben und die Eigenvektoren stimmen mit denen der Matrix $\mathbf{L}$ überein. Die Eigenwerte lauten

$$\Lambda^{(k)} := 1 - 2\omega \sin^2 \frac{k\pi h}{2}. \tag{6.4.17}$$

Lemma 6.4.19 *Es gelte (6.4.16). Der Spektralradius der Iterationsmatrix* $\mathbf{T}_\omega^{\mathrm{Jac}}$ *erfüllt*

$$\rho\left(\mathbf{T}_\omega^{\mathrm{Jac}}\right) = 1 - 2\omega \sin^2 \frac{\pi h}{2} = 1 - \frac{1}{2}\pi^2 h^2 \omega + O\left(h^4\right).$$

Beweis. Man überzeugt sich leicht, daß $\Lambda^{(k)}$ in (6.4.17) für $k = 1$ maximal ist. ∎

Dieses Lemma erklärt die schlechte Konvergenz des Jacobi-Verfahrens für das lineare Gleichungssystem (6.4.15). Für den Iterationsfehler gilt die Rekursion

$$\mathbf{e}^{(i+1)} = \mathbf{T}_\omega^{\mathrm{Jac}} \mathbf{e}^{(i)}. \tag{6.4.18}$$

Setzen wir die Entwicklung des Vektor $\mathbf{e}^{(i)}$ nach den Eigenvektoren $\left(\alpha^{(k)}\right)_{k=1}^N$

$$\mathbf{e}^{(i)} = \sum_{k=1}^N c_k^{(i)} \alpha^{(k)}$$

in die Darstellung (6.4.18) ein, ergibt sich

$$\mathbf{e}^{(i+1)} = \sum_{k=1}^N c_k^{(i+1)} \alpha^{(k)} \quad \text{mit} \quad c_k^{(i+1)} := c_k^{(i)} \Lambda^{(k)} \quad \text{und} \quad \Lambda^{(k)} \text{ wie in (6.4.17).}$$

Mit wachsendem Index k werden die Eigenfunktionen $\alpha^{(k)}$ immer höher oszillierend. Das folgende Lemma zeigt, daß die hochoszillierenden Anteile des Fehlers $\mathbf{e}^{(i)}$ mit jeder Jacobi-Iteration um einen festen Faktor reduziert werden.

Lemma 6.4.20 *Für den Dämpfungsparameter gelte* $\omega = 1/2$. *Für* $k \geq \frac{N+1}{2}$ *gilt*

$$\left|\Lambda^{(k)}\right| \leq 1/2$$

und für die zugehörigen Koeffizienten $c_k^{(i+1)}$ *des Fehlers* $\mathbf{e}^{(i+1)}$ *in der Eigenvektordarstellung*

$$\left|c_k^{(i+1)}\right| \leq 1/2 \left|c_k^{(i)}\right|.$$

Beweis. Die Wahl $\omega = 1/2$ ergibt

$$\Lambda^{(k)} = 1 - \sin^2 \frac{k\pi}{2(N+1)},$$

und die rechte Seite ist als Funktion von k, $1 \leq k \leq N$, monoton fallend. Für $k \geq \frac{N+1}{2}$ gilt daher

$$\Lambda^{(k)} \leq 1 - \sin^2 \frac{\pi}{4} = \frac{1}{2},$$

und daraus folgt die Behauptung. ■

Damit erklärt sich die langsame Konvergenz des Jacobi-Verfahrens mit der langsamen Reduktion der langwelligen Anteile des Fehlers. Umgekehrt ist bereits nach wenigen Iterationsschritten der Fehler $\mathbf{e}^{(i)}$ (im Gegensatz zur Lösung $\mathbf{u}$) glatt. Der Fehler erfüllt die Gleichung

$$\mathbf{L}\mathbf{e}^{(i)} = \mathbf{L}\mathbf{u}^{(i)} - \mathbf{L}\mathbf{u} = \mathbf{L}\mathbf{u}^{(i)} - \mathbf{f} =: \mathbf{d}. \tag{6.4.19}$$

Die rechte Seite ist das negative Residuum zur Iterierten $\mathbf{u}^{(i)}$ und wird im Zusammenhang mit Mehrgitterverfahren als *Defekt* bezeichnet. Der Vektor $\mathbf{d}$ ist mit Hilfe der alten Iterierten einfach berechenbar und (6.4.19) stellt die Gleichung für den Fehler $\mathbf{e}^{(i)}$ dar. Würde man die Gleichung (6.4.19) nach $\mathbf{e}^{(i)}$ auflösen, hätte man das ursprüngliche Gleichungssystem gelöst $\mathbf{u} = \mathbf{u}^{(i)} - \mathbf{e}^{(i)}$. Da (6.4.19) von gleicher Bauart wie (6.4.15) ist, wäre die iterative Lösung, beispielsweise mit dem Jacobi-Verfahren, gleich aufwendig wie die Lösung von (6.4.15). Der wesentliche Unterschied der Gleichungen (6.4.15) und (6.4.19) besteht in der unterschiedlichen Glattheit der Lösungen $\mathbf{u}$ und $\mathbf{e}^{(i)}$. Wir erwarten, daß die Lösung von (6.4.19) nach wenigen Jacobi-Schritten glatt ist im Gegensatz zur Lösung $\mathbf{u}$.

Die Grundidee eines *Zweigitterverfahrens* besteht nun darin, die Lösung $\mathbf{e}^{(i)}$ aus (6.4.19) mittels einer gröberen Diskretisierung zu approximieren. Sei dazu $\mathbf{L}_{\text{grob}}$ die Diskretisierung des Problems (6.4.14) auf einem gröberen Gitter $\Theta_{\text{grob}} := \{ih_{\text{grob}} : 1 \leq i \leq N_{\text{grob}}\}$ mit $h_{\text{grob}} = (N_{\text{grob}} + 1)^{-1}$ und $N_{\text{grob}} \sim N/2$. Ein Koeffizientenvektor $\mathbf{v} \in \mathbb{R}^N$ wird mit Hilfe der *Restriktion* $\mathbf{R} : \mathbb{R}^N \to \mathbb{R}^{N_{\text{grob}}}$ auf das grobe Gitter transportiert und umgekehrt ein Vektor $\mathbf{w} \in \mathbb{R}^{N_{\text{grob}}}$ durch die *Prolongation* $\mathbf{P} : \mathbb{R}^{N_{\text{grob}}} \to \mathbb{R}^N$ zurück auf das feine Gitter verlängert. Die beiden Abbildungen $\mathbf{R}$, $\mathbf{P}$ werden konkret in Definition 6.4.22 eingeführt.

Formal erhält man die Approximation $\tilde{\mathbf{e}}^{(i)}$ von (6.4.19) in drei Schritten

1. Restriktion des Defekts in (6.4.19):
$$\mathbf{d}_{\text{grob}} := \mathbf{R}\mathbf{d};$$
2. Lösung der Grobgittergleichungen
$$\mathbf{e}_{\text{grob}} := \mathbf{L}_{\text{grob}}^{-1}\mathbf{d}_{\text{grob}};$$
3. Übergang zum feinen Gitter
$$\tilde{\mathbf{e}}^{(i)} := \mathbf{P}\mathbf{e}_{\text{grob}};$$

Die neue Iterierte ergibt sich dann aus der Korrektur $\mathbf{u}^{(i+1)} = \mathbf{u}^{(i)} - \tilde{\mathbf{e}}^{(i)}$.

Zum *Mehrgitterverfahren* gelangt man, indem das Zweigitterverfahren wiederum auf die Gleichung

$$\mathbf{L}_{\text{grob}}\mathbf{e}_{\text{grob}} = \mathbf{d}_{\text{grob}}$$

angewendet wird und man diesen Prozeß auf immer gröberen Stufen iteriert.

Das in diesem Unterkapitel beschriebene Mehrgitterverfahren läßt sich auf allgemeine, elliptische Differential- und Integralgleichungen positiver Ordnung anwenden und basiert auf der Eigenschaft, daß klassische Iterationsverfahren sehr schnell die hochfrequenten Anteile des Fehlers reduzieren und die grobskaligeren auf gröberen Diskretisierungen approximiert werden können. Aus diesem Grund wird das Iterationsverfahren im Mehrgitteralgorithmus auch Glättungsverfahren genannt.

Wir werden im folgenden Unterkapitel diese Überlegungen auf Integralgleichungen positiver Ordnung anwenden und das zugehörige Mehrgitterverfahren definieren.

6.4.3.2 Mehrgitteralgorithmus für Integralgleichungen positiver Ordnung

Wie in der Motivation zu diesem Unterkapitel bereits erklärt wurde, basiert die Effizienz von Mehrgitterverfahren auf einer *Hierarchie* von Diskretisierungen. Wir nehmen dazu an, daß eine Folge von Paneelierungen $(\mathcal{G}_\ell)_{\ell=0}^{\ell_{\max}}$ gegeben ist und das lineare Gleichungssystem auf der Stufe $\ell_{\max}$ zu lösen ist. Derartige Gitter können im einfachsten Fall durch einen Verfeinerungsprozeß aus einem Grobgitter gewonnen werden.

Beispiel 6.4.21 *Sei Γ die Oberfläche eines Polyeders und $\mathcal{G}_0$ eine (grobe) Triangulierung von Γ. Eine Familie feinerer Triangulierungen $(\mathcal{G}_\ell)_{\ell=0}^{\ell_{\max}}$ erhält man, indem rekursiv die Seitenmitten aller Dreiecke $\tau \in \mathcal{G}_{\ell-1}$ verbunden werden und damit τ in vier kongruente Dreiecke unterteilt wird (vgl. Bemerkung 4.1.7). Die Gitterpunkte des Gitters Θ_ℓ werden mit $(\mathbf{x}_{i,\ell})_{i=1}^{N_\ell}$ bezeichnet.*

Abstrakt nehmen wir an, daß die Paneelierung $\mathcal{G}$ das feinste Gitter einer Gitterfamilie $(\mathcal{G}_\ell)_{\ell=0}^{\ell_{\max}}$ ist, das heißt $\mathcal{G} = \mathcal{G}_{\ell_{\max}}$, mit streng monoton fallender Maschenweite h_ℓ. Die Galerkin-Diskretisierung der Integralgleichung (6.4.2) mit Randelementen auf den Gittern $\mathcal{G}_\ell$, $0 \leq \ell \leq \ell_{\max}$ führt auf eine Familie linearer Gleichungssysteme

$$\mathbf{K}_\ell \mathbf{u}_\ell = \mathbf{f}_\ell \qquad 0 \leq \ell \leq \ell_{\max} \tag{6.4.20}$$

und unser Ziel ist die effiziente Lösung der Feingittergleichungen

$$\mathbf{K}_{\ell_{\max}} \mathbf{u}_{\ell_{\max}} = \mathbf{f}_{\ell_{\max}}. \tag{6.4.21}$$

Um einfache Iterationsverfahren mit einer Grobgitterkorrektur zu verbinden, müssen wir Transferoperatoren von groben zu feinen Gitterfunktionen und umgekehrt definieren. Für $0 \leq \ell \leq \ell_{\max}$ führen wir die Bezeichnung $X_\ell := \mathbb{C}^{N_\ell}$ für den Raum der Gitterfunktionen ein.

Die kanonische Wahl für die Prolongation $\mathbf{P}_{\ell,\ell-1} : X_{\ell-1} \to X_\ell$ ist über die Interpretation eines Koeffizientenvektors $\mathbf{u} \in X_{\ell-1}$ als Randelementfunktion gegeben. Wir nehmen dazu an, daß die Randelementräume S_ℓ geschachtelt sind

$$S_0 \subset S_1 \subset \ldots \subset S_{\ell_{\max}} \subset H^s(\Gamma). \tag{6.4.22}$$

Die Randelementbasis von S_ℓ wird mit $(b_{i,\ell})_{i=1}^{N_\ell}$ bezeichnet.

Jedem Koeffizientenvektor $\mathbf{u} \in X_{\ell-1}$ ist eindeutig eine Randelementfunktion $u \in S_{\ell-1}$ durch

$$u = P_{\ell-1}\mathbf{u} := \sum_{i=1}^{N_{\ell-1}} \mathbf{u}_i b_{i,\ell-1} \tag{6.4.23}$$

zugeordnet, welche wegen (6.4.22) auch $u \in S_\ell$ erfüllt. Diese besitzt in S_ℓ wiederum eine eindeutige Basisdarstellung

$$u = \sum_{i=1}^{N_\ell} \alpha_i b_{i,\ell} \tag{6.4.24}$$

und die Operation $S_\ell \ni u \to \alpha \in X_\ell$ definiert den Operator $R_\ell : S_\ell \to X_\ell$. Die zusammengesetzte Abbildung $X_{\ell-1} \ni \mathbf{u} \to u \to \alpha \in X_\ell$ definiert die Prolongation $\mathbf{P}_{\ell,\ell-1} : X_{\ell-1} \to X_\ell$.

Definition 6.4.22 *Es gelte (6.4.22). Die Operatoren $P_\ell : X_\ell \to S_\ell$ und $R_\ell : S_\ell \to X_\ell$ seien durch (6.4.23) und (6.4.24) gegeben. Die kanonische Prolongation $\mathbf{P}_{\ell,\ell-1} : X_{\ell-1} \to X_\ell$ ist die zusammengesetzte Abbildung*

$$\mathbf{P}_{\ell,\ell-1} = R_\ell P_{\ell-1}.$$

Die Restriktion $\mathbf{R}_{\ell-1,\ell} : X_\ell \to X_{\ell-1}$ ist die Adjungierte zu $\mathbf{P}_{\ell,\ell-1}$ und durch

$$\langle \mathbf{R}_{\ell-1,\ell}\mathbf{v}, \mathbf{u} \rangle = \langle \mathbf{v}, \mathbf{P}_{\ell,\ell-1}\mathbf{u} \rangle \qquad \forall \mathbf{v} \in X_\ell, \quad \mathbf{u} \in X_{\ell-1}$$

charakterisiert.

Bemerkung 6.4.23 *Die kanonische Prolongation $\mathbf{P}_{\ell,\ell-1}$ wird durch eine Rechtecksmatrix der Dimension $N_\ell \times N_{\ell-1}$ dargestellt. Für die Restriktion gilt $\mathbf{R}_{\ell-1,\ell} = \mathbf{P}^\intercal_{\ell,\ell-1}$.*

Beispiel 6.4.24 *Die in Beispiel 6.4.21 beschriebene Gitterhierarchie besitzt die Eigenschaft: Für jeden Gitterpunkt $\mathbf{x} \in \Theta_\ell$ gilt entweder $\mathbf{x} \in \Theta_{\ell-1}$, oder es existieren zwei Grobgitterpunkte $\mathbf{y}, \mathbf{z} \in \Theta_{\ell-1}$, die durch eine Paneelkante verbunden sind und $\mathbf{x} = (\mathbf{y} + \mathbf{z})/2$ erfüllen. Im Fall von stetigen, stückweise linearen Randelementen gilt dann für die Prolongation*

$$(\mathbf{P}_{\ell,\ell-1})_{i,j} = b_{j,\ell-1}(x_{i,\ell}) = \begin{cases} 1 & \textit{falls } \mathbf{x}_{i,\ell} = \mathbf{y}_{j,\ell-1} \\ \frac{1}{2} & \textit{falls } \overline{\mathbf{x}_{i,\ell}, \mathbf{y}_{j,\ell-1}} \textit{ eine Paneelkante in } \mathcal{G}_\ell \textit{ bilden,} \\ 0 & \textit{sonst.} \end{cases}$$

Damit haben wir alle Bestandteile des Zweigitterverfahrens definiert und können dessen algorithmische Beschreibung angeben. Die Anwendung eines Schritts des einfachen Iterationsverfahrens, beispielsweise der Jacobi-Iteration, auf eine Gitterfunktion $\mathbf{u}_\ell$ definiert die Abbildung $\mathbf{S}_\ell(\mathbf{u}_\ell, \mathbf{f}_\ell)$, wobei $\mathbf{f}_\ell$ die rechte Seite des zugehörigen Gleichungssystems $\mathbf{K}_\ell \mathbf{u}_\ell = \mathbf{f}_\ell$ bezeichnet. Im folgenden Algorithmus wird diese *Glättungsiteration* ν-mal aufgerufen. Die erforderliche Anzahl der Glättungsiterationen wird in Satz 6.4.38 gemäß $\nu \geq \bar{\nu}$ mit $\bar{\nu} = O(1)$ abgeschätzt. In vielen Anwendungen erweist sich $\nu = 2, 3$ als günstige Wahl.

Algorithmus 6.4.25 (Zweigitterverfahren) *Der Iterationsschritt des Zweigitterverfahren zur Lösung von (6.4.21) wird mit $\mathbf{ZGV}(\mathbf{u}_{\ell_{\max}}, \mathbf{f}_{\ell_{\max}})$ aufgerufen und ist wie folgt definiert.*

***procedure** ZGV*$(\mathbf{u}_\ell, \mathbf{f}_\ell)$;
begin

$$\begin{aligned} &\mathbf{for}\ i := 1\ \mathbf{to}\ \nu\ \mathbf{do}\ \mathbf{u}_\ell := \mathbf{S}_\ell(\mathbf{u}_\ell, \mathbf{f}_\ell); \\ &\mathbf{d}_{\ell-1} := \mathbf{R}_{\ell-1,\ell}(\mathbf{K}_\ell \mathbf{u}_\ell - \mathbf{f}_\ell); \\ &\mathbf{c}_{\ell-1} := \mathbf{K}_{\ell-1}^{-1} \mathbf{d}_{\ell-1}; \\ &\mathbf{u}_\ell := \mathbf{u}_\ell - \mathbf{P}_{\ell,\ell-1} \mathbf{c}_{\ell-1}; \end{aligned} \tag{6.4.25}$$

end;

Bemerkung 6.4.26 *Die Zweigittermethode definiert ein lineares Iterationsverfahren mit Iterationsmatrix*

$$\mathbf{T}^{ZGV} := \left(\mathbf{I}_\ell - \mathbf{P}_{\ell,\ell-1} \mathbf{K}_{\ell-1}^{-1} \mathbf{R}_{\ell-1,\ell} \mathbf{K}_\ell\right) \left(\mathbf{T}^{EGV}\right)^\nu,$$

wobei $\mathbf{T}^{EGV}$ die Iterationsmatrix des einfachen Iterationsverfahrens (Glättungsverfahrens) bezeichnet. Für das gedämpfte Jacobi-Verfahren gilt beispielsweise $\mathbf{T}^{EGV} := \mathbf{I}_\ell - \omega \mathbf{D}_\ell^{-1} \mathbf{K}_\ell$.

Das Zweigitterverfahren ist für praktische Anwendungen noch nicht empfehlenswert, da auf der Stufe $\ell - 1$ weiterhin ein Gleichungssystem pro Iteration zu lösen ist. Die Idee des Mehrgitterverfahrens besteht darin, das lineare Gleichungssystem

$$\mathbf{K}_{\ell-1}\mathbf{c}_{\ell-1} = \mathbf{d}_{\ell-1}$$

wiederum durch ein Zweigitterverfahren zu ersetzen und dieses Vorgehen bis zur gröbsten Stufe $\ell = 0$ rekursiv anzuwenden. Das Verfahren enthält einen Steuerungsparameter $\gamma \in \{1, 2\}$, der im Anschluß erklärt werden wird.

Algorithm 6.4.27 (Mehrgitterverfahren) *Eine Iteration des Mehrgitterverfahrens zur Lösung von (6.4.21) wird durch* $\mathbf{MGV}(\ell_{\max}, \mathbf{u}_{\ell_{\max}}, \mathbf{f}_{\ell_{\max}})$ *aufgerufen und ist wie folgt definiert.*

procedure $\boldsymbol{MGV}(\ell, \mathbf{u}_\ell, \mathbf{f}_\ell)$;
begin
  if $\ell = 0$ ***then*** $\mathbf{u}_0 := \mathbf{K}_0^{-1}\mathbf{f}_0$
  else begin

$$\begin{array}{l} \textbf{for } i := 1 \textbf{ to } \nu \textbf{ do } \mathbf{u}_\ell := \mathbf{S}_\ell(\mathbf{u}_\ell, \mathbf{f}_\ell)\,; \\ \mathbf{d}_{\ell-1} := \mathbf{R}_{\ell-1,\ell}(\mathbf{K}_\ell \mathbf{u}_\ell - \mathbf{f}_\ell)\,; \\ \mathbf{c}_{\ell-1} := \mathbf{0}; \\ \textbf{\textit{for}}\ i := 1\ \textbf{\textit{to}}\ \gamma\ \textbf{\textit{do}}\ \boldsymbol{MGV}(\ell - 1, \mathbf{c}_{\ell-1}, \mathbf{d}_{\ell-1})\,; \\ \mathbf{u}_\ell := \mathbf{u}_\ell - \mathbf{P}_{\ell,\ell-1}\mathbf{c}_{\ell-1}; \end{array} \tag{6.4.26}$$

  end;
end;

Bemerkung 6.4.28 *Man überzeugt sich leicht, daß die Rekursionen im Mehrgitteralgorithmus nach* $\ell_{\max}$ *Schritten die Stufe* $\ell = 0$ *erreichen und dort terminieren, so daß der Algorithmus wohldefiniert ist.*

In Abbildung 6.1 ist die Abfolge der einzelnen Rekursionsschritte einer Mehrgitteriteration für die Fälle $\gamma = 1, 2$ dargestellt. Aus der Form der Gitterübergänge in den Abbildungen 6.1 leiten sich die Bezeichnungen V-Zyklus ($\gamma = 1$) und W-Zyklus ($\gamma = 2$) ab.

6.4.3.3 Geschachtelte Iteration

Die Mehrgitteriteration startet auf dem feinsten Gitter, steigt ab bis zur gröbsten Gitterstufe und prolongiert dann die Korrekturen über die Stufen wieder hinauf zu feinsten Stufe. In der Praxis tritt häufig die folgende Situation auf. Die feinste Diskretisierungsstufe $\ell_{\max}$ ist a-priori nicht bekannt. Startend mit sehr groben Diskretisierungen werden die zugehörigen Galerkin-Lösungen berechnet und danach entschieden, ob zur Verbesserung der Genauigkeit das aktuelle Gitter weiter verfeinert wird. Damit entsteht die Aufgabe, eine *Folge* linearer Gleichungssysteme auf den Stufen $\ell = 0, 1, 2, \ldots$ zu lösen. Diese Situation kann sehr vorteilhaft für die Mehrgitteriteration ausgenützt werden, indem die zuvor berechnete Lösung $\mathbf{u}_\ell$ auf das verfeinerte Gitter $\mathcal{G}_{\ell+1}$ prolongiert wird und dort einen günstigen Startwert für die Mehrgitteriteration auf der Stufe $\ell + 1$ definiert. Diese Vorgehensweise wird *geschachtelte Iteration* genannt und läßt sich algorithmisch wie folgt beschreiben.

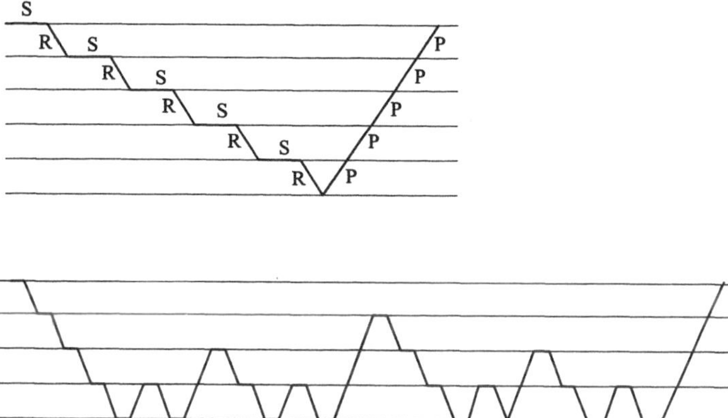

Abbildung 6.1: Schematische Darstellung einer Mehrgitteriteration mit V-Zyklus (oben) für $\gamma = 1$ und $\ell = 5$ und mit W-Zyklus (unten) für $\gamma = 2$ und $\ell = 4$.

Algorithmus 6.4.29 (Geschachtelte Iteration) *Die geschachtelte Iteration ruft die Mehrgitterprozedur* **MGV**, *startend mit der gröbsten Stufe, auf. Sei* $\mathbf{u}_0 := \mathbf{K}_0^{-1}\mathbf{f}_0$ *die Lösung der Grobgittergleichungen.*

> ***procedure geschachtelte_Iteration;***
> ***for*** $\ell := 1$ ***to*** $\ell_{\max}$ ***do***
> ***begin***
> $\quad\mathbf{u}_\ell := \mathbf{P}_{\ell,\ell-1}\mathbf{u}_{\ell-1}$;
> $\quad$***for*** $i := 1$ ***to*** m_ℓ ***do*** **MGV** $(\mathbf{u}_\ell, \mathbf{f}_\ell)$;
> ***end;***

Im Zusammenhang mit der Konvergenzanalyse für geschachtelte Iterationen werden wir beweisen, daß $m_\ell = m = O(1)$ unabhängig von ℓ gewählt werden kann. In der Praxis zeigt sich, daß der Algorithmus bereits für $m = 1, 2$ konvergiert.

6.4.3.4 Konvergenzanalyse für Mehrgitterverfahren

Der Konvergenzbeweis für Mehrgitterverfahren wird in eine Analyse des Glättungsverfahrens und eine Analyse der Grobgitterkorrektur zerlegt. Der Übersichtlichkeit halber werden wir zunächst die Konvergenz des Zweigitterverfahrens betrachten.

Konvergenz des Zweigitterverfahrens In Unterkapitel 6.4.3.1 haben wir eine Koeffizientenfunktion glatt genannt, wenn die Entwicklung nach Eigenvektoren der Systemmatrix (betragsmäßig) kleine Koeffizienten für die hochfrequenten Eigenvektoren besitzt. Da wir hier Integraloperatoren positiver Ordnung betrachten, läßt sich die Glattheit auch durch das Maß $\left\|\mathbf{K}_\ell\mathbf{S}_\ell^{(\nu)}\mathbf{e}\right\|$ beschreiben, wobei $\mathbf{e}$ den aktuellen Iterationsfehler bezeichnet und $\mathbf{S}_\ell^{(\nu)}$ die ν-fache Anwendung der Glättungsiteration. Hier und im folgenden bezeichnet $\|\cdot\|$ die Euklidische Norm.

Definition 6.4.30 (Glättungseigenschaft) *Eine Glättungsiteration mit Iterationsmatrix* $\mathbf{T}_\ell$, $\ell \geq 0$, *erfüllt die Glättungseigenschaft zum Exponenten* $s \in \mathbb{R}$, *wenn von* ℓ *unabhängige Funktionen* $\eta(\nu)$ *und* $\bar{\nu}(h)$ *existieren mit*

1. $\|\mathbf{K}_\ell \mathbf{T}_\ell^\nu\| \leq \eta(\nu)\, h_\ell^{-s} \qquad \forall 0 \leq \nu \leq \bar{\nu}(h_\ell),\ \ell \geq 1,$
2. $\lim_{\nu \to \infty} \eta(\nu) = 0,$
3. $\lim_{h \to 0} \bar{\nu}(h) = \infty \qquad$ *oder* $\qquad \bar{\nu}(h) = \infty.$

Satz 6.4.31 *Die Voraussetzungen aus Satz 6.4.14 seien für die Matrizen* $\mathbf{K}_\ell$, $0 \leq \ell \leq \ell_{\max}$ *aus (6.4.20) erfüllt. Dann existieren* $0 < \underline{\omega} < \overline{\omega} < 1$ *unabhängig von der Feinheit der Diskretisierung, so daß die Glättungseigenschaft für das gedämpfte Jacobi-Verfahren für alle* $\omega \in [\underline{\omega}, \overline{\omega}]$ *mit Exponent* $s = -1$ *und* $\bar{\nu}(h) = \infty$ *gilt.*

Beweis. Der Einfachheit halber wird im Beweis der Index ℓ weggelassen. Es gilt

$$\mathbf{K}\mathbf{T}^\nu = \mathbf{K}\left(\mathbf{I} - \omega \mathbf{D}^{-1}\mathbf{K}\right)^\nu = \frac{1}{\omega}\mathbf{D}^{1/2}\mathbf{X}\left(\mathbf{I} - \mathbf{X}\right)^\nu \mathbf{D}^{1/2} \tag{6.4.27}$$

mit der positiv definiten Matrix $\mathbf{X} = \omega \mathbf{D}^{-1/2}\mathbf{K}\mathbf{D}^{-1/2}$. Aus (6.4.13) folgt

$$\sigma\left(\mathbf{D}^{-1/2}\mathbf{K}\mathbf{D}^{-1/2}\right) \subset [0, C]$$

mit einer Konstanten C, die unabhängig von der Feinheit der Diskretisierung ist. Wählt man $\omega \in [c, C^{-1}]$ mit $0 < c < C^{-1}$ ist das Spektrum von $\mathbf{X}$ im Intervall $[0,1]$ enthalten. In Lemma 6.4.32 wird gezeigt, daß daraus

$$\mathbf{X}\left(\mathbf{I} - \mathbf{X}\right)^\nu \leq \eta_0(v)$$

folgt mit $\eta_0(\nu)$ aus (6.4.28). Annahme 6.4.3 impliziert

$$\left\|\mathbf{D}^{1/2}\right\|^2 \leq Ch,$$

woraus mit der Cauchy-Schwarzschen Ungleichung die Behauptung folgt. ∎

Lemma 6.4.32 *(a) Für alle positiv definiten Matrizen* $\mathbf{X}$, *für die auch* $\mathbf{I} - \mathbf{X}$ *positiv definit ist, gilt*

$$\left\|\mathbf{X}\left(\mathbf{I} - \mathbf{X}\right)^\nu\right\| \leq \eta_0(\nu)$$

für alle $\nu \geq 0$, *wobei die Funktion* $\eta_0(v)$ *durch*

$$\eta_0(v) := \nu^\nu / (\nu + 1)^{\nu+1} \tag{6.4.28}$$

definiert ist.

(b) Das asymptotische Verhalten von $\eta_0(v)$ *für* $\nu \to \infty$ *ist*

$$\eta_0(\nu) = \frac{1}{e\nu} + O\left(\nu^{-2}\right).$$

Beweis. Aus der linearen Algebra ist bekannt (vgl. [64, Satz 2.8.1]), daß zu jeder Matrix $\mathbf{A} \in \mathbb{C}^{N \times N}$ eine unitäre Matrix $\mathbf{Q}$ und eine obere Dreiecksmatrix $\mathbf{U}$ existieren mit

$$\mathbf{A} = \mathbf{Q}\mathbf{U}\mathbf{Q}^H.$$

Mit Hilfe vollständiger Induktion zeigt man, daß für ein Polynom p die Darstellung

$$p(\mathbf{A}) = \mathbf{Q}\, p(\mathbf{U})\, \mathbf{Q}^H$$

gilt. Aus dem Determinantenmultiplikationssatz folgt, daß die charakteristischen Polynome von $p(\mathbf{A})$ und $p(\mathbf{U})$ übereinstimmen. Da das Produkt zweier oberer Dreiecksmatrizen wiederum eine obere Dreiecksmatrix ergibt, folgt induktiv, daß $p(\mathbf{U})$ eine obere Dreiecksmatrix ist mit den Diagonalelementen $(p(\mathbf{U}))_{i,i} = p(\mathbf{U}_{i,i})$. Da $\{\mathbf{U}_{i,i} : 1 \leq i \leq N\}$ mit dem Spektrum $\sigma(\mathbf{A})$ von $\mathbf{A}$ übereinstimmt, haben wir

$$\sigma(p(\mathbf{A})) = p(\sigma(\mathbf{A})) := \{p(\lambda) : \lambda \in \sigma(\mathbf{A})\}$$

gezeigt.

Mit $\mathbf{X}$ ist auch $\mathbf{B} := \mathbf{X}(\mathbf{I} - \mathbf{X})^\nu$ positiv definit, und es gilt mit $p(\xi) = \xi(1-\xi)^\nu$

$$\begin{aligned} \|\mathbf{X}(\mathbf{I}-\mathbf{X})^\nu\| &= \max\{\lambda : \lambda \in \sigma(\mathbf{B})\} = \max\{p(\lambda) : \lambda \in \sigma(\mathbf{X})\} \\ &\leq \max\{p(\xi) : \xi \in [0,1]\}. \end{aligned}$$

Kurvendiskussion liefert die Maximalstelle $\xi_0 = (\nu+1)^{-1}$ und die Gleichheit

$$p(\xi_0) = \frac{1}{1+\nu}\left(1 - \frac{1}{1+\nu}\right)^\nu = \eta_0(\nu).$$

Teil (b) folgt durch Diskussion von η_0. ∎

Die Iterationsmatrix des Zweigitterverfahrens besitzt die Darstellung (vgl. Bemerkung 6.4.26)

$$\mathbf{T}^{ZGV} := \left(\mathbf{K}_\ell^{-1} - \mathbf{P}_{\ell,\ell-1}\mathbf{K}_{\ell-1}^{-1}\mathbf{R}_{\ell-1,\ell}\right)\mathbf{K}_\ell\mathbf{T}_\ell^\nu \tag{6.4.29}$$

und läßt sich in der Euklidischen Norm gemäß

$$\left\|\mathbf{T}^{ZGV}\right\| \leq \left\|\mathbf{K}_\ell^{-1} - \mathbf{P}_{\ell,\ell-1}\mathbf{K}_{\ell-1}^{-1}\mathbf{R}_{\ell-1,\ell}\right\| \left\|\mathbf{K}_\ell\mathbf{T}_\ell^\nu\right\| \tag{6.4.30}$$

abschätzen. Den zweiten Faktor auf der rechten Seite haben wir im Zusammenhang mit der Glättungseigenschaft in Satz 6.4.31 abgeschätzt. Der erste Faktor vergleicht die Galerkin-Lösungen auf unterschiedlichen Gitterstufen und wird daher Approximationseigenschaft genannt.

Definition 6.4.33 (Approximationseigenschaft) *Das Zweigitterverfahren besitzt die Approximationseigenschaft zum Exponenten $s \in \mathbb{R}$, falls*

$$\left\|\mathbf{K}_\ell^{-1} - \mathbf{P}_{\ell,\ell-1}\mathbf{K}_{\ell-1}^{-1}\mathbf{R}_{\ell-1,\ell}\right\| \leq Ch_\ell^s \tag{6.4.31}$$

gilt mit einer Konstanten C unabhängig von ℓ, $\ell_{\max}$ und h_ℓ.

Um für das Zweigitterverfahren die Approximationseigenschaft zu zeigen, benötigen wir die folgende Annahme.

Annahme 6.4.34 *Es existiert eine Konstante* $C_G > 0$*, so daß für alle rechten Seiten* $f \in L^2(\Gamma)$ *die Galerkin-Lösung* $u_\ell \in S_\ell$ *von Gleichung (6.4.2) zum Gitter* $\mathcal{G}_\ell$ *der Fehlerabschätzung*

$$\|u - u_\ell\|_{L^2(\Gamma)} \leq C_G h_\ell \|f\|_{L^2(\Gamma)}$$

genügt, wobei u *die kontinuierliche Lösung von (6.4.2) bezeichnet.*

Lemma 6.4.35 *Annahme 6.4.1 sei erfüllt und der inverse Operator*

$$K^{-1} : L^2(\Gamma) \to H^1(\Gamma)$$

sei stetig. Die Gitterfamilie $\mathcal{G}_\ell$ *sei quasiuniform und der Randelementraum erfülle* $S_\ell^{(1)} \subset S_\ell$*, wobei* $S_\ell^{(1)}$ *den stetigen, stückweise linearen Randelementraum bezeichnet. Die Voraussetzungen aus Satz 4.2.17 seien erfüllt.*

Dann gilt Annahme 6.4.34.

Beweis. Für $f \in L^2(\Gamma)$ erfüllt die kontinuierliche Lösung $u \in H^1(\Gamma)$. Mit Proposition 4.1.45 und der Quasioptimalität der Galerkin-Diskretisierung gilt

$$\|u - u_\ell\|_{H^{1/2}(\Gamma)} \leq C \inf_{v \in S_\ell} \|u - v\|_{H^{1/2}(\Gamma)} \leq C \inf_{v \in S_\ell^{(1)}} \|u - v\|_{H^{1/2}(\Gamma)} .$$

Die Approximationseigenschaft (vgl. Proposition 4.1.46) und die Regularität der Integraloperators K ergeben

$$\inf_{v \in S_\ell^{(1)}} \|u - v\|_{H^{1/2}(\Gamma)} \leq C h_\ell^{1/2} \|u\|_{H^1(\Gamma)} \leq C h_\ell^{1/2} \|f\|_{L^2(\Gamma)} .$$

Die Abschätzung

$$\|u - u_\ell\|_{L^2(\Gamma)} \leq C h_\ell \|f\|_{L^2(\Gamma)}$$

folgt mit dem Aubin-Nitsche-Dualitätsargument (vgl. Satz 4.2.17). ■

Um die Approximationseigenschaft zunächst für das Zweigitter- und danach für das Mehrgitterverfahren zu beweisen, benötigen wir eine schwache Voraussetzung an das Verhältnis aufeinanderfolgender Maschenweiten.

Annahme 6.4.36 *Die Schrittweiten* h_ℓ*,* $0 \leq \ell \leq \ell_{\max}$*, erfüllen*

$$c_1 < h_\ell / h_{\ell-1} \leq C_1 \tag{6.4.32}$$

mit Konstanten c_1, C_1*, die nicht von* ℓ *abhängen.*

Satz 6.4.37 *Die Annahmen 5.3.5, 5.3.25, 6.4.3, 6.4.34 und 6.4.36 seien erfüllt. Die Galerkin-Matrix in (6.4.3) sei positiv definit.*

Dann besitzt das Zweigitterverfahren die Approximationseigenschaft mit Exponenten $s = -1$*, wobei die positive Konstante* C *in (6.4.31) nicht von der Maschenweite* h_ℓ *aber von der Formregularität der Gitter abhängt.*

Beweis. Sei $\mathbf{f}_\ell \in \mathbb{C}^{N_\ell}$ beliebig. Wir setzen $\mathbf{A}_\ell := \mathbf{K}_\ell^{-1} - \mathbf{P}_{\ell,\ell-1}\mathbf{K}_{\ell-1}^{-1}\mathbf{R}_{\ell-1,\ell}$ und beweisen $\|\mathbf{A}_\ell \mathbf{f}_\ell\| \le C h_\ell^{-1} \|\mathbf{f}_\ell\|$.

(a) Im ersten Schritt wird eine kontinuierliche Funktion $f_\ell \in S_\ell$ mit der Eigenschaft konstruiert, daß $\mathbf{f}_\ell$ die rechte Seite der Galerkin-Diskretisierung ist. Wir verwenden den Ansatz

$$f_\ell = \sum_{i=1}^{N_\ell} \beta_{\ell,i} b_{\ell,i}$$

und bestimmen aus der Bedingung $(f_\ell, b_{\ell,i})_{L^2(\Gamma)} = (\mathbf{f}_\ell)_i$, $1 \le i \le N_\ell$, den Koeffizientenvektor β_ℓ als Lösung des linearen Gleichungssystems

$$\sum_{j=1}^{N_\ell} \beta_{\ell,j} \left(b_{\ell,j}, b_{\ell,i}\right)_{L^2(\Gamma)} = (\mathbf{f}_\ell)_i \qquad 1 \le i \le N_\ell.$$

Mit der Matrix $\mathbf{M}_\ell := (b_{\ell,j}, b_{\ell,i})_{i,j=1}^{N_\ell}$ gelangt man zur kompakten Darstellung

$$\beta_\ell = \mathbf{M}_\ell^{-1}\mathbf{f}_\ell. \tag{6.4.33}$$

(b) Im zweiten Schritt werden die Vektoren $\mathbf{u}_\ell := \mathbf{K}_\ell^{-1}\mathbf{f}_\ell$ und $\mathbf{u}_{\ell,\ell-1} := \mathbf{P}_{\ell,\ell-1}\mathbf{K}_{\ell-1}^{-1}\mathbf{R}_{\ell-1,\ell}\mathbf{f}_\ell$ als Galerkin-Lösungen von Hilfsproblemen interpretiert.

Der Vektor $\mathbf{u}_\ell$ ist der Koeffizientenvektor der Galerkin-Lösung zu Problem (6.4.2): Finde $u_\ell \in S_\ell$ mit

$$b\left(u_\ell, v\right) = \left(f_\ell, v\right)_{L^2(\Gamma)} \qquad \forall v \in S_\ell.$$

Wir betrachten nun $\mathbf{u}_{\ell,\ell-1}$ und setzen $\mathbf{f}_{\ell-1} := \mathbf{R}_{\ell-1,\ell}\mathbf{f}_\ell$. Die entsprechende rechte Seite $f_{\ell-1}$ ist durch

$$f_{\ell-1} = \sum_{i=1}^{N_{\ell-1}} \beta_{\ell-1,i} b_{\ell-1,i}$$

definiert mit

$$\beta_{\ell-1} := \mathbf{M}_{\ell-1}^{-1}\mathbf{f}_{\ell-1}.$$

Der Vektor $\mathbf{u}_{\ell-1} := \mathbf{K}_{\ell-1}^{-1}\mathbf{f}_{\ell-1}$ ist daher der Koeffizientenvektor der Galerkin-Lösung: Finde $u_{\ell-1} \in S_{\ell-1}$ mit

$$b\left(u_{\ell-1}, v\right) = \left(f_{\ell-1}, v\right)_{L^2(\Gamma)} \qquad \forall v \in S_{\ell-1}.$$

Damit gilt $\mathbf{u}_{\ell,\ell-1} := \mathbf{P}_{\ell,\ell-1}\mathbf{u}_{\ell-1}$.

(c) Aufspaltung des Terms $\mathbf{A}_\ell\mathbf{f}_\ell$.

Mit Definition 6.4.22 ergibt sich

$$\mathbf{A}_\ell\mathbf{f}_\ell = \mathbf{u}_\ell - \mathbf{u}_{\ell,\ell-1} = R_\ell u_\ell - \mathbf{P}_{\ell,\ell-1} R_{\ell-1} u_{\ell-1}.$$

Verwenden wir $\mathbf{P}_{\ell,\ell-1} = R_\ell P_{\ell-1}$ und $P_{\ell-1}R_{\ell-1} = I_{\ell-1}$ auf $S_{\ell-1}$, ergibt sich

$$\mathbf{u}_\ell - \mathbf{u}_{\ell,\ell-1} = R_\ell \left(u_\ell - u_{\ell-1}\right).$$

(d) Für die Normen von R_ℓ, P_ℓ gilt mit Korollar 5.3.28

$$\begin{array}{c} c_P h_\ell \|\mathbf{u}\| \leq \|P_\ell \mathbf{u}\|_{L^2(\Gamma)} \leq C_P h_\ell \|\mathbf{u}\|, \\ C_P^{-1} h_\ell^{-1} \|u\|_{L^2(\Gamma)} \leq \|R_\ell u\| \leq c_P^{-1} h_\ell^{-1} \|u\|_{L^2(\Gamma)} \end{array} \tag{6.4.34}$$

für alle $u \in S_\ell$ und $\mathbf{u} \in \mathbb{C}^N$, so daß wir

$$\|\mathbf{u}_\ell - \mathbf{u}_{\ell,\ell-1}\| \leq C h_\ell^{-1} \|u_\ell - u_{\ell-1}\|_{L^2(\Gamma)} \tag{6.4.35}$$

bewiesen haben. Schieben wir in der Norm auf der rechten Seite von (6.4.35) die kontinuierliche Lösung u von (6.4.2) mit $f = f_\ell$ ein, ergibt sich

$$\|\mathbf{u}_\ell - \mathbf{u}_{\ell,\ell-1}\| \leq C h_\ell^{-1} \left(\|u_\ell - u\|_{L^2(\Gamma)} + \|u - u_{\ell-1}\|_{L^2(\Gamma)} \right). \tag{6.4.36}$$

(e) Abschätzung der Differenzen $u_\ell - u$ und $u - u_{\ell-1}$
Annahme 6.4.34 liefert

$$\|u_\ell - u\|_{L^2(\Gamma)} \leq C h_\ell \|f_\ell\|_{L^2(\Gamma)}.$$

und

$$\|u_{\ell-1} - u\|_{L^2(\Gamma)} \leq C h_{\ell-1} \|f_{\ell-1}\|_{L^2(\Gamma)}.$$

(f) Abschätzung der Funktionen f_ℓ, $f_{\ell-1}$
Die Normen $\|f_\ell\|_{L^2(\Gamma)}$ und $\|f_{\ell-1}\|_{L^2(\Gamma)}$ werden im folgenden durch den Vektor $\mathbf{f}_\ell$ ausgedrückt. Es gilt

$$\|f_\ell\|_{L^2(\Gamma)} \leq C h_\ell \|\beta_\ell\| \tag{6.4.37}$$

und analog

$$\|f_{\ell-1}\|_{L^2(\Gamma)} \leq C h_{\ell-1} \|\beta_{\ell-1}\|. \tag{6.4.38}$$

Wir schätzen zunächst die Norm von β_ℓ ab. Es gilt

$$\|\beta_\ell\| = \left\|\mathbf{M}_\ell^{-1} \mathbf{f}_\ell\right\| \leq \lambda_{\min}^{-1} \|\mathbf{f}_\ell\|$$

mit dem kleinsten Eigenwert $\lambda_{\min}$ der positiv definiten Matrix $\mathbf{M}_\ell$. Diesen können wir gemäß

$$\lambda_{\min} = \inf_{\mathbf{v} \in \mathbb{C}^{N_\ell} \setminus \{\mathbf{0}\}} \frac{\langle \mathbf{v}, \mathbf{M}_\ell \mathbf{v} \rangle}{\langle \mathbf{v}, \mathbf{v} \rangle} = \inf_{\mathbf{v} \in \mathbb{C}^{N_\ell} \setminus \{\mathbf{0}\}} \frac{(P_\ell \mathbf{v}, P_\ell \mathbf{v})_{L^2(\Gamma)}}{\langle \mathbf{v}, \mathbf{v} \rangle} = \inf_{\mathbf{v} \in \mathbb{C}^{N_\ell} \setminus \{\mathbf{0}\}} \frac{\|P_\ell \mathbf{v}\|_{L^2(\Gamma)}^2}{\|\mathbf{v}\|^2} \geq c h_\ell^2 \tag{6.4.39}$$

abschätzen. Daraus folgt mit (6.4.37)

$$\|f_\ell\| \leq C h_\ell^{-1} \|\mathbf{f}_\ell\|.$$

Wir wenden uns nun (6.4.38) zu. Die Definitionen von $\beta_{\ell-1}$ und $\mathbf{f}_{\ell-1}$ liefert mit (6.4.39) und (6.4.32)

$$\|\beta_{\ell-1}\| = \left\|\mathbf{M}_{\ell-1}^{-1} \mathbf{f}_{\ell-1}\right\| \leq c h_\ell^{-2} \|\mathbf{f}_{\ell-1}\| = c h_\ell^{-2} \|\mathbf{R}_{\ell-1,\ell} \mathbf{f}_\ell\| \leq c h_\ell^{-2} \|\mathbf{R}_{\ell-1,\ell}\| \|\mathbf{f}_\ell\|.$$

Es bleibt, die Norm der Operators $\mathbf{R}_{\ell-1,\ell}$ abzuschätzen. Es gilt mit (6.4.34)

$$\|\mathbf{R}_{\ell-1,\ell}\| = \left\|\mathbf{P}_{\ell,\ell-1}^{\intercal}\right\| = \|\mathbf{P}_{\ell,\ell-1}\| \leq \|R_\ell\| \|P_{\ell-1}\| \leq C, \tag{6.4.40}$$

so daß wir insgesamt

$$\|f_\ell\| \le C h_\ell^{-1} \|\mathbf{f}_\ell\| \quad \text{und} \quad \|f_{\ell-1}\|_{L^2(\Gamma)} \le C h_{\ell-1}^{-1} \|\mathbf{f}_\ell\|$$

bewiesen haben.

(g) Abschätzung des Operators $\mathbf{A}_\ell$

Die Approximationseigenschaft folgt aus

$$\begin{aligned} \|\mathbf{A}_\ell \mathbf{f}_\ell\| = \|\mathbf{u}_\ell - \mathbf{u}_{\ell,\ell-1}\| &\overset{(6.4.36)}{\le} C h_\ell^{-1} \left(\|u_\ell - u\|_{L^2(\Gamma)} + \|u - u_{\ell-1}\|_{L^2(\Gamma)} \right) \\ &\overset{(e)}{\le} C h_\ell^{-1} \left(h_\ell \|f_\ell\|_{L^2(\Gamma)} + h_{\ell-1} \|f_{\ell-1}\|_{L^2(\Gamma)} \right) \\ &\overset{(f)}{\le} C h_\ell^{-1} \|\mathbf{f}_\ell\| . \end{aligned} \tag{6.4.41}$$

■

Satz 6.4.38 *Die Voraussetzungen von Satz 6.4.31 und 6.4.37 seien erfüllt. Dann existieren $0 < \underline{\omega} < \overline{\omega} < 1$ und $\bar{\nu} > 0$ unabhängig von der Feinheit der Diskretisierung, so daß die Norm des Zweigitterverfahren mit $\nu \ge \bar{\nu}$ Glättungsschritten des Jacobi-Verfahrens mit Dämpfungsparameter $\omega \in [\underline{\omega}, \overline{\omega}]$ unabhängig von der Schrittweite h und der Diskretisierungsstufe ℓ bezüglich der Euklidischen Norm konvergiert. Für die Iterationsmatrix gilt die Abschätzung*

$$\left\|\mathbf{T}_\ell^{ZGV}\right\| < 1.$$

Beweis. Man kombiniere Aufspaltung (6.4.30) mit den Sätzen 6.4.31 und 6.4.37. ■

W-Zykluskonvergenz Im nächsten Schritt werden wir die Konvergenz des Mehrgitterverfahrens beweisen. Die Konvergenzbeweise für den W- und den V-Zyklus unterscheiden sich wesentlich. Wir beginnen mit dem einfacheren, dem W-Zyklus-Mehrgitteralgorithmus. Der Beweis verwendet, daß das Mehrgitterverfahren (W-Zyklus) als kleine Störung des Zweigitteralgorithmus aufgefaßt werden kann. Wir benötigen eine einfach erfüllbare Zusatzvoraussetzung.

Annahme 6.4.39 *Die Iterationsmatrix $\mathbf{T}_\ell$ der Glättungsiteration erfüllt*

$$\|\mathbf{T}_\ell^\nu\| \le C_I$$

für alle $\ell \ge 1$ und $0 < \nu \le \bar{\nu} = \min_{\ell \ge 1} \bar{\nu}(h_\ell)$ mit $\bar{\nu}$ aus Definition 6.4.30.

Für das Jacobi-Verfahren ist diese Annahme erfüllt.

Lemma 6.4.40 *Die Voraussetzungen aus Satz 6.4.14 seien für die Matrizen $\mathbf{K}_\ell$, $0 \le \ell \le \ell_{\max}$ aus (6.4.20) erfüllt und $0 < \underline{\omega} < \overline{\omega}$ wie in Satz 6.4.31. Dann erfüllt das gedämpfte Jacobi-Verfahren für alle $\omega \in [\underline{\omega}, \overline{\omega}]$ die Annahme 6.4.39.*

Beweis. Für das Jacobi-Verfahren gilt

$$\mathbf{T}_\ell^\nu := \left(\mathbf{I}_\ell - \omega \mathbf{D}_\ell^{-1}\mathbf{K}_\ell\right)^\nu = \mathbf{D}_\ell^{-1/2}\left(\mathbf{I}_\ell - \mathbf{X}_\ell\right)^\nu \mathbf{D}_\ell^{1/2} \tag{6.4.42}$$

mit $\mathbf{X}_\ell$ aus (6.4.27).

Für die Diagonalmatrizen $\mathbf{D}_\ell$ gilt

$$\left\|\mathbf{D}_\ell^{-1/2}\right\| \left\|\mathbf{D}_\ell^{1/2}\right\| \leq C.$$

Die Matrix in der Klammer auf der rechten Seite von (6.4.42) erfüllt, wie im Beweis von Satz 6.4.31 bereits gezeigt wurde, $\|\mathbf{I}_\ell - \mathbf{X}_\ell\| \leq 1$. Die Cauchy-Schwarzsche Ungleichung liefert damit die Behauptung. ■

Lemma 6.4.41 *Die Annahmen 5.3.5, 5.3.25, 6.4.36 und 6.4.39 seien erfüllt.* $\mathbf{T}_\ell$ *bezeichne die Iterationsmatrix für das Glättungsverfahren und* C_{ZGV} *die Norm der Iterationsmatrix des Zweigitterverfahrens. Dann gilt*

$$\left\|\mathbf{K}_{\ell-1}^{-1}\mathbf{R}_{\ell-1,\ell}\mathbf{K}_\ell\mathbf{T}_\ell^\nu\right\| \leq c\left(C_I + C_{ZGV}\right)$$

Beweis. Wir verwenden die Aufspaltung

$$\mathbf{P}_{\ell,\ell-1}\mathbf{K}_{\ell-1}^{-1}\mathbf{R}_{\ell-1,\ell}\mathbf{K}_\ell\mathbf{T}_\ell^\nu = \mathbf{T}_\ell^\nu - \left(\mathbf{K}_\ell^{-1} - \mathbf{P}_{\ell,\ell-1}\mathbf{K}_{\ell-1}^{-1}\mathbf{R}_{\ell-1,\ell}\right)\mathbf{K}_\ell\mathbf{T}_\ell^\nu.$$

Der erste Summand auf der rechten Seite erfüllt wegen Annahme 6.4.39 die Abschätzung $\|\mathbf{T}_\ell^\nu\| \leq C_I$ und der zweite Summand ist die Iterationsmatrix zum Zweigitterverfahren. Daraus folgt

$$\left\|\mathbf{P}_{\ell,\ell-1}\mathbf{K}_{\ell-1}^{-1}\mathbf{R}_{\ell-1,\ell}\mathbf{K}_\ell\mathbf{T}_\ell^\nu\right\| \leq C_I + C_{ZGV}.$$

Aus Korollar 5.3.28 (vgl. (6.4.34)) und Annahme 6.4.36 folgt

$$\|\mathbf{P}_{\ell,\ell-1}\mathbf{v}\| = \|R_\ell P_{\ell-1}\mathbf{v}\| \geq c_1 h_\ell^{-1}\|P_{\ell-1}\mathbf{v}\|_{L^2(\Gamma)} \geq c_2 h_\ell^{-1}h_{\ell-1}\|\mathbf{v}\| \geq c_3\|\mathbf{v}\|$$

und daraus die Behauptung. ■

Im nächsten Satz wird eine rekursive Darstellung der Iterationsmatrix des Mehrgitterverfahrens hergeleitet.

Satz 6.4.42 *Sei* $\mathbf{T}_\ell$ *die Iterationsmatrix zum Glättungsverfahren und* $\mathbf{T}_\ell^{ZGV}$ *die Iterationsmatrix zum Zweigitterverfahren bezüglich des Stufen* ℓ, $\ell-1$. *Die Iterationsmatrix* $\mathbf{T}_\ell^{MGV}$ *des Mehrgitterverfahrens läßt sich rekursiv darstellen gemäß*

$$\begin{aligned} \mathbf{T}_0^{MGV} &= \mathbf{0}, \qquad \mathbf{T}_1^{MGV} = \mathbf{T}_1^{ZGV}, \\ \mathbf{T}_\ell^{MGV} &= \mathbf{T}_\ell^{ZGV} + \mathbf{P}_{\ell,\ell-1}\left(\mathbf{T}_{\ell-1}^{MGV}\right)^\gamma \mathbf{K}_{\ell-1}^{-1}\mathbf{R}_{\ell-1,\ell}\mathbf{K}_\ell\mathbf{T}_\ell^\nu. \end{aligned}$$

Beweis. Der Beweis erfolgt induktiv über die Stufen $\ell = 0, 1, \ldots$. Für $\ell = 0$, 1 ist die Behauptung offensichtlich, da auf der Stufe $\ell = 0$ exakt gelöst wird und auf der Stufe $\ell = 1$ das Mehrgitterverfahren mit dem Zweigitterverfahren identisch ist.

Um die Iterationsmatrix $\mathbf{T}_\ell^{GGK}$ der Grobgitterkorrektur zu identifizieren, verwenden wir (6.4.26) und setzen $\mathbf{f}_\ell = \mathbf{0}$. Dann gilt

$$\mathbf{d}_{\ell-1} = \mathbf{R}_{\ell-1,\ell}\mathbf{K}_\ell\mathbf{u}_\ell.$$

Bezeichnen wir die erste Iterierte $\mathbf{c}_{\ell-1} = \mathbf{0}$ in (6.4.26) mit $\mathbf{c}_{\ell-1}^{(0)}$ und die zum Laufindex i in (6.4.26) gehörende Iterierte mit $\mathbf{c}_{\ell-1}^{(i)}$, erhalten wir

$$\mathbf{c}_{\ell-1}^{(i)} = \mathbf{T}_{\ell-1}^{MGV}\mathbf{c}_{\ell-1}^{(i-1)} + \mathbf{N}_{\ell-1}^{MGV}\mathbf{d}_{\ell-1}$$

mit der Matrix $\mathbf{N}_{\ell-1}^{MGV} := \left(\mathbf{I}_{\ell-1} - \mathbf{T}_{\ell-1}^{MGV}\right)\mathbf{K}_{\ell-1}^{-1}$ (vgl. Bemerkung 6.4.9). Daraus folgt mit $\mathbf{c}_{\ell-1}^{(0)} = \mathbf{0}$

$$\begin{aligned}\mathbf{c}_{\ell-1}^{(\gamma)} &= \left(\sum_{i=0}^{\gamma-1}\left(\mathbf{T}_{\ell-1}^{MGV}\right)^{i}\right)\mathbf{N}_{\ell-1}^{MGV}\mathbf{d}_{\ell-1} = \left(\sum_{i=0}^{\gamma-1}\left(\mathbf{T}_{\ell-1}^{MGV}\right)^{i}\right)\left(\mathbf{I}_{\ell-1} - \mathbf{T}_{\ell-1}^{MGV}\right)\mathbf{K}_{\ell-1}^{-1}\mathbf{d}_{\ell-1}\\ &= \left(\mathbf{I}_{\ell-1} - \left(\mathbf{T}_{\ell-1}^{MGV}\right)^{\gamma}\right)\mathbf{K}_{\ell-1}^{-1}\mathbf{R}_{\ell-1,\ell}\mathbf{K}_{\ell}\mathbf{u}_{\ell}.\end{aligned}$$

Die Iterationsmatrix der Grobgitterkorrektur (6.4.26) ist damit durch

$$\begin{aligned}\mathbf{T}_{\ell}^{GGK} &= \mathbf{I}_{\ell} - \mathbf{P}_{\ell,\ell-1}\left(\mathbf{I}_{\ell-1} - \left(\mathbf{T}_{\ell-1}^{MGV}\right)^{\gamma}\right)\mathbf{K}_{\ell-1}^{-1}\mathbf{R}_{\ell-1,\ell}\mathbf{K}_{\ell}\\ &= \left(\mathbf{K}_{\ell}^{-1} - \mathbf{P}_{\ell,\ell-1}\mathbf{K}_{\ell-1}^{-1}\mathbf{R}_{\ell-1,\ell}\right)\mathbf{K}_{\ell} + \mathbf{P}_{\ell,\ell-1}\left(\mathbf{T}_{\ell-1}^{MGV}\right)^{\gamma}\mathbf{K}_{\ell-1}^{-1}\mathbf{R}_{\ell-1,\ell}\mathbf{K}_{\ell}\end{aligned} \tag{6.4.43}$$

gegeben. Zusammen mit dem vorangeschalteten Glättungsschritt $\mathbf{T}_{\ell}^{\nu}$ erhalten wir mit (6.4.29) die Behauptung

$$\mathbf{T}_{\ell}^{MGV} = \mathbf{T}_{\ell}^{ZGV} + \mathbf{P}_{\ell,\ell-1}\left(\mathbf{T}_{\ell-1}^{MGV}\right)^{\gamma}\mathbf{K}_{\ell-1}^{-1}\mathbf{R}_{\ell-1,\ell}\mathbf{K}_{\ell}\mathbf{T}_{\ell}^{\nu}.$$

■

Zur Abkürzung setzen wir $\zeta_\ell := \left\|\mathbf{T}_{\ell}^{MGV}\right\|$. Im folgenden leiten wir eine rekursive Abschätzung für ζ_ℓ her.

Lemma 6.4.43 *Die Annahmen 5.3.5, 5.3.25, 6.4.3, 6.4.36 und 6.4.39 seien erfüllt. Für die Zahlen ζ_ℓ gilt die Rekursion*

$$\zeta_0 = 0 \qquad \text{und für } 1 \le \ell \le \ell_{\max} : \zeta_\ell \le \left\|\mathbf{T}_{\ell}^{ZGV}\right\| + C\zeta_{\ell-1}^{\gamma},$$

wobei C lediglich von $\left\|\mathbf{T}_{\ell}^{ZGV}\right\|$, c_P, C_P aus (6.4.34), c_1, C_1 aus (6.4.32) und C_I aus (6.4.39) abhängt.

Beweis. Die rekursive Darstellung der Iterationsmatrix des Mehrgitterverfahrens aus Satz 6.4.42 läßt sich mit der Dreiecks- und Cauchy-Schwarzschen Ungleichung gemäß

$$\begin{aligned}&\zeta_0 = 0, \qquad \zeta_1 = \left\|\mathbf{T}_{\ell}^{ZGV}\right\|,\\ &\zeta_\ell \le \left\|\mathbf{T}_{\ell}^{ZGV}\right\| + \zeta_{\ell-1}^{\gamma}\left\|\mathbf{P}_{\ell,\ell-1}\right\|\left\|\mathbf{K}_{\ell-1}^{-1}\mathbf{R}_{\ell-1,\ell}\mathbf{K}_{\ell}\mathbf{T}_{\ell}^{\nu}\right\|\end{aligned}$$

abschätzen. Lemma 6.4.41 und $\mathbf{P}_{\ell,\ell-1} = R_\ell P_{\ell-1}$ mit (6.4.34) liefern dann

$$\zeta_\ell \le \left\|\mathbf{T}_{\ell}^{ZGV}\right\| + C_\star\zeta_{\ell-1}^{\gamma} \tag{6.4.44}$$

mit einer Konstanten $C_\star$, die lediglich von $\left\|\mathbf{T}_{\ell}^{ZGV}\right\|$, c_P, C_P aus (6.4.34), c_1, C_1 aus (6.4.32) und C_I aus (6.4.39) abhängt. ■

Satz 6.4.44 *Die Voraussetzungen aus Lemma 6.4.43 seien erfüllt.*

Dann existiert $\bar{\nu} > 0$, so daß die Iterationsmatrix zum Mehrgitterverfahren mit W-Zyklus und $\nu \ge \bar{\nu}$ Glättungsschritten der Abschätzung

$$\left\|\mathbf{T}_{\ell}^{MGV}\right\| \le C < 1$$

genügt mit einer von ℓ und der Schrittweite h_ℓ unabhängigen Konstanten C.

Beweis. Der W-Zyklus ist durch die Wahl $\gamma = 2$ in Algorithmus 6.4.27 definiert. Ohne Beschränkung der Allgemeinheit nehmen wir in (6.4.44)

$$C_\star > 1 \tag{6.4.45}$$

an. Wir definieren eine Hilfsfolge $(x_\ell)_{\ell=0}^{\ell_{\max}}$ durch $x_0 := 0$ und für $\ell = 1, 2, \ldots, \ell_{\max}$ durch $x_\ell := 1 + \eta x_{\ell-1}^2$ mit $\eta = C_{ZGV} C_\star$. Offensichtlich gilt $\zeta_\ell \leq C_{ZGV} x_\ell$ für alle $0 \leq \ell \leq \ell_{\max}$ und $(x_\ell)_{\ell=0}^{\ell_{\max}}$ ist monoton wachsend. Im Fall $\eta \leq 1/4$ ist die Hilfsfolge beschränkt (beispielsweise durch 2) und der Grenzwert $x_\star$ durch

$$x_\star = \frac{1 + \sqrt{1 - 4\eta}}{2\eta}$$

gegeben. Zusammen haben wir gezeigt, daß unter der Voraussetzung $C_{ZGV} C_\star \leq 1/4$ die Norm der Iterationsmatrix des Mehrgitterverfahrens (W-Zyklus) der Abschätzung (vgl. (6.4.45))

$$\zeta_\ell \leq C_{ZGV} \frac{1 + \sqrt{1 - 4\eta}}{2\eta} = \frac{1 + \sqrt{1 - 4 C_{ZGV} C_\star}}{2 C_\star} \leq C_\star^{-1} < 1$$

genügt. Wegen (6.4.28) läßt sich die minimale Anzahl der Glättungsschritte immer so wählen, daß das zugehörige Zweigitterverfahren $C_{ZGV} C_\star \leq 1/4$ erfüllt. ■

V-Zykluskonvergenz Die obige Argumentation läßt sich nicht auf den V-Zyklus anwenden. Da die Mehrgitteriteration mit V-Zyklus deutlich geringeren Rechenaufwand im Vergleich zum W-Zyklus erfordert, geben wir im folgenden auch die etwas aufwendigere Konvergenzanalyse des V-Zyklus an.

Die wesentlichen Unterschiede zur W-Zykluskonvergenz bestehen in der Beschränkung auf symmetrische Glättungsverfahren und Konvergenzaussagen bezüglich der *Energie*-Norm $\|\cdot\|_{\mathbf{K}_\ell}$ an Stelle der Euklidischen Norm. Diese Annahmen werden im folgenden präzisiert.

Annahme 6.4.45 *Die Matrizen $\mathbf{K}_\ell$ sind positiv definit. Für die Restriktion gilt $\mathbf{R}_{\ell-1,\ell} = \mathbf{P}_{\ell,\ell-1}^{\mathsf{T}}$ für alle ℓ.*

Im nächsten Schritt wird das Mehr- (bzw. Zwei-) gitterverfahren zu einem symmetrischen Verfahren verallgemeinert.

Definition 6.4.46 *Sei $\mathbf{K}$ positiv definit und ein Glättungsverfahren $\mathbf{S}_\ell\left(\mathbf{u}^{(i)}, \mathbf{f}\right)$ der Form (6.4.8) gegeben. Das adjungierte Glättungsverfahren $\mathbf{S}^H\left(\mathbf{u}^{(i)}, \mathbf{f}\right)$ ist durch*

$$\mathbf{u}^{(i+1)} := \mathbf{u}^{(i)} - \mathbf{W}^H \left(\mathbf{K}\mathbf{u}^{(i)} - \mathbf{f}\right)$$

gegeben.

Definition 6.4.47 *Das symmetrische Mehr- (bzw. Zwei-)gitterverfahren entsteht durch Hinzufügen von ν Nachglättungsschritten mit der adjungierten Glättungsiteration. Die Programmzeilen aus (6.4.26) (bzw. (6.4.25)) sind dazu am Ende durch die Programmzeile*

$$\textbf{\textit{for}}\ i := 1\ \textbf{\textit{to}}\ \nu\ \textbf{\textit{do}}\ \mathbf{u}_\ell := \mathbf{S}_\ell^H\left(\mathbf{u}_\ell, \mathbf{f}_\ell\right);$$

zu ergänzen.

Für den V-Zyklus nehmen wir an, daß die Grobgittermatrizen durch das Galerkin-Produkt definiert sind

$$\mathbf{K}_{\ell-1} := \mathbf{R}_{\ell-1,\ell}\mathbf{K}_\ell\mathbf{P}_{\ell,\ell-1}. \tag{6.4.46}$$

Bemerkung 6.4.48 *Mit Annahme 6.4.45 gilt für das Galerkin-Produkt*

$$\mathbf{K}_{\ell-1} = \mathbf{P}_{\ell,\ell-1}^{\intercal}\mathbf{K}_\ell\mathbf{P}_{\ell,\ell-1}.$$

Annahme 6.4.49 *Das Glättungsverfahren ist hermitesch:* $\mathbf{W}_\ell^H = \mathbf{W}_\ell$ *für alle* $0 \leq \ell \leq \ell_{\max}$. *Für positiv definite Systemmatrizen* $\mathbf{K}_\ell$ *sind auch die Matrizen* $\mathbf{W}_\ell^{-1} - \mathbf{K}_\ell$ *positiv definit.*

Unter diesen Annahmen ist die Iterationsmatrix für das symmetrische Zweigitterverfahren gegeben durch

$$\mathbf{T}_\ell^{ZGV} := \mathbf{T}_\ell^\nu \left(\mathbf{K}_\ell^{-1} - \mathbf{P}_{\ell,\ell-1}\mathbf{K}_{\ell-1}^{-1}\mathbf{P}_{\ell,\ell-1}^{\intercal}\right)\mathbf{K}_\ell\mathbf{T}_\ell^\nu.$$

Lemma 6.4.50 *Die Annahmen 5.3.5, 5.3.25 und 6.4.3 seien erfüllt. Die Galerkin-Matrix in (6.4.3) sei positiv definit. Für hinreichend kleinen Parameterbereich* $0 < \underline{\omega} < \overline{\omega}$ *erfüllt das Jacobi-Verfahren für alle Dämpfungsparameter* $\omega \in [\underline{\omega}, \overline{\omega}]$ *die Annahme 6.4.49.*

Beweis. Für das gedämpfte Jacobi-Verfahren gilt $\mathbf{W}_\ell^{-1} = \omega^{-1}\mathbf{D}_\ell$. Für positiv definite Systemmatrizen ist daher $\mathbf{W}_\ell$ ebenfalls hermitesch und der erste Teil aus Annahme 6.4.49 erfüllt.

Mit Annahme 6.4.3 gilt

$$\left\|\mathbf{W}_\ell^{-1}\right\| \geq c\omega^{-1}h_\ell$$

und für die Systemmatrix $\mathbf{K}_\ell$ wegen (6.4.12) die Abschätzung

$$\|\mathbf{K}_\ell\| \leq Ch_\ell.$$

Daraus folgt für den kleinsten Eigenwert $\lambda_{\min}$ von $\mathbf{W}_\ell^{-1} - \mathbf{K}_\ell$

$$\lambda_{\min} \geq \left(c\omega^{-1} - C\right)h_\ell.$$

Für alle Dämpfungsparameter $0 < \omega < c/C$ ist daher $\mathbf{W}_\ell^{-1} - \mathbf{K}_\ell$ positiv definit. ■

Die V-Zykluskonvergenz wird bezüglich der Energienorm $\|\cdot\|_{\mathbf{K}_\ell}$ bewiesen. Dazu benötigen wir die Approximationseigenschaft für Mehrgitterverfahren bezüglich der Energienorm.

Annahme 6.4.51 *Für alle* $1 \leq \ell \leq \ell_{\max}$ *gilt*

$$\left\|\mathbf{W}_\ell^{-1/2}\left(\mathbf{K}_\ell^{-1} - \mathbf{P}_{\ell,\ell-1}\mathbf{K}_{\ell-1}^{-1}\mathbf{R}_{\ell-1,\ell}\right)\mathbf{W}_\ell^{-1/2}\right\| \leq C_A$$

mit einer Konstanten C_A, *die nicht von* ℓ, $\ell_{\max}$ *und der Schrittweite* h_ℓ *abhängt.*

Lemma 6.4.52 *Es gelten die Voraussetzungen aus Satz 6.4.37. Dann ist Annahme 6.4.51 für das Jacobi-Verfahren erfüllt.*

Beweis. Man kombiniert die Aussage

$$\left\|\mathbf{K}_\ell^{-1} - \mathbf{P}_{\ell,\ell-1}\mathbf{K}_{\ell-1}^{-1}\mathbf{R}_{\ell-1,\ell}\right\| \leq C_1 h_\ell^{-1}$$

aus Satz 6.4.37 mit Annahme 6.4.3

$$\left\|\mathbf{W}_\ell^{-1/2}\right\| \left\|\mathbf{W}_\ell^{-1/2}\right\| \leq \omega^{-2} \left\|\mathbf{D}_\ell^{1/2}\right\|^2 \leq C_2 \omega^{-2} h_\ell$$

und erhält

$$\left\|\mathbf{W}_\ell^{-1/2}\left(\mathbf{K}_\ell^{-1} - \mathbf{P}_{\ell,\ell-1}\mathbf{K}_{\ell-1}^{-1}\mathbf{R}_{\ell-1,\ell}\right)\mathbf{W}_\ell^{-1/2}\right\| \leq C_1 C_2 \omega^{-2}.$$

■

Wir haben nun alle Voraussetzungen für die Konvergenz des V-Zyklus-Mehrgitterverfahrens zusammengestellt und exemplarisch für das gedämpfte Jacobi-Verfahren als Glättungsiteration verifiziert. Die Iterationsmatrix zum Mehrgitterverfahren mit V-Zyklus wird mit $\mathbf{T}_\ell^V$ bezeichnet.

Satz 6.4.53 *Die Annahmen 6.4.45, 6.4.49, 6.4.51 und (6.4.46) seien erfüllt. Dann konvergiert das symmetrische Mehrgitterverfahren als V-Zyklus in der Energienorm mit der Rate*

$$\rho\left(\mathbf{T}_\ell^V\right) = \left\|\mathbf{T}_\ell^V\right\|_{\mathbf{K}_\ell} \leq \frac{C_A}{C_A + 2\nu} < 1. \tag{6.4.47}$$

Beweis. Die Rekursion aus Satz 6.4.42 vereinfacht sich für den V-Zyklus ($\gamma = 1$) zu

$$\mathbf{T}_0^V = 0, \qquad \forall \ell \geq 1 : \mathbf{T}_\ell^V = \mathbf{T}_\ell^{ZGV} + \mathbf{T}_\ell^\nu \mathbf{P}_{\ell,\ell-1}\mathbf{T}_{\ell-1}^V \mathbf{K}_{\ell-1}^{-1}\mathbf{R}_{\ell-1,\ell}\mathbf{K}_\ell \mathbf{T}_\ell^\nu. \tag{6.4.48}$$

Um die symmetrische Struktur des V-Zyklus auszunutzen, verwenden wir die Transformationen

$$\begin{aligned} \check{\mathbf{T}}_\ell^{ZGV} &:= \mathbf{K}_\ell^{1/2}\mathbf{T}_\ell^{ZGV}\mathbf{K}_\ell^{-1/2}, \quad \check{\mathbf{T}}_\ell^{(\nu)} := \mathbf{K}_\ell^{1/2}\mathbf{T}_\ell^\nu \mathbf{K}_\ell^{-1/2}, \\ \check{\mathbf{P}}_{\ell,\ell-1} &:= \mathbf{K}_\ell^{1/2}\mathbf{P}_{\ell,\ell-1}\mathbf{K}_{\ell-1}^{-1/2}, \quad \check{\mathbf{R}}_{\ell-1,\ell} = \mathbf{K}_{\ell-1}^{-1/2}\mathbf{R}_{\ell-1,\ell}\mathbf{K}_\ell^{1/2}, \end{aligned}$$

die, eingesetzt in (6.4.48), mit (6.4.29) die Darstellung

$$\begin{aligned} \check{\mathbf{T}}_\ell^V &:= \mathbf{K}_\ell^{1/2}\mathbf{T}_\ell^V \mathbf{K}_\ell^{-1/2} = \check{\mathbf{T}}_\ell^{ZGV} + \check{\mathbf{T}}_\ell^{(\nu)}\check{\mathbf{P}}_{\ell,\ell-1}\check{\mathbf{T}}_{\ell-1}^V \check{\mathbf{R}}_{\ell-1,\ell}\check{\mathbf{T}}_\ell^{(\nu)} \\ &= \check{\mathbf{T}}_\ell^{(\nu)}\left(\mathbf{I}_\ell - \check{\mathbf{P}}_{\ell,\ell-1}\left(\mathbf{I}_\ell - \check{\mathbf{T}}_{\ell-1}^V\right)\check{\mathbf{R}}_{\ell-1,\ell}\right)\check{\mathbf{T}}_\ell^{(\nu)} && (6.4.49) \\ &= \check{\mathbf{T}}_\ell^{(\nu)}\left(\mathbf{Q}_\ell + \check{\mathbf{P}}_{\ell,\ell-1}\check{\mathbf{T}}_{\ell-1}^V \check{\mathbf{R}}_{\ell-1,\ell}\right)\check{\mathbf{T}}_\ell^{(\nu)} && (6.4.50) \end{aligned}$$

ergibt mit

$$\mathbf{Q}_\ell := \mathbf{I}_\ell - \check{\mathbf{P}}_{\ell,\ell-1}\check{\mathbf{R}}_{\ell-1,\ell}. \tag{6.4.51}$$

Aus Annahme 6.4.45, 6.4.49 und (6.4.46) folgt $\mathbf{Q}_\ell^2 = \mathbf{Q}_\ell = \mathbf{Q}_\ell^H$. Die Abbildung $\mathbf{Q}_\ell$ ist daher eine Orthogonalprojektion (s. Übungsaufgabe 6.4.54) und damit positiv semidefinit. Induktiv überträgt sich die Eigenschaft „$\check{\mathbf{T}}_0^V$ ist positiv semidefinit“ mit (6.4.50) auf $\check{\mathbf{T}}_\ell^V$ für alle $\ell \geq 0$.

Damit ist die Euklidische Norm von $\check{\mathbf{T}}_\ell^V$ durch den größten Eigenwert von $\check{\mathbf{T}}_\ell^V$ gegeben und die Aussagen (6.4.52), (6.4.53)

$$\left\|\mathbf{T}_\ell^V\right\|_{\mathbf{K}_\ell} = \left\|\check{\mathbf{T}}_\ell^V\right\| \leq \zeta_\ell \tag{6.4.52}$$

$$\sigma\left(\check{\mathbf{T}}_\ell^V\right) \subset [0, \zeta_\ell] \tag{6.4.53}$$

sind äquivalent.

Wir nehmen induktiv $\sigma\left(\check{\mathbf{T}}_{\ell-1}^{V}\right) \subset [0,\zeta_{\ell-1}]$ mit $\zeta_{\ell-1} = C_A/\left(C_A + 2\nu\right)$ an. Wegen $\check{\mathbf{T}}_0^V = \mathbf{0}$ ist diese Annahme offensichtlich für $\ell = 0$ erfüllt.

Der Spektralradius $\rho(\cdot)$ (vgl. Definition 6.4.8) stimmt für positiv definite Matrizen mit dem größten Eigenwert überein. Mit (6.4.49) und Übungsaufgabe 6.4.54 ergibt sich

$$\begin{aligned}\rho\left(\check{\mathbf{T}}_\ell^V\right) &\le \rho\left(\check{\mathbf{T}}_\ell^{(\nu)}\left(\mathbf{I}_\ell - (1-\zeta_{\ell-1})\,\check{\mathbf{P}}_{\ell,\ell-1}\check{\mathbf{R}}_{\ell-1,\ell}\right)\check{\mathbf{T}}_\ell^{(\nu)}\right)\\ &= \rho\left(\check{\mathbf{T}}_\ell^{(\nu)}\left((1-\zeta_{\ell-1})\,\mathbf{Q}_\ell + \zeta_{\ell-1}\mathbf{I}_\ell\right)\check{\mathbf{T}}_\ell^{(\nu)}\right).\end{aligned} \tag{6.4.54}$$

Aus der Approximationseigenschaft (vgl. Annahme 6.4.51) folgt

$$\rho\left(\mathbf{K}_\ell^{-1} - \mathbf{P}_{\ell,\ell-1}\mathbf{K}_{\ell-1}^{-1}\mathbf{R}_{\ell-1,\ell}\right) \le C_A\rho\left(\mathbf{W}_\ell\right)$$

(vgl. Übungsaufgabe 6.4.54.c). Die Transformation $\mathbf{K}_\ell^{1/2}(\cdot)\,\mathbf{K}_\ell^{1/2}$ erhält die Eigenwertungleichung (vgl. Übungsaufgabe 6.4.54.d) und ergibt eine Spektralabschätzung für $\mathbf{Q}_\ell$

$$0 \le \rho\left(\mathbf{Q}_\ell\right) = \rho\left(\mathbf{I}_\ell - \mathbf{K}_\ell^{1/2}\mathbf{P}_{\ell,\ell-1}\mathbf{K}_{\ell-1}^{-1}\mathbf{R}_{\ell-1,\ell}\mathbf{K}_\ell^{1/2}\right) \le C_A\rho\left(\check{\mathbf{X}}_\ell\right) \quad \text{mit} \quad \check{\mathbf{X}}_\ell := \mathbf{K}_\ell^{1/2}\mathbf{W}_\ell\mathbf{K}_\ell^{1/2}.$$

Die Projektionseigenschaft von $\mathbf{Q}_\ell$ impliziert die alternative Abschätzung $\sigma\left(\mathbf{Q}_\ell\right) \subset [0,1]$. Daher gilt für alle $\alpha \in [0,1]$

$$0 \le \rho\left(\mathbf{Q}_\ell\right) \le \alpha C_A\rho\left(\check{\mathbf{X}}_\ell\right) + (1-\alpha).$$

Diese Ungleichung, substituiert in (6.4.54), ergibt

$$\rho\left(\check{\mathbf{T}}_\ell^V\right) \le \rho\left(\check{\mathbf{T}}_\ell^{(\nu)}\left((1-\zeta_{\ell-1})\left(\alpha C_A\check{\mathbf{X}}_\ell + (1-\alpha)\,\mathbf{I}_\ell\right) + \zeta_{\ell-1}\mathbf{I}_\ell\right)\check{\mathbf{T}}_\ell^{(\nu)}\right). \tag{6.4.55}$$

Wir setzen $\beta := (1-\zeta_{\ell-1})(1-\alpha) + \zeta_{\ell-1}$ und beachten, daß für alle $\alpha \in [0,1]$ die Inklusion $\beta \in [\zeta_{\ell-1}, 1]$ gilt. Indem α mit dieser Relation durch β ersetzt wird, ergibt sich für (6.4.55) die Abschätzung

$$\rho\left(\check{\mathbf{T}}_\ell^V\right) \le \rho\left(\check{\mathbf{T}}_\ell^{(\nu)}\left((1-\beta)\,C_A\check{\mathbf{X}}_\ell + \beta\mathbf{I}_\ell\right)\check{\mathbf{T}}_\ell^{(\nu)}\right) \qquad \forall\zeta_{\ell-1} \le \beta \le 1. \tag{6.4.56}$$

Die Matrix $\check{\mathbf{T}}_\ell^{(\nu)}$ besitzt die Darstellung

$$\check{\mathbf{T}}_\ell^{(\nu)} = \mathbf{K}_\ell^{1/2}\mathbf{T}_\ell^{\nu}\mathbf{K}_\ell^{-1/2} = \left(\mathbf{I}_\ell - \mathbf{K}_\ell^{1/2}\mathbf{W}_\ell\mathbf{K}_\ell^{1/2}\right)^{\nu} = \left(\mathbf{I}_\ell - \check{\mathbf{X}}_\ell\right)^{\nu}.$$

Daher ist die Matrix auf der rechten Seite von (6.4.56) im Argument von ρ das Polynom

$$f(\xi,\beta) := (1-\xi)^{2\nu}\left((1-\beta)\,C_A\xi + \beta\right)$$

mit $\xi = \check{\mathbf{X}}_\ell$. Der Spektralradius kann daher durch

$$m(\beta) := \max\left\{f(\xi,\beta) : 0 \le \xi \le 1\right\}$$

nach oben abgeschätzt werden. Wir wählen $\beta = \zeta_{\ell-1} = C_A/\left(C_A + 2\nu\right)$. Diskussion der Funktion $f(\cdot,\zeta_{\ell-1})$ zeigt, daß diese im betrachteten Parameterbereich monoton fallend bezüglich des ersten Arguments ist. Daraus folgt

$$\rho\left(\check{\mathbf{T}}_\ell^V\right) \le f(0,\zeta_{\ell-1}) = \zeta_{\ell-1}$$

und per Induktion $\zeta_\ell = C_A/(C_A + 2\nu)$. Die Äquivalenz von (6.4.52) und (6.4.53) liefert schließlich die behauptete Abschätzung in (6.4.47).

Die linke Gleichheit in (6.4.47) folgt aus der Ähnlichkeit der Matrizen $\mathbf{T}_\ell^V$ und $\check{\mathbf{T}}_\ell^V$ gemäß

$$\left\|\mathbf{T}_\ell^V\right\|_{\mathbf{K}_\ell} = \left\|\mathbf{K}_\ell^{1/2}\mathbf{T}_\ell^V\mathbf{K}_\ell^{-1/2}\right\| = \left\|\check{\mathbf{T}}_\ell^V\right\| = \rho\left(\check{\mathbf{T}}_\ell^V\right) = \rho\left(\mathbf{T}_\ell^V\right).$$

■

Übungsaufgabe 6.4.54
(a) Die Annahmen 6.4.45, 6.4.49 und (6.4.46) seien erfüllt. Die Matrizen $\mathbf{K}_\ell$ seien für alle ℓ positiv definit. Dann ist $\mathbf{Q}_\ell$ aus (6.4.51) eine Orthogonalprojektion.
(b) Seien $\mathbf{A}$, $\mathbf{B}$ zwei positiv definite Matrizen. Dann gilt

$$\rho(\mathbf{A} + \mathbf{B}) \leq \rho(\mathbf{A}) + \rho(\mathbf{B}).$$

(c) Für positiv-definite Matrizen $\mathbf{A}$, $\mathbf{B}$ folgt aus $\left\|\mathbf{A}^{1/2}\mathbf{B}\mathbf{A}^{1/2}\right\| \leq C$ die Spektralungleichung

$$\rho(\mathbf{B}) \leq C\rho\left(\mathbf{A}^{-1}\right).$$

(d) Seien $\mathbf{A}$, $\mathbf{B}$, $\mathbf{C}$ positiv definit. Dann folgt aus $\rho(\mathbf{A}) \leq \rho(\mathbf{B})$ die Ungleichung

$$\rho\left(\mathbf{C}^{1/2}\mathbf{A}\mathbf{C}^{1/2}\right) \leq \rho\left(\mathbf{C}^{1/2}\mathbf{B}\mathbf{C}^{1/2}\right).$$

Konvergenz der geschachtelten Iteration In diesem Unterabschnitt werden wir die Konvergenzanalyse für die geschachtelte Iteration (Algorithmus 6.4.29) angeben. Dazu beginnen wir mit geeigneten Annahmen an die Prolongation und an das Mehrgitterverfahren, welches in jeder Iteration aufgerufen wird.

Annahme 6.4.55 *Seien $\mathbf{u}_\ell$, $\mathbf{u}_{\ell-1}$ Lösungen der Gleichung (6.4.20) für aufeinanderfolgende Gitterstufen und $\mathbf{P}_{\ell,\ell-1}$ die Prolongation in Algorithmus 6.4.29. Dann gilt*

$$\left\|\mathbf{u}_\ell - \mathbf{P}_{\ell,\ell-1}\mathbf{u}_{\ell-1}\right\| \leq C_1 h_\ell^{-1}\left\|\mathbf{f}_\ell\right\| \quad \text{und} \quad \left\|\mathbf{P}_{\ell,\ell-1}\right\| \leq C_2.$$

Annahme 6.4.56 *Das Mehrgitterverfahren, welches in Algorithmus 6.4.29 aufgerufen wird, besitzt eine gitterunabhängige Konvergenzrate:*

$$\left\|\mathbf{T}_\ell^{MGV}\right\| \leq \zeta < 1 \qquad \forall \ell \geq 1.$$

Bemerkung 6.4.57 *Die erste Abschätzung aus Annahme 6.4.55 folgt unter den Voraussetzungen von Satz 6.4.37 aus (6.4.41):*

$$\left\|\mathbf{u}_\ell - \mathbf{P}_{\ell,\ell-1}\mathbf{u}_{\ell-1}\right\| \leq C h_\ell^{-1}\left\|\mathbf{f}_\ell\right\|.$$

Die zweite Abschätzung folgt unter den Voraussetzungen von Satz 6.4.37 mit (6.4.40).

Annahme 6.4.56 entspricht den Aussagen aus Satz 6.4.44, 6.4.53. Wir beschränken uns in dieser Darstellung auf die Konvergenzanalyse für die L^2- bzw. Euklidische Norm und erinnern, daß die V-Zyklus-Konvergenz lediglich in der Energienorm bewiesen wurde. Die Konvergenz der geschachtelten Iteration in der Energienorm läßt sich analog herleiten und wird als Übungsaufgabe empfohlen.

Sei f die kontinuierliche rechte Seite in (6.4.2). Dann läßt sich die rechte Seite $\mathbf{f}_\ell$ in (6.4.20) wegen

$$|(\mathbf{f}_\ell)_i| := \left|(f, b_{\ell,i})_{L^2(\Gamma)}\right| \leq \|f\|_{L^2(\operatorname{Tr} b_{\ell,i})} \|b_{\ell,i}\|_{L^2(\operatorname{Tr} b_{\ell,i})} \leq Ch_\ell \|f\|_{L^2(\operatorname{Tr} b_{\ell,i})}$$

und der endlichen Überlappung der Träger durch

$$\|\mathbf{f}_\ell\| \leq C_3 h_\ell \|f\|_{L^2(\Gamma)} < \infty \tag{6.4.57}$$

abschätzen.

Unter diesen Annahmen läßt sich die Konvergenz der geschachtelten Iteration zeigen. Falls ein Vektor $\mathbf{a} \in \mathbb{R}^{N_\ell}$ und eine Funktion $a \in S_\ell$ im gleichen Kontext auftritt, hängen diese gemäß $a = \sum_{i=1}^{N_\ell} \mathbf{a}_i b_{\ell,i}$ miteinander zusammen.

Satz 6.4.58 *Die Annahmen 6.4.55, 6.4.56 und (6.4.34), (6.4.57) seien erfüllt. Die Iterationszahl $m_\ell = m$ in Algorithmus 6.4.29 erfülle*

$$C_2 c_P^{-1} \zeta^m < 1$$

mit c_P aus (6.4.34). Dann liefert die geschachtelte Iteration Näherungen $\tilde{\mathbf{u}}_\ell$ der exakten Lösungen $\mathbf{u}_\ell$ von (6.4.20), welche der Fehlerabschätzung

$$\|u_\ell - \tilde{u}_\ell\|_{L^2(\Gamma)} \leq g(\zeta^m)\ C_1 C_P h_\ell \|f\|_{L^2(\Gamma)} \tag{6.4.58}$$

mit

$$g(x) := \frac{C_3 x}{1 - C_2 c_P^{-1} x}$$

genügen, falls der Startwert $\tilde{u}_0$ die Ungleichung (6.4.58) erfüllt.

Beweis. Für $\ell = 0$ gilt (6.4.58) nach Voraussetzung. Rekursiv nehmen wir an, (6.4.58) sei für die Stufen $\leq \ell - 1$ erfüllt. Der Startfehler $\mathbf{u}_\ell^0 - \mathbf{u}_\ell$ mit $\mathbf{u}_\ell^0 := \mathbf{P}_{\ell,\ell-1}\tilde{\mathbf{u}}_{\ell-1}$ läßt sich abschätzen durch

$$\begin{aligned}
\left\|\mathbf{u}_\ell^0 - \mathbf{u}_\ell\right\| &\leq \|\mathbf{P}_{\ell,\ell-1}\mathbf{u}_{\ell-1} - \mathbf{u}_\ell\| + \|\mathbf{P}_{\ell,\ell-1}(\mathbf{u}_{\ell-1} - \tilde{\mathbf{u}}_{\ell-1})\| \\
&\leq \|\mathbf{P}_{\ell,\ell-1}\mathbf{u}_{\ell-1} - \mathbf{u}_\ell\| + \|\mathbf{P}_{\ell,\ell-1}\| \|\mathbf{u}_{\ell-1} - \tilde{\mathbf{u}}_{\ell-1}\| \\
&\leq C_1 h_\ell^{-1} \|\mathbf{f}_\ell\| + C_2 \|\mathbf{u}_{\ell-1} - \tilde{\mathbf{u}}_{\ell-1}\| \\
&\leq C_1 C_3 \|f\|_{L^2(\Gamma)} + C_2 c_P^{-1} h_{\ell-1}^{-1} \|u_{\ell-1} - \tilde{u}_{\ell-1}\|_{L^2(\Gamma)} \\
&\leq C_1 \left(C_3 + C_2 c_P^{-1} g(\zeta^m)\right) \|f\|_{L^2(\Gamma)}.
\end{aligned}$$

Abschätzung (6.4.34) impliziert für die zugehörigen Randelementfunktionen

$$\left\|u_\ell^0 - u_\ell\right\|_{L^2(\Gamma)} \leq C_1 C_P \left(C_3 + C_2 c_P^{-1} g(\zeta^m)\right) h_\ell \|f\|_{L^2(\Gamma)}.$$

Nach m Iterationen wird der Startfehler $u_\ell^0 - u_\ell$ auf der Stufe ℓ gemäß der Mehrgitterkonvergenzeigenschaften reduziert

$$\|u_\ell^m - u_\ell\|_{L^2(\Gamma)} \leq \zeta^m \left\|u_\ell^0 - u_\ell\right\|_{L^2(\Gamma)} \leq \left\{\zeta^m \left(C_3 + C_2 c_P^{-1} g(\zeta^m)\right)\right\} C_1 C_P h_\ell \|f\|_{L^2(\Gamma)}.$$

Die Definition von g impliziert $\{\ldots\} = g(\zeta^m)$ und daraus folgt die Behauptung. ■

Übungsaufgabe 6.4.59 *Beweisen Sie die Konvergenz der geschachtelten Iteration für das Mehrgitterverfahren mit V-Zyklus unter geeigneten Voraussetzungen.*

6.5 Mehrgitterverfahren für Gleichungen negativer Ordnung*

Die Effizienz von Mehrgitterverfahren besteht in der Kombination der Glättungseigenschaft des Operators bzw. des Glättungsverfahrens mit der Approximationseigenschaft der Grobgitterkorrektur. Die Glättungseigenschaft ist eng verknüpft mit den Abbildungseigenschaften des Operators $K : H^s(\Gamma) \to H^{-s}(\Gamma)$ mit $s > 0$. Für Operatoren negativer Ordnung (Beispiel: Einfachschichtpotential) ist der Operator und das damit verknüpfte einfache Iterationsverfahren nicht mehr glättend. Hochfrequenten Eigenfunktionen entsprechen niedrige Eigenwerte und umgekehrt.

Wir stellen in diesem Unterabschnitt einen Zugang vor, für den die Abbildungseigenschaften von Integraloperatoren negativer Ordnung umgekehrt werden und damit die Verwendung von Mehrgitterverfahren möglich ist. Dieser Zugang geht auf Bramble, Leyk und Pasciak zurück (vgl. [12], [11]).

Als Modellproblem betrachten wir die Galerkin-Diskretisierung der Randintegralgleichung zum Einfachschichtpotential $V : H^{-1/2}(\Gamma) \to H^{1/2}(\Gamma)$. Sei $f \in H^{1/2}(\Gamma)$ gegeben und die Bilinearform $b : H^{-1/2}(\Gamma) \times H^{-1/2}(\Gamma) \to \mathbb{R}$ gemäß

$$b(u,v) := (Vu, v)_{L^2(\Gamma)} = \int_{\Gamma\times\Gamma} \frac{v(\mathbf{x})\, u(\mathbf{y})}{4\pi\,\|\mathbf{x}-\mathbf{y}\|} ds_{\mathbf{y}} ds_{\mathbf{x}} \tag{6.5.1}$$

definiert. $S \subset H^{-1/2}(\Gamma)$ bezeichnet den Randelementraum, und die Galerkin-Lösung ist durch

$$\forall v \in S: \quad b(u,v) = f(v)$$

charakterisiert. Die Basisdarstellung $u = \sum_{i=1}^{N} \mathbf{u}_i b_i$ überführt das Problem auf das lineare Gleichungssystem

$$\mathbf{Vu} = \mathbf{f} \tag{6.5.2}$$

und unser Ziel ist dessen effiziente Lösung. Wir nehmen hier der Einfachheit halber an, daß $\mathbf{V}$ symmetrisch und positiv definit ist (vgl. Proposition 4.1.23). Störungen beispielsweise durch numerische Quadratur können wie in Übungsaufgabe 6.3.1 bzw. Übungsaufgabe 6.3.4 behandelt werden.

Definition 6.5.1 *Der Oberflächengradient einer Funktion $u \in H^1(\Gamma)$ ist durch*

$$\nabla_\Gamma u := \gamma_0 \nabla Z u$$

gegeben mit der Spurfortsetzung Z aus Satz 2.6.11 und dem Spuroperator γ_0 aus Satz 2.6.8.

Damit läßt sich die Bilinearform $w : H^1(\Gamma) \times H^1(\Gamma) \to \mathbb{R}$ durch

$$w(u,v) = \int_\Gamma \langle \nabla_\Gamma u, \nabla_\Gamma v\rangle + uv dx \qquad \forall u,v \in H^1(\Gamma) \tag{6.5.3}$$

definieren. Um technische Schwierigkeiten zu vermeiden, nehmen wir an, daß der Randelementraum die Inklusion

$$S \subset H^1(\Gamma) \tag{6.5.4}$$

erfüllt. Die Galerkin-Diskretisierung der Bilinearform w führt auf die schwachbesetzte Matrix

$$\mathbf{W}_{j,i} := w(b_i, b_j) \qquad \forall 1 \le i,j \le N.$$

*Dieser Abschnitt ist als Ergänzung zum eigentlichen Schwerpunkt dieses Buches zu betrachten.

Proposition 6.5.2 *Die Bilinearform w in (6.5.3) ist $H^1(\Gamma)$-elliptisch.*

Beweis. Die Behauptung folgt direkt aus $w(u,u) = \|u\|^2_{H^1(\Gamma)}$. ∎

Als Folgerung ergibt sich direkt, daß die Matrix $\mathbf{W}$ positiv definit ist. Der Bilinearform läßt sich der Operator $W : H^1(\Gamma) \to H^{-1}(\Gamma)$ gemäß

$$\langle Wu, v\rangle_{H^{-1}(\Gamma)\times H^1(\Gamma)} = w(u,v) \qquad \forall u, v \in H^1(\Gamma)$$

zuordnen. Der Zusammenhang der kontinuierlichen Operatoren W und V und der Matrizen $\mathbf{W}$ und $\mathbf{V}$ wird im folgenden untersucht.

Seien zunächst P und R wie in Definition 6.4.22, wobei der Index ℓ hier weggelassen wird. Die Abbildung $T : H^{-1}(\Gamma) \to \mathbb{R}^N$ ist durch

$$Tf = \left((f, b_i)_{L^2(\Gamma)}\right)_{i=1}^N \qquad \forall f \in H^{-1}(\Gamma)$$

definiert. Schließlich ist die *Massen-* oder *Gramsche Matrix* wie in (6.4.33) durch

$$\mathbf{M} := (b_i, b_j)_{L^2(\Gamma)} \qquad 1 \le i, j \le N$$

gegeben. Damit besitzt die L^2-Orthogonalprojektion $Q : H^s(\Gamma) \to S$ für $s \in [0,1]$ die Darstellung $Q = P\mathbf{M}^{-1}T$.

Proposition 6.5.3 *Sei $u \in S$ und $\mathbf{u} = (u_j)_{j=1}^N$ der zugehörige Koeffizientenvektor. Dann gilt*

$$\left(\mathbf{W}\mathbf{M}^{-1}\mathbf{V}\mathbf{u}\right)_i = (WQVu, b_i)_{L^2(\Gamma)}.$$

Beweis. Die Behauptung folgt aus

$$\begin{aligned}(WQVu, b_i)_{L^2(\Gamma)} &= \left(WP\mathbf{M}^{-1}TVu, b_i\right)_{L^2(\Gamma)} = \left(WP\mathbf{M}^{-1}\left((Vu, b_k)_{L^2(\Gamma)}\right)_{k=1}^N, b_i\right)_{L^2(\Gamma)} \\ &= \left(W\sum_{m=1}^N \left(\mathbf{M}^{-1}\mathbf{V}\mathbf{u}\right)_m b_m, b_i\right)_{L^2(\Gamma)} = \sum_{m=1}^N \left(\mathbf{M}^{-1}\mathbf{V}\mathbf{u}\right)_m \mathbf{W}_{i,m} = \left(\mathbf{W}\mathbf{M}^{-1}\mathbf{V}\mathbf{u}\right)_i.\end{aligned}$$

∎

Die Matrix-Matrix-Multiplikation $\mathbf{W}\mathbf{M}^{-1}\mathbf{V}$ entspricht der Galerkin-Diskretisierung der Komposition WQV. Diese Komposition approximiert den Operator WV. Für glatte Oberflächen, $\Gamma \in C^\infty$, lassen sich die Abbildungseigenschaften $WV : H^s(\Gamma) \to H^{s+1}(\Gamma)$ und die stetige Invertierbarkeit $(WV)^{-1} : H^{s+1}(\Gamma) \to H^s(\Gamma)$ zeigen (vgl. [11]).

Als Produkt positiv definiter Matrizen ist die Matrix $\mathbf{W}\mathbf{M}^{-1}\mathbf{V}$ regulär und die Eigenwerte sind reell und positiv. Damit stimmt die Lösung des linearen Gleichungssystems

$$\mathbf{W}\mathbf{M}^{-1}\mathbf{V}\mathbf{u} = \mathbf{W}\mathbf{M}^{-1}\mathbf{f} \tag{6.5.5}$$

mit der Lösung von (6.5.2) überein. Da $\mathbf{W}\mathbf{M}^{-1}\mathbf{V}$ als Diskretisierung des kontinuierlichen, regulären Operators WV der Ordnung $+1$ aufgefaßt werden kann, läßt sich das Mehrgitterverfahren aus Unterkapitel 6.4.3 direkt zur Lösung von (6.5.5) einsetzen. Wesentlich für die Effizienz des Verfahrens ist, daß $\mathbf{W}$ schwachbesetzt ist und eine Matrix-Vektor-Multiplikation mit einem Aufwand $O(N)$ durchgeführt werden kann. Für die Konvergenzanalyse verweisen wir auf [12], [11], [13].

Kapitel 7

Panel-Clustering

Partielle Differentialgleichungen lassen sich direkt mit Differenzenverfahren oder mit der Finite-Elemente-Methode (Gebietsmethoden) diskretisieren. Diese Methoden erfordern die Vernetzung des d-dimensionalen Gebiets Ω. Dies ist speziell für komplizierte Geometrien und Außenraumgebiete eine ungleich schwierigere Aufgabe als die Erzeugung eines Oberflächengitters für die Randelementmethode. Diese besitzt den weiteren Vorteil, daß Freiheitsgrade nur auf der Oberfläche auftreten und daher die Dimension der Gleichungssysteme deutlich niedriger ist als für Gebietsmethoden. Wird beispielsweise der Einheitswürfel in $\mathbb{R}^3$ mit einem uniformen kartesischen Gitter vernetzt und als Freiheitsgrade die Werte in den Gitterpunkten (Anzahl N) gewählt, so liegen auf der Oberfläche lediglich $O\left(N^{2/3}\right)$ Freiheitsgrade und die Dimension der Systemmatrix (proportional zur Anzahl der Freiheitsgrade) ist deutlich reduziert. Auf der anderen Seite führen Differenzenverfahren und finite Elemente zu dünnbesetzten Systemmatrizen und der Speicherbedarf wächst lediglich linear mit der Zahl der Unbekannten. Hier liegt ein entscheidender Nachteil der Matrixdarstellung von Randintegraloperatoren. Die Systemmatrizen sind vollbesetzt. Falls diese abgespeichert werden, geht der Vorteil der Dimensionsreduktion durch die Randelementmethode wieder verloren. Im oben betrachteten Beispiel benötigt man $O(N)$ Speicherplätze zur Speicherung der Systemmatrix für Gebietsdiskretisierung und $O\left(N^{4/3}\right)$ Speicherplätze für die Randelementmethode. Die Panel-Clustering-Methode verwendet eine alternative (approximative) Darstellung des diskreten Integraloperators und erlaubt die Speicherung des Operators mit $O\left(N \log^{\kappa} N\right)$ Speicherplätzen, wobei N die Zahl der Freiheitsgrade auf der Oberfläche bezeichnet und $\kappa \approx 4-6$ vom Problem abhängt.

Für hochdimensionale Probleme sind direkte Eliminationsverfahren wie Gauß- oder Cholesky-Zerlegung ungeeignet, da deren Aufwand kubisch mit der Dimension wächst. Iterative Lösungsverfahren sollten zur effizienten Lösung eingesetzt werden. Die Panel-Clustering-Darstellung des Integraloperators erlaubt es, Matrix-Vektor-Multiplikationen, die als elementare Operationen in iterativen Verfahren zur Lösung linearer Gleichungssysteme auftreten, in $O\left(N \log^{\kappa} N\right)$ arithmetischen Operationen durchzuführen. Die Darstellung erlaubt es hingegen nicht, direkte Eliminationsmethoden anzuwenden, da die Matrixelemente im allgemeinen nicht berechnet werden. Die Panel-Clustering-Methode wurde zunächst für Kollokationsverfahren entwickelt und geht auf W. Hackbusch und Z.P. Nowak zurück (vgl. [67], [68]). Die Weiterentwicklung für Galerkin-Verfahren wurde in [123], [69] vorgestellt.

Zunächst werden wir die Panel-Clustering-Methode abstrakt eingeführen und gliedern. Danach wird die algorithmische Beschreibung des Verfahrens angegeben. Die Fehler- und Aufwandsanalyse schließen dieses Kapitel ab.

Hinweis: Für dieses Kapitel existieren, je nach Interessenlage, unterschiedliche Lesefahrpläne, die wir kurz skizzieren wollen.

Für Leserinnen und Leser, die vor allem an der konkreten algorithmischen Realisierung der Panel-Clustering-Methode interessiert sind, empfehlen wir die Unterkapitel 7.1.1, 7.1.2, 7.1.3.1, 7.1.4.4, 7.2.1 zum detaillierten Studium. Die erforderlichen Entwicklungsordnungen sind in Tabelle (7.3.19) zusammengestellt.

Falls das Hauptinteresse in der abstrakten, globalen Fehleranalyse des durch Panel-Clustering gestörten Galerkin-Verfahrens besteht, empfehlen wir die Unterkapitel 7.1.1, 7.1.3.3, die Einleitung zu Unterkapitel 7.1.4 und Unterkapitel 7.3.2 zur Lektüre.

Leserinnen und Leser, die an der Herleitung der lokalen Fehlerabschätzungen für die Čebyšev-Interpolation interessiert sind, sollten insbesondere die Unterkapitel 7.1.3.1 und 7.3.1.1 studieren.

Schließlich erfordert das Verständnis der Aufwandsabschätzungen in Unterkapitel 7.4 die Kenntnis insbesondere der Unterkapitel 7.1.2, 7.1.3.3, 7.1.4.4.

7.1 Der Panel-Clustering-Algorithmus

7.1.1 Voraussetzungen an den Integraloperator

Wir erklären das Panel-Clustering-Verfahren zunächst für Galerkin-Diskretisierungen. In Abschnitt 7.5 werden die notwendigen Modifikationen für Kollokationsverfahren angegeben.

Sei $\mathcal{G}$ ein gegebenes Randelementgitter einer Oberfläche Γ und K ein abstrakter Randintegraloperator der Form

$$K[u](\mathbf{x}) := \int_\Gamma k(\mathbf{x},\mathbf{y})\, u(\mathbf{y})\, ds_\mathbf{y} \qquad \text{für alle } \mathbf{x} \in \Gamma. \tag{7.1.1}$$

Die folgende Annahme beschreibt die Klasse der Kernfunktionen, die in diesem Abschnitt betrachtet werden.

Annahme 7.1.1 *Die Kernfunktion $k : \Gamma \times \Gamma \to \mathbb{C}$ ist Richtungsableitung einer globalen Grundfunktion $G : \mathbb{R}^d \times \mathbb{R}^d \to \mathbb{C}$, die glatt ist für $\mathbf{x} \neq \mathbf{y}$:*

$$k(\mathbf{x},\mathbf{y}) = D_\mathbf{x} D_\mathbf{y} G(\mathbf{x},\mathbf{y}), \tag{7.1.2}$$

mit Ableitungsoperatoren $D_\mathbf{x}$, $D_\mathbf{y}$ der Ordnung 0 oder 1.

Das Panel-Clustering-Verfahren läßt sich für diese Klasse von Integraloperatoren formulieren. Für Konvergenz- und Komplexitätsaussagen werden wir weitere Bedingungen an die Grundfunktion G stellen.

Beispiel 7.1.2 *Für die Kernfunkion zum Einfachschichtpotential ist G durch die Fundamentallösung (3.1.3) gegeben und $k(\mathbf{x},\mathbf{y}) := G(\mathbf{x}-\mathbf{y})$.*

Für die Kernfunktion zum Doppelschichtpotential gilt $k(\mathbf{x},\mathbf{y}) = \tilde{\gamma}_{1,\mathbf{y}} G(\mathbf{x}-\mathbf{y})$ mit $\tilde{\gamma}_1 = \langle \mathbf{n}\gamma_0, \mathbf{A}\operatorname{grad}\cdot + 2\mathbf{b}\cdot\rangle$ (vgl. (2.7.11)).

Für die Kernfunktion zum adjungierten Doppelschichtpotential gilt $k(\mathbf{x},\mathbf{y}) = \gamma_{1,\mathbf{x}} G(\mathbf{x}-\mathbf{y})$ mit $\gamma_1 = \langle \mathbf{n}\gamma_0, \mathbf{A}\operatorname{grad}\cdot\rangle$.

Die Kernfunktion zum hypersingulären Operator (ohne partielle Integration, vgl. Unterkapitel 3.3.4) erfüllt $k(\mathbf{x},\mathbf{y}) = \gamma_{1,\mathbf{x}}\tilde{\gamma}_{1,\mathbf{y}} G(\mathbf{x}-\mathbf{y})$.

7.1.2 Clusterbaum und zulässige Überdeckung

Das Panel-Clustering-Verfahren basiert auf einer Approximation der Kernfunktion auf $\Gamma \times \Gamma$. Genauer wird zunächst die *Grundfunktion* $G : \mathbb{R}^d \times \mathbb{R}^d \to \mathbb{C}$ in geeigneten Bereichen approximiert und daraus die Approximation der eigentlichen *Kernfunktion* konstruiert. Unser Zugang, die Galerkin-Diskretisierung von Randintegralgleichungen durch das Panel-Clustering-Verfahren speichersparsam darzustellen und effizient auszuwerten, beginnt mit einer Clusterung der *Freiheitsgrade* der Galerkin-Diskretisierung (im Gegensatz zu einer direkten Clusterung der Paneele). Das hat den Vorteil, daß die algorithmische Realisierung vor allem im Hinblick auf die Datenstrukturen einfacher ist, als für den umgekehrten Zugang, die Cluster als Vereinigung von Paneelen zu definieren. Die Menge der Freiheitsgrade wird mit $\mathcal{I}$ bezeichnet (vgl. beispielsweise (4.1.25)).

Definition 7.1.3 *Ein Cluster ist die Vereinigung von einem oder mehreren Indizes aus* $\mathcal{I}$.

Die Effizienz des Panel-Clustering-Verfahrens basiert auf der Organisation der Indexmenge in einem hierarchischen Clusterbaum.

Definition 7.1.4 *Ein Clusterbaum* $\mathcal{T}$ *besitzt als Knoten Cluster. Die Menge aller Knoten wird mit* T *bezeichnet und erfüllt*

1. $\mathcal{I}$ *ist ein Knoten von* T.
2. *Die Menge der Blätter* $\operatorname{Leaves}(\mathcal{T}) \subset T$ *von* $\mathcal{T}$ *entspricht den Freiheitsgraden* $i \in \mathcal{I}$ *und ist durch*
$$\operatorname{Leaves}(\mathcal{T}) := \{\{i\} : i \in \mathcal{I}\}$$
gegeben.
3. *Für jeden Knoten* σ *aus* $T \backslash \operatorname{Leaves}(\mathcal{T})$ *existiert eine minimale Menge* $\Sigma(\sigma)$ *von Knoten in* $T \backslash \{\sigma\}$ *die*
$$\sigma = \bigcup_{\tilde{\sigma} \in \Sigma(\sigma)} \tilde{\sigma} \tag{7.1.3}$$
erfüllt. Die Menge $\Sigma(\sigma)$ *wird Söhne von* σ *genannt. Der Vater* $\operatorname{Vater}(\tilde{\sigma})$ *eines Clusters* $\tilde{\sigma} \in T$ *ist derjenige Cluster* $\sigma = \operatorname{Vater}(\tilde{\sigma}) \in T \backslash \{\mathcal{I}\}$ *mit* $\tilde{\sigma} \in \Sigma(\sigma)$.

   Die Kanten des Clusterbaums $\mathcal{T}$ *sind diejenigen Knotenpaare* $(\sigma, s) \in T \times T$, *welche* $\sigma \in \Sigma(s)$ *oder* $s \in \Sigma(\sigma)$ *erfüllen.*

Falls der Clusterbaum $\mathcal{T}$ aus dem Zusammenhang klar ist, schreiben wir „Leaves" anstelle von „Leaves $(\mathcal{T})$".

Beispiel 7.1.5 *Sei* $\ell_{\max} \in \mathbb{N}$ *fest gewählt. Wir setzen* $N = 2^{\ell_{\max}}$ *und* $h = (N-1)^{-1}$. *Die Gitterpunkte* $x_i := (i-1)\,h$, $1 \le i \le N$, *bilden die Menge* $\mathcal{I}$. *Eine Paneelierung der Intervalls* $(0,1)$ *ist durch die Paneele* $\tau_i = (x_{i-1}, x_i)$, $2 \le i \le N$, *gegeben. Die Knotenmenge* T *des Clusterbaums besteht aus den Clustern*
$$\sigma_{i,\ell} := \left\{ \frac{i-1}{2^\ell} N + 1, \frac{i-1}{2^\ell} N + 2, \dots, \frac{i}{2^\ell} N \right\}, \qquad \forall 0 \le \ell \le \ell_{\max}, \quad 1 \le i \le 2^\ell.$$

Die Menge der Söhne eines Knotens $\sigma_{i,\ell} \in T\backslash$ Leaves *sind durch*

$$\Sigma(\sigma_{i,\ell}) = \{\sigma_{2i-1,\ell+1}, \sigma_{2i,\ell+1}\}$$

gegeben. Für $\ell_{\max} = 3$ *ist der Clusterbaum in der folgenden Abbildung dargestellt.*

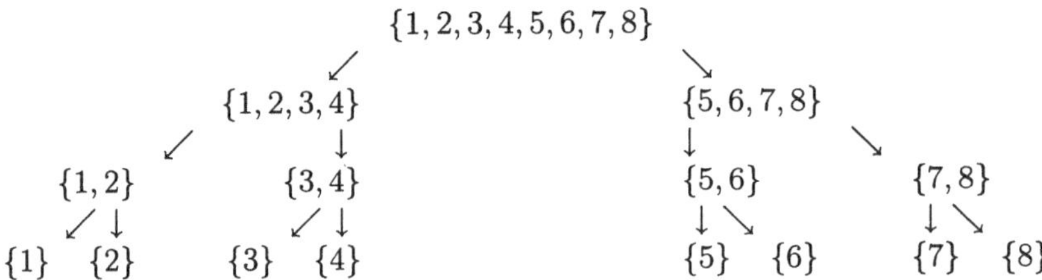

Im nächsten Schritt wird jedem Cluster $\sigma \in T$ ein *geometrischer Cluster* und ein *Durchmesser* zugeordnet. Die Basisfunktionen des Randelementraumes werden wieder mit b_i, $i \in \mathcal{I}$, bezeichnet.

Definition 7.1.6 *Jedem Cluster* $\sigma \in T$ *wird ein geometrischer Cluster* $\Gamma_\sigma \subset \Gamma$ *zugeordnet:*

$$\Gamma_\sigma := \bigcup_{i \in \sigma} \operatorname{Tr} b_i.$$

Die Clusterbox Q_σ *eines Clusters* $\sigma \in T$ *ist der minimale achsenparallele Quader, welcher* Γ_σ *enthält. Das Clusterzentrum* M_c *ist der Schwerpunkt der Clusterbox.*

Der Clusterdurchmesser ist gegeben durch

$$\operatorname{diam} \sigma = \sup_{x,y \in Q_\sigma} \|x - y\|.$$

In der urprünglichen Version (cf. [68]) des Panel-Clustering-Verfahrens wurde die Größe eines Clusters mit Hilfe der minimalen Kugel bestimmt, die Γ_σ ganz umfaßt. Die Verwendung achsenparalleler Quader ist algorithmisch vorteilhafter, und wir haben hier daher diesen Zugang gewählt.

Die Erzeugung eines Clusterbaums, ausgehend von der Menge $\mathcal{I}$, ist nicht eindeutig. Wir geben im folgenden eine Konstruktion an, die als Eingabe lediglich die Indexmenge $\mathcal{I}$ und die zugehörigen Flächenstücke $\Gamma_{\{i\}}$ benötigt. Mit den Notationen aus Definition 7.1.6 bezeichnet $Q_{\mathcal{I}}$ den minimalen achsenparallelen Quader, der Γ umfaßt. Für einen beliebigen Quader Q definieren wir die Menge der Söhne durch

$$\Sigma(Q): \quad \text{Menge der 8 kongruenten Teilquader, die durch Halbierung der Kanten von } Q \text{ entstehen.} \tag{7.1.4}$$

Bemerkung 7.1.7 *Für eine Menge* $\omega \subset \mathbb{R}^3$ *bezeichnet* $Box(\omega)$ *den minimalen achsenparallelen Quader, der* ω *umfaßt. Man beachte, daß* $Box(\tau)$ *für Paneele* $\tau \in \mathcal{G}$ *einfach zu berechnen ist und genauso* $Box(Box(\omega_1) \cup Box(\omega_2))$ *bei Kenntnis von* $Box(\omega_i)$, $i = 1, 2$.

Der Clusterbaum wird „stufenweise" erzeugt. Die Programmzeile

$\ell := 0;$ $\mathcal{L} := \mathcal{I};$ $T := \mathcal{I};$ $E := \emptyset;$ **erzeuge_clusterbaum**($\mathcal{L}$);

erzeugt den Clusterbaum, wobei das Unterprogramm **erzeuge_clusterbaum** wie folgt definiert ist.

Algorithmus 7.1.8 (Clusterbaum)
Comment: Erzeugung der Baumstruktur:

procedure erzeuge_clusterbaum$(\mathcal{L})$;
begin
  for all $\sigma \in \mathcal{L}$ ***do begin***
    initialisiere $\Sigma(\sigma) := \emptyset$;
    erzeuge (temporär) die Menge $\Sigma(Q_\sigma)$;
    for all $Q \in \Sigma(Q_\sigma)$ ***do begin***
      initialisiere einen (temporären) Knoten $s := \emptyset$;
      for all $i \in \sigma$ ***do if*** $M_{\{i\}} \in Q$ ***do*** $s := s \cup \{i\}$;
      if $s \neq \emptyset$ ***and*** $s \neq \sigma$ ***then*** $\Sigma(\sigma) := \Sigma(\sigma) \cup \{s\}$;
    end;
    $\mathcal{L} := \Sigma(\sigma) \cup \mathcal{L} \backslash \{\sigma\}; T := T \cup \Sigma(\sigma)$;
  end;
  if $\mathcal{L} \neq \emptyset$ ***then erzeuge_clusterbaum***$(\mathcal{L})$;
end;

Comment: Erzeugung der Clusterboxen.
Comment: Initialisierung:

for all $i \in \mathcal{I}$ ***do*** $Q_{\{i\}} := \emptyset$;
for all $\tau \in \mathcal{G}$ ***and all*** $(b_i : \mathrm{Tr}\, b_i \cap \tau \neq \emptyset)$ ***do*** $Q_{\{i\}} := Box\left(Q_{\{i\}} \cup Box(\tau)\right)$;

Comment: Für die übrigen Cluster:

$T_{temp} := T \backslash$ Leaves; ***for all*** $c \in T_{temp}$ ***do generate_clusterbox***(c, T_{temp}, Q_c) ;

Comment: Die Prozedur **generate_clusterbox** ist wie folgt definiert:

procedure generate_clusterbox(c, T_{temp}, Q_c) ;
begin
  for all $\tilde{c} \in \Sigma(c)$ ***do begin***
    if $Q_{\tilde{c}}$ *noch nicht erzeugt* ***then generate_clusterbox***$(\tilde{c}, T_{temp}, Q_{\tilde{c}})$;
    $Q_c := Box(Q_c \cup Q_{\tilde{c}})$;
    end;
  $T_{temp} := T_{temp} \backslash \{c\}$;
end;

Comment: Berechnung der Cluster-Durchmesser:

for all $c \in T$ ***do*** $\mathrm{diam}\, c := \mathrm{diam}\, Q_c$;

Bemerkung 7.1.9 *Die Konstruktion stellt sicher, daß ein Cluster c entweder ein Blatt ist, also* $c = \{i\}$ *für ein* $i \in \mathcal{I}$*, oder eine nichtleere Menge von Söhne besitzt, die alle verschieden von* σ *sind.*

Bemerkung 7.1.10 *Die Unterteilung eines Clusters wird durch die geometrische Zerlegung der zugehörigen achsenparallelen Box gesteuert. Alternativ kann die Unterteilung auch durch die Kardinalität der Söhne gesteuert werden. Dabei wir die Indexmenge* σ *so geteilt, daß die Kardinalität der Söhne möglichst gleich groß ist. Für Fehlerabschätzungen ist die geometriebasierte Unterteilung jedoch vorteilhafter.*

Einem Clusterpaar $(\sigma, s) \in T \times T$ wird mittels $\mathbf{K}^{(\sigma,s)} := (\mathbf{K}_{i,j})_{\substack{i\in\sigma \\ j\in s}}$ eindeutig eine Untermatrix zugeordnet. Die Idee des Panel-Clustering-Verfahrens besteht darin, derartige Untermatrizen näherungsweise darzustellen mit deutlich reduziertem Speicherbedarf und niedrigerem Aufwand zur Ausführung arithmetischer Operationen, wie beispielsweise die Multiplikation eines Matrixblocks mit einem Vektor. Die Approximation läßt sich für Untermatrizen $\mathbf{K}^{(\sigma,s)}$ anwenden, für die das Clusterpaar (σ, s) hinreichend separiert ist. Die Details finden sich in folgender Definition.

Definition 7.1.11 *(a) Die Entfernung zweier Cluster $\sigma, s \in T$ ist durch*

$$\operatorname{dist}(\sigma, s) := \inf_{(x,y)\in Q_\sigma \times Q_s} \|x - y\| \tag{7.1.5}$$

gegeben.

(b) Für $\eta \in \mathbb{R}_{>0}$ heißen zwei Cluster $\sigma, s \in T$ zulässig, falls

$$\eta \operatorname{dist}(\sigma, s) \geq \max\{\operatorname{diam}\sigma, \operatorname{diam} s\}$$

gilt.

Die Zulässigkeitsbedingung erlaubt es, die Matrix, genauer die Indexmenge $\mathcal{I} \times \mathcal{I}$, in zulässige Clusterpaare und unzulässige Indexpaare zu zerlegen. Auf den zulässigen Clusterpaaren werden die zugehörigen Untermatrizen durch die Panel-Clustering-Darstellung ersetzt und auf den unzulässigen Indexpaaren die zugehörigen Matrixelemente konventionell berechnet und gespeichert. Die Menge der zulässigen Clusterpaare dieser Zerlegung wird mit P^{fern} bezeichnet und die Menge der unzulässigen Indexpaare mit P^{nah}. Die Vereinigung $P^{fern} \cup P^{nah}$ ergibt die Zerlegung P. Für die Effizienz ist es wesentlich, daß diese Zerlegung aus möglichst wenigen Elementen besteht. Für die algorithmische Realisierung benötigen wir eine Nachfahren/Vorfahrenstruktur auf der Menge der Clusterpaare. Für $(\sigma, s) \in T \times T$ setzen wir

$$\Sigma(\sigma, s) := \begin{cases} \Sigma(\sigma) \times \Sigma(s) & (\sigma, s) \in (T\backslash \text{Leaves}) \times (T\backslash \text{Leaves}), \\ \Sigma(\sigma) \times \{s\} & (\sigma, s) \in (T\backslash \text{Leaves}) \times \text{Leaves}, \\ \{\sigma\} \times \Sigma(s) & (\sigma, s) \in \text{Leaves} \times (T\backslash \text{Leaves}), \\ \emptyset & (\sigma, s) \in \text{Leaves} \times \text{Leaves}. \end{cases}$$

Die Programmzeile

$$P^{nah} := P^{fern} := \emptyset; \quad \textbf{divide}\left(\mathcal{I} \times \mathcal{I}, P^{nah}, P^{fern}\right);$$

erzeugt diese Zerlegung, wobei das rekursive Unterprogramm **divide** wie folgt definiert ist.

Algorithmus 7.1.12

> **procedure divide**$\left((c, s), P^{nah}, P^{fern}\right)$;
> **begin**
>   **if** (c, s) ist zulässig **then** $P^{fern} := P^{fern} \cup \{(c, s)\}$
>   **else if** $(c, s) \in \text{Leaves} \times \text{Leaves}$ **then** $P^{nah} := P^{nah} \cup \{(c, s)\}$
>   **else for all** $(\tilde{c}, \tilde{s}) \in \sum(\sigma, s)$ **do divide**$\left((\tilde{c}, \tilde{s}), P^{nah}, P^{fern}\right)$;
> **end;**

Die Datenstrukturen für die algorithmische Realisierung des Panel-Clustering-Verfahrens sollten so gewählt werden, daß für jeden Freiheitsgrad die Menge der zugehörigen Nahfeldfreiheitsgrade und für jeden Cluster die Menge der zugehörigen Fernfeldcluster abgespeichert werden. Für $i \in \mathcal{I}$ und $c \in T$ definieren wir

$$P^{nah}(\{i\}) := \left\{\{j\} \in \text{Leaves} : (\{i\}, \{j\}) \in P^{nah}\right\}, \tag{7.1.6}$$

$$P^{fern}(c) := \left\{\sigma \in T : (c, \sigma) \in P^{fern}\right\}. \tag{7.1.7}$$

7.1.3 Approximation der Kernfunktion

Die Kernfunktion wird auf Paaren von geometrischen Clustern approximiert. Im ersten Schritt wird die Grundfunktion G auf dreidimensionalen Bereichen approximiert und danach die Approximation der Kernfunktion k als Richtungsableitung dieser Entwicklung definiert. Wir betrachten hier im Detail die Approximation durch Interpolation und geben mögliche Alternativen summarisch an.

7.1.3.1 Čebyšev-Interpolation

Die Interpolation zeichnet sich durch die einfache algorithmische Realisierbarkeit aus und durch die Größe der Klasse der Kernfunktionen, auf die sie sich anwenden läßt.

In diesem Abschnitt werden wir die Čebyšev-Interpolation algorithmisch einführen. Die Fehleranalyse findet sich in Unterkapitel 7.3. Für eine detaillierte Einführung in die Lagrange-Interpolation verweisen wir auf [146] und [52].

Der Raum aller dreidimensionalen Polynome vom Maximalgrad m in jeder Komponente wird mit $\mathbb{Q}_m$ bezeichnet

$$\mathbb{Q}_m := \left\{ \sum_{i,j,k=0}^{m} \alpha_{i,j,k} x_1^i x_2^j x_3^k : a_{i,j,k} \in \mathbb{C} \right\}. \tag{7.1.8}$$

Sei $D \subset \mathbb{R}^3$ und $f \in C^0(D)$ eine stetige Funktion. Die *Interpolationsaufgabe* lautet, für eine gegebene Menge von Stützstellen $\mathcal{Z} = \left\{\xi^{(i)} : 1 \leq i \leq q\right\} \subset D$ eine Funktion $p \in \mathbb{Q}_{m-1}$ zu finden mit

$$p(\xi) = f(\xi) \qquad \forall \xi \in \mathcal{Z}. \tag{7.1.9}$$

Wir können nicht erwarten, daß diese Aufgabe im allgemeinen eine Lösung besitzt. Auf achsenparallelen Quadern und kartesischen Gitterpunkten läßt sich die Lösung des Interpolationsproblems jedoch einfach angeben. Wir benötigen dazu für $m \in \mathbb{N}_0$ die Mengen

$$\mathcal{J}_m := \left\{\mu \in \mathbb{N}^3 \mid \forall 1 \leq i \leq 3 : 1 \leq \mu_i \leq m\right\}. \tag{7.1.10}$$

Konvention 7.1.13 *Für* $\mathbf{a} = (a_i)_{i=1}^3$, $\mathbf{b} = (b_i)_{i=1}^3 \in \mathbb{R}^3$ *nehmen wir im folgenden immer* $b_i > a_i$, $1 \leq i \leq 3$, *an und betrachten achsenparallele Quader der Form* $Q_{\mathbf{a},\mathbf{b}} := [a_1, b_1] \times [a_2, b_2] \times [a_3, b_3]$. *Die zugehörigen Koordinatenintervalle werden mit* $Q_{\mathbf{a},\mathbf{b}}^{(i)} = [a_i, b_i]$, $1 \leq i \leq 3$, *bezeichnet.*

Definition 7.1.14 *Sei* $I := [a, b]$ *ein reelles Intervall mit* $b > a$. *Sei* $\left\{\xi^{(1)}, \xi^{(2)}, \ldots, \xi^{(m)}\right\} \subset I$ *eine Menge von Punkten mit*

$$a = \xi^{(1)} < \xi^{(2)} < \ldots < \xi^{(m-1)} < \xi^{(m)} = b.$$

Für $i = 1, 2, \ldots, m$ ist das Lagrange-Polynom $L^{(i,m)} : I \to \mathbb{R}$ zum Gitterpunkt $\xi^{(i)}$ durch

$$L^{(i,m)}(x) := \prod_{\substack{j=1 \\ j \neq i}}^{m} \frac{x - \xi^{(j)}}{\xi^{(i)} - \xi^{(j)}}$$

gegeben.

Es gelte Konvention 7.1.13. Sei das Gitter $\mathcal{Z} = \mathcal{Z}_1 \times \mathcal{Z}_2 \times \mathcal{Z}_3$ mit $\mathcal{Z}_j = \left\{\xi^{(1,j)}, \xi^{(2,j)}, \ldots, \xi^{(m,j)}\right\}$, $1 \leq j \leq 3$ gegeben. Für $\mu \in \mathcal{J}_m$ setzen wir $\xi^{(\mu)} := \left(\xi^{(\mu_i,i)}\right)_{i=1}^{3} \in \mathcal{Z}$. Damit ist die tensorierte Lagrange-Basis durch

$$L^{(\mu,m)}(\mathbf{x}) := L^{(\mu_1,m)}(x_1)\, L^{(\mu_2,m)}(x_2)\, L^{(\mu_3,m)}(x_3)$$

gegeben.

Die Stützstellen $\xi^{(j)}$ und die zugehörigen Lagrange-Funktionen hängen im allgemeinen vom Intervall I und der Ordnung m ab. Der Index m in $\xi^{(i,m)}$ und $L^{(\mu,m)}$ wird im folgenden immer weggelassen, falls dieser aus dem Kontext klar hervorgeht.

Die Lagrange-Basisfunktionen $L^{(\mu)}$ sind Polynome vom Maximalgrad $m-1$ in jeder Komponente und besitzen die Eigenschaft

$$L^{(\mu)}(\mathbf{x}) = \begin{cases} 1 & \text{für } \mathbf{x} = \xi^{(\mu)}, \\ 0 & \text{für } \mathbf{x} \in \mathcal{Z} \backslash \{\xi^{\mu}\}. \end{cases}$$

Sei $\mathbf{a}$ und $\mathbf{b}$ wie in Konvention 7.1.13 und das Gitter $\mathcal{Z}$ auf dem Quader $Q_{\mathbf{a},\mathbf{b}}$ wie in Definition 7.1.14. Dann läßt sich die Lösung der Interpolationsaufgabe (7.1.9) explizit angeben

$$p_m(\mathbf{x}) = \sum_{\mu \in \mathcal{J}_m} f\left(\xi^{(\mu)}\right) L^{(\mu)}(\mathbf{x}). \tag{7.1.11}$$

Die Wahl der Čebyšev-Knoten als Gitterpunkte besitzt gegenüber der äquidistanten Unterteilung der Intervalle Stabilitätsvorteile. Die Abhängigkeit des Interpolationsfehlers von der Wahl der Stützstellen liest man aus der folgenden Fehlerdarstellung ab.

Satz 7.1.15 *Sei $b > a$, $I = [a, b]$ und $f \in C^m(I)$. Für eine Stützstellenmenge $\mathcal{Z} = \left(\xi^{(i)}\right)_{i=1}^{m}$ setzen wir $p_m := \sum_{i=1}^{m} f\left(\xi^{(i)}\right) L^{(i)}$. Dann existiert für alle $x \in I$ ein $\theta_x \in I$ mit*

$$f(x) - p_m(x) = \frac{f^{(m)}(\theta_x)}{m!} \prod\nolimits_{i=1}^{m} \left(x - \xi^{(i)}\right). \tag{7.1.12}$$

Die Wahl der *Čebyšev-Knoten* minimiert das Produkt $\prod_{i=1}^{m}\left(x - \xi^{(i)}\right)$ im Fehlerterm. Die Čebyšev-Knoten werden wir zunächst für das Intervall $[-1, 1]$ einführen und einige Eigenschaften der Čebyšev-Polynome zusammenstellen.

Die Čebyšev-Polynome lassen sich rekursiv durch $T_0(x) := 1$, $T_1(x) := x$ und für $k = 2, 3, \ldots$ durch

$$T_{k+1}(x) := 2x T_k(x) - T_{k-1}(x) \tag{7.1.13}$$

definieren. Wir erhalten beispielsweise

$$T_2(x) = 2x^2 - 1 \qquad T_3(x) := 4x^3 - 3x, \qquad T_4(x) := 8x^4 - 8x^2 + 1.$$

Die Nullstellen sind reell, paarweise verschieden und liegen im Intervall $[-1, 1]$. Genauer besitzen sie für das Čebyšev-Polynom T_n, $n \geq 1$, die Form

$$\xi^{(i,n)} := \cos \frac{2i-1}{2n}\pi \qquad 1 \leq i \leq n.$$

Definition 7.1.16 (Čebyšev-Interpolation auf $[-1, 1]$) *Die Čebyšev-Interpolation einer stetigen Funktion $f \in C^0([-1, 1])$ ist bezüglich der Stützstellen $\left(\xi^{(i)}\right)_{i=1}^{m}$ gegeben durch*

$$\Pi^{(m)}[f] := \sum_{i=1}^{m} f\left(\xi^{(i)}\right) L^{(i)}.$$

Für $\mu \in \mathbb{N}_0^3$ und $\mathbf{x} = (x_i)_{i=1}^3$ sind die tensorierten Čebyšev-Polynome durch

$$T_\mu(\mathbf{x}) := T_{\mu_1}(x_1)\, T_{\mu_2}(x_2)\, T_{\mu_3}(x_3) \tag{7.1.14}$$

gegeben. Für den dreidimensionalen Einheitswürfel $Q = I \times I \times I$ mit $I = [-1, 1]$ sind die Stützstellen durch die tensorierten eindimensionalen Čebyšev-Knoten gegeben

$$\xi^{(\mu)} := \left(\xi_i^{(\mu_i)}\right)_{i=1}^{3} \qquad \mu \in \mathcal{J}_m.$$

Definition 7.1.17 (Čebyšev-Interpolation auf Q) *Die Čebyšev-Interpolierende einer stetigen Funktion $f \in C^0(Q)$ ist gegeben durch*

$$\vec{\Pi}^{(m)}[f] := \sum_{\mu \in \mathcal{J}_m} f\left(\xi^{(\mu)}\right) L^{(\mu)}.$$

Für einen achsenparallelen Quader $Q_{\mathbf{a},\mathbf{b}}$ definieren wir die Čebyšev-Interpolation mittels affiner Transformation. Dann ist $\chi : Q \to Q_{\mathbf{a},\mathbf{b}}$ durch

$$\chi(\hat{\mathbf{x}}) := \left(a_i + (b_i - a_i)\frac{x_i + 1}{2}\right)_{i=1}^{3}$$

gegeben. Die transformierten Čebyšev-Knoten bilden die Menge

$$\Theta_{\mathbf{a},\mathbf{b}}^{(m)} := \left\{\chi\left(\xi^{(\mu)}\right) : \mu \in \mathcal{J}_m\right\}.$$

Definition 7.1.18 (Čebyšev-Interpolation auf $Q_{\mathbf{a},\mathbf{b}}$) *Die Čebyšev-Interpolation einer stetigen Funktion $f \in Q_{\mathbf{a},\mathbf{b}}$ ist durch*

$$\vec{\Pi}_{\mathbf{a},\mathbf{b}}^{(m)}[f] := \sum_{\xi^{(\mu)} \in \Theta_{\mathbf{a},\mathbf{b}}^{(m)}} f\left(\xi^{(\mu)}\right) L^{(\mu)}$$

gegeben, wobei die Lagrange-Funktionen bezüglich der Menge $\Theta_{\mathbf{a},\mathbf{b}}^{(m)}$ definiert sind.

Die Approximation der Kernfunktion beginnt mit der Approximation der Grundfunktion auf einem Paar achsenparalleler Quader $Q_{\mathbf{a},\mathbf{b}} \times Q_{\mathbf{c},\mathbf{d}}$.

Definition 7.1.19 (Čebyšev-Interpolation auf $Q_{\mathbf{a},\mathbf{b}} \times Q_{\mathbf{c},\mathbf{d}}$) *Für $f \in C^0(Q_{\mathbf{a},\mathbf{b}} \times Q_{\mathbf{c},\mathbf{d}})$ ist die tensorierte Čebyšev-Interpolation durch*

$$\overrightarrow{\Pi}^{(m)}_{[\mathbf{a},\mathbf{b}],[\mathbf{c},\mathbf{d}]}[f](\mathbf{x},\mathbf{y}) := \sum_{\xi^{(\mu)} \in \Theta^{(m)}_{\mathbf{a},\mathbf{b}}} \sum_{\zeta^{(\nu)} \in \Theta^{(m)}_{\mathbf{c},\mathbf{d}}} f\left(\xi^{(\mu)}, \zeta^{(\nu)}\right) L^{(\mu)}(\mathbf{x}) L^{(\nu)}(\mathbf{y})$$

gegeben.

In Annahme 7.1.1 haben wir uns auf Kernfunktionen beschränkt, die entweder die Grundfunktion oder eine Ableitung der Grundfunktion sind. Die Approximation der Kernfunktion definieren wir durch Anwendung der auftretenden Ableitungen in (7.1.2) auf die Grundfunktion.

Definition 7.1.20 (Čebyšev-Approximation der Kernfunktion) *Seien $b = (\sigma, s) \in P^{fern}$ ein Paar zulässiger Cluster und Γ_σ, Γ_s die zugehörigen geometrischen Cluster. Die Clusterboxen werden mit $Q_\sigma =: Q_{\mathbf{a},\mathbf{b}}$ und $Q_s =: Q_{\mathbf{c},\mathbf{d}}$ bezeichnet. Die Kernfunktion besitze die Darstellung*

$$k(\mathbf{x},\mathbf{y}) = D_{\mathbf{x}} D_{\mathbf{y}} G(\mathbf{x},\mathbf{y})$$

und erfülle Annahme 7.1.1. Dann ist die Čebyšev-Approximation $k_m : \Gamma_\sigma \times \Gamma_s \to \mathbb{C}$ der Kernfunktion durch

$$k_b := D_{\mathbf{x}} D_{\mathbf{y}} \overrightarrow{\Pi}^{(m)}_{[\mathbf{a},\mathbf{b}],[\mathbf{c},\mathbf{d}]} G$$

gegeben.

Für die Effizienz des Panel-Clustering-Verfahrens spielt die Darstellung der Kernapproximation in separierten Koordinaten die Schlüsselrolle. Für $b = (\sigma, s) \in P^{fern}$ erhalten wir die abstrakte Darstellung der Kernapproximation

$$k_b^{(m)}(\mathbf{x},\mathbf{y}) = \sum_{\mu,\nu \in \iota_m} \kappa_{\mu,\nu}(b) \, \Phi_\sigma^{(\mu)}(\mathbf{x}) \, \Psi_s^{(\nu)}(\mathbf{y}) \tag{7.1.15}$$

mit

$$\iota_m := \mathcal{J}_m, \quad \kappa_{\mu,\nu}(b) := G\left(\xi^{(\mu)}, \zeta^{(\nu)}\right), \quad \Phi_\sigma^{(\mu)}(\mathbf{x}) := D_{\mathbf{x}} L^{(\mu)}(\mathbf{x}), \quad \Psi_s^{(\nu)}(\mathbf{y}) := D_{\mathbf{y}} L^{(\nu)}(\mathbf{y}). \tag{7.1.16}$$

Definition 7.1.21 *Sei $b \in P^{fern}$. Eine Approximation k_b der Kernfunktion ist semiseparabel, falls die $\mathbf{x}$ und $\mathbf{y}$-Abhängigkeit wie in (7.1.15) faktorisiert ist.*

7.1.3.2 Multipol-Entwicklung

Die Multipol-Entwicklung ist auf das Laplace-Problem zugeschnitten. Im Gegensatz zu der sechsdimensionalen Entwicklung für die Čebyšev-Interpolation ist die Multipol-Entwicklung vierdimensional und daher effizienter. Der Nachteil der Multipol-Entwicklung ist, daß sie auf Kernfunktionen für das Laplace-Problem beschränkt ist. Im folgenden werden wir die Entwicklung für den Randintegraloperator zum Einfachschichtpotential des Laplace-Problems angeben, genauer für die Funktion

$$k(\mathbf{x},\mathbf{y}) := \|\mathbf{x} - \mathbf{y}\|^{-1},$$

die bis auf den Faktor $(4\pi)^{-1}$ mit der Fundamentallösung zum Laplace-Operator übereinstimmt. Man kann zeigen, daß die Multipol-Entwicklung und die Taylor-Entwicklung identisch sind, falls die kartesischen Koordinaten durch Kugelkoordinaten substituiert werden. Für eine ausführliche Darstellung verweisen wir auf [121], [59], [60].

Definition 7.1.22 *Seien $b = (\sigma, s) \in P^{fern}$ ein zulässiger Block und Q_σ, Q_s die zugehörigen achsenparallelen Quader. Der Entwicklungspunkt für den Block b ist durch $M_b := M_\sigma - M_s$ gegeben mit den Schwerpunkten M_σ, M_s von Q_σ, Q_s (vgl. Definition 7.1.6).*

Die Multipol-Entwicklung verwendet als Entwicklungsfunktionen die Kugelflächenfunktionen Y_ℓ^m und die assoziierten Legendre-Funktionen P_ℓ^m. Für $\ell, m \in \mathbb{N}_0$ mit $m \leq \ell$ gilt

$$P_\ell^m(x) := (-1)^m \left(1 - x^2\right)^{m/2} \left(\frac{d}{dx}\right)^m P_\ell(x)$$

mit den Legendre-Polynomen

$$P_\ell(x) := \frac{1}{2^\ell \ell!} \left(\frac{d}{dx}\right)^\ell \left(x^2 - 1\right)^\ell, \qquad \ell \in \mathbb{N}_0.$$

Die Kugelflächenfunktionen besitzen für $\ell \in \mathbb{N}_0$ und $m \in \mathbb{Z}$ mit $|m| \leq \ell$ die Darstellung

$$Y_\ell^m(\mathbf{x}) := c_{\ell,m} P_\ell^{|m|}(\cos\theta)\, e^{im\phi} \qquad \mathbf{x} \in \mathbb{S}_2$$

mit

$$c_{\ell,m} := \sqrt{\frac{(2\ell+1)(\ell-|m|)!}{4\pi(\ell+|m|)!}},$$

wobei $(\theta, \phi) \in [0, \pi] \times [0, 2\pi[$ die Kugelkoordinaten des Punktes $\mathbf{x}$ auf der Einheitssphäre $\mathbb{S}_2$ bezeichnen. Für einen zulässigen Block $b = (\sigma, s) \in P^{fern}$ definieren wir Entwicklungskoeffizienten

$$\kappa_{\mu,\nu}(b) := \frac{1}{C_{\mu_1+\nu_1}^{\mu_2+\nu_2} \|M_s - M_\sigma\|^{\mu_1+\nu_1+1}} Y_{\mu_1+\nu_1}^{\mu_2+\nu_2}\left(\frac{M_s - M_\sigma}{\|M_s - M_\sigma\|}\right)$$

mit

$$C_\ell^m := \frac{i^{|m|}}{\sqrt{(\ell-m)!\,(\ell+m)!}}$$

und Entwicklungsfunktionen

$$\Phi_\sigma^{(\mu)}(\mathbf{x}) := \Psi_\sigma^{(\mu)}(\mathbf{x}) := C_{\mu_1}^{\mu_2} \|\mathbf{x} - M_\sigma\|^{\mu_1} Y_{\mu_1}^{-\mu_2}\left(\frac{\mathbf{x} - M_\sigma}{\|\mathbf{x} - M_\sigma\|}\right).$$

Die Kernapproximation auf $\Gamma_\sigma \times \Gamma_s$ der Ordnung $m = m_b$ ist damit durch

$$k_b(\mathbf{x}, \mathbf{y}) = \sum_{(\mu,\nu)\in\iota_m} \kappa_{\mu,\nu}(b)\, \Phi_\sigma^{(\mu)}(\mathbf{x})\, \Psi_s^{(\nu)}(\mathbf{y})$$

gegeben mit

$$\iota_m := \left\{ (\mu, \nu) \in \mathbb{Z}^2 \times \mathbb{Z}^2 : \begin{pmatrix} 0 \leq \mu_1 < m \\ -\mu_1 \leq \mu_2 \leq \mu_1 \\ 0 \leq \nu_1 < m - \mu_1 \\ -\nu_1 \leq \nu_2 \leq \nu_1 \end{pmatrix} \right\}. \tag{7.1.17}$$

7.1.3.3 Abstrakte Panel-Clustering-Approximation

Die Čebyšev-Interpolation und die Multipol-Entwicklung sind lediglich Beispiele, um die Kernfunktion durch eine *semiseparable* Entwicklung zu approximieren. Für spezielle Kernfunktionen können andere Entwicklungen vorteilhafter sein. Die folgende Annahme stellt die abstrakten Voraussetzungen an eine Panel-Clustering-Approximation zusammen.

Annahme 7.1.23 *Es existieren eine Zulässigkeitsbedingung auf der Menge aller Clusterpaare und Konstanten $0 < \gamma < 1$, $0 < C < \infty$ und $s \in \mathbb{R}$ mit der folgenden Eigenschaft: Für alle zulässigen Blöcke $b = (c, \sigma) \in P^{fern}$ existiert eine Familie von semiseparablen Approximationen $\left\{k_{\mathbf{b}}^{(m)} : \Gamma_c \times \Gamma_\sigma \to \mathbb{C}\right\}_{m\in\mathbb{N}}$ der Form*

$$k_b^{(m)}(\mathbf{x}, \mathbf{y}) = \sum_{(\nu,\mu)\in\iota_m} \kappa_{\nu,\mu}(b)\, \Phi_c^{(\mu)}(\mathbf{x})\, \Psi_\sigma^{(\nu)}(\mathbf{y}) \tag{7.1.18}$$

mit

$$\left|k(\mathbf{x}, \mathbf{y}) - k_b^{(m)}(\mathbf{x}, \mathbf{y})\right| \le C\gamma^m \operatorname{dist}^{-s}(c, \sigma) \quad \forall (\mathbf{x}, \mathbf{y}) \in \Gamma_c \times \Gamma_\sigma. \tag{7.1.19}$$

Weiter existieren Konstanten $d_1, d_2 \in \mathbb{N}$ und $0 < C < \infty$, so daß die Indexmengen ι_m für alle $m \in \mathbb{N}$ die Eigenschaft $\iota_m \subset \mathbb{Z}^{d_1} \times \mathbb{Z}^{d_2}$ besitzen und die halbseitigen Restriktionen

$$\mathcal{L}_m := \left\{\nu \mid \exists \mu \in \mathbb{Z}^{d_2} : (\nu, \mu) \in \iota_m\right\} \quad \text{und} \quad \mathcal{R}_m := \left\{\mu \mid \exists \nu \in \mathbb{Z}^{d_1} : (\nu, \mu) \in \iota_m\right\} \tag{7.1.20}$$

die Bedingungen

$$\sharp\mathcal{L}_m \le C(m+1)^{d_1} \quad \text{und} \quad \sharp\mathcal{R}_m \le C(m+1)^{d_2},$$

$$\begin{aligned} |\nu| < C(m+1) \quad & \text{für alle} \quad \nu \in \mathcal{L}_m \cup \mathcal{R}_m, \\ \left.\begin{array}{c} \mathcal{L}_m \subset \mathcal{L}_M \\ \mathcal{R}_m \subset \mathcal{R}_M \end{array}\right\} \quad & \text{für alle} \quad 0 \le m \le M \end{aligned}$$

erfüllen.

Bemerkung 7.1.24 *Die Funktionen $\Phi_c^{(\mu)}$, $\Psi_\sigma^{(\nu)}$ und Koeffizienten $\kappa_{\mu,\nu}(b)$ in der Entwicklung (7.1.18) hängen im allgemeinen von der Entwicklungsordnung m ab.*

Übungsaufgabe 7.1.25 *Zeigen Sie, daß die Indexmenge ι_m aus (7.1.16) und (7.1.17) die Voraussetzungen aus Annahme 7.1.23 an die Indexmengen $\mathcal{L}_m$ und $\mathcal{R}_m$ erfüllen.*

7.1.4 Die Matrix-Vektor-Multiplikation im Panel-Clustering-Format

Mit Hilfe des Nah- und Fernfelds P^{nah} und P^{fern} und der abstrakten Approximationen $k_b(\mathbf{x}, \mathbf{y})$ läßt sich die Panel-Clustering-Darstellung des Integraloperators formulieren. Man beachte im folgenden, daß die Randelemente $\tau \in \mathcal{G}$ Bilder des *offenen* Referenzelements $\widehat{\tau}$ sind.

Die Abbildungen 7.1 und 7.2 illustrieren die Speicherorganisation für das Panel-Clustering-Verfahren und den Algorithmus für die Matrix-Vektor-Multiplikation.

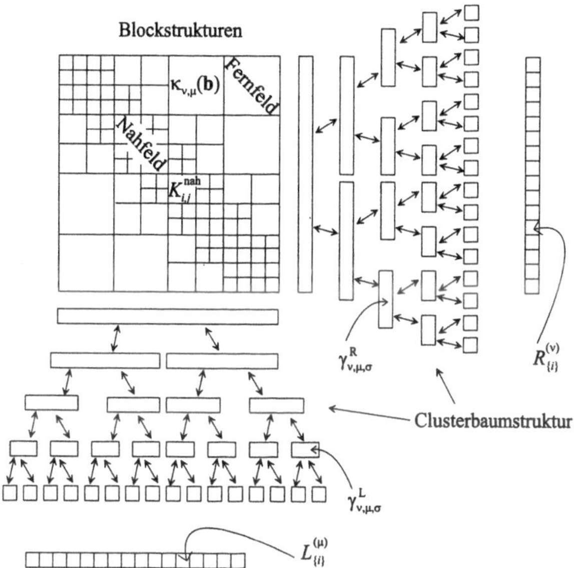

Abbildung 7.1: Speicherschema für den Panel-Clustering-Algorithmus. Die Nahfeldmatrix $\mathbf{K}^{nah}$ und Entwicklungskooeffizienten $\kappa_{\nu,\mu}(\mathbf{b})$ werden in der Blockstruktur P abgespeichert, die Verschiebekoeffizienten $\gamma^L_{\nu,\mu,\sigma}$, $\gamma^R_{\nu,\mu,\sigma}$ in der Clusterinbaumstruktur und die Basisentwicklungskoeffizienten $L^{(\nu)}_{\{i\}}$, $R^{(\nu)}_{\{i\}}$ in der Vektorstruktur.

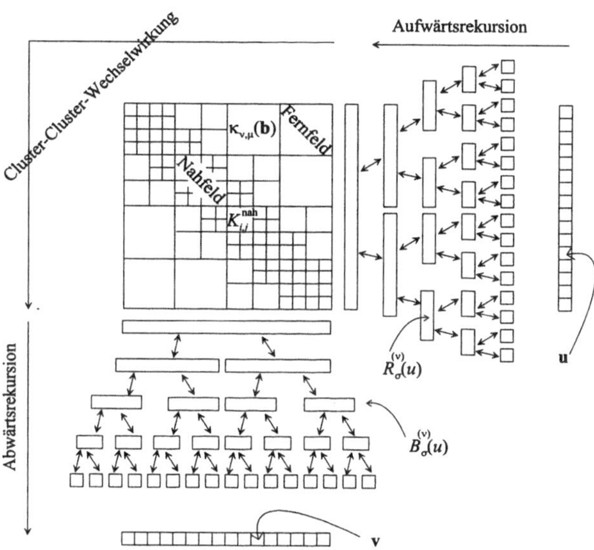

Abbildung 7.2: Berechnungsschema für das Panel-Clustering-Verfahren: Aufwärtsrekursion, Cluster-Cluster-Wechselwirkung und Abwärtsrekursion.

Für eine Randelementfunktion $u \in S$ bezeichnen wir den Koeffizientenvektor in der Basisdarstellung mit $\mathbf{u} \in \mathbb{R}^{\mathcal{I}}$, wobei wieder die Menge der Freiheitsgrade $\mathcal{I}$ als Indizierung der Basisfunktionen verwendet wird:

$$u = \sum_{i \in \mathcal{I}} \mathbf{u}_i b_i.$$

Die Zerlegung der Indexmenge $\mathcal{I} \times \mathcal{I}$ in $P^{nah} \cup P^{fern}$ induziert die Darstellung

$$\begin{aligned}(Ku, v)_{L^2(\Gamma)} = & \sum_{(\{i\},\{j\}) \in P^{nah}} \overline{\mathbf{v}}_i \mathbf{u}_j \int_\Gamma b_i(\mathbf{x}) \int_\Gamma k(\mathbf{x}, \mathbf{y})\, b_j(\mathbf{y})\, ds_{\mathbf{y}} ds_{\mathbf{x}} \\ & + \sum_{b=(c,\sigma) \in P^{fern}} \sum_{(i,j) \in (c,\sigma)} \overline{\mathbf{v}}_i \mathbf{u}_j \int_{\Gamma_c \times \Gamma_\sigma} b_i(\mathbf{x})\, k(\mathbf{x}, \mathbf{y})\, b_j(\mathbf{y})\, ds_{\mathbf{x}} ds_{\mathbf{y}}\end{aligned}$$

mit Γ_c wie in Definition 7.1.6. Ersetzt man nun die Kernfunktion auf dem Block $\Gamma_c \times \Gamma_\sigma$ durch die abstrakte Panel-Clustering-Approximation, erhält man die Panel-Clustering-Approximation des Integraloperators.

Definition 7.1.26 (Panel-Clustering-Approximation der Bilinearform) *Sei eine Entwicklungsordnung $m \in \mathbb{N}_0$ und eine Familie von lokalen Kernapproximationen wie in Annahme 7.1.23 gegeben. Dann ist die Panel-Clustering-Approximation der Bilinearform $(v, Ku)_{L^2(\Gamma)}$ durch*

$$(K_{PC} u, v)_{L^2(\Gamma)} := \langle \mathbf{K}_{nah} \mathbf{u}, \mathbf{v} \rangle + \sum_{b=(c,\sigma) \in P^{fern}} \sum_{(\nu,\mu) \in \iota_m} \kappa_{\mu,\nu}(b)\, L_c^{(\nu)}(v)\, R_\sigma^{(\mu)}(u) \tag{7.1.21}$$

gegeben mit der schwachbesetzten Nahfeldmatrix

$$(\mathbf{K}_{nah})_{i,j} = \begin{cases} \int_\Gamma b_i(\mathbf{x}) \int_\Gamma k(\mathbf{x}, \mathbf{y})\, b_j(\mathbf{y})\, ds_{\mathbf{y}} ds_{\mathbf{x}} & \textit{falls } (\{i\}, \{j\}) \in P^{nah}, \\ 0 & \textit{sonst} \end{cases}$$

und den Fernfeldkoeffizienten

$$L_c^{(\nu)}(v) := \sum_{i \in c} \overline{\mathbf{v}}_i \int_{\Gamma_c} b_i(\mathbf{x})\, \Phi_c^{(\nu)}(\mathbf{x})\, ds_{\mathbf{x}} \quad \textit{und} \quad R_\sigma^{(\mu)}(u) := \sum_{i \in \sigma} \mathbf{u}_i \int_{\Gamma_\sigma} b_i(\mathbf{x})\, \Psi_\sigma^{(\mu)}(\mathbf{x})\, ds_{\mathbf{x}} \tag{7.1.22}$$

für alle $c, \sigma \in T$ und $\nu \in \mathcal{L}_m$, $\mu \in \mathcal{R}_m$.

Man beachte, daß die Integrale in (7.1.22) sich zu Integralen über $\Gamma_c \cap \operatorname{Tr} b_i$ bzw. $\Gamma_\sigma \cap \operatorname{Tr} b_i$ reduzieren, das heißt in wenige Integrale über einzelnen Paneelen additiv zerlegen lassen.

Im folgenden werden wir uns mit der effizienten Auswertung der Darstellung (7.1.21) mit Hilfe der Cluster-Hierarchie zuwenden.

Die explizite Wahl der Entwicklungsordnung m hängt von den Genauigkeitsanforderung an die Panel-Clustering-Approximation ab. Die Clusterpaare $(c, \sigma) \in P^{fern}$ entsprechen dem nicht-lokalen Charakter der Integraloperatoren. Um zu einem effizienten *Algorithmus* zu gelangen, wird die Kopplung der Cluster an möglichst vielen Stellen aufgebrochen, um die Berechnungen möglichst separat auf den einzelnen Clustern durchführen zu können. Dies wird durch halbseitige Restriktion der Indexmengen und Vererbung von Blockgrößen auf Cluster geschehen.

Für die effiziente Realisierung des Panel-Clustering-Algorithmus ist es wesentlich, die funktionsorientierte Darstellung (7.1.21) in eine algebraische Koeffizientendarstellung zu übersetzen. Wir beginnen mit der Nahfeld und erinnern an die Definition der Indexmenge (vgl. (7.1.6))

$$P^{nah}(\{i\}) = \left\{\{j\} \in \text{Leaves} : (\{i\}, \{j\}) \in P^{nah}\right\}.$$

Bemerkung 7.1.27 *Für die Elemente der Nahfeldmatrix gilt*

$$\mathbf{K}_{i,j}^{nah} = 0 \qquad \forall i \in \mathcal{I},\ \forall \{j\} \notin P^{nah}(\{i\}).$$

Die Matrix $\mathbf{K}_{i,j}^{nah}$ ist schwachbesetzt, das heißt, pro Zeile i sind lediglich die Koeffizienten zu den Indizes $\{j\} \in P^{nah}(\{i\})$ abzuspeichern. Eine Matrix-Vektor-Multiplikation mit der Nahfeldmatrix läßt sich dann gemäß

$$\sum_{j\in\mathcal{I}} \mathbf{K}_{i,j}^{nah}\mathbf{u}_j = \sum_{\{j\}\in P^{nah}(\{i\})} \mathbf{K}_{i,j}^{nah}\mathbf{u}_j \tag{7.1.23}$$

durchführen.

Für das Fernfeld wird zunächst die Indexmenge ι_m separiert (vgl. (7.1.20))

$$\mathcal{R}_m(\nu) := \{\mu \in \mathcal{R}_m : (\nu,\mu) \in \iota_m\} \qquad \forall \nu \in \mathcal{L}_m.$$

Damit gilt

$$\iota_m = \{(\nu,\mu) \mid \nu \in \mathcal{L}_m \text{ und } \mu \in \mathcal{R}_m(\nu)\}. \tag{7.1.24}$$

Mittels der halbseitigen Restriktionen $P^{fern}(c)$ (vgl. (7.1.7)) erhalten wir für den zweiten Summanden in (7.1.21) die Darstellung (s. Übungsaufgabe 7.1.28)

$$\sum_{c\in T}\sum_{\nu\in\mathcal{L}_m} L_c^{(\nu)}(v)\, B_c^{(\nu)}(u) \tag{7.1.25}$$

mit

$$B_c^{(\nu)}(u) := \sum_{\sigma\in P^{fern}(c)} \sum_{\mu\in\mathcal{R}_m(\nu)} \kappa_{\nu,\mu}(b)\, R_\sigma^{(\mu)}(u). \tag{7.1.26}$$

Übungsaufgabe 7.1.28 *Beweisen Sie Darstellungen (7.1.25) und (7.1.26).*

Die Summation in (7.1.26) entspricht der Berechnung der Cluster-Cluster-Kopplung: Indizes ν auf einem Cluster c sind mit Indizes μ auf einem anderen Cluster σ über die Entwicklungskoeffizienten $\kappa_{\nu,\mu}(b)$ gekoppelt.

Es bleibt, die effiziente Auswertung der Summe in (7.1.25) und der Fernfeldkoeffizienten zu erklären. Für beide Berechnungen nützen wir die hierarchische Struktur des Clusterbaumes aus, um die Panel-Clustering-Darstellung rekursiv auszuwerten.

7.1.4.1 Berechnung der Fernfeldkoeffizienten

Für die rekursive Berechnung der Fernfeldkoeffizienten mit Hilfe des Clusterbaums genügt es nicht, daß die Indexmenge $\mathcal{I}$ hierarchisch im Clusterbaum organisiert ist. Wir benötigen zusätzlich, daß die Entwicklungsfunktionen $\Phi_c^{(\nu)}$ und $\Psi_c^{(\mu)}$ eine hierarchische Struktur besitzen.

Die abstrakte Annahme 7.1.30 soll durch ein konkretes Beispiel motiviert werden. Falls die Monome (zentriert in den Clusterzentren M_c) als Basis des Entwicklungssystems verwendet werden, d.h.

$$\Phi_c^{(\nu)}(\mathbf{x}) := (\mathbf{x} - M_c)^\nu / \nu! \qquad \text{für alle } c \in T \text{ und } \nu \in \mathcal{L}_m,$$

gilt für die Einschränkungen auf die Söhne

$$\Phi_c^{(\nu)}|_{\Gamma_{\tilde{c}}} = \sum_{\mu \in \mathcal{L}_m} \gamma_{\nu,\mu,\tilde{c}} \Phi_{\tilde{c}}^{(\mu)} \qquad \text{für alle } c \in T,\ \tilde{c} \in \Sigma(c) \text{ und alle } \nu \in \mathcal{L}_m \tag{7.1.27}$$

mit Koeffizienten

$$\gamma_{\nu,\mu,\tilde{c}} := \begin{cases} \dfrac{(M_{\tilde{c}} - M_c)^{\nu-\mu}}{(\nu-\mu)!} & \mu \leq \nu, \\ 0 & \text{sonst.} \end{cases} \tag{7.1.28}$$

Übungsaufgabe 7.1.29 *Beweisen Sie die Darstellung (7.1.27).*

Die Hierarchie der Approximationssysteme wird in Annahme 7.1.30 abstrakt formuliert.

Annahme 7.1.30 *Für alle $c, \sigma \in T$, alle Söhne $\tilde{c} \in \Sigma(c)$, $\tilde{\sigma} \in \Sigma(\sigma)$ und Entwicklungsfunktionen $\left\{\Phi_c^{(\nu)}\right\}_{\nu \in \mathcal{L}_m}$ $\left\{\Psi_\sigma^{(\nu)}\right\}_{\nu \in \mathcal{R}_m}$ gelten die Verfeinerungsrelationen*

$$\Phi_c^{(\nu)}|_{\Gamma_{\tilde{c}}} = \sum_{\mu \in \mathcal{L}_m} \gamma_{\nu,\mu,\tilde{c}}^L \Phi_{\tilde{c}}^{(\mu)} \qquad \text{und } \Psi_\sigma^{(\nu)}|_{\Gamma_{\tilde{\sigma}}} = \sum_{\mu \in \mathcal{R}_m} \gamma_{\nu,\mu,\tilde{\sigma}}^R \Psi_{\tilde{\sigma}}^{(\mu)} \tag{7.1.29}$$

mit geeigneten Verschiebekoeffizienten $\gamma_{\nu,\mu,\tilde{c}}^L$, $\gamma_{\nu,\mu,\tilde{\sigma}}^R \in \mathbb{C}$.

Die Berechnung der Fernfeldkoeffizienten $R_\sigma^{(\nu)}(u)$ beginnt mit der Berechnung und Speicherung der *Basis*-Fernfeldkoeffizienten für jeden Index (Blatt) $i \in \mathcal{I}$. Die Definition der Fernfeldkoeffizienten impliziert

$$R_{\{j\}}^{(\nu)}(b_i) = \begin{cases} \displaystyle\int_{\operatorname{Tr} b_j} b_i(\mathbf{x})\, \Psi_{\{i\}}^{(\nu)}(\mathbf{x})\, ds_{\mathbf{x}} & \text{falls } i = j, \\ 0 & \text{sonst,} \end{cases}$$

und wir definieren die *Basis*-Fernfeldkoeffizienten durch

$$R_{\{i\}}^{(\nu)} := R_{\{i\}}^{(\nu)}(b_i) \qquad \forall i \in \mathcal{I}, \quad \forall \nu \in \mathcal{R}_m.$$

Mit Hilfe dieser Koeffizienten erhält man eine Rekursion zur Berechnung der Koeffizienten $R_\sigma^{(\nu)}(u)$.

1. Berechne für alle Blätter $i \in \mathcal{I}$

$$R_{\{i\}}^{(\nu)}(u) = \mathbf{u}_i R_{\{i\}}^{(\nu)}. \tag{7.1.30}$$

2. Berechne für alle Cluster $\sigma \in T\backslash$ Leaves rekursiv von den Blättern bis zur Wurzel

$$R_\sigma^{(\nu)}(u) = \sum_{\tilde{\sigma}\in\Sigma(\sigma)} \sum_{\mu\in\mathcal{R}_m} \gamma^R_{\nu,\mu,\tilde{\sigma}} R_{\tilde{\sigma}}^{(\mu)}(u) \qquad \text{für alle } \nu \in \mathcal{R}_m. \tag{7.1.31}$$

Dabei folgt (7.1.30) sofort aus der Linearität des Funktionals $R_\sigma^{(\nu)}$ und aus der Darstellung (7.1.22). Für die Darstellung (7.1.31) wurde die Additivität des Integrals, genauer die Aufspaltung

$$\begin{aligned} R_\sigma^{(\nu)}(u) &= \sum_{i\in\sigma} \mathbf{u}_i \int_{\Gamma_\sigma} b_i(\mathbf{x})\, \Psi_\sigma^{(\nu)}(\mathbf{x})\, ds_{\mathbf{x}} \\ &= \sum_{\tilde{\sigma}\in\Sigma(\sigma)} \sum_{i\in\tilde{\sigma}} \mathbf{u}_i \int_{\Gamma_{\tilde{\sigma}}} b_i(\mathbf{x})\, \Psi_\sigma^{(\nu)}(\mathbf{x})\, ds_{\mathbf{x}} \\ &= \sum_{\mu\in\mathcal{R}_m} \sum_{\tilde{\sigma}\in\Sigma(\sigma)} \sum_{i\in\tilde{\sigma}} \gamma^R_{\nu,\mu,\tilde{\sigma}} \mathbf{u}_i \int_{\Gamma_{\tilde{\sigma}}} b_i(\mathbf{x})\, \Psi_{\tilde{\sigma}}^{(\mu)}(\mathbf{x})\, ds_{\mathbf{x}} \\ &= \sum_{\tilde{\sigma}\in\Sigma(\sigma)} \sum_{\mu\in\mathcal{R}_m} \gamma^R_{\nu,\mu,\tilde{\sigma}} R_{\tilde{\sigma}}^{(\mu)}(u) \end{aligned}$$

verwendet, welche die geometrische Hierarchie (7.1.3) des Clusterbaums und die Verfeinerungsrelation (7.1.29) verwendet.

7.1.4.2 Cluster-Cluster-Wechselwirkung

Für die Berechnung der Koeffizienten $B_c^{(\nu)}(u)$ wird die Darstellung (7.1.26) verwendet. Die algorithmische Auswertung der Summe erfolgt rekursiv.

7.1.4.3 Auswertung der Panel-Clustering-Approximation einer Matrix-Vektor-Multiplikation

Die Auswertung der Summe (7.1.25) kann als Transposition der Aufwärts-Rekursion (vgl. (7.1.31)) beschrieben werden. Sukzessive werden die in (7.1.26) berechneten Clusterbeiträge $B_c^{(\nu)}(u)$ auf die Söhne verteilt. Wir betrachten dazu die lokale Situation eines Clusters $c \in T\backslash$ Leaves mit Söhnen $\Sigma(c)$. Die Summation in (7.1.25) erstreckt sich über alle Cluster aus T. Als Teilsumme tritt daher die Summation über $\{c\} \cup \Sigma(c)$ auf

$$\sum_{\nu\in\mathcal{L}_m} L_c^{(\nu)}(b_i)\, B_c^{(\nu)}(u) + \sum_{\tilde{c}\in\Sigma(c)} \sum_{\mu\in\mathcal{L}_m} L_{\tilde{c}}^{(\mu)}(b_i)\, B_{\tilde{c}}^{(\mu)}(u). \tag{7.1.32}$$

Wird nun $L_c^{(\nu)}(b_i)$ im ersten Term durch die Verfeinerungsrelation (7.1.29) (vgl. (7.1.31))

$$L_c^{(\nu)}(b_i) = \sum_{\tilde{c}\in\Sigma(c)} \sum_{\mu\in\mathcal{L}_m} \gamma^L_{\nu,\mu,\tilde{c}} L_{\tilde{c}}^{(\mu)}(b_i)$$

ersetzt, erhält man die Darstellung (7.1.33) für (7.1.32)

$$\sum_{\tilde{c}\in\Sigma(c)} \sum_{\mu\in\mathcal{L}_m} L_{\tilde{c}}^{(\mu)}(b_i) \left\{ B_{\tilde{c}}^{(\mu)}(u) + \sum_{\nu\in\mathcal{L}_m} \gamma^L_{\nu,\mu,\tilde{c}} B_c^{(\nu)}(u) \right\}. \tag{7.1.33}$$

Die Rekursion zur Auswertung der Summe 7.1.25 basiert auf einer Aufdatierung der Multiplikatoren $B_c^{(\nu)}(u)$ in (7.1.25) gemäß der Klammer $\{\ldots\}$ in (7.1.33). Die modifizierten Multiplikatoren werden von der Wurzel zu den Blättern rekursiv berechnet und sind dann nur noch mit den *Basis*-Fernfeldkoeffizienten zu multiplizieren. Diese müssen lediglich einmal vorberechnet und dann abgespeichert werden. Für alle $i \in \mathcal{I}$ sind diese durch

$$L_{\{i\}}^{(\nu)} := \int_{\Gamma_{\{i\}}} \Phi_{\{i\}}^{(\nu)} b_i ds \qquad \forall \nu \in \mathcal{L}_m \tag{7.1.34}$$

definiert. Damit läßt sich die Rekursion zur Auswertung der Matrix-Vektor-Multiplikation mittels der vorberechneten Größen formulieren.

1. Für $c = \mathcal{I}$: Definiere für alle $\mu \in \mathcal{L}_m$

$$\tilde{B}_c^{(\mu)}(u) := B_c^{(\mu)}(u). \tag{7.1.35}$$

2. Für alle Cluster $c \in T \backslash \{\mathcal{I}\}$: Berechne rekursiv von der Wurzel zu den Blättern:

$$\tilde{B}_{\tilde{c}}^{(\mu)}(u) := B_{\tilde{c}}^{(\mu)}(u) + \sum_{\nu \in \mathcal{L}_m} \gamma_{\nu,\mu,\tilde{c}}^L \tilde{B}_c^{(\nu)}(u) \qquad \forall \tilde{c} \in \Sigma(c), \; \forall \mu \in \mathcal{L}_m. \tag{7.1.36}$$

3. Die Panel-Clustering-Approximation der Komponente $(\mathbf{Ku})_i$ ist damit durch

$$\widetilde{(\mathbf{Ku})}_i = (\mathbf{K}_{nah}\mathbf{u})_i + \sum_{\mu \in \mathcal{L}_m} L_{\{i\}}^{(\mu)} \tilde{B}_{\{i\}}^{(\mu)}(u) \tag{7.1.37}$$

gegeben.

7.1.4.4 Algorithmische Beschreibung des Panel-Clustering-Verfahrens

Der Übersichtlichkeit halber werden die einzelnen Berechnungsschritte für das Panel-Clustering-Verfahren nochmals kompakt zusammengestellt.

Algorithmus 7.1.31 (Panel-Clustering) *Wir nehmen an, daß eine Paneelierung $\mathcal{G}$ von Γ gegeben ist und eine Kernfunktion $k : \Gamma \times \Gamma \to \mathbb{C}$. Desweiteren muß eine Zulässigkeitsbedingung zusammen mit zugehörigen Entwicklungssystemen $\Phi_c^{(\nu)}$, $\Psi_c^{(\nu)}$ in der Form von Berechnungsvorschriften für die Entwicklungskoeffizienten $\kappa_{\nu,\mu}(b)$ in (7.1.18) und für die Verschiebekoeffizienten $\gamma_{\nu,\mu,\tilde{c}}^L$ und $\gamma_{\nu,\mu,\tilde{c}}^R$ in (7.1.29) gegeben sein. Die gewählte Entwicklungsordnung wird mit m bezeichnet.*

(I) Vorbereitungsphase

1. *Erzeuge den Clusterbaum T aus $\mathcal{G}$ gemäß Algorithmus 7.1.8.*

2. *Erzeuge das Nah- und Fernfeld P^{nah} und P^{fern} gemäß der Prozedur* ***divide*** *(s. Algorithmus 7.1.12).*

3. *Berechne und speichere für alle Cluster $c, \sigma \in T$ die Verschiebekoeffizienten $\gamma_{\nu,\mu,\tilde{c}}^L$ und $\gamma_{\nu,\mu,\tilde{\sigma}}^R$.*

4. *Berechne und speichere für alle Blöcke* $b \in P^{fern}$ *die Entwicklungskoeffizienten* $\kappa_{\nu,\mu}(b)$.

5. *Werte für alle* $i \in \mathcal{I}$ *und* $\mu \in \mathcal{L}_m$, $\nu \in \mathcal{R}_m$ *die Integrale*

$$L_{\{i\}}^{(\mu)} := \int_{\operatorname{Tr} b_i} b_i(\mathbf{x})\, \Phi_{\{i\}}^{(\mu)}(\mathbf{x})\, ds_{\mathbf{x}} \qquad R_{\{i\}}^{(\nu)} := \int_{\operatorname{Tr} b_i} b_i(\mathbf{x})\, \Psi_{\{i\}}^{(\nu)}(\mathbf{x})\, ds_{\mathbf{x}}$$

aus und speichere diese.

6. *Werte für alle* $i \in \mathcal{I}$, $\{j\} \in P^{nah}(\{i\})$ *die Integrale*

$$(\mathbf{K}_{nah})_{i,j} := \int_{\operatorname{Tr} b_i} b_i(\mathbf{x}) \int_{\operatorname{Tr} b_j} k(\mathbf{x},\mathbf{y})\, b_j(\mathbf{y})\, ds_{\mathbf{y}} ds_{\mathbf{x}}$$

aus und speichere die Nahfeldmatrix in komprimierter Form (s. Bemerkung 7.1.27).

(II) Matrix-Vektor-Multiplikation

1. ***Aufwärts-Rekursion:***

Die Berechnung der Koeffizienten $\tilde{R}_c^{(\nu)} := R_c^{(\nu)}(u)$ *für alle* $c \in T$ *erfolgt mit der Programmzeile*

$$T_{temp} := T;\ \textbf{upward\_path}\left(T_{temp}, \mathcal{I}, \left(\tilde{R}_c^{(\nu)}\right)_{\nu\in\mathcal{R}_m}\right);$$

wobei die rekursive Prozedur ***upward_path*** *wie folgt definiert ist.*

procedure upward_path $\left(T_{temp}, c, \left(\tilde{R}_c^{(\nu)}\right)_{\nu\in\mathcal{R}_m}\right)$***;***

begin

  if $c \in$ Leaves ***then begin*** $\left(\tilde{R}_c^{(\nu)}\right)_{\nu\in\mathcal{R}_m} := \left(R_c^{(\nu)}\right)_{\nu\in\mathcal{R}_m}$; $T_{temp} := T_{temp} \backslash \{c\}$;***end***

  else for all $\tilde{c} \in \Sigma(c)$ ***do begin***

    if $\left(\tilde{R}_{\tilde{c}}^{(\tilde{\nu})}\right)_{\tilde{\nu}\in\mathcal{R}_m}$ *noch nicht berechnet* ***then begin***

      upward_path $\left(T_{temp}, \tilde{c}, \left(\tilde{R}_{\tilde{c}}^{(\tilde{\nu})}\right)_{\tilde{\nu}\in\mathcal{R}_m}\right)$; $T_{temp} := T_{temp} \backslash \{\tilde{c}\}$;

    end;

    for all $\nu \in \mathcal{R}_m$ ***do*** $\tilde{R}_c^{(\nu)} := \sum_{\tilde{\nu}\in\mathcal{R}_m} \gamma_{\nu,\tilde{\nu},\tilde{c}}^{R} \tilde{R}_{\tilde{c}}^{(\tilde{\nu})}$;

  end;

end;

2. ***Auswertung der Cluster-Cluster-Kopplung:***

Für die Cluster-Cluster-Kopplung verwenden wir die Summendarstellung in (7.1.26). Die algorithmische Darstellung ist offensichtlich.

3. ***Abwärts-Rekursion:***

Die Berechnung der Matrix-Vektor-Multiplikation basiert auf der Rekursion (7.1.36) und erfolgt mit der Programmzeile

$$T_{temp} := T; \ \textbf{for all } c \in T_{temp} \textbf{ do downward\_path}\left(T_{temp}, c, \left(\tilde{B}_c^{(\mu)}\right)_{\mu\in\mathcal{L}_m}\right);$$

wobei die rekursive Prozedur ***downward_path*** *wie folgt definiert ist. Der Vater $F(c)$ (s. Definition 7.1.4) eines Clusters $c \in T\backslash\{\mathcal{I}\}$ ist durch $c \in \Sigma(F(c))$ charakterisiert.*

procedure downward_path $\left(T_{temp}, c, \left(\tilde{B}_c^{(\mu)}\right)_{\mu\in\mathcal{L}_m}\right)$;

begin

  if $c = \mathcal{I}$ ***then begin*** $\left(\tilde{B}_c^{(\mu)}\right)_{\mu\in\mathcal{L}_m} := \left(B_c^{(\mu)}\right)_{\mu\in\mathcal{L}_m}$; $T_{temp} := T_{temp}\backslash\{c\}$;***end***

  else

    if $\left(\tilde{B}_{F(c)}^{(\tilde{\mu})}\right)_{\tilde{\mu}\in\mathcal{L}_m}$ *noch nicht berechnet* ***then begin***

      downward_path $\left(T_{temp}, F(c), \left(\tilde{B}_{F(c)}^{(\tilde{\mu})}\right)_{\tilde{\mu}\in\mathcal{L}_m}\right)$; $T_{temp} := T_{temp}\backslash\{F(c)\}$;

    end;

    for all $\mu \in \mathcal{L}_m$ ***do*** $\tilde{B}_c^{(\mu)} := B_c^{(\mu)} + \sum_{\tilde{\mu}\in\mathcal{L}_m} \gamma_{\tilde{\mu},\mu,c}^L \tilde{B}_{F(c)}^{(\tilde{\mu})}$;

  end;

end;

4. Approximation der Matrix-Vektor-Multiplikation $\mathbf{v} := \widetilde{\mathbf{K}\mathbf{u}}$ *gemäß*

$$\mathbf{v}_i := \sum_{\{j\}\in P^{nah}(\{i\})} \left(\mathbf{K}_{nah}\right)_{i,j} \mathbf{u}_j + \sum_{\mu\in\mathcal{L}_m} L_{\{i\}}^{(\mu)} \tilde{B}_{\{i\}}^{(\mu)}. \tag{7.1.38}$$

7.2 Realisierung der Teilalgorithmen

Die abstrakte Formulierung des Panel-Clustering-Algorithmus 7.1.31 wird nun für die Klasse der Kernfunktionen aus Annahme 7.1.1 konkretisiert. Im Detail wird die algorithmische Realisierung der Čebyšev-Interpolation betrachtet. Diese eignet sich für die Panel-Clustering-Approximation einer großen Klasse von Kernfunktionen. Sie ist einfach zu implementieren, da keine analytischen Eigenschaften spezieller Kernfunktionen verwendet werden. Für die Anpassung der Approximation auf eine konkrete Kernfunktion muß daher lediglich die Grundfunktion in das Programm eingetragen werden. Falls die *Kern*funktion als Ableitung der Grundfunktion definiert ist, müssen zusätzlich die Entwicklungsfunktionen der Grundfunktion durch deren Ableitungen ersetzt werden.

Die Entwicklung basiert auf der Čebyšev-Interpolation der Kernfunktion auf Paaren achsenparalleler Würfel $Q_1 \times Q_2 \in \mathbb{R}^3 \times \mathbb{R}^3$ und ist daher sechsdimensional.

Für spezielle Kernfunktionen können speziellere Entwicklungen effizienter sein. Beispielsweise ist die Multipolentwicklung der Fundamentallösung zum Laplace-Problem nur vierdimensional. Ebenfalls vierdimensionale Entwicklungen lassen sich für die Fundamentallösung der Helmholtz-Gleichung herleiten. Für die Details verweisen wir auf die Arbeiten [60], [122], [32], [33].

7.2.1 Algorithmische Realisierung der Čebyšev-Approximation

Die wesentliche Schritte für die algorithmische Realisierung der Panel-Clustering-Approximation durch Čebyšev-Interpolation sind die Berechnung der Entwicklungskoeffizienten, der Basis-Fernfeldkoeffizienten und der Verschiebekoeffizienten.

Berechnung der Entwicklungskoeffizienten

Die effiziente und stabile Auswertung der Čebyšev-Interpolation wird zunächst für den eindimensionalen Fall erklärt. Sei Γ_σ ein reelles Intervall, $f \in C^0(\Gamma_\sigma)$ und $\left(\xi^{(i,m)}\right)_{i=1}^m$ die auf Γ_σ skalierten Čebyšev-Stützstellen. Der Index m wird weggelassen, falls die Entwicklungsordnung aus dem Kontext hervorgeht. Wir verwenden die Lagrangesche Darstellung des Interpolationspolynoms

$$f_m(x) := \sum_{i=1}^{m} f_i L^{(i)}(x) \tag{7.2.1}$$

mit $f_i := f\left(\xi^{(i)}\right)$ und $L^{(i)}$ wie in Definition 7.1.14. Die Lagrange-Funktionen $L^{(i)}$ und Koeffizienten f_i hängen vom Intervall Γ_σ ab und wir schreiben $L^{(\sigma,i)}$, $f_{\sigma,i}$, um diese Abhängigkeit anzudeuten.

Im nächsten Schritt wird dieser Algorithmus auf die Grundfunktion $G : Q_c \times Q_\sigma \to \mathbb{C}$ mit $b := (c,\sigma) \in P^{fern}$ verallgemeinert. Wir setzen $Q_c =: \iota_1 \times \iota_2 \times \iota_3$ und $Q_\sigma := \lambda_1 \times \lambda_2 \times \lambda_3$ mit eindimensionalen Intervallen ι_k und λ_k, $k = 1,2,3$. Dies führt auf

$$G(\mathbf{x},\mathbf{y}) \approx G_m(\mathbf{x},\mathbf{y}) = \sum_{\mu,\nu\in\mathcal{J}_m} \kappa_{\mu,\nu}(b)\, L^{(c,\mu)}(\mathbf{x})\, L^{(\sigma,\nu)}(\mathbf{y}) \tag{7.2.2}$$

mit $\mathcal{J}_m$ wie in (7.1.10), den Entwicklungskoeffizienten $\kappa_{\mu,\nu}(b) := G\left(\xi^{(c,\mu)}, \xi^{(\sigma,\nu)}\right)$ und

$$L^{(c,\mu)}(\mathbf{x}) := L^{(\iota_1,\mu_1)}(x_1)\, L^{(\iota_2,\mu_2)}(x_2)\, L^{(\iota_3,\mu_3)}(x_3).$$

Die Kernfunktion der Randintegralgleichungen ist die Grundfunktion oder eine geeignete Ableitung

$$k(\mathbf{x},\mathbf{y}) = D_1 D_2 G(\mathbf{x},\mathbf{y})$$

mit Ableitungen D_1 (bzgl. $\mathbf{x}$) und D_2 (bzgl. $\mathbf{y}$) der Ordnung 0 oder 1. Die Approximation der Kernfunktion erhalten wir durch Anwendung von D_1, D_2 auf die Čebyšev-Interpolation der Grundfunktion. Algorithmisch stellt sich das Problem, die Koeffizienten in der Ableitung der Lagrangeschen Darstellung zu berechnen. Wir verwenden als Approximation (vgl. (7.2.2))

$$D_1 D_2 G(\mathbf{x},\mathbf{y}) \approx D_1 D_2 G_m(\mathbf{x},\mathbf{y}) = \sum_{\mu,\nu\in\mathcal{J}_m} \kappa_{\mu,\nu}(b)\, D_1 L^{(c,\mu)}(\mathbf{x})\, D_2 L^{(\sigma,\nu)}(\mathbf{y}).$$

Das bedeutet, daß die Entwicklungskoeffizienten der Kernfunktionen mit denjenigen für die Grundfunktion übereinstimmen und die Entwicklungsfunktionen die Ableitungen der ursprünglichen Entwicklungsfunktionen sind.

Berechnung der Verschiebekoeffizienten

Die Integration der Entwicklungsfunktionen $D_1 L^{(\sigma,\nu)}$, $D_2 L^{(\sigma,\nu)}$ über Γ_σ definiert die Fernfeldkoeffizienten für die Algorithmen **upward-** und **downward_path** (vgl. Algorithmus 7.1.31). Für die Initialisierung der Rekursionen benötigen wir die Basis-Entwicklungskoeffizienten $R_\sigma^{(\nu)}(b_i)$, $L_c^{(\mu)}(b_i)$ und zur Auswertung des Rekursionsschritts die Verschiebekoeffizienten $\gamma_{\mu,\nu,c}^L$ und $\gamma_{\mu,\nu,c}^R$.

Wir beginnen mit dem Algorithmus zur Berechnung der Verschiebekoeffizienten und beginnen mit den eindimensionalen Entwicklungsfunktionen $L^{(c,i)}$ (vgl. Definition 7.1.14) auf einem Intervall Γ_c. Sei $\tilde{c} \in \Sigma(c)$ ein Sohn von c im Clusterbaum. Die Čebyšev-Knoten bezüglich $\tilde{c}$ werden mit $\left(\xi^{(\tilde{c},j)}\right)_{j=1}^m$ bezeichnet. Dann gilt auf $\Gamma_{\tilde{c}}$

$$L^{(c,i)}\big|_{\Gamma_{\tilde{c}}} = \sum_{j=1}^{i} a_{i,j,\tilde{c}} L^{(\tilde{c},j)} \qquad \text{mit } a_{i,j,\tilde{c}} := L^{(c,i)}\left(\xi^{(\tilde{c},j)}\right).$$

Im folgenden geben wir einen Algorithmus zu Berechnung der eindimensionalen Verschiebekoeffizienten an. Wir verwenden die Darstellung

$$L^{(c,i)}\left(\xi^{(\tilde{c},j)}\right) = \prod_{\substack{k=1\\k\neq i}}^{m} \frac{\xi^{(\tilde{c},j)} - \xi^{(c,k)}}{\xi^{(c,i)} - \xi^{(c,k)}}$$

und definieren für $1 \le j \le m$ die Zahlen

$$\omega_j := \prod_{k=1}^{m} \left(\xi^{(\tilde{c},j)} - \xi^{(c,k)}\right) \quad \text{und} \quad \beta_j := \prod_{\substack{k=1\\k\neq j}}^{m} \left(\xi^{(c,j)} - \xi^{(c,k)}\right). \tag{7.2.3}$$

Die Verschiebekoeffizienten $L^{(c,i)}\left(\xi^{(\tilde{c},j)}\right)$ lassen sich mit diesen Größen gemäß

$$a_{i,j,\tilde{c}} = L^{(c,i)}\left(\xi^{(\tilde{c},j)}\right) = \begin{cases} \dfrac{\omega_j}{\left(\xi^{(\tilde{c},j)} - \xi^{(c,i)}\right)\beta_i} & \text{falls } \xi^{(\tilde{c},j)} \neq \xi^{(c,i)}, \\ 1 & \text{sonst} \end{cases} \tag{7.2.4}$$

berechnen.

Wir betrachten nun den mehrdimensionalen Fall. Sei c ein Cluster und $\left(L^{(c,\mu)}\right)_{\mu\in\mathcal{J}_m}$ die Menge der zugehörigen Lagrange-Funktionen. Sei $\tilde{c} \in \Sigma(c)$ ein Sohn von c im Clusterbaum mit minimaler, achsenparaller Box $Q_{\tilde{c}} = \iota_1 \times \iota_2 \times \iota_3$. Die Einschränkung der Entwicklungsfunktionen $L^{(c,\mu)}$ auf den geometrischen Cluster $\Gamma_{\tilde{c}}$ besitzt wegen der Eindeutigkeit der Interpolation die Darstellung

$$L^{(c,\mu)}\big|_{\Gamma_{\tilde{c}}} = \sum_{\nu\in\mathcal{J}_m} \gamma_{\mu,\nu,\tilde{c}} L^{(\tilde{c},\nu)}$$

mit den Verschiebekoeffizienten

$$\gamma_{\mu,\nu,\tilde{c}} := a_{\mu_1,\nu_1,\iota_1} a_{\mu_2,\nu_2,\iota_2,} a_{\mu_3,\nu_3,\iota_3,}. \tag{7.2.5}$$

Wegen der Linearität der Differentiation gilt

$$D_2 L^{(c,\mu)}\big|_{\Gamma_{\tilde{c}}} = \sum_{\nu\in\mathcal{J}_m} \gamma_{\mu,\nu,\tilde{c}} D_2 L^{(\tilde{c},\nu)}$$

mit den gleichen Verschiebekoeffizienten wie für ursprünglichen Funktionen $L^{(c,\mu)}$. Dies führt zur Definition

$$\gamma^L_{\mu,\nu,\tilde{c}} := \gamma^R_{\mu,\nu,\tilde{c}} := \gamma_{\mu,\nu,\tilde{c}}. \tag{7.2.6}$$

Berechnung der Basis-Fernfeldkoeffizienten

Im nächsten Schritt wird nun ein Verfahren zur Berechnung der Basis-Fernfeldkoeffizienten angegeben. Hierfür müssen Integrale der Form

$$\int_\tau b_i(\mathbf{x}) D_1 L^{(c,\nu)}(\mathbf{x})\, ds_{\mathbf{x}} \quad \text{und} \quad \int_\tau b_i(\mathbf{x}) D_2 L^{(\sigma,\nu)}(\mathbf{x})\, ds_{\mathbf{x}} \tag{7.2.7}$$

ausgewertet werden. Im Spezialfall, daß die Entwicklungsfunktionen auf jedem Paneel τ polynomial sind und das Gitter $\mathcal{G}$ aus ebenen Dreiecken besteht, lassen sich diese Integrale exakt berechnen. Mittels partieller Integration lassen sich Rekursionsformeln herleiten. Wir empfehlen jedoch die Verwendung der Gauß-Quadratur auf Grund der höheren Stabilität, der einfacheren Implementierung und der Flexibilität, auch allgemeinere (analytische) Entwicklungsfunktionen und gekrümmte Paneele τ effizient zu approximieren. Man beachte, daß für ebene Dreiecke und polynomiale Entwicklungsfunktionen die Gauß-Quadratur schon mit relativ wenigen Stützstellen den exakten Integralwert liefert.

Beispiel 7.2.1 *Sei τ ein ebenes Dreieck mit Ecken $A, B, C \in \mathbb{R}^3$. Die Entwicklungsfunktion $\Phi_\tau^{(\nu)}(\mathbf{x})$ sei ein Polynom vom Grad ν_i bezüglich der Variablen x_i und die Basisfunktion b_i vom Grad p. Dann gilt*

$$\int_\tau b_i(\mathbf{x})\, \Phi_\tau^{(\nu)}(\mathbf{x})\, ds_{\mathbf{x}} = \int_0^1 \int_0^{\xi_1} q(\xi)\, d\xi_1 d\xi_2 = \int_0^1 \int_0^1 t_1 q(t_1, t_1 t_2)\, dt_1 dt_2 \tag{7.2.8}$$

mit

$$q(\xi) = 2\,|\tau|\, \widehat{b_i}(\xi) \left(\Phi_\tau^{(\nu)} \circ \chi_\tau\right)(\xi) \quad \textit{und} \quad \chi_\tau(\xi) = A + [B - A, C - B]\,\xi,$$

wobei die Basisfunktion $\widehat{b_i}(\xi)$ auf dem Referenzelement ein Polynom vom Grad p ist. Daher ist q ein Polynom vom Gesamtgrad $|\nu| + p$ und der Integrand im Integral auf der rechten Seite von (7.2.8) ist ein Polynom vom Grad $|\nu| + p + 1$ in t_1 und $|\nu| + p$ in t_2. Sei n die kleinste Ganzzahl mit

$$2n - 1 \geq |\nu| + p + 1 \tag{7.2.9}$$

und $(\omega_{k,n}, \xi_{k,n})_{k=1}^n$ die auf das Intervall $(0,1)$ skalierten Gewichte und Stützstellen der zugehörigen Gauß-Quadraturformel. Wird die Tensorversion dieser Gauß-Quadratur auf die rechte Seite von (7.2.8) angewendet, erhält man

$$\int_\tau b_i(\mathbf{x})\, \Phi_\tau^{(\nu)}(\mathbf{x})\, ds_{\mathbf{x}} = 2\,|\tau| \sum_{k,\ell=1}^{n} \omega_{k,n}\omega_{\ell,n}\xi_{k,n}\widehat{b_i}(\xi_{k,n}, \xi_{k,n}\xi_{\ell,n})\, \Phi_\tau^{(\nu)}(\xi_{k,\ell,n}) \tag{7.2.10}$$

mit den transformierten Gaußpunkten $\xi_{k,\ell,n} := \chi_\tau(\xi_{k,n}, \xi_{k,n}\xi_{\ell,n})$.

Bemerkung 7.2.2 *Für ein gekrümmtes Dreieck ist die Transformation $\chi_\tau : \widehat{\tau} \to \tau$ nichtlinear. In diesem Fall ist der Integrand in (7.2.7) auf dem Referenzelement im allgemeinen nicht polynomial. Wiederum sollte die Gauß-Quadratur zur Approximation verwendet werden. Die Quadraturordnung bezüglich jeder Koordinatenrichtung muß gemäß (7.2.9) gewählt werden.*

Die Berechnung der Basis-Fernfeldkoeffizienten erfordert ein effizientes Verfahren zur Auswertung der Entwicklungsfunktionen $D_1 L^{(c,\mu)}$ und $D_2 L^{(\sigma,\nu)}$ in den Quadraturpunkten.

Falls D_1 bzw. D_2 die Identität darstellt, erfolgt die Auswertung von $L_{c,\mu}$ gemäß der Rekursion (7.2.4).

Sei im folgenden $D_1 := \langle \mathbf{w}(\mathbf{x}), \nabla \rangle$ für einen Vektor $\mathbf{w}(\mathbf{x}) = (w_k(\mathbf{x}))_{k=1}^3 \in \mathbb{C}^3$. Der minimale achsenparallele Quader für einen Cluster c wird mit $Q_c = \iota_1 \times \iota_2 \times \iota_3$ bezeichnet. Damit gilt

$$D_1 L^{(c,\mu)}(\mathbf{x}) = \langle \mathbf{w}(\mathbf{x}), \nabla \rangle L^{(c,\mu)}(\mathbf{x}) = \sum_{k=1}^{3} w_k(\mathbf{x}) \left(\prod_{\substack{\ell=1 \\ \ell \neq k}}^{3} L^{(\iota_\ell,\mu_\ell)}(x_\ell) \right) \partial_k L^{(\iota_k,\mu_k)}(x_k). \quad (7.2.11)$$

Wir benötigen daher einen effizienten Algorithmus zur Auswertung der Ableitung der eindimensionalen Lagrange-Funktionen $\left(\left(L^{(i)} \right)' (\zeta) \right)_{i=1}^{m}$. Wir unterscheiden zwei Fälle.

1. Sei $\zeta \notin \left\{ \xi^{(i)} : 1 \leq i \leq m \right\}$. Dann gilt für $1 \leq i \leq m$

$$\left(L^{(i)} \right)' (\zeta) = L^{(i)}(\zeta) \sum_{\substack{j=1 \\ j \neq i}}^{m} \frac{1}{\zeta - \xi^{(j)}}.$$

2. Sei $\zeta = \xi^{(k)}$ für ein $1 \leq k \leq m$. Dann gilt für $1 \leq i \leq m$

$$\left(L^{(i)} \right)' (\zeta) = \begin{cases} L^{(k)}(\zeta) \sum\limits_{\substack{j=1 \\ j \neq k}}^{m} \dfrac{1}{\zeta - \xi^{(j)}} & i = k, \\ \tilde{L}^{(i)}(\zeta) \dfrac{1}{\xi^{(i)} - \xi^{(k)}} & i \neq k, \end{cases} \quad (7.2.12)$$

wobei

$$\tilde{L}^{(i)}(\zeta) := \prod_{\substack{j=1 \\ j \neq i,k}}^{m} \frac{\zeta - \xi^{(j)}}{\xi^{(i)} - \xi^{(j)}}. \quad (7.2.13)$$

das Lagrange-Polynom zum Knoten $\xi^{(i)}$, $i \neq k$, vom Grad $m-2$ zur reduzierten Stützstellenmenge $\left\{ \xi^{(i)} : 1 \leq i \leq m \right\} \setminus \left\{ \xi^{(k)} \right\}$ bezeichnet.

Im folgenden geben wir den Algorithmus zur Auswertung von (7.2.11) an. Sei $c \in T$ und $Q_c = \iota_1 \times \iota_2 \times \iota_3$ die zugehörige Clusterbox. Die Čebyšev-Knoten in Q_c werden mit $\xi^{(\mu)} = \left(\xi_k^{(\mu_k)} \right)_{k=1}^{3}$, $\mu \in \mathcal{J}_m$, bezeichnet.

Algorithmus 7.2.3 *Die Unterprogrammaufruf* ***evaluate_DL**$_c(\zeta)$ *erzeugt die Auswertung der Lagrange-Polynome* $\left(D_1 L^{(c,\nu)} \right)_{\nu \in \mathcal{J}_m}$ *in einem Punkt* $\zeta = (\zeta_i)_{i=1}^3$.

***procedure evaluate_DL**$_c(\zeta)$;
begin
  for $k := 1$ ***to*** 3 ***do begin***

$$\omega_k := \prod_{i=1}^{m} \left(\zeta_k - \xi_k^{(i)} \right);$$

for $j := 1$ ***to*** m ***do begin***

$$\beta_k^{(j)} := \prod_{\substack{i=1 \\ i \neq j}}^{m} \left(\xi_k^{(j)} - \xi_k^{(i)} \right); \qquad L_k^{(j)} := \begin{cases} \dfrac{\omega_k}{\left(\zeta_k - \xi_k^{(j)} \right) \beta_k^{(j)}} & \text{falls } \zeta_k \neq \xi_k^{(j)}, \\ 1 & \text{sonst} \end{cases}$$

end;

if $\zeta_k \notin \left\{ \xi_k^{(i)} : 1 \leq i \leq m \right\}$ ***then***

for $j := 1$ ***to*** m ***do begin***

$$\lambda_k^{(j)} := \sum_{\substack{i=1 \\ i \neq j}}^{m} \frac{1}{\zeta - \xi_k^{(i)}}; \qquad (DL)_k^{(j)} := L_k^{(j)} \lambda_k^{(j)};$$

end;

else begin

wähle i *mit* $\zeta_k = \xi_k^{(i)}$;

$$\lambda_k^{(i)} := \sum_{\substack{j=1 \\ j \neq i}}^{m} \frac{1}{\zeta_k - \xi_k^{(j)}}; \qquad (DL)_k^{(i)} := L_k^{(i)} \lambda_k^{(i)};$$

for $j \in \{1, \ldots, m\} \setminus \{i\}$ ***do*** $(DL)_k^{(j)} := \tilde{L}_k^{(j)} / \left(\xi_k^{(j)} - \xi_k^{(i)} \right)$; *(s. Bem. 7.2.4)*

end;

end;

for all $\mu \in \mathcal{J}_m$ ***do***

$$D_1 L^{c,\mu}(\zeta) = \sum_{k=1}^{3} w_k(\zeta) (DL)_k^{(\mu_k)} \prod_{\substack{\ell=1 \\ \ell \neq k}}^{3} L_\ell^{\mu_\ell};$$

end;

Bemerkung 7.2.4

a. *Die Auswertung der in (7.2.13) definierten Größen* $\tilde{L}_{k,j}$ *wird analog wie die Auswertung der Lagrange-Polynome algorithmisch realisiert. Der Übersichtlichkeit halber wurde dieser Berechnungsschritt in Algorithmus 7.2.3 nicht explizit ausgeführt.*

b. *Die Abfrage* $\zeta_k \notin \left\{ \xi_k^{(i)} : 1 \leq i \leq m \right\}$ *in Algorithmus (7.2.3) ist wegen Rundungsfehlereinflüssen numerisch instabil. Wenn* ζ_k *bis auf Maschinengenauigkeit mit einer Stützstelle* $\xi_k^{(i)}$ *zusammenfällt, sollte der numerisch stabilere zweite Fall in (7.2.12) gewählt werden.*

7.2.2 Entwicklung mit variabler Ordnung

Unter moderaten Voraussetzungen an das Oberflächengitter und den Integraloperator läßt sich zeigen, daß der Aufwand der Panel-Clustering-Methode proportional zu $(\sharp P) \times m^\lambda$ ist, wobei m die Entwicklungsordnung bezeichnet, $\lambda \approx 4 - 7$ gilt und $\sharp P$ die Anzahl Blöcke in der Zerlegung P bezeichnet. In Unterkapitel 7.3 wird gezeigt, daß die Entwicklungsordnung m

proportional zu $\log N$ zu wählen ist, um die Konvergenzordnung der Gesamtdiskretisierung zu erhalten. Für die Anzahl der Blöcke in P läßt sich für formreguläre und quasiuniforme Oberflächengitter die Abschätzung $\sharp P \leq CN$ beweisen, und somit ergibt sich der Gesamtaufwand $N \log^{\lambda} N$ für das Panel-Clustering-Verfahren. Die logarithmischen Terme machen sich vor allem für praktische Problemgrößen $N \sim 10^3 - 2 \times 10^4$ negativ bemerkbar. In diesem Abschnitt erklären wir summarisch, wie für gewisse Klassen von Randintegraloperatoren dieser logaritmische Zusatzterm ohne zusätzlichen algorithmischen Aufwand vermieden werden kann. Eine detaillierte Beschreibung der Panel-Clustering-Methode mit variabler Ordnung findet sich in [128], [8].

Zunächst fassen wir Cluster mit gleicher Tiefe im Clusterbaum zu einer *Clusterstufe* zusammen durch $T_0 := \{\mathcal{I}\}$ und rekursiv für $\ell > 0$

$$T_\ell := \{c \in T : \text{Vater}(c) \in T_{\ell-1}\}. \tag{7.2.14}$$

Die maximale Clustertiefe wird mit $\ell_{\max}$ bezeichnet. Die Stufe eines Clusters $c \in T_\ell$ ist durch $\text{Stufe}(c) := \ell$ definiert.

Die folgenden Annahmen dienen zur vereinfachten Darstellung und können verallgemeinert werden.

Annahme 7.2.5 *(i) Der Clusterbaum ist balanciert:* $\forall \sigma \in \text{Leaves} : \sigma \in T_{\ell_{\max}}$.

(ii) Alle Blöcke $b = (c, \sigma) \in P$ *bestehen aus Clustern gleicher Stufe:* $c, \sigma \in T_\ell$ *für ein* $0 \leq \ell \leq \ell_{\max}$.

Die Stufenhierarchie der Cluster vererbt sich auf die Blöcke $b = (c, \sigma) \in P$ gemäß

$$\text{Stufe}(b) := \text{Stufe}(c), \tag{7.2.15}$$

und die Mengen P_ℓ enthalten alle Blöcke der Stufe ℓ. Für das Panel-Clustering-Verfahren mit variabler Entwicklungsordnung wird nun ausgenützt, daß eine *hohe* Entwicklungsordnung lediglich auf den *großen* Blöcken $b \in P_\ell$ (mit *kleinem* Index ℓ) benötigt wird, aber diese Stufen nur *wenige* Blöcke enthalten. Umgekehrt kann unter geeigneten Annahmen an die Randintegraloperatoren gezeigt werden, daß auf den kleinen Blöcken $b \in P_\ell$ (d.h. ℓ *nahe* bei $\ell_{\max}$) eine Entwicklungsordnung $m = O(1)$ zur Approximation genügt und die erforderliche Genauigkeit durch die Kleinheit der Blöcke erreicht wird. Beispielsweise gilt für die Anzahl der kleine Blöcke $\sharp P_{\ell_{\max}} \sim CN$.

Für Parameter $\alpha, \beta \geq 0$ definieren wir die Verteilungsfunktion für die Entwicklungsordnungen m_ℓ auf den Blöcken $b \in P_\ell$ durch

$$m_\ell := \lceil \alpha (\ell_{\max} - \ell) + \beta \rceil, \tag{7.2.16}$$

wobei $\lceil x \rceil$ die kleinste Integerzahl y mit $y \geq x$ bezeichnet.

Die formalen Änderungen des Panel-Clustering-Algorithmus mit variabler Ordnung gegenüber der ursprünglichen Version sind marginal und untenstehend zusammengestellt. Wir orientieren uns an der algorithmischen Beschreibung aus Abschnitt 7.1.4.4.

1. In den Prozeduren **erzeuge_clusterbaum** und **divide** wird jedem Cluster und Block rekursiv die jeweilige Stufe zugeordnet.

2. Die Definition der Verschiebekoeffizienten $\gamma^L_{\nu,\tilde{\nu},\tilde{c}}$ und $\gamma^R_{\mu,\tilde{\mu},\tilde{\sigma}}$ für $\tilde{c},\tilde{\sigma} \in T_\ell$ bleibt unverändert, jedoch sind die Indexmengen reduziert: $\nu \in \mathcal{L}_{m_{\ell-1}}$, $\tilde{\nu} \in \mathcal{L}_{m_\ell}$, $\mu \in \mathcal{R}_{m_{\ell-1}}$, $\tilde{\mu} \in \mathcal{R}_{m_\ell}$. Analoges gilt für die Entwicklungskoeffizienten $\kappa_{\mu,\nu}(b)$, welche für $b \in P^{fern} \cap P_\ell$ nur noch für Indizes $(\mu,\nu) \in \iota_{m_\ell}$ berechnet und abgespeichert werden müssen.

3. Die Basis-Fernfeldkoeffizienten $L^{(\mu)}_{\{i\}}$, $R^{(\nu)}_{\{i\}}$ sind für Indizes $\mu \in \mathcal{L}_{m_{\lceil\beta\rceil}}$ (vgl. (7.2.16)) und $\nu \in \mathcal{R}_{m_{\lceil\beta\rceil}}$ zu berechnen.

4. In der Prozedur **upward_path** sind für $c \in T_\ell$ die Ausdrücke $\nu \in \mathcal{R}_m$ durch $\nu \in \mathcal{R}_{m_\ell}$ und die Ausdrücke $\tilde{\nu} \in \mathcal{R}_m$ durch $\tilde{\nu} \in \mathcal{R}_{m_{\ell+1}}$ zu ersetzen.

   In der Auswertung der Cluster-Cluster-Kopplung ist für $b \in P_\ell$ die Entwicklungsordnung m durch m_ℓ zu ersetzen.

   In der Prozedur **downward_path** sind für alle $c \in T_\ell$ die Ausdrücke $\mu \in \mathcal{L}_m$ durch $\mu \in \mathcal{L}_{m_\ell}$ und die Ausdrücke $\tilde{\mu} \in \mathcal{L}_m$ durch $\tilde{\mu} \in \mathcal{L}_{m_{\ell-1}}$ zu ersetzen.

   In (7.1.38) ist m durch $m_{\lceil\beta\rceil}$ zu ersetzen.

Bemerkung 7.2.6 *Die Modifikation (2) impliziert, daß die Entwicklungsfunktionen Φ^ν_c, Ψ^ν_c auf T_ℓ, $\ell < \ell_{\max}$, mit Hilfe der Entwicklungsfunktionen auf $T_{\ell_{\max}}$ approximiert werden.*

Die Aufwandsreduktion skizzieren wir anhand eines uniformen Gitters mit

$$N = 4^{\ell_{\max}}, \quad \sharp P_\ell := 4^\ell.$$

Die Anzahl aller Entwicklungskoeffizienten $\kappa_{\nu,\mu}(b)$ ist ein Maß für die Komplexität des Verfahrens und wächst für das Panel-Clustering-Verfahren mit variabler Ordnung linear mit der Dimension des Problems

$$\begin{aligned}\sum_{\ell=0}^{\ell_{\max}} \sharp P_\ell \times (m_\ell)^\lambda &= \sum_{\ell=0}^{\ell_{\max}} 4^\ell \lceil \alpha(\ell_{\max}-\ell)+\beta\rceil^\lambda \\ &\le N \sum_{\ell=0}^{\ell_{\max}} 4^{-\ell}(\alpha\ell+\beta)^\lambda \le (\alpha+\beta)^\lambda N \sum_{\ell=0}^{\infty} 4^{-\ell}\ell^\lambda =: C_\lambda(\alpha+\beta)^\lambda N.\end{aligned}$$

Proposition 7.2.7 *Das Panel-Clustering-Verfahren mit variabel gewählter Entwicklungsordnung (7.2.16) besitzt einen Speicherbedarf von $O(N)$ `real`-Zahlen. Die Auswertung einer Matrix-Vektor-Multiplikation erfordert $O(N)$ arithmetische Operationen.*

Eine ausführliche Darstellung dieses Zugangs findet sich in [128], [8].

7.3 Fehleranalyse für das Panel-Clustering-Verfahren

Der Fehler durch die Panel-Clustering-Approximation entsteht durch das Ersetzen der Kernfunktion auf einem zulässigen Clusterpaar durch die Kernentwicklung. In diesem Unterkapitel werden wir diesen *lokalen* Fehler abschätzen und dessen Einfluß auf die Gesamtdiskretisierung analysieren. Die *globale* Fehlerabschätzung bauen wir auf die abstrakte Annahme 7.1.23 auf und zeigen im nächsten Unterkapitel, daß die Čebyšev-Interpolation insbesondere für die Grundfunktion $G(\mathbf{x},\mathbf{y})$ zum Differentialoperator L sowie für die daraus abgeleiteten Kerne diese Annahme erfüllt.

7.3.1 Lokale Fehlerabschätzungen

Wir führen in diesem Abschnitt die Fehleranalyse explizit für die Approximation der Kernfunktion durch Čebyšev-Interpolation durch. Fehlerabschätzungen für Taylor- und Multipolentwicklungen für das Laplace- und Helmholtz-Problem finden sich in [69], [66], [128], [59], [60], [122].

7.3.1.1 Lokale Fehlerabschätzung für die Čebyšev-Interpolation

Wir beginnen mit Fehlerabschätzungen für die dreidimensionale Čebyšev-Interpolation einer Funktion $f : [-1,1]^3 \to \mathbb{C}$ und übertragen diese per affiner Rücktransformation auf allgemeine achsenparallele Quader. Fehlerabschätzungen bezüglich der L^∞-Norm für Funktionen $f : Q_1 \times Q_2 \to \mathbb{C}$ auf achsenparallelen Quadern Q_1, Q_2 ergeben sich mit einem Tensorargument. Da im allgemeinen die Kernfunktionen als Ableitungen der Grundfunktionen definiert ist, werden wir am Ende des Abschnitts noch Fehlerabschätzungen bezüglich der $W^{1,\infty}$-Norm herleiten.

Zunächst stellen wir einige Eigenschaften von Čebyšev-Polynomen zusammen. Für die Beweise verweisen wir auf [120]. Die eindimensionalen Čebyšev-Polynome werden wieder mit T_m bezeichnet (vgl. (7.1.13)) und deren n-te Ableitung mit $T_m^{(n)}$. Für die tensorierten Čebyšev-Polynome verwenden wir den Multiindex $\mu \in \mathbb{N}_0^3$ und schreiben $T_\mu(\mathbf{x}) = \prod_{i=1}^3 T_{\mu_i}(x_i)$ (vgl. (7.1.14)).

Hilfssatz 7.3.1 *(a) Für alle $x \in [-1,1]$ und $n, m \in \mathbb{N}_0$ gilt*

$$\left|T_m^{(n)}(x)\right| \leq \tau_m^{(n)} \quad \text{mit} \quad \tau_m^{(n)} := \prod_{i=0}^{n-1} \frac{m^2 - i^2}{2i+1}. \tag{7.3.1}$$

(b) Für alle $\mathbf{x} \in [-1,1]^3$ gilt

$$\begin{aligned} \left|T_\mu(\mathbf{x}) - \vec{\Pi}^{(m)}[T_\mu](\mathbf{x})\right| &= 0 \qquad \forall \mu \in \mathbb{N}_0^3 : \max_{1\leq i\leq 3} \mu_i \leq m-1, \\ \left|T_\mu(\mathbf{x}) - \vec{\Pi}^{(m)}[T_\mu](\mathbf{x})\right| &\leq 2 \qquad \forall \mu \in \mathbb{N}_0^3 : \max_{1\leq i\leq 3} \mu_i \leq m-1. \end{aligned}$$

Beweis. Teil (a) folgt aus [120, Theorem 2.24].

Zu b) Die erste Teilaussage ist trivial, wegen der Eindeutigkeit des Čebyšev-Interpolationspolynoms. Wir beweisen die zweite Aussage zunächst für den eindimensionalen Fall. Die Čebyšev-Interpolation läßt sich alternativ in der Form

$$\Pi^{(m)}(f) = \sum_{k=-m+1}^{m-1} f_k T_k(x) \quad \text{mit} \quad f_k := \frac{1}{m}\sum_{i=1}^{m} f\left(\xi^{(i,m)}\right) T_k\left(\xi^{(i,m)}\right)$$

schreiben. Indem wir die Orthogonalität der Čebyšev-Polynome bezüglich der Stützstellenmenge

$$\frac{2}{m}\sum_{i=1}^{m} T_\ell\left(\xi^{(i,m)}\right) T_k\left(\xi^{(i,m)}\right) = \begin{cases} 2(-1)^s & \text{falls } \ell/(2m) = s \in \mathbb{Z} \text{ und } k = 0, \\ (-1)^s & \text{falls } k \neq 0 \text{ und } \frac{|k+\ell|}{2m} = s \in \mathbb{Z} \text{ oder } \frac{|k-\ell|}{2m} = s \in \mathbb{Z}, \\ 0 & \text{sonst.} \end{cases}$$

für $|k| < m$ und $\ell \in \mathbb{Z}$ verwenden (vgl. [120, S. 49]), ergibt sich

$$\Pi^{(m)} T_\ell = \gamma_{\ell,m} T_{\eta_{\ell,m}} \tag{7.3.2}$$

mit

$$\begin{array}{lll} \gamma_{\ell,m} := (-1)^{\frac{\ell - \ell \bmod (2m)}{2m}} & \eta_{\ell,m} := \ell \bmod (2m) & \text{falls } \ell \bmod (2m) < m, \\ \gamma_{\ell,m} := -(-1)^{\frac{\ell - \ell \bmod (2m)}{2m}} & \eta_{\ell,m} := 2m - \ell \bmod (2m) & \text{falls } \ell \bmod (2m) > m, \\ \gamma_{\ell,m} := 0 & \eta_{\ell,m} := \ell \bmod (2m) & \text{falls } \ell \bmod (2m) = m. \end{array} \tag{7.3.3}$$

Dies und Teil (a) implizieren $\left|\Pi^{(m)}(T_\ell)(x)\right| \leq 1$ für alle $x \in [-1, 1]$.

Die zweite Aussage des Hilfssatzes folgt mit der Dreiecksungleichung und durch Anwendung des eindimensionalen Arguments auf jede Tensorkomponente. ■

Bemerkung 7.3.2 *Die ersten Koeffizienten $\tau_m^{(n)}$ aus (7.3.1) sind durch*

$$\tau_m^{(0)} = 1, \quad \tau_m^{(1)} = m^2, \quad \tau_m^{(2)} = \frac{m^2(m^2-1)}{3}, \quad \tau_m^{(3)} = \frac{m^2(m^2-1)(m^2-4)}{15}$$

gegeben und monoton wachsend für $m = 0, 1, 2, \ldots$ und festes n.

Da der Aufwand des Panel-Clustering-Verfahrens stark vom erforderlichen Polynomgrad m abhängt, ist es wesentlich, eine möglichst scharfe Fehlerabschätzung für den Interpolationsfehler herzuleiten. Die Fehlerdarstellung (7.1.12) ist dafür nicht optimal geeignet. Ähnlich wie im Zusammenhang mit der numerischen Quadratur werden wir die Interpolation auf Funktionen anwenden, die sich in komplexe Umgebungen der Koordinatenintervalle analytisch fortsetzen lassen.

Im folgenden rekapitulieren wir die klassischen ableitungsfreien Interpolationsfehlerabschätzungen für analytische Integranden, die auf Davis zurückgehen [36, Eqn. (4.6.1.11)]. Sei wieder $\mathcal{E}_{a,b}^{\rho} \subset \mathbb{C}$ die abgeschlossene Ellipse mit Brennpunkten in a und b, $a < b$, großer Halbachse $\bar{a} > (b-a)/2$ und kleiner Halbachse $\bar{b} > 0$ (vgl. Abschnitt 5.3.2.2). Die Summe der Halbachsen wird mit $\rho = \bar{a} + \bar{b}$ bezeichnet. Für die dreidimensionale Version betrachten wir einen achsenparallelen Quader $Q_{\mathbf{a},\mathbf{b}}$ wie in Konvention 7.1.13. Die Ellipsen $\mathcal{E}_{a_i,b_i}^{\rho_i}$, $1 \leq i \leq 3$, beziehen sich nun auf die Koordinatenintervalle $Q_{\mathbf{a},\mathbf{b}}^{(i)}$ und ergeben tensoriert das Gebiet $\overrightarrow{\mathcal{E}}_{\mathbf{a},\mathbf{b}}^{\rho} := \bigotimes_{i=1}^{3} \mathcal{E}_{a_i,b_i}^{\rho_i}$. Für den Quader $Q_{\mathbf{a},\mathbf{b}}$ definieren wir $\iota \in \{1,2,3\}$ durch $\frac{2\rho_\iota}{b_\iota - a_\iota} = \min_{i=1,2,3}\left\{\frac{2\rho_i}{b_i - a_i}\right\}$ und

$$\rho_{\min} := \rho_\iota \quad \text{und} \quad L := (b_\iota - a_\iota)/2. \tag{7.3.4}$$

Im Fall $\mathbf{b} = (1,1,1)^{\intercal} =: \mathbf{1}$ und $\mathbf{a} = -\mathbf{1}$ werden die Indizes $\mathbf{a}, \mathbf{b}$ bei den Größen $\mathcal{E}$ und Q weggelassen.

Eine klassische Fehlerabschätzung der Čebyšev-Interpolation für analytische Integranden findet sich in [36].

Lemma 7.3.3 *Sei $d = 3$, $Q = [-1,1]^d$ und eine Funktion $f \in C^0(Q)$ gegeben, die sich zu einer analytischen Funktion $f^\star$ auf $\overrightarrow{\mathcal{E}}^{\rho}$ mit $\rho_i > 1$, $1 \leq i \leq 3$, fortsetzen läßt. Dann gilt für die Čebyšev-Interpolation $p_m = \overrightarrow{\Pi}^{(m)}[f]$ die Fehlerabschätzung*

$$\|f - p_m\|_{C^0(Q)} \leq \sqrt{d}\, 2^{d/2+1} \rho_{\min}^{-m} \left(1 - \rho_{\min}^{-2}\right)^{-d/2} M_\rho(f)$$

mit

$$M_\rho(f) := \max_{z \in \overrightarrow{\mathcal{E}}^\rho} |f^\star(z)|.$$

Beweis. Wir skizzieren hier lediglich den Beweis, indem wir die Methode für Interpolationsfehlerabschätzungen für analytische Integranden aus [36] anwenden. Dazu führen wir das Skalarprodukt

$$(f,g)_\rho := \int_{\overrightarrow{\mathcal{E}}^\rho_{\mathbf{a},\mathbf{b}}} \frac{f(\mathbf{z})\overline{g(\mathbf{z})}}{\prod_{i=1}^d \sqrt{|1-z_i^2|}} dz$$

und den Hilbert-Raum

$$L^2\left(\overrightarrow{\mathcal{E}}^\rho_{\mathbf{a},\mathbf{b}}\right) := \left\{ f : f \text{ ist analytisch in } \overrightarrow{\mathcal{E}}^\rho_{\mathbf{a},\mathbf{b}} \text{ und } \|f\|_\rho := (f,f)_\rho^{1/2} < \infty \right\}$$

ein. Dieser Raum besitzt zwei für unsere Anwendung wesentliche Eigenschaften: (a) Die Punktauswertung auf $L^2\left(\overrightarrow{\mathcal{E}}^\rho_{\mathbf{a},\mathbf{b}}\right)$ ist definiert und der zugehörige Operator ist stetig. Genauer existiert eine Konstante C mit

$$\sup_{\mathbf{z} \in \overrightarrow{\mathcal{E}}^\rho_{\mathbf{a},\mathbf{b}}} |f(\mathbf{z})| \leq C \|f\|_\rho \qquad \forall f \in \overrightarrow{\mathcal{E}}^\rho_{\mathbf{a},\mathbf{b}}.$$

Diese Abschätzung ist für die betrachtete Anwendung wesentlich, da die Interpolation auf Punktauswertungen basiert. (b) $L^2\left(\overrightarrow{\mathcal{E}}^\rho_{\mathbf{a},\mathbf{b}}\right)$ ist ein Hilbert-Raum und erlaubt daher die Verwendung einfacher funktionalanalytischer Methoden.

Sei im folgenden $\mathbf{a} = -\mathbf{1}$ und $\mathbf{b} = \mathbf{1}$.

Die skalierten Čebyšev-Polynome

$$\tilde{T}_\mu(\mathbf{z}) := c_\mu T_\mu(\mathbf{z}) \quad \text{mit} \quad c_\mu := \left(\frac{2}{\pi}\right)^{d/2} \prod_{i=1}^d \left(\rho_i^{2\mu_i} + \rho_i^{-2\mu_i}\right)^{-1/2} \qquad \forall \mu \in \mathbb{N}_0^3 \tag{7.3.5}$$

definieren ein vollständiges Orthonormalsystem für $L^2\left(\overrightarrow{\mathcal{E}}^\rho_{\mathbf{a},\mathbf{b}}\right)$bezüglich des Skalarprodukts $(\cdot,\cdot)_\rho$ (vgl. [36]). Für ein beliebiges, beschränktes Funktional E auf $L^2\left(\overrightarrow{\mathcal{E}}^\rho_{\mathbf{a},\mathbf{b}}\right)$ gilt

$$|E(f)| \leq \|E\|_\rho \|f\|_\rho, \tag{7.3.6}$$

wobei $\|E\|_\rho$ die Operatornorm bezeichnet und wegen der Orthonormalität von $\left(\tilde{T}_\mu\right)_{\mu \in \mathbb{N}_0^d}$

$$\|E\|_\rho = \sup_{f \in L^2\left(\overrightarrow{\mathcal{E}}^\rho_{\mathbf{a},\mathbf{b}}\right) \setminus \{0\}} \frac{|E(f)|}{\|f\|_\rho} = \sqrt{\sum_{\mu \in \mathbb{N}_0^d} \left|E\left(\tilde{T}_\mu\right)\right|^2}$$

erfüllt. Sei E der Fehler der Čebyšev-Interpolation in einem Punkt $\mathbf{x} \in Q$

$$E(f) = f(\mathbf{x}) - \overrightarrow{\Pi}^{(m)}[f](\mathbf{x}).$$

Aus $E(p) = 0$ für alle $p \in \mathbb{Q}_{m-1}$ und Hilfssatz 7.3.1 folgt

$$\sum_{\mu\in\mathbb{N}_0^d} \left|E\left(\tilde{T}_\mu\right)\right|^2 = \sum_{\mu\in\mathbb{N}_0^d} c_\mu^2 \left|E(T_\mu)\right|^2 = \sum_{\substack{\mu\in\mathbb{N}_0^d\\ |\mu|_\infty\ge m}} c_\mu^2 \left|E(T_\mu)\right|^2$$

$$\le 4 \sum_{\substack{\mu\in\mathbb{N}_0^d\\ |\mu|_\infty\ge m}} c_\mu^2 \le 4\left(\frac{2}{\pi}\right)^d \sum_{i=1}^d \left(\sum_{\substack{\mu\in\mathbb{N}_0^d\\ \mu_i\ge m}} \prod_{j=1}^d \rho_j^{-2\mu_j}\right)$$

$$\le 4\left(\frac{2}{\pi}\right)^d \sum_{i=1}^d \rho_i^{-2m} \left(\sum_{\substack{\mu\in\mathbb{N}_0^d\\ \mu_i\ge m}} \rho_i^{-2(\mu_i-m)} \prod_{\substack{j=1\\ j\ne i}}^d \rho_j^{-2\mu_j}\right)$$

$$\le 4\left(\frac{2}{\pi}\right)^d \sum_{i=1}^d \rho_i^{-2m} \left(\sum_{\mu\in\mathbb{N}_0^d} \prod_{j=1}^d \rho_j^{-2\mu_j}\right)$$

$$\le 4\left(\frac{2}{\pi}\right)^d \rho_{\min}^{-2m} d \sum_{\mu\in\mathbb{N}_0^d} \rho_{\min}^{-2|\mu|} = 4\left(\frac{2}{\pi}\right)^d \rho_{\min}^{-2m} d \left(1-\rho_{\min}^{-2}\right)^{-d}.$$

Im Hinblick auf (7.3.6) ist die Norm $\|f\|_\rho$ abzuschätzen. Es gilt

$$\|f\|_\rho^2 = \int_{\vec{\mathcal{E}}^\rho_{\mathbf{a},\mathbf{b}}} \frac{f(\mathbf{z})\overline{f(\mathbf{z})}}{\prod_{i=1}^d \sqrt{|1-z_i^2|}} d\mathbf{z} \le \left(\sup_{\mathbf{z}\in\vec{\mathcal{E}}^\rho} |f(\mathbf{z})|\right)^2 \|1\|_\rho^2.$$

Aus $\pi^{d/2}\tilde{T}_\mathbf{0} = 1$ und der Orthonormalität des Systems $\tilde{T}_\mu$ folgt

$$\|f\|_\rho^2 \le \pi^d M_\rho^2(f). \tag{7.3.7}$$

■

Die Übertragung dieser Fehlerabschätzung auf allgemeine, achsenparallele Quader ergibt sich mit Hilfe einer affinen Transformation. Sei dazu $\mathbf{a}, \mathbf{b}$ und $Q_{\mathbf{a},\mathbf{b}}$ wie in Konvention 7.1.13 und $Q = [-1,1]^3$. Die Transformation

$$\chi : Q \to Q_{\mathbf{a},\mathbf{b}}; \qquad \chi(\hat{\mathbf{x}}) = \left(a_i + (b_i - a_i)\frac{x_i+1}{2}\right)_{i=1}^3$$

ist affin. Die Čebyšev-Stützstellen auf $Q_{\mathbf{a},\mathbf{b}}$ erhält man durch Transformation der eindimensionalen Stützstellen $\xi^{(i)}$ auf $[a_i, b_i]$

$$\forall \mu \in \mathcal{J}_m: \quad \xi^{(\mu)} := \chi\left(\xi^{(\mu_1)}, \xi^{(\mu_2)}, \xi^{(\mu_3)}\right), \qquad \Theta_{\mathbf{a},\mathbf{b}}^{(m)} := \left\{\xi^{(\mu)} : \mu \in \mathcal{J}_m\right\}.$$

Dann ist die Čebyšev-Interpolation auf $Q_{\mathbf{a},\mathbf{b}}$ gegeben durch

$$\vec{\Pi}_{\mathbf{a},\mathbf{b}}^{(m)}(f) = \sum_{\mu\in\mathcal{J}_m} f\left(\xi^{(\mu)}\right) L^{(\mu)},$$

wobei die Lagrange-Funktionen $L^{(\mu)}$ auf die Stützstellenmenge $\Theta_{\mathbf{a},\mathbf{b}}^{(m)}$ bezogen sind.

Satz 7.3.4 *Sei $d = 3$ und $Q_{\mathbf{a,b}}$ wie in Konvention 7.1.13. Die Funktion $f \in C^0(Q_{\mathbf{a,b}})$ lasse sich zu einer analytischen Funktion $f^\star$ auf $\vec{\mathcal{E}}^{\rho}_{\mathbf{a,b}}$ fortsetzen mit $\rho_i > (b_i - a_i)/2$, $1 \le i \le 3$. Dann gilt für die Čebyšev-Interpolation $p_m = \vec{\Pi}^{(m)}[f]$ die Fehlerabschätzung*

$$\|f - p_m\|_{C^0(Q)} \le \sqrt{d}2^{d/2+1}\left(\frac{L}{\rho_{\min}}\right)^m \left(1 - \left(\frac{L}{\rho_{\min}}\right)^2\right)^{-d/2} M_\rho(f)$$

mit

$$M_\rho(f) := \max_{\mathbf{z}\in\vec{\mathcal{E}}^{\rho}_{\mathbf{a,b}}} |f^\star(\mathbf{z})|$$

und $\rho_{\min}$, L wie in (7.3.4).

Beweis. Seien $f \in C^{m+1}(Q_{\mathbf{a,b}})$ und die affine Transformation $\chi : Q \to Q_{\mathbf{a,b}}$ mit $Q = (-1,1)^d$ wie zuvor definiert. Wir setzen $\hat{f} = f \circ \chi$ und bezeichnen mit $\hat{p}_m$ die Čebyšev-Interpolierende von $\hat{f}$ auf Q. Damit gilt $\vec{\Pi}^{(m)}_{\mathbf{a,b}}[f] = \hat{p}_m \circ \chi^{-1}$ und wir erhalten

$$f - \vec{\Pi}^{(m)}_{\mathbf{a,b}}[f] = \left(\hat{f} - \hat{p}_m\right) \circ \chi^{-1}.$$

Die transformierte Ellipse $\vec{\mathcal{E}}^{\hat{\rho}} := \chi^{-1}\vec{\mathcal{E}}^{\rho}_{\mathbf{a,b}}$ erfüllt $\hat{\rho} = (2\rho_i/(b_i - a_i))_{i=1}^3$, und wir setzen

$$\hat{\rho}_{\min} := \min\{2\rho_i/(b_i - a_i) : 1 \le i \le 3\}.$$

Damit können wir die Fehlerabschätzung aus dem vorigen Satz anwenden und erhalten

$$\begin{aligned}\left\|f - \vec{\Pi}_{\mathbf{a,b}}[f]\right\|_{C^0(Q_{\mathbf{a,b}})} &= \left\|\hat{f} - \hat{p}_m\right\|_{C^0(Q)} \le 2^{d/2+1}\sqrt{d}\hat{\rho}_{\min}^{-m}\left(1 - \hat{\rho}_{\min}^{-2}\right)^{-d/2} M_{\hat{\rho}}\left(\hat{f}\right) \\ &\le 2^{d/2+1}\sqrt{d}\left(\frac{L}{\rho_{\min}}\right)^m \left(1 - \left(\frac{L}{\rho_{\min}}\right)^2\right)^{-d/2} M_\rho(f).\end{aligned}$$

■

Bemerkung 7.3.5 *Wegen $\rho_{\min} > L$ folgt aus der obigen Abschätzung die exponentielle Konvergenz der Čebyšev-Interpolation bezüglich der Ordnung m.*

Die Approximation der Kernfunktion des Randintegraloperators basiert auf der (lokalen) Approximation der Grundfunktion $G : Q_{\mathbf{a,b}} \times Q_{\mathbf{c,d}} \to \mathbb{C}$, wobei $Q_{\mathbf{a,b}}, Q_{\mathbf{c,d}} \subset \mathbb{R}^3$ achsenparallele Quader wie in Konvention 7.1.13 bezeichnen. Die Čebyšev-Interpolation von G der Ordnung m ist durch

$$\vec{\Pi}^{(m)}_{[\mathbf{a,b}],[\mathbf{c,d}]}[G](\mathbf{x},\mathbf{y}) := \sum_{\mu,\nu\in\mathcal{J}_m} G\left(\xi^{(\mu)}, \xi^{(\nu)}\right) L^{(\mu)}(\mathbf{x}) L^{(\nu)}(\mathbf{y})$$

definiert.

Wir übertragen im folgenden die Aussage aus Satz 7.3.4 auf diese Situation. Seien $\rho^{(1)}_{\min}$, $L^{(1)}$ (bzw. $\rho^{(2)}_{\min}$, $L^{(2)}$) die Konstanten aus (7.3.4) bezogen auf den Quader $Q_{\mathbf{a,b}}$ (bzw. $Q_{\mathbf{c,d}}$), und wir fixieren $(\rho_{\min}, L) \in \left\{\left(\rho^{(1)}_{\min}, L^{(1)}\right), \left(\rho^{(2)}_{\min}, L^{(2)}\right)\right\}$ durch

$$\rho_{\min}/L = \min\left\{\rho^{(1)}_{\min}/L^{(1)}, \rho^{(2)}_{\min}/L^{(2)}\right\}.$$

Satz 7.3.6 *Seien $Q_{\mathbf{a},\mathbf{b}}$, $Q_{\mathbf{c},\mathbf{d}}$ achsenparallele Quader wie in Konvention 7.1.13. Die Funktion $f \in C^0(Q_{\mathbf{a},\mathbf{b}} \times Q_{\mathbf{c},\mathbf{d}})$ lasse sich fortsetzen auf $\overrightarrow{\mathcal{E}}^{\rho_1}_{\mathbf{a},\mathbf{b}} \times \overrightarrow{\mathcal{E}}^{\rho_2}_{\mathbf{c},\mathbf{d}}$ mit $(\rho_1)_i > (b_i - a_i)/2$ und $(\rho_2)_i > (d_i - c_i)/2$, $1 \leq i \leq 3$. Dann gilt für die Čebyšev-Interpolation $p_m = \overrightarrow{\Pi}^{(m)}_{[\mathbf{a},\mathbf{b}],[\mathbf{c},\mathbf{d}]}[f]$ die Fehlerabschätzung*

$$\|f - p_m\|_{C^0(Q_{\mathbf{a},\mathbf{b}} \times Q_{\mathbf{c},\mathbf{d}})} \leq C^{(0)}_{\rho_{\min}/L} \left(\frac{L}{\rho_{\min}}\right)^m M_{\rho_1 \times \rho_2}(f)$$

mit

$$M_{\rho_1 \times \rho_2}(f) := \max_{(\mathbf{v},\mathbf{w}) \in \overrightarrow{\mathcal{E}}^{\rho_1}_{\mathbf{a},\mathbf{b}} \times \overrightarrow{\mathcal{E}}^{\rho_2}_{\mathbf{c},\mathbf{d}}} |f^\star(\mathbf{v},\mathbf{w})|$$

und

$$C^{(0)}_\rho := \sqrt{d} 2^{d+3/2} \left(1 - \rho^{-2}\right)^{-d}.$$

Beweis. Sei zunächst $\mathbf{b} := \mathbf{d} := \mathbf{1}$ und $\mathbf{a} := \mathbf{c} := -\mathbf{1}$. Wir übertragen die Argumentation von Lemma 7.3.3 auf den tensorierten Fall und führen dazu für analytische Funktionen $f, g \in \overrightarrow{\mathcal{E}}^{\rho_1} \times \overrightarrow{\mathcal{E}}^{\rho_2}$ das Skalarprodukt

$$(f,g)_{\rho_1 \times \rho_2} := \int_{\overrightarrow{\mathcal{E}}^{\rho_1}} \int_{\overrightarrow{\mathcal{E}}^{\rho_2}} \frac{f(\mathbf{v},\mathbf{w}) \overline{g(\mathbf{v},\mathbf{w})}}{\prod_{i=1}^d \sqrt{|1 - v_i^2|} \prod_{i=1}^d \sqrt{|1 - w_i^2|}} d\mathbf{w} d\mathbf{v}$$

und den Hilbert-Raum

$$L^2\left(\overrightarrow{\mathcal{E}}^{\rho_1} \times \overrightarrow{\mathcal{E}}^{\rho_2}\right) := \left\{f : f \text{ ist analytisch in } \overrightarrow{\mathcal{E}}^{\rho_1} \times \overrightarrow{\mathcal{E}}^{\rho_2} \text{ und } \|f\|_{\rho_1 \times \rho_2} := (f,f)^{1/2}_{\rho_1 \times \rho_2} < \infty\right\}$$

ein. Die Aussagen aus dem Beweis von Lemma 7.3.3 übetragen sich auf $L^2\left(\overrightarrow{\mathcal{E}}^{\rho_1} \times \overrightarrow{\mathcal{E}}^{\rho_2}\right)$ sinngemäß.

Die Polynome $\tilde{T}_{\mu,\nu}(\mathbf{v},\mathbf{w}) := c_\mu T_\mu(\mathbf{v}) c_\nu T_\nu(\mathbf{w})$ mit c_μ aus (7.3.5) bilden für $\nu, \mu \in \mathbb{N}_0^3$ ein vollständiges Orthonormalsystem für $L^2\left(\overrightarrow{\mathcal{E}}^{\rho_1} \times \overrightarrow{\mathcal{E}}^{\rho_2}\right)$ bezüglich des Skalarprodukts $(\cdot,\cdot)_{\rho_1 \times \rho_2}$. Sei E der Fehler der Čebyšev-Interpolation in einem Punkt $(\mathbf{x},\mathbf{y}) \in Q \times Q$

$$E(f) = f(\mathbf{x},\mathbf{y}) - \overrightarrow{\Pi}^{(m)}_{[-\mathbf{1},\mathbf{1}],[-\mathbf{1},\mathbf{1}]}[f](\mathbf{x},\mathbf{y}).$$

Aus $E(p) = 0$ für alle $p \in \mathbb{Q}_{m-1} \times \mathbb{Q}_{m-1}$ und Hilfssatz 7.3.1 folgt

$$\begin{aligned} |E(T_{\mu,\nu})| &= \left|T_{\mu,\nu}(\mathbf{x},\mathbf{y}) - \overrightarrow{\Pi}^{(m)}_{[-\mathbf{1},\mathbf{1}],[-\mathbf{1},\mathbf{1}]}(T_{\mu,\nu})(\mathbf{x},\mathbf{y})\right| \\ &\leq |T_\mu(\mathbf{x})| |T_\nu(\mathbf{y})| + \left|\overrightarrow{\Pi}^{(m)}(T_\mu)(\mathbf{x})\right| \left|\overrightarrow{\Pi}^{(m)}(T_\nu)(\mathbf{y})\right| \leq 2 \end{aligned}$$

und damit

$$\sum_{\mu,\nu\in\mathbb{N}_0^d}\left|E\left(\tilde{T}_{\mu,\nu}\right)\right|^2 = \sum_{\mu,\nu\in\mathbb{N}_0^d} c_\mu^2 c_\nu^2 \left|E\left(T_{\mu,\nu}\right)\right|^2 = \sum_{\substack{(\mu,\nu)\in\mathbb{N}_0^d\times\mathbb{N}_0^d\\ |(\mu,\nu)|_\infty\geq m}} c_\mu^2 c_\nu^2 \left|E\left(T_{\mu,\nu}\right)\right|^2 \leq 4 \sum_{\substack{(\mu,\nu)\in\mathbb{N}_0^d\times\mathbb{N}_0^d\\ |(\mu,\nu)|_\infty\geq m}} c_\mu^2 c_\nu^2$$

$$\leq 4\left(\frac{2}{\pi}\right)^{2d}\sum_{q=1}^{2}\sum_{i=1}^{d}\sum_{\substack{\left(\mu^{(1)},\mu^{(2)}\right)\in\mathbb{N}_0^d\times\mathbb{N}_0^d\\ \mu_i^{(q)}\geq m}}\left(\rho_i^{(q)}\right)^{-2\mu_i^{(q)}}\prod_{r=1}^{2}\prod_{\substack{j=1\\(r,j)\neq(q,i)}}^{d}\left(\rho_j^{(r)}\right)^{-2\mu_j^{(r)}}$$

$$\leq 4\left(\frac{2}{\pi}\right)^{2d}\rho_{\min}^{-2m}\,(2d)\sum_{(\mu,\nu)\in\mathbb{N}_0^d\times\mathbb{N}_0^d}\prod_{j=1}^{d}\left(\rho_j^{(1)}\right)^{-2\mu_j}\left(\rho_j^{(2)}\right)^{-2\nu_j}$$

$$\leq 4\left(\frac{2}{\pi}\right)^{2d}\rho_{\min}^{-2m}\,(2d)\left(1-\rho_{\min}^2\right)^{-2d}.$$

Die Norm $\|f\|_{\rho_1\times\rho_2}$ wird analog wie in (7.3.7) abgeschätzt

$$\|f\|_{\rho_1\times\rho_2}^2 \leq \pi^{2d} M_{\rho_1\times\rho_2}^2(f).$$

Die Übertragung des Resultats auf allgemeine, achsenparallele Quader ergibt sich wieder durch die affine Transformation. ■

Die Kernfunktion der betrachteten Randintegraloperatoren ist entweder die Grundfunktion oder eine Richtungsableitung der Grundfunktion. Im zweiten Fall definieren wir die Approximation der Kernfunktion durch Ableitung der Approximation der Grundfunktion. Die zugehörige Fehlerabschätzung findet sich in den folgenden beiden Sätzen.

Satz 7.3.7 *Seien $Q_{\mathbf{a},\mathbf{b}}$, $Q_{\mathbf{c},\mathbf{d}}$ achsenparallele Quader wie in Konvention 7.1.13. Sei $f \in C^1\left(Q_{\mathbf{a},\mathbf{b}}\times Q_{\mathbf{c},\mathbf{d}}\right)$ und $D\in\left\{\frac{\partial}{\partial x_i},\frac{\partial}{\partial y_i}:1\leq i\leq d\right\}$. Die Funktion Df lasse sich analytisch fortsetzen auf $\overrightarrow{\mathcal{E}}_{\mathbf{a},\mathbf{b}}^{\rho_1}\times\overrightarrow{\mathcal{E}}_{\mathbf{c},\mathbf{d}}^{\rho_2}$ mit $(\rho_1)_i>(b_i-a_i)/2$ und $(\rho_2)_i>(d_i-c_i)/2$, $1\leq i\leq 3$. Dann gilt für die Čebyšev-Interpolation $p_m=\overrightarrow{\Pi}_{[\mathbf{a},\mathbf{b}],[\mathbf{c},\mathbf{d}]}^{(m)}[f]$, $m\geq 2$, die Fehlerabschätzung*

$$\|D(f-p_m)\|_{C^0\left(Q_{\mathbf{a},\mathbf{b}}\times Q_{\mathbf{c},\mathbf{d}}\right)}\leq C_{\rho_{\min}/L}^{(1)}\left(\frac{\rho_{\min}/L+1}{2\rho_{\min}/L}\right)^{m-1}M_{\rho_1\times\rho_2}(Df). \tag{7.3.8}$$

mit

$$C_\rho^{(1)}:=\sqrt{dc_\rho}\,2^{d+3/2}\left(\frac{\rho^2}{\rho^2-1}\right)^{d-1/2}$$

und c_ρ aus (7.3.9).

Korollar 7.3.8 *Die Konstante $C_{\rho_{\min}}^{(1)}$ strebt für $\rho_{\min}\to\infty$ wie $(\log\rho_{\min})^{-2}$ gegen Null und verhält sich für $\rho_{\min}\to 1$ wie $(\rho_{\min}-1)^{-d-2}$.*

Für den Beweis benötigen wir einen Hilfssatz.

Hilfssatz 7.3.9 *Für $m \in \mathbb{N}_0$ und $\rho > 1$ gilt*

$$\sum_{k=m}^{\infty} \rho^{-2k} k^4 \leq \tilde{C}_\rho \left(\frac{\rho+1}{2\rho}\right)^{2m}$$

mit

$$\tilde{C}_\rho := \left(\frac{2}{e \ln\left(\frac{\rho+1}{2}\right)}\right)^4 \frac{4\rho^2}{(3\rho+1)(\rho-1)} \tag{7.3.9}$$

Beweis. Elementare Kurvendiskussion liefert

$$\frac{k^4}{\left(\frac{\rho+1}{2}\right)^{2k}} \leq \left(\frac{2}{e \ln\left(\frac{\rho+1}{2}\right)}\right)^4.$$

Daraus erhalten wir

$$\sum_{k=m}^{\infty} \rho^{-2k} k^4 \leq \left(\frac{2}{e \ln\left(\frac{\rho+1}{2}\right)}\right)^4 \sum_{k=m}^{\infty} \left(\frac{\rho+1}{2\rho}\right)^{2k} = \tilde{C}_\rho \left(\frac{\rho+1}{2\rho}\right)^{2m}.$$

■

Beweis von Satz 7.3.7. Wir betrachten zunächst den nicht-tensorierten, eindimensionalen Fall $d = 1$ und $f : C^1([-1,1], \mathbb{C})$. Wir setzen $g := f'$ mit analytischer Fortsetzung $g^\star : \mathcal{E}^\rho \to \mathbb{C}$. Die Approximation von g läßt sich durch $g_m := \left(\Pi^{(m)} g^{(-1)}\right)'$ darstellen mit $g^{(-1)}(x) := \int_{-1}^{x} g(s)\, ds$. Das Fehlerfunktional E ist in diesem Fall durch

$$E(g) := (g - g_m)(\mathbf{x}, \mathbf{y})$$

definiert. Wiederum ist die Norm $\|E\|_\rho$ zu berechnen, und wir verwenden die zuvor entwickelte Methode. Die Definition von g_m impliziert $E(p) = 0$ für alle $p \in \mathbb{P}_{m-2}$.

Um $\left|E\left(\tilde{T}_k\right)\right|$ abzuschätzen, müssen wir eine obere Schranke für $\left(\Pi^{(m)} T_k^{(-1)}\right)'$ finden und verwenden (vgl. [120, Exercise 1.1.4])

$$T_k^{(-1)} = \beta_{1+k} T_{k+1} + \beta_{1-k} T_{k-1} + \alpha_k \quad \text{mit} \quad \beta_s := \begin{cases} 1/(2s) & s \neq 0 \\ 0 & \text{sonst} \end{cases}$$

und einer Konstanten α_k. Mit (7.3.2) und $\gamma_{\ell,m}$ und $\eta_{\ell,m}$ aus (7.3.3) erhalten wir

$$\Pi^{(m)} T_k^{(-1)} = \gamma_{k+1,m} \beta_{1+k} T_{\eta_{k+1,m}} + \gamma_{k-1,m} \beta_{1-k} T_{\eta_{k-1,m}} + \alpha_k$$

und durch Differentiation

$$\left(\Pi^{(m)} T_k^{(-1)}\right)' = \gamma_{k+1,m} \beta_{1+k} T'_{\eta_{k+1,m}} + \gamma_{k-1,m} \beta_{1-k} T'_{\eta_{k-1,m}}.$$

Hilfsatz 7.3.1 impliziert für alle $x \in [-1,1]$ und $\tau_k^{(1)}$ wie in (7.3.1)

$$\left|T'_k(x)\right| \leq k^2.$$

Insgesamt haben wir

$$\left|\left(\Pi^{(m)}T_k^{(-1)}\right)'(x)\right| \leq \beta_{1+k}\eta_{k+1,m}^2 + |\beta_{1-k}|\,\eta_{k-1,m}^2 \leq (m-1)^2$$

gezeigt. Die Norm von E läßt sich daher analog wie im Beweis von Satz 7.3.3 abschätzen. Mit Hilfssatz 7.3.9 ergibt sich

$$\begin{aligned}\sum_{k=0}^{\infty}\left|E\left(\tilde{T}_k\right)\right|^2 &= \sum_{k=m-1}^{\infty} c_k^2\,|E(T_k)|^2 \leq \sum_{k=m-1}^{\infty} c_k^2\left(k^2+(m-1)^2\right)^2 \\ &\leq 4\sum_{k=m-1}^{\infty} c_k^2 k^4 \leq \frac{8}{\pi}\sum_{k=m-1}^{\infty}\rho^{-2k}k^4 \leq \frac{8}{\pi}\tilde{C}_\rho\left(\frac{\rho+1}{2\rho}\right)^{2m-2}.\end{aligned}$$

Sei nun $\mathbf{b} := \mathbf{d} := \mathbf{1}$ und $\mathbf{a} := \mathbf{c} := -\mathbf{1}$. O.B.d.A. wird $D = \frac{\partial}{\partial x_1}$ gewählt. Sei E die Ableitung D des Fehlers der Čebyšev-Interpolation in einem Punkt $(\mathbf{x},\mathbf{y}) \in Q \times Q$

$$E(f) = Df(\mathbf{x},\mathbf{y}) - D\overrightarrow{\Pi}^{(m)}_{[-\mathbf{1},\mathbf{1}],[-\mathbf{1},\mathbf{1}]}\left[f^{(-1)}\right](\mathbf{x},\mathbf{y}),$$

wobei $f^{(-1)}$ eine Stammfunktion von f bezüglich der ersten Variablen bezeichnet. Sei $\mathbb{Q}_{m-1}^-$ die Menge aller Polynome $p \in \mathbb{Q}_{m-1}$ mit $(x_1 p) \in \mathbb{Q}_{m-1}$. Aus $E(p) = 0$ für alle $p \in \mathbb{Q}_{m-1}^- \times \mathbb{Q}_{m-1}$ folgt mit den vorigen Resultaten für $\mu_1 \geq m-1$ die Abschätzung

$$\begin{aligned}|E(T_{\mu,\nu})| &= \left|DT_{\mu,\nu}(\mathbf{x},\mathbf{y}) - D\overrightarrow{\Pi}^{(m)}_{[-\mathbf{1},\mathbf{1}],[-\mathbf{1},\mathbf{1}]}\left(T_{\mu,\nu}^{(-1)}\right)(\mathbf{x},\mathbf{y})\right| \\ &\leq |DT_\mu(\mathbf{x})|\,|T_\nu(\mathbf{y})| + \left|D\overrightarrow{\Pi}^{(m)}\left(T_\mu^{(-1)}\right)(\mathbf{x})\right|\left|\overrightarrow{\Pi}^{(m)}(T_\nu)(\mathbf{y})\right| \leq 2\mu_1^2.\end{aligned}$$

Für $\mu_1 < m-1$ verwenden wir $\left(T_{\mu_1} - \Pi^{(m)}T_{\mu_1}^{(-1)}\right)' = 0$ und erhalten ebenfalls

$$\begin{aligned}|E(T_{\mu,\nu})| &= \left|T'_{\mu_1}(x_1)\right|\left|\left(\prod_{i=2}^3 T_{\mu_i}(x_i)\right)T_\nu(\mathbf{y}) - \left(\prod_{i=2}^3\Pi^{(m)}T_{\mu_i}(x_i)\right)\Pi^{(m)}_{[-\mathbf{1},\mathbf{1}]}T_\nu(x_j)\right| \\ &\leq \mu_1^2(1+1) = 2\mu_1^2.\end{aligned}$$

Mit $\delta_{(q,i),(r,j)}$ wird das Kroneckersymbol bezeichnet und für $\mu \in \mathbb{N}_0^d$ setzen wir $\mu_+ = \mu + e_1$ mit $e_1 = (1,0,0,\ldots,0)^\mathsf{T}$. Damit gilt

$$\begin{aligned}\sum_{\mu,\nu\in\mathbb{N}_0^d}\left|E\left(\tilde{T}_{\mu,\nu}\right)\right|^2 &= \sum_{\mu,\nu\in\mathbb{N}_0^d} c_\mu^2 c_\nu^2\,|E(T_{\mu,\nu})|^2 = \sum_{\substack{(\mu,\nu)\in\mathbb{N}_0^d\times\mathbb{N}_0^d \\ |(\mu_+,\nu)|_\infty \geq m}} c_\mu^2 c_\nu^2\,|E(T_{\mu,\nu})|^2 \leq 4\sum_{\substack{(\mu,\nu)\in\mathbb{N}_0^d\times\mathbb{N}_0^d \\ |(\mu_+,\nu)|_\infty \geq m}} c_\mu^2 c_\nu^2 \mu_1^4 \\ &\leq 4\left(\frac{2}{\pi}\right)^{2d}\sum_{q=1}^{2}\sum_{i=1}^{d}\sum_{\substack{\left(\mu^{(1)},\mu^{(2)}\right)\in\mathbb{N}_0^d\times\mathbb{N}_0^d \\ \mu_i^{(q)}+\delta_{(q,i),(1,1)}\geq m}}\left(\mu_1^{(1)}\right)^4\left(\rho_i^{(q)}\right)^{-2\mu_i^{(q)}}\prod_{r=1}^{2}\prod_{\substack{j=1 \\ (r,j)\neq(q,i)}}^{d}\left(\rho_j^{(r)}\right)^{-2\mu_j^{(r)}} \\ &\leq 4\left(\frac{2}{\pi}\right)^{2d}\sum_{q=1}^{2}\sum_{i=1}^{d}\sum_{\substack{\left(\mu^{(1)},\mu^{(2)}\right)\in\mathbb{N}_0^d\times\mathbb{N}_0^d \\ \mu_i^{(q)}+\delta_{(q,i),(1,1)}\geq m}}\left(\mu_1^{(1)}\right)^4\rho_{\min}^{-2\left|\left(\mu^{(1)}+\mu^{(2)}\right)\right|} \\ &\overset{\text{HS 7.3.9}}{\leq} 8\tilde{C}_{\rho_{\min}}d\left(\frac{2}{\pi}\right)^{2d}\left(\frac{\rho_{\min}^2}{\rho_{\min}^2-1}\right)^{2d-1}\left(\frac{\rho_{\min}+1}{2\rho_{\min}}\right)^{2m-2}.\end{aligned}$$

Die Norm $\|Df\|_{\rho_1 \times \rho_2}$ wird analog wie in (7.3.7) abgeschätzt

$$\|f\|^2_{\rho_1 \times \rho_2} \leq \pi^{2d} M^2_{\rho_1 \times \rho_2} (Df) .$$

Insgesamt haben wir

$$\|D (f - p_m)\|_{C^0(Q_{-1,1} \times Q_{-1,1})} \leq \tilde{C}_{\rho_{\min}} \left(\frac{\rho_{\min} + 1}{2\rho_{\min}} \right)^{m-1} M_{\rho_1 \times \rho_2} (Df)$$

gezeigt.

Die Übertragung des Resultats auf allgemeine, achsenparallele Quader ergibt sich wieder durch die affine Transformation. Wir betrachten zunächst wieder den eindimensionalen, nicht-tensorierten Fall $g : [a, b] \to \mathbb{C}$ und bemerken

$$g_m (\chi (\hat{x})) := \left(\frac{d}{dx} \Pi^{(m)} g^{(-1)} \right) (\chi (\hat{x})) = \left(\frac{d}{d\hat{x}} \Pi^{(m)}_{[-1,1]} \hat{g}^{(-1)} \right) (\hat{x}) =: \hat{g}_m (\hat{x})$$

mit $\hat{g} := g \circ \chi$. Daraus folgt

$$\|g - g_m\|_{L^\infty(a,b)} = \|\hat{g} - \hat{g}_m\|_{L^\infty(-1,1)} ,$$

und wir können die Fehlerabschätzungen für das Einheitsintervall anwenden.

Aus dem zuvor Bewiesenen folgt für den tensorierten Fall

$$\|D (f - p_m)\|_{C^0(Q_{\mathbf{a},\mathbf{b}} \times Q_{\mathbf{c},\mathbf{d}})} \leq \tilde{C}_{\rho_{\min}/L} \left(\frac{\rho_{\min}/L + 1}{2\rho_{\min}/L} \right)^{m-1} M_{\hat{\rho}_1 \times \hat{\rho}_2} \left(\widehat{Df} \right) .$$

Die Behauptung folgt schließlich durch Rücktransformation

$$M_{\hat{\rho}_1 \times \hat{\rho}_2} \left(\widehat{Df} \right) = M_{\rho_1 \times \rho_2} (Df) .$$

■

Im folgenden Satz wird der Fehler der Approximation der zweiten Ableitung der Grundfunktion betrachtet.

Satz 7.3.10 *Seien $Q_{\mathbf{a},\mathbf{b}}$, $Q_{\mathbf{c},\mathbf{d}}$ achsenparallele Quader wie in Konvention 7.1.13. Sei $f \in C^2 (Q_{\mathbf{a},\mathbf{b}} \times Q_{\mathbf{c},\mathbf{d}})$ und $D_1 \in \left\{ \frac{\partial}{\partial x_i} : 1 \leq i \leq d \right\}$, $D_2 \in \left\{ \frac{\partial}{\partial y_i} : 1 \leq i \leq d \right\}$. Die Funktion $D_1 D_2 f$ lasse sich fortsetzen auf $\overrightarrow{\mathcal{E}}^{\rho_1}_{\mathbf{a},\mathbf{b}} \times \overrightarrow{\mathcal{E}}^{\rho_2}_{\mathbf{c},\mathbf{d}}$ mit $(\rho_1)_i > (b_i - a_i)/2$ und $(\rho_2)_i > (d_i - c_i)/2$, $1 \leq i \leq 3$. Dann gilt für die Čebyšev-Interpolation $p_m = \overrightarrow{\Pi}^{(m)}_{[\mathbf{a},\mathbf{b}],[\mathbf{c},\mathbf{d}]} [f]$, $m \geq 2$, die Fehlerabschätzung*

$$\|D_1 D_2 (f - p_m)\|_{C^0(Q_{\mathbf{a},\mathbf{b}} \times Q_{\mathbf{c},\mathbf{d}})} \leq C^{(2)}_\rho \left(\frac{\rho_{\min}/L + 1}{2\rho_{\min}/L} \right)^{m-1} M_{\rho_1 \times \rho_2} (D_1 D_2 f) .$$

mit

$$C^{(2)}_\rho := \tilde{C}_\rho \sqrt{d} 2^{d+3/2} \left(\frac{\rho^2}{\rho^2 - 1} \right)^{d-1} .$$

Der Beweis ist ganz analog zum vorigen Satz und wird daher nicht ausgeführt.

Für das Panel-Clustering-Verfahren wenden wir die Čebyšev-Interpolation auf die Grundfunktion für separierte Clusterboxen Q_1, Q_2 an. Um die Abschätzungen des Interpolationsfehlers verwenden zu können, muß der Modulus $M_{\rho_1 \times \rho_2}$ für die (Ableitung der) Grundfunktion abgeschätzt werden.

Wir beschränken uns hier auf die Fundamentallösung $G : \mathbb{R}^3 \setminus \{0\} \to \mathbb{C}$

$$G(\mathbf{z}) = \frac{1}{4\pi\sqrt{\det \mathbf{A}}} \frac{e^{\langle \mathbf{b}, \mathbf{z} \rangle_{\mathbf{A}} - \lambda \|\mathbf{z}\|_{\mathbf{A}}}}{\|\mathbf{z}\|_{\mathbf{A}}}, \qquad \lambda^2 := c + \|\mathbf{b}\|_{\mathbf{A}}^2 \tag{7.3.10}$$

aus (3.1.3) und den daraus abgeleiteten Kernfunktionen

$$\begin{aligned} k_1(\mathbf{x}, \mathbf{y}) &= G(\mathbf{x} - \mathbf{y}), & k_2(\mathbf{x}, \mathbf{y}) &= \tilde{\gamma}_{1,\mathbf{y}} G(\mathbf{x} - \mathbf{y}), \\ k_3(\mathbf{x}, \mathbf{y}) &= \gamma_{1,\mathbf{x}} G(\mathbf{x} - \mathbf{y}), & k_4(\mathbf{x}, \mathbf{y}) &= \gamma_{1,\mathbf{x}} \tilde{\gamma}_{1,\mathbf{y}} G(\mathbf{x} - \mathbf{y}) \end{aligned} \tag{7.3.11}$$

mit der Konormalenableitung γ_1 und der modifizierten Konormalenableitung $\tilde{\gamma}_1$ (vgl. (2.7.7), (2.7.11)). Sei η wie in Definition 7.1.11.

Lemma 7.3.11 *Es existieren Konstanten C_1, C_2, die lediglich von den Koeffizienten $\mathbf{A}$, $\mathbf{b}$, c in (7.3.10) und Γ abhängen, mit den folgenden Eigenschaften.*

Sei $(\sigma, s) \in P^{fern}$ und $Q_\sigma =: Q_{\mathbf{a},\mathbf{b}}$, $Q_s =: Q_{\mathbf{c},\mathbf{d}}$. Mit

$$\rho_{1,i} := \frac{|b_i - a_i|}{2}\left(1 + \frac{2}{C_1 \eta}\right) \quad \textit{und} \quad \rho_{2,i} := \frac{|d_i - c_i|}{2}\left(1 + \frac{2}{C_1 \eta}\right)$$

für $1 \le i \le 3$ läßt sich $\partial_{\mathbf{x}}^{\mu} \partial_{\mathbf{y}}^{\nu} G(\mathbf{x} - \mathbf{y})$, $|\mu + \nu| \le 2$, analytisch fortsetzen auf $\vec{\mathcal{E}}_{\mathbf{a},\mathbf{b}}^{\rho_1} \times \vec{\mathcal{E}}_{\mathbf{c},\mathbf{d}}^{\rho_2}$ und genügt der Abschätzung

$$\sup_{(\mathbf{x},\mathbf{y}) \in \vec{\mathcal{E}}_{\mathbf{a},\mathbf{b}}^{\rho_1} \times \vec{\mathcal{E}}_{\mathbf{c},\mathbf{d}}^{\rho_2}} \left| \partial_{\mathbf{x}}^{\mu} \partial_{\mathbf{y}}^{\nu} G(\mathbf{x} - \mathbf{y}) \right| \le \left(\frac{C_2}{\operatorname{dist}(Q_\sigma, Q_s)} \right)^{1 + |\mu + \nu|}.$$

Beweis. Sei $(\sigma, s) \in P^{fern}$ ein zulässiger Fernfeldblock mit zugehörigen Clusterboxen $Q_\sigma =: Q_{\mathbf{a},\mathbf{b}}$, $Q_s =: Q_{\mathbf{c},\mathbf{d}}$. Das singuläre Verhalten der Funktion $\partial_{\mathbf{x}}^{\mu} \partial_{\mathbf{y}}^{\nu} G(\mathbf{x} - \mathbf{y})$ wird durch die Funktion

$$g_\lambda : Q_\sigma \times Q_s \to \mathbb{R}, \qquad g_\lambda(\mathbf{x}, \mathbf{y}) := \|\mathbf{x} - \mathbf{y}\|^{-\lambda}$$

charakterisiert, die wir zunächst betrachten. Aus der Zulässigkeitsbedingung

$$\eta \operatorname{dist}(Q_\sigma, Q_s) \ge \max\{\operatorname{diam} Q_\sigma, \operatorname{diam} Q_s\} \tag{7.3.12}$$

folgt, daß sich g_λ bezüglich jeder Variablen fortsetzen läßt auf Ellipsen $\mathcal{E}_{a_i,b_i}^{\rho_{1,i}}$ bzw. $\mathcal{E}_{c_i,d_i}^{\rho_{2,i}}$, $1 \le i \le 3$, mit

$$\rho_{1,i} = \frac{|b_i - a_i|}{2}\left(1 + \frac{1}{3\sqrt{3}} \frac{\operatorname{dist}(Q_\sigma, Q_s)}{|b_i - a_i|/2}\right) \ge \frac{|b_i - a_i|}{2}\left(1 + \frac{2}{C\eta}\right),$$

$C := 3\sqrt{3}$ und $\rho_{2,i} \ge \frac{|d_i - c_i|}{2}\left(1 + 2/(C\eta)\right)$. Die Funktion g_λ läßt sich auf diesen Ellipsen durch

$$\sup_{(\mathbf{x},\mathbf{y}) \in \vec{\mathcal{E}}_{[\mathbf{a},\mathbf{b}]}^{\rho_1} \times \vec{\mathcal{E}}_{[\mathbf{c},\mathbf{d}]}^{\rho_2}} g_\lambda(\mathbf{x}, \mathbf{y}) \le \left(\frac{C}{\operatorname{dist}(Q_\sigma, Q_s)} \right)^{\lambda}$$

abschätzen.

Dieses Resultat läßt sich direkt auf die Funktion $\|\mathbf{x}-\mathbf{y}\|_{\mathbf{A}}^{-\lambda}$ bezüglich der durch $\mathbf{A}$ induzierten Metrik übertragen, indem die Konstante C durch eine $\mathbf{A}$-abhängige Konstante ersetzt wird.

Für die Fundamentallösung $G(\mathbf{x}-\mathbf{y})$ bzw. deren Ableitungen $\partial_{\mathbf{x}}^{\mu}\partial_{\mathbf{y}}^{\nu}G(\mathbf{x}-\mathbf{y})$ bleibt die Größe der Analytizitätsellipsen unverändert. Für die Abschätzung der Funktion auf den Analytizitätsellipsen erhalten wir

$$\sup_{(\mathbf{x},\mathbf{y})\in\vec{\mathcal{E}}_{\mathbf{a},\mathbf{b}}^{\rho_1}\times\vec{\mathcal{E}}_{\mathbf{c},\mathbf{d}}^{\rho_2}}\left|\partial_{\mathbf{x}}^{\mu}\partial_{\mathbf{y}}^{\nu}G(\mathbf{x}-\mathbf{y})\right|\leq\left(\frac{C}{\operatorname{dist}(Q_\sigma,Q_s)}\right)^{1+|\mu+\nu|},$$

wobei C von den Koeffizienten $\mathbf{A}$, $\mathbf{b}$, c des Differentialoperators und von Γ abhängt. ∎

Die Kombination von Lemma 7.3.11 und den Sätzen 7.3.6, 7.3.7, 7.3.10 liefert Abschätzungen für die blockweisen Approximationen:

$$\begin{aligned}\tilde{k}_1(\mathbf{x},\mathbf{y})&:=\vec{\Pi}_{[\mathbf{a},\mathbf{b}],[\mathbf{c},\mathbf{d}]}^{(m)}G(\mathbf{x}-\mathbf{y}), & \tilde{k}_2(\mathbf{x},\mathbf{y})&:=\tilde{\gamma}_{1,\mathbf{y}}\vec{\Pi}_{[\mathbf{a},\mathbf{b}],[\mathbf{c},\mathbf{d}]}^{(m)}G(\mathbf{x}-\mathbf{y}),\\ \tilde{k}_3(\mathbf{x},\mathbf{y})&:=\gamma_{1,\mathbf{x}}\vec{\Pi}_{[\mathbf{a},\mathbf{b}],[\mathbf{c},\mathbf{d}]}^{(m)}G(\mathbf{x}-\mathbf{y}), & \tilde{k}_4(\mathbf{x},\mathbf{y})&:=\gamma_{1,\mathbf{x}}\tilde{\gamma}_{1,\mathbf{y}}\vec{\Pi}_{[\mathbf{a},\mathbf{b}],[\mathbf{c},\mathbf{d}]}^{(m)}G(\mathbf{x}-\mathbf{y})\end{aligned} \tag{7.3.13}$$

der Kernfunktionen aus (7.3.11) auf zulässigen Fernfeldblöcken $(\sigma,s)\in P^{fern}$ mit zugehörigen Clusterboxen $Q_\sigma =: Q_{\mathbf{a},\mathbf{b}}$ und $Q_s =: Q_{\mathbf{c},\mathbf{d}}$.

Satz 7.3.12 *Es existieren ein hinreichend kleines $\eta_0\in(0,1)$ und Konstanten $0<c_1<1$, $C_0>0$, die lediglich von den Koeffizienten $\mathbf{A}$, $\mathbf{b}$, c und Γ abhängen, mit den folgenden Eigenschaften.*

Für alle $0<\eta\leq\eta_0$ in Definition 7.1.11 genügen die Approximationen (7.3.13) der Kernfunktionen aus (7.3.11) auf allen zulässigen Fernfeldblöcken $(\sigma,s)\in P^{fern}$ den Fehlerabschätzungen.

$$\left\|k_j-\tilde{k}_j\right\|_{C^0(Q_{\mathbf{a},\mathbf{b}}\times Q_{\mathbf{c},\mathbf{d}})}\leq C_0c_1^m\left(\operatorname{dist}(Q_\sigma,Q_s)\right)^{-1-\nu_j}$$

mit

$$\nu_1:=0,\quad \nu_2:=\nu_3:=1\quad \textit{und}\quad \nu_4:=2.$$

Beweis. Lemma 7.3.11 zeigt mit Definition (7.3.4)

$$\rho_{\min}/L=1+\frac{2}{C\eta}. \tag{7.3.14}$$

Eingesetzt in die Fehlerabschätzung aus Satz 7.3.6 ergibt sich

$$\left\|k_1-\tilde{k}_1\right\|_{C^0(Q_{\mathbf{a},\mathbf{b}}\times Q_{\mathbf{c},\mathbf{d}})}\leq C_1\left(\frac{C\eta}{2+C\eta}\right)^m\frac{1}{\operatorname{dist}(Q_\sigma,Q_s)}$$

mit einer Konstanten C_1, die lediglich von Γ, η_0 und den Koeffizienten $\mathbf{A}$, $\mathbf{b}$, c abhängt.

Für die ersten Ableitungen $D\in\{\partial/\partial x_i,\partial/\partial y_i:1\leq i\leq 3\}$ kombinieren wir Satz 7.3.7 mit (7.3.14) und erhalten

$$\left\|D\left(k_1-\tilde{k}_1\right)\right\|_{C^0(Q_{\mathbf{a},\mathbf{b}}\times Q_{\mathbf{c},\mathbf{d}})}\leq C_2\left(\frac{1+C\eta}{2+C\eta}\right)^{m-1}\left(\frac{1}{\operatorname{dist}(Q_\sigma,Q_s)}\right)^2$$

mit einer Konstanten C_2, die wiederum lediglich von Γ, η_0 und den Koeffizienten $\mathbf{A}$, $\mathbf{b}$, c abhängt. Die Wahl $c_1 := \frac{1+C\eta}{2+C\eta}$ und $C_0 := C_2/c_1$ führt auf die behauptete Abschätzung.

Für die gemischten Ableitungen $D_1 \in \{\partial/\partial x_i : 1 \leq i \leq 3\}$ und $D_2 \in \{\partial/\partial y_i : 1 \leq i \leq 3\}$ verwenden wir Satz 7.3.10 und erhalten

$$\left\| D_1 D_2 \left(k_1 - \tilde{k}_1\right) \right\|_{C^0\left(Q_{\mathbf{a},\mathbf{b}} \times Q_{\mathbf{c},\mathbf{d}}\right)} \leq C_3 \left(\frac{1+C\eta}{2+C\eta}\right)^{m-1} \left(\frac{1}{\operatorname{dist}\left(Q_\sigma, Q_s\right)}\right)^3.$$

Die Ableitungen $\tilde{\gamma}_1$, γ_1 lassen sich als Linearkombinationen aus den obigen Ableitungsoperatoren darstellen mit L^∞-Koeffizienten, woraus sich die behaupteten Abschätzungen für $k_j - \tilde{k}_j$, $j = 2, 3, 4$, ergeben. ■

Bemerkung 7.3.13 *Die Fehlerabschätzungen beweisen die exponentielle Konvergenz der Kernapproximationen bezüglich der Entwicklungsordnung m. Würde man die klassischen Fehlerabschätzungen*

$$\left\| u - \Pi^{(m)} u \right\|_{C^0([-1,1])} \leq (1 + c_m) \inf_{v \in \mathbb{P}_m} \|u - v\|_{C^0([-1,1])}$$

mit der Lebesgue-Konstante

$$c_m := \sup_{u \in C^0([-1,1]) \setminus \{0\}} \left(\|\Pi u\|_{C^0([-1,1])} / \|u\|_{C^0([-1,1])} \right)$$

und der Abschätzung $c_m \leq Cm$ verwenden, ergäbe sich die pessimistischere Abschätzung

$$\left\| k_1 - \tilde{k}_1 \right\| \leq C_0 m^6 c_1^{-m} \left(\operatorname{dist}\left(Q_\sigma, Q_s\right)\right)^{-1}.$$

Da die zuvor verwendeten, ableitungsfreien Fehlerabschätzungen nach [36] die Analytizität der Kernfunktion ausnützen, konnte der Faktor m^6 vermieden werden.

Bemerkung 7.3.14 *Die Größe der Konstanten C_0 und c_1 für spezielle Kernfunktionen finden sich beispielsweise in [69] und [66]. Für die Taylor-Approximation der Fundamentallösung des Laplace-Operators erhält man $C_0 = 1$ und $c_1 = \eta$.*

Bemerkung 7.3.15 *Die explizite Abhängigkeit bezüglich der Koeffizienten $\mathbf{A}$, $\mathbf{b}$, c in der Fundamentallösung muß fallweise analysiert werden. Für das Helmholtz-Problem mit hoher Wellenzahl $c \ll -1$ wächst die Größe $M_{\rho_1 \times \rho_2}(k_1)$ exponentiell bezüglich $\sqrt{|c|}$, und die Entwicklungsordnung m muß proportional zu $\sqrt{|c|}$ gewählt werden.*

Bemerkung 7.3.16 *Die Größe der Konstanten C_0 und c_1 für konkrete Klassen von Integraloperatoren läßt sich mittels numerischer Experimente anhand von Problemen mit bekannten Lösungen einfach ermitteln.*

7.3.2 Globale Fehlerabschätzungen

Das lokale Ersetzen der Kernfunktion durch die Panel-Clustering-Approximation definiert eine Approximation $\tilde{b}(\cdot,\cdot)$ der Bilinearform $b(\cdot,\cdot)$. Für die Čebyšev-Interpolation haben wir in Abschnitt 7.3.1.1 lokale Fehlerabschätzungen hergeleitet. In diesem Abschnitt verwenden wir die abstrakte Annahme 7.1.23 an die lokale Approximationsgüte der Kernfunktion und leiten daraus mit Hilfe des Strang-Lemmas eine Abschätzung für den Fehler $b(\cdot,\cdot) - \tilde{b}(\cdot,\cdot)$ her.

7.3.2.1 L^2–Abschätzungen des Panel-Clustering-Fehlers ohne partielle Integration

Wir betrachten die Klasse der Kernfunktionen aus Annahme 7.1.1 und verwenden die Zulässigkeitsbedingung aus Definition 7.1.11 mit einem festen $\eta \in (0,1)$. Sei $b : S \times S \to \mathbb{C}$ die Bilinearform zum Integraloperator K und $\tilde{b}$ die durch die Panel-Clustering-Darstellung definierte Approximation.

Zunächst führen wir einige oberflächen- und gitterabhängige Konstanten ein, welche in die Fehlerabschätzung eingehen.

Annahme 7.3.17 an die Geometrie der Oberfläche Γ schließt stark gefaltete Oberflächen aus. Für $0 < r < R \leq \operatorname{diam}\Gamma$ und $\mathbf{x} \in \Gamma$ definieren wir das Ringgebiet $A_{R,r}(\mathbf{x})$ durch

$$A_{R,r}(\mathbf{x}) := \left\{ \mathbf{y} \in \mathbb{R}^3 : r < \|\mathbf{x} - \mathbf{y}\| < R \right\}.$$

Annahme 7.3.17 *Es existieren Konstanten $C_\Gamma, D_\Gamma > 0$, so daß für alle $\mathbf{x} \in \Gamma$ und $0 < r < R < D_\Gamma$ das zweidimensionale Oberflächenmaß des Schnitts $\Gamma_{R,r}(\mathbf{x}) := \Gamma \cap A_{R,r}(\mathbf{x})$ die Abschätzung*

$$|\Gamma_{R,r}(\mathbf{x})| \leq C_\Gamma \left(R^2 - r^2 \right).$$

erfüllt.

Annahme 7.3.17 impliziert die Abschätzung

$$|\omega| \leq C_\Gamma (\operatorname{diam}\omega)^2$$

für alle Teilmengen $\omega \subset \Gamma$ mit (Euklidischem) Durchmesser $\operatorname{diam}\omega$.

Für ein gegebenes Oberflächengitter $\mathcal{G}$ beschreibt die Konstante $q_\mathcal{G}$ die Quasiuniformität des Gitters (vgl. Definition 4.1.12) und $\kappa_\mathcal{G}$ die Formregularität der Elemente (vgl. Definition 4.1.11). Die minimale Konstante in der inversen Abschätzung (vgl. Korollar 4.4.6)

$$\|u\|_{L^\infty(\tau)} \leq C h_\tau^{-1} \|u\|_{L^2(\tau)} \qquad \forall \tau \in \mathcal{G}, \quad \forall u \in S \tag{7.3.15}$$

wird mit C_{inv} bezeichnet. Wir benötigen für $s \geq 0$ die Hilfsfunktion $C_s : \mathbb{R}_{>0} \to \mathbb{R}_{>0}$

$$C_s(h) := h^{-2} \begin{cases} 1 & 0 \leq s < 2, \\ 1 + |\log h| & s = 2, \\ h^{2-s} & s > 2. \end{cases} \tag{7.3.16}$$

Konvention 7.3.18 *Generell setzen wir für die folgenden Sätze voraus, daß Annahme 4.3.16 oder Annahme 4.3.17 erfüllt ist. Die Konstanten in den folgenden Sätzen hängen im allgemeinen vom Polynomgrad in $S_\mathcal{G}^p$ und vom Gitter $\mathcal{G}$ über die Konstanten $\kappa_\mathcal{G}$, $q_\mathcal{G}$, C_{inv} und im Fall einer gekrümmten Oberfläche darüberhinaus von den Ableitungen der globalen Transformationen χ, χ^{-1} ab auch wenn dies nicht explizit erwähnt ist.*

Satz 7.3.19 *Annahme 7.1.23 sei mit $s \geq 0$ und $\gamma \in \,]0,1[$ erfüllt, und es gelte Annahme 7.3.17. Für die Panel-Clustering-Approximation $\tilde{b}$ der Bilinearform b zum Integraloperator K gilt mit den oben einführten Bezeichnungen*

$$\left| b(u,v) - \tilde{b}(u,v) \right| \leq C\varepsilon \|u\|_{0,\Gamma} \|v\|_{0,\Gamma} \qquad \text{für alle } u, v \in S$$

mit

$$\varepsilon := \gamma^m C_s(h) \tag{7.3.17}$$

und einer Konstanten C, die lediglich von s, η, Γ, den Konstanten aus Annahme 7.3.17 und den in Konvention 7.3.18 beschriebenen Parametern abhängt.

Beweis. Mit den Bezeichnungen aus Annahme 7.1.23 und Definition 7.1.11 erhält man unter Verwendung von (7.1.19) die Abschätzung

$$|E(u,v)| := \left|b(u,v) - \tilde{b}(u,v)\right| \leq \sum_{b=(c,\sigma)\in P^{fern}} \int_{\Gamma_c\times\Gamma_\sigma} |v(\mathbf{x})| \left|k(\mathbf{x},\mathbf{y}) - k_b^{(m)}(\mathbf{x},\mathbf{y})\right| |u(\mathbf{y})| \, ds_{\mathbf{y}} ds_{\mathbf{x}}$$

$$\leq C\gamma^m \sum_{b=(c,\sigma)\in P^{fern}} \int_{\Gamma_c\times\Gamma_\sigma} \frac{|v(\mathbf{x})| |u(\mathbf{y})|}{\operatorname{dist}^s(c,\sigma)} ds_{\mathbf{y}} ds_{\mathbf{x}}.$$

Die Zulässigkeitsbedingung impliziert für alle Clusterpaare $(c,\sigma) \in P^{fern}$ die Abschätzung

$$\operatorname{dist}(c,\sigma) = \inf_{(\mathbf{x},\mathbf{y})\in Q_c\times Q_\sigma} \|\mathbf{x}-\mathbf{y}\| \geq \eta^{-1} \max\{\operatorname{diam} c, \operatorname{diam} \sigma\} \geq (q_{\mathcal{G}}\eta)^{-1} h$$

mit der Maschenweite $h = h(\mathcal{G})$. Die geometrischen Fernfeldblöcke sind daher in

$$(\Gamma\times\Gamma)^{fern} := \left\{\mathbf{x},\mathbf{y} \in \Gamma : \|\mathbf{x}-\mathbf{y}\| \geq (q_{\mathcal{G}}\eta)^{-1} h\right\}$$

enthalten. Mit Hilfe von

$$\operatorname{dist}(c,\sigma) = \operatorname{dist}(Q_c, Q_\sigma) \geq \|\mathbf{x}-\mathbf{y}\| - \operatorname{diam} Q_c - \operatorname{diam} Q_\sigma \geq \|\mathbf{x}-\mathbf{y}\| - 2\eta \operatorname{dist}(c,\sigma)$$

für alle $(\mathbf{x},\mathbf{y}) \in Q_c \times Q_\sigma$ erhält man die Abschätzung

$$\operatorname{dist}(c,\sigma) \geq \frac{1}{1+2\eta} \|\mathbf{x}-\mathbf{y}\|.$$

Damit ergibt sich wegen $s \geq 0$ die Abschätzung

$$|E(u,v)| \leq C(1+2\eta)^s \gamma^m \|u\|_{L^\infty(\Gamma)} \|v\|_{L^\infty(\Gamma)} \int_{(\Gamma\times\Gamma)^{fern}} \frac{1}{\|\mathbf{x}-\mathbf{y}\|^s} ds_{\mathbf{x}} ds_{\mathbf{y}}.$$

In Hilfssatz 7.3.20 zeigen wir

$$\int_{(\Gamma\times\Gamma)^{fern}} \frac{1}{\|\mathbf{x}-\mathbf{y}\|^s} ds_{\mathbf{x}} ds_{\mathbf{y}} \leq c_s h^2 C_s(h)$$

mit $C_s(h)$ wie in (7.3.16) und einer Konstanten c_s, die lediglich von s, Γ und η abhängt.

Für eine Randelementfunktion u existiert ein Paneel $\tau \in \mathcal{G}$ mit

$$\|u\|_{L^\infty(\Gamma)} = \|u\|_{L^\infty(\tau)} \leq C_{\text{inv}} h_\tau^{-1} \|u\|_{L^2(\tau)} \leq C_{\text{inv}} q_{\mathcal{G}} h^{-1} \|u\|_{L^2(\Gamma)}.$$

Zusammen ergibt sich

$$|E(u,v)| \leq \hat{C} C_s(h) \gamma^m \|u\|_{L^2(\Gamma)} \|v\|_{L^2(\Gamma)}$$

mit

$$\hat{C} := c_s C_{\text{inv}}^2 q_{\mathcal{G}}^2 (1+2\eta)^s.$$

■

Hilfssatz 7.3.20 *Annahme 7.3.17 sei erfüllt. Dann gilt*

$$\int_{(\Gamma\times\Gamma)^{fern}} \frac{1}{\|\mathbf{x}-\mathbf{y}\|^s} ds_{\mathbf{x}} ds_{\mathbf{y}} \leq c_s h^2 C_s(h)$$

mit $C_s(h)$ wie in (7.3.16) und einer Konstanten c_s, die lediglich von s, Γ und η und den Konstanten aus 7.3.17 abhängt.

Beweis. a) Sei $0 \leq s < 2$
Die Aussage folgt für diesen Fall aus der uneigentlichen Integrierbarkeit von $\|\mathbf{x}-\mathbf{y}\|^{-s}$:

$$\int_{(\Gamma\times\Gamma)^{fern}} \frac{1}{\|\mathbf{x}-\mathbf{y}\|^{s}} ds_{\mathbf{y}} ds_{\mathbf{x}} \leq \int_{\Gamma\times\Gamma} \frac{1}{\|\mathbf{x}-\mathbf{y}\|^{s}} ds_{\mathbf{y}} ds_{\mathbf{x}} < \infty.$$

b) Sei $s \geq 2$ und C_Γ, D_Γ wie in Annahme 7.3.17.
Wir setzen $\delta := (q_{\mathcal{G}}\eta)^{-1} h$ und $n := \lceil D_\Gamma/\delta \rceil$, wobei $\lceil a \rceil$ die kleinste Ganzzahl größer oder gleich a bezeichnet. Für $\mathbf{x} \in \Gamma$ setzen wir $\Gamma_i(\mathbf{x}) := \Gamma \cap A_{(i+1)\delta, i\delta}(\mathbf{x})$, $1 \leq i \leq n-1$, und $\Gamma_n(\mathbf{x}) := \Gamma \cap A_{\operatorname{diam}\Gamma, n\delta}(\mathbf{x})$.
Dann gilt mit Annahme 7.3.17

$$\begin{aligned} I_s &:= \int_{(\Gamma\times\Gamma)^{fern}} \|\mathbf{x}-\mathbf{y}\|^{-s} ds_{\mathbf{y}} = \int_\Gamma \sum_{i=1}^{n-1} \int_{\Gamma_i(\mathbf{x})} \|\mathbf{x}-\mathbf{y}\|^{-s} ds_{\mathbf{y}} ds_{\mathbf{x}} + \int_\Gamma \int_{\Gamma_n(\mathbf{x})} \|\mathbf{x}-\mathbf{y}\|^{-s} ds_{\mathbf{y}} ds_{\mathbf{x}} \\ &\leq \int_\Gamma \sum_{i=1}^{n-1} |\Gamma_i(\mathbf{x})| (i\delta)^{-s} ds_{\mathbf{x}} + D_\Gamma^{-s} |\Gamma|^2 \leq C_\Gamma \int_\Gamma \sum_{i=1}^{n-1} \frac{((i+1)\delta)^2 - (i\delta)^2}{(i\delta)^s} ds_{\mathbf{x}} + D_\Gamma^{-s} |\Gamma|^2 \\ &= C_\Gamma \delta^{2-s} |\Gamma| \sum_{i=1}^{n-1} \frac{2i+1}{i^s} + D_\Gamma^{-s} |\Gamma|^2 . \end{aligned}$$

Für $s = 2$ gilt

$$I_2 \leq C_\Gamma |\Gamma| \left(2\log(n-1) + 2 + \frac{\pi^2}{6} \right) + D_\Gamma^{-2} |\Gamma|^2 .$$

Da D_Γ lediglich von Γ abhängt, folgt für hinreichend großes $n = \lceil q_{\mathcal{G}}\eta D_\Gamma / h \rceil$ bzw. hinreichend kleines h die Behauptung

$$I_2 \leq C(1 + \log n) \leq \tilde{C}(1 + |\log h|) .$$

Für $s > 2$ gilt $\sum_{i=1}^{n-1} \frac{2i+1}{i^s} < \sum_{i=1}^{\infty} \frac{2i+1}{i^s} < \infty$, und die Behauptung folgt aus $\delta^{2-s} \leq C h^{2-s}$.

7.3.2.2 L^2–Abschätzungen des Panel-Clustering-Fehlers mit partieller Integration

Diese Abschätzung ist zu pessimistisch für hypersinguläre Kernfunktionen ($s = 3$), falls mittels partieller Integration regularisiert wird (vgl. Satz 3.3.22). Partielle Integration angewendet auf den hypersingulären Integraloperator zum allgemeinen elliptischen Randwertproblem führt auf die Darstellung

$$b(u,v) = b_0(u,v) + b_1(u,v) ,$$

wobei $b_1(u,v)$ eine Kernfunktion enthält, die

$$k_1(\mathbf{x},\mathbf{y}) \leq C \|\mathbf{x}-\mathbf{y}\|^{-\alpha} \qquad \text{für alle } \mathbf{x},\mathbf{y} \in \Gamma \text{ fast überall}$$

mit $\alpha \leq 1$ erfüllt und $b_0(u,v)$ die Form

$$\int_{\Gamma\times\Gamma} k_0(\mathbf{x},\mathbf{y}) D_1[u](\mathbf{y}) D_2[v](\mathbf{x}) ds_{\mathbf{y}} ds_{\mathbf{x}}$$

besitzt. D_1 und D_2 bezeichnen Differentialoperatoren in der Tangentialebene von Γ mit Ordnung kleiner oder gleich Eins, d.h.

$$\|D_1 u\|_{L^2(\Gamma)} \leq C \|u\|_{H^1(\Gamma)} \quad \text{und} \quad \|D_2 v\|_{L^2(\Gamma)} \leq C \|v\|_{H^1(\Gamma)}.$$

Die Kernfunktion von b_0 ist schwach singulär

$$k_0(\mathbf{x}, \mathbf{y}) \leq C \|\mathbf{x} - \mathbf{y}\|^{-1} \qquad \text{für alle } \mathbf{x}, \mathbf{y} \in \Gamma \text{ mit } \mathbf{x} \neq \mathbf{y}.$$

Die Panel-Clustering-Methode läßt sich nun auf jede der Bilinearformen b_0 und b_1 separat anwenden. Satz 7.3.19 läßt sich mit kleineren Modifikationen übetragen. In der Fehlerabschätzung für die Approximation der Bilinearform b_1 ist s in (7.3.17) durch α zu ersetzen. Die Abschätzung für den Anteil b_0 lautet:

$$\left| b_0(u, v) - \tilde{b}_0(u, v) \right| \leq C\varepsilon \|u\|_{H^1(\Gamma)} \|v\|_{H^1(\Gamma)} \qquad \text{für alle } u, v \in H^1(\Gamma),$$

wobei $s = 1$ in der Definition (7.3.17) von ε zu wählen ist.

7.3.2.3 Stabilität und Konsistenz für das Panel-Clustering-Verfahren

Wir nehmen an, daß die Bilinearform $b : H^s(\Gamma) \times H^s(\Gamma) \to \mathbb{C}$ in (5.3.24) stetig, injektiv und koerziv ist mit einem $s \in \left\{-\frac{1}{2}, 0, \frac{1}{2}\right\}$.

Für gegebene rechte Seite $F \in H^{-s}(\Gamma)$ ist $u \in H^s(\Gamma)$ gesucht mit

$$b(u, v) = F(v) \qquad \forall v \in H^s(\Gamma).$$

Der konforme Randelementraum $S \subset H^s(\Gamma)$ wird auf einer Paneelierung von Γ definiert mit lokalem Polynomgrad $p \in \mathbb{N}_0$ (vgl. Kapitel 4). Die Galerkin-Lösung $u_S \in S$ erfüllt

$$b(u_S, v) = F(v) \qquad \forall v \in S.$$

Das Panel-Clustering-Verfahren definiert durch die Kernapproximation eine gestörte Bilinearform $\tilde{b} : S \times S \to \mathbb{C}$. Diese führt auf die gestörte Galerkin-Lösung $\tilde{u}_S \in S$

$$\tilde{b}(\tilde{u}_S, v) = F(v) \qquad \forall v \in S. \tag{7.3.18}$$

In diesem Abschnitt werden wir den Fehler $u - \tilde{u}_S$ unter geeigneten Voraussetzungen abschätzen.

Generell nehmen wir an, daß die rechte Seite in (7.3.18) exakt diskretisiert wird, d.h., daß die Komponenten $F(b_j)$ des Vektors der rechten Seite des linearen Gleichungssystems exakt berechnet wird. Andernfalls läßt sich der Einfluß dieses Fehlers wie in Kapitel 5.3.3 analysieren.

Ist die Oberfläche hinreichend glatt und die Lösung des Problems (5.3.23) hinreichend regulär, gilt die Fehlerabschätzung für den Galerkin-Fehler (vgl. Kapitel 4.3)

$$\|u - u_S\|_{H^s(\Gamma)} \leq C h^{p+1-s} \|u\|_{H^{p+1}(\Gamma)}.$$

Um diese Konvergenzordnung auch für das gestörte Problem zu erhalten, verwenden wir den Störungssatz 4.2.11.

Sei $s_- := \min\{s,0\}$ und $s_+ := \max\{s,0\}$. Die Stabilitäts- und Konsistenzbedingungen (4.2.44) und (4.2.46) ergeben sich mit Satz 7.3.19 und der inversen Abschätzung zu

$$\left|b(u,v)-\tilde{b}(u,v)\right| \le CC_s(h)\gamma^m h^{s-}\|u\|_{H^{s+}(\Gamma)}\|v\|_{H^s(\Gamma)},$$
$$\left|b(u,v)-\tilde{b}(u,v)\right| \le CC_s(h)\gamma^m h^{2s-}\|u\|_{H^s(\Gamma)}\|v\|_{H^s(\Gamma)}$$

für alle $u, v \in S$. Die Bedingungen

$$C_s(h)\gamma^m h^{2s-} \overset{h\to 0}{\to} 0 \qquad \text{und} \qquad C_s(h)\gamma^m h^{s-} \overset{!}{\le} Ch^{p+1-s}$$

sind daher hinreichend für die Stabilität und Konsistenz des Panel-Clustering-Verfahrens. In der folgenden Tabelle sind die erforderlichen Entwicklungsordnungen für $s = \{-1/2, 0, 1/2\}$ angegeben.

	$s=-\frac{1}{2}$	$s=0$	$s=1/2$
m	$(p+4)\left\lvert\frac{\log h}{\log\gamma}\right\rvert$	$\frac{(p+3)\lvert\log h\rvert+\log(1+\lvert\log h\rvert)}{\lvert\log\gamma\rvert}$	$(p+7/2)\left\lvert\frac{\log h}{\log\gamma}\right\rvert$

(7.3.19)

Satz 7.3.21 *Die Voraussetzungen aus Satz 7.3.19 seien erfüllt. Die Bilinearform $b : H^s(\Gamma) \times H^s(\Gamma)$ zum Randintegraloperator sei für ein $s \in \{-1/2, 0, 1/2\}$ stetig, koerziv und injektiv. Die Entwicklungsordnung sei gemäß Tabelle (7.3.19) gewählt. Dann konvergiert die Galerkin-Lösung mit Panel-Clustering mit gleicher Ordnung wie die exakte Galerkin-Lösung.*

Für die hypersinguläre Kernfunktion bezieht sich die Entwicklungsordnung auf die direkte Darstellung. Wendet man partielle Integration zur Regularisierung an, so reduziert sich die Singularitätenordnung (vgl. Unterkapitel 7.3.2.2) und die Entwicklungsordnung m entsprechend. Für die Details verweisen wir auf [57].

7.4 Der Aufwand der Panel-Clustering-Methode

In diesem Unterkapitel werden wir für alle Kernfunktionen $k(\mathbf{x},\mathbf{y})$, die Annahme 7.1.23 erfüllen, zeigen, daß die Panel-Clustering-Methode den Speicher- und Rechenaufwand im Vergleich zur Matrix-orientierten Darstellung des Galerkin-Verfahrens von $O(N^2)$ auf $O(N\log^\kappa N)$ reduziert. Wir bemerken, daß die Klasse der hier betrachteten Kernfunktion wesentlich allgemeiner ist als der $(4\pi\|\mathbf{x}-\mathbf{y}\|)^{-1}$-Kern für die Laplace-Gleichung, für den partikuläre Aufwandsabschätzungen beispielsweise in [60] bewiesen werden.

Die Abschätzung besteht aus zwei Teilen. Zunächst werden wir unter geeigneten Annahmen an die Oberfläche und die Paneelierung zeigen, daß die Anzahl der Blöcke in der Überdeckung die Größenordnung N besitzt. Danach wird der algorithmische Aufwand des Panel-Clustering-Verfahrens pro Block und Cluster abgeschätzt und damit der Gesamtaufwand ermittelt.

7.4.1 Anzahl der Cluster und Blöcke

Die Abschätzungen für die Anzahl der Cluster und Blöcke führen wir für quasiuniforme Gitter und balancierte Clusterbäume durch. Die Details finden sich in folgender Annahme. Die Stufe eines Clusters und die maximale Stufenzahl des Clusterbaums sind wie in (7.2.14) definiert.

Annahme 7.4.1 *1. Es gilt:* $i \in \mathcal{I} \iff \{i\} \in \text{Leaves}$.

2. *Die Maschenweite* h *des Gitters* $\mathcal{G}$ *und die maximale Stufenzahl* $\ell_{\max}$ *im Clusterbaum erfüllen*

$$2^{\ell_{\max}} h \geq C_r \tag{7.4.1}$$

mit einer Konstanten C_r*, die unabhängig von* h *und* $\ell_{\max}$ *ist.*

3. *Jeder Cluster* $c \in T \backslash \text{Leaves}$ *besitzt mindestens vier Söhne.*

4. *Alle Blöcke* $b = (c, s) \in P$ *erfüllen* $\text{Stufe}(c) = \text{Stufe}(s)$.

Bemerkung 7.4.2 *Algorithmus 7.1.8 erzeugt nicht notwendigerweise Clusterbäume, die Annahme 7.4.1.(2) und -.(3) erfüllen. Dieses Problem läßt sich einfach beheben, indem in einem nachgeschalteten Algorithmus für alle Cluster* $\sigma \in T$ *mit* $\sharp\Sigma(\sigma) < 4$ *die Menge der Söhne gemäß* $\Sigma(\sigma) := \bigcup_{s \in \Sigma(\sigma)} \Sigma(s)$ *neudefiniert wird.*

Annahmen 7.4.1.1 und -.2 vereinfachen die Aufwandsabschätzungen für das Panel-Clustering-Verfahren. Wir empfehlen, den Algorithmus 7.1.8 für numerische Berechnungen in unveränderter Form zu verwenden. In [128] wird ein Algorithmus zur Erzeugung des Clusterbaums angegeben, welcher die Annahmen 7.4.1.1-4 erfüllt.

Die Konstante in folgender Annahme hängt von der Polynomordnung des Randelementraumes ab.

Annahme 7.4.3 *Es existieren Konstanten* c_p *und* C_p *mit*

$$c_p \leq (\sharp\mathcal{G}) / (\sharp\mathcal{I}) \leq C_p.$$

Zunächst leiten wir Abschätzungen für die Anzahl der Cluster im Clusterbaum her.

Lemma 7.4.4 *Sei* $N := \sharp\mathcal{I}$ *und Annahme 7.4.1(1) erfüllt. Dann gilt*

$$\sharp T \leq \frac{4}{3} N.$$

Beweis. Sei T_ℓ die Menge aller Cluster mit Baumtiefe $\ell \in \mathbb{N}_0$ (vgl. (7.2.14))

$$T_\ell := \{c \in T : \text{Stufe}(c) = \ell\}$$

Es gilt $\sharp T_{\ell_{\max}} = \sharp\mathcal{I} = N$ und rekursiv

$$\sharp T_{\ell-1} \leq \frac{1}{4} \sharp T_\ell.$$

Summation ergibt

$$N \sum_{i=0}^{\ell_{\max}} 4^{-i} \leq N \sum_{i=0}^{\infty} 4^{-i} = \frac{4}{3} N.$$

■

Um die Anzahl der Blöcke in P abzuschätzen, verwenden wir die Zulässigkeitsbedingung und eine Aussage über die Größe der Cluster $c \in T_\ell$. Die Konstante der Quasiuniformität aus Definition 4.1.12 wird wieder mit $q_{\mathcal{G}}$ und die minimale Konstante in (7.3.15) mit C_{inv} bezeichnet.

Hilfssatz 7.4.5 *Es gelten die Annahmen 7.3.17, 7.4.1 und 7.4.3. Der Clusterbaum sei mit Hilfe der Prozedur* ***erzeuge_clusterbaum*** *(vgl. Algorithmus 7.1.8) erzeugt. Dann gilt für* $\sigma \in T_\ell$

$$\begin{aligned} \operatorname{diam} \sigma &\leq 2^{-\ell} \operatorname{diam} \Gamma + 4h, \\ |\Gamma_\sigma| &\geq (q_\mathcal{G} C_{\mathrm{inv}})^{-2}\, 4^{\ell_{\max}-\ell-1} h^2, \end{aligned} \tag{7.4.2}$$

wobei diam $(\cdot)$ *wieder den Euklidischen Durchmesser bezeichnet.*

Beweis. (i) Sei $\sigma \in T\backslash$ Leaves ein Cluster mit Clusterbox Q_σ und $Q \in \Sigma(Q_\sigma)$ ein kongruenter Teilquader (vgl. (7.1.4)). Die maximale Kantenlänge von Q_σ wird mit L bezeichnet. Zu Q gehört der Cluster $s = s(Q)$, der alle Indizes $i \in \mathcal{I}$ mit $M_{\{i\}} \in Q$ enthält (vgl. Definition 7.1.6). Der Träger der Basisfunktion zum Freiheitsgrad i erfüllt $\operatorname{diam}(\operatorname{Tr} b_i) \leq 2h$. Daher ist die maximale Kantenlänge der Clusterbox $Q_{\{i\}}$ durch $2h$ nach oben beschränkt. Die Vereinigung $\bigcup_{i \in s} Q_{\{i\}}$ ist daher in einem Quader mit Schwerpunkt M_s und maximaler Kantenlänge $L/2 + 2h$ enthalten. Daraus folgt

$$\operatorname{diam} s \leq \frac{1}{2} L + 2h. \tag{7.4.3}$$

Offensichtlich gilt für die Wurzel $\mathcal{I} \in T$

$$\operatorname{diam} \mathcal{I} = \operatorname{diam} \Gamma.$$

Mit (7.4.3) folgert man daher induktiv für $\sigma \in T_\ell$

$$\operatorname{diam} \sigma \leq 2^{-\ell} \operatorname{diam} \Gamma + 2h \sum_{i=0}^{\ell-1} 2^{-\ell} \leq 2^{-\ell} \operatorname{diam} \Gamma + 4h.$$

(ii) Wegen Annahme 7.4.1.(3) besitzt jeder Cluster $\sigma \in T\backslash$ Leaves mindestens vier Söhne. Daraus folgt mit $\ell := \operatorname{Stufe}(\sigma)$

$$\sharp\sigma \geq 4^{\ell_{\max}-\ell}. \tag{7.4.4}$$

Da jedes Paneel maximal 4 Ecken besitzt (für Dreiecke lediglich 3 Ecken), enthält Γ_σ mindestens $\sharp\sigma/4$ verschiedene Paneele. Eine untere Schranke für die Fläche eines Paneels erhalten wir mit Ungleichung (7.3.15) durch die Wahl $u \equiv 1$:

$$|\tau| = \|1\|^2_{L^2(\tau)} \geq h_\tau^2 / C_{\mathrm{inv}}^2 \|1\|^2_{L^\infty(\tau)} = (h_\tau / C_{\mathrm{inv}})^2 \geq (q_\mathcal{G} C_{\mathrm{inv}})^{-2} h^2 \qquad \forall \tau \in \mathcal{G}.$$

Daraus ergibt sich

$$|\Gamma_\sigma| \geq (q_\mathcal{G} C_{\mathrm{inv}})^{-2}\, 4^{\ell_{\max}-\ell-1} h^2. \tag{7.4.5}$$

■

Korollar 7.4.6 *Die Voraussetzungen aus Hilfssatz 7.4.5 seien erfüllt. Dann existiert eine Konstante* C*, die lediglich von* $q_\mathcal{G}$*,* C_{inv}*,* C_p *und* diam Γ *abhängt, so daß für alle* $\sigma \in T_\ell$ *die Abschätzung*

$$\operatorname{diam} \sigma \leq C 2^{-\ell} \tag{7.4.6}$$

gilt.

Beweis. Abschätzung (7.4.2) mit $\sigma = \mathcal{I}$ impliziert

$$|\Gamma| \geq (q_{\mathcal{G}} C_{\text{inv}})^{-2} \, 4^{\ell_{\max}-1} h^2$$

und daraus folgt

$$h \leq 2 q_{\mathcal{G}} C_{\text{inv}} 2^{-\ell_{\max}} \operatorname{diam} \Gamma. \tag{7.4.7}$$

Damit kann die Konstante in (7.4.6) gemäß $C = (1 + 8 q_{\mathcal{G}} C_{\text{inv}}) \operatorname{diam} \Gamma$ gewählt werden. ■

Mit diesem Hilfssatz läßt sich die Anzahl der Blöcke in P abschätzen.

Satz 7.4.7 *Die Annahmen aus Hilfssatz 7.4.5 seien erfüllt. Dann gilt*

$$\sharp P \leq CN,$$

wobei C lediglich von η, C_r, C_Γ, $q_{\mathcal{G}}$, C_{inv}, C_p und $\operatorname{diam} \Gamma$ *abhängt.*

Beweis. Sei $b = (\sigma, s) \in P$. Die Konstruktion der Überdeckung P von $\mathcal{I} \times \mathcal{I}$ mittels der Prozedur **divide** impliziert, daß der Vater $\tilde{b} = (\tilde{\sigma}, \tilde{s}) := Vater(b)$ nicht in P^{fern} enthalten ist und daher die Zulässigkeitsbedingung für $\tilde{b}$ verletzt ist. Daher gilt

$$\eta \operatorname{dist}(\tilde{\sigma}, \tilde{s}) < \max \{\operatorname{diam} \tilde{\sigma}, \operatorname{diam} \tilde{s}\}. \tag{7.4.8}$$

Aus $\sigma \subset \tilde{\sigma}$ folgt $\Gamma_\sigma \subset \Gamma_{\tilde{\sigma}}$ und zusammen mit (7.4.8) ergibt sich

$$\operatorname{dist}(\sigma, s) \leq \operatorname{dist}(\tilde{\sigma}, \tilde{s}) + \operatorname{diam} \tilde{\sigma} + \operatorname{diam} \tilde{s} \leq \left(\frac{1}{\eta} + 2\right) \max \{\operatorname{diam} \tilde{\sigma}, \operatorname{diam} \tilde{s}\}.$$

Wir setzen $\ell := \text{Stufe}(\sigma) = \text{Stufe}(s)$. Korollar 7.4.6 impliziert die Abschätzung

$$\operatorname{dist}(\sigma, s) \leq C (1/\eta + 2) 2^{-\ell}. \tag{7.4.9}$$

Für alle $(\mathbf{x}, \mathbf{y}) \in (\Gamma_\sigma, \Gamma_s)$ gilt

$$\|\mathbf{x} - \mathbf{y}\| \leq \operatorname{dist}(\sigma, s) + \operatorname{diam} \sigma + \operatorname{diam} s,$$

und daraus folgt mit (7.4.9)

$$\|\mathbf{x} - \mathbf{y}\| \leq C (1/\eta + 2) 2^{-\ell} + 2C 2^{-\ell} =: C_1 2^{-\ell}.$$

Diese Abschätzung bedeutet, daß die Teilmenge von $\Gamma \times \Gamma$, welche von den Blöcken $(\sigma, s) \in P_\ell$ (genauer von $(\Gamma_\sigma \times \Gamma_s)$) überdeckt wird, in

$$(\Gamma \times \Gamma)_\ell := \left\{(\mathbf{x}, \mathbf{y}) : \|\mathbf{x} - \mathbf{y}\| \leq C_1 2^{-\ell}\right\} \tag{7.4.10}$$

enthalten ist. Für $\mathbf{x} \in \Gamma$ setzen wir

$$\Gamma_\ell(\mathbf{x}) := \left\{\mathbf{y} \in \Gamma : \|\mathbf{x} - \mathbf{y}\| \leq C_1 2^{-\ell}\right\}.$$

Annahme 7.3.17 ergibt

$$|\Gamma_\ell(\mathbf{x})| \leq C 4^{-\ell}$$

und daraus folgt

$$|(\Gamma \times \Gamma)_\ell| \leq C |\Gamma| 4^{-\ell}. \tag{7.4.11}$$

Die Fläche des Blocks läßt sich mittels (7.4.2) durch

$$|(\Gamma_\sigma, \Gamma_s)| = |\Gamma_\sigma|\,|\Gamma_s| \geq 16^{\ell_{\max}-\ell-1}\,(h/\,(q_{\mathcal{G}} C_{\mathrm{inv}}))^4 \tag{7.4.12}$$

abschätzen. Dies bedeutet, daß die Anzahl der Elemente P_ℓ (vgl. (7.2.15)) durch den Quotienten aus den rechten Seiten in (7.4.11) und (7.4.12) beschränkt ist:

$$\sharp P_\ell \leq C\frac{4^\ell}{h^4 16^{\ell_{\max}}}. \tag{7.4.13}$$

Verwendet man (7.4.1) und summiert über alle Stufen, erhält man $\sharp P_\ell \leq C_2 4^\ell$ und

$$\sharp P = \sum_{\ell=0}^{\ell_{\max}} \sharp P_\ell \leq C_2 \sum_{\ell=0}^{\ell_{\max}} 4^\ell \leq \frac{C_2}{3} 4^{\ell_{\max}+1}. \tag{7.4.14}$$

Mit der Wahl $\sigma = \mathcal{I}$ und $\ell = 0$ in Abschätzung (7.4.4) ergibt sich die Behauptung.

$$\sharp P \leq C_3\,(\sharp \mathcal{I})\,.$$

■

Im Hinblick auf (7.1.26) und (7.1.38) benötigen wir noch Abschätzungen für die Mächtigkeit der Mengen $P^{fern}(c)$, $c \in T$, und $P^{nah}(c)$, $c \in$ Leaves.

Satz 7.4.8 *Die Voraussetzungen aus Hilfssatz 7.4.5 seien erfüllt. Dann gilt für alle* $\sigma \in T$ *und* $c \in$ Leaves

$$\sharp P^{fern}(\sigma) + \sharp P^{nah}(c) \leq C,$$

wobei C *lediglich von* η, C_r, C_Γ, C_p, $\operatorname{diam}\Gamma$ *und den in Konvention 7.3.18 beschriebenen Parametern abhängt.*

Beweis. Sei $\sigma \in T_\ell$ und $P^{fern}(\sigma)$ wie in (7.1.7) definiert. Aus (7.4.10) folgt, daß alle Cluster $s \in P^{fern}(\sigma)$ (genauer die geometrischen Cluster Γ_s) in

$$\Gamma_\ell(\sigma) := \bigcup_{\mathbf{x}\in\Gamma_\sigma} \{\mathbf{y} \in \Gamma : \|\mathbf{x}-\mathbf{y}\| \leq C_1 2^{-\ell}\}$$

enthalten ist. Sei M_σ der Mittelpunkt der minimalen Kugel, die Γ_σ enthält und r_σ deren Radius. Offensichtlich gilt mit Korollar 7.4.6

$$r_\sigma \leq \operatorname{diam}\sigma \leq C2^{-\ell},$$

und $\Gamma_\ell(\sigma)$ ist in einer Kugel K_σ um M_σ mit Radius $C_2 2^{-\ell} := (C_1 + C)\,2^{-\ell}$ enthalten. Der Schnitt $K_\sigma \cap \Gamma$ läßt sich mit Annahme 7.3.17 gemäß

$$|K_\sigma \cap \Gamma| \leq CC_2^2 4^{-\ell} \tag{7.4.15}$$

abschätzen.

Annahme 7.4.1(4) impliziert $P^{fern}(\sigma) \subset T_\ell$ und Hilfssatz 7.4.5 ergibt, daß alle Cluster $s \in P^{fern}(\sigma)$ die Abschätzung

$$|\Gamma_s| \geq 4^{\ell_{\max}-\ell-1}\,(h/C_u)^2 \tag{7.4.16}$$

erfüllen. Der Quotient aus den rechten Seiten in (7.4.15) und (7.4.16) beschränkt die Anzahl $\sharp P^{fern}(\sigma)$ nach oben

$$\sharp P^{fern}(\sigma) \leq \frac{C_3}{h^2 4^{\ell_{\max}}}$$

und zusammen mit Annahme 7.4.1(2) ergibt sich die Behauptung.

Der Beweis der Abschätzung für die Nahfeldcluster $P^{nah}(c)$, $c \in$ Leaves, besteht aus einer Wiederholung der obigen Argumente und wird daher weggelassen. ■

7.4.2 Der algorithmische Aufwand der Panel-Clustering-Methode

Für die Abschätzung des Aufwands der Panel-Clustering-Methode machen wir folgende vereinfachende Voraussetzungen. Für Verallgemeinerungen verweisen wir auf [58].

Annahme 7.4.9 *Es gelten die Annahmen 7.3.17, 7.4.1 und 7.4.3. Die Panel-Clustering-Approximation ist als Čebyšev-Interpolation definiert. Die Entwicklungsordnung wird gemäß* $m = O(\log N)$ *gewählt (vgl. (7.3.19)).*

Erzeugung des Clusterbaums

Der Clusterbaum wird in der Prozedur **erzeuge_clusterbaum** (Algorithmus 7.1.8) stufenweise erzeugt. Pro Stufe werden die aktuellen Blätter maximal achtmal getestet. Dies ergibt einen Gesamtrechenaufwand von $O(N)$ pro Stufe und $O(N\ell_{\max})$ für den ganzen Clusterbaum. Verwendet man (7.4.4) mit $\sigma = \mathcal{I}$ erhält man

$$\ell_{\max} \leq \log N / \log 4$$

und $O(N \log N)$ arithmetische Operationen zur Erzeugung des Clusterbaums. Der Speicherbedarf beträgt $O(N)$ Gleitkommazahlen.

Erzeugung der Überdeckung

Die Überdeckung P wird mittels der Prozedur **divide** stufenweise erzeugt. Auf jeder Stufe $\ell \geq 1$ werden alle Paare $(\sigma, s) \in T_\ell \times T_\ell$ überprüft, deren Väter die Zulässigkeitsbedingung *nicht* erfüllen. Daher sind die zugehörigen geometrischen Blöcke $(\Gamma_\sigma, \Gamma_s)$ in $(\Gamma \times \Gamma)_\ell$ (vgl. (7.4.10)) enthalten und deren Anzahl kann gemäß (7.4.13) abgeschätzt werden. Summation über alle Stufen liefert (vgl. (7.4.14)) einen Rechen- und Speicheraufwand proportional zu $O(N)$.

Erzeugung der Verschiebekoeffizienten

Zur Berechnung der Verschiebekoeffizienten in der Lagrangeschen Darstellung verwendet man die Rekursion (7.2.4) zusammen mit den Definitionen (7.2.5), (7.2.6)

$$\gamma_{\mu,\nu,\tilde{c}} := a_{\mu_1,\nu_1,\iota_1} a_{\mu_2,\nu_2,\iota_2}, a_{\mu_3,\nu_3,\iota_3}.$$

Die Berechnung der Koeffizienten a_{i,j,ι_k} für alle $1 \leq i \leq m$, $1 \leq j \leq i$ und $1 \leq k \leq 3$ erfolgt mit Rekursion (7.2.4) in $O(m^2)$ Operationen. Es genügt, die Koeffizienten a_{i,j,ι_k} in dieser Phase zu berechnen und zu speichern. Beim Durchlaufen des Aufwärts- und Abwärtspfads, beispielsweise zur Berechnung von

$$\tilde{R}_c^{(\nu)} := \sum_{\tilde{\nu} \in \mathcal{R}_m} \gamma^R_{\nu,\tilde{\nu},\tilde{c}} \tilde{R}_{\tilde{c}}^{(\tilde{\nu})}$$

können diese Koeffizienten zusammenmultipliziert werden. Der Rechen- und Speicherbedarf beträgt damit lediglich $O((\sharp T) \times m^2) = O\left(N \log^2 N\right)$ Operationen.

Berechnung der Entwicklungskoeffizienten

Für jeden Block $b = (\sigma, s) \in P^{fern}$ existieren $O(m^6)$ Entwicklungskoeffizienten $\kappa_{\mu,\nu}(b)$, die durch

$$G\left(\xi^{(\mu)}, \zeta^{(\nu)}\right)_{\mu,\nu \in \mathcal{J}_m}$$

für die Interpolationspunkte $\left(\xi^{(\mu)},\zeta^{(\nu)}\right)_{\mu,\nu\in\mathcal{J}_m} \subset Q_\sigma \times Q_s$ definiert sind. Der Gesamtrechenaufwand zur Berechnung aller Fernfeldkoeffizienten beträgt daher $O\left(\sharp P^{fern} \times m^6\right) = O\left(N \log^6 N\right)$ Operationen und der Speicheraufwand $O\left(\sharp P^{fern} \times m^6\right) = O\left(N \log^6 N\right)$ Gleitkommazahlen.

Berechnung der Basis-Fernfeldkoeffizienten

Wir beschränken uns hier auf die Bestimmung des Aufwands zur Berechnung der Koeffizienten

$$L_{\{i\}}^{(\mu)} = \int_{\operatorname{Tr} b_i} b_i(\mathbf{x})\, \Phi_{\{i\}}^{(\mu)}(\mathbf{x})\, ds_{\mathbf{x}}.$$

Die Koeffizienten $R_{\{i\}}^{(\nu)}$ können mit gleichem Aufwand berechnet werden.

Die Berechnung erfolgt durch Zerlegung von $\operatorname{Tr} b_i$ in die einzelnen Paneele (Anzahl: $O(1)$) und der in (7.2.10) beschriebenen Quadratur. Pro Paneel ist dafür der Integrand in $O(m^2)$ Stützstellen auszuwerten. Für ein Paneel $\tau \subset \operatorname{Tr} b_i$ bezeichnen wir mit $\left(\zeta^{(\nu)}\right)_{\nu\in I_m}$ die zugehörige Stützstellenmenge. Zur Auswertung der Integrale $\left(L_{\{i\}}^{(\mu)}\right)_{\mu\in\mathcal{L}_m}$ muß $\left(\Phi_{\{i\}}^{(\mu)}\left(\zeta^{(\nu)}\right)\right)_{\substack{\mu\in\mathcal{L}_m\\ \nu\in I_m}}$ berechnet werden. Wir verwenden den Algorithmus **evaluate_D**L_c zur Auswertung der Entwicklungsfunktionen $\Phi_{\{i\}}^{(\mu)}$. Pro Punkt $\zeta^{(\nu)}$ ist dafür ein Aufwand von $O(m^3)$ Operationen erforderlich und für alle Punkte $\left(\zeta^{(\nu)}\right)_{\nu\in I_m}$ ein Aufwand von $O(m^5)$ Operationen. Analog ist zur Auswertung der Summe in (7.2.10) für alle $\nu \in \mathcal{L}_m$ bei vorberechneten Werten $\left(\Phi_{\{i\}}^{(\mu)}\left(\zeta^{(\nu)}\right)\right)_{\substack{\mu\in\mathcal{L}_m\\ \nu\in I_m}}$ ein Aufwand von $O(m^5)$ erforderlich. Insgesamt ergibt sich ein Gesamtaufwand von $O\left((\sharp\mathcal{I}) \times m^5\right) = O\left(N \log^5 N\right)$ Operationen.

Berechnung der Nahfeldmatrix

Für die Anzahl der Nahfeldmatrixelemente gilt

$$\sharp P^{nah} \leq \sharp P \leq CN.$$

In Kapitel 5 wurden Quadraturverfahren entwickelt, welche die Approximation der Nahfeldmatrixeinträge mit der erforderlichen Genauigkeit in $O\left(\log^4 N\right)$ Operationen pro Element erlauben. Der Gesamtaufwand zur Berechnung der Nahfeldmatrix beträgt daher $O\left(N \log^4 N\right)$ Operationen und der Speicheraufwand in einer schwachbesetzten Matrixdarstellung $O(N)$ Gleitkommazahlen.

Alle bisher vorgestellten Berechnungen sind lediglich einmal in einer Vorbereitungsphase durchzuführen. Die folgenden Berechnungsschritte sind für jede Matrix-Vektor-Multiplikation neu zu berechnen.

Auswertung der Aufwärtsrekursion

Pro Cluster muß die Operation

$$\forall \nu \in \mathcal{R}_m: \quad \tilde{R}_c^{(\nu)} = \sum_{\tilde{\nu}\in\mathcal{R}_m} \gamma_{\nu,\tilde{\nu},\tilde{c}}^{R} \tilde{R}_{\tilde{c}}^{(\tilde{\nu})}$$

ausgewertet werden. Wegen $\sharp\mathcal{R}_m = O(m^3)$ ergibt sich ein Gesamtaufwand von $O\left(\sharp T \times m^6\right) = O\left(N \log^6 N\right)$. Die Speicherung aller Koeffizienten $\tilde{R}_c^{(\nu)}$ benötigt $O\left(N \log^3 N\right)$ Gleitkommazahlen.

Auswertung der Cluster-Cluster-Kopplung

Pro Block ist die Vorschrift

$$B_c^{(\nu)} = \sum_{\sigma \in P^{fern}(c)} \sum_{\mu \in \mathcal{R}_m(\nu)} \kappa_{\nu,\mu}(b)\, \tilde{R}_\sigma^{(\mu)}$$

auszuwerten. Für jedes $c \in T$ gilt wegen Satz 7.4.8 die Abschätzung $\sharp P^{fern}(c) = O(1)$. Für die Čebyšev-Interpolation gilt für $\nu \in \mathcal{L}_m$ die Gleichheit

$$\sharp\mathcal{R}_m(\nu) = \sharp\mathcal{R}_m = \sharp\mathcal{J}_m = m^3.$$

Daraus ergibt sich ein Gesamtaufwand von $O((\sharp T) \times 1 \times m^6) = O(N \log^6 N)$ Operationen. Die Speicherung aller Koeffizienten $\left(B_c^{(\nu)}\right)_{\substack{c \in T \\ \nu \in \mathcal{L}_m}}$ erfordert $O(N \log^3 N)$ Gleitkommazahlen.

Auswertung der Abwärtsrekursion

Der Aufwand für die Abwärtsrekursion stimmt mit dem Aufwand der Aufwärtsrekursion überein und beträgt daher $O(N \log^6 N)$ Operationen und erfordert $O(N \log^3 N)$ Gleitkommazahlen Speicherbedarf.

Berechnung des Matrix-Vektor-Produkts

Die Auswertung der Matrix-Vektor-Multiplikation mittels der Nahfeldmatrix und der vorberechneten Koeffizienten $L_{\{i\}}^{(\mu)}$ und $\tilde{B}_{\{i\}}^{(\mu)}$ erfolgt gemäß

$$\forall i \in \mathcal{I}: \quad \mathbf{v}_i := \sum_{\{j\} \in P^{nah}(\{i\})} (\mathbf{K}_{nah})_{i,j}\, \mathbf{u}_j + \sum_{\mu \in \mathcal{L}_m} L_{\{i\}}^{(\mu)} \tilde{B}_{\{i\}}^{(\mu)}.$$

Für jedes $i \in \mathcal{I}$ gilt $\sharp P^{nah}(\{i\}) = O(1)$ (s. Satz 7.4.8). Daraus ergibt sich der Gesamtaufwand für die Berechnungsphase von $O(\sharp\mathcal{I} \times (1 + m^3)) = O(N \log^3 N)$. Die Speicherung des Ergebnisvektors $\mathbf{v}$ erfordert N Gleitkommazahlen.

Satz 7.4.10 *Annahme 7.4.9 sei erfüllt. Dann beträgt der Aufwand der Panel-Clustering-Methode zur Approximation einer Matrix-Vektor-Multiplikation $O(N \log^6 N)$-Operationen und der Speicherbedarf $O(N \log^6 N)$ Gleitkommazahlen.*

Für spezielle Kernfunktion (Laplace/Helmholtz) läßt sich der asymptotische Aufwand durch die Wahl spezieller Approximationssysteme reduzieren (vgl. Kapitel 7.1.3.2). Für eine detaillierte Beschreibung dieser Modifikationen verweisen wir auf [59], [60], [122], [32], [33].

Bemerkung 7.4.11 *Die hier vorgestellten Abschätzungen zeigen die asymptotische Aufwandsreduktion des Panel-Clustering-Verfahrens gegenüber der herkömmlichen Matrix-orientierten Darstellung. Die Frage, ob für praktische Problemgrößen, d.h. $N = 10^3 - 2 \times 10^4$, das asymptotische Verhalten bereits sichtbar ist, hängt stark von einer effizienten Implementierung ab. Für Standardprobleme (Laplace) zeigen numerische Experimente, daß die Rechenzeit- und Speicherplatzersparnis bereits ab etwa $N = 500$ deutlich zum Tragen kommen (vgl. [127], [66], [91], [89], [130]).*

7.5 Panel-Clustering für Kollokationsverfahren

Die Diskretisierung eines Randintegraloperators durch die Kollokationsmethode verwendet einem Randelementraum S der Dimension $N = \dim S$ und eine Menge von Kollokationspunkten $\mathcal{I} \subset \Gamma$ mit $N = \sharp\mathcal{I}$ (vgl. Bemerkung 4.1.25). Wir nehmen an, daß die Menge $\mathcal{I}$ so gewählt ist, daß die Interpolationsaufgabe:

$$\text{Finde } u \in S \text{ mit } u(\mathbf{x}) = w_{\mathbf{x}} \qquad \forall \mathbf{x} \in \mathcal{I}$$

für alle Gitterfunktionen $\mathbf{w} = (w_{\mathbf{x}})_{\mathbf{x}\in\mathcal{I}} \in \mathbb{C}^{\mathcal{I}}$ eine eindeutige Lösung besitzt.

Die Kollokationslösung $u_S^{Koll} \in S$ zur Randintegralgleichung

$$Au = f$$

ist durch

$$\left(Au_S^{Koll}\right)(\mathbf{x}) = f(\mathbf{x}) \qquad \forall \mathbf{x} \in \mathcal{I} \tag{7.5.1}$$

definiert. Sei A ein Randintegraloperator der Form

$$A = \lambda I + K \quad \text{mit} \quad (Ku)(\mathbf{x}) = \int_\Gamma k(\mathbf{x}, \mathbf{y})\, u(\mathbf{y})\, ds_{\mathbf{y}} \qquad \forall \mathbf{x} \in \Gamma.$$

Damit das Kollokationsverfahren wohldefiniert ist, nehmen wir $AS \subset C^0(\Gamma)$ an.

Das Panel-Clustering-Verfahren für Galerkin-Disrketisierungen läßt sich mit kleinen Modifikationen auf Kollokationsverfahren übertragen.

Wir definieren dazu den Raum V als lineare Hülle der Delta-Distributionen in den Kollokationspunkten

$$V := \operatorname{span}\{\delta_{\mathbf{x}} : \mathbf{x} \in \mathcal{I}\}$$

und verwenden $(\delta_{\mathbf{x}})_{\mathbf{x}\in\mathcal{I}}$ als Basis für V. Dann läßt sich das Kollokationsverfahren in „Variationsform" schreiben: Finde u_S^{Koll} mit

$$a(u_S, v) := v\left(Au_S^{Koll}\right) = v(f) \qquad \forall v \in V.$$

Der Panel-Clustering-Algorithmus läßt sich auf die Bilinearform $a : S \times V \to \mathbb{C}$ problemlos verallgemeinern. Es zeigt sich, daß lediglich die Definition der Links-Fernfeldkoeffizienten $L_{\{i\}}^{\nu}$ in (7.1.34) für das Kollokationsverfahren durch

$$L_{\{i\}}^{(\nu)} := \Phi_{\{i\}}^{(\nu)}(\mathbf{x}_i) \qquad \forall \nu \in \mathcal{L}_m$$

zu ersetzen ist und die Definition der Nahfeldmatrix durch

$$(\mathbf{K}_{nah})_{i,j} := \begin{cases} \int_\Gamma k(\mathbf{x}_i, \mathbf{y})\, b_j(\mathbf{y})\, ds_{\mathbf{y}} & \text{falls } (\{i\}, \{j\}) \in P^{nah}, \\ 0 & \text{sonst.} \end{cases}$$

Literaturverzeichnis

[1] H. W. Alt. *Lineare Funktionalanalysis*. Springer-Verlag, 1985.

[2] K.E. Atkinson. *A Survey of Numerical Methods for the Solution of Fredholm Integral Equations of the Second Kind*. SIAM, Philadelphia, 1976.

[3] K.E. Atkinson. *The Numerical Solution of Integral Equations of the Second Kind*. Cambridge, Univ. Press, 1997.

[4] P.K. Banerjee. *The Boundary Element Methods in Engineering*. McGraw Hill Book Co., London, 1994.

[5] R. Bank. The efficient implementation of local mesh refinement algorithms. In I. Babuška, J. Chandra, and J.E. Flaherty, editors, *Adaptive computational methods for partial differential equations, Proc. Workshop, College Park/Md. 1983*, pages 74–81, Philadelphia, 1983. SIAM.

[6] J. Bergh and J. Löfström. *Interpolation Spaces*. Springer-Verlag, Berlin, 1976.

[7] M. Bonnet. *Boundary Integral Equation Methods for Solids and Fluids*. Wiley, Chichester, 1999.

[8] S. Börm and S.A. Sauter. Classical BEM with linear complexity. Technical Report 15-2003, Universität Zürich, 2003.

[9] D. Braess. *Finite Elemente*. Springer-Verlag, Berlin, 1991.

[10] H. Brakhage and P. Werner. Über das Dirichletsche Außenraumproblem für die Helmholtzsche Schwingungsgleichung. *Arch. der Math.*, 16:325–329, 1965.

[11] J.H. Bramble. *Multigrid Methods*. Pitman Research Notes in Mathematics. Longman Scientific & Technical, 1993.

[12] J.H. Bramble, Z. Leyk, and J.E. Pasciak. The Analysis of Multigrid Algorithms for Pseudo-Differential Operators of Order Minus One. *Math. Comp.*, 63:461–478, 1994.

[13] J.H. Bramble, J.E. Pasciak, and P.S. Vassilevksi. Computational Scales of Sobolev Norms with Applications to Preconditioning. *Math. Comp.*, 69:462–480, 1999.

[14] C.A. Brebbia, J.C.F. Telles, and L.C. Wrobel. *Boundary Element Techniques: Theory and Applications in Engineering*. Springer-Verlag, Berlin, 1984.

[15] S.B. Brenner and L.R. Scott. *The Mathematical Theory of Finite Element Methods.* Springer-Verlag, New York, 1994.

[16] A. Buffa and P. Ciarlet, Jr. On traces for functional spaces related to Maxwell's equations. Part I: An integration by parts formula in Lipschitz polyhedra. *Math. Meth. Appl. Sci.*, 21:9–30, 2001.

[17] A. Buffa, M. Costabel, and C. Schwab. Boundary element methods for Maxwell's equations on non-smooth domains. Report 2001-01, Seminar für Angewandte Mathematik, ETH Zürich, Zürich Switzerland, 2001. To appear in Numer. Math.

[18] A. Buffa, R. Hiptmair, T. von Petersdorff, and C. Schwab. Boundary element methods for Maxwell transmission problems in Lipschitz domains. *Numer. Math.*, 95(3):459–485, 2003.

[19] A. Buffa and S.A. Sauter. Stabilisation of the acoustic single layer potential on nonsmooth domains. Preprint 19-2003, Institut für Mathematik, Universität Zürich, Zürich, Switzerland, 2003.

[20] A.P. Calderon and A. Zygmund. Singular integral operators and differential equations. *Amer. J. Mat.*, 79:901–921, 1957.

[21] C. Carstensen. An a posteriori error estimate for a first-kind integral equation. *Math. Comp.*, 66(217):139–155, 1997.

[22] C. Carstensen and S.A. Funken. Coupling of mixed finite elements and boundary elements. *IMA J. Numer. Anal.*, 20(3):461–480, 2000.

[23] C. Carstensen. and E.P. Stephan. Coupling of FEM and BEM for a nonlinear interface problem: the *h-p* version. *Numer. Methods Partial Differential Equations*, 11(5):539–554, 1995.

[24] G. Chen and J. Zhou. *Boundary Element Methods.* Academic Press, New York, 1992.

[25] S.H. Christiansen and J.C. Nédélec. A Preconditioner for the Electric Field Integral Equation Based on Calderon Formulas. *Siam, J. Numer. Anal.*, 40(3):1100–1135, 2003.

[26] P.G. Ciarlet. *The finite element method for elliptic problems.* North-Holland, 1987.

[27] M. Costabel. Symmetric methods for the coupling of finite elements and boundary elements. In C.A. Brebbia et al., editor, *Boundary Elements IX*, volume 1, pages 411–420, Berlin, 1987. Springer-Verlag.

[28] M. Costabel. Boundary integral operators on Lipschitz domains: Elementary results. *Siam, J. Math. Anal.*, 19:613–626, 1988.

[29] M. Costabel. A symmetric method for the coupling of finite elements and boundary elements. In J.R. Whiteman, editor, *Proc. 6th Conf. on the Mathematics of Finite Elements and Applications VI, Uxbridge 1987 (MAFELAP 1987)*, pages 281–288. Academic Press, 1988.

[30] M. Costabel and W.L. Wendland. Strong Ellipticity of Boundary Integral Operators. *J. Reine Angew. Math.*, 1986.

[31] W. Dahmen, B. Faermann, I.G. Graham, W. Hackbusch, and S.A. Sauter. Inverse Inequalities on Non-Qasiuniform Meshes and Applications to the Mortar Element Method. *MathComp*, 2003 (electronic version).

[32] E. Darve. The Fast Multipole Method (I) : Error Analysis and Asymptotic Complexity. *SIAM J. Numer. Anal.*, 38(1):98–128, 2000.

[33] E. Darve. The Fast Multipole Method: Numerical Implementation. *J. Comp. Phys.*, 160(1):195–240, 2000.

[34] M. Dauge. *Elliptic boundary value problems on corner domains.* Lecture Notes in Mathematics. Springer-Verlag, 1988.

[35] R. Dautray and J.L. Lions. *Mathematical Analysis and Numerical Methods for Science and Technology*, volume 4. Springer-Verlag, 1990.

[36] P.J. Davis. *Interpolation and Approximation.* Blaisdell Publishing Co., New York, 1963.

[37] M.G. Duffy. Quadrature over a pyramid or cube of integrands with a singularity at a vertex. *SIAM J. Numer. Anal.*, 19:1260–1262, 1982.

[38] Y.V. Egorov and M.A. Shubin. *Partial Differential Equations I.* Springer-Verlag, Heidelberg, Encyclopaedia of Mathematical Sciences edition, 1992.

[39] J. Elschner. The Double Layer Potential Operator over Polyhedral Domains I: Solvability in Weighted Sobolev Spaces. *Appl. Anal.*, 45:117–134, 1992.

[40] J. Elschner. The Double Layer Potential Operator over Polyhedral Domains II: Spline Galerkin Methods. *Math. Meth. Appl. Sci.*, 15:23–37, 1992.

[41] J. Elschner. On the Eponential Convergence of some Boundary Element Methods for Laplace's Equation in Nonsmooth Domains. In M. Costabel, M. Dauge, and S. Nicaise, editors, *Boundary Value Problems and Integral Equations in Nonsmooth Domains*, New York, 1995. Marcel Dekker.

[42] J. Elschner and I.G. Graham. An optimal order collocation method for first kind boundary integral equations on polygons. *Numer. Math.*, 70:1–31, 1995.

[43] S. Erichsen and S.A. Sauter. Efficient automatic quadrature in 3-d Galerkin BEM. *Comp. Meth. Appl. Mech. Eng.*, 157:215–224, 1998.

[44] B. Faermann. Local a-posteriori error indicators for the Galerkin discretization of boundary integral equations. *Numer. Math.*, 79:43–76, 1998.

[45] B. Faermann. Localization of the Aronszajn-Slobodeckij norm and application to adaptive boundary element methods. Part I. The two-dimensional case. *IMA J. Numer. Anal.*, 20:203–234, 2000.

[46] B. Faermann. Localization of the Aronszajn-Slobodeckij norm and application to adaptive boundary element methods. Part II. The three-dimensional case. *Numer. Math.*, 92(3):467–499, 2002.

[47] R. Fletcher and C.H. Reeves. Function minimization by conjugate gradients. *The Computer Journal*, 7:149–154, 1964.

[48] O. Forster. *Analysis 3.* Vieweg-Verlag, Braunschweig, 1985.

[49] O. Forster. *Analysis 2.* Vieweg-Verlag, 1993. 5. Auflage.

[50] I. Fredholm. Sur une classe d'equations fonctionelles. *Acta matematica*, 27:365–390, 1903.

[51] A. Friedman. *Partial differential equations.* Holt, Rinehart and Winston, Inc., N.Y., 1969.

[52] W. Gautschi. *Numerical Analysis.* Birkhäuser, 1997.

[53] G. Giraud. Sur une classe generale d'equation a integrales principales. *C.R. Acad. Sc. Paris*, 202:2124–2126, 1936.

[54] M. Gnewuch and S.A. Sauter. Boundary integral equations for second order elliptic boundary value problems. Technical Report 55, Max-Planck-Institut, Leipzig, Germany, 1999.

[55] I.G. Graham, W. Hackbusch, and S.A. Sauter. Discrete boundary element methods on general meshes in 3d. *Numer. Math.*, 86:103–137, 2000.

[56] I.G. Graham, W. Hackbusch, and S.A. Sauter. Hybrid Galerkin Boundary Elements: Theory and Implementation. *Numer. Math.*, 86:139–172, 2000.

[57] I.G. Graham, W. Hackbusch, and S.A. Sauter. Finite Elements on Degenerate Meshes: Inverse-type Inequalities and Applications. Technical Report 102/2002, MPI Leipzig, 2002.

[58] L. Grasedyck. Construction and Arithmetics of h-Matrices. Technical Report 103, Max-Planck Institute, 2002.

[59] L. Greengard. *The Rapid Evaluation of Potential Fields in Particle Systems.* MIT Press, Cambridge, USA, 1988.

[60] L. Greengard and V. Rokhlin. A New Version of the Fast Multipole Method for the Laplace Equation in Three Dimensions. *Acta Numerica*, 6:229–269, 1997.

[61] P.G. Grisvard. *Singularities in Boundary Value Problems*, volume 22 of *Research Notes in Applied Mathematics.* Masson Springer-Verlag, 1992.

[62] W. Hackbusch. *Multi-Grid Methods and Applications.* Springer-Verlag, Berlin, 1985.

[63] W. Hackbusch. *Integralgleichungen.* Teubner-Verlag, Stuttgart, 1989.

[64] W. Hackbusch. *Iterative Lösung großer schwachbesetzter Gleichungssysteme.* Teubner-Verlag, Stuttgart, 1991.

[65] W. Hackbusch. *Theorie und Numerik elliptischer Differentialgleichungen.* Teubner-Verlag, Stuttgart, 1996.

[66] W. Hackbusch, C. Lage, and S.A. Sauter. On the Efficient Realization of Sparse Matrix Techniques for Integral Equations with Focus on Panel Clustering, Cubature and Software Design Aspects. In W.L. Wendland, editor, *Boundary Element Topics*, pages 51–76, Berlin, 1997. Springer-Verlag.

[67] W. Hackbusch and Z.P. Nowak. On the Complexity of the Panel Method (in russ.). In G.I. Marchuk, editor, *Proc. Of the Conference: Modern Problems in Numerical Analysis, Nauka, Moskau, 1986*, pages 233–244, 1988.

[68] W. Hackbusch and Z.P. Nowak. On the Fast Matrix Multiplication in the Boundary Element Method by Panel-Clustering. *Numer. Math.*, 54:463–491, 1989.

[69] W. Hackbusch and S.A. Sauter. On the Efficient Use of the Galerkin Method to Solve Fredholm Integral Equations. *Applications of Mathematics*, 38(4-5):301–322, 1993.

[70] J. Hadamard. *Lectures on Cauchy's Problem.* Yale Univ. Press, 1923.

[71] H. Han. The Boundary Integro-Differential Equations of Three-Dimensional Neuman Problem in Linear Elasticity. *Numer. Math.*, 68(2):269–281, 1994.

[72] G. Hellwig. *Partielle Differentialgleichungen.* Teubner-Verlag, Stuttgart, 1960.

[73] M.R. Hestenes and E. Stiefel. Methods of conjugate gradients for solving linear systems. *J. Res. Nat. Bur. Standards*, 49:409–436, 1952.

[74] J.S. Hesthaven and T.Warburton. Nodal high-order methods on unstructured grids. *J. Comp. Phys.*, 181:186–221, 2002.

[75] H. Heuser. *Funktionalanalysis.* Teubner-Verlag, Stuttgart, 1986.

[76] R. Hiptmair and A. Buffa. Coercive combined field integral equations. Report 2003-08, SAM, ETH Zürich, Zürich, Switzerland, 2003.

[77] L. Hörmander. *The Analysis of Linear Partial Differential Operators I: Distribution Theory and Fourier Analaysis.* Springer-Verlag, Berlin Heidelberg, 1983.

[78] G.C. Hsiao, P. Kopp, and W.L. Wendland. A galerkin-collocation method for some integral equations of the first kind. *Computing*, 25:89–130, 1980.

[79] G.C. Hsiao, O. Steinbach, and W.L. Wendland. Domain decomposition methods via boundary integral equations. *J. Comp. Appl. Math.*, 125:521–537, 2000.

[80] G.C. Hsiao and W.L. Wendland. A finite element method for some integral equations of the first kind. *J. Math. Anal. Appl.*, 58:449–481, 1977.

[81] J.D. Jackson. *Klassische Elektrodynamik.* de Gruyter, Berlin, 3 edition, 2002.

[82] F. John. *Plane Waves and Spherical Means.* Springer-Verlag, New York, 1955.

[83] C.G.L. Johnson and L.R. Scott. An Analysis of Quadrature Errors in Second Kind Boundary Integral Equations. *SIAM, J. of Numer. Anal.*, 26:1356–1382, 1989.

[84] O.D. Kellogg. *Foundations of Potential Theory.* Springer-Verlag, Berlin, 1929.

[85] C. Kenig. *Harmonic Analysis Techniques for Second Order Elliptic Boundary Value Problems.* CBMS Regional Conference Series in Mathematics. AMS, Providence, RI, 1994.

[86] R. Kieser. *Über einseitige Sprungrelationen und hypersinguläre Operatoren in der Methode der Randelemente.* PhD thesis, Mathematisches Institut A, Universität Stuttgart, Germany, 1991.

[87] V.A. Kozlov, V.G. Mazya, and J. Rossmann. *Spectral Problems Associated with Corner Singularities of Solutions to Elliptic Equations.* AMS, Providence, RI, 2001.

[88] R. Kress. *Linear Integral Equations.* Springer-Verlag, Heidelberg, 1999.

[89] N. Krzebek and S.A. Sauter. Fast Cluster Techniques for BEM. *Engineering Analysis with Boundary Elements*, 27(5):455–467, 2003.

[90] M. Kuhn and U. Langer. Adaptive Domain Decomposition Methods in FEM and BEM. In J.R. Whiteman, editor, *Proc. 9th Conf. on the Mathematics of Finite Elements and Applications VI, Uxbridge 1996 (MAFELAP 1996)*, pages 103–122. John Wiley & Sons Ltd., 1997.

[91] C. Lage. *Software Development for Boundary Element Mehtods: Analysis and Design of Efficient Techniques (in German).* PhD thesis, Lehrstuhl Prakt. Math., Universität Kiel, 1995.

[92] R. Leis. *Initial Boundary Value Problems in Mathematical Physics.* Teubner, Wiley & Sons, Stuttgart, Chichester, 1986.

[93] J.L. Lions and E. Magenes. *Non-Homogeneous Boundary Value Problems and Applications.* Springer-Verlag, Berlin, 1972.

[94] M. Maischak. *hp-Methoden für Randintegralgleichungen bei 3D-Problemen, Theorie und Implementierung.* PhD thesis, Institut f. Angew. Math., Universität Hannover, 1996.

[95] H.W. Maue. Zur Formulierung eines allgemeinen Beugungsproblems durch eine Integralgleichung. *Z. f. Physik*, 126:601–618, 1949.

[96] V.G. Mazya. Boundary integral equations. In V.G. Mazya and S.M. Nikolskiĭ, editors, *Encyclopaedia of Mathematical Sciences*, volume 27, pages 127–233. Springer-Verlag, Heidelberg, 1991.

[97] W. McLean. *Strongly Elliptic Systems and Boundary Integral Equations.* Cambridge, Univ. Press, 2000.

[98] S.G. Mikhlin. *Integral Equations.* Pergamon Press, London, 1957.

[99] N.I. Muskhelishvili. *Singular Integral Equations.* Noordhoff, Groningen, 1953.

[100] J. Nečas. *Les Methodes Directes en Theorie des Equations Elliptiques.* Academia, Prague, 1967.

[101] J.C. Nédélec. Curved Finite Element Methods for the Solution of Singular Integral Equations on Surfaces in R^3 *Comp. Meth. Appl. Mech. Engrg.*, 8:61–80, 1976.

[102] J.C. Nédélec. Integral Equations with Non Integrable Kernels. *Integral Equations Oper. Theory*, 5:562–572, 1982.

[103] J.C. Nédélec. *Acoustic and Electromagnetic Equations.* Springer-Verlag, New York, 2001.

[104] J.C. Nédélec and J. Planchard. Une méthode variationelle d'élements finis pour la résolution numérique d'un problème extérieur dans R^3 *R.A.I.R.O.*, 7(R3):105–129, 1973.

[105] C. Neumann. *Untersuchungen über das logarithmische und Newtonsche Potential.* Teubner-Verlag, Leipzig, 1877.

[106] F. Noether. Über eine Klasse singulärer Integralgleichungen. *Math. Ann.*, 82:42–63, 1921.

[107] E.J. Nyström. Über die praktische Auflösung von linearen Integralgleichungen mit Anwendungen auf Randwertaufgaben der Potentialtheorie. *Soc. Sci. Fenn. Comment. Phys.-Math.*, 4:1–52, 1928.

[108] E.J. Nyström. Über die praktische Auflösung von linearen Integralgleichungen mit Anwendungen auf Randwertaufgaben. *Acta Math.*, 54:185–204, 1930.

[109] P. Oswald. Multilevel Norms for $H^{-1/2}$. *Computing*, 61, 1998.

[110] O.I. Panich. On the question of the solvability of the exterior boundary-value problems for the wave equation and Maxwell's equations. *Usp. Mat. Nauk.*, 20A:221–226, 1965. In Russian.

[111] J. Plemelj. Ein Ergänzungssatz zur Cauchyschen Integraldarstellung analytischer Funktionen, Randwerte betreffend. *Monatshefte f. Math. u. Phys.*, 19:205–210, 1908.

[112] J. Plemelj. *Potentialtheoretische Untersuchungen.* Teubner-Verlag, Leipzig, 1911. Preisschriften der Fürstlich Jablonowskischen Gesellschaft.

[113] E. Polak. *Computational Methods in Optimization.* Academic Press, New York, 1971.

[114] A. Pomp. *The Boundary-Domain Integral Method for Elliptic Systems*, volume 1683 of *Lecture Notes in Mathematics.* Springer-Verlag, Berlin, 1998.

[115] W.H. Press, S.A. Teukolsky, W.T. Vetterling, and B.P. Flannery. *Numerical Receipes in FORTRAN (2nd Ed.).* Cambridge Univ. Press, 1992.

[116] S. Prößdorf and R. Schneider. A Spline Collocation Method for Multidimensional Strongly Elliptic Pseudodifferential Operators of Order Zero. *Integral Equations and Operator Theory*, 14:399–435, 1991.

[117] J. Radon. Über die Randwertaufgaben beim logarithmischen Potential. *In: Sitzungsberichte der Akademie der Wissenschaften Wien. IIa*, 128:1123–1167, 1919.

[118] A. Rathsfeld. A wavelet algorithm for the boundary element solution of a geodetic boundary value problem. *Comp. Meth. Appl. Mech. Eng.*, 157:267–287, 1998.

[119] A. Rathsfeld. On a hierarchical three point basis of piecewise linear functions over smooth boundaries. In J. Elschner, I. Gohberg, and B. Silbermann, editors, *Operator Theory: Advances and Applications*, volume 121, pages 442–470, Basel, 2001. Birkhäuser-Verlag.

[120] T. J. Rivlin. *The Chebyshev Polynomials.* Wiley, New York, 1974.

[121] V. Rokhlin. Rapid solutions of integral equations of classical potential theory. *Journal of Computational Physics*, 60(2):187–207, 1985.

[122] V. Rokhlin. Diagonal Forms of Translation Operators for the Helmholtz Equation in Three Dimensions. *Appl. and Comp. Harm. Anal.*, 1(1):82–93, 1993.

[123] S. A. Sauter. *Über die effiziente Verwendung des Galerkinverfahrens zur Lösung Fredholmscher Integralgleichungen.* PhD thesis, Inst. f. Prakt. Math., Universität Kiel, 1992.

[124] S. A. Sauter and A. Krapp. On the Effect of Numerical Integration in the Galerkin Boundary Element Method. *Numer. Math.*, 74(3):337–360, 1996.

[125] S. A. Sauter and C. Schwab. On the Realization of hp-Galerkin BEM in 3-d. In W. Hackbusch and G. Wittum, editors, *BEM : Implementation and Analysis of Advanced Algorithms, Proceedings of the 12th GAMM-Seminar, Kiel.* Verlag Vieweg, 1996.

[126] S. A. Sauter and C. Schwab. Quadrature for hp-Galerkin BEM in R^3. *Numer. Math.*, 78(2):211–258, 1997.

[127] S.A. Sauter. The Panel Clustering Method in 3-d BEM. In G. Papanicolaou, editor, *Wave Propagation in Complex Media*, pages 199–224, Berlin, 1998. IMA-Volumes in Mathematics and Its Applications, Springer-Verlag.

[128] S.A. Sauter. Variable order panel clustering. *Computing*, 64:223–261, 2000.

[129] S.A. Sauter and C. Lage. Transformation of hypersingular integrals and black-box cubature. *Math. Comp.*, 70:223–250, 2001.

[130] G. Schmidlin, C. Lage, and C. Schwab. Rapid solution of first kind boundary integral equations in R^3. *Engineering Analysis with Boundary Elements*, 27(5):469–490, 2003.

[131] G. Schmidlin and C. Schwab. Wavelet Agglomeration on unstructured meshes. In T.J. Barth, T.F. Chan, and R. Haimes, editors, *Lecture Notes in Computational Science and Engineering*, volume 20, pages 359–378, Heidelberg, 2002. Springer-Verlag.

[132] R. Schneider. Stability of a spline collocation method for strongly elliptic multidimensional singular integral equations. *Numer. Math.*, 58:855–873, 1991.

[133] R. Schneider. *Multiskalen und Wavelet-Matrixkompression: Analysisbasierte Methoden zur Lösung großer vollbesetzter Gleichungssysteme.* Teubner-Verlag, Stuttgart, 1998.

[134] C. Schwab and W.L. Wendland. Kernel Properties and Representations of Boundary Integral Operators. *Math. Nachr.*, 156:187–218, 1992.

[135] C. Schwab and W.L. Wendland. On Numerical Cubatures of Singular Surface Integrals in Boundary Element Methods. *Numer. Math.*, 62:343–369, 1992.

[136] R.T. Seeley. Singular integrals on compact manifolds. *Amer. J. Math.*, 81:658–690, 1959.

[137] I.H. Sloan. Error analysis of boundary integral methods. *Acta Numerica*, 92:287–339, 1992.

[138] O. Steinbach. *Numerische Näherungsverfahren für elliptische Randwertprobleme.* Teubner-Verlag, Stuttgart, 2003.

[139] O. Steinbach and W.L. Wendland. The construction of some efficient preconditioners in the boundary element method. Numerical treatment of boundary integral equations. *Adv. Comput. Math.*, 9(1-2):191–216, 1998.

[140] O. Steinbach and W.L. Wendland. Neumann's method for second-order elliptic systems in domains with non-smooth boundaries. *J. Math. Anal. Appl.*, 262(2):733–748, 2001.

[141] E.P. Stephan. A boundary integral equation method for three-dimensional crack problems in elasticity. *Math. Meth. Appl. Sci.*, 8:609–623, 1986.

[142] E.P. Stephan. Boundary Integral Equations for mixed boundary value problems in R^3. *Math. Nachr.*, 131:167–199, 1987.

[143] E.P. Stephan. Improved Galerkin methods for integral equations on polygons and on polyheral surfaces. In *Proc. First Joint Japan/US Symposium on boundary element methods, Tokyo*, pages 73–80, 1988.

[144] E.P. Stephan. The h-p boundary element method for solving 2- and 3-dimensional problems. *Comp. Meth. Appl. Mech. Engrg.*, 133(3-4):183–208, 1996.

[145] E.P. Stephan and W.L. Wendland. Remarks to Galerkin and least squares methods with finite elements for general elliptic problems. *Manuscripta Geodaetica*, 1:93–123, 1976.

[146] J. Stoer. *Numerische Mathematik.* Springer-Verlag, Heidelberg, 1989.

[147] J. Stoer and R. Bulirsch. *Numerische Mathematik II.* Springer-Verlag, Heidelberg, 3rd edition, 1990.

[148] A. H. Stroud. *Approximate Calculations of Multiple Integrals.* Prentice Hall, Englewood Cliffs, 1973.

[149] J. Tausch. Sparse BEM for Potential Theory and Stokes Flow using Variable Order Wavelets. *Computational Mechanics*, 32(4-6):312–318, 2003.

[150] J. Tausch and J. White. Multiscale Bases for the Sparse Representation of Boundary Integral Operators on Complex Geometry. *SIAM J. Sci Comp.*, 25(5):1610–1629, 2003.

[151] F.G. Tricomi. *Integral Equations.* Interscience Publishers, Ltd., New York-London, 1957.

[152] H. Triebel. *Interpolation theory, function spaces, differential operators.* Johann Ambrosius Barth Verlag, Heidelberg, 2nd edition, 1995.

[153] G. Verchota. Layer potentials and regularity for the Dirichlet problem for the Laplace's equation in Lipschitz domains. *J. Funct. Anal.*, 59:572–611, 1984.

[154] T. von Petersdorff. Boundary Integral Equations for mixed Dirichlet-, Neumann and Transmission problems. *Math. Meth. Appl. Sci.*, 11:185–213, 1989.

[155] T. von Petersdorff and C. Schwab. Fully Discrete Multiscale Galerkin BEM. In W. Dahmen, P. Kurdila, and P. Oswald, editors, *Multiresolution Analysis and Partial Differential Equations*, pages 287–346, New York, 1997. Academic Press.

[156] T. von Petersdorff, C. Schwab, and R. Schneider. Multiwavelets for second-kind integral equations. *SIAM J. Numer. Anal.*, 34(6):2212–2227, 1997.

[157] T. von Petersdorff and Ch. Schwab. Wavelet discretization of first kind boundary integral equations of polygons. *Numer. Math.*, 74:479–519, 1996.

[158] W.L. Wendland. Strongly elliptic boundary integral equations. In A. Iserles and M. Powell, editors, *The State of the Art in Numerical Analysis*, pages 511–561, Oxford, 1987. Clarendon Press.

[159] W.L. Wendland, E.P. Stephan, and G.C. Hsiao. On the integral equation methods for plane mixed boundary value problems for the Laplacian. *Math. Meth. Appl. Sci.*, 1:265–321, 1979.

[160] H. Whitney. *Geometric Integration Theory.* Princeton University Press, 1957.

[161] J. Wloka. *Partielle Differentialgleichungen.* Teubner-Verlag, Stuttgart, 1982.

[162] K. Yosida. *Functional Analysis.* Springer-Verlag, 1964.

Liste der Symbole

$\overline{V}^{\|\circ\|_W}$: Abschluß einer Teilmenge $V \subset W$ in einem normierten Vektorraum $(W, \|\circ\|_W)$,
T^*: adjungierter Operator, 20,
$|\omega|$: Volumenmaß einer meßbaren Teilmenge $\omega \subset \mathbb{R}^d$, bzw. Flächenmaß einer meßbaren Teilmenge $\omega \subset \Gamma$ einer Oberfläche Γ,
$\sharp\Theta$, $|\Theta|$, $\operatorname{card}\Theta$: Anzahl der Elemente einer endlichen Menge Θ,
$B(\cdot,\cdot)$, $B_+(\cdot,\cdot)$, $B_-(\cdot,\cdot)$: zur elliptischen Differentialgleichung gehörende Bilinearform. Die Indizes $+$, $-$ geben an, ob es sich um das Außenraumgebiet Ω^+ oder das Innengebiet Ω^- handelt,
p.v.: Cauchy-Hauptwert, 220,
$C^k(\Omega)$: Raum aller k-mal stetig differenzierbaren Funktionen auf Ω, 36,
$C^k(\overline{\Omega})$: Raum aller k-mal stetig differenzierbaren Funktionen auf Ω mit k-mal stetig differenzierbaren Fortsetzungen auf $\overline{\Omega}$, 36,
$C^{k,\lambda}(\overline{\Omega})$: Raum aller k-mal Hölder-stetig differenzierbaren Funktionen, 36,
$C_0^\infty(\Omega)$: Raum aller unendlich oft differenzierbaren Funktionen mit kompaktem Träger in Ω, 42,
$C_{komp}^\infty(\Omega)$: Einschränkung von $C_0^\infty(\mathbb{R}^d)$ auf Ω, 42,
$\mathbf{C}^k(\overline{\Omega_1}, \overline{\Omega_2})$: Raum aller vektorwertigen, k-mal stetig differenzierbaren Funktionen, 37,
$\mathbf{C}^{k,\lambda}(\overline{\Omega_1}, \overline{\Omega_2})$: Raum aller vektorwertigen, k-mal Hölder-stetig differenzierbaren Funktionen, 37,
C^k: Gebiet mit k-mal stetig differenzierbarem Rand, 38,
C_{stw}^k: stückweise glattes Gebiet, 39,
$C_{stw}^k(\Gamma)$: Menge aller k-mal stückweise differenzierbaren Abbildungen auf Γ, 39,
Ψ_c^σ, Φ_c^σ: Entwicklungssysteme für die Panel-Clustering-Methode, 322,
h_τ: Durchmesser eines Paneels τ, 151,
ρ_τ: innere Weite (Inkreisdurchmesser) eines Paneels, 151,
h, $h_{\mathcal{G}}$: Maschenweite des Gitters $\mathcal{G}$, 151,
$\kappa_{\mathcal{G}}$: Konstante, welche die Formregularität beschreibt, 151,
$q_{\mathcal{G}}$: Konstante, welche die Quasiuniformität des Gitters beschreibt, 151,
$\Pi^{(m)}$: eindimensionale Čebyšev-Interpolation auf $[-1,1]$, 321,
$\overrightarrow{\Pi}^{(m)}$: Lagrange-Interpolation auf $Q = [-1,1]^3$, 321,
$\overrightarrow{\Pi}_{\mathbf{a},\mathbf{b}}^{(m)}$: Lagrange-Interpolation auf dem Quader $Q_{\mathbf{a},\mathbf{b}}$, 321,
$\overrightarrow{\Pi}_{[\mathbf{a},\mathbf{b}],[\mathbf{c},\mathbf{d}]}^{(m)}$: Lagrange-Interpolation auf $Q_{\mathbf{a},\mathbf{b}} \times Q_{\mathbf{c},\mathbf{d}}$, 322,
L: allgemeiner elliptischer Differentialoperatoren zweiter Ordnung mit konstanten Koeffizienten, 51,
$L^\star$: formal adjungierter Operator, 53,

$\tilde{L}$: modifizierter elliptischer Differentialoperator, 57,
$L_{\pm}$: Differentialoperator L, eingeschränkt auf $\Omega^- \cup \Omega^+$, 55,
T': dualer Operator, 19,
V': Dualraum des Banach-Raums V, 21,
f.ü.: fast überall,
$G(\mathbf{x}-\mathbf{y})$: Fundamentallösung zum allgemeinen elliptischen Operator, 79,
Ω^-: beschränktes Gebiet im $\mathbb{R}^d$,
$\Omega^+ := \mathbb{R}^d \backslash \overline{\Omega^-}$: unbeschränktes Außengebiet
$H^\ell(\Omega)$: Sobolev-Raum, 42,
$H_0^\ell(\Omega)$: Sobolev-Raum für Funktionen mit Null-Randbedingungen, 43,
$H_D^0(\Omega)$: Sobolev-Raum für Funktionen, deren Spuren auf $\Gamma_D \subset \Gamma$ gleich Null sind, 63,
$H^{-\ell}(\Omega)$: Dualraum von $H_0^\ell(\Omega)$, 45,
$H^\ell(\Gamma)$: Sobolev-Raum auf der Obefläche Γ, 44,
$H_{stw}^t(\Gamma)$: Sobolev-Raum mit stückweise erhöhter Glattheit, 171,
$\tilde{H}^s(\Gamma_0)$: Sobolev-Raum auf Teiloberfläche $\Gamma_0 \subset \Gamma$, 46,
$H^{-s}(\Gamma_0)$: Dualraum von $\tilde{H}^s(\Gamma_0)$, 46,
$H_{lok}^\ell(\Omega)$: Fréchet-Raum aller Funktionen u mit $\varphi u \in H^\ell(\Omega)$ für alle $\varphi \in C_{komp}^\infty(\Omega)$, 48,
$H_{komp}^\ell(\Omega)$: Fréchet-Raum aller Funktionen u mit $\operatorname{Tr} u \subset\subset \mathbb{R}^d$, 49,
$H_L^s(\Omega)$: Sobolev-Raum mit $Lu \in L_{komp}^2(\Omega)$, 53,
$H_L^1(\mathbb{R}^d \backslash \Gamma)$: Sobolev-Raum, deren Einschränkungen auf Ω^-, Ω^+ in $H_L^s(\Omega^-)$, $H_L^s(\Omega^+)$ enthalten sind, 55,
$H^1(L,\Omega)$: Sobolev-Räume mit Operator-abhängigen Gewichtsfunktionen für das Abklingverhalten, 65,
$H_T^1(L,\Omega)$: zugehöriger Testraum, 65,
$\cong$: isomorph,
Σ_p: Knotenmenge auf dem Referenzelement, 164, 164,
$\mathbb{K} \in \{\mathbb{R}, \mathbb{C}\}$: Körper,
$K_r(x)$: offene Kugel mit Radius $r > 0$ um einen Punkt $x \in X$ bzgl. der Norm in X, 38,
K_r, K_r^+, K_r^-, K_r^0: offene Kugel mit Radius $r > 0$ um Null, obere Halbkugel, untere Halbkugel, Mittelebene, 38,
$L(X,Y)$ Menge (Vektorraum) aller beschränkten linearen Operatoren, 16,
$L^\infty(\Omega)$: Lebesgue-Raum aller meßbaren, fast überall beschränkten Funktionen, 37,
$L^2(\Omega)$: Lebesgue-Raum aller meßbaren, quadratintegrablen Funktionen, 41,
$\mathbf{L}^\infty(\Omega)$: Lebesgue-Raum aller d-wertigen Funktionen mit Komponenten in $L^\infty(\Omega)$, 51,
T: Lösungsoperator,57,
$\mathbb{N} = \{1, 2, \ldots\}$,
$\mathbb{N}_0 = \{0, 1, 2, \ldots\}$,
$\mathbf{n} : \Gamma \to \mathbb{S}_{d-1}$: Einheitsnormalenfeld, 40,
$\mathcal{J}_m := \{\mu \in \mathbb{N}^3 \mid \forall 1 \leq i \leq 3 : 1 \leq \mu_i \leq m\}$,
$\iota_{\widehat{\tau}}^p$: Indexmenge für die Knotenpunkte im Referenzelement $\widehat{\tau}$, 153, 164,
$\|\cdot\|_k$, $\|\cdot\|_{k,\Omega}$, $\|\cdot\|_{H^k(\Omega)}$: $H^k(\Omega)$-Norm, (2.3.5), (2.3.8), (2.4.2), (2.4.7), (2.9.21), (2.10.2),
$(\cdot,\cdot)_k$, $(\cdot,\cdot)_{k,\Omega}$, $(\cdot,\cdot)_{H^k(\Omega)}$: zugehöriges Skalarprodukt. Identifikation mit der stetigen Erweiterung zu dualen Paarungen. Die komplexe Konjugation findet auf dem zweiten Argument statt,
$|\cdot|_k$, $|\cdot|_{k,\Omega}$, $|\cdot|_{H^k(\Omega)}$: $H^k(\Omega)$-Seminorm, die lediglich die höchsten Ableitungen enthält, (2.3.6)

$\mu \in \mathbb{N}_0^d$: Multiindex mit Rechenregeln wie in (2.2.1),
ω_d: Oberflächenmaß der Einheitssphäre in $\mathbb{R}^d$,
τ: Paneel, Definition 2.2.9 und Definition 4.1.2.
$\mathcal{G}$: Paneelierung, Definition 4.1.2,
P_S : Poincaré-Steklov-Operator, (3.7.2)
$\mathbb{P}_m^\Delta$: Raum aller Polynome in zwei Veränderlichen bis zu einem gesamten Maximalgrad $m \in \mathbb{N}_0$ (vgl. (4.1.20)),
$\mathbb{P}_m^\square$: Raum aller Polynome in zwei Veränderlichen bis zu einem komponentenweisen Maximalgrad $m \in \mathbb{N}_0$ (vgl. (4.1.64)),
$\mathbb{P}_m$: allgemeine Bezeichnung für $\mathbb{P}_m^\Delta$ oder $\mathbb{P}_m^\square$,
$\mathbb{Q}_m$: Raum aller Polynome in drei Veränderlichen bis zu einem komponentenweisen Maximalgrad $m \in \mathbb{N}_0$ (vgl. (7.1.8))
S, D, V, K, K', W: Einfachschicht- und Doppelschichtpotential und zugehörige Randintegraloperatoren, vgl. (3.1.4), (3.1.5), Definition 3.1.5, (3.1.6).
$\mathcal{N}$: Newton-Potential, (3.1.8),
$S_{\mathcal{G}}^0, S_{\mathcal{G},\chi}^p, S_{\mathcal{G}}^{p,k}, S_{\mathcal{G},\chi}^{p,k}$: Randelementräume, (4.1.17), (4.1.21), Definition 4.1.35,
Re, Im: Realteil, Imaginärteil,
$Q := [-1,1]^3$: Referenzelement für Čebyšev-Interpolation,
$\widehat{Q} = (0,1)^2$: Einheitsquadrat als Referenzelement,
$\widehat{S}$: Einheitsdreieck (mit Ecken $(0,0)^\intercal$, $(1,0)^\intercal$, $(1,1)^\intercal$) als Referenzelement,
$\hat{\tau} \in \left\{\widehat{Q}, \widehat{S}\right\}$: allgemeine Bezeichnung des Referenzelements,
$\Sigma(\sigma)$: Menge der Söhne eines Clusters σ, Definition 7.1.4,
$\Sigma(Q)$: Menge der acht kongruenten Teilquader, die durch Halbierung der Kanten von Q entstehen,
$\sigma(T)$: Spektrum eines Operators T,
$\mathbb{S}_{d-1}$: d-Sphäre, Oberfläche der d-dimensionalen Einheitskugel,
Z, Z_Ω, Z_+, Z_-: Spurfortsetzungsoperatoren, Satz 2.6.11, Notation 2.6.12,
γ_0, γ_0^+, γ_0^-: Spuroperator und einseitige Varianten, Satz 2.6.8,
γ_1, γ_1^+, γ_1^-: Konormalenspuroperator und einseitige Varianten, Definition 2.7.6, Bemerkung 2.7.10,
$\widetilde{\gamma}_1$, $\widetilde{\gamma}_1{}^+$, $\widetilde{\gamma}_1{}^-$: Modifizierter Konormalenspuroperator und einseitige Varianten, (2.7.11), Definition 2.7.6, Bemerkung 2.7.10,
$[u]$: Sprung einer Funktion über den Rand, $[u] := \gamma_0^+ u - \gamma_0^- u$,
$[\gamma_1 u]$: Konormalensprung einer Funktion über den Rand, $[\gamma_1 u] := \gamma_1^+ u - \gamma_1^- u$,
S_P : Steklov-Poincaré-Operator, (3.7.5),
$\operatorname{Tr}(u)$: Träger einer Funktion u, (2.3.1),
$\chi_\tau : \hat{\tau} \to \tau$: Transformation des Referenzelements auf das Paneel τ, Definition 4.1.2,
χ_τ^{affin}: affiner Anteil der Transformation: $\chi_\tau^{\text{affin}}(\hat{\mathbf{x}}) = \mathbf{A}_\tau + \mathbf{m}_\tau \hat{\mathbf{x}}$, Annahme 4.1.5,
σ_Ω: Vorzeichenfunktion, $\sigma_\Omega = -1$ für Außen- und $\sigma_\Omega = 1$ für Innengebiete.

Index

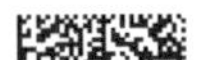